U0920919

中 国 国 家 标 准 汇 编

2005 年修订-15

中 国 标 准 出 版 社

2 0 0 6

图书在版编目（CIP）数据

中国国家标准汇编．15：2005年修订/中国标准出版社总编室编．—北京：中国标准出版社，2006

ISBN 7-5066-4253-0

Ⅰ．中… Ⅱ．中… Ⅲ．国家标准-汇编-中国-2005 Ⅳ．T-652.1

中国版本图书馆CIP数据核字（2006）第109349号

中国标准出版社出版发行
北京复兴门外三里河北街16号
邮政编码:100045
网址 www.spc.net.cn
电话:68523946 68517548
中国标准出版社秦皇岛印刷厂印刷
各地新华书店经销

*

开本 880×1230 1/16 印张 42 字数 1 160 千字
2006年11月第一版 2006年11月第一次印刷

*

定价 180.00 元

ISBN 7-5066-4253-0

出 版 说 明

1.《中国国家标准汇编》是一部大型综合性国家标准全集，自1983年起，按国家标准顺序号以精装本、平装本两种装帧形式陆续分册汇编出版。《汇编》在一定程度上反映了我国建国以来标准化事业发展的基本情况和主要成就，是各级标准化管理机构，工矿企事业单位，农林牧副渔系统，科研、设计、教学等部门必不可少的工具书。

2. 由于标准的动态性，每年有相当数量的国家标准被修订，这些国家标准的修订信息无法在已出版的《汇编》中得到反映。为此，自1995年起，新增出版在上一年度被修订的国家标准的汇编本。

3. 修订的国家标准汇编本的正书名、版本形式、装帧形式与《中国国家标准汇编》相同，视篇幅分设若干册，但不占总的分册号，仅在封面和书脊上注明"2005年修订-1,-2,-3,……"等字样，作为对《中国国家标准汇编》的补充。读者配套购买则可收齐前一年新制定和修订的全部国家标准。

4. 修订的国家标准汇编本的各分册中的标准，仍按顺序号由小到大排列(不连续)；如有遗漏的，均在当年最后一分册中补齐。

5. 2005年度发布的修订国家标准分20册出版。本分册为"2005年修订-15"，收入新修订的国家标准36项。

中国标准出版社

2006年9月

目　　录

ICS 29.120.60
K 09

中华人民共和国国家标准

GB 14536.17—2005/IEC 60730-2-15:1997

家用和类似用途电自动控制器　锅炉器具中使用的浮子型或电极敏感型水位敏感电自动控制器的特殊要求

Automatic electrical controls for household and similar use—Particular requirements for automatic electrical water level sensing controls of the float or electrode-sensor type used in boiler applications

(IEC 60730-2-15:1997,IDT)

2005-07-29 发布　　　　2006-08-01 实施

中华人民共和国国家质量监督检验检疫总局
中国国家标准化管理委员会　发布

前　言

本部分的全部技术内容为强制性。

GB 14536《家用和类似用途电自动控制器》分为如下两个部分：

第1部分：GB 14536.1 通用要求；

第2部分：特殊要求，包括：

家用电器用电控制器的特殊要求(GB 14536.2)；

电动机热保护器的特殊要求(GB 14536.3)；

管型荧光灯镇流器热保护器的特殊要求(GB 14536.4)；

密封和半密封电动机压缩机用电动机热保护器的特殊要求(GB 14536.5)；

燃烧器电自动控制系统的特殊要求(GB 14536.6)；

压力敏感电自动控制器的特殊要求(GB 14536.7)；

定时器和定时开关的特殊要求(GB 14536.8)；

电动水阀的特殊要求(包括机械要求)(GB 14536.9)；

温度敏感控制器的特殊要求(GB 14536.10)；

电动机用起动继电器的特殊要求(GB 14536.11)；

能量调节器的特殊要求(GB 14536.12)；

电动门锁的特殊要求(GB 14536.13)；

家用洗衣机电脑程序控制器的特殊要求(GB 14536.14)；

湿度敏感控制器的特殊要求(GB 14536.15)；

电起动器的特殊要求(GB 14536.16)

……

本部分等同采用国际电工委员会 IEC 60730-2-15:1997(第1.1版)《家用和类似用途电自动控制器　第2部分：锅炉器具中使用的浮子型或电极敏感型水位敏感电自动控制器的特殊要求》。

本部分与 GB 14536.1—1998《家用和类似用途电自动控制器　第1部分：通用要求》(idt IEC 60730-1:1993)配套使用。

在 IEC 前言中说明了由于不同地域的实际情况所形成的不同要求，并承认各国电气系统和布线规则的差异。在 IEC 前言中也注明了有差异的条款。遵照我国采用国际标准的政策，对于某些国家与 IEC 60730-2-15 有差异的注，在本部分正文中仍以注的形式出现，并在脚注中说明我国采用或不采用。

本部分与 IEC 60730-2-15 的差异主要是额定电压的适用范围。IEC 60730-2-15 中交直流额定电压均为不超过 660 V。但按我国 GB 156《标准电压》规定，我国相应额定电压直流不超过 440 V，交流不超过 660 V。

为了便于使用，本部分做了下列编辑性修改：

a)　"第1部分"一词改为"GB 14536.1；

b)　用小数点"."代替作为小数点的逗号","。

本部分在我国首次制定。从本部分颁布实施之日起，家用和类似用途锅炉器具中使用的浮子型或电极敏感型水位敏感电自动控制器应符合本部分的规定。

本部分由全国家用自动控制器标准化技术委员会提出并归口。

本部分起草单位：广州电器科学研究院。

本部分起草人：黄开云。

本部分委托全国家用自动控制器标准化技术委员会负责解释。

IEC 前言

1） IEC（国际电工委员会）是由各个国家电工委员会（IEC 国家委员会）组成的世界性标准化组织。IEC 的宗旨是促进在与电工和电子领域标准化有关问题上的国际合作。为此目的，IEC 除了开展其他活动之外，还出版国际标准。这些标准的制定工作是委托各技术委员会来完成的。IEC 的成员即国家委员会，只要对待制订的标准感兴趣，均可参加其制定工作。与 IEC 有联系的国际性的、官方的组织亦可参加此项工作。IEC 和世界标准化组织（ISO）遵照双方协议规定的条件，密切合作。

2） 由对有关项目特别关切的所有国家委员会参加的技术委员会所制订的 IEC 有关技术问题的正式决议或协议，尽可能地表达对所涉及的问题在国际上的一致意见。

3） 这些正式决议或协议以标准、技术报告或导则的形式出版，并推荐给国际上使用，并在此意义上为各国家委员会所接受。

4） 为了促进国际上的统一，IEC 国家委员会应最大限度地将 IEC 国际标准转化为其国家或地区标准。IEC 标准和相应的国家或地区标准之间如有任何差异，应在国家标准或地区标准中清楚地注明。

5） IEC 没有制订任何认可的标志程序。如有某设备宣称其符合 IEC 的某一项标准时，IEC 对此不负任何责任。

6） 请注意，此国际标准的一些内容可能涉及专利权问题。IEC 对这些专利权问题将概不负责。

国际标准 IEC 60730-2-15 由 IEC/TC 72 即国际电工委员会家用自动控制器技术委员会制定。

本 IEC 60730-2-15 的合并版以 IEC 60730-2-15 第一版（1994 年）和它的修订 1（1997 年）为基础，所取版本号为 1.1。

本合并版以其第一版和 72/346/FDIS、72/369/RVD 文件为基础。

在侧边，以竖线标示出已被修订 1 修改的内容。

本标准应与 IEC 60730-1 配合使用。IEC 60730-1 以其第 2 版（1993）及其修订 1（1994）出版物为基础。可供 IEC 60730-1 日后改版或修订时参考。

本标准补充或修改了 IEC 60730-1 的相应条款，使之转化为 IEC 标准：锅炉器具中使用的浮子型或电极敏感型水位敏感自动控制器的特殊要求。

在本标准中，凡注明“增加”、“修改”或“代替”之处，IEC 60730-1 的相应试验规范或注释应作相应的修改。

凡不需修改之处，本标准注明相应的章或条款适用。

在开发一份真正的国际标准时，必须考虑到世界各地的实际情况所形成的不同要求，而且应承认各个国家电气系统和布线规则的差异。

不同国家的差异，以“注：在某些国家……”的形式给出，见下列条款：H26.9，H26.10。

在本出版物：

1） 使用下列印刷体：

——要求正文：罗马体；

——试验规范：斜体字；

——注释事项：小罗马字体。

2） 在第 1 部分的基础上增加的条款、注、要求或图从 101 起编号。

家用和类似用途电自动控制器 锅炉器具中使用的浮子型或 电极敏感型水位敏感电自动控制器的特殊要求

1 范围和引用标准

用下列代替 GB 14536.1 的本章：

1.1 GB 14536 本部分适用于在家用和类似用途最大额定压力为 2 000 kPa(20 bar)的锅炉内、锅炉上或随锅炉一起使用的浮子型和电极敏感型水位敏感电自动控制器。

1.1.1 本部分适用于用在家用和类似设备内、设备上或随设备一起使用的水位敏感电自动控制器的试验、固有安全和与设备保护有关的操作值及操作程序。

本部分同样适用于 GB 4706.1 范围内电器用的控制器。GB 14536.2 不适用于这些控制器。

不打算作为一般家用但仍可能被公众使用的设备，如打算在商店、轻工行业和农场中由非电专业人员使用的设备，其水位敏感电自动控制器也在本部分范围内。

本部分也适用于作为控制系统一部分的单独控制器或与带有无电量输出的多功能控制器机械地组合在一起的控制器。

本部分不适用于压力操作水位敏感控制器，在 GB 14536.7 中包含了这些控制器的要求。

本部分不适用于专为工业设备设计的水位敏感控制器。

注：在本部分全文中，“水位敏感控制器”一词意味着“水位切断器、水位限制器或锅炉进水控制器”。

在本部分全文中，“设备”一词包含“器具和设备”。

1.1.2 本部分适用于机械或电气操作的对水位作出响应或控制水位的电自动控制器。

1.1.3 本部分包含水位敏感控制器电气性能要求和可能影响到其预期操作的机械性能要求。

1.1.4 本部分适用于通过电气和/或机械手段与水位敏感控制器组合在一起的手动控制器。

注：不构成自动控制组成部分的手动开关的要求包含在 GB 15092.1 中。

1.1.5 一般，这些水位敏感控制器与设备结合或成为一体或者打算安装到或结合到设备内或设备上。当这些控制器独立安装时，本部分也适用。带线控制器不包含在本部分中。

1.2 本部分适用于额定电压直流不超过 440 V[1)]、交流不超过 660 V，额定电流不超过 63 A 的控制器。

1.3 如果控制器自动动作的响应值取决于控制器在设备中的安装方法，则本部分不考虑该响应值。如果响应值对使用者或周围环境的安全有重要作用，则相应家用电器标准规定的或制造厂确定的响应值适用。

1.4 本部分也适用于装有电子装置的控制器，其要求包含在附录 H 中。

1.5 引用标准

除下列外 GB 14536.1 的本条款适用：

1.5.101 增加标准

GB 14536.2—1996 家用和类似用途电自动控制器 家用电器用电控制器的特殊要求

GB 14536.7—1996 家用和类似用途电自动控制器 压力敏感电自动控制器的特殊要求(包括机械要求)

---

1) IEC 60730-2-15 中，额定电压交、直流均为不超过 660 V。但按 GB 156《标准电压》的规定，我国相应额定电压直流不超过 440 V。

2 定义

GB 14536.1 的本章除下列内容外适用：

2.2 按照用途划分的控制器类型的定义

2.2.19

见 2.2.103。

2.2.20

见 2.2.101。

2.2.101

水位切断器 water level cut-out

在非正常工作条件下，打算对低水位响应的浮子型或电极敏感型水位敏感控制器，该类控制器没有提供由使用者进行设定的装置。

注：水位切断器可以是自动复位型或手动复位型。

2.2.102

水位限制器 water level limiter

在正常工作条件下，打算保持水位低于或高于一个特定值的浮子型或电极敏感型水位敏感控制器，该类控制器可提供由使用者进行设定的装置。

注：水位限制器通常是自动复位型。

2.2.103

锅炉进水控制器 boiler water feed control

在正常工作条件下，打算保持锅炉中的水位高于一个特定值的浮子型或电极敏感型水位敏感控制器，该类控制器可提供由使用者进行设定的装置。

注：锅炉进水控制器是自动复位型的。锅炉进水控制器用在锅炉上用来控制进水泵或者进水阀。对于本部分的目的，2 型锅炉进水控制器被认为是水位限制器。

3 一般要求

GB 14536.1 的本章适用。

4 试验的一般说明

GB 14536.1 的本章除下列内容外适用：

4.1 试验条件

4.1.7 不适用。

增加条款：

4.1.101 附录 AA 中的值适用于 17 章中独立安装的水位敏感控制器的试验，除非规定更高的值。对于整体式和装入式的控制器，该值在相应的设备标准中规定。

4.3 试验说明

4.3.5.1 第 2 句不适用于使用一个共用敏感机构的组合水位敏感控制器。

5 额定值

GB 14536.1 的本章适用。

6 分类

GB 14536.1 的本章除下列内容外适用：

6.3 **按用途分类**

6.3.9 增加条款：

6.3.9.101——水位切断器

6.3.9.102——水位限制器

6.3.9.103——锅炉进水控制器

6.4 **按自动动作特性分类**

6.4.1 增加条款：

6.4.1.101 本部分范围内的锅炉进水控制器被归类为具有1型动作的控制器。

注：就本部分的目的，2型锅炉进水控制器被认为是一个水位限制器。

6.4.2 增加条款：

6.4.2.101 本部分范围内的水位切断器和水位限制器被归类为具有2型动作的控制器。

6.4.3 增加条款：

6.4.3.101 本部分范围内的手动复位水位敏感控制器应具有一个被归类为2D、2H或2J型动作的自动脱扣机构。

7 资料

GB 14536.1的本章除下列内容外适用：

修改表7.2。

表7.2

资　　料	章、条	方　　法
修改：		
23 安装表面的极限温度(T_s)	6.12.2,14.1,17.3	D
34 不适用		
44 不适用		
48 不适用(见102项)		
增加要求：		
101 最高水温(T_L)℃	14	D
102 如果适用，响应时间	15	C
103 最大工作压力	2.3.29	C
104 确定响应时间的方法	15.6.101	X
105 18.101.2的试验方法	18.101.2	X

8 防触电保护

GB 14536.1的本章适用。

9 接地保护措施

GB 14536.1的本章适用。

10 端子和端头

GB 14536.1的本章适用。

11 结构要求

GB 14536.1的本章除下列内容外适用：

11.4 动作

11.4.11 修改：

删去第1段的最后一句。

11.4.12 修改：

删去第1段的最后一句。

增加条款：

11.101 与操作机构有关的结构要求

11.101.1 将部件固定到可移动构件上的螺钉和螺母应采用型锻或者采用锁定。

注：例如这可适用于水位敏感控制器的浮子铰链轴。

11.101.2 应通过隔板或者通过它们的物理位置将操作部件与连接到控制器的导线分隔开，以避免导线妨碍这些部件的运动。

通过观察检查是否符合11.101.1和11.101.2。

12 防潮和防尘

GB 14536.1的本章适用。

13 电气强度和绝缘电阻

GB 14536.1的本章除下列内容外适用：

增加条款：

13.101 探头的电气强度

电传感型的水位敏感控制器的探头应接受下列试验：

注：试验的目的是为了评价探头绝缘材料在暴露于锅炉条件下的老化情况。

应将3个探头试样放置于制造商规定的最大工作压力和水温下的试验锅炉中进行环境处置10 d。然后，从试验锅炉中取出试样，并除去任何表面污物。

然后，3个经过环境处置的试样和3个未经过环境处置的试样立即接受升压试验，直到发生电介质击穿。

经过环境处置的试样的平均击穿电压应不少于未经过环境处置的试样的击穿电压的50%，并且，应不小于表13.2中的相应值。

14 发热

GB 14536.1的本章除下列内容外适用：

14.4.3.1 不适用。

14.5.1 代替：

控制器按规定方法安装，敏感元件全部浸入水中，水温保持在T_L(表7.2中101项)且处于最大工作压力。试验时，控制器的其余部分处于保持在T_{max}和(T_{max}+5)℃或者T_{max}的1.05倍(取较高者)之间的环境温度下。

15 制造偏差和漂移

GB 14536.1的本章除下列内容外适用：

替代15.2～15.5.5：

对于2型控制器的操作，为了评价使2型控制器动作的水位的偏差和漂移，制造商和检测机构通过协商确定试验方法。

15.6 不适用。

15.6.2 不适用。

15.6.4 不适用。

增加条款：

15.6.101　如果已规定了响应时间，则开始时应测量 T_{max} 和 T_{min} 下的初始响应时间。如果规定了绝对值，那么响应时间应在制造商规定的时间之内。如果规定了范围，那么初始测量的响应时间应在规定的范围之内。

应记录每个试样的测量值，作为基准值，以便在第16章的环境试验和第17章的耐久性试验之后的重复试验中能确定出漂移。重复试验中所测得的漂移值应在初始测量值的5%之内，如果规定了范围，则应在规定的范围之内。

16　环境应力

GB 14536.1 的本章适用。

17　耐久性

GB 14536.1 的本章除下列内容外适用：

17.1.2.1　修改：

通过17.16的试验检查是否符合17.1.1和17.1.2。

17.16　特殊用途控制器的试验

增加条款：

17.16.101　水位切断器

——17.1～17.5(包括17.5)适用。

——17.6 适用于分类为 2 M 型的动作，“X”值根据实际情况尽可能小。

——除必要时通过起动获得复位操作外，17.7 和 17.8 适用。这一起动应如 17.4 对快速的规定，以机械结构允许达到的最快速度，或者如 7.2 中制造商所规定。

——17.9、17.11 和 17.12 不适用。

——17.10 和 17.13 不适用于在 17.7 和 17.8 的自动试验期间进行测试的正常手动复位动作。如果水位切断器有其他在自动动作试验中未被测试的手动动作，则这些分条款适用。

——17.14 适用。

17.16.102　水位限制器

——17.1～17.5(包括17.5)适用。

——17.6 适用于分类为 2 M 型的动作，“X”值根据实际情况尽可能小。

——除必要时通过起动获得复位操作外，17.7 和 17.8 适用。这一起动应如 17.4 对快速的规定，以机械结构允许达到的最快速度，或者如 7.2 中制造商所规定。

——17.9～17.13(包括17.13)不适用。

——17.14 适用。

17.16.103　锅炉进水控制器

——17.1～17.5(包括17.5)适用。

——17.6 适用于分类为 2 M 型的动作，“X”值根据实际情况尽可能小。

——除必要时通过起动获得复位操作外，17.7 和 17.8 适用。这一起动应如 17.4 对快速的规定，以机械结构允许达到的最快速度，或者如 7.2 中制造商所规定。

——17.9 适用。

——17.10～17.13 不适用。

——17.14 适用。

18　机械强度

GB 14536.1 的本章除下列内容外适用：

增加条款：

18.101 水位敏感控制器中承受锅炉压力的那些部件应能承受 1 min 而无破裂，试验水压等于表 7.2 中第 103 项要求规定的最大工作压力的 400%。

浮子操作型水位敏感控制器的浮子部件按表 7.2 中第 105 项要求试验时，应能承受表 7.2 中第 103 项要求规定的最大工作压力的 200%。

通过本条款的试验检查是否合格。

18.101.1 除了电极敏感型的水位敏感控制器外，试验用 1 个试样。

对于电极敏感型的水位敏感控制器，应采用经过 13.101 试验的一个试样。另外，选用另一个未经过试验的，且在烘箱中保持了 30 d 的试样，烘箱的温度保持在表 7.2 中第 101 项所规定的最高水温的 102% 和 105% 之间。

将水位敏感控制器安装在一个装上水的箱体中，并连接到水压泵上，逐渐升高压力，达到规定的最大工作压力的 400%，并保持 1 min。

只要在规定的最大工作压力的 200% 以下时没有发生泄漏，密封垫和配件的泄漏是允许的。

18.101.2 浮子操作型水位敏感控制器的浮子部件按表 7.2 中 105 项的规定试验时，应承受规定的最大工作压力的 200%。

19 螺纹部件及连接

GB 14536.1 的本章适用。

20 爬电距离、电气间隙和穿通绝缘距离

GB 14536.1 的本章适用。

21 耐热、耐燃和耐漏电起痕

GB 14536.1 的本章适用。

22 耐腐蚀性

GB 14536.1 的本章适用。

23 无线电干扰抑制

GB 14536.1 的本章适用。

24 组件

GB 14536.1 的本章适用。

25 正常操作

见附录 H。

26 在电源干扰、磁干扰和电磁干扰下的操作

见附录 H。

27 非正常操作

GB 14536.1 的本章适用。亦见附录 H。

28 电子断开的使用导则

见附录 H。

图

GB 14536.1 的图适用。

附 录

GB 14536.1 的附录除下列内容外适用：

附 录 H
（标准的附录）
电子控制器的要求

GB 14536.1 的本附录除下列内容外适用：

H7 资料

对表 7.2 的修改。

资 料	章、条	方 法
58a 增加 见表 H26.2 的注 1)。 73 承受次级故障分析的控制器和由次级故障的结果而规定的状态。	H27.1.3.101	X
增加要求： 106 操作后水位切断器和限制器的输出状态[101)]。	H26.2.102，H26.2.103，H26.2.104，H26.2.105	X
增加注： 101) 例如，传导或非传导，如果适用。		

H11 结构要求

H11.12 使用软件的控制器

H11.12.8 代替：

注：规定的时间值可以在相应的设备标准中规定。

H11.12.8.1 增加：

注：表 H7.2 中第 72 项要求规定的响应可以在相应的设备标准中规定。

H26 在电源干扰、磁干扰和电磁干扰下的操作

H26.2.3 修改：

删去以“每一试验的适用性……”开始的解释段。

增加：

每一试验后，应采用下列一个或多个判断依据，如表 H26.2 中规定的。

H26.2.101 如果适用，控制器应保持在其当前状态，此后，应继续按第 15 章规定的极限范围内操作。

H26.2.102 控制器应采取表 7.2 中 106 项规定的状态，此后，应按 H26.2.101 的要求操作。

H26.2.103 控制器应采取表 7.2 中 106 项规定的状态，以使它不能自动或手动复位。对于正常操作，输出波形应是正弦的，或者如表 7.2 中 53 项的规定。

H26.2.104 控制器应保持在表 7.2 中 106 项规定的状态中。非自复位型控制器应保证只能手动复位。引起发生切断的水位不再出现后，控制器应按 H26.2.101 的要求操作或应保持在 H26.2.103 规定的状态。

H26.2.105 控制器可以回复到其开始状态，此后应按 H26.2.101 的要求操作。

注：如果控制器处于在表 7.2 中 106 项规定的状态下，则可以复位，但如果引起其操作的水位仍出现的话，应再次采用规定的状态。

H26.2.106 输出和功能应如表 7.2 中 58a 项或 58b 项要求的规定。

表 H26.2

相应的 H26 试验	允许的符合性判断依据					
水位切断器和限制器	H26.2.101	H26.2.102	H26.2.103	H26.2.104	H26.2.105	H26.2.106[1)]
H26.4～H26.12(含 H26.12)	b	B	b	a	a	X
锅炉进水控制器	H26.2.101	H26.2.102	H26.2.103	H26.2.104	H26.2.105	H26.2.106[1)]
H26.8，H26.9	X				X	X
X：除水位切断器外，允许。 a：操作后施加干扰时允许。 b：操作前施加干扰时允许。 1)：该符合判断依据仅用于整体式或装入式控制器，因为输出的可接受性必须在器具中判断。						

H26.3 替代：

H26.4～H26.12(含 H26.12)的试验后，试验应满足第 8 章、17.5 和第 20 章的要求。

H26.4 电源网络中信号电压影响的试验

在考虑中。

H26.5 电源网络中电压降落和短时电压中断的影响试验

H26.5.4 严酷等级

修改：

从第 1 句中删去"最低限度"。

删去注释段。

H26.5.5 试验程序的说明

第 1 注释段不适用。

增加条款：

H26.5.5.101 对于表 7.2 中 106 项规定的控制器，每一试验在控制器处于规定状态下进行 3 次；且在控制器不处于规定状态下进行 3 次。

H26.6 不适用。

H26.7 交流网络中直流的影响试验

注：对水位切断器和限制器，在考虑中。

H26.8 1.2/50 μs～8/20 μs 电压—电流冲击试验

H26.8.5 试验程序

增加：

H26.8.5.101 对于表 7.2 中 106 项规定的控制器，3 次试验在控制器处于规定状态下进行；2 次试验在控制器不处于规定状态下进行。

H26.9 快速瞬时冲击试验

替代注释段：

注[2)]：在加拿大和美国，本试验在考虑中。

---

2) 我国不采用。

增加条款：

H26.9.101　试验程序

控制器经受5次试验。对于表7.2中106项规定的控制器，3次试验在控制器处于规定状态下进行；2次试验在控制器不处于规定状态下进行。

H26.10　环波试验

用注释段代替：

注[3)]：本试验在加拿大和美国适用。

H26.10.5　试验程序

增加：

H26.10.5.101　对于表7.2中106项规定的控制器，3次试验在控制器处于规定状态下进行；2次试验在控制器不处于规定状态下进行。

H26.11　静电放电试验

第8章　代替：

8.2.1　删去第1、第5、第6、第7段、注和第8段以及第9段的第2句，用下列代替：

对所有易触及表面进行放电5次。

对于表7.2中106项规定的控制器，控制器处于规定状态时对其进行2次放电；控制器不处于规定状态时，对其进行3次放电。

易触及部件包括GB 14536.1的8.1.9.5所说明的可拆部件被拆除后是易触及的部件。

在某些国家，易触及部件可以包括在安装和维修期间能被触及的部件。

GB/T 17626.2提供了在接触之前，在空气中释放静电的试验方法。

H26.12　电磁场辐射试验

H26.12.6　试验程序的说明

增加条款：

H26.12.6.101　对于表7.2中106项规定的控制器，在控制器处于规定状态时及在控制器不处于规定状态时，都要进行扫描。

H26.13　合格评定

用H26.2和H26.3的评定依据替代本分条款。

H27　非正常操作

H27.1.2　用下列代替第1行：

控制器应在下列条件下操作。另外，表7.2中106项规定的控制器应在其处于规定状态时和不处于规定状态时进行试验。

增加条款：

H27.1.3.101　对于表7.2中73项规定的控制器，模拟或施加一个故障应引起1)或2)发生：

1)　控制器应在第15章确定的数值范围内继续正常操作。在这种情况下，应施加次级故障，且控制器应在第15章确定的数值范围内继续正常操作或者应引起2)发生；

2)　控制器的输出应采用规定的状态。

增加附录：

3)　我国不采用。

附 录 AA
（规范性附录）
对于独立安装控制器的周期数[a]

类 型	自动动作		人工动作	
	带负载	无负载[b]	带负载	无负载[b]
自复位切断器	100 000	5 000	1 000**	5 000
非自复位切断器	1 000*			
自复位限制器	100 000			
锅炉进水控制器	6 000			

a 17.8 的循环率应是每分钟 6 周期，除非装置的特性需要一个较低循环率。

b 应通过带有敏感电流不超过 0.05 A 的合适装置传感控制器的操作。

* 仅断开。

** 仅接通。

ICS 27.100
F 25

中华人民共和国国家标准

GB/T 14541—2005
代替 GB/T 14541—1993

电厂用运行矿物汽轮机油维护管理导则

Guide for maintenance and supervision of in-service mineral turbine oil used for power plants

(ASTMD 4378:1997,Standard practice for in-service monitoring of mineral turbine oils for steam and gas turbines,NEQ)

2005-02-06 发布　　　　2005-12-01 实施

中华人民共和国国家质量监督检验检疫总局
中国国家标准化管理委员会　发布

前言

本标准是对 GB/T 14541—1993《电厂运行中汽轮机用矿物油维护管理导则》进行修订。该标准已实施了十多年，对运行中矿物汽轮机油的维护管理发挥了重要的作用，并积累了许多新的经验。随着电力工业的发展，高参数的大机组成了各地电网的骨干，从而也对矿物汽轮机油的质量和维护管理水平提出了更高的要求，因而有必要对该标准的内容进行相应的修订。

本标准的修订是参照 ASTMD 4378：1997，并结合对国内部分电厂的汽轮机油使用维护情况的调研而进行修订。本标准与 ASTMD 4378：1997 的一致性程度为非等效。

主要修订内容有：

1. 增加了燃气轮机油的内容；
2. 增加了油系统的清洁清洗内容；
3. 增加了油洁净度、泡沫试验和空气释放值的控制指标；
4. 将油系统冲洗的技术措施作为标准的附录列入附录 D 中；
5. 对闪点、破乳化度、水分含量及粘度指标作了修订；
6. 增加了汽轮机严重度的内容。

本标准的附录 A、附录 B、附录 C、附录 D 和附录 E 是资料性附录。

本标准由中国电力企业联合会提出。

本标准由国电热工研究院归口。

本标准主要起草单位：国电热工研究院、湖南省电力试验研究所、湖北省电力试验研究院。

本标准主要起草人：孙坚明、李荫才、郝汉儒。

本标准自实施之日起代替 GB/T 14541—1993。

电厂用运行矿物汽轮机油维护管理导则

1 范围

本标准规定了电厂汽轮机、水轮机和燃气轮机系统用于润滑和调速的矿物汽轮机油的维护管理；调相机及给水泵等电厂设备所用的矿物汽轮机油的维护管理，也可参照执行。

本标准适用于电厂汽轮机、水轮机和燃气轮机系统用于润滑和调速的矿物汽轮机油的维护管理。

本标准不适用于各种用于汽轮机润滑和调速的非矿物质的合成液体。

2 规范性引用文件

下列文件中的条款通过本标准的引用而成为本标准的条款。凡是注日期的引用文件，其随后所有的修改单(不包括勘误的内容)或修订版均不适用于本标准，然而，鼓励根据本标准达成协议的各方研究是否可使用这些文件的最新版本。凡是不注明日期的引用文件，其最新版本适用于本标准。

GB/T 264 石油产品酸值测定法

GB/T 265 石油产品运动粘度测定法

GB/T 267 石油产品闪点与燃点测定法(开口杯法)

GB/T 7596 电厂用运行中汽轮机油质量标准

GB/T 7597 电力用油取样方法

GB/T 7600 运行中变压器油水分含量测定法(库仑法)

GB/T 7602 运行中汽轮抗油、变压器油 T501 抗氧化剂含量测定法(分光光度法)

GB/T 7605 运行中汽轮机油破乳化度测定法

GB 11120 L-TSA 汽轮机油

GB/T 11143 加抑制剂矿物油在水存在下防锈性能试验法

GB/T 12579 润滑油泡沫特性测定法

DL/T 429.2 颜色测定法

DL/T 429.7 油泥析出测定法

DL/T 705 运行中氢冷发电机用密封油质量标准

DL/T 5011 电力建设施工及验收技术规范——汽轮机篇

SD/T 313 油中颗粒数及尺寸分布测量方法(自动颗粒计数仪法)

SH/T 0308 润滑油空气释放值测定法

3 汽轮机油运行寿命的影响因素和汽轮机严重度

3.1 汽轮机油运行寿命的影响因素

3.1.1 系统的设计和类型

汽轮机润滑系统大多数型式是用主油泵直接将油压出进入润滑系统。其余组成部分为储油箱、油冷却器、滤网、油管道和旁路净化装置或过滤设备等。

主油箱：油在主油箱内的滞留时间至少要有 8 min。可用加隔板的办法在主油箱内形成一个狭长的通道，设计上还应尽量减小回油进口处的紊流。

润滑油管道：润滑油管道必须严密、结实可靠。要求最大限度地减少污染和泄漏，以及避免外在热源对局部油管道加热；并要为检查、清理和冲洗创造条件。

旁路净化装置：旁路净化装置应该连续运行，以减少油中杂质的积累和达到可接受的洁净度水平。

3.1.2 油系统投运前的条件

新机组投运前，润滑系统存在的焊渣、碎片、砂粒等杂物，应彻底清除干净。应按本标准8.2要求在基建安装时对润滑系统每个部件预先清洗过并加强防护措施，防止腐蚀和污染物的进入。在现场放置期间要保持润滑油系统内部表面清洁、安装部件时要使系统开口最小、减少和避免污染。机组启动前，还应按本标准8.3要求，对油系统所有区域再次进行彻底检查与清理，然后对系统采用大流量油冲洗方式，使油系统洁净度达到规定要求。

3.1.3 原始油的质量

3.1.3.1 选用的汽轮机油应满足GB 11120的规定或者按汽轮机制造厂所规定的油质标准。

3.1.3.2 应从油供应商处索要完整的试验数据。新油购进后，对油样进行全面的质量验收，验收报告应移交运行部门。

3.1.4 系统的运行条件

3.1.4.1 油箱油温应维持在较低温度(＜60℃)运行。

3.1.4.2 在高温条件下，特别是燃气轮机中会加速热氧化裂解，生成各种树脂状物质和产生难溶的沉积物。应加强运行油的监督，减少局部过热点的存在。

3.1.5 污染

3.1.5.1 在机组启动前或油系统检修时，应采用机械方法清除杂物，然后用大流量油冲洗方式，循环过滤，并采用变温冲洗方式使油中杂质含量达到规定要求。

3.1.5.2 应使用旁路净化装置等过滤设备，将水分、金属锈蚀颗粒和油的劣化产物消除掉。

3.1.6 补油率

正常情况下，汽轮机油的补油率每年应小于10%。

3.1.7 油中添加剂的损失

应按本标准8.6要求必要时补加T501抗氧化剂和T746防锈剂，但不允许添加未经长期实践证明其效果的其他类型的添加剂。

3.1.8 颜色的变化

油的颜色发暗应是一种预警信号，必须加强监督。

3.1.9 水分含量

当运行油外状出现浑浊或油中含水量超过规定值时，应即查明原因，并应按本标准8.5条规定对油进行脱水处理。

3.1.10 油的洁净度

油中不允许有磨损固体颗粒存在。运行中应定期的检查油中的洁净度，并严格控制在NAS1638分级标准等级中的8级及以下(参见附录A)。

3.2 汽轮机的严重度

“汽轮机严重度”被定义为：油每年丧失的抗氧化能力占原有新油抗氧化能力的百分率。汽轮机严重度是对汽轮机油运行寿命影响因素的综合评价。汽轮机严重度的测定和计算参见附录B。

4 取样

4.1 盛装样品容器

所取样品应盛装在1 000 mL左右的磨口具塞的棕色玻璃容器(瓶)中，并应符合下述要求：

——样品容器应按顺序用洗涤液、自来水冲洗干净后，最后用去离子水(或蒸馏水)冲洗干净，放入105℃烘箱中干燥二小时，冷却后盖紧瓶塞备用；

——样品容器应能满足样品存放的要求。如无盖容器或无色透明玻璃容器是不适于样品存放要求，应用磨口具塞的棕色玻璃容器存放样品；

——样品对材料稳定性的要求：非玻璃的样品容器应使用耐油的材料(包括衬垫)。铝箔制成的瓶盖衬垫是符合要求的材料。

4.2 新油交货时的取样

4.2.1 新油以桶装形式交货时，取样桶数和方法应按 GB/T 7597 方法进行。应从可能污染最严重的底部取样，必要时可抽取上部油样；如怀疑大部分桶装油有不均匀现象时，应对每桶油逐一取样，并应核对每桶的牌号、标志，同时对每桶油进行外观检查。

4.2.2 对以油槽车方式交货时，应从下部阀门处取样。取样时应先擦净阀门处导管。必要时还应抽检上、中部的油样。

4.2.3 若油品是船装交货，有时应从专用船装油箱中取样，而大多数的样品则是用外接软管小心取样或至少应从船舱下部取样。由于船舱底部阀门的管道中有可能有残留物污染的成分存在，所以取样量应大。

当在分隔开的船舱中装有不同的产品或以前装过不同的产品而没有进行过彻底的清洁或冲洗时应加强取样分析。

4.2.4 用外接软管取样或从油箱底部的阀门导管处取样，应在取样前将这些管道用油冲洗后才能进行，同时取样时应维持一定的流速。

4.2.5 样品的保存：如果分析试验不是马上进行，则所取样品应避光放置在阴凉通风的地方保存。

4.2.6 新油验收，一般应取二份以上样品，除试验所需用量外，应保留存放一份以上样品，以备复核或仲裁用。

4.3 正常运行中取样技术

4.3.1 正常的运行监督试验，应从冷油器出口取样；日常检查油中杂质和水分时，应从油箱底部取样；当系统进行冲洗时，应增设管道中的取样点。

4.3.2 从回油母管中取样时，要求管道中的油应能自由流动而没有死角。取样前，取样口应用油进行冲洗，冲洗用的油量取决于取样管道的长度和直径。冲洗油应收集倒入废油桶统一处置。

4.3.3 样品的异常情况

若发现所取样品有异常情况时，应从不同的位置上再次取样，以跟踪污染物的来源或查找其他原因。

出现下述几种情况的样品不具有代表性：

——如果所取样品与系统中油温度相差较大，说明取的是死角处的油；

——从系统中的窥视窗看，油液是一种颜色或透明的，而取出来的油样的颜色或透明度却不相同；

——取自储油箱的样品，在同一温度下而粘度不相同。

4.4 样品标签

在正确取样的同时，样品容器上的标签应包括下述内容：

——单位名称；

——机组编号；

——汽轮机油牌号；

——取样部位；

——取样日期：

——取样人；

——备注。

5 新油的检验

5.1 新油交货时的监督与验收

5.1.1 在新油交货时，应对接收的油品进行监督，防止出现差错或交货时带入污染物。

5.1.2 所有的油品应及时检查外观，对于国产新汽轮机油应按 GB 11120 标准验收。

5.1.3 也可按有关国际标准或按 ISO 8068 验收，或按双方合同约定的指标验收。验收试验应在设备注油前全部完成。

5.2 新油注入设备后的试验程序

5.2.1 当新油注入设备后进行系统冲洗时，应在连续循环中定期取样分析，直至油中洁净度经检查达到 NAS 1638 标准中 7 级的要求，方能停止油系统的连续循环。

5.2.2 在新油注入设备或换油后，应在经过 24 h 循环后，取约 4 L 样品按 6.1.1 的要求检验。用这些样品的分析结果作基准，同以后的试验数据进行比较。若新油和 24 h 循环后的样品之间能鉴别出有质量上的差异，就应进行调查，寻找原因并消除。

6 运行汽轮机油的监督

6.1 新机组投运前及投运一年内的检验

6.1.1 汽轮机油的检验及周期

新油注入设备后的检验项目和要求：

油样：经循环 24 h 后的油样，并保留 4 L 油样；

外观：清洁、透明；

颜色：与新油颜色相似；

粘度：应与新油结果相一致；

酸值：同新油；

水分：无游离水存在；

洁净度：≤NAS 7 级；

破乳化度：同新油要求；

泡沫特性：同新油要求。

表 1 列出了大容量新汽轮机组在投运后一年内的检验项目和时间间隔。

表 1 汽轮机组（100 MW 及以上）投运 12 个月内的检验项目及周期

项目	外观	颜色	粘度	酸值	闪点	水分	洁净度	破乳化时间	防锈性	泡沫特性	空气释放值
检验周期	每天	每周	1～3个月	每月	必要时	每月	1～3个月	每 6 个月	每 6 个月	必要时	必要时

6.1.2 燃气轮机油的检验及周期

新油注入设备后的检验项目和要求：

油样：经循环 24 h 后的油样，并保留 4L 油样；

颜色：与新油颜色相似；

外观：清洁、透明；

粘度：与新油结果相一致；

酸值：同新油；

洁净度：符合 NAS 7 级；

RBOT 试验：应与新油相一致。

表 2 列出了燃气轮机在投运 6 个月内的检验和要求。

6.2 正常运行期间的控制及检验周期

表 3 列出了运行中汽轮机油质量指标及检验周期；

表 4 列出了燃气轮机油质量指标及检验周期。

表 2　燃气轮机在投运 6 个月内的检验项目及周期

检验项目	外观	颜色	粘度	酸值	洁净度	RBOT 试验
检验周期	100 h	200 h	500 h	500 h	500 h	2 000 h
控制标准	清洁、透明	无异常变化	不超出新油±10%	增加值不大于 0.2	≤NAS 7 级	不低于新油的 25%

注 1：检验周期为机组实际运行时间的累计小时数。
注 2：RBOT 试验方法见附录 C。

表 3　运行中汽轮机油的质量指标及检验周期

项　目	设备规范	GB/T 7596 质量指标	建议指标和周期		试验方法
外　观[a]		透明	透明，无机械杂质	每周	目测
颜　色			无异常变化	每周	目测
运动粘度(40℃) mm^2/s*		与新油原始值相差≤20%	与新油原始值相差<±10%	6 个月	GB/T 265
闪点(开口) ℃[b]		与新油原始值相比不低于 15℃	同左	必要时	GB/T 267
洁净度，级[c]*		250 MW 及以上报告	NAS，≤8	3 个月	SD/T 313
酸　值 mg KOH/g		未加防锈剂≤0.2 加防锈剂≤0.3	同左	3 个月	GB/T 264
锈蚀试验		无锈	同左	6 个月	GB/T 11143
破乳化度 min*		≤60	≤30	6 个月	GB/T 7605
水分*		200 MW 及以上≤100 mg/L	氢冷却机组≤80 mg/kg	3 个月	GB/T 7600
		200 MW 以下≤200 mg/L	非氢冷却机组≤150 mg/kg 水轮机(水岛部分除外)		
起泡沫试验 mL*		250 MW 及以上报告	200 MW 及以上≤500/10	每年或必要时	GB/T 12579
空气释放值 min*		250 MW 及以上报告	200 MW 及以上≤10	必要时	SH/T 0308

注 1：机组在大修后和启动前，应进行全部项目的检测。
注 2：辅助设备用油及水轮机用油按上述标准参照执行。
注 3：密封油按 DL/T 705 执行。
注 4：凡标明“*”的项目，导则作为建议指标。

a　如外观发现不透明，则应检测水分和破乳化度。
b　如怀疑有污染时，则应测定闪点、破乳化度、起泡沫试验和空气释放值。
c　对于汽轮机润滑系统与调速系统共用一个油箱，此时油中洁净度指标应按厂商的要求执行。

表 4　燃气轮机油正常运行期间质量指标及检验周期

项　目	质量指标	试验方法	检验周期
外　观	清洁透明	目测	100 h
颜　色	无异常变化	DL/T 429.2	200 h

表 4(续)

项　目	质量指标	试验方法	检验周期
粘度(40℃) mm^2/s	不超出新油±10%	GB/T 265	500 h
酸值 mg KOH/g	≤0.4	GB/T 264	500 h~1 000 h
洁净度	≤NAS 8 级	SD/T 313	1 000 h
RBOT(残余氧化能力)	不比新油低 75%	注	2 000 h
T501 含量	不比新油低 25%	GB/T 7602	2 000 h
注：RBOT 试验方法见附录 C。			

6.3 检验周期的说明

正常的检验周期是基于保证机组安全运行而确定的。但对于机组检修后的补油、换油以后的试验则应另行增加检验次数；如果试验结果指出油已变坏或接近它的运行寿命终点时，则检验次数应增加。

6.4 试验结果与措施

试验数据的解释及推荐的相应措施见表 5。保存试验数据的准确记录，用于同以前的结果进行比较。试验数据的解释还应考虑到补油(注油)或补加防锈剂等因素及可能发生的混油等情况。

表 5　运行中汽轮机油试验数据解释及推荐措施

项　目	警戒极限	原因解释	措 施 概 要
外　观	1. 乳化不透明，有杂质； 2. 有油泥	1. 油中含水或有固体物质； 2. 油质深度劣化	1. 调查原因，采取机械过滤； 2. 投入油再生装置或必要时换油
颜　色	迅速变深	1. 有其他污染物； 2. 油质深度老化	找出原因，必要时投入油再生装置
酸　值 mg KOH/g	增加值超过新油 0.1~0.2 时	1. 系统运行条件恶劣； 2. 抗氧化剂耗尽； 3. 补错了油； 4. 油被污染	查明原因，增加试验次数；补加 T501 投入油再生装置；有条件单位可测定 RBOT，如果 RBOT 降到新油原始值的 25% 时，可能油质劣化，考虑换油
闪点(开口) ℃	比新油高或低出 15℃ 以上	油被污染或过热	查明原因，并结合其他试验结果比较，并考虑处理或换油
粘度(40℃) mm^2/s	比新油原始值相差 ±10%以上	1. 油被污染； 2. 补错了油； 3. 油质已严重劣化	查明原因，并测定闪点或破乳化度，必要时应换油
锈蚀试验	有轻锈	1. 系统中有水； 2. 系统维护不当(忽视放水或油已呈乳化状态)； 3. 防锈剂消耗	加强系统维护，并考虑添加防锈剂
破乳化度 min	>30	油污染或劣化变质	如果油呈乳化状态，应采取脱水或吸附处理措施

表 5(续)

项　目	警戒极限	原因解释	措　施　概　要
水　分 mg/kg	氢冷机组＞80 非氢冷机组＞150 时	1. 冷油器泄漏； 2. 轴封不严； 3. 油箱未及时排水	检查破乳化度，并查明原因；启用过滤设备，排出水分。并注意观察系统情况消除设备缺陷
洁净度 NAS 级	＞8	1. 补油时带入的颗粒； 2. 系统中进入灰尘； 3. 系统中锈蚀或磨损颗粒	查明和消除颗粒来源，启动精密过滤装置清洁油系统
起泡沫试验 mL	倾向＞500 稳定性＞10	1. 可能被固体物污染或加错了油； 2. 在新机组中可能是残留的锈蚀物的妨害所致	注意观察，并与其他试验结果比较；如果加错了油应更换纠正；可酌情添加消泡剂，并开启精滤设备处理
空气释放值 min	＞10	油污染或劣化变质	注意观察，并与其他试验结果相比较，找出污染原因并消除
注：表中除水分和锈蚀二个试验项目外，其余项目均适用于燃气轮机油。			

7　油的相容性(混油)

7.1　需要补充油时，应补加与原设备相同牌号及同一添加剂类型的新油，或曾经使用过的符合运行油标准的合格油品。补油前应先进行混合油样的油泥析出试验(按 DL/T 429.7 油泥析出测定法)，无油泥析出时方可允许补油。

7.2　参予混合的油，混合前其各项质量均应检验合格。

7.3　不同牌号的汽轮机油原则上不宜混合使用。在特殊情况下必须混用时，应先按实际混合比例进行混合油样粘度的测定后，再进行油泥析出试验，以最终决定是否可以混合使用。

7.4　对于进口油或来源不明的汽轮机油，若需与不同牌号的油混合时，应先将混合前的单个油样和混合油样分别进行粘度检测，如粘度均在各自的粘度合格范围之内，再进行混油试验。混合油的质量应不低于未混合油中质量最差的一种油，方可混合使用。

7.5　试验时，油样的混合比例应与实际的比例相同；如果无法确定混合比例时，则试验时一般采用1∶1比例进行混油。

7.6　矿物汽轮机油与用作润滑、调速的合成液体(如磷酸酯抗燃油)有本质上的区别，切勿将两者混合使用。

8　汽轮机油维护

8.1　库存油的维护措施

8.1.1　库存油管理应严格做好油的入库、储存和发放三个环节。

——对新购进的油，须先验明油种、牌号，并按新油的相关标准检验油质是否合格。经验收合格后的油入库前须经过滤净化合格后，方可注入备用油罐。

——库存备用的新油和合格的油，应分类、分牌号、分质量进行存放。所有的储油桶、油罐必须标志清楚，挂牌建帐，并应做到帐物相符，定期盘点无误。

——严格执行库存油的油质检验。除按规定对每批入库、出库油作检验外，还要加强库存油移动时的检验与监督。油的移动包括倒罐、倒桶以及原来存有油的容器内再进入新油等。凡是油在移动前后均应进行油质检验，并作好记录，以防油的错混与污染。对长期储放的备用油，应定期(一般 3～6 个月)检验，以保持油质处于合格的备用状态。

——防止油在储存和发放过程中发生污染变质。

8.1.2 油桶、油罐、管线、油泵以及计量、取样工具等必须保持清洁，一旦发现内部积水、脏污或锈蚀以及接触过不同油品或不合格油时，均须及时清除或清洗干净。

8.1.3 尽量减少倒罐、倒桶及油移动次数，避免油品意外的污染。

8.1.4 经常检查管线、阀门开关情况，严防串油、串汽和串水。

8.1.5 准备再生的污油、废油，应用专门容器盛装并单独库房存放，其输油管线与油泵均与合格油品严格分开。

8.1.6 油桶应严密上盖，防止进潮并避免日晒雨淋，油罐装有呼吸器并经常检查和更换吸潮剂。

8.2 油系统在基建安装阶段的维护

8.2.1 对制造厂供货的油系统设备，交货前应加强对设备的监造，以确保油系统设备尤其是具有套装式油管道内部的清洁。验收时，除制造厂有书面规定不允许解体者外，一般都应解体检查其组装的清洁程度，包括有无残留的铸砂、杂质和其他污染物，对不清洁部件应一一进行彻底清理。

8.2.2 清理常用方法有人工擦洗、压缩空气吹洗、高压水力冲洗、大流量油冲洗、化学清洗等。清理方法的选择应根据设备结构、材质、污染物成分、状态、分布情况等因素而定。擦洗只适于清理能够达到的表面，对清除系统内分布较广的污染物常需用冲洗法；对牢固附着在局部受污表面的清漆、胶质或其他不溶解污垢的清除，需用有机溶剂或化学清洗法。如果用化学清洗法，事前应同制造厂商议，并做好相应措施准备。

8.2.3 对油系统设备验收时，要注意检查出厂时防护措施是否完好。在设备停放与安装阶段，对出厂时有保护涂层的部件，如发现涂层起皮或脱落，应及时补涂，保持涂层完好；对无保护涂层的铁质部件，应采用喷枪喷涂防锈剂(油)保护。对于某些设备部件，如果采用防锈剂(油)不能浸润到全部金属表面，可采用(或联合采用)气相防锈剂(油)保护。实施时，应事先将设备内部清理干净，放入的药剂应能浸润到全部且有足够余量，然后封存设备，防止药剂流失或进入污物。对实施防锈保护的设备部件，在停放期内每月应检查一次。

8.2.4 油系统在清理与保护时所用的有机溶剂、涂料、防锈剂(油)等，使用前须检验合格，不含对油系统与运行油有害成分，特别是应与运行油有良好的相容性。有机溶剂或防锈剂在使用后，其残留物可被后续的油冲洗清除掉而不对运行油产生泡沫、乳化或破坏油中添加剂等不良后果。

8.2.5 油箱验收时，应特别注意检查其内部结构是否符合要求，如隔板和滤网的设置是否合理、清洁、完好，滤网与框架是否结合严密，各油室间油流不短路等，保证油箱在运行中有良好的除污能力。油箱上的门、盖和其他开口处应能关闭严密。油箱内壁应涂有耐油防腐漆，漆膜如有破损或脱落，应补涂。油箱在安装时作注水试验后，应将残留水排尽并吹干，必要时用防锈剂(油)或气相防锈剂保护。

8.2.6 齿轮装置在出厂时，一般已对减速器涂上了防锈剂(油)，而齿轮箱内则用气相防锈剂保护。安装前，应定期检查其防护装置的密封状况，如有损坏应立即更换，如发现防锈剂损失，应及时补加并保持良好密封。

8.2.7 阀门、滤油器、冷油器、油泵等验收检查时，如发现部件内表面有一层硬质的保护涂层或其他污物时，应解体用清洁(过滤)的石油溶剂清洗，但禁用酸、碱清洗。清洗干净后用干燥空气吹干，涂上防锈剂(油)后安装复原，并封闭存放。

8.2.8 为防止轴承因意外污染而造成损坏，安装前应特别注意对轴承箱上的铸造油孔、加工油孔、盲孔、轴承箱内装配油管以及与油接触的所有表面，应彻底清除杂物、污物，清理后用防锈油或气相防锈剂保护，并对开口处密封。

8.2.9 对制造厂组装成件的套装油管，安装前仍须复查组件内部的清洁程度，有保护涂层者还应检查涂层的完好与牢固性。现场配制的管段与管件安装前须经化学清洗合格，并吹干密封。已经清理完毕的油管不得再在上面钻孔、气割或焊接，否则必须重新清理、检查和密封。油系统管道未全部安装接通前，对油管敞开部分应临时密封。

8.3 油系统的冲洗

8.3.1 新机组在安装完成后、投运之前必须进行油系统冲洗。油系统冲洗技术要求参见附录D,将油系统全部设备和管道冲洗达到合格的洁净度。

8.3.2 运行机组油系统的冲洗,其冲洗操作与新机组基本相同,但由于新旧机组油系统中污染物成分、性质与分布状况不完全相同,因此冲洗工艺应有所区别。新机组应强调系统设备在制造、贮运和安装过程中进入污染物的清除,而运行机组油系统则应重视在运行和检修过程中产生或进入的污染物的清除。

8.3.3 为了提高油系统的冲洗效果,在冲洗工艺上,首先要求冲洗油应具有较高的流速,应不低于系统额定流速的二倍,并且在系统回路的所有区段内冲洗油流都应达到紊流状态。要求提高冲洗油的温度,以利于提高清洗效果,并适当采用升温与降温的变温操作方式。

在大流量冲洗过程中,应按一定时间间隔从系统取油样进行油的洁净度分析,直到系统冲洗油的洁净度达到NAS分级标准的7级。

8.3.4 对于油系统内某些装置,系统在出厂前已进行组装、清洁和密封的则不参与冲洗。为严防在冲洗中进入污染物,冲洗前应将其隔离或旁路,直到其他系统部分达到清洁为止。

8.4 运行油系统的防污染控制

8.4.1 运行中的防污染控制

对运行油油质进行定期检测的同时,应重点将汽机轴封和油箱上的油气抽出器(抽油烟机)以及所有与大气相通的门、孔、盖等作为污染源来监督。当发现运行油受到水分、杂质污染时,应检查这些装置的运行状况或可能存在的缺陷,如有问题应及时处理。为防止外界污染物的侵入,在机组上或其周围进行工作或检查时,应做好防护措施,特别是在油系统上进行一些可能产生污染的作业时,要严格注意不让系统部件暴露在污染环境中。为保持运行油的洁净度,应对油净化装置进行监督,当运行油受到污染时,应采取措施提高净油装置的净化能力。

8.4.2 油转移时的防污染控制

当油系统某部分检修、系统大修或因油质不合格换油时,都需要进行油的转移。如果从系统内放出的油还需再使用时,应将油转移至内部已彻底清除的临时油箱。当油从系统转移出来时,应尽可能将油放尽,特别是将油加热器、冷油器与油净化装置内等含有污染物的大量残油设法排尽。放出的全部油可用大型移动式净油机净化,待完成检修后,再将净化后的油返回到已清洁的油系统中。油系统所需的补充油也应净化合格后才能补入。

8.4.3 检修时防污染控制

油系统放油后应对油箱、油管道、滤油器、油泵、油气抽出器、冷油器等内部的污染物进行检查和取样分析,查明污染物成分和可能的来源,提出应采取的措施。

8.4.4 油系统清洁

对污染物凡能够达到的地方必须用适当的方法进行清理。清理时所用的擦拭物应干净、不起毛,清洗时所用有机溶剂应洁净,并注意对清洗后残留液的清除。清理后的部件应用洁净油冲洗,必要时需用防锈剂(油)保护。清理时不宜使用化学清洗法,也不宜用热水或蒸汽清洗。

8.4.5 检修后油系统冲洗

检修工作完成后油系统是否进行全系统冲洗,应根据对油系统检查和油质分析后综合考虑而定。如油系统内存在一般清理方法不能除去的油溶性污染物及油或添加剂的降解产物时,采用全系统大流量冲洗常有必要。其次,某些部件,在检修时可能直接暴露在污染环境下,如果不采用全流量净化,一些污染物还来不及清除就可能从这一部件转移到其他部件。另外,还应考虑污染物种类,更换部件自身的清洁程度以及检修中可能带入的某些杂质等。如果没有条件进行全系统冲洗,至少应考虑采用热的干净运行油对这些检修过的部件及其连接管道进行冲洗,直至洁净度合格为止。

8.5 油净化处理

8.5.1 油净化处理在于随时清除油中颗粒杂质和水分等污染物,保持运行油洁净度在合格水平。

8.5.2 机械过滤器(滤油器)包括滤网式、缝隙式、滤芯式和铁磁式等类型,其截污能力决定于过滤介质的材质及其过滤孔径。金属质滤材包括筛网、缝隙板、金属颗粒或细丝烧结板(筒)等,其截留颗粒的最小直径约在 20 μm～1 500 μm,其过滤作用是对机械杂质的表面截留。非金属滤料包括滤纸、编织物、毛毡、纤维板压制品等,其截留颗粒的最小直径约为 1 μm～50 μm,对清除机械杂质兼有表面和深层截留作用,还对水分与酸类有一定吸收或吸附作用。但非金属滤元的机械强度不及金属滤元,只能一次性使用,用后废弃换新。国际上,常用 $\beta_{\mu m}$ 值评价过滤器的截污能力。β 值愈高净化效率愈好,一般要求不同精度过滤器 β 值应大于 75,它对于精密滤元的选用尤为重要。

注:$\beta_{\mu m}$ 值表示过滤器进油处油中某一尺寸颗粒数目与出口处油中同样尺寸颗粒数目之比。

8.5.3 重力沉降净油器主要由沉淀箱、过滤箱、贮油箱、排油烟机、自动抽水器和精密滤油器等组成。这种净油器由于具有较大油容积,对油中水分、杂质兼有重力分离和过滤净化作用,因此特别适合运行系统采用,也可用于离线处理,可减轻其他净油装置的除污负担。

8.5.4 离心分离式净油机是借具有碟形金属片的转鼓,在高速旋转(6 000 r/min～9 600 r/min)下产生的离心力,使油中水分、杂质与油分开而被清除掉。对于油中悬浮杂质,其分离程度与油的粘度、油与杂质的密度差等因素有关。当运行条件良好时,可除去油中部分的颗粒杂质和大部分水分。

使用中为防止油氧化,油温应不大于 60℃,但当油温过低时(低于 15℃)则应适当提高油温。

8.5.5 水分聚集/分离净油器是采用特制纤维滤芯,可将油中分散的细水滴凝聚成大水滴,油则通过一特制的憎水性隔膜而将水滴阻挡在外,使水滴落到净油器底部排出。为防止颗粒物被截流在聚集器滤芯影响水的聚集,装置的进口处设有颗粒预滤器。

8.5.6 真空脱水净油器由过滤器、加热器、真空室等组成。将湿油(油温 38℃～82℃)在真空度为 33 kPa～16 kPa 的真空室内进行喷射或淋洒,借真空作用将油中水分蒸发、抽出、凝结而脱除。在运行条件良好时,可将油中水分降低,其中油中溶解水分可得到部分清除。但油中组分(包括添加剂)会有所损失。

8.5.7 吸附净油器采用活性的过滤介质,如硅胶、活性氧化铝、高岭土等,借净油器的渗滤吸附作用,可除去油中氧化产物,但也会同时除去油中某些添加剂,甚至会改变基础油的化学组成。对使用磷酸酯抗燃油的液压调节系统,常采用有吸附净油器的旁路净化系统进行除酸,同时油中游离水分可得到部分清除。

8.5.8 不同型式的油净化装置都有各自的局限性。因此,大容量机组油净化系统常选用具有综合功能的净油装置,且要求所用的油净化装置与油系统及其运行油应有良好的相容性。

8.5.9 油净化系统的配置方式常用的有全流量净化、旁路净化和油槽净化三种。全流量净化是获得与维持油洁净度最有效的方式,但常会受到过滤工序的制约。对于旁路净化,虽其效率不如全流量净化,但易于安装,可连续使用,不会受到运行限制。旁路净化效率与旁路分流流量比率有关,分流比越高,对污染物清除效率越高。旁路分流比率一般为 10%～75%。

油槽净化方式不适用于运行系统。但当运行油在主油箱与贮油系统之间进行转移时,常需要油槽净化方式。

8.5.10 油净化系统与油系统的连接方式,应考虑有利于向机组提供最纯净的油;当油净化系统或管路事故可能危及机组安全时,能提供最大的保护。另外,还要能最大限度地延长净化装置滤芯的使用寿命。连接方式应力求做到合理化。

8.6 油品添加剂

8.6.1 油品添加剂是油质防劣的一项有效措施。油品添加剂种类繁多,对于矿物汽轮机油,目前适合运行油使用的主要有抗氧化剂和金属防锈剂二类。为确保机组的安全运行,汽轮机油中严禁添加诸如抗磨剂之类的其他类型添加剂。

8.6.2 添加剂对运行油和油系统应有良好的相容性,对油的其他使用性能无不良影响;对油系统金属及其他材质无侵蚀性等等。

8.6.3 为提高添加剂使用效果，除正确选用添加剂外，还应加强运行油的有关监督与维护，包括油中添加剂含量测定，油系统污染控制，补加添加剂等工作。

8.6.4 T501抗氧化剂适合在新油(包括再生油)或轻度老化的运行油中添加使用。其有效剂量，对新油、再生油一般为0.3%～0.5%，对运行油，应不低于0.15%，当其含量低于规定值时，应进行补加。运行油添加(或补加)抗氧化剂应在设备停运或补充新油时进行。添加前，运行油须经净化，除去水分、油泥等杂质，添加后应对运行油循环过滤，使药剂与油混合均匀，并对运行油油质进行检测，以便及时发现异常情况。

8.6.5 T746防锈剂是常用的一种金属防锈剂，对矿物汽轮机油的有效剂量一般为0.02%～0.03%。T746防锈剂还可与T501抗氧化剂复配使用，称为1[#]复合添加剂。

运行油系统在第一次添加防锈剂或使用防锈汽轮机油时，应将油系统各部分彻底清扫或冲洗干净，添加后应对运行油循环过滤，使药剂与油混合均匀。在对运行油定期检测中，应作液相锈蚀试验，如发现不合格，则说明防锈剂已消耗，应在机组检修时进行补加，补加量控制在0.02%。含T501和T746的复合添加剂，应按机组实际油量与生产厂出具的复合添加剂的浓度经计算后的添加量在运行中进行添加。

8.6.6 T501抗氧化剂与T746防锈剂的药剂质量应按附录E进行验收合格，并注意药剂的保管，以防变质。

9 技术管理与安全要求

9.1 应根据实际情况，建立有关技术档案和技术资料。

——主要用油设备台帐：包括设备铭牌上的主要规范、油种、油量、油净化装置配备情况、设备投运日期等记录。

——主要用油设备运行油的质量检查台帐：包括换油、补油和防劣措施、运行油处理等情况记录。

——主要用油设备大修检查情况记录。

——旧油、废油回收处置或再生处理记录。

——库存备用油及油质检验台帐：包括油种、牌号、油量及油品转移等情况记录。

——汽(水)轮机油系统图、油库、油处理站设备系统图等。

9.2 油库、油处理站设计必须符合消防与工业卫生、环境保护等有关要求。油罐安装间距及油罐与周围建筑物的距离，应具有足够的防火间距且应设置油罐防护堤。为防止雷击和静电放电，油罐及其连接管线，应装设良好的接地装置，必需的消防器材和通风、照明、含油污的废水处理等设施均应合格齐全。油再生处理站还应根据环境保护规定，妥善处理油再生时的废渣、废气、残油和污水等，以防污染环境。

9.3 油库、油处理站及其所辖储油区，应严格执行防火防爆制度，杜绝油的渗漏和泼洒，地面油污应及时清除，严禁烟火。对使用过的沾油棉织物及一切易燃易爆物品均应清除干净。油罐输油操作应注意防止静电放电。查看油罐油箱时，应使用低压安全行灯并注意通风等。

9.4 从事接触油料工作必须注意有关保健防护措施，尽量避免吸入油雾或油蒸汽；避免皮肤长时间过多地与油接触，必要时需带防护手套及围裙，操作前也可涂抹适当的护肤膏，操作完后及饭前应将皮肤上的油污清洗干净，油污衣物应经常清洗等。

附　录　A
（资料性附录）
有关油的洁净度分级标准

A.1　美国航空航天工业联合会(AIA)公布的 NAS 1638(1992 年修订)标准见表 A.1

表 A.1　NAS 1638(1992 年修订)油的洁净度分级标准

分级（颗粒数/100 mL）	颗粒尺寸/μm				
	5～15	15～25	25～50	50～100	>100
00	125	22	4	1	0
0	250	44	8	2	0
1	500	89	16	3	1
2	1000	178	32	6	1
3	2000	356	63	11	2
4	4000	712	126	22	4
5	8000	1425	253	45	8
6	16000	2850	506	90	16
7	32000	5700	1012	180	32
8	64000	11400	2025	360	64
9	128000	22800	4050	720	128
10	256000	45600	8100	1440	256
11	512000	91200	16200	2880	512
12	1024000	182400	32400	5760	1024

A.2　美国 MOOG 洁净度分级标准见表 A.2

表 A.2　MOOG 洁净度标准(100 mL 油中的颗粒数)

等　级	颗粒尺寸/μm				
	5～10	10～25	25～50	50～100	>100
0	2700	670	93	16	1
1	4600	1340	210	28	3
2	9700	2680	380	56	5
3	24000	5360	780	110	11
4	32000	10700	1510	225	21
5	87000	21400	3130	430	41
6	128000	42000	6500	1000	92

A.3 ISO 11218 洁净度分级标准

ISO 11218 洁净度分级标准(见表 A.3),它等同于 SAE AS4059 标准,而 SAE AS4059 标准则是以 NAS 1638 作为基础,将颗粒包括到(延伸)2 μm 的范围,并增加了一个"000"等级。

表 A.3 ISO 11218 洁净度分级标准

分级 (颗粒数/100 mL)	颗粒尺寸/μm				
	>2	>5	>15	>25	>50
000	164	76	14	3	1
00	328	152	27	5	1
0	656	304	54	10	2
1	1310	609	109	20	4
2	2620	1220	217	39	7
3	5250	2430	432	76	13
4	10500	4860	864	152	26
5	21000	9730	1730	306	53
6	42000	19500	3460	612	106
7	93900	38900	6290	1220	212
8	168000	77900	13900	2450	424
9	336000	156000	27700	4900	848
10	671000	311000	55400	9800	1700
11	1340000	623000	111000	19600	3390
12	2690000	1250000	222000	39200	6780

附　录　B
（资料性附录）
汽轮机严重度的测定和计算方法

B.1　“汽轮机严重度”这一概念被定义为：油每年丧失的抗氧化能力占原有新油抗氧化能力的百分率。

B.2　汽轮机严重度将考虑以下因素：

——为增加油的抗氧化能力每年注入系统的补充油量；

——油的运行时间的长短；

——用旋转氧弹（RBOT）试验方法测定的抗氧化能力。

B.3　汽轮机严重度的计算公式如下：

$$B = M(1 - x/100)/(1 - e^{-Mt/100})$$

式中：

B——汽轮机严重度，以百分率表示；

M——每年注入系统的补充油率，以占初始装入系统新油总量的百分率表示；

x——油中残余抗氧化能力的数量，以占初始装入系统新油的抗氧化能力的百分率来表示；

t——最初装入系统中新油已使用了的年数。

B.4　测定汽轮机油的氧化安定性的方法很多，但这些方法用时较长，有的约需 2 000 h 以上（约三个多月），而旋转氧弹（RBOT）方法只需几个小时就可得出结果。图 B.1 表示的是一台有每年为 25％严重度的汽轮机，油补充率 M 对油变质 x 的影响关系曲线。

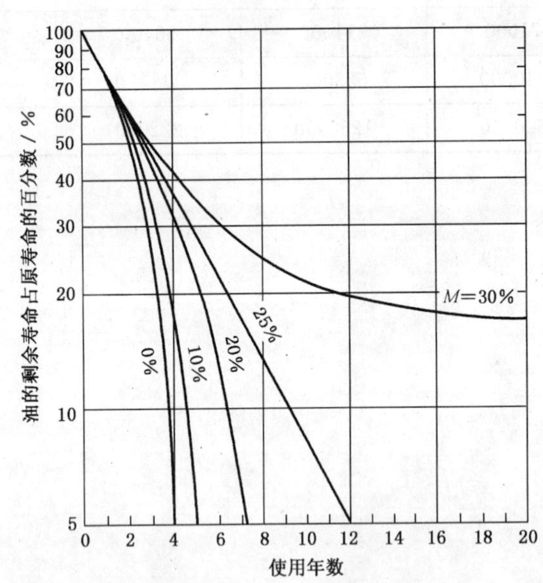

图 B.1　油补充率 M 对油变质的影响

（汽轮机严重度 B＝25％/每年）

B.5　对一个特定的润滑系统的严重度，从最初装入新油开始运行起，经过一段时间后，就应该进行测定。同时完整的保存补充油量的准确记录，是这一工作开展的重要环节。一般在运行的头一、二年内每隔 3～6 个月就进行一次旋转氧弹法试验。当知道了每年的补充油量和随运行时间而变化的油变质的程度后，则可从图 B.2 中查到该台汽轮机的严重度。图 B.2 中虚线表示查找汽轮机严重度 B 的数字顺序。

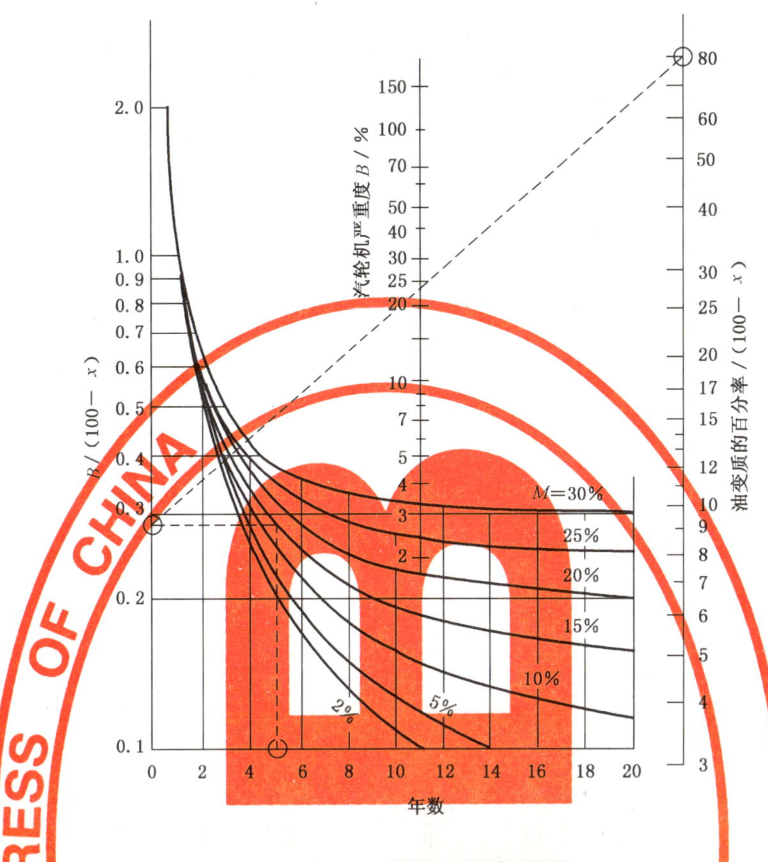

图 B.2　汽轮机严重度 *B* 和油补充率 *M* 对油变质的影响

B.6　在这个例子中，汽轮机油已使用了 5 年，年补充油率为 15%。油的变质的旋转氧弹试验从起始时的 1 700 min 降到仅为 350 min，氧化寿命的丧失率为 79.5%。从时间坐标轴上的第 5 年开始，向上与 15%的补充油率的曲线相交于一点，再向左投影到 $B/(100-x)$坐标轴上的一点，从这点与油变质坐标轴线上的 79.5 连一直线，直线与汽轮机严重度 B 标尺线相交在 22%点上，即为该台汽轮机严重度 B 值。

B.7　一个有着高严重度的润滑油系统，需要经常补充油或更换油。反之，一个只有低严重度的润滑油系统，则只需作例行的油补充就可以了。

B.8　现在设计的汽轮机组比以前安装的机组有较高的汽轮机严重度。润滑系统温度的增高被认为是汽轮机组存在较高严重度的原因。现在大容量机组的主轴、盘车齿轮和联轴器都较大，主油箱的容量又较小，这些都增加了单位体积的油量每小时必须向冷油器传送的热量。另外，运行现场的环境影响也很大，如煤灰、灰尘侵入油系统，造成对油的污染变质也是一个因素。

附 录 C
（资料性附录）
润滑油氧化安定性测定法（旋转氧弹法）

C.1 主题内容与适用范围

本标准规定了用旋转氧弹法测定润滑油的氧化安定性的方法。

本标准适用于评定具有相同组成的（基础油和添加剂）新的和使用中汽轮机油的氧化安定性，也可以用来评定含2,6-二叔丁基对甲酚的新矿物绝缘油，作为其氧化安定性的一种快速评定方法。试验结果用来检验含2,6-二叔丁基对甲酚或2,6-二叔丁基酚或含这两者的新矿物绝缘油，对每批油可作性能连续控制。

本标准不适用于40℃时粘度大于12 mm^2/s的含抗氧剂的绝缘油。

C.2 引用标准

GB 253　煤油

SH 0004　橡胶工业用溶剂油

SH 0005　油漆工业用溶剂油

C.3 方法概要

将试样、蒸馏水和铜催化剂线圈一起放到一个带盖的玻璃盛样器内，然后把它放进装有压力表的氧弹中。氧弹在室温下充入620 kPa(6.2 ba或90 psi)压力的氧气，放入规定温度（绝缘油140℃；汽轮机油150℃）的油浴中。氧弹与水平面成30°角，以100 r/min的速度轴向旋转。当达到规定的压力降时，停止试验。记录试验时间，根据氧弹试验时间以分钟(min)表示，作为试样的氧化安定性。

C.4 仪器与材料

C.4.1 仪器

C.4.1.1　氧弹、玻璃盛样器、压力表、试验油浴和附件见附录A。仪器装置示意图见图C.1。

C.4.1.2　温度计：水银温度计100℃～150℃，分度值为0.1℃。

C.4.1.3　架盘药物天平：最大称量为500 g，感量为0.5 g。

C.4.1.4　移液管：5 mL。

C.4.1.5　广口玻璃瓶：50 mL～1 000 mL，口径大于50 mm。

C.4.2 材料

C.4.2.1　铜丝：纯度99.9%，Cu2，直径1.50 mm～1.63 mm。

C.4.2.2　氧气：纯度99.5%。

注意：高速喷射易燃烧，远离油和脂。

C.4.2.3　砂纸或砂布：粒度100号。

C.4.2.4　溶剂油：符合SH 0004或SH 0005要求。

C.4.2.5　煤油：符合GB 253的要求。

注意：溶剂油、煤油易燃，蒸气有害，应远离热源、火花和明火。

C.4.2.6　硅酮润滑脂

C.4.2.7　细纱手套

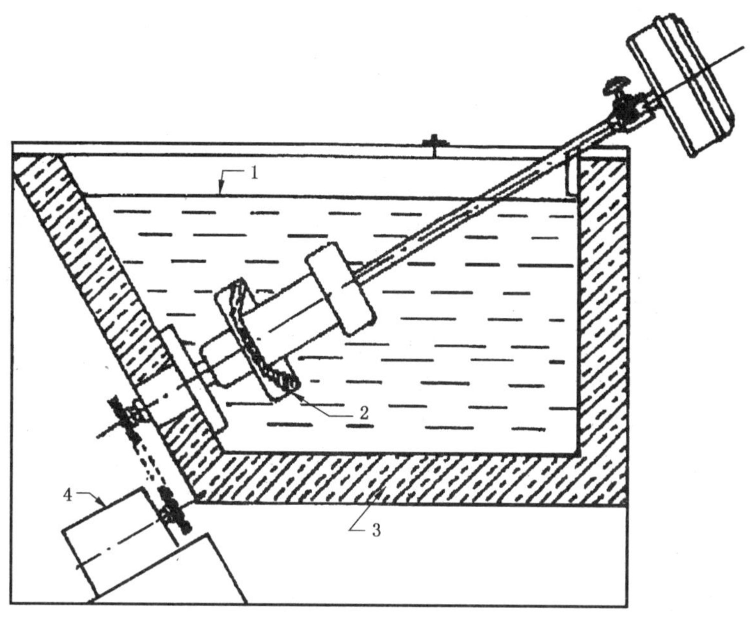

1——液面；

2——转动托架/(100 r/min)；

3——绝热层；

4——驱动装置。

图 C.1 旋转氧弹试验仪器示意图

C.5 试剂

C.5.1 95%乙醇：化学纯。

C.5.2 硝酸：化学纯。

C.5.3 磷酸：化学纯。

C.5.4 氢氧化钾：分析纯。

注意：95%乙醇易燃，应远离热源、火花和明火。硝酸、磷酸和氢氧化钾有腐蚀性。

C.6 准备工作

C.6.1 10 g/L 氢氧化钾乙醇溶液的配制：将 12 g 氢氧化钾溶解于 1 L 95%乙醇中。

C.6.2 硝酸-磷酸溶液的配制：将 3 份体积的硝酸与 7 份体积的磷酸混合。

C.6.3 铜催化剂线圈的制备

C.6.3.1 在临使用前，用粒度 100 号砂纸或砂布把 3 m 长的铜丝磨光，并用清洁、干燥的绸布把铜丝上的磨屑擦净。将此铜丝绕成外径为 46 mm～48 mm，高为 40 mm～42 mm 的线圈，用自来水、蒸馏水和 95%乙醇清洗，再用冷风吹干。如放入干燥器中备用，则放置时间不得超过 24 h，否则需重新处理，对每一试样要制备一个新的线圈。

C.6.3.2 另一种制备铜催化剂线圈的方法。在临使用前，把 3 m 长的铜丝绕成外径为 46 mm～48 mm，高为 40 mm～42 mm 的线圈，放入装有硝酸-磷酸溶液的广口玻璃瓶中进行酸处理，直到铜丝露出新鲜金属表面为止。取出线圈，用自来水、蒸馏水和 95%乙醇清洗，冷风吹干。也可放入干燥器中备用，但放置时间不得超过 24 h，否则需重新处理。

注：用酸处理的铜催化剂线圈制备好后，必须称重。如果质量比开始使用的质量减少了 5%，则不能继续使用。铜催化剂线圈使用和称重时，均不能用手直接接触，处理后铜丝有麻坑，锈斑时不能使用。

C.6.4 将试验油浴升温到所需的试验温度，绝缘油为 140℃；汽轮机油为 150℃。

C.6.5 将氧弹体、平盖、锁环、玻璃盛样器和聚四氟乙烯盖用自来水、蒸馏水和95%乙醇冲洗，冷风吹干。

注：氧弹清洗得不彻底，会对试验结果带来不良影响。

C.7 试验步骤

C.7.1 带上清洁的细纱手套，将制备好的铜催化剂线圈旋转装入玻璃盛样器中，加入50 g±0.5 g试样，用移液管加入5 mL蒸馏水。

注：试样必须用棕色玻璃瓶装，并避光保存。

C.7.2 用移液管向空氧弹体内加入5 mL蒸馏水，然后把玻璃盛样器滑进氧弹体中，盖上聚四氟乙烯盖。在"O"形密封圈外层涂一层薄薄的硅酰润滑脂，将氧弹平盖（装有压力表）盖上，用手把锁环拧紧，上紧仪表钟发条，装好记录纸（见图A.4），填写好氧弹号、试样编号、试验温度和试验日期。

注：在氧弹体内壁和玻璃盛样器之间加水有助于传热。

C.7.3 打开针形阀，用压力约为620 kPa(6.2 ba或90 psi)的氧气缓慢冲洗两次，并放到常压，然后在室温25℃下调节氧气调节阀，将压力调到620 kPa(6.2 ba或90 psi)。如果室温不是25℃，而是25℃±2℃，则就相应增加或减少5 kPa(0.05 ba或0.7 psi)，以获得所需的初始压力。当氧弹充氧至所需要的压力后，用手关紧阀门。如有必要可把整个氧弹（除压力表外）浸入水中试漏。试漏后的氧弹一定要用干毛巾擦干和压缩空气或吹风机吹干，避免把水带到热的试验油浴中引起油的溅射。严格按方法要求对同一试样准备两个氧弹。

C.7.4 油浴达到所需要的试验温度后，关闭转动架。将准备好的氧弹插入转动架中，记录时间，再开动转动架。控制温度波动在试验温度的±0.1℃以内。在氧弹放入后15 min内，氧弹压力上升到最高点并开始稳定。同一试样试验的两个氧弹的最高压力之差，不得于大于35 kPa(0.35 ba或5.1 psi)，否则试验无效。

C.7.5 在整个试验中，要使氧弹完全浸没并且连续而均匀的转动，要求转动速度为100 r/min±5 r/min，任何可感觉到的转速波动会导致错误的结果。

C.7.6 当试验压力从最高点下降175 kPa(1.75 ba或25.4 psi)后，关闭转动架，记录时间，取下记录纸，立即取出氧弹，趁热放入煤油和溶剂油在清洗槽中清洗，然后用自来水冲洗、冷却。

C.7.7 打开针形阀，放掉残气。打开氧弹，取出聚四氟乙烯盖和玻璃盛样器，观察试样和铜催化剂线圈情况并作记录。用溶剂油清洗氧弹弹体、平盖和锁环，用95%乙醇冲洗氧弹管柄内部，并用清洁的压缩空气或吹风机吹干。如果清洗后氧弹管柄内部还有酸气味，则应该用10 g/L氢氧化钾乙醇溶液清洗。然后再用95%乙醇重复清洗直到没有酸气味为止。

C.8 精密度

在40 min～370 min内，按下述规定来判断试验结果的可靠性(95%置信水平)。

C.8.1 重复性

同一操作者重复测定的两个结果之差不应大于$1.58\sqrt{\overline{X}}$，其中$\overline{X}$为两次结果的算术平均值。

C.8.2 再现性

不同实验室各自提出的两个结果之差不应大于$0.20\overline{X}$，其中$\overline{X}$为两个实验室结果的算术平均值。

C.9 报告

C.9.1 观察记录纸的压力-时间曲线的外圈，计算放入氧弹开始试验到压力从最高点下降175 kPa(1.75 ba或25.4 psi)的时间，以分钟(min)计算。

C.9.2 取两次试验结果和算术平均值作为试样的旋转氧弹法测得的氧化安定性，以分钟(min)表示。

附 录 D
（资料性附录）
油系统冲洗技术措施

D.1 准备工作

D.1.1 冲洗前对系统的准备

D.1.1.1 冲洗前，油系统(包括冲洗增设的全部设备)所有可检查的区域均应彻底检查与清理。为冲洗装配的临时管道，事前须化学清洗合格。增设的油容器应配上临时防尘盖，全部系统须经承压检查无渗漏。

D.1.1.2 拆除系统中所有湿度控制装置。拆除供油系统原有的一切不必要的限制油流的部件，如节流孔板、过滤器滤芯等。所有通向轴承的油管路应隔断，并装上临时旁路，系统上所有其他不予介入冲洗的区域均用挡板隔断。所有拆除部件与隔断用挡板均应编号或记录，冲洗结束后，再按编号与记录分别进行装复或拆除。

D.1.1.3 在冲洗油泵的吸入侧加装 0.18 mm～0.15 mm 孔径临时滤网；在重力与压力系统卸油侧加装细滤网；通向轴承箱供油管道及齿轮箱进口油管等处也应装设 0.15 mm 孔径或更细的滤网。冲洗过程中，还可用不起毛的布滤袋或磁性分离元件临时放入油系统原有滤网的内侧。

D.1.1.4 冲洗中尽可能采用全流量的油净化方式，一般采用带有全流量过滤器的大流量冲洗设备。全流量过滤器分二级，一级为粗过滤器，装有 0.15 mm 孔径滤网，可滤除 150 μm 以上尺寸的杂质颗粒；二级为精密过滤器，装有精滤芯，可滤除 5 μm 以上尺寸的杂质颗粒。两级过滤器均可在不停止冲洗情况下更换滤元。冲洗过滤设备与系统连接方式举例如图 D.1。

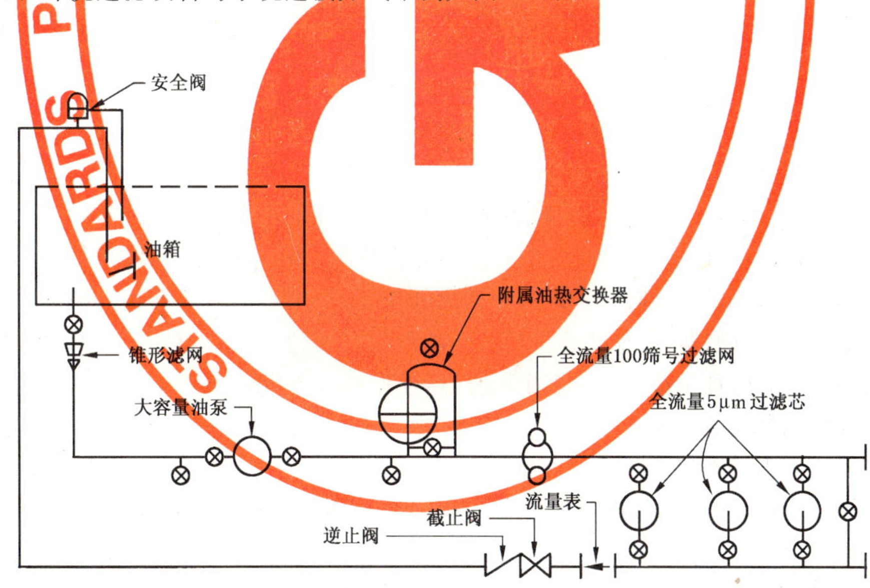

图 D.1 大流量冲洗装置的连接管道布置方式示意图

当冲洗油装入系统后，冲洗过滤设备应完成投运准备。在冲洗油系统的主系统前，应首先将冲洗过滤设备及油箱都冲洗干净，以便为系统供给干净的冲洗油。为使油箱内油充分过滤，必要时须装设再循环管路。为操作安全与方便，冲洗设备系统还应装设流量控制阀、防超压安全阀和手动旁路阀等。

D.1.1.5 为加热冲洗油，应增设油的热交换器。如未配热交换器，可采用油系统的冷油器，利用低压蒸汽($P<34$ kPa)作热源，通入冷油器水侧进行加热的方法，但应注意，冷油器不超压而且不会使冲洗

油过热。为方便冲洗油的变温操作，热交换器应兼有加热和冷却运行功能，最好是配置二台，一台用作升温，一台用作降温。如果使用电加热的热交换器，应特别不得超温，对加热元件表面温度应使加热循环油流不超过 120℃；加热循环的静止油则其表面温度不超过 66℃，以防油质过热裂解。

D.1.1.6 为监督冲洗过程，需监测冲洗油的洁净度。由于正常运行时用的固定取样点并不一定适合冲洗过程，因此，应增设临时取样点。取样点位置最好是选在被冲洗的轴承或其他部件的上游或下游，直接监测被冲洗部件的洁净度。例如轴承冲洗增加的临时旁路及取样点如图 D.2。

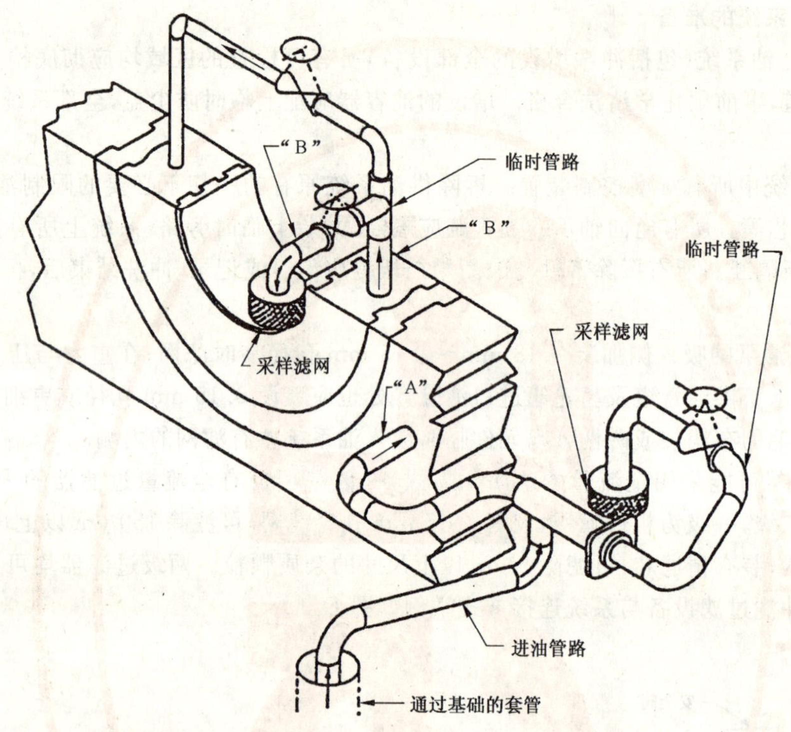

注：标有“A”和“B”的管路、管径应一致，或“B”最小不低于 76 mm。

图 D.2 旁路轴承进油的管道布置示意图

在轴承旁路或轴承处取样不可能时，可在回油旁路上取样，但回油旁路有时油压低时取不出样，则只能在油箱或滤油器上游取样，此时应考虑油箱的稀释作用，特别是油箱在开始冲洗时装的是干净油。一般情况下，在滤油器下游取样，只反映直接进入冲洗部件的油的洁净度，对系统中污染物究竟除去多少无法知道。为此，应根据具体情况增设多个取样点，使取样具有代表性。

D.1.2 冲洗作业用料和工具的准备

D.1.2.1 备足符合制造厂要求并经检验合格的汽轮机油或其他合适的特殊冲洗油。

D.1.2.2 油系统清理用工具与材料，包括擦洗海绵、不起毛擦拭布、吸油剂、覆盖轴承箱用胶合板、塑料板等。

D.1.2.3 冲洗用辅助工具与备件，包括管道机械振动器、木质或铜质手锤、空气扰动喷管、清洗用喷枪、不同筛号的不锈钢滤网、磁棒或磁性滤网、备用滤芯、油泵备用密封垫与配件、轻便气动抽油泵、充气压膨胀管塞及油管路配件等。

D.1.2.4 检查与监测仪器、工具，包括挠性管道内窥镜、便携式颗粒计数仪或镜检仪、取样瓶、取样用滤网等。

D.1.3 消防、环保与其他安全注意事项

D.1.3.1 油系统设备、管道表面及周围环境清理干净，无易燃物，工作区域周围无明火作业。

D.1.3.2 备好砂箱、灭火器等消防工具。

D.1.3.3 油系统上的排油烟机经空载运行检查,情况正常。

D.1.3.4 检查事故排油系统连接正确,阀门操作灵活并关紧后加上保护罩,事故排油井内清理干净。

D.1.3.5 冲洗系统管道布置留有进人通道,便于工作人员操作。

D.1.3.6 备有工作人员防热油飞溅、泄漏而引起伤害的安全防护用具,等等。

D.1.3.7 油系统冲洗后的废液,应集中存放处理,严禁随意排放。

D.1.3.8 冲洗后的废渣及其他污物也应集中销毁,防止污染环境。

D.2 冲洗油的选择与使用

D.2.1 冲洗用油可以是系统运行油,也可以使用特殊的冲洗油,应由有经验的专业人员根据油系统结构特点与污染物情况作出选择,并征得制造厂同意。

D.2.2 一般情况均采用系统运行油作为冲洗油。在实际应用中,系统运行油用作冲洗后,不能再用作系统运行油,而需要换上合格的备用油。

D.2.3 特殊冲洗油一般是防锈型的。这种冲洗油由于含有金属防锈剂与能除去一些难溶性污染物(如防锈剂降解产物、油泥等)的添加剂成分而兼有良好的溶解能力。禁止使用掺混含有水、苛性碱或其他活性物质的含有四氯化碳成分的冲洗油。特殊冲洗油的选择,应严格考虑冲洗油与全部油系统以及可能被油充满的机组的其他部件都应具有相容性,包括润滑系统与冲洗系统的所有部件、注油管线、所有冲洗用永久性与临时性的软管管线、轴承箱、套装油管、油箱等内部的防锈涂层,用作油管在安装阶段保护而在冲洗前不予拆除的防护物等等。

D.2.4 冲洗油注入油箱前,须经精密过滤器净化。冲洗过程中也应在循环中不断过滤。应采用单程过滤,防止净化后的油再与脏油混合。净油加热后过滤,可延长滤元使用寿命。油箱最低油位要足以保障油泵的正常运行。

D.2.5 油系统冲洗后,冲洗油应趁热排放。排放时,应选在油管路最低点阀门处将油排尽,然后将油箱、轴承箱、滤油器等内部残油放尽,并对设备内部残留污染物进行清理。用过的冲洗油用油箱收集进行彻底净化,净化后油如仍具有防锈性能与溶解能力还可用作冲洗油的备用油。

D.3 冲洗油洁净度监测与评定

D.3.1 监测冲洗油的洁净度是监督冲洗过程的重要手段的依据。洁净度检验与评定一般有四种方法:称重检查法、颗粒计数检测法、NAS 污染等级检测法和 ISO 污染等级检测法。应按制造厂家要求与有关验收标准采用。

D.3.2 称重检查法　在各轴承进油口处加装 0.125 mm 孔径滤网,在全流量下冲洗 2 h 后,取出全部滤网,在洁净的环境中用溶剂汽油清洗滤网,然后用 0.10 mm 孔径滤网过滤清洗液,收集固体杂质经烘干处理后称重,杂质总量不应超过 0.2 g/h,且无硬质颗粒,则认为被检测系统的洁净度合格。

D.3.3 颗粒计数检测法　在任意一个轴承进油口处加装 0.10 mm 孔径的锥形滤网,再用全流量冲洗 30 min,取出滤网,在洁净环境下用溶剂汽油冲洗滤网,然后用 0.075 mm 孔径滤网过滤冲洗液,收集全部固体杂质,用不低于 10 倍放大倍率的带刻度放大镜观测,对固体杂质进行分类计数,其杂质颗粒符合表 A.1 要求,则认为被检测系统的洁净度合格。

D.3.4 NAS 污染等级检测法　油系统处于运行状态,在回油母管(进入油箱前)底部取 100 mL 油样,在合格的试验室中按规定方法,用颗粒计数仪检测油样中的杂质颗粒尺寸和数目,并按 NAS 标准评定污染等级,合格的为 NAS 七级,优良的为 NAS 六级。

D.3.5 ISO 污染等级检测法　按 ISO 4021 和 ISO 4406 标准规定的取样、检测与评定方法。采用颗粒尺寸 $>2\ \mu m$, $>5\ \mu m$ 和 $>15\ \mu m$ 每 mL 油的颗粒数评定污染等级。国外制造厂家对冲后汽轮机油洁净度要求一般为 ISO 14/11～16/13 之间,相当于 NAS 标准 5～7 级。

表 D.1 汽轮机油洁净度要求

杂质颗粒尺/mm	数量/颗
>0.25	无
0.13～0.25	≤5

注：杂质颗粒中大于 0.25 mm 的纸屑、烟灰、石棉及软质物质等能用手捻成粉末者不视为有害颗粒。

D.4 冲洗操作

D.4.1 冲洗程序应根据油系统具体情况而定。一般可分为三个阶段，即反冲洗、正冲洗和油循环。反冲洗是冲洗进油管，其流向为冲洗油由主油箱经冲洗设备反向流经进油管再返回油箱，目的是清除油管路中易脱落的大颗粒杂质；正冲洗是冲洗整个油系统（轴承等部件除外），其流向按正常运行线路，即冲洗油经冲洗设备过滤流入油管，经过回油管再返回油箱，目的是彻底清除润滑油系统中>250 μm 颗粒尺寸的杂质，使油洁净度达到最低标准要求；油循环则是在恢复正式系统后，加上系统自身的动力对油进行循环和精密过滤，进一步清除残留杂质，使油洁净度达到更高标准，以满足正常运行要求。为加大冲洗油流，提高冲洗效果，可有顺序地对管路进行分段冲洗，每段冲洗时还可按正常流向的反向冲洗。为加速冲洗进程，在对润滑油系统冲洗过程中，可结合调速油系统、发电机密封油系统和顶轴油系统一并进行冲洗。

D.4.2 冲洗油的变温操作条件，一般规定：高温 75℃左右，但不超过 80℃，低温为 30℃以下，高、低温阶段各保持 2 h～3 h，交替变温时间为 1 h～2 h，冷、热交变冲洗时间以 8 h 为一个循环周期。如果制造厂家对变温操作条件有不同规定，应按制造厂家规定执行。

D.4.3 冲洗中对油净化装置的维护 实践表明：在冲洗过程的前几个小时，系统内进入的杂质颗粒绝大部分会被临时滤网或过滤器捕获。在这段时间内，应加强对过滤装置的检查，一旦发现滤网压降明显增加时应即进行清扫或更换，一般每 15 min 间隔检查一次。其他净油装置也应定期检查与清理。

D.4.4 为加速冲洗进程，除在冲洗管路中对油管焊口、弯头、死角等处进行振动、敲打和用压缩空气扰动等辅助措施外，还应注意冲洗后对冲洗死角采用辅助措施清洗以及在冲洗每一阶段结束时对油箱进行彻底清理。

D.4.5 油系统冲洗所需有效时间可能要几个到几十个工作日。特别是对于新系统冲洗，由于系统内一些杂质被冲洗油浸润和冲刷后，从管壁上剥离脱落需要时间，不可能在较短时间内全部剥落，因而冲洗所需时间较长，一般为一个月或更长。油系统冲洗实际需要时间，应视油系统各部分的洁净度达到标准要求而定。

D.5 油系统冲洗后投运前工作

D.5.1 油漂洗、置换：采用系统内运行油冲洗时不需要油漂洗；当使用轻质油作冲洗油或使用特殊冲洗油后，系统内尚有一定的残留时，则必须用油漂洗，以清除这些含有油溶性污染物的残留污油。漂洗油应对设备有相容性。漂洗油充入系统前，须对油净化装置（滤网、滤芯等）进行清理，充入后尽快启动循环泵，并将油加热至 60℃～70℃首先对油循环净化至少 2 h，然后再在系统中继续循环 24 h 以上，直至滤网、滤袋元件无污染物为止。漂洗结束后，放出漂洗油并对油系统再次进行检查与清理后，尽快换上新汽轮机油，做好投运准备。

D.5.2 临时性防锈措施 如果机组在油系统冲洗与投运间有较长闲置时间，可采用含有气相防锈剂的油作为系统的运行油，保护期间应随时检查，特别是对新充入油不能浸润到的系统部件或区域，必要时，还应对可能发生锈蚀的部位采用喷枪喷涂防锈剂（油）。

附 录 E
（资料性附录）
汽轮机油维护所用材料性能和质量标准

E.1 常用吸附剂性能(见表 E.1)

表 E.1 常用吸附剂性能

名称	型号	化学成分	形 状	活性表面积/m^2/g	活化温度/℃	最佳使用温度/℃	能吸附的组分
硅胶	细孔 粗孔 变色	$mSiO_2 \cdot xH_2O$ 变色硅胶浸有 $COCl_3$	干燥时呈乳白色块状或球状结晶，孔径：粗孔为 8 nm～10 nm 细孔为 2 nm	300～500	450～600 变色硅胶为 120	30～50	水分、气体、有机酸等氧化产物(细孔硅胶多用于吸水，粗孔硅胶多用于油处理。变色硅胶作吸附剂吸水性指示用)
活性氧化铝		$mAl_2O_3 \cdot xH_2O$	块状，球状或粉状结晶，孔径为 2.5 nm～5.5 nm	180～370	300	50～70	有机酸及其他氧化产物
分子筛(沸石)	A 型(常用) X 型 Y 型	通式为： $a(M_{2/n}O) \cdot Al_2O_3$ $b(SiO_2) \cdot c(H_2O)$ (M—一般为 K、Na、Ca) n 为阳离子价数 a、b、c 均为系数	条状或球形 孔径 3A～10Å		450～550	25～150	水、气体、不饱和烃、有机酸等氧化产物(3A、4A、5A 型分子筛多用于吸水，5A 型还可用于油处理)
活性白土		通式为： $MSiO_2 \cdot NAl_2O_3$ (含少量 FeO、Fe_2O_3、MgO 等)M、N 为系数	无定形或结晶的白色粉末或粒状	100～300	450～600	100～150	不饱和烃、树脂及沥青质有机酸、水分等(用于油接触法再生处理)
高铝微球	801	$SiO_2 \cdot Al_2O_3$ (担体为稀土 Y 型分子筛)	微球状	530	120	50～60	除去酸性组分及其他氧化产物(用于接触法再生油)

E.2 T501 抗氧化剂质量标准(见表 E.2)

表 E.2 T501 质量标准

项 目	专业标准 SH 0015		试验方法
	一级品	合格品	
外状	白色结晶	白色结晶[a]	目测
游离甲酚的含量/% 不大于	0.015	0.03	附录
初熔点/℃	69.0～70.0	68.5～70.0	GB/T 617

表 E.2(续)

项目	专业标准 SH 0015		试验方法
	一级品	合格品	
灰分/% 不大于	0.01	0.03	GB/T 509
水分/% 不大于	0.06	—	GB/T 606[b]
闪点(闭口)/℃	报告	—	GB/T 261

a 贮存后允许变为淡黄色,但仍可使用。

b 测定水分时,手续改为取 3 mL～4 mL 溶液甲,以溶液乙滴定至终点不记录读数,然后迅速加入试样 1 g(称准至 0.01 g)在不断搅拌下使之溶解,用溶液乙滴定至终点。

E.3 十二烯基丁二酸防锈剂(T746)质量标准(见表 E.3)

表 E.3 T746 质量标准

项目		专业标准 SH 0043		试验方法
		一级品	合格品	
外观		琥珀色粘稠液体	琥珀色粘稠液体	目测
密度(50℃) kg/m³		报告	报告	GB/T 2540
粘度(100℃) mm²/s		40～60	40～100	GB/T 265
闪点(开口杯) ℃,不低于		150	100	GB/T 267
酸值 mg KOH/g		235～280	235～340	GB/T 264
pH 值[a]≥		4.2	4.2	SY 2679
碘值 gI_2/100 g		50～80	50～90	SY 2301
铜片腐蚀[a](100℃) 3 h		1	1	GB/T 5090
液相锈蚀[a]	蒸馏水	无锈	无锈	GB/T 11143
	人工海水	无锈	无锈	
	坚膜韧性	通过	通过	

a 试验用油均为 32 或 46 号油;未加添加剂的汽轮机油其防锈剂添加量为 0.03%±0.01%。

ICS 27.100
F 25

中华人民共和国国家标准

GB/T 14542—2005
代替 GB/T 14542—1993

运行变压器油维护管理导则

Guide for maintenance and supervision of transformer oil in service

(IEC 60422:1989 Supervision and maintenance guide for mineral insulating oils in electrical equipment, NEQ)

2005-02-06 发布 2005-12-01 实施

中华人民共和国国家质量监督检验检疫总局
中国国家标准化管理委员会 发布

前言

本标准是对 GB/T 14542—1993《运行中变压器油维护管理导则》进行修订。

原标准已实施了十多年，对运行中的变压器油的维护管理发挥了积极的作用，并积累了许多有益的经验。随着现代技术的进步与发展，高电压、大容量的充油电气设备已非常普遍，因而对变压器油的质量也提出了更高的要求；另一方面石油的炼制工艺也有了很大的提高，从而使变压器油的质量从根本上得到了极大的改善。相应地对运行变压器油的油质及维护管理有了许多新的要求，因此有必要对原导则进行相关内容的修订。

本标准的修订是在参考 IEC 60422 的基础上，总结多年来的实践经验和维护管理水平而制定。本标准与 IEC 60422:1989 的一致性程序为非等效。

主要修订内容有：

1. 原标准中“水溶性酸”一项的检验周期作了适当调整；
2. 对闪点指标作了修订；
3. 增加了“体积电阻率”和“油泥与沉淀物”二项指标；
4. 对击穿电压项目中的电极形状的使用范围作出了符合方法标准要求的明确规定；
5. 对原标准中防劣措施作了相应的调整(附录 B)；
6. 对检验周期作了相应的延长；
7. 取消了原标准中“硫酸-白土”处理方法，增加了“变压器油泥的冲洗”措施；
8. 对原标准附录中的内容作了相应调整，增加了油中油泥和沉淀物的测定方法(附录 A)。

本标准的附录 A、附录 B、附录 C 是资料性附录。

本标准由中国电力企业联合会提出。

本标准由国电热工研究院归口。

本标准主要起草单位：国电热工研究院。

本标准参加起草单位：湖南省电力试验研究所、湖北省电力试验研究院、佛山电力工业局。

本标准主要起草人：孙坚明、李荫才、郝汉儒、尹惠慧、吴沃生。

本标准实施后代替 GB/T 14542—1993。

运行变压器油维护管理导则

1 范围

本标准给出了运行中变压器油维护管理的原则。

本标准适用于运行中电力变压器、电抗器、互感器、充油套管等充油电气设备中使用的不加或加有抗氧化添加剂的矿物变压器油。

本标准不适用于各种合成绝缘液体。

2 规范性引用文件

下列文件中的条款通过本标准的引用而成为本标准的条款。凡是注日期的引用文件，其随后所有的修改单(不包括勘误内容)或修订版均不适用于本标准，然而，鼓励根据本标准达成协议的各方研究是否可使用这些文件的最新版本。凡是不注明日期的引用文件，其最新版本适用于本标准。

GB/T 261 石油产品闪点测定法(闭口杯法)

GB/T 264 石油产品酸值测定法

GB/T 507 绝缘油介电强度测定法

GB 2536 变压器油

GB/T 5654 液体绝缘材料工频相对介电常数、介质损耗因数和体积电阻率的测量方法

GB/T 6541 石油产品油对水界面张力测定法(圆环法)

GB/T 7595—2000 运行中变压器油质量标准

GB/T 7597 电力用油(变压器油、汽轮机油)取样方法

GB/T 7598 运行中变压器油、汽轮机油水溶性酸测定法(比色法)

GB/T 7600 运行中变压器油水分含量测定法(库仑法)

DL/T 421 绝缘油体积电阻率测定法

DL/T 423 绝缘油中气体含量的测定(真空压差法)

DL/T 429.6 运行油开口杯老化测定法

DL/T 429.9 绝缘油介电强度测定法

DL/T 703 绝缘油中含气量的气相色谱测定法

SD/T 313 油中颗粒数及尺寸分布测量方法(自动颗粒计数仪法)

SH 0040 超高压变压器油

3 取样

3.1 取样容器

3.1.1 常规分析

——可用具塞磨口玻璃瓶或金属小口无缝容器；

——取样容器应顺序用洗涤剂、自来水、蒸馏水或去离子水洗净、烘干、冷却后盖紧瓶盖备用；

——取样容器应能满足存放的要求。不应使用无盖容器；

——容器应满足各试验项目所需油样量的要求。

3.1.2 油中水分和油中溶解气体分析的容器

——应用医用玻璃注射器，一般应为 50 mL 和 100 mL 容量；

——取样前，注射器应按顺序用清洁剂、自来水、蒸馏水洗净。并在 100℃下充分干燥，然后套上注

射器芯，并用小胶帽盖紧注射器头部，保存于干燥器中备用；

——取完油样后，注射器头部应立即盖上小胶帽密封。注射器应放置在一个专用油样盒内，并应避光、防震、防潮。

3.1.3 油的洁净度测定用容器按 SD/T 313 的规定执行。

3.2 新油到货验收时的取样

3.2.1 油桶中取样

3.2.1.1 取样前需用干净的无绒白布将桶盖外部擦净(注意不得将纤维带入油中)，然后用清洁干燥的取样管按 GB/T 7597 规定的方法取样。

3.2.1.2 如果是整批油桶到货，取样的桶数按 GB/T 7597 的规定。

3.2.1.3 在取样时如果怀疑或发现有污染物存在，则应对每桶油逐一取样，并逐桶核对牌号标志是否一致。过滤前应对每桶油进行外观检查。

3.2.1.4 试验油样应是从各个桶中所取的油样经均匀混合后的样品。当发现问题时，应逐桶试验查明原因。

3.2.2 油罐或油槽车中取样

3.2.2.1 应从油罐或油槽车的底部取样。必要时可抽查上、中、下部油样。

3.2.2.2 取样前应排空取样工具内的存油，避免引入人为污染。

3.2.3 新油验收一般应准备二份以上的样品。除试验用样品外，至少应保留存放一份以上的样品(保留时间不少于 3 个月，如出现异常，存放时间至少保留一年)，以便必要时进行复核或仲裁试验时使用。

3.3 运行设备中取样

3.3.1 常规分析试验取样

油样一般是从取样阀取样，并应遵守下述的通用规则：

——雨天、雾天、雪天或大风天气应避免在户外取样，若必须在这种气候条件下取样，应避免给油样带来污染；

——取样时只能使用干燥、清洁的容器。如带磨口塞玻璃瓶、无缝的金属瓶、专门提供的塑料(PVC)容器；

——为了排出在取样口中所积聚的任何污染物，应用棉布擦净取样管口，并放出一定量油冲洗取样阀和管路；

——开始取样时应尽可能让油液沿着容器壁流入容器，避免吸入空气；

——取样后，应小心关闭取样阀门；

——取样瓶外壁应保持清洁，储存样品应避光保存；

——对于套管、无阀门的充油电器设备，应在停电检修时设法取样；对某些全密封的设备，应按制造厂的说明文件规定取样。

3.3.2 对有特殊要求的试验项目，应按有关试验方法规定进行取样。

3.3.3 油中水分和油中溶解气体分析取样

——一般应从设备底部阀门取样。特殊情况下可在不同部位取样；

——要求全密封取样。(按 DL/T 703 规定)不能让油中溶解水分及气体逸散，也不能混入空气。操作时油中不得产生气泡；

——水分取样应在晴天进行，避免外界湿气或尘埃的污染；

——油样不得留有死体积。

3.3.4 油中洁净度分析取样

——先放油将取样阀冲洗干净，然后连接导管和针头，并用油冲洗干净；

——在不改变流量的情况下，将针头插入经检验合格的 250 mL 取样瓶中，密封取样约 200 mL；

——如有的设备不能连接导管取样时，应尽量缩短开启瓶盖时间(不得超过 30 s)。取完样品后，应先移走取样瓶，然后关闭取样阀；

——油样应密封保存，测量时才能启封。

3.4 标记

每个样品都应有正确的标记。一般在取样前将印制好的标签粘贴于取样容器上，标签应包括下述内容：

——单位名称；

——设备编号；

——电压等级；

——油样牌号；

——取样部位；

——取样天气（及油温）；

——取样日期；

——取样人签名；

——备注。

取完样品后，应及时按标签内容要求逐一填写清楚。

4 新变压器油的评定

4.1 新油验收，应对接受的全部油样进行监督，以防止出现差错或带入脏物。所有样品应进行外观的检查，国产新变压器油应按 GB 2536 或 SH 0040 标准验收；进口设备用油，应按合同规定验收。

4.2 新油在脱气注入设备前的检验　新油注入设备前必须用真空滤油设备进行过滤净化处理，以脱除油中的水分、气体和其他颗粒杂质，在处理过程中应按表 1 的规定随时进行油质检验，达到表 1 中要求后方可注入设备。对互感器和套管用油的评定，可根据用油单位具体情况自行决定检验项目。

4.3 新油注入设备进行热循环后的检验　新油经真空过滤净化处理达到表 1 要求后，应从变压器下部阀门注入设备内，使空气排尽，最终油位达到大盖以下 100 mm 处。油在变压器内的静置时间应按不同电压等级要求不小于 12 h，然后进行热油循环。热油经过二级真空过滤设备由油箱上部进入，再从油箱下部返回处理装置，一般控制净油箱出口温度为 60℃（制造厂另有规定除外），连续循环时间为三个循环周期。经过热油循环后，应按表 2 规定进行检验。

表 1　新油净化后的检验

项　　目	设备电压等级/kV		
	500 及以上	330～220	≤110
击穿电压/kV	≥60	≥55	≥45
水分/(mg/kg)	≤10	≤15	≤20
介质损耗因数 90℃	≤0.002	≤0.005	≤0.005

表 2　热油循环后的油质检验

项　　目	设备电压等级/kV		
	500 及以上	330～220	≤110
击穿电压/kV	≥60	≥50	≥40
水分/(mg/kg)	≤10	≤15	≤20
含气量/%(体积分数)	≤1	—	—
介质损耗因数 90℃	≤0.005	≤0.005	≤0.005
注：对于 500 kV 及以上设备油中洁净度指标暂定为：报告（或按制造厂规定执行）。			

4.4 新设备投运通电前的检验

按表2要求合格的新变压器油注入电器设备后通电投运前，应符合有关标准要求。

5 运行中变压器油的评定

5.1 运行中变压器油的质量标准及其检验周期

在设备投运前和大修后都应该进行表3所列全部项目的检验(油泥和沉淀物项目除外)。对于少油量的互感器和套管，可根据各地的具体情况自行决定检验项目和检验周期或结合设备检修时以换油代替检验。

表3列出了运行中变压器油的质量标准及推荐的适于不同设备类型的检验周期。按照表3列出的试验要求，有些试验项目和检验次数可依据各地实际情况而变化。

通常对于变压器油可按下述原则检验：

——在表3中所规定的周期内应定期地进行性能检验，除非制造厂商另有规定；

——如有可能，在经常性的检验周期内，检验同一部位油的特性；

——对满负荷运行的变压器可以适当增加检验次数；

——对任何重要的性能若已接近所推荐的标准极限值时，应增加检验次数。

表3 运行中变压器油质量标准和检验项目及周期

试验项目	设备电压等级/kV	GB/T 7595—2000标准	建议指标和周期		试验方法
外　状	各电压等级	透明，无杂质和悬浮物	同左	每年一次	外观目测
水溶性酸(pH)值	各电压等级	≥4.2	同左	每年一次或必要时	GB/T 7598
酸值 mgKOH/g	各电压等级	≤0.1	同左	每年一次	GB/T 264
闪点(闭口)℃	各电压等级	不比新油原始测定值低10℃	同左	必要时	GB/T 261
水分[a)]*	330～500及以上 220 110及以下	≤15 (mg/L)≤25 ≤35	≤20 (mg/kg)≤30 ≤40	每年至少一次	GB/T 7600
界面张力(25℃)mN/m	各电压等级	≥19	同左	每年至少一次	GB/T 6541
介质损耗因数90℃	500及以上 ≤330	≤0.020 ≤0.040	同左	每年一次	GB/T 5654
击穿电压[b)](2.5 mm间隙)kV*	500及以上 330 220	≥50 ≥45 ≥35	≥50 ≥45 ≥40	每年一次	GB/T 507
	66～110 35及以下	≥35 ≥30	同左	三年至少一次	DL/T 429.9
体积电阻率(90℃)Ω·m	500及以上 ≤330	$\geqslant 1\times10^{10}$ $\geqslant 5\times10^{9}$	同左	每年一次或必要时	GB/T 5654或DL/T 421

表 3（续）

试验项目	设备电压等级/kV	GB/T 7595—2000 标准	建议指标和周期		试验方法
油中含气量（体积分数）%	330～500 及以上 220	≤3 —	≤3 报告	每年一次或必要时	DL/T 423 或 DL/T 703
油泥和沉淀物（质量分数）%	各电压等级	<0.02	同左	必要时	见附录 A
注 1：对 110 kV 以上的断路器油每二年应检测外观、游离碳、击穿电压；对 110 kV 及以下断路器油可与检修同步，以换油代替预试。 注 2：对于 500 kV 及以上设备中油洁净度指标暂订为：报告。 注 3：凡标明“*”项目，导则已作为建议指标。					
a) 取样时应记录油温。 b) 电极形状应严格按相应试验方法的规定执行。					

5.2 试验结果的解释

变压器油在运行中其劣化程度和污染状况，只能根据试验室中所测得的所有的试验结果同油的劣化原因及已确认的污染来源一起考虑后，方能评价油是否可以继续运行，以保证设备的安全可靠。

对运行变压器油应通过下述试验确定油质和设备的情况：

——油的颜色和外观；

——击穿电压；

——介质损耗因数或电阻率（同一油样，不要求同时进行这两项试验）；

——酸值；

——水分含量；

——油中溶解气体组分含量的色谱分析。

5.3 相应措施

对于运行中变压器油的所有检验项目超出质量控制极限值的原因分析及应采取的措施见表 4，同时遇有下述情况应该引起注意：

a) 当试验结果超出了所推荐的极限值范围时，应与以前的试验结果进行比较，如情况许可时，在进行任何措施之前，应重新取样分析以确认试验结果无误；

b) 如果油质快速劣化，则应进行跟踪试验，必要时可通知设备制造商；

c) 某些特殊试验项目，如击穿电压低于极限值要求，或是色谱检测发现有故障存在，则可以不考虑其他特性项目，应果断采取措施以保证设备安全。

表 4 运行中变压器油超极限值原因及对策

项目	超极限值		可能原因	采取对策
外观	不透明，有可见杂质或油泥沉淀物		油中含有水分或纤维、碳黑及其他固形物	调查原因并与其他试验（如含水量）配合决定措施
颜色	油色很深		可能过度劣化或污染	核查酸值、闪点、油泥、有无气味，以决定措施
水分 mg/kg	330 kV～500 kV 及以上	>20	a. 密封不严、潮气侵入； b. 运行温度过高，导致固体绝缘老化或油质劣化	a. 检查密封胶囊有无破损，呼吸器吸附剂是否失效，潜油泵是否漏气； b. 降低运行温度； c. 采用真空过滤处理
	220 kV	>30		
	110 kV 及以下	>40		

表 4（续）

项目	超极限值		可能原因	采取对策
酸值 mgKOH/g	>0.1		a. 超负荷运行； b. 抗氧剂消耗； c. 补错了油； d. 油被污染	调查原因，增加试验次数，投入净油器，测定抗氧剂含量并适当补加，或考虑再生
击穿电压 kV	500 kV 及以上设备	<50	a. 油中水分含量过大； b. 油中有杂质颗粒污染	检查水分含量，对大型变电设备可检测油中颗粒污染度；进行精密过滤或换油
	330 kV 设备	<45		
	220 kV 设备	<40		
	66 kV～110 kV 设备	<35		
	35 kV 及以下设备	<30		
介质损耗因数 90℃	500 kV 及以上设备	>0.020	a. 油质老化程度较深； b. 油被杂质污染； c. 油中含有极性胶体物质	检查酸值、水分、界面张力数据；查明污染物来源并进行吸附过滤处理，或考虑换油
	330 kV 及以下设备	>0.040		
界面张力 25℃，mN/m	<19		a. 油质老化严重，油中有可溶性或沉析性油泥； b. 油质污染	结合酸值、油泥的测定采取再生处理或换油
体积电阻率 90℃，Ω·m	500 kV 及以上设备	$<1\times10^{10}$	同介质损耗因数原因	同介质损耗因数对策
	330 kV 及以下设备	$<5\times10^{9}$		
闪点(闭口) ℃	低于新油原始值 10℃以上		a. 设备存在严重过热或电性故障； b. 补错了油	查明原因，消除故障，进行真空脱气处理或换油
油泥与沉淀物 (质量分数)%	>0.02		a. 油质深度老化； b. 杂质污染	考虑油再生或换油
油中溶解气体组分含量	见 GB/T 7252 或 DL/T 722		设备存在局部过热或放电性故障	进行跟踪分析，彻底检查设备，找出故障点并消除隐患，进行真空脱气处理
油中总含气量 (体积分数)%	330 kV～500 kV 及以上设备 >3		设备密封不严	与制造厂联系，进行设备的严密性处理
水溶性酸 pH 值	<4.2		c. 油质老化； d. 油被污染	与酸值比较，查明原因；进行吸附处理或换油

6 油的相容性(混油)

6.1 电气设备充油不足需要补充油时，应优先选用符合相关新油标准的未使用过的变压器油。最好补加同一油基、同一牌号及同一添加剂类型的油品。补加油品的各项特性指标都应不低于设备内的油。当新油补入量较少时，例如小于 5%时，通常不会出现任何问题；但如果新油的补入量较多，在补油前应先做油泥析出试验，确认无油泥析出，酸值、介质损耗因数值不大于设备内油时，方可进行补油。

6.2 不同油基的油原则上不宜混合使用。

6.3　在特殊情况下，如需将不同牌号的新油混合使用，应按混合油的实测凝点决定是否适于此地域的要求。然后再按 DL/T 429.6 方法进行混油试验，并且混合样品的结果应不比最差的单个油样差。

6.4　如在运行油中混入不同牌号的新油或已使用过的油，除应事先测定混合油的凝点以外，还应按 DL/T 429.6 的方法进行老化试验，还应测定老化后油样的酸值和介质损耗因数值，并观察油泥析出情况，无沉淀方可使用。所获得的混合样品的结果应不比原运行油的差，才能决定混合使用。

6.5　对于进口油或产地、生产厂家来源不明的油，原则上不能与不同牌号的运行油混合使用。当必须混用时，应预先进行参加混合的各种油及混合后的油按 DL/T 429.6 方法进行老化试验，并测定老化后各种油的酸值和介质损耗因数及观察油泥沉淀情况，在无油泥沉淀析出的情况下，混合油的质量不低于原运行油时，方可混合使用；若相混的都是新油，其混合油的质量应不低于最差的一种油，并需按实测凝点决定是否可以适于该地区使用。

6.6　在进行混油试验时，油样的混合比应与实际使用的比例相同；如果混油比无法确定时，则采用1：1质量比例混合进行试验。

7　运行油防老化措施

7.1　延长运行中变压器油的寿命，应采取的防劣措施：

——安装油保护装置(包括呼吸器和密封式储油柜)，以防止水分、氧气和其他杂质的侵入；

——安装油连续再生装置即净油器，以清除油中存在的水分、游离碳和其他老化产物；

——在油中添加抗氧化剂(如 T501 抗氧化剂)，以提高油的氧化安定性。

7.2　防劣措施的选用应根据充油电气设备的种类、型式、容量和运行方式等因素来选择。

a)　电力变压器应至少采用 7.1 条中所列举的一种防劣措施；

b)　对低电压、小容量的电力变压器，应装设净油器；对高电压、大容量的电力变压器，应装设密封式储油柜；

c)　对 110 kV 及以上电压等级的油浸式高压互感器，应采用隔膜密封式储油柜或金属膨胀器结构(参加附录 B)。

7.3　在油中添加和补加 T501 抗氧化剂时，应注意以下事项：

a)　药剂的质量应按标准进行验收，并注意药剂的保管，防止变质(见附录 C2)。

b)　对不明牌号的新油(包括进口油)、再生油及老化污染情况不明的运行油应做油对抗氧化剂的感受性试验(感受性：通过油的氧化或老化试验，其结果若有一项指标较不加 T501 抗氧化剂的油提高 20%～30%，而其余指标均无不良影响)。确定该油是否适合添加和添加时的有效剂量。对感受性差的油，可将油进行净化或再生处理后，再作感受性试验。

c)　对新油、再生油，油中 T501 抗氧剂的含量，应不超过 0.30%(质量分数)；对于运行中油应不低于 0.15%。

d)　运行中油添加抗氧化剂时应在设备停运或检修时进行。添加前，应先清除设备内和油中的油泥、水分和杂质。添加时应采用热溶解法添加，即将 T501 抗氧化剂在 50℃下配制成含 5%～10%(质量分数)的油溶液，然后通过滤油机，将其加入循环状态的设备内的油中并混合均匀，以防药剂过浓导致未溶解的药剂颗粒积沉在设备内。添加后，油的电气性能应合格。

e)　对含抗氧化剂的油，如发现油质老化严重，应对油进行处理，当油质达到合格要求后再补加抗氧化剂。

7.4　为充分发挥防劣措施的效果，应对几种防劣措施进行配合使用并切实做好监督和维护工作。对大容量或重要的电力变压器，必要时可采用两种或两种以上的防劣措施配合使用。在运行中，应避免足以引起油质劣化的超负荷、超温运行方式并应采取措施定期清除油中气体、水分、油泥和杂质等。做好设备检修时的加油、补油和设备内部清理工作。

8 油处理

8.1 净化处理

8.1.1 仅用物理方法的分离过程，使油中的气体、水分和固体颗粒降低到符合油的有关指标的要求。净化处理方法有：机械过滤、离心分离和真空过滤。使用时，应根据油净化应达到的指标要求和处理方法的特点进行选择。

8.1.2 机械过滤设备不能有效地除去油中溶解的或呈胶态的杂质，也不能脱除气体。使用时应注意下列事项：

——过滤器的过滤介质在使用前应充分干燥。当过滤含有水的油时，应在较低温度(一般低于45℃)下过滤，有利于脱水效果的提高。

——滤油机的工作状况，主要靠观察滤油机的进口油压和测定滤油机出口油的水分含量或击穿电压值来进行监督。当发现过滤器油压增加、或滤出油的水分含量增加、击穿电压值降低时，应采取更换滤纸等措施。

——当过滤含有较多油泥或其他固体杂质时，应增加更换滤纸的次数。必要时，可采用预滤装置(滤网)。

——处理超高压设备油时，可将机械过滤和真空过滤配合使用。

8.1.3 当处理含有大量水分、固体颗粒、油泥等悬浮物的油时，须先采用离心分离方式进行净化。

离心分离要求转速应大于 5 000 r/min。它能清除较大浓度的污染物，但不能除去油中的溶解水分。只能作为含有大浓度污染物油的一种粗滤处理方式。

8.1.4 真空过滤适于对油的深度脱气、脱水处理。使用真空过滤应注意以下事项：

——用冷态机械过滤处理方式去除油泥和游离水分效果好；而用热态真空处理去除溶解水和悬浮水的效果好。

——油温应控制在70℃以下，以防油质氧化或引起油中 T501 和油中某些轻组分的损失。

——处理含有大量水分或固体物质的油时，在真空处理过程之前，应使用离心分离或机械过滤，这样能提高油的净化效率。

——对超高压设备的用油进行深度脱水和脱气时，采用二级真空滤油机，真空度应保持在 133 Pa 以下。

——在真空过滤过程中，应定期测定滤油机的进、出口油的含气量、水分含量或击穿电压，以监督滤油机的净化效率。

8.1.5 当电气设备需再次注油时，应再一次经过净化，然后可直接注入设备中。这种直接净化方式已在开关和小型变压器中广泛应用。但应注意保证芯子绕组、内桶和其他含油隔板应使用已净化的油清洗。

8.1.6 循环净化滤油方式分为直接循环净化和间接循环净化二种方式。通常是采用间接循环法。

a) 直接循环净化，是将滤油机与变压器设备连成循环回路，通过净油机，油从电气设备底部抽取，而由电气设备的顶部回入。返回的油应该做到平稳地，在靠近顶部油面的水平位置回入，尽量地避免已处理的油同还没有经过净油机处理的油相混合。为了提高直接循环净化油的效果，在实施时应注意以下事项：

——循环过滤次数，应使被处理的设备内的总油量通过净油机至少不低于 3 次，最终的循环次数应视被处理的油在设备内稳定数小时后，从设备底部取样经检测水分、击穿电压或总含气量合格后，才能决定循环净化过程的结束。

——净油机的进、出口油管与设备的连接应分别接在对角线上，并在处理过程中，改变回油进入设备的位置，以避免设备内有循环不到的死角。

——将未参加循环的油，如变压器设备中的冷却器、有载调压开关油箱、储油柜等内部的油，放出过滤后再分别返回原设备内。

——循环净化不能带电作业，应在电气设备的电源拉断后，循环净化才能开始。

b) 间接循环净化，是将滤油机串接在设备与油处理用罐之间，先将设备中油过滤后送入油罐，待对设备内部工件脱除水分、气体后，再用滤油机将处理好的油罐油抽回设备。当间接循环法不能实施时(如变压器壳体不能承受真空时)应采用直接循环法。

8.1.7 在特殊的情况下，电气设备无法安排停电但又必须进行带电滤油时，应做好各方面的安全措施，并特别注意：

——滤油机的进、出管路一定要严密，避免管路系统进气和漏油，以免发生故障；

——控制油流速度不能过大，以免产生流动带电而引起危险。

8.2 再生处理

8.2.1 再生处理是一种化学和物理的过程。分为吸附剂法和硫酸-白土法。吸附剂法适合于处理劣化程度较轻的油；硫酸-白土法适合于处理劣化程度较重的油(如废油)。

8.2.2 再生处理要在事前对油作净化处理，特别是含有较多水分和颗粒杂质的油，应先对油除去水分、杂质后，才进行再生，以保证再生处理的效果。另外，再生后的油也应该经过精密过滤净化后才能使用，以防吸附剂等残留物带入运行设备中。

8.2.3 吸附剂法：可分为接触法和渗滤法，接触法只适合处理从设备上换下来的油；而渗滤法既适合处理换下来的油也适合处理运行中油。

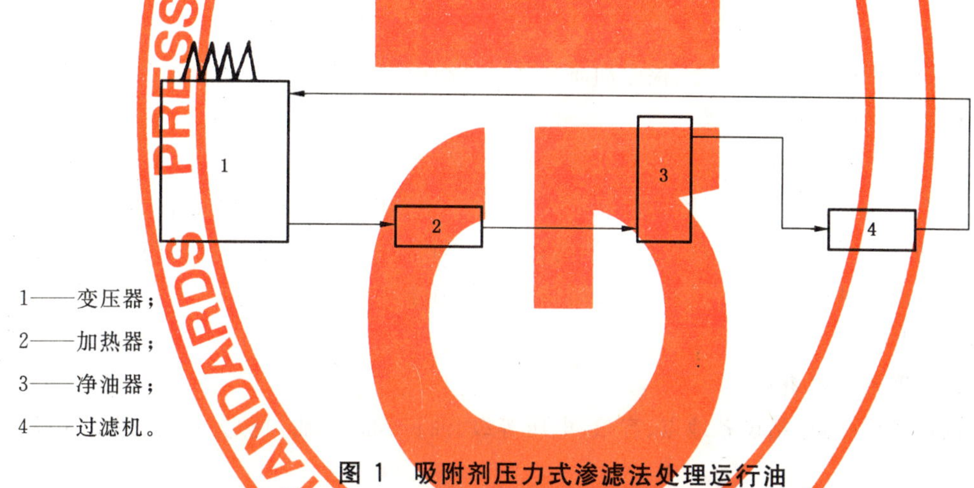

1——变压器；

2——加热器；

3——净油器；

4——过滤机。

图 1 吸附剂压力式渗滤法处理运行油

8.2.4 接触法的再生效果与温度、搅拌接触时间以及吸附剂的性能和用量等因素有关。实际操作中应根据油质劣化程度并通过小型试验确定处理时的最佳工艺条件。另外，还应注意在处理过程中由于温度过高或加入的吸附剂会使油中原有的某些添加剂发生损失。

8.2.5 渗滤再生处理装置的结构原理和强制环流净油器一样，不同之处是它不是附加在运行设备上的连续再生装置，而是在需要时才连接于设备上使用，在特殊情况下，它可以对运行油进行带电再生。它可借助油泵强迫油在大约 400 kPa 压力下通过吸附剂层，经过短时间接触而使油达到再生效果。渗滤法应根据吸附剂性能选择处理时的油温，如硅胶吸附柱，温度为 30℃～50℃，使用 801 或活性氧化铝时，温度为 50℃～70℃。

9 变压器油泥的冲洗

热的变压器油是其裂解产物的溶剂，需要加热的温度可由其苯胺点试验确定。

将变压器油加热到 80℃时，就可以溶解掉设备内沉积的油泥。热油冲洗变压器内的油泥是将再生、清洗和油的溶解能力结合起来。加热、吸附和真空过滤处理(脱气、脱水)的具体实施是将再生设备和变压器组成闭路循环系统。被处理的油从变压器中流出,经过加热器使油加热到80℃,再通过过滤装置,除去油中的粗大杂质和水分,最后经过吸附过滤器去掉油中溶解的油泥,再经过真空过滤和精密过滤后,纯净的油重新返回变压器中。通过变压器的循环次数(通常为10次~20次)取决于油泥的量。

采用这种除油泥的方式,可在带电和停电的情况下作业。但一般不推荐带电作业方式。

10 油的储存和输送

10.1 当将油转入另一个已装过不合格油而未清洗干净的桶时,必然会造成容器对油的污染。因此,使用油桶储存油时,应在桶上清楚地标明是干净油还是脏污油,并应标明该油是专供某类型设备使用。应将有盖子的一端朝上放置并拧紧桶盖,防止在储存期间水分的侵入。使用时,将油从容器中输送到电气设备时,应经净化处理。

10.2 清洁的油输入电气设备时,应保持管道的清洁和无水分并应检查管道的严密性,防止气体侵入设备。软接管和手泵应仔细地检查并保证是干燥清洁的。同时,在使用前还应用清洁的油进行清洗。用于清洁油输送的专用胶管应有清楚的标记,不使用时端部应用密封塞子来保护。

10.3 储备用油至少应以最大一台变压器用油量的1.1倍的油量储存,以防意外情况的急需用油。

11 技术管理

11.1 库存油管理

11.1.1 新购进的油须先验明油种、牌号,检验油质是否符合相应的新油标准。经验收合格的油入库前须经过滤净化合格后方可注入备用油罐。

11.1.2 库存备用的新油与合格的油,应分类、分牌号存放,并应挂牌建帐。

11.1.3 库存油应严格执行油质检验。除应对每批入库、出库油作检验外,还要加强库存油移动时的检验与监督。油的移动包括倒油罐、倒桶以及存有油的容器内再进入新油等。油在移动前后均应进行油质检验,并作好记录,以防油的错混与污染。对长期储存的备用油,应定期(一般每半年一次)检验,以保证油质处于合格备用状态。

11.2 设备的技术档案与技术资料

11.2.1 主要用油设备台帐:包括设备地点、容量、电压等级、油种、油量、油保护方式、投运日期及移动情况记录。

11.2.2 主要用油设备运行油质检验台帐:包括换油、补油、防老化措施执行情况、运行油质量检验及油处理情况记录。

11.2.3 主要变压器等用油设备中气体色谱分析台帐:包括异常情况、检验与处理结果记录。

11.2.4 主要用油设备大修检查记录。

11.2.5 旧油、废油回收和再生处理记录。

11.2.6 库存备用油油质检验台帐:包括油种、牌号、油量及油移动等情况记录。

12 安全与卫生

12.1 油库、油处理站设计必须符合消防与工业卫生有关要求。油罐安装间距及油罐与周围建筑的距离应具有足够的防火间距,且应设置油罐防护堤。为防止雷击和静电放电,油罐及其连接管线,应装设良好的接地装置,必要的消防器材和通风、照明、油污废水处理等设施均应合格齐全。油再生处理站还应根据环境保护规定,妥善处理油再生时的废渣、废气。

12.2 油库、油处理站及其所辖油区应严格执行防火防爆制度。杜绝油料的渗漏与泼洒，地面油污应及时清除。严禁烟火，对用过的沾油棉织物及一切易燃物品应清除干净。油罐输油操作应注意防止静电放电。查看或检修油罐油箱时，应使用低电压安全行灯并注意通风等。

12.3 从事接触油料工作必须注意有关保健防护措施，尽量避免吸入油雾或油蒸汽；避免皮肤长时间过多地与油接触，必要时操作过程应戴防护手套及围裙，操作前也可涂抹合适的护肤膏。操作后及饭前应将皮肤上的油污清洗干净，油污衣服应及时清洗等。

12.4 PCB的化学名为“多氯联苯”。它是一种性能良好的绝缘液体，常用作电容器油。但PCB是一种严重的致癌物质，对环境的污染比较严重，世界各国已明文规定禁止使用。

对从国外进口的设备和油品一定要严格检测PCB，一经发现应立即采取措施，加强用油管理，杜绝含有PCB的油对其他干净油的污染，以保护人身安全和防止环境污染。

附 录 A
（资料性附录）
油中油泥和沉淀物测定法

本方法包括测定运行中绝缘油的沉淀物和可析出油泥。

A.1 操作手续

A.1.1 将油样瓶充分地摇匀，直到所有的沉淀物都是均匀的悬浮在油中。

A.1.2 准确称量约 10 g(精确到 0.1 g)油样，并将其转移至 100 mL 的容量瓶中，用正庚烷稀释至容量瓶的刻度线。盖紧瓶塞，将油样与正庚烷溶剂充分地摇匀，放在暗处 18 h 至 24 h。

A.1.3 观察容量瓶内有无固体沉淀物存在。若能观察到沉淀物时，则用已干燥、恒重过的定量滤纸过滤这一混合溶液，并用正庚烷少量、多次地洗涤滤纸直至滤纸上无油迹为止。

A.1.4 待滤纸上的正庚烷挥发后，将含固体沉淀物的滤纸放入 100℃～110℃的恒温干燥箱中干燥 1 h。然后将滤纸取出，放入干燥器中冷却到室温后，称重滤纸，并反复此操作，直至滤纸达到恒重为止。将恒重后的质量扣除滤纸的空白质量后的值，即为油中沉淀物和可析出油泥的总质量 A。

A.1.5 用少量热的(约 50℃)混合溶剂(甲苯、丙酮、乙醇或异丙醇等体积混合)溶解纸上的固体沉积物，并将溶液过滤收集在已恒重的三角瓶中，继续用混合溶剂洗涤，直至滤纸上无油迹和过滤液清亮为止。

A.1.6 将装有混合溶剂洗出液的三角烧瓶放于水浴上蒸发至干，然后将三角烧瓶移入 100℃～110℃的恒温干燥箱中干燥 1 h，然后放入干燥器中冷却至室温，称重。直至三角烧瓶达到恒重为止。将已恒重的含有沉淀物的三角烧瓶的质量扣除空白三角烧瓶的质量后的值，即为可析出油泥的质量 B。

A.1.7 $A—B$ 的值即为油中沉淀物的质量。

附　录　B
（资料性附录）
变压器设备的防油质劣化措施

B.1　呼吸器

充油电气设备一般均应安装呼吸器。呼吸器通常与储油柜配合使用，其内部装有吸水性能良好的吸附剂（如硅胶、分子筛等），其底部设有油封。吸附剂在使用前应按规定条件进行烘干处理，使用失效时应立即更换。

B.2　除湿器

由于一般呼吸器作用有限，特别是对湿度较大地区油温经常变化的设备，除潮效果不好。因此，有条件地区可对 110 kV 及以上电压等级的电力变压器安装冷冻除湿器（热电式干燥器），见图 B.1。这种除湿器既能防止外界水分的侵入，又可清除设备内部的水分。它通常与普通型储油柜配合使用，其热电致冷组件应具有足够的功率，且能实现自动除霜操作。装有冷冻除湿器的变压器储油柜内空间的相对湿度，应保持在 10%以下。但它不能隔绝油与空气中氧的接触，油中总含气量易饱和。

1——冷冻干燥器；
2——储油柜；
3——油；
4——空气。

图 B.1　冷冻除湿器工作原理

B.3　净油器

B.3.1　吸附型净油器

吸附型净油器广泛应用于不同型式的电力变压器，使用效果主要取决于所用吸附剂的性能与用量。对于超高压电气设备或对运行油的洁净度有严格要求的设备，由于吸附剂粉尘有可能进入油中，因此不宜采用此类净油器。

吸附型净油器，分为温差环流净油器（俗称热虹吸器）和强制环流净油器两种。

B.3.1.1　温差环流净油器（热虹吸器）

对容量较大的变压器可选用图 B.2 中Ⅰ型或Ⅱ型的净油器；对较小容量的变压器（如配电变压器），可选用图 B.2 中的Ⅲ型的净油器（联管上无阀门）或在油箱内装设吸附剂袋。吸附剂用量一般为设备内油量的 0.5%～1.5%（质量分数）。在一台设备上如装一台净油器不够时，可增加净油器的个数。

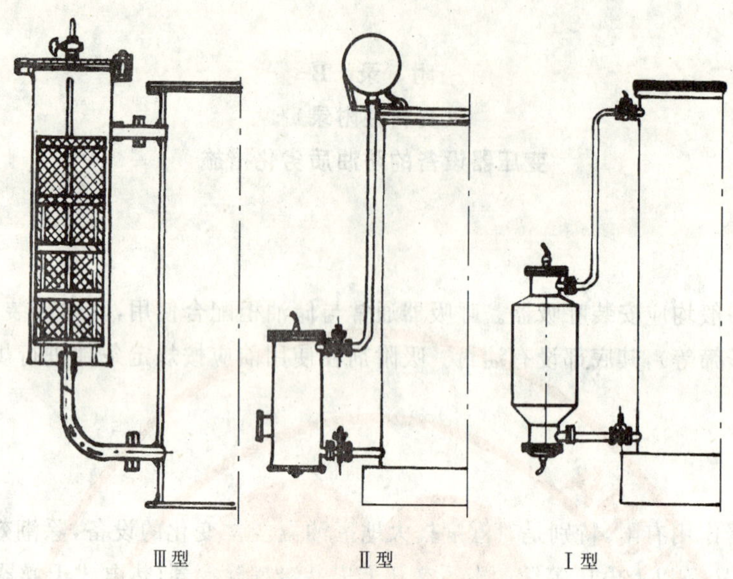

图 B.2 净油器安装方式

B.3.1.2 强制环流净油器

强制环流的吸附净油器应用在强迫油循环的电力变压器上(见图 B.3),一般将其联接在压力管段上成为油循环的支路。强油风冷变压器的净油器可吊装在风冷却器的下端,强油水冷变压器的净油器可附着于冷却器筒体的侧壁上。

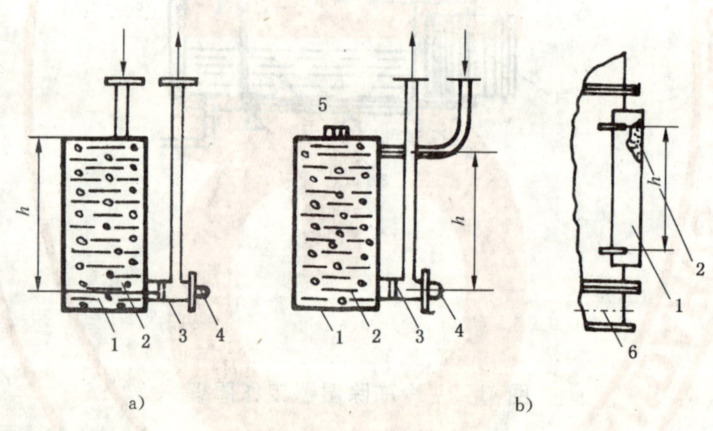

1——壳体;

2——吸附剂;

3——滤网;

4——取样门;

5——放气塞;

6——水冷却器。

a) 装在强油风冷却下端的强制环流净油器

b) 附着于水冷却器侧壁的强制环流净油器

图 B.3 强制环流净油器

B.3.1.3 净油器的吸附剂应选用吸附性能和机械强度均良好的粗孔硅胶、分子筛或活性氧化铝等。使用前应过筛选用粒度为 4 mm~6 mm 的,并进行活化处理。装入净油器后应排除内部积存的空气,使用失效时应及时更换。

B.3.1.4 吸附型净油器在安装和使用中,应仔细检查其油流出口滤网是否坚固完好,如发现支撑变形或网孔破损,应立即检修或更换,防止吸附剂颗粒漏入油系统造成不良后果。

B.3.1.5 精滤型净油器，它主要应用于小油量设备及自动调压开关装置中，以吸附油中的碳粒和油泥等物质。

B.4 密封式储油柜

B.4.1 大容量电力变压器中的密封式储油柜内部装有耐油的专用橡胶密封件，使油和空气隔离，以防外界湿气和空气的进入而导致油质氧化加速与受潮。但这种装置不能清除已进入设备的湿气和设备内部绝缘材料分解所产生的水分。密封式储油柜有两种结构型式，胶囊式储油柜与隔膜式储油柜。这两种储油柜在结构上应符合全密封的要求（见图 B.4、图 B.5），并应包括：

——将安全气道改为压力释放器；

——采用压油袋式油位计或铁磁油位计。

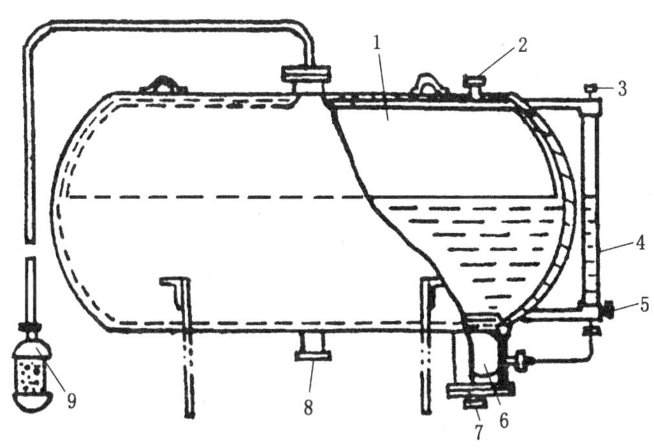

1——胶囊；

2——放油塞；

3——放气塞；

4——油位计；

5——放油塞；

6——油压袋；

7——放气塞；

8——气体继电器联管；

9——呼吸器。

图 B.4 胶囊式密封储油柜

B.4.2 储油柜密封件的安装应按设备制造厂说明书的要求进行。安装时，应防止密封件发生扭曲或皱皮而导致的损伤。注油时，应设法排尽变压器内死角处积存的空气，注入的油应经过高效真空脱气处理，并经检测油中总含气量应小于1%（体积分数）。

B.4.3 密封式储油柜在运行中，应经常检查柜内气室呼吸是否畅通，油位变化是否正常。如发现呼吸器堵塞或密封件油侧积存有空气，应及时排除，以防发生假油位或溢油现象。

B.4.4 装有密封油柜的变压器，应定期检查油质情况。特别是油中含气量和含水量的变化。如有异常，应查明原因，消除缺陷，并对设备内的油进行真空脱气、脱水处理。

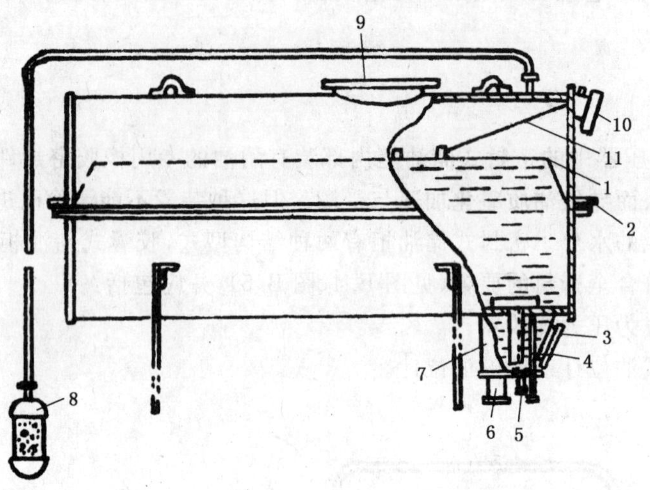

1——隔膜；
2——放水阀；
3——视察窗；
4——排气管；
5——注放油管；
6——气体继电器联管；
7——集气盒；
8——呼吸器；
9——入孔；
10——铁磁式油位计；
11——连杆。

图 B.5 隔膜式密封储油柜

附 录 C
（资料性附录）
防止油老化措施和油处理方法所用材料

C.1 常用吸附剂性能见表 C.1

表 C.1 常用吸附剂性能

名称	型号	化学成分	形状	活性表面积/m^2/g	活化温度/℃	最佳使用温度/℃	能吸附的组分
硅胶	细孔 粗孔 变色	$mSiO_2 \cdot xH_2O$ 变色硅胶浸有 $COCl_2$	干燥时呈乳白色块状或球状结晶，孔径：粗孔胶为 8 nm～10 nm 细孔胶为 2 nm	300～500	450～600 变色硅胶 120℃	30～50	水分、气体、有机酸等氧化产物（细孔硅胶多用于吸水，粗孔硅胶多用于油处理。变色硅胶作吸附剂吸水性指示用
活性氧化铝		$mAl_2O_3 \cdot xH_2O$	块状、球状或粉状结晶，孔径 2.5 nm～5.5 nm	180～370	300	50～70	有机酸及其他氧化产物
分子筛（沸石）	A 型（常用） X 型 Y 型	通式为 $a \cdot (M_{2/n}O) \cdot Al_2O_3 \cdot b \cdot (SiO_2) \cdot c(H_2O)$ （M 一般为 K、Na、Ca） n 为阳离子价数 a、b、c 均为系数	条状或球形孔径 3 A～10 A		450～550	25～150	水、气体、不饱和烃、有机酸等氧化产物（3A、4A、5A 型分子筛多用于吸水 5A 型分子筛可用于油处理）
活性白土		通式为 $MSiO_2 \cdot NAl_2O_3$（含少量 FeO、Fe_2O_3、SiO_2、MgO 等） M、N 为系数	无定形或结晶状的白色粉末或粒状	100～300	450～600	100～150	不饱和烃，树脂及沥青有机酸、水分等（用于油接触法再生处理）
高铝微球	801	$SiO_2 \cdot Al_2O_3$ （担体为稀土 Y 型分子筛）	微球状	530	120	50～60	除去酸性组分及其他氧化产物（用于接触法再生油）

C.2 T501 抗氧化剂的质量标准见表 C.2

表 C.2 T501 抗氧化剂的质量标准

项　目		专业标准 SH0015		试验方法
		一级品	合格品	
外　状		白色结晶	白色结晶[a]	目测
游离甲酚/%	不大于	0.015	0.03	附录
初溶点/℃		69.0～70.0	68.5～70.0	GB 617
灰分/%	不大于	0.01	0.03	GB 509
水分/%	不大于	0.06	—	GB/T 606[b]
闪点/℃（闭口）		报告	—	GB/T 261

a) 贮存后允许变为淡黄色但仍可使用。

b) 测定水分时，操作手续改为取 3 mL～4 mL 溶液甲，以溶液乙滴定至终点不记录读数，然后迅速加入试样 1 g（称准至 0.01 g）在不断搅拌下使之溶解，用溶液乙滴定至终点。

ICS 77.150.30
H 62

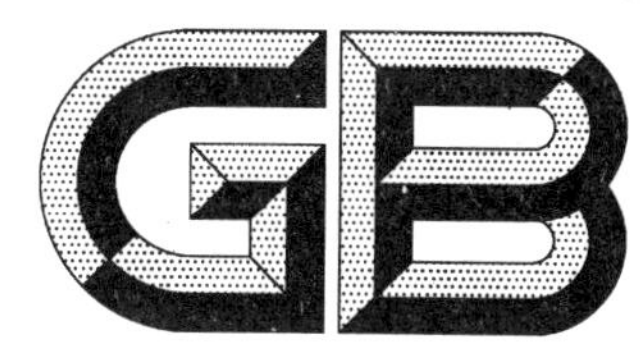

中华人民共和国国家标准

GB/T 14594—2005
代替 GB/T 14594—1993

无氧铜板和带

Oxygen-free copper sheets and strips

2005-07-04 发布　　2005-12-01 实施

中华人民共和国国家质量监督检验检疫总局
中国国家标准化管理委员会　发布

前言

本标准是对 GB/T 14594—1993《无氧铜板和带》的修订，修改采用了美国 ASTM F68—1993《电子设备用无氧铜加工材》和日本 JIS H3510—1992《电子管用无氧铜板、带、无缝管、棒和线》标准。本标准规定的无氧铜板和带材主要用于电真空器件，一般用途的无氧铜板材按 GB/T 2040—2002《铜及铜合金板材》的规定执行。

本标准和 GB/T 14594—1993 相比主要作了如下修改：

——产品的牌号增加了 TU0 的规定；

——板材增加了 Y_2(半硬)状态，带材增加了 Y_4(1/4 硬)和 Y_2(半硬)状态；

——TU1、TU2 的氧含量由原来的"不大于 0.002%、0.003%"统一改为"不大于 0.001%"；

——板材的宽度范围由"200 mm～600 mm"改为"200 mm～1 000 mm"，长度范围由"800 mm～1 500 mm"改为"1 000 mm～2 500 mm"；

——带材的厚度范围由"0.06 mm～1.20 mm"改为"0.05 mm～4.0 mm"，宽度由"20 mm～300 mm"改为"≤1 000 mm"，长度由定尺改为不作规定；

——将板、带材的厚度允许偏差合二为一。厚度允许偏差按宽度分为四档，厚度也重新进行了分档；

——板、带材的宽度允许偏差统一按宽度分为三档，并对宽度允许偏差进行了较大幅度的提升；

——板材的长度允许偏差由原来的"－15 mm"改为按厚度分为二档：厚度不大于 0.8 mm 时，长度允许偏差为＋5 m；厚度大于 0.8 mm 时，长度允许偏差为＋10 mm；

——取消了允许短尺交货的规定；

——对力学性能中的抗拉强度、伸长率进行了补充，并增加了维氏硬度的规定；

——对弯曲试验进行了修订；

——软态产品的晶粒度由原来的"不大于 0.055 mm"改为"0.015 mm～0.050 mm"，并增加了 1/4 硬(Y_4)状态晶粒度检验的规定；

——增加了对不同状态电性能的规定；

——带材的侧边弯曲度由原来的"不大于 4 mm/m"改为按宽度分为二档：宽度不大于 100 mm 时，侧边弯曲度不变；宽度大于 100 mm 时，侧边弯曲度不大于 3 mm/m；

——板材的不平度由原来的"不大于 20 mm/m"改为按厚度分为三档：厚度不大于 1.5 mm 时，不平度不大于 15 mm/m；厚度大于 1.5 mm～5.0 mm 时，不平度不大于 10 mm/m；厚度大于 5.0 mm时，不平度不大于 8 mm/m；

——取消允许存在的表面质量缺陷，仅规定"不允许有影响使用的缺陷"。

本标准代替 GB/T 14594—1993。

本标准由中国有色金属工业协会提出。

本标准由全国有色金属标准化技术委员会归口。

本标准由洛阳铜加工集团有限责任公司、上海金泰铜业有限公司、白银公司西北铜加工厂负责起草。

本标准主要起草人：孟惠娟、程万林、黄春梅、邵胜忠、赵莉、周新珉、张健、文继友。

本标准由全国有色金属标准化技术委员会负责解释。

本标准所代替标准的历次版本发布情况为：

——GB/T 14594—1993。

无 氧 铜 板 和 带

1 范围

本标准规定了无氧铜板和带的要求、试验方法、检验规则、标志、包装、运输、贮存等。

本标准适用于电子工业部门作电真空器件用高精度无氧铜板、带材。

2 规范性引用文件

下列文件中的条款通过本标准的引用而成为本标准的条款。凡是注日期的引用文件，其随后所有的修改单(不包括勘误的内容)或修订版均不适用于标准，然而，鼓励根据本标准达成协议的各方研究是否可使用这些文件的最新版本。凡是不注日期的引用文件，其最新版本适用于本标准。

GB/T 228 金属材料 室温拉伸试验方法

GB/T 232 金属材料 弯曲试验方法

GB/T 351 金属材料电阻系数测量方法

GB/T 4340.1 金属维氏硬度试验 第1部分：试验方法

GB/T 5121 铜及铜合金化学分析方法

GB/T 5231 加工铜及铜合金化学成分和产品形状

GB/T 8888 重有色金属加工产品的包装、标志、运输和贮存

YS/T 335 电真空器件用无氧铜含氧量金相检验法

YS/T 347 铜及铜合金平均晶粒度测定方法

3 要求

3.1 产品分类

3.1.1 牌号、状态、规格

板带材的牌号、状态和规格应符合表1的规定。

表1 牌号、状态和规格

牌 号	供 应 状 态	形状	规格/mm		
			厚度	宽度	长度
TU0、TU1、TU2	M(软)、Y_2(半硬)、Y(硬)	板	0.4～10.0	200～1 000	1 000～2 500
	M(软)、Y_4(1/4硬)、Y_2(半硬)、Y(硬)	带	0.05～4.0	≤1 000	—
注：经供需双方协商，也可供应其它状态、规格的产品。					

3.1.2 标记示例

产品标记按产品名称、牌号、状态、规格和标准编号的顺序表示。标记示例如下：

示例1：

用TU2制造的、M状态、厚度为0.5 mm、宽度为200 mm的带材标记为：

带 TU2M 0.5×200 GB/T 14594—2005

示例2：

用TU1制造的、Y_2状态、厚度为5 mm、宽度为1 000 mm、长度为2 000 mm的板材标记为：

板 TU1 Y_2 5×1 000×2 000 GB/T 14594—2005

3.2　**化学成分**

TU0、TU1、TU2 的化学成分应符合 GB/T 5231 的规定，其中 TU1、TU2 的氧含量应不大于 0.001%。

3.3　**尺寸及尺寸允许偏差**

3.3.1　产品的厚度及其允许偏差应符合表 2 的规定。

3.3.2　带材的宽度及其允许偏差应符合表 3 的规定。板材的宽度及其允许偏差应符合表 4 的规定。

表 2　厚度允许偏差

mm

厚　度	宽　度							
	≤200		>200～300		>300～600		>600～1 000	
	厚度允许偏差，±							
	普通级	较高级	普通级	较高级	普通级	较高级	普通级	较高级
0.05～0.10	0.007	0.005	0.010	0.007	—	—	—	—
>0.10～0.20	0.010	0.008	0.015	0.010	—	—	—	—
>0.20～0.30	0.015	0.010	0.020	0.015	0.020	0.015	—	—
>0.30～<0.5	0.020	0.015	0.025	0.020	0.030	0.025	—	—
0.5～0.8	0.030	0.025	0.035	0.030	0.040	0.035	0.050	0.040
>0.8～1.2	0.040	0.035	0.045	0.040	0.050	0.045	0.060	0.050
>1.2～1.5	0.045	0.040	0.050	0.045	0.055	0.050	0.070	0.060
>1.5～2.0	0.050	0.045	0.055	0.050	0.060	0.055	0.080	0.070
>2.0～2.5	0.060	0.050	0.065	0.060	0.070	0.060	0.100	0.090
>2.5～5.0	0.070	0.060	0.080	0.070	0.090	0.080	0.120	0.110
>5.0～8.0	0.10	0.09	0.11	0.10	0.12	0.11	0.20	0.18
>8.0～10.0	0.11	0.10	0.12	0.11	0.15	0.14	0.28	0.25

注：1. 需方要求单向偏差时，其值为表中数值的二倍；

2. 厚度允许偏差级别需在合同中注明，否则按普通级供应。

表 3　带材的宽度允许偏差

mm

厚　度	宽　度		
	≤300	>300～600	>600～1 000
	宽度允许偏差，±		
≤0.5	0.15	0.20	0.30
>0.5～1.0	0.20	0.25	0.40
>1.0～1.5	0.25	0.30	0.50
>1.5～2.5	0.30	0.40	0.60

注：1. 需方要求单向偏差时，其值为表中数值的二倍；

2. 厚度大于 2.5 mm 的带材可不切边供应。

表 4 板材的宽度允许偏差

mm

厚 度	宽 度		
	≤300	>300～600	>600～1 000
	宽度允许偏差，±		
≤0.8	1.00	1.20	1.50
>0.8～3.0	1.50	2.00	2.50
>3.0～10.0	2.50	3.00	5.00
注：需方要求单向偏差时，其值为表中数值的二倍。			

3.3.3 板材的长度允许偏差应符合表 5 的规定。

表 5 长度允许偏差

mm

厚 度	长度允许偏差
≤0.8	+5
>0.8	+10

3.3.4 带材的侧边弯曲度应符合表 6 的规定。

表 6 侧边弯曲度

宽度/mm	侧边弯曲度，(不大于)/(mm/m)
≤100	4
>100～1 000	3

3.3.5 板材应平直，允许有轻微的波浪，其长度方向上的不平度应符合表 7 的规定。

表 7 不平度

厚度/mm	不平度，(不大于)/(mm/m)
≤1.5	15
>1.5～5.0	10
>5.0	8

3.3.6 板材的周边应切直，不应有裂边、卷边。带材的两边应切齐，无裂边、卷边等缺陷。

3.4 力学性能

厚度不小于 0.2 mm 的产品，其力学性能应符合表 8 的规定。需方有要求并在合同中注明时，方予进行硬度试验。拉伸试验和硬度试验均要求时，硬度试验结果仅供参考；仅选择硬度试验时，试验结果可作为仲裁的依据。

表 8 力学性能

牌 号	状 态	拉伸试验		维氏硬度 HV
		抗拉强度 R_m/MPa	伸长率 $A_{11.3}$/%	
TU0、TU1、TU2	M	195～260	≥40	45～65
	Y_4	215～275	≥30	50～70
	Y_2	245～315	≥15	85～110
	Y	≥275	—	≥100
注：厚度小于 0.2 mm 的带材，其力学性能由供需双方商定。				

3.5 工艺性能

需方如有要求，并在合同中注明时，可进行弯曲试验。弯曲试验应符合表9的规定。弯曲外侧不应有肉眼可见的裂纹。

表9 弯曲试验

牌号	状态	厚度/mm	弯曲角度	内侧半径
TU0、TU1、TU2	M	≤2	180°	紧密贴合
		>2		1倍带厚
	Y_4、Y_2	≤2		1倍带厚
	Y	≤2		1.5倍带厚

3.6 晶粒度

需方有要求并在合同中注明时，可进行晶粒度检验。产品的晶粒度应符合表10的规定。

表10 晶粒度 mm

牌号	状态	晶粒度
TU0、TU1、TU2	M	0.015～0.050
	Y_4	a～0.045
注：a是指完全再结晶后的最小颗粒。		

3.7 电性能

在20℃的温度下测试，产品的电性能应符合表11的规定。

表11 导电率

牌号	状态	导电率，(不小于)/%IACS	电阻系数，(不大于)/(Ω·mm^2/m)
TU0	M	101	0.017 070
	Y_4	100	0.017 241
	Y_2	99	0.017 415
	Y	98	0.017 593
TU1	M	100	0.017 241
	Y_4	99	0.017 415
	Y_2	98	0.017 593
	Y	97	0.017 774
TU2	M	99	0.017 415
	Y_4	98	0.017 593
	Y_2	97	0.017 774
	Y	96	0.017 959

3.8 金相检验

产品在氢气退火后，经金相检验，应符合YS/T 335的规定。

3.9 外观质量

产品的表面应光滑、清洁，不允许有影响使用的缺陷。

4 试验方法

4.1 化学成分的仲裁分析方法

产品的化学成分的仲裁分析方法按GB/T 5121的规定进行。

4.2 外形尺寸测量方法

产品的外形尺寸应用相应精度的测量工具进行测量。

板材的厚度测量:在距顶角≥100 mm 和距边部≥10 mm 处测量。

带材的厚度测量:带宽>100 mm 时,在距离边部≥5 mm 处测量;带宽≤100 mm 时,在距离边部≥3 mm处测量。

4.3 力学性能检验方法

产品的拉伸试验方法按 GB/T 228 的规定进行。维氏硬度试验按 GB/T 4340.1 的规定进行。

4.4 工艺性能试验方法

产品的弯曲试验按 GB/T 232 的规定进行。

4.5 晶粒度检验方法

产品的晶粒度检验按 YS/T 347 的规定进行。

4.6 电性能的仲裁试验方法

产品的导电率仲裁试验按 GB/T 351 的规定进行。

4.7 金相检验方法

产品的金相检验方法按 YS/T 335 的规定进行。

4.8 外观质量检查方法

产品的外观质量应用目视或相应精度的测量工具进行测量和检验。

5 检验规则

5.1 检查和验收

5.1.1 产品应由供方技术监督部门进行检验,保证产品质量符合本标准的规定,并填写质量证明书。

5.1.2 需方应对收到的产品按本标准的规定进行复验,如复验结果与本标准的规定不符时,应以书面形式向供方提出,由供需双方协商解决。属于表面质量及尺寸偏差的异议,应在收到产品之日起一个月内提出;其他质量异议,应在收到产品三个月内提出。如需仲裁,仲裁取样应由供需双方在需方共同进行。

5.2 组批

产品应成批提交验收,每批应由同一牌号、状态和规格组成。每批重量应不大于 2 000 kg(如为同一熔次,可不限定组批量)。

5.3 检验项目

每批产品应进行化学成分、外形尺寸、拉伸试验、金相检验、电性能和外观质量的检验。如有要求,也可进行维氏硬度试验、工艺性能和晶粒度的检验。

5.4 取样

产品取样应符合表 12 的规定。

表 12 取样

检验项目	取样规定	要求的章条号	试验方法的章条号
化学成分	供方 1 个试样/熔次,需方 1 个试样/批	3.2	4.1
外形尺寸	逐张(卷)检查	3.3	4.2
拉伸性能	按 GB/T 228 附录 A 表 A1 中 P02、P04 和附录 B 表 B2 中 P011 的规定,任取 2 张(卷)/批,板材沿垂直于轧制方向、带材沿轧制方向任取 1 个试样/张(卷)	3.4	4.3
维氏硬度	任取 2 张(卷)/批,1 个试样/张(卷)	3.4	4.3
工艺性能	任取 2 张(卷)/批,1 个试样/张(卷)	3.5	4.4

表 12（续）

检验项目	取 样 规 定	要求的章条号	试验方法的章条号
晶粒度	任取 2 张(卷)/批,1 个试样/张(卷)	3.6	4.5
电性能	任取 2 张(卷)/批,1 个试样/张(卷)	3.7	4.6
金相检验	在不同部位任取二个试样/批	3.8	4.7
外观质量	逐张(卷)检查	3.9	4.8

5.5 检验结果的判定

5.5.1 化学成分不合格时,判该批产品不合格。

5.5.2 产品的外形尺寸偏差和外观质量不合格时,判该张(卷)不合格。

5.5.3 当力学性能、工艺性能、晶粒度、电性能和金相检验的试验结果中有试样不合格时,应从该批产品(包括原检验不合格的产品)中另取双倍数量的试样进行重复试验,重复试验结果全部合格,则判整批产品合格。若重复试验结果仍有试样不合格,则判该批产品不合格,或由供方逐张(卷)检验,合格者交货。

5.5.4 当出现其他缺陷时,该批产品由供需双方协商解决。

6 标志、包装、运输、贮存和质量证明书

产品的标志、包装、运输、贮存和质量证明书应符合 GB/T 8888 的规定。

7 订货单(或合同)内容

订购本标准所列产品的订货单(或合同)内应包括下列内容:

a) 产品名称;

b) 合金牌号;

c) 供应状态;

d) 尺寸规格;

e) 重量;

f) 维氏硬度、工艺性能、晶粒度要求;

g) 本标准编号;

h) 增加本标准以外内容时的协商结果。

ICS 29.240.30
K 45

中华人民共和国国家标准

GB/T 14598.17—2005/IEC 60255-22-6:2001

电气继电器 第22-6部分:量度继电器和保护装置的电气骚扰试验——射频场感应的传导骚扰的抗扰度

Electrical relay—
Part 22-6:Electrical disturbance tests for measuring relays and protection equipment—Immunity to conducted disturbances induced by radio frequency fields

(IEC 60255-22-6:2001,IDT)

2005-08-26 发布 2006-04-01 实施

中华人民共和国国家质量监督检验检疫总局
中国国家标准化管理委员会 发布

前　言

GB/T 14598 的本部分等同采用国际标准 IEC 60255-22-6:2001《电气继电器　第 22-6 部分:量度继电器和保护装置的电气骚扰试验——射频场感应的传导骚扰的抗扰度》(英文版)。

本部分等同翻译 IEC 60255-22-6:2001。

为便于使用,本部分做了下列编辑性修改:

a)　'本国际标准'一词改为'本部分';

b)　用小数点'.'代替作为小数点的',';

c)　删除国际标准的前言。

本部分由中国电器工业协会提出。

本部分由全国量度继电器和保护设备标准化技术委员会归口。

本部分起草单位:许昌继电器研究所、北京四方继保自动化有限公司、国电南京自动化股份有限公司、烟台东方电子信息产业股份有限公司、山东鲁能积成电子股份有限公司。

本部分主要起草人:杨大林、屠黎明、陈鼎坤、赵国刚、李伟硕、刘彬。

电气继电器　第22-6部分：量度继电器和保护装置的电气骚扰试验——射频场感应的传导骚扰的抗扰度

1　范围

本部分以GB/T 17626.6—1998为基础，参考了该标准的适用部分。规定了用于电力系统保护的量度继电器和保护装置(包括系统所用的控制、监视和过程接口装置)对电磁场感应的传导骚扰的一般要求。

试验的目的是验证被试装置(EUT)在被激励并受到频率范围为150 kHz至80 MHz的射频电磁场感应的传导骚扰时能正确工作。

注：GB/T 14598.9—2002(以GB/T 17626.3—1998为基础)规定了量度继电器和保护装置对频率范围为80 MHz至1 000 MHz的抗扰度要求。

本部分所规定的要求适用于新的量度继电器和保护装置，所规定的试验仅为型式试验。

本部分的目的是规定：

——所用定义；

——试验严酷等级；

——试验设备；

——试验配置；

——试验程序；

——合格判据；

——试验报告。

2　规范性引用文件

下列文件中的条款通过GB/T 14598的本部分的引用而成为本部分的条款。凡是注日期的引用文件，其随后所有的修改单(不包括勘误的内容)或修订版均不适用于本部分，然而，鼓励根据本部分达成协议的各方研究是否可使用这些文件的最新版本。凡是不注日期的引用文件，其最新版本适用于本部分。

GB/T 2900.17　电工词汇　电气继电器(GB/T 2900.17—1994,eqv IEC 60050(446):1983)

GB/T 2900.49　电工术语　电力系统保护(GB/T 2900.49—2004,IEC 60050(448):1995,International electrotechnical vocabulary—Part 448:Power system protection,IDT)

GB/T 4365—2003　电磁兼容术语(IEC 60050(161):1998,International electrotechnical vocabulary-Chapter 161:Electromagnetic compatibility,MOD)

GB/T 14047　量度继电器和保护装置(GB/T 14047—1993,idt IEC 60255-6:1988)

GB/T 17626.6—1998　电磁兼容性　试验和测量技术　射频场感应的传导骚扰抗扰度(idt IEC 61000-4-6:1996)

3　术语和定义

GB/T 2900.17、GB/T 2900.49和GB/T 4365—2003确立的以及下列术语和定义适用于本标准。

3.1

模拟手 artificial hand

模拟常规工作条件下，手持电器与地之间的人体阻抗的电网络。

[GB/T 4365—2003，定义 4.27]

3.2

辅助设备 auxiliary equipment

为被试装置提供正常工作所需要的信号和用来验证被试装置性能的设备。

[GB/T 17626.6—1998，定义 4.2]

3.3

耦合和去耦装置 coupling and decoupling devices（CDN）

集中安装于一只箱体内的耦合和去耦装置。

[GB/T 17626.6—1998，定义 6.2]

3.4

夹注入 clamp injection

注入是将电流注入装置夹合在电缆上的方法来实现的。

[GB/T 17626.6—1998，定义 4.3]

注：这可以是一个电流夹或是一个电磁夹。

3.5

耦合系数 coupling factor

在耦合(和去耦)装置的 EUT 端口所获得的开路电压(电动势)与试验发生器的输出开路电压的比值。

[GB/T 17626.6—1998，定义 4.5]

3.6

被试装置 equipment under test（EUT）

被试验的装置。可以是一只量度继电器或一台保护装置。

3.7

端口 port

被试装置与外部电磁环境的特殊接口。

4 试验严酷等级

在施加调制之前，电压电平应为 GB/T 17626.6—1998 的 6.4.1 所测量到的 140 dB(μV)或 10 V(有效值)。

注：该试验电压电平适用于工作在严酷电磁辐射环境中的装置。比如，在接近装置、但不近于 1 m 处工作的无线电收发两用机的典型电平。

5 试验设备

试验设备的描述见 GB/T 17626.6—1998 中的第 6 章。给被试装置的缆线施加试验电压的规定方法有多种。推荐用耦合去耦网络或夹注入方法注入该骚扰信号(见 GB/T 17626.6—1998 中 6.2.2 和 6.2.3)。

6 试验配置

所有用于向被试装置提供正常工作信号和验证装置正确性能的辅助设备应被去耦，以免试验电压影响该辅助设备。

在被试装置的试验端口，推荐使用 GB/T 17626.6—1998 附录 D 中 D.2 定义的耦合和去耦装置或 GB/T 17626.6—1998 附录 A 中 A.2 定义的注入夹。

通常应单个测试被试装置，被试装置应放置在距接地基准平板约 0.1 m 的绝缘支撑上，被试装置的所有部分应距任何金属障碍物至少 0.5 m，耦合和去耦装置所有未被激励的输入端口应端接 50 Ω 的负载 T。如果被试装置放在一张非导电性的桌子上作试验，桌子高度一般为 0.8 m，接地基准板可以放置在该桌子上。

耦合和去耦网络或注入夹应使用在所有的被试电缆上。耦合和去耦网络应放置在接地基准板上，在距被试装置约 0.1 m 至 0.3 m 处与平板作直接接触。耦合和去耦网络或注入夹与被试装置之间的电缆应尽可能短，且不应束扎或缠绕，其距接地基准平板的高度应在 30 mm 至 50 mm 之间。

如果被试装置提供了其他的接地端子，在允许时，它们应通过耦合去耦网络 CDN-M_1 连接到接地基准板，CDN-M_1 端接 50 Ω 的负载 T。

如果被试装置提供了键盘或手持附件，仿真手应放置在该键盘上或缠绕住该附件，并连接到接地基准板。

根据规范被试装置的规定性能所需要的辅助设备，比如通信设备，以及为保证数据转换和功能评价所必需的辅助设备，应通过耦合和去耦网络或注入夹连接到被试装置。宜根据代表性功能尽可能限制被测电缆的数目。

如果被试装置安装在专用的机柜内，被试装置可以放在柜内作传导试验，机柜应放置在距接地基准平板 0.1 m 高的绝缘支撑上。如果机柜里有几个被试装置，它们之间的互联电缆被看作系统内部电缆，不应进行传导抗扰度试验。

量度继电器和保护装置的典型试验配置示于图 1 和图 2（它们基于 GB/T 17626.6—1998 的图 10 和图 9）。

7 试验程序

试验应在 GB/T 14047 所给出的基准条件下进行。

为了模拟实际的工作条件，试验电压宜施加于试验端口的所有连线。如果可能，被试装置的每个端口都应单独试验（比如接地、变流器输入、变压器输入、辅助电源、输出触点、状态输入和通信连线）。被试装置所有未被试验的端口，宜连接到耦合和去耦网络，耦合和去耦网络应端接 50 Ω 的负载 T。

注：如果地线端口的连线长度小于 3 m，建议不做试验。

如果耦合和去耦装置用于完全相同的试验电路，比如状态输入电路或者输出触点电路。由于实际的原因，可以连接到一个耦合和去耦装置上。

由于同样实际的原因，仅在 7.2 所规定的若干点频率考虑骚扰对继电器的暂态或动作状态的影响。

应做随后的试验以确认：

a) 被试装置在被激励并受到扫频范围为 150 kHz 至 80 MHz 的传导性骚扰时具有其规定限值内的正常性能。

b) 被试装置在 150 kHz 至 80 MHz 范围内给出的点频率上受到传导性骚扰时能够正确动作和复归。

7.1 扫频

被试装置的延时整定值应设定在其所规定的可能使用的最小值。

试验时应将辅助激励量施加于相应电路上，其大小等于额定值。输入激励量的值应在指定暂态误差的两倍之内。

如果被试装置的额定条件表明输入激励量大大低于继电器的动作值，试验应在连续热耐受值下进行。

在 150 kHz 至 80 MHz 的频率范围内扫频，用 1 kHz 的正弦波对信号进行 80% 的幅度调制。必要时可暂停扫描以调整射频信号电平或转换振荡器。扫频速率不应超过 1.5×10^{-3} 十倍频程/秒。

在频率范围内作递增扫频时，步长不应超过基频的1%，且在校准点之间作线性插入。在每一频率的驻留时间应为0.5 s。在被试装置的动作时间大于0.5 s的情况下，应增加驻留时间，直至被试装置可能动作。

注："不超过基频的1%"的说法意即每步频率小于或等于上一步频率乘以系数1.01(步长等于1%)。

7.2 点频率

试验时，应将辅助激励量施加于相应电路，其值等于额定条件。

表1规定了所使用的点频率。应用1 kHz的正弦波对信号调幅。

表1 点频率

点频率/MHz	公差	调制	占空度
27	±0.5%	80%	100%
68	±0.5%	80%	100%

在每次点频率试验中，应调整输入激励量使被试装置从正常被激励状态转化至动作状态，并保持到被试装置正确动作。然后重新调节输入激励量，使被试装置复归。

在每一个点频率上的试验时间应不少于10 s。

8 验收准则

如果被试装置在试验的全部过程均显示出其抗扰性，则表明试验合格。

表2列出了量度继电器或保护装置可能具有的重要功能。在扫频和点频率试验中都宜监视这些功能。

表2 验收准则

功能	验收准则
保护	规定限值内的正常性能
命令与控制	
测量	
人机接口和可视报警	
数据通信	

9 试验报告

试验报告应包括：

——被试装置的标识与配置；

——试验条件；

——所用试验设备的型号和被试装置、辅助设备、耦合和去耦网络及夹注入的位置；

——所用的耦合和去耦网络及夹注入和它们的耦合系数；

——所用导线的型号和数量及其与被试装置连接的端口；

——被试装置的动作条件，比如继电器整定值与输入激励量大小；

——扫频速率，驻留时间，频率步长；

——点频率；

——所用试验设备；

——试验严酷等级；

——在点频率试验中所用的被试装置的操作方法；

——试验结论(合格/不合格)。

单位为米

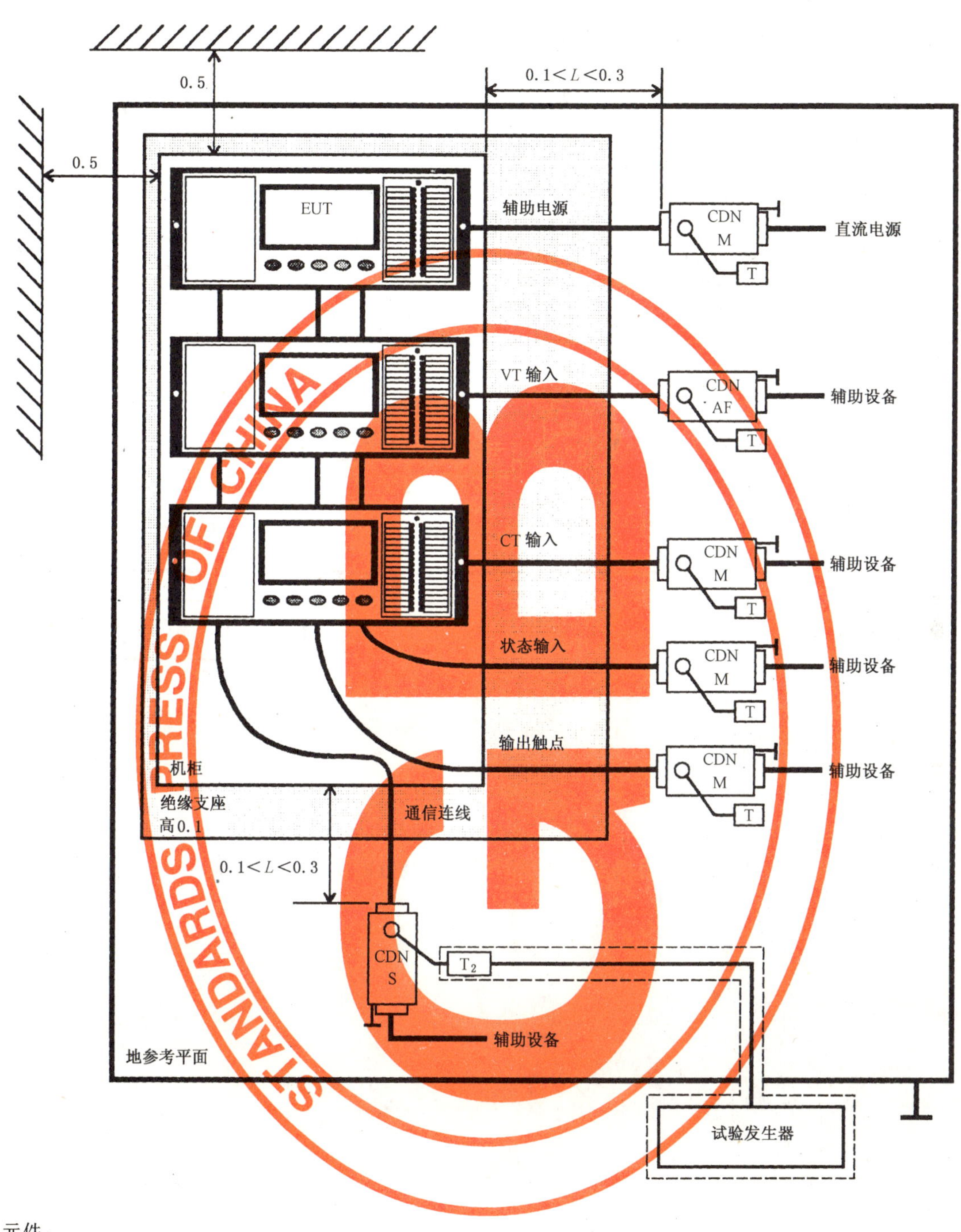

元件：

T——50 Ω 终端；

T_2——功率衰减器(6 dB)；

CDN——耦合和去耦网络。

图 1 采用耦合和去耦网络的落地装置的试验配置示例

单位为米

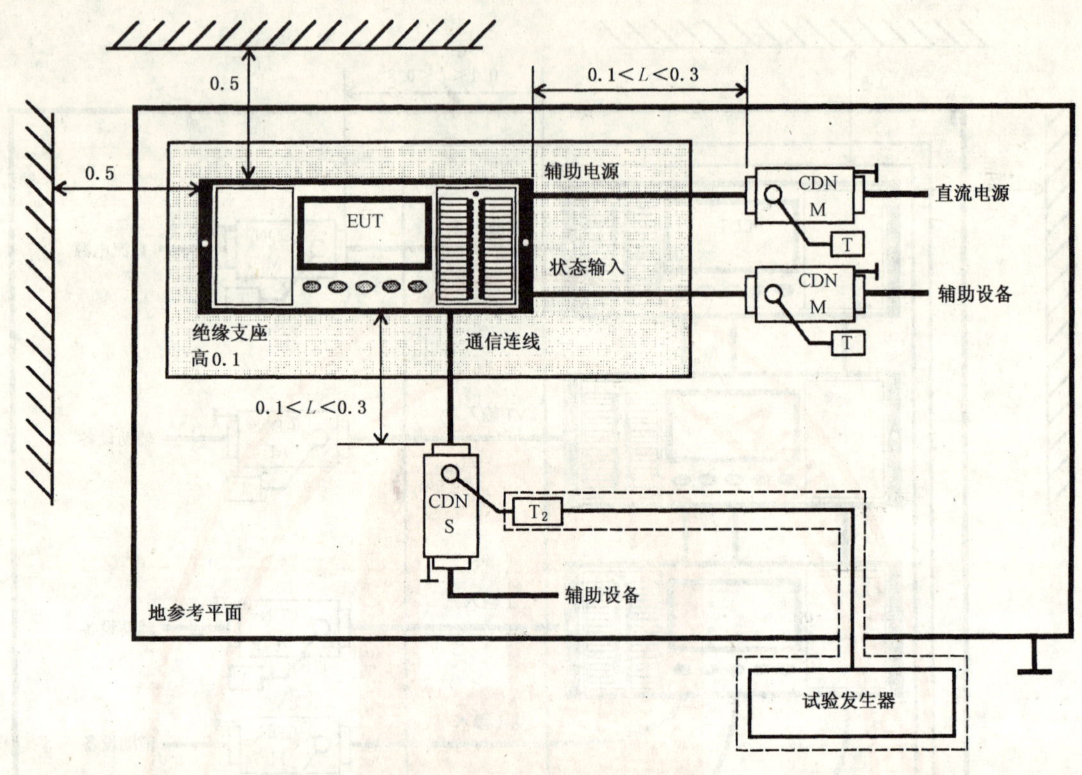

元件：

T——50 Ω终端；

T_2——功率衰减器(6 dB)；

CDN——耦合和去耦网络。

图2 采用耦合和去耦网络的单装置的试验配置示例

参 考 文 献

GB/T 14598.9—2002 电气继电器 第22-3部分 量度继电器和保护装置的电气骚扰试验 辐射电磁场骚扰试验(IEC 60255-22-3:2000,IDT)

GB/T 17626.3—1998 电磁兼容 试验和测量技术 射频电磁场辐射抗扰度试验(idt IEC 61000-4-3:1995)

ICS 67.060
B 20

中华人民共和国国家标准

GB/T 14614.4—2005

小麦粉面团流变特性测定　吹泡仪法

Determination of rheological properties of dough using alveograph

(ISO 5530-4:2002, Wheat flour (*Triticum aestivum* L.)—
Physical characteristics of doughs—
Part 4: Determination of rheological properties using an alveograph, NEQ)

2005-09-05 发布　　2006-04-01 实施

中华人民共和国国家质量监督检验检疫总局
中国国家标准化管理委员会　发布

前言

吹泡测定仪是测定小麦粉面团流变性能的仪器，已有五十余年的使用历史，并已经发展成多种仪器型号。随着我国食品工业的发展、面粉加工技术的提高和专用粉的生产，该仪器在我国使用日益普遍。

GB/T 14614 的本部分非等效于 ISO 5530-4:2002《小麦粉——面团物理特性——第 4 部分:吹泡仪测定面团流变特性》。本部分在 ISO 标准文本的基础上，根据我国情况进行了编辑上和技术上的某些修改。修改之处有：

1. 用我国国家标准 GB/T 5530《动植物油脂　酸价和酸度测定》、GB/T 5497《粮食、油料检验　水分测定法》、GB/T 5491《粮食、油料检验　扦样、分样法》分别替代 ISO 660《动植物油脂——酸值和酸度测定》(Animal and vegetable fats and oils—Determination of acid value and acidity)、ISO 712《谷物和谷物制品——水分含量测定——常用参考方法》(Cereals and cereal products—Determination of moisture content—Routine reference method)、ISO 13690《谷物、豆类和经磨制品——静态取样》(Cereals, pulses and milled products—Sampling of static batches)。

2. ISO 5530-4:2002 中的测量精度章节包含 6 个实验室吹泡仪测定结果的原始数据和测量精度再现性、重复性数理统计列表，由于所占篇幅较大，本部分不再附上。

3. 为方便我国 MA82 型 MA87 型用户使用仪器，本标准较详细地描述了该型号仪器橡皮球脱粘操作方法，并增加了图示。

本部分由国家粮食局提出。

本部分由国家粮食局归口。

本部分起草单位：北京市粮食科学研究所。

本部分主要起草人：郑家丰、邢春生。

小麦粉面团流变特性测定　吹泡仪法

1　范围

GB/T 14614 的本部分规定了使用吹泡仪测定小麦粉面团流变特性的方法。包括所用的仪器、试剂、操作步骤和测定结果表示。

本部分适用于小麦粉面团流变性能的测定。

2　规范性引用文件

下列文件中的条款通过 GB/T 14614 的本部分的引用而构成为本部分的条款。凡是注日期的引用文件，其随后所有的修改单(不包括勘误的内容)或修订版均不适用于本部分，然而，鼓励根据本部分达成协议的各方研究是否可使用这些文件的最新版本。凡是不注日期的引用文件，其最新版本适用于本部分。

GB/T 5491　粮食、油料检验　扦样、分样法

GB/T 5497　粮食、油料检验　水分测定法

GB/T 5530　动植物油脂　酸价和酸度测定(GB/T 5530—1998，eqv ISO 660:1983)

3　原理

在规定的条件下，把小麦粉和氯化钠溶液混合制备成一定含水量的面团。将面团压制成一定厚度的试样，用吹泡方式将它吹成面泡。记录下泡内随着时间变化的压力曲线图。根据曲线图形的形状和面积评价面团的流变特性。

4　试剂

4.1　蒸馏水：蒸馏水或纯度与其相当的水。

4.2　2.5%氯化钠溶液：取分析纯氯化钠(25±0.2) g 加蒸馏水溶解，稀释至 1 L，该溶液存放时间不得超过 15 d，使用温度(20±2)℃。

4.3　精炼植物油：含聚不饱和脂肪酸低，酸价(KOH)低于 0.4 mg/g(按照 GB/T 5530 测定)，如花生油或橄榄油，装在密闭的容器内，避光存放，每三个月定期更换。或使用液体石蜡(也称液体凡士林)，在 20℃下粘度尽可能低(不大于 60 mPa·s)，酸价(KOH)等于或低于 0.05 mg/g。

5　仪器设备

5.1　吹泡测定仪(MA82 型、MA87 型、MA95 型、NG 型)：由和面器、吹泡器、压力记录器等组成(图 1 和图 2)。

其技术规格如下：

——和面刀：转动速度(60±2) r/min；

——压片槽：高度(12.0±0.1) mm；

——压片辊：大直径(40.0±0.1) mm，小直径(33.3±0.1) mm；

——圆形切刀：内径(46.0±0.5) mm；

——吹泡器：上盘内径(55.0±0.1) mm，拧紧后上盘与下盘的距离(2.67±0.01) mm；

——吹泡前试样脱粘体积：(18±2) mL；

——水压力记录器记录鼓：线速度(5.5±0.1) mm/s；

——吹泡空气流速：(96±2)L/h。

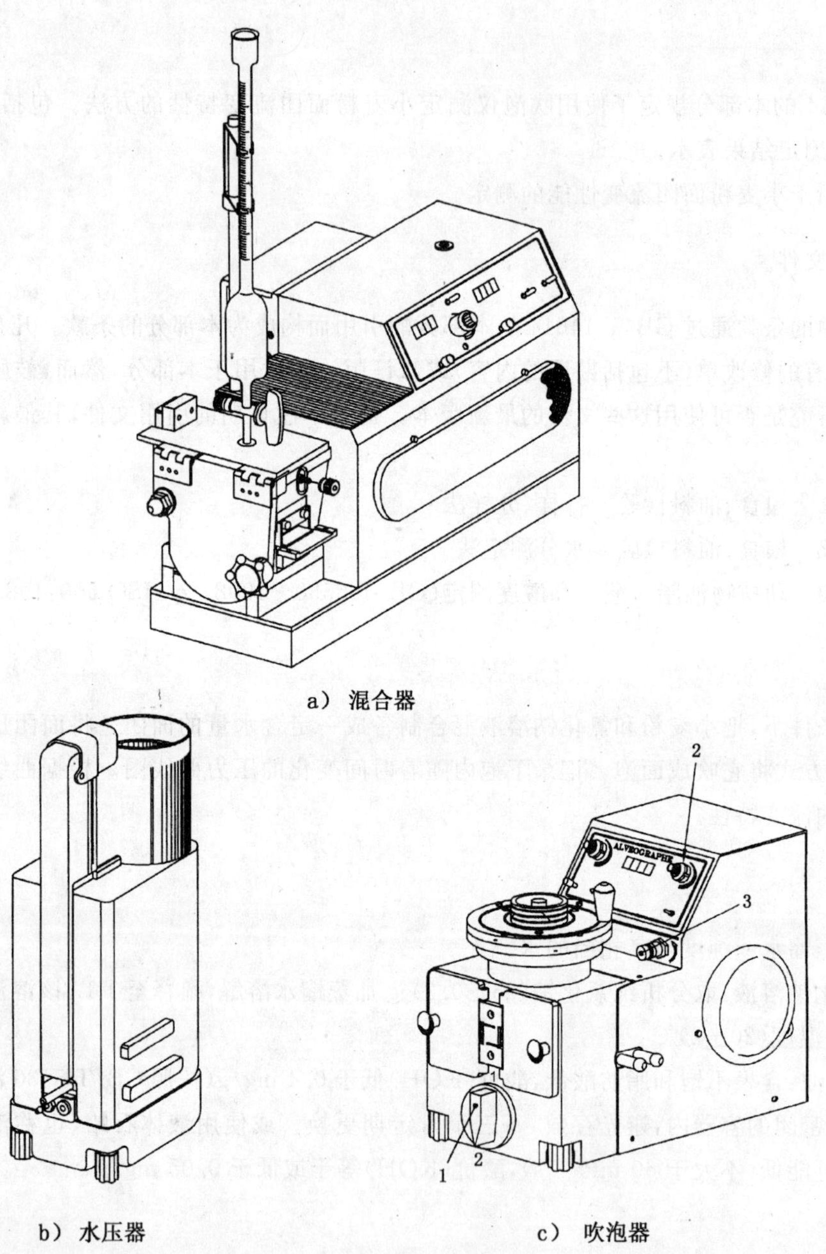

a） 混合器

b） 水压器

c） 吹泡器

1——吹泡旋钮；

2——空气发生器旋钮；

3——流量阀旋钮。

图 1 MA82 型、MA87 型、MA95 型吹泡测定仪

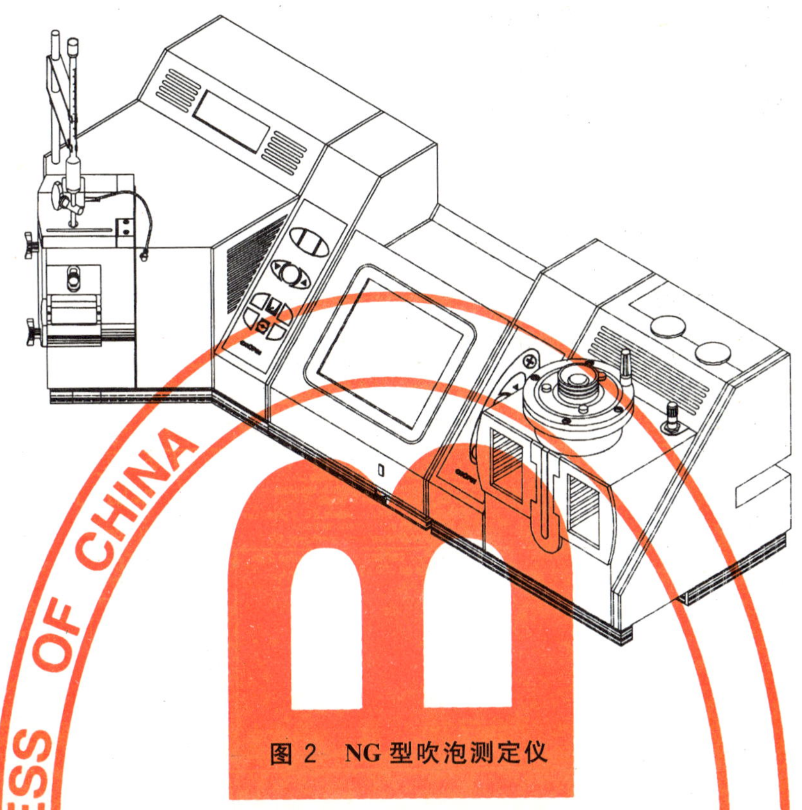

图2 NG型吹泡测定仪

5.1.1 和面器：制备面团。有准确温度调节装置和滴定管，滴定管容量160 mL，直接刻有面粉水分含量11.6%到17.8%的刻度，精度0.1%。

5.1.2 吹泡器：试样吹泡。有准确温度调节装置和两个恒温室，每个恒温室有五个放置片。

5.1.3 压力记录器：

有三种：

——水压力记录器：记录吹泡过程面泡内部随时间变化的压力曲线，压力系数$k=1.1$；

——积分计算仪(RCV4)：代替压力记录器，可与打印机相联，打印测定数据和曲线图形；

——触摸屏记录仪(Alveolink)：代替压力记录器，可与彩色打印机相联，打印测定数据和曲线图形。

5.2 求积仪或求积模板：测量吹泡曲线面积，求积模板由制造商提供。

5.3 天平：感量0.5 g。

5.4 秒表。

6 取样

按照GB/T 5491取样。实验室所得样品应具有代表性，在运输或储存过程中不得受到损害和变化。

7 操作步骤

7.1 仪器准备

7.1.1 确保仪器清洁，关好揉面钵的侧板和闸门，以防面粉和水漏出。

7.1.2 打开仪器电源开关，调节仪器温度。揉面钵(24±0.2)℃，吹泡器(25±0.2)℃。使用前应有足够的时间(约30 min)使温度稳定。如温度超过设定值，按说明书要求进行冷却。

7.1.3 根据说明书要求，定期检查仪器气路系统的气密性(不漏气)。

7.1.4 用 No.12C 压力校正气嘴来调节压力。

——调节空气发生器旋钮(图 1)，使压力记录器上显示 92 mm 高度；

——调节流量阀旋钮(图 1)，使压力记录器上显示 60 mm 高度(图 3)。

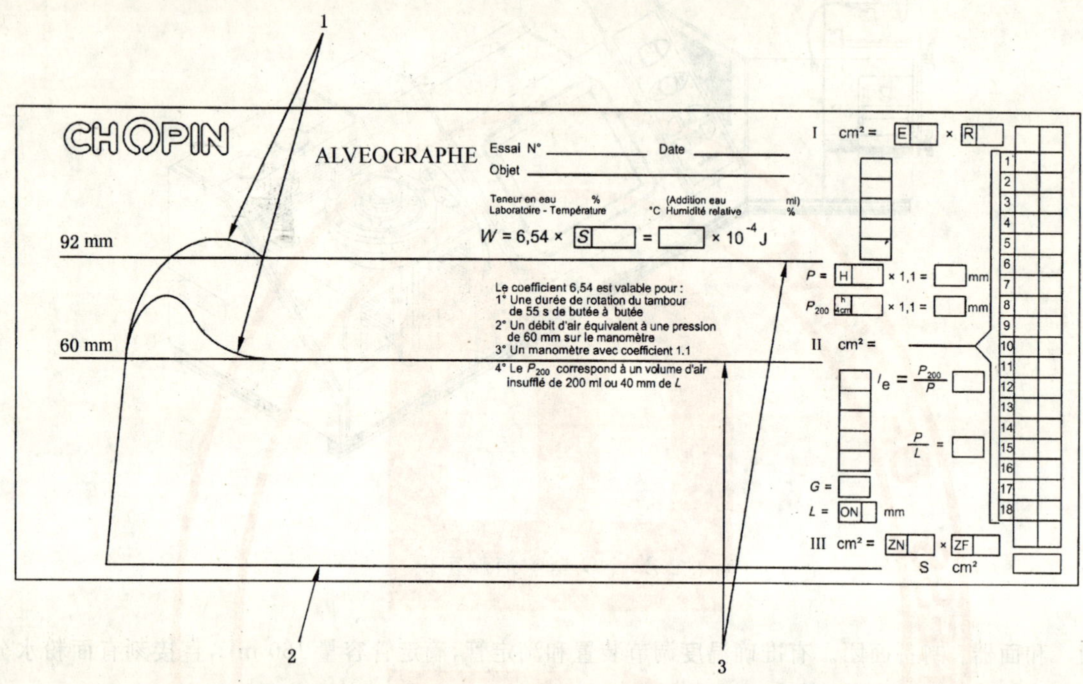

1——浮漂笔曲线；

2——基线；

3——92 mm、60 mm 平行线。

图 3 压力校准曲线

7.1.5 用秒表检查水压力记录器记录鼓转动速度，在 220 V 50 Hz 条件下，从限位块到限位块是 55 s，相当于纸速 302.5 mm/55 s。

7.2 测定前准备

7.2.1 小麦粉水分含量测定：按 GB/T 5497 测定小麦粉水分含量。

7.2.2 面粉样品和氯化钠溶液的温度(20±5)℃，实验室温度(18～22)℃，实验室相对湿度(65±15)%。

7.3 面团制备

7.3.1 称取(250±0.50) g 面粉置于揉面钵中。

7.3.2 向滴定管中加入 2.5%氯化钠溶液，调节至与被测面粉样品水分含量相同的刻度或根据表 1 查出被测面粉水分含量应加入的氯化钠溶液毫升数。这些氯化钠溶液毫升数用来制备一定含水量的面团，即相当于 50 mL 氯化钠溶液和 100 g 含水量为 15%的面粉制备成的面团(表 1)。

表 1　250 克面粉不同水分含量应加入氯化钠溶液的毫升数[a]

面粉水分含量/(%)	氯化钠溶液添加量/mL	面粉水分含量/(%)	氯化钠溶液添加量/mL	面粉水分含量/(%)	氯化钠溶液添加量/mL	面粉水分含量/(%)	氯化钠溶液添加量/mL
8.0	155.9	11.0	142.6	14.0	129.4	17.0	116.2
8.1	155.4	11.1	142.2	14.1	129.0	17.1	115.7
8.2	155.0	11.2	141.8	14.2	128.5	17.2	115.3
8.3	154.6	11.3	141.3	14.3	128.1	17.3	114.9
8.4	154.1	11.4	140.9	14.4	127.6	17.4	114.4
8.5	153.7	11.5	140.4	14.5	127.2	17.5	114.0
8.6	153.2	11.6	140.0	14.6	126.8	17.6	113.5
8.7	152.8	11.7	139.6	14.7	126.3	17.7	113.1
8.8	152.4	11.8	139.1	14.8	125.9	17.8	112.6
8.9	151.9	11.9	138.7	14.9	125.4	17.9	112.2
9.0	151.5	12.0	138.2	15.0	125.0	18.0	111.8
9.1	151.0	12.1	137.8	15.1	124.6	18.1	111.3
9.2	150.6	12.2	137.4	15.2	124.1	18.2	110.9
9.3	150.1	12.3	136.9	15.3	123.7	18.3	110.4
9.4	149.7	12.4	136.5	15.4	123.2	18.4	110.0
9.5	149.3	12.5	136.0	15.5	122.8	18.5	109.6
9.6	148.8	12.6	135.6	15.6	122.4	18.6	109.1
9.7	148.4	12.7	135.1	15.7	121.9	18.7	108.7
9.8	147.9	12.8	134.7	15.8	121.5	18.8	108.2
9.9	147.5	12.9	134.3	15.9	121.0	18.9	107.8
10.0	147.1	13.0	133.8	16.0	120.6	19.0	107.4
10.1	146.6	13.1	133.4	16.1	120.1	19.1	106.9
10.2	146.2	13.2	132.9	16.2	119.7	19.2	106.5
10.3	145.7	13.3	132.5	16.3	119.3	19.3	106.0
10.4	145.3	13.4	132.1	16.4	118.8	19.4	105.6
10.5	144.9	13.5	131.6	16.5	118.4	19.5	105.1
10.6	144.4	13.6	131.2	16.6	117.9	19.6	104.7
10.7	144.0	13.7	130.7	16.7	117.5	19.7	104.3
10.8	143.5	13.8	130.3	16.8	117.1	19.8	103.8
10.9	143.1	13.9	129.9	16.9	116.6	19.9	103.4
						20.0	102.9

[a] 根据公式计算
加入的水量＝191.175－(4.41175×面粉的水分)
(比较了氯化钠溶液密度与水的密度)

注：由制造厂家提供的、有面粉水分含量刻度的滴定管，在面粉水分含量低于10.5%时，无法将所需体积的氯化钠溶液加入滴管。在这种情况下，首先加入相当于水分含量为12%的氯化钠溶液，即138.3 mL。然后，用刻度分格为0.1 mL的25 mL吸量管加入体积相当于表1中所列数值与138.3 mL差的氯化钠溶液。

7.3.3 启动和面刀，立即将滴定管中的全部氯化钠溶液加入和面钵（在 20 s～30 s 内完成）。1 min 0 s 停止和面，用塑料刮刀把未混入面团的干面粉混入面团，混入干面粉用时 1 min。2 min 0 s 再次启动和面刀，继续和面 6 min，8 min 0 s 停止和面。

7.4 **试样制备**

7.4.1 抬起揉面钵挤出口的闸门并拧紧，和面刀反转，滴几滴油于挤出口的接面板上。

7.4.2 用金属刮刀靠近揉面钵挤出口，快速切去最初挤出的 10 mm 面片。

7.4.3 面片继续挤出，用刮刀随时轻挑面片端头，避免面片粘连在接面板上。达到接面板上标记时，用刮刀快速切下。面片继续挤出，将接面板上第一块面片滑到预先涂了油的压片槽上。放置面片时注意面片的方向，面片挤出方向要与压片槽长向一致。

7.4.4 重复 7.4.3 操作四次。将上述第 2 块、第 3 块、第 4 块面片依序放在压片槽上。第 5 块面片留在接面板上。

7.4.5 用预先涂油的压面辊在压片槽的轨道上连续滚压 12 次（来回六次）。

7.4.6 用预先涂油的圆切刀在面片中心切下，去除外围多余的部分，将带有小圆面片的圆切刀移到涂有油的放置片上，方法是手腕在桌上敲打使面片落下，不要用手指触摸试样。如果试样粘在压片槽上，用刮刀慢慢撬起，使其滑到放置片上。立即按挤出顺序放进 25℃吹泡器恒温室中，第一块在最上部，其余顺序向下放置（图 4）。

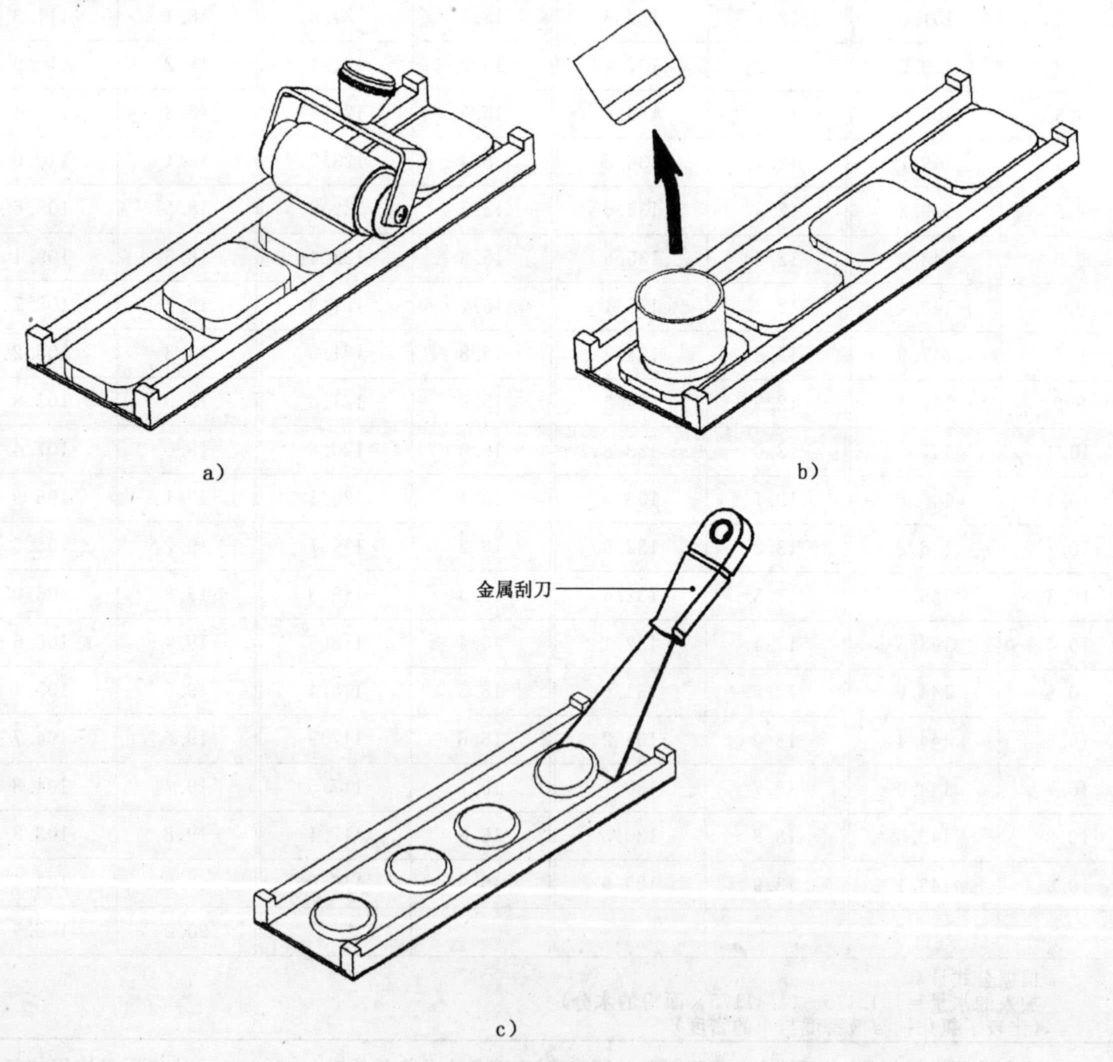

图 4 面片滚压、切割、转移

7.4.7 取下接面板上的第五块面片放在压面槽上，重复 7.4.5 和 7.4.6 操作步骤。

7.5 吹泡测试

7.5.1 放置试样

7.5.1.1 把一张记录纸装在水压力记录器记录鼓上，记录笔灌满墨水，笔与记录纸接触，转动记录鼓画好基准压力线，笔与记录纸离开，再转回到起始位置。

7.5.1.2 从和面开始 28 min 0 s 开始吹泡测试。将吹泡器上盘反时针向上转动两圈，使上盘上表面与三个圆柱导轨上端齐平，拧下滚花环，取出压盖，在吹泡器下盘和压盖上涂油。将圆面片试样从恒温室取出，滑到下盘中心位置，如不在中心，用塑料刀轻轻推动圆面片侧边，使其到达中心位置。

7.5.1.3 放回盖片，拧紧滚花环，用 20 s，匀速地将上盘顺时针向下转动，压平试样。

7.5.1.4 等待 5 s，拧下滚花环，取出盖片，露出待测试样（图 5）。

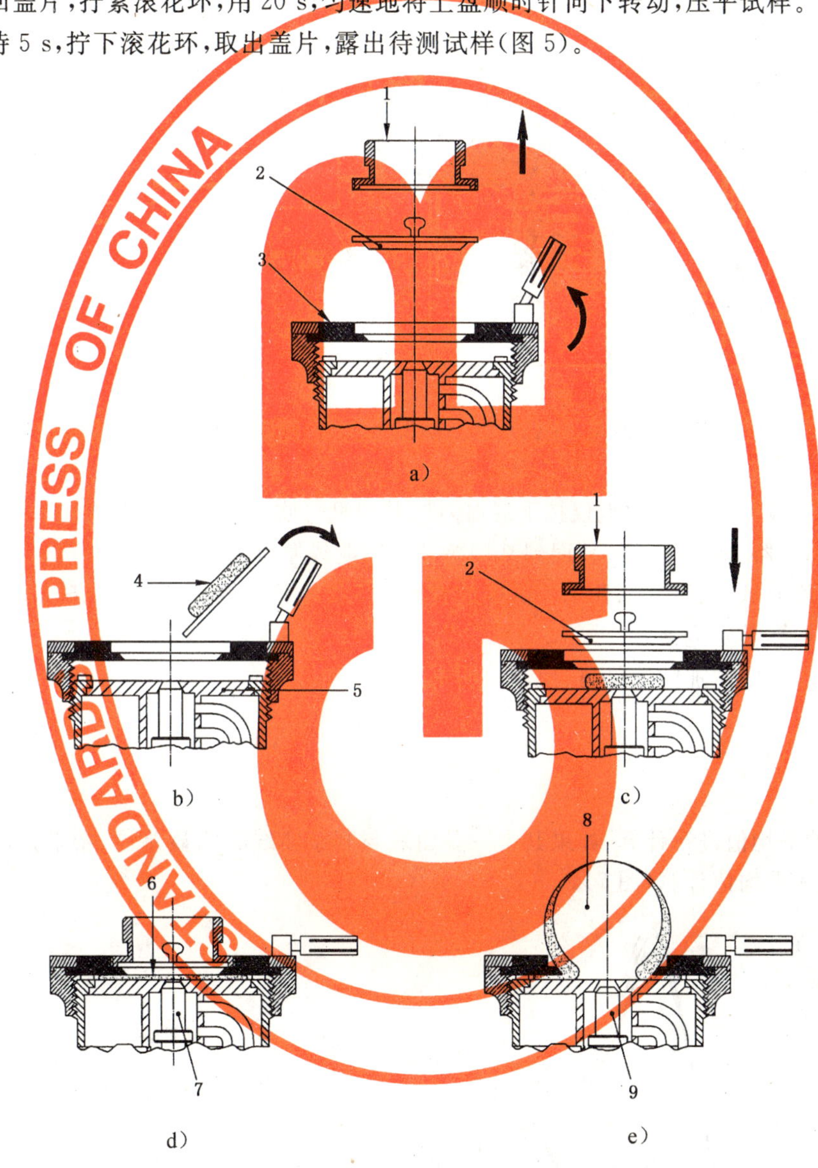

1——滚花环；
2——压盖；
3——上盘；
4——试样；
5——下盘；
6——压后试样；
7——处于高位的活塞；
8——正被吹泡的面团试样；
9——处于低位的活塞。

图 5 吹泡测试

7.5.2 吹泡

——NG 型吹泡仪按下启/停键开始测试；

——MA95 型吹泡仪将吹泡搬钮由位置 1 转到位置 2，保证试样与下盘脱粘分离，进行吹泡；

——MA82，MA87 型吹泡仪将吹泡器搬钮由位置 1 转到位置 2，转动橡皮球开关由 A 到 B(图 6)，用左手拇指和食指将橡皮球压扁，使试样从下盘上鼓起，不松开手指，转动橡皮球开关由 B 回到 A，然后将吹泡器搬钮转到 3 位置，试样开始被吹成面泡，同时水压力记录器的转鼓旋转，直到面泡被吹破为止，得到一条吹泡曲线。

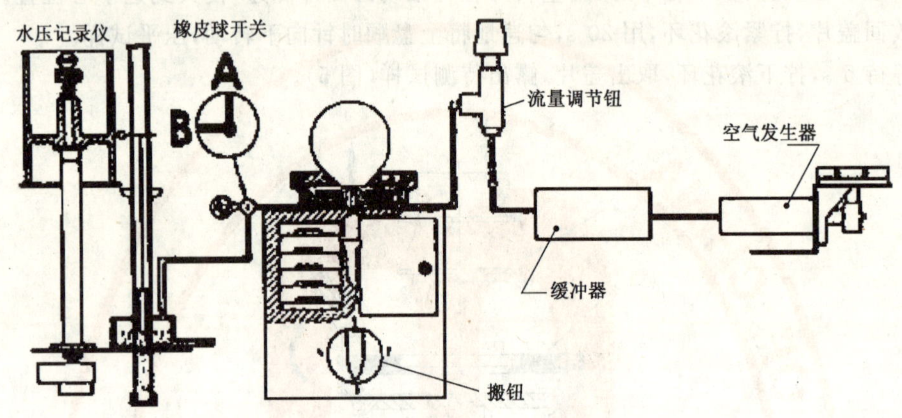

图 6 吹泡仪工作原理与 MA87 型、MA82 型吹泡测定仪脱粘橡皮球操作方法

7.5.3 结束吹泡

7.5.3.1 一旦面泡破裂，NG 型吹泡仪按下启/停键，其他型号吹泡仪将吹泡器搬钮转回初始位置。装有水压力记录器的仪器，要将记录鼓转回到其初始位置即曲线原点。

7.5.3.2 对其余四份试样，重复 7.5.1.2 试样放置到 7.5.2 吹泡步骤，共得到五条吹泡曲线。

7.5.3.3 擦净揉面钵及吹泡器。

7.5.3.4 各操作步骤中需加的油量，按使用说明书要求滴加。

8 结果表示

8.1 平均值

以五条曲线的平均值进行计算，如果其中一条曲线与其余曲线有明显差异，特别是面泡提前破裂，应将其删除，不进入平均值计算(图 7)。

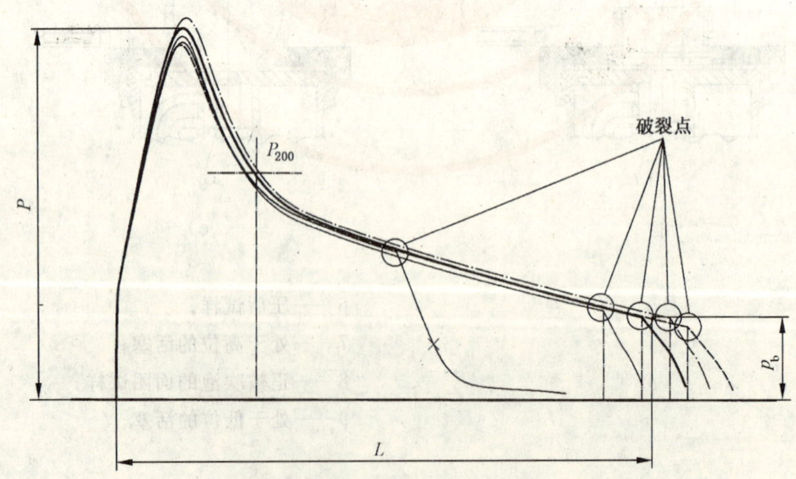

图 7 吹泡曲线(有×符号是异常曲线应剔除)

8.2 最大压力 *P*

P 值与面泡内最大压力值成正比，与面团形变阻力有关，*P* 值等于曲线最大纵坐标值乘以压力记录器的系数 *k* 1.1(对于 K2 型的压力记录器，系数 *k* 为 2.0)。

8.3 破裂点横坐标 *L*

在基准压力线上测量出每根曲线 *P* 压力值骤然下降的横坐标值，以平均值表示 *L* 值。

8.4 充气指数 *G*

G 值是由破裂点横坐标值 *L* 换算而得，该数值是充气体积的平方根(不包括试样脱粘所用的空气体积)，可从表 2 中查出与 *L* 值相应的 *G* 值。表 2 系根据式(1)进行换算：

$$G = 2.226\sqrt{L} \qquad \cdots\cdots(1)$$

表 2 *L* 值与 *G* 值换算表

L/mm	*G*/mL	*L*/mm	*G*/mL	*L*/mm	*G*/mL	*L*/mm	*G*/mL	*L*/mm	*G*/mL
13.0	8.0	63.0	17.7	113.0	23.7	163.0	28.4	213.0	32.5
14.0	8.3	64.0	17.8	114.0	23.8	164.0	28.5	214.0	32.6
15.0	8.6	65.0	17.9	115.0	23.9	165.0	28.6	215.0	32.6
16.0	8.9	66.0	18.1	116.0	24.0	166.0	28.7	216.0	32.7
17.0	9.2	67.0	18.2	117.0	24.1	167.0	28.8	217.0	32.8
18.0	9.4	68.0	18.4	118.0	24.2	168.0	28.9	218.0	32.9
19.0	9.7	69.0	18.5	119.0	24.3	169.0	28.9	219.0	32.9
20.0	10.0	70.0	18.6	120.0	24.4	170.0	29.0	220.0	33.0
21.0	10.2	71.0	18.8	121.0	24.5	171.0	29.1	221.0	33.1
22.0	10.4	72.0	18.9	122.0	24.6	172.0	29.2	222.0	33.2
23.0	10.7	73.0	19.0	123.0	24.7	173.0	29.3	223.0	33.2
24.0	10.9	74.0	19.1	124.0	24.8	174.0	29.4	224.0	33.3
25.0	11.1	75.0	19.3	125.0	24.9	175.0	29.4	225.0	33.4
26.0	11.4	76.0	19.4	126.0	25.0	176.0	29.5	226.0	33.5
27.0	11.6	77.0	19.5	127.0	25.1	177.0	29.6	227.0	33.5
28.0	11.8	78.0	19.7	128.0	25.2	178.0	29.7	228.0	33.6
29.0	12.0	79.0	19.8	129.0	25.3	179.0	29.8	229.0	33.7
30.0	12.2	80.0	19.9	130.0	25.4	180.0	29.9	230.0	33.8
31.0	12.4	81.0	20.0	131.0	25.5	181.0	29.9	231.0	33.8
32.0	12.6	82.0	20.2	132.0	25.6	182.0	30.0	232.0	33.9
33.0	12.8	83.0	20.3	133.0	25.7	183.0	30.1	233.0	34.0
34.0	13.0	84.0	20.4	134.0	25.8	184.0	30.2	234.0	34.1
35.0	13.2	85.0	20.5	135.0	25.9	185.0	30.3	235.0	34.1
36.0	13.4	86.0	20.6	136.0	26.0	186.0	30.4	236.0	34.2
37.0	13.5	87.0	20.8	137.0	26.1	187.0	30.4	237.0	34.3
38.0	13.7	88.0	20.9	138.0	26.1	188.0	30.5	238.0	34.3
39.0	13.9	89.0	21.0	139.0	26.2	189.0	30.6	239.0	34.4
40.0	14.1	90.0	21.1	140.0	26.3	190.0	30.7	240.0	34.5
41.0	14.3	91.0	21.2	141.0	26.4	191.0	30.8	241.0	34.6
42.0	14.4	92.0	21.4	142.0	26.5	192.0	30.8	242.0	34.6
43.0	14.6	93.0	21.5	143.0	26.6	193.0	30.9	243.0	34.7
44.0	14.8	94.0	21.6	144.0	26.7	194.0	31.0	244.0	34.8
45.0	14.9	95.0	21.7	145.0	26.8	195.0	31.1	245.0	34.8
46.0	15.1	96.0	21.8	146.0	26.9	196.0	31.2	246.0	34.9
47.0	15.3	97.0	21.9	147.0	27.0	197.0	31.2	247.0	35.0
48.0	15.4	98.0	22.0	148.0	27.1	198.0	31.3	248.0	35.1
49.0	15.6	99.0	22.1	149.0	27.2	199.0	31.4	249.0	35.1
50.0	15.7	100.0	22.3	150.0	27.3	200.0	31.5	250.0	35.2
51.0	15.9	101.0	22.4	151.0	27.4	201.0	31.6	251.0	35.3
52.0	16.1	102.0	22.5	152.0	27.4	202.0	31.6	252.0	35.3
53.0	16.2	103.0	22.6	153.0	27.5	203.0	31.7	253.0	35.4
54.0	16.4	104.0	22.7	154.0	27.6	204.0	31.8	254.0	35.5
55.0	16.5	105.0	22.8	155.0	27.7	205.0	31.9	255.0	35.5
56.0	16.7	106.0	22.9	156.0	27.8	206.0	31.9	256.0	35.6
57.0	16.8	107.0	23.0	157.0	27.9	207.0	32.0	257.0	35.7
58.0	17.0	108.0	23.1	158.0	28.0	208.0	32.1	258.0	35.8
59.0	17.1	109.0	23.2	159.0	28.1	209.0	32.2	259.0	35.8
60.0	17.2	110.0	23.3	160.0	28.2	210.0	32.3	260.0	35.9
61.0	17.4	111.0	23.5	161.0	28.2	211.0	32.3	261.0	36.0
62.0	17.5	112.0	23.6	162.0	28.3	212.0	32.4	262.0	36.0

注：换算公式 $G=2.226\sqrt{L}$。

8.5 破裂压力 p_b

p_b 值与破裂点压力值成正比，等于破裂点平均纵坐标值乘以压力记录器的系数 k 1.1（对于 K2 型的压力记录仪，系数 k 为 2.0）。

8.6 弹性指数 I_e

I_e 是 P_{200} 与 P 的百分比值（P_{200}/P）。P_{200} 是当面泡内注入 200 mL 空气时面泡内部压力，即横坐标 40.4 mm处（G=14.1）平均纵坐标值乘以压力记录仪的系数 1.1（对于 K2 型的压力记录仪，系数 k 为 2.0）。

8.7 曲线形状比值 P/L

P 对 L 的比值是曲线形状比值。

8.8 形变能量 W

1 g 面团充气变形直至破裂所需的能量，以 1/10 毫焦耳（10^{-4} J）表示。用 P、L 值建立一根平均曲线代替实际曲线，用求积仪或求积模板测量曲线面积（以 cm^2 表示）。

计算 W 值有规范计算法和实用计算法两种：

8.8.1 规范计算法

计算公式见式（2）：

$$W = 1.32 \times V/L \times S \quad \cdots\cdots (2)$$

式中：

V——充气体积，单位为毫升（mL），等于充气指数 G 的平方。

L——破裂点横坐标，单位为毫米（mm）。

S——曲线内面积，单位为平方厘米（cm^2）。

1.32——系数。该系数涉及曲线纵坐标值与压力值的关系、压力记录器系数、测定面团的质量、第一代仪器与现代仪器关系等因素。

8.8.2 实用计算法

对于一般小麦粉可采用实用计算法计算，见式（3）。

$$W = 6.54 \times S \quad \cdots\cdots (3)$$

式中：

S——曲线内面积，单位为平方厘米（cm^2）。

6.54——系数。

在如下条件下有效：

1）水压力记录器的记录鼓线转动速度，从限位块至限位块为 55 s；

2）吹泡空气流速为 96 L/h；

3）水压记录器系数 k=1.1。

8.9 积分记录仪（RCV4）或触摸屏记录仪（Alveolink）

触摸屏记录仪（Alveolink）或积分记录仪（RCV4）可替代压力记录器进行自动记录、计算、显示吹泡曲线和测定结果。触摸屏记录仪 W 值按 $W=6.54\times S$ 公式计算，而积分记录仪 W 值按 $W=7.16\times S$ 公式计算，P/L 值用 P 和 L 的平均值计算，而不是几个 P/L 值的平均值。

8.10 结果表示

所得数值应以如下方式表示：

——P 和 P_{200} 精确至 0.1 单位；

——L 和 P 精确至整数单位；

——G 精确至 0.1 单位；

——W 精确至整数单位（10^{-4} J）；

——P/L 精确至 0.01；

——I_e 精确至 0.1%。

9 准确性

9.1 重复性 *r*

由同一位操作人员、在同一实验室、同一台仪器上、短时间内对相同样品、用相同方法进行测试。两次测试结果的绝对差值超过下列公式算出的重复性范围(r)的机会不大于5%。

W:$r=(0.0541W-1.5715)\times2.77$

P:$r=(0.0173P+0.3017)\times2.77$

L:$r=(0.1449L-7.0830)\times2.77$

G:$r=(0.1218G-1.8617)\times2.77$

9.2 再现性 *R*

在不同的实验室内、由不同的操作人员、使用不同仪器、对相同样品、用相同方法进行测试。两次测试结果的绝对差值超过下列公式算出的再现性范围(R)的机会不大于5%。

W:$R=(0.0595W+0.5696)\times2.77$

P:$R=(0.0329P-0.5686)\times2.77$

L:$R=(0.1393L-5.1321)\times2.77$

G:$R=(0.1157G-1.5608)\times2.77$

重复性 r 和再现性 R 的数理统计结果见表3。

表3 数理统计结果

参数	面粉1					面粉2					面粉3				
	W/J×10^{-4}	P/mm	L/mm	P/L	G/mL	W/J×10^{-4}	P/mm	L/mm	P/L	G/mL	W/J×10^{-4}	P/mm	L/mm	P/L	G/mL
实验室	6	5	6	6	6	6	6	6	6	6	6	6	6	6	6
总平均值	191.04	69.59	77.87	0.92	19.60	235.93	80.67	88.21	0.92	20.85	413.67	117.96	93.33	1.28	21.43
重复性标准差 S_r	6.56	1.10	4.15	0.05	0.52	13.96	2.24	5.84	0.06	0.70	20.26	2.23	6.34	0.10	0.74
重复性限度 r 2.77×S_r	18.17	3.05	11.50	0.14	1.44	38.66	6.20	16.18	0.17	1.94	56.12	6.18	17.56	0.29	2.05
重复性变异系数%	3.43	1.58	5.33	5.95	2.65	5.92	2.77	6.62	6.66	3.34	4.90	1.89	6.79	7.95	3.44
再现性标准差 S_R	10.85	1.44	5.67	0.77	0.70	15.94	2.45	7.31	0.08	0.87	24.90	3.23	7.77	0.12	0.90
重复性限度 R 2.77×S_R	30.05	3.99	15.71	0.19	1.94	44.15	6.79	20.25	0.22	2.41	68.97	8.95	21.52	0.33	2.49
再现性变异系数 %	5.68	2.06	7.28	7.98	3.57	6.76	3.04	8.28	8.90	4.18	6.02	2.73	8.33	9.58	4.22

10 测定报告

实验报告应注明:

——有关小麦粉样品的信息;

——所用的取样方法;

——参照本部分所采用的实验方法、仪器型号;

——GB/T 14614 的本部分中未列出的或对实验结果有影响的操作细节;

——所取得的测定结果。如果进行了重复性检查,应注明。

ICS 47.020.20
U 41

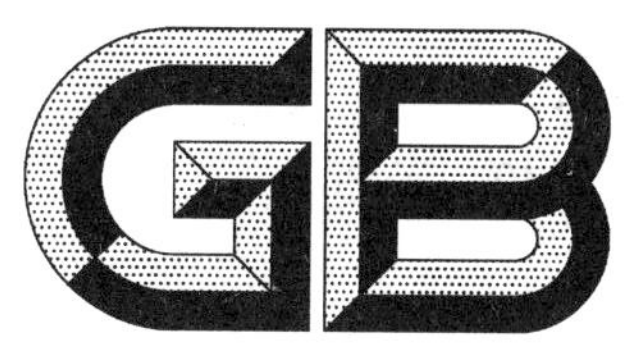

中华人民共和国国家标准

GB/T 14649—2005
代替 GB/T 14649—1993

船用辅锅炉性能试验方法

Test method for marine auxiliary boiler property

2005-03-21 发布　　2005-08-01 实施

中华人民共和国国家质量监督检验检疫总局
中国国家标准化管理委员会　发布

前言

本标准代替 GB/T 14649—1993《船用辅锅炉机组性能试验规范》。

本标准相对于 GB/T 14649—1993 有以下修改：

——明确了锅炉的循环方式和介质；

——删去了试验分类和试验结果的评定；

——增补了安全阀关闭压力的试验方法；

——明确了排烟林格曼黑度的测试次数；

——热工试验方法、饱和蒸汽湿度试验方法和散热损失结合船用燃油锅炉的特点由引用标准改为直接写入；

——取消了锅炉低负荷(<50%额定负荷)时的热工试验要求。

本标准的附录 A 和附录 B 是规范性附录，附录 C 是资料性附录。

本标准由中国船舶工业集团公司提出。

本标准由全国船用机械标准化技术委员会(SAC/TC137)归口。

本标准起草单位：张家港海陆沙洲锅炉有限公司、中国船舶工业综合技术经济研究院、青岛船用锅炉厂有限公司、中国船级社青岛分社、青岛青义锅炉工程有限公司。

本标准主要起草人：车锐、刘国良、苏正东、仲崇欣、邱玉东、胡光富、贾文德。

本标准于 1993 年 10 月首次发布。

船用辅锅炉性能试验方法

1 范围

本标准规定了船用辅锅炉性能试验的要求和方法。

本标准适用于设计压力不大于2.5 MPa、介质为水和饱和蒸汽、自然循环的燃油锅炉、废气锅炉、燃油废气组合式锅炉和介质出口温度不超过120℃的热水锅炉(以下简称锅炉)的检验。

2 规范性引用文件

下列文件中的条款通过本标准的引用而成为本标准的条款。凡是注日期的引用文件,其随后所有的修改单(不包括勘误的内容)或修订版均不适用于本标准,然而,鼓励根据本标准达成协议的各方研究是否可使用这些文件的最新版本。凡是不注日期的引用文件,其最新版本适用于本标准。

GB/T 10180—2003 工业锅炉热工性能试验规程

GB/T 14650 船用辅锅炉通用技术条件

CB/T 3161 船用辅锅炉控制箱技术条件

CB/T 3863 船用辅锅炉燃烧器性能试验方法

3 试验要求

3.1 锅炉的型式试验、出厂试验和系泊(航行)试验的项目和次数见表1。

表1 试验项目和试验次数

<table>
<tr><th colspan="2" rowspan="2">项目</th><th colspan="3">试验次数</th></tr>
<tr><th>型式试验</th><th>出厂试验</th><th>系泊(航行)试验</th></tr>
<tr><td colspan="2">热工试验</td><td>1</td><td colspan="2">—</td></tr>
<tr><td rowspan="3">安全阀</td><td>起跳/关闭</td><td rowspan="3">2</td><td rowspan="4">2</td><td rowspan="3">1</td></tr>
<tr><td>屏汽</td></tr>
<tr><td>手动拉启</td></tr>
<tr><td colspan="2">喷油量</td><td>3</td><td>—</td></tr>
<tr><td rowspan="5">自动控制</td><td>给水</td><td rowspan="7">3</td><td rowspan="7">2</td><td rowspan="7">1</td></tr>
<tr><td>燃烧程序</td></tr>
<tr><td>压力(仅对蒸汽锅炉)</td></tr>
<tr><td>温度(仅对热水锅炉)</td></tr>
<tr><td>安全保护</td></tr>
<tr><td rowspan="2">手动控制</td><td>给水</td></tr>
<tr><td>燃烧</td></tr>
<tr><td colspan="2">蒸汽湿度</td><td>2</td><td colspan="2">—</td></tr>
<tr><td colspan="2">排烟林格曼黑度</td><td rowspan="3">3</td><td colspan="2">—</td></tr>
<tr><td colspan="2">排烟温度</td><td colspan="2" rowspan="2">—</td></tr>
<tr><td colspan="2">锅炉绝热包装外壳表面温度</td></tr>
<tr><td colspan="2">阀门、附件效用</td><td colspan="3">1</td></tr>
<tr><td colspan="2">炉膛</td><td>1</td><td colspan="2">—</td></tr>
</table>

3.2 试验前应提交如下资料：

a） 试验大纲；

b） 锅炉总图及系统图；

c） 锅炉使用说明书；

d） 主要附件的有关资料；

e） 燃烧器总图或使用说明书；

f） 控制系统使用说明及电路图。

3.3 锅炉的本体、配套设备和附件应是经检验合格的。

3.4 使用的测试仪器、仪表应在计量合格有效期内。

3.5 试验用燃料油应与锅炉选用的燃料油相一致。

4 试验方法

4.1 热工试验

锅炉热工试验的方法按附录 A 规定进行，各种负荷下的试验时间见表 2。

表 2 各种负荷下的试验时间

单位为小时

<table>
<tr><td rowspan="2">蒸汽压力控制方式</td><td colspan="3">负　荷</td></tr>
<tr><td>50%～75%额定负荷</td><td>100%额定负荷</td><td>110%额定负荷</td></tr>
<tr><td>双位式</td><td>—</td><td rowspan="2">2</td><td rowspan="3">1～2</td></tr>
<tr><td>多位式</td><td>1</td></tr>
<tr><td>连续式</td><td colspan="2">2</td></tr>
</table>

4.2 安全阀试验

4.2.1 安全阀起跳/关闭试验应在锅炉热态试验时，观察锅炉蒸汽压力表并记录安全阀的起跳/关闭压力值。

4.2.2 安全阀屏汽试验是在锅炉热态试验过程中关闭蒸汽阀，炉内 100%负荷燃烧，水位保持在安全范围内，观察并记录当安全阀开启后，锅炉在规定时间内的蒸汽压力值。

4.2.3 安全阀手动拉启试验是在锅炉热态试验中，手动拉启蒸汽安全阀的开启手柄，观察安全阀是否起跳/关闭。

4.3 喷油量试验

锅炉燃烧器的喷油量试验方法按 CB/T 3863 规定进行。

4.4 自动、手动控制试验

锅炉的自动、手动控制试验方法按 CB/T 3161 规定进行。

4.5 排烟温度测定

排烟温度测定方法见附录 A.4.6。

4.6 蒸汽湿度测定

蒸汽湿度测定方法见附录 B。

4.7 排烟林格曼黑度测定

锅炉在额定工况下，用林格曼烟气浓度图与锅炉排烟黑度目测对照测定。

4.8 锅炉绝热包装外表面温度测定

锅炉在额定工况下用点温计测量绝热包装外表面温度，测点应设在距人孔、手孔、燃烧口接管等 300 mm以外的外表面。

4.9 阀门、附件效用试验

在锅炉工作压力下手动开启和关闭排污阀、蒸汽阀、吹灰器、水位计吹泄阀，观察开闭是否灵活。

4.10 炉膛检查

锅炉燃烧试验完毕后，打开炉膛检查孔或燃烧器，目测检查炉膛是否结焦。

5 试验记录和计算公式

5.1 将各项试验记录经计算整理后填入表3、表4和表5中。

表3 锅炉热工试验结果汇总表

试验次序	蒸发量/(t/h)	平均蒸发量/(t/h)	热功率/MW	平均热功率/MW	正平衡热效率/%	反平衡热效率/%	平均热效率/%
1							
2							

试验次序	排烟温度/℃	排烟处过量空气系数 α_{PY}	饱和蒸汽湿度/%
1			
2			

表4 锅炉热工试验数据综合表

序号	试验项目	符号	单位	计算公式或数据来源	试验数据 100%额定负荷	试验数据 100%额定负荷	试验数据 50%～75%额定负荷	试验数据 110%额定负荷
(一) 燃料参数：								
1	燃油温度	—	℃	试验数据				
2	燃油恩氏黏度	E_t	°E	试验数据				
3	燃油凝固点	—	℃	试验数据				
4	燃油闪点	—	℃	试验数据				
5	燃油含水量	—	g/m³	试验数据				
6	燃油密度	ρ_{yo}	kg/m³	试验数据				
7	燃油应用基低位发热量	Q_{dw}^{y}	kJ/kg	试验数据				
(二) 锅炉正平衡效率								
8	给水流量	D_{gs}	kg/h	试验数据				
9	自用蒸汽量	D_{zy}	kg/h	试验数据				
10	蒸汽压力	P	MPa	试验数据				
11	饱和蒸汽焓	i_{bq}	kJ/kg	查表[a]				
12	自用蒸汽焓	i_{zy}	kJ/kg	查表[a]				
13	蒸汽湿度	ω	%	试验数据				
14	汽化潜热	r	kJ/kg	查表[a]				
15	给水温度	t_{gs}	℃	试验数据				
16	给水压力	p_{gs}	MPa	试验数据				
17	给水焓	i_{gs}	kJ/kg	查表[a]				
18	蒸汽锅炉蒸发量	D	t/h	见计算公式(1)或试验数据				

表 4（续）

序号	试验项目	符号	单位	计算公式或数据来源	试验数据			
					100%额定负荷	100%额定负荷	50%～75%额定负荷	110%额定负荷
19	热水锅炉循环水量	G	kg/h	试验数据				
20	热水锅炉进水温度	t_{js}	℃	试验数据				
21	热水锅炉出水温度	t_{cs}	℃	试验数据				
22	热水锅炉进水压力	p_{js}	MPa	试验数据				
23	热水锅炉出水压力	p_{cs}	MPa	试验数据				
24	热水锅炉进水焓	i_{js}	kJ/kg	查表[a]				
25	热水锅炉出水焓	i_{cs}	kJ/kg	查表[a]				
26	热水锅炉热功率	Q	MW	见计算公式(2)				
27	燃油消耗量	B	kg/h	试验数据				
28	燃油物理热	Q_{rx}	kJ/kg	试验数据				
29	加热燃料或空气外来热量	Q_{wl}	kJ/kg	试验数据				
30	自用蒸汽带入热量	Q_{zy}	kJ/kg	计算数据				
31	输入热量	Q_r	kJ/kg	见计算公式(3)				
32	正平衡效率	η	%	a) 饱和蒸汽锅炉见计算公式(4) b) 热水锅炉见计算公式(5)				
（三）锅炉反平衡效率								
33	排烟处 RO_2[b]	RO_2	%	试验数据				
34	排烟处 O_2	O_2	%	试验数据				
35	排烟处 CO	CO	%	试验数据				
36	燃油温度	t_{yo}	℃	试验数据				
37	燃油物理热	Q_{rx}	kJ/kg	试验数据				
38	冷空气温度	t_{lk}	℃	试验数据				
39	冷空气物理热	Q_{ml}	kJ/kg	见计算公式(6)				
40	过剩空气系数	α_{py}	—	见计算公式(7)				
41	锅炉排烟温度	θ_{py}	℃	试验数据				
42	排烟热焓	I_{py}	kJ/kg	查烟气温焓表				
43	锅炉排烟热损失	q_2	%	见计算公式(8)				
44	化学不完全燃烧热损失	q_3	%	取 0.5				
45	锅炉散热损失	q_5	%	参见附录 C				
46	锅炉反平衡热效率	η_2	%	见计算公式(9)				

[a] 查未饱和水热力特性表和饱和线上的干饱和蒸汽热力特性表。

[b] RO_2 表示氧化物。

表 5　锅炉安全阀试验记录表

单位为兆帕

安全阀名称、型号	起跳压力试验			关闭压力试验			手动拉启试验	
	规定值	试验值	试验值	规定值	试验值	试验值	第 1 次	第 2 次

5.2　计算公式

5.2.1　蒸汽锅炉蒸发量按公式(1)计算：

$$D = D_{gs} - D_{zy} \quad \cdots\cdots(1)$$

式中：

D——蒸发量的数值，单位为千克每小时(kg/h)；

D_{gs}——给水流量的数值，单位为千克每小时(kg/h)；

D_{zy}——自用蒸汽的数值，单位为千克每小时(kg/h)。

5.2.2　热水锅炉热功率按公式(2)计算：

$$Q = \frac{G(i_{cs} - i_{js})}{36} \times 10^{-5} \quad \cdots\cdots(2)$$

式中：

Q——热功率的数值，单位为兆瓦(MW)；

G——热水锅炉循环水量的数值，单位为千克每小时(kg/h)；

i_{cs}——热水锅炉出水焓的数值，单位为千焦尔每千克(kJ/kg)；

i_{js}——热水锅炉进水焓的数值，单位为千焦尔每千克(kJ/kg)。

5.2.3　输入热量按公式(3)计算：

$$Q_r = Q_{dw}^y + Q_{wl} + Q_{rx} + Q_{zy} \quad \cdots\cdots(3)$$

式中：

Q_r——输入热量的数值，单位为千焦尔每千克(kJ/kg)；

Q_{dw}^y——燃油应用基低位发热量的数值，单位为千焦尔每千克(kJ/kg)；

Q_{wl}——加热燃料或空气外来热量的数值，单位为千焦尔每千克(kJ/kg)；

Q_{rx}——燃油物理热的数值，单位为千焦尔每千克(kJ/kg)；

Q_{zy}——自用蒸汽带入热量的数值，单位为千焦尔每千克(kJ/kg)。

5.2.4　饱和蒸汽锅炉正平衡热效率按公式(4)计算：

$$\eta = \frac{D_{gs}(i_{bq} - i_{gs} - r\omega/100)}{B\,Q_r} \times 100 \quad \cdots\cdots(4)$$

式中：

η——饱和蒸汽锅炉正平衡热效率，%；

D_{gs}——给水流量的数值，单位为千克每小时(kg/h)；

i_{bq}——饱和蒸汽焓的数值，单位为千焦尔每千克(kJ/kg)；

i_{gs}——给水焓的数值，单位为千焦尔每千克(kJ/kg)；

r——汽化潜热的数值，单位为千焦尔每千克(kJ/kg)；

ω——蒸汽湿度，%；

B——燃油消耗量的数值，单位为千克每小时(kg/h)；

Q_r——输入热量的数值，单位为千焦尔每千克(kJ/kg)。

5.2.5　热水锅炉正平衡热效率按公式(5)计算：

$$\eta = \frac{G(i_{cs} - i_{js})}{B\,Q_r} \times 100 \qquad \cdots\cdots(5)$$

式中：

η——热水锅炉正平衡热效率，%；

G——热水锅炉循环水量的数值，单位为千克每小时（kg/h）；

i_{cs}——热水锅炉出水焓的数值，单位为千焦尔每千克（kJ/kg）；

i_{js}——热水锅炉进水焓的数值，单位为千焦尔每千克（kJ/kg）；

B——燃油消耗量的数值，单位为千克每小时（kg/h）；

Q_r——输入热量的数值，单位为千焦尔每千克（kJ/kg）。

5.2.6 冷空气物理热按公式（6）计算：

$$Q_{ml} = \alpha_{py} V^{*} C_B t_{lk} \qquad \cdots\cdots(6)$$

式中：

Q_{ml}——冷空气物理热，单位为千焦尔每千克（kJ/kg）；

α_{py}——过剩空气系数；

V^{*}——空气质量体积的数值，取 11.2，单位为立方米每千克（m^3/kg）；

C_B——空气的平均定压比热容系数，取 0.315，单位为千焦尔每立方米摄氏度（kJ/m^3·℃）；

t_{lk}——冷空气温度，单位为摄氏度（℃）。

5.2.7 过剩空气系数按公式（7）计算：

$$\alpha_{py} = \frac{21}{21 - 79O_2/[100 - (RO_2 + O_2)]} \qquad \cdots\cdots(7)$$

式中：

α_{py}——过剩空气系数；

O_2——空气中含氧量，%；

RO_2——空气中氧化物气体含量，%。

5.2.8 锅炉排烟热损失按公式（8）计算：

$$q_2 = \frac{I_{py} - Q_{rx} - Q_{wl}}{Q_{dw}^{y} + Q_{rx} + Q_{wl}} \times 100 \qquad \cdots\cdots(8)$$

式中：

q_2——排烟热损失的数值，%；

I_{py}——排烟热焓的数值，单位为千焦尔每千克（kJ/kg）；

Q_{rx}——燃油物理热的数值，单位为千焦尔每千克（kJ/kg）；

Q_{wl}——外来空气热量的数值，单位为千焦尔每千克（kJ/kg）；

Q_{dw}^{y}——燃油应用基低发热值的数值，单位为千焦尔每千克（kJ/kg）。

5.2.9 锅炉反平衡热效率按公式（9）计算：

$$\eta_2 = 100 - (q_2 + q_3 + q_5) \qquad \cdots\cdots(9)$$

式中：

η_2——锅炉反平衡热效率，%；

q_2——锅炉排烟热损失的数值，%；

q_3——化学不完全燃烧热损失的数值，%；

q_5——锅炉散热损失的数值，%。

附 录 A
（规范性附录）
锅炉热工试验方法

A.1 总则

A.1.1 本附录规定的热工试验方法适用于测定锅炉的蒸发量/热功率和热效率。
A.1.2 蒸汽锅炉的蒸发量由实测确定，要扣除自用蒸汽量。
A.1.3 热水锅炉的热功率由实测确定。
A.1.4 锅炉热效率可以通过两种方法得出：

第一种方法是直接测量锅炉输入热量和输出热量，这种方法通常称为正平衡法，亦称直接测量法或输入输出法。

第二种方法是测定锅炉各项热损失，这种方法通常称为反平衡法，亦称间接测量法或热损失法。

A.1.5 同时采用正平衡法和反平衡法测定锅炉热效率时，以正平衡法测定值为准。对于小型锅炉可只进行正平衡法试验，当锅炉蒸发量大于 20 t/h(热功率大于 14 MW)时，允许只用反平衡法试验。
A.1.6 本附录所指的锅炉热效率，为不扣除自用蒸汽和辅助设备耗用动力折算热量的热效率值。但自用蒸汽量和辅助设备用动力应予记录，必要时可进行净热效率计算。

A.2 试验准备工作

A.2.1 制定试验大纲，内容应包括：试验任务和要求、测量项目、测点与所需仪表、记录要求、试验进度安排等。
A.2.2 试验所使用的仪表及有关设备，在试验前应经过检定，并应具备法定计量部门出具的检定合格证(或检定印记)。
A.2.3 按试验大纲的测点布置图要求安装仪表。
A.2.4 进行预备性试验，全面检查仪表是否正常工作。

A.3 试验要求

A.3.1 正式试验应在锅炉热工况稳定和燃烧调整到试验工况后开始进行。
A.3.2 试验期间锅炉工况应保持稳定。
A.3.2.1 锅炉蒸发量/热功率的波动应不超过设计值的±10％。
A.3.2.2 蒸汽锅炉的压力允许波动范围如下：

a) 设计压力小于 1.0 MPa 时，试验期间压力应不小于设计压力的 80％；
b) 设计压力为 1.0 MPa～1.6 MPa 时，试验期间压力应不小于设计压力的 85％；
c) 设计压力大于 1.6 MPa 时，试验期间压力应不小于设计压力的 90％。

A.3.2.3 蒸汽锅炉给水的实际温度与设计温度之差应控制在＋30℃～－20℃之间。
A.3.2.4 热水锅炉的进水温度和出水温度与设计值之差不应大于±5℃。
A.3.2.5 热水锅炉的压力一般不低于设计压力的 70％。
A.3.2.6 安全阀不应起跳，锅炉不应吹灰、不排污。
A.3.3 锅炉的热效率应在额定蒸发量/热功率条件下至少测试 2 次，每次试验的正、反平衡测得的热效率之差应不大于 2％。

A.4 测试方法

A.4.1 燃油特性取样，在整个试验时间内从燃烧器前的管道截面上连续抽取 2L 以上原始试样，混合均匀后立即倒入2只约1 L的容器内，加盖密封，并作上封口标记，送化验室分析，其结果应符合锅炉设计选用的燃油要求。

A.4.2 燃油的消耗量通过测量流量及密度确定。

A.4.3 蒸汽锅炉的输出蒸汽量，一般通过测量锅炉给水量的方法确定，若锅炉有自用蒸汽时应予扣除。给水量可用专用水箱、涡轮流量计(0.5级)等仪表测量，也可用标准孔板流量计(误差±0.5%)测量。

A.4.4 热水锅炉的循环水量，在热水锅炉进水管道上安装涡轮流量计进行测定。

A.4.5 锅炉给水及蒸汽系统的压力测量应采用精度等级不低于1.5级的压力表。

A.4.6 锅炉蒸汽、水、空气、烟气温度的测量，可以使用热电偶温度计、玻璃温度计测量。热水锅炉进、出口水温应用玻璃温度计、铂电阻温度计或温差电偶测量。测量仪表的精度等级为0.5级。

测温点应布置在汽、水管道或烟道截面上其温度比较均匀的位置。蒸发量大于等于10 t/h(热功率大于等于7 MW)的锅炉，排烟温度应至少测量3点，取其算术平均值作为锅炉的排烟温度。

A.4.7 烟气成分测定：RO_2和O_2应用奥氏分析仪测定；CO可采用烟气全分析仪、比色或比长检测管等测定，测定方法按GB/T 10180—2003附录B进行。

A.4.8 蒸发量不小于20 t/h(热功率不小于14 MW)的锅炉，当仅用反平衡法测定热效率时，试验燃油消耗量可近似采用公式(A.1)进行计算：

$$B_{SX} = B_{SJ} \times (Q_{dwJ}^{y} / Q_{dwX}^{y}) \quad \cdots\cdots(A.1)$$

式中：

B_{SX}——试验燃油消耗量的数值，单位为千克每小时(kg/h)；

B_{SJ}——设计燃油消耗量的数值，单位为千克每小时(kg/h)；

Q_{dwJ}^{y}——设计燃油应用基低位发热量的数值，单位为千焦尔每千克(kJ/kg)；

Q_{dwX}^{y}——试验燃油应用基低位发热量的数值，单位为千焦尔每千克(kJ/kg)。

A.4.9 风机风压一般用U形玻璃管压力计等仪表测量。

A.4.10 除需化验分析以外的有关测试项目，每隔10 min～15 min读数记录一次，对蒸汽压力以及热水锅炉进、出口水温和循环水量，每隔5 min读数记录一次。

附 录 B
（规范性附录）
饱和蒸汽湿度测定方法

B.1 锅炉饱和蒸汽湿度测定方法

以氯根法（硝酸银容量法）为准，也可采用钠度计法或电导率法。

B.2 蒸汽和锅水样的采集

B.2.1 饱和蒸汽的取样头可采用图 B.1 结构。

单位为毫米

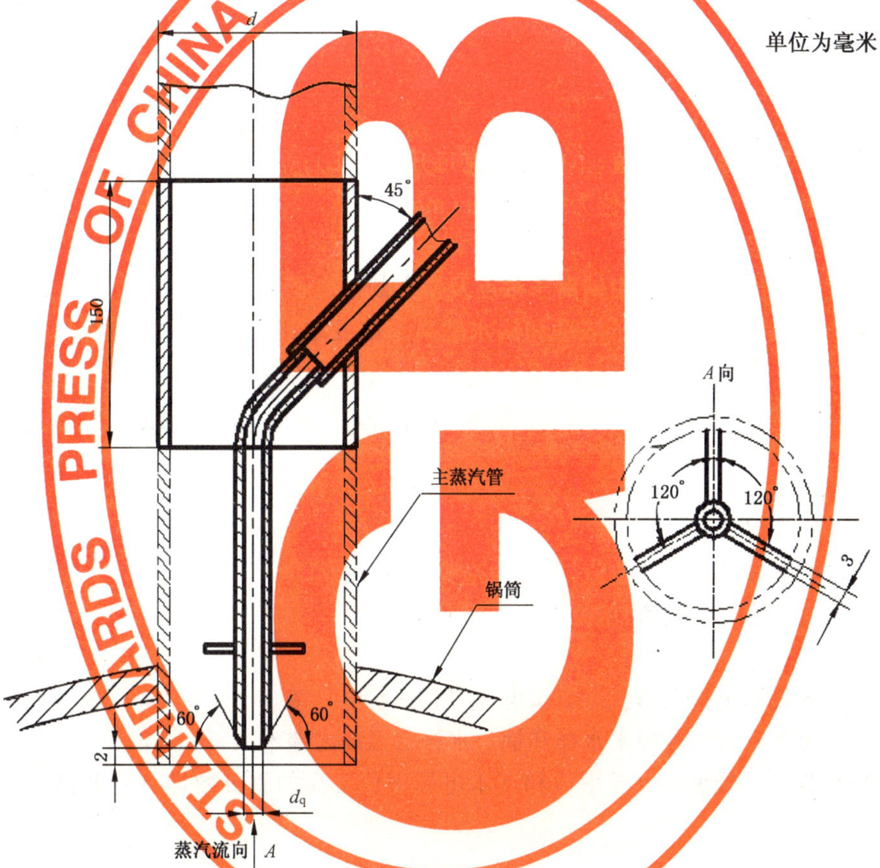

图 B.1 蒸汽取样头结构

B.2.2 为使蒸汽取样管取出的蒸汽含水量与蒸汽引出管中的含水量一致，蒸汽取样管中的蒸汽速度应和蒸汽引出管中的蒸汽速度相等，等速取样时蒸汽试样流量可按公式(B.1)计算：

$$D_{qi} = \frac{nd_q^2}{d^2} D_{SC} \qquad \text{(B.1)}$$

式中：

D_{qi}——蒸汽试样流量的数值，单位为千克每小时(kg/h)；

n——取样孔数；

d_q——蒸汽取样管孔内径的数值，单位为毫米(mm)；

d——蒸汽引出管内径的数值，单位为毫米(mm)；

D_{SC}——锅炉输出蒸汽量的数值，单位为千克每小时(kg/h)。

B.2.3 锅水取样点应从具有代表锅水浓度的管道上引出。

B.2.4 蒸汽和锅水样品，应通过冷却器冷却到30℃～40℃。取样管道与设备应用不影响分析结果的耐蚀材料制成。蒸汽和锅水样品应保持常流，以确保样品有充分的代表性。

B.2.5 盛取蒸汽凝结水样品的瓶应是塑料制成的，盛取锅水样品的容器也可以用玻璃瓶。采样前，应先将取样瓶清洗干净，采样时再用水样冲洗3次以后，按计算的试样流量取样，取样后应立即盖上瓶塞。

B.2.6 在试验期间应每隔30 min对锅水和蒸汽进行取样和测定。

B.3 三种测定方法

B.3.1 氯根法(硝酸银容量法)

B.3.1.1 采用锅炉水质分析仪测出饱和蒸汽冷凝水中氯根含量及锅水的氯根含量。

B.3.1.2 测得的饱和蒸汽冷凝水和锅水氯根含量之比的百分数即为饱和蒸汽湿度，见公式(B.2)。

$$\omega = \frac{(CL^-)_q}{(CL^-)_{gs}} \times 100 \qquad \cdots\cdots\cdots\cdots (B.2)$$

式中：

ω——蒸汽湿度的数值，%；

$(CL^-)_q$——饱和蒸汽中氯根含量的数值，单位为毫克每升(mg/L)；

$(CL^-)_{gs}$——锅水中氯根含量的数值，单位为毫克每升(mg/L)。

B.3.2 钠度计法(P_{Na}电极法)

B.3.2.1 采用钠度计测出饱和蒸汽中钠离子浓度及锅水的钠离子浓度。

B.3.2.2 测得饱和蒸汽冷凝水钠离子浓度和锅水钠离子浓度之比的百分数即为饱和蒸汽湿度，见公式(B.3)。

$$\omega = \frac{(Na^+)_q}{(Na^+)_{gs}} \times 100 \qquad \cdots\cdots\cdots\cdots (B.3)$$

式中：

ω——蒸汽湿度的数值，%；

$(Na^+)_q$——饱和蒸汽中钠离子浓度的数值，单位为毫克每升(mg/L)；

$(Na^+)_{gs}$——锅水中钠离子浓度的数值，单位为毫克每升(mg/L)；

B.3.3 电导率法

B.3.3.1 采用电导率仪测出饱和蒸汽冷凝水电导率和锅水电导率。

B.3.3.2 测量时应使饱和蒸汽冷凝水水样和锅水水样的温度之差不大于0.5℃。

B.3.3.3 测得饱和蒸汽冷凝水的电导率值和锅水电导率值之比的百分数即为饱和蒸汽湿度，见公式(B.4)。

$$\omega = \frac{G_q}{G_{gs}} \times 100 \qquad \cdots\cdots\cdots\cdots (B.4)$$

式中：

ω——蒸汽湿度的数值，%；

G_q——饱和蒸汽冷凝水电导率的数值，单位为西每厘米(S/cm)；

G_{gs}——锅水电导率的数值，单位为西每厘米(S/cm)。

附 录 C
（资料性附录）
散热损失

C.1 蒸汽锅炉散热损失

蒸汽锅炉散热损失参见表C.1。

表 C.1 蒸汽锅炉散热损失

锅炉蒸发量/(t/h)	≤4	6	10	15	20	35	50
散热损失 q_5/%	2.9	2.4	1.7	1.5	1.3	1.1	0.8

C.2 热水锅炉散热损失

热水锅炉散热损失 q_5 一般取2.9%。

ICS 47.020.20
U 41

中华人民共和国国家标准

GB/T 14650—2005
代替 GB/T 14650—1993

船用辅锅炉通用技术条件

General specification for marine auxiliary boiler

2005-03-21 发布　　　　2005-08-01 实施

中华人民共和国国家质量监督检验检疫总局
中国国家标准化管理委员会　发布

前言

本标准代替 GB/T 14650—1993《船用辅锅炉通用技术条件》。

本标准相对于 GB/T 14650—1993 有以下修改：

——适用范围内增加了热水锅炉；

——增加了分类一章；

——提高了蒸汽锅炉热效率指标并增加了热水锅炉热效率指标；

——增加了 T 形接头对接焊缝的要求；

——增加了液压强度试验和液压密性试验的要求；

——增加了排烟林格曼黑度的要求；

——增加了安全阀开启压力的要求；

——增加了控制系统的要求；

——增加了给水管套管的要求；

——取消了送风系统中送风机的要求；

——取消了燃油系统中二次加热器的要求；

——取消了废气部分的要求。

本标准由中国船舶工业集团公司提出。

本标准由全国船用机械标准化技术委员会(SAC/TC 137)归口。

本标准起草单位：青岛船用锅炉厂有限公司、中国船舶工业综合技术经济研究院、张家港海陆沙洲锅炉有限公司、青岛青义锅炉工程有限公司、中国船级社青岛分社。

本标准主要起草人：邱玉东、刘衍玲、仲崇欣、刘国良、贾文德、车锐、胡光富。

本标准所代替标准的历次版本发布情况为：GB/T 14650—1993。

船用辅锅炉通用技术条件

1 范围

本标准规定了船用辅锅炉的要求、试验方法、检验规则、标志、包装和贮存。

本标准适用于设计压力不大于2.5 MPa，介质为水和饱和蒸汽，自然循环的燃油锅炉、废气锅炉、燃油废气组合式锅炉以及介质出口温度不超过120℃的热水锅炉（以下简称锅炉）的设计、制造和验收。

2 规范性引用文件

下列文件中的条款通过本标准的引用而成为本标准的条款。凡是注日期的引用文件，其随后所有的修改单（不包括勘误的内容）或修订版均不适用于本标准，然而，鼓励根据本标准达成协议的各方研究是否可使用这些文件的最新版本。凡是不注日期的引用文件，其最新版本适用于本标准。

GB/T 11037 船用辅锅炉及受压容器强度和密性试验方法

GB/T 11038 船用辅锅炉及受压容器受压元件焊接技术条件

GB/T 14649 船用辅锅炉性能试验方法

CB/T 1050 转杯式燃烧器技术条件

CB 3111 船用辅锅炉微启式安全阀

CB/T 3347 船用辅锅炉油漆、绝热、包装技术条件

CB/T 3348 船用锅壳式辅锅炉本体总装技术条件

CB/T 3596 船用辅锅炉膜式水冷壁制造技术条件

CB/T 3597 船用辅锅炉联箱制造技术条件

CB/T 3752 机械压力式燃烧器

CB/T 3920 船用辅锅炉螺纹管

CB/T 3921 船用辅锅炉人孔装置

CB/T 3922 船用辅锅炉受压元件制造技术条件

CB/T 3923 船用辅锅炉手孔装置

CB/T 3924 船用锅炉原材料入厂检验

CB/T 3967 船用蒸汽雾化式燃烧器技术条件

3 分类

3.1 锅炉按安装型式可分为：

a) 立式锅炉；

b) 卧式锅炉。

3.2 锅炉按工作介质可分为：

a) 蒸汽锅炉；

b) 热水锅炉；

c) 热油锅炉。

3.3 锅炉按能源种类可分为：

a) 燃油锅炉；

b) 废气锅炉；

c) 电热锅炉；

d) 燃油废气组合式锅炉；

e) 燃油电热组合式锅炉；

f) 废气电热组合式锅炉。

3.4 锅炉按循环方式可分为：

a) 自然循环锅炉；

b) 强制循环锅炉；

c) 直流锅炉。

3.5 锅炉按介质在受热面管内或管外循环可分为：

a) 水管锅炉；

b) 烟管锅炉；

c) 烟水管混合锅炉。

3.6 锅炉按结构可分为：

a) 立式直水管锅炉；

b) 立式横水管锅炉；

c) 立式竖烟管锅炉；

d) 卧式烟管锅炉。

4 要求

4.1 基本要求

4.1.1 锅炉的工作压力、蒸发量及热功率一般应采用表1数值。

表 1

工作压力/MPa	0.3;0.5;0.7;1.0;1.3;1.6;2.0
蒸汽锅炉蒸发量/(t/h)	0.1;0.2;0.3;0.4;0.5;0.7;1.0;1.5;2.0;2.5;3.0;4.0;6.0;8.0;10;13;16;20;25;30;40;50
热水锅炉热功率/MW	0.05;0.07;0.1;0.2;0.35;0.5;0.6;0.7;1.05;1.4;2.1;2.8

4.1.2 燃油蒸汽锅炉的热效率 η 应符合如下指标：

a) 当蒸发量 $D \geqslant 1$ t/h 时，$\eta \geqslant 83\%$；

b) 当蒸发量 $D < 1$ t/h 时，$\eta \geqslant 78\%$。

燃油废气组合式锅炉，其燃油部分的热效率可以适当降低。

4.1.3 热水锅炉的热效率应不低于85%。

4.1.4 锅炉应能在以下船舶倾斜角的条件下正常工作：

a) 横倾15°，横摇22.5°；

b) 纵倾5°，纵摇7.5°；

c) 横倾和纵倾可能同时发生。

4.1.5 锅炉应具有110%额定负荷运行能力，但其连续运行时间最多为2 h。

4.1.6 蒸汽锅炉的蒸汽湿度一般应达到下列要求：

a) 水管锅炉不大于3%；

b) 烟管锅炉不大于5%。

4.1.7 燃油锅炉在额定工况下的排烟林格曼黑度应不超过Ⅰ级。

4.1.8 锅炉本体的强度应能承受1.5倍锅炉设计压力的液压而无渗漏和变形。

4.1.9 锅炉的密封性应能承受1.25倍锅炉设计压力的液压而无渗漏。

4.2 设计

4.2.1 本体

4.2.1.1 锅炉的设计压力一般为工作压力的1.1倍。

4.2.1.2 锅炉上应至少装有2只安全阀，对于设计压力不超过0.78 MPa，蒸发量不超过1 t/h(热功率不超过0.7 MW)的锅炉(以下简称小型锅炉)上可仅装有1只安全阀。

4.2.1.3 蒸汽锅炉上应装设2个平板玻璃水位表；小型水管锅炉可仅设1个平板玻璃水位表和1套(不少于2个)水位旋塞。

4.2.1.4 蒸汽锅炉最低水位一般应符合如下规定：

a) 水管锅炉的最低水位应高出最高受热面100 mm，汽筒的下降管应作为受热面；
b) 卧式烟管辅锅炉的最低水位应高出燃烧室或烟管顶部不小于75 mm，对多次回程的烟管锅炉可适当减少；
c) 混合式锅炉的最低水位高出热水管应不小于50 mm；
d) 立式竖烟管锅炉最低水位应不低于1/2烟管高度；
e) 当船舶横倾4°时，最低水位仍应符合上述要求。

4.2.1.5 封头和管板内的公称直径尺寸一般应按表2尺寸选取。

表2

单位为毫米

公称直径	300;400;500;600;700;800;900;1 000;1 200;1 400;1 600;1 800;2 000;2 200;2 400;2 600;2 800;3 000;3 200;3 400;3 600;3 800;4 000

4.2.1.6 锅炉的T形接头对接焊缝应符合下列规定：

a) 应采用经机械加工的坡口型式且全焊透；
b) 对接焊缝应全部位于筒体上；
c) 对接焊缝的厚度应不小于管板的厚度，且其焊缝背部能封焊的部位均应封焊，不能封焊的部位应采用氩弧焊打底，并应保证焊透。

4.2.1.7 锅炉本体上应设置必要的人孔和手孔装置。人孔装置应符合CB/T 3921的要求；手孔装置应符合CB/T 3923的要求。

4.2.1.8 蒸汽锅炉本体上蒸汽通过的连接管不应有积聚蒸汽凝水的低陷处或弯头。

4.2.1.9 锅炉本体上的外接管，应使用法兰或座板；通径小于20 mm时可用螺纹座。接管不得通过烟箱，若在布置上必须通过烟箱时，连接管应加套管，连接管与套管之间的空隙应不小于50 mm。

4.2.1.10 给水内管的布置，应使给水不直接冲刷锅炉构件的内壁。当锅炉工作压力大于1.0 MPa且额定蒸发量大于1 t/h时，给水管在穿过锅筒(锅壳)壁处应加装套管。

4.2.1.11 蒸汽锅炉如设有上排污阀，炉内的上排污漏斗应安装在高出最低水位25 mm至低于正常水位25 mm范围内。漏斗的数量和安装位置应能将蒸发面上的污物排除。

4.2.1.12 锅炉本体外表面绝热包扎应按CB/T 3347进行，连续运行时外壁温度一般应不超过60℃。

4.2.1.13 锅炉底座的设计应能适应锅筒和联箱的热膨胀。

4.2.1.14 锅炉本体上应设置适于吊装及固定的吊耳。

4.2.2 阀门

4.2.2.1 连接于锅炉本体上的蒸汽阀、给水阀、出水阀、排污阀、炉水取样阀、空气阀、压力表以及水位指示器等均应符合相应产品标准和船舶规范的要求，微启式安全阀应符合CB 3111的要求。

4.2.2.2 锅炉本体上的阀件应直接连接在本体的接管或法兰上，当下排污阀安装确有困难时，可加装过渡短管连接。

4.2.2.3 液位指示器应经过阀或旋塞连接于锅炉本体上。

4.2.2.4 安全阀的开启压力一般应大于105%锅炉工作压力，但应不超过锅炉设计压力。

4.2.3 **供水系统**

4.2.3.1 蒸汽锅炉的给水系统一般应包括给水泵、安全阀、压力表、给水截止阀、给水止回阀及管系附件等。

4.2.3.2 热水锅炉的循环水系统一般应包括循环水泵、截止阀、止回阀、膨胀水箱及管系附件等。

4.2.3.3 锅炉至少应设置2台独立动力的水泵，在任一台水泵发生故障停止工作时，其余水泵的排量应足够补给各工况下的锅炉用水。

对于小型锅炉可设1台。

4.2.3.4 蒸汽锅炉应有2套独立的给水管系，当其中一套停止工作时，另一套管系应能保证锅炉的正常工作。

小型锅炉可设1套。

4.2.4 **送风系统**

4.2.4.1 送风系统一般应包括送风机、风压检测仪和风量调节机构。

4.2.4.2 风机的排量应满足锅炉最大负荷时所需的风量，风机的风压应能克服锅炉最大负荷时锅炉及烟道内烟气的流动阻力。

4.2.5 **燃油系统**

4.2.5.1 燃油系统应包括油泵装置、仪表、阀件、管系附件等。

4.2.5.2 燃油泵应是自吸式，泵应能供应各种工况下所需的燃油量，其运行特性应适应于所装备的燃烧器。

4.2.5.3 进油滤器应能保证在不影响系统正常运行的情况下进行清洗。

4.2.6 **燃烧器**

4.2.6.1 锅炉可配用"机械压力式"或"转杯式"或"蒸汽(空气)雾化式"燃烧器。

4.2.6.2 转杯式燃烧器，应符合CB/T 1050的要求。

4.2.6.3 机械压力式燃烧器，应符合CB/T 3752的要求。

4.2.6.4 蒸汽(空气)雾化式燃烧器，应符合CB/T 3967的要求。

4.2.7 **控制系统**

4.2.7.1 **组成**

锅炉的控制系统应由各种传感器、自动控制箱及各种执行机构组成。

4.2.7.2 **锅炉水位控制**

4.2.7.2.1 蒸汽锅炉应设置双位、多位或连续给水控制装置。

4.2.7.2.2 蒸汽锅炉应设置高、低水位报警，极限低水位报警及连锁保护。小型锅炉可不设置高、低水位报警。

4.2.7.2.3 热水锅炉应设置缺水连锁保护。

4.2.7.2.4 水位传感器的布置应避免因船舶摇摆造成水位波动而产生误动作。

4.2.7.2.5 设有备用水泵的锅炉，当锅炉水位下降至低水位时，备用水泵应自动启动。

4.2.7.3 **锅炉负荷及压力控制**

4.2.7.3.1 燃油蒸汽锅炉应设置蒸汽压力控制，热水锅炉应设置温度控制。

4.2.7.3.2 废气锅炉及燃油废气组合式锅炉的废气部分应设置负荷调节装置，其调节装置可采用烟气旁通方式，或采用排放多余蒸汽的方式。

4.2.7.3.3 蒸汽锅炉应设置汽压过高控制，热水锅炉应设置出水水温过高控制，当锅炉的蒸汽压力(出水温度)超出设定值时，燃油锅炉应立即停止燃烧并锁定。当废气锅炉或燃油废气组合式锅炉采用烟气旁通调节方式时应关闭烟气流向锅炉的烟道。

4.2.7.4 **燃烧控制**

4.2.7.4.1 燃烧过程的控制应能在锅炉运行过程中保持设计预定的蒸发量(或热功率)。

4.2.7.4.2 锅炉燃烧器燃烧负荷应能进行双位、多位或连续控制。应设置点火顺序控制、火焰监视、风压监测、油压监测等装置。燃烧重柴油及重油的燃烧器还应设置油温监测装置。

4.2.7.4.3 锅炉燃烧器点火前应进行定时的前扫气，扫气时间应足以保证对炉膛进行4次换气。燃烧器熄火后应进行不少于20s的后扫气，对于燃烧柴油的小型锅炉可免除后扫气。

4.2.7.5 自动/手动控制

锅炉的控制系统应设置独立的手动控制环节，当自动控制失效时能使锅炉在手动控制下安全运行。

4.3 制造

4.3.1 锅炉受压元件的制造应符合CB/T 3922的要求。

4.3.2 锅炉螺纹管的制造应符合CB/T 3920的要求。

4.3.3 锅炉膜式水冷壁的制造应符合CB/T 3596的要求。

4.3.4 锅炉联箱的制造应符合CB/T 3597的要求。

4.3.5 锅炉受压元件焊接及热处理应符合GB/T 11038的要求。

4.3.6 锅炉人孔装置的制造应符合CB/T 3921的要求。

4.3.7 锅炉手孔装置应符合CB/T 3923的要求。

4.3.8 锅炉本体总装应符合CB/T 3348的要求。

4.3.9 锅炉的油漆、绝热应符合CB/T 3347的要求。

5 验收方法与检验规则

5.1 锅炉所用的材料应按CB/T 3924的要求进行入厂验收。

5.2 锅炉受压元件应按CB/T 3922的要求进行检验。

5.3 锅炉受压元件的焊接及热处理应按GB/T 11038的要求进行检验。

5.4 锅炉本体总装应按CB/T 3348的要求进行检验。

5.5 锅炉的强度和密性应按GB/T 11037的要求进行检验。

5.6 锅炉总装后应按GB/T 14649的要求进行性能试验。

6 标志与合格证书

6.1 产品标志

6.1.1 每台锅炉应在炉前明显处装有固定的黄铜或不锈钢铭牌，铭牌上至少应包括下列内容：

a) 型号、名称；

b) 设计压力，MPa；

c) 工作压力，MPa；

d) 额定蒸发量，t/h(对废气锅炉应为受热面积，m^2；对热水锅炉应为热功率，MW)；

e) 强度和密性试验压力，MPa；

f) 工厂产品编号；

g) 制造年月；

h) 船检机构的印记及编号；

i) 制造厂名称。

6.1.2 锅炉上主要阀件应有标有名称及其开启方向的金属标牌，检测仪表上应有整定值标志。

6.2 包装标志

锅炉的包装标志按CB/T 3347的规定。

6.3 合格证书

每台锅炉的合格证书应包括下列内容：

a) 主要材料及焊接材料的材质报告；

b) 焊缝质量报告；
c) 受压元件焊后热处理报告；
d) 液压试验报告。

7 包装与贮存

7.1 包装

锅炉的包装应符合 CB/T 3347 的要求。

7.2 随机文件

每台锅炉出厂时，随同供应的图样及技术文件至少应包括下列内容：

a) 锅炉总图 1 份
b) 受压元件强度计算书或计算结果汇总表 1 份
c) 安全阀排放量计算书或计算结果汇总表 1 份
d) 燃烧器总图 1 份
e) 给水系统图 1 份
f) 燃油系统图 1 份
g) 电气原理图 1 份
h) 控制箱外部接线图 1 份
i) 产品合格证书和船检证书 1 份
j) 锅炉使用说明书和燃烧、控制说明书 1 份
k) 锅炉备件及专用工具清单 1 份
l) 装箱清单 1 份

7.3 贮存

锅炉应贮存在干燥通风的仓库内。

ICS 01.100.01
J 04

中华人民共和国国家标准

GB/T 14691.4—2005/ISO 3098-4:2000

技术产品文件　字体
第4部分:拉丁字母的区别标识与特殊标识

Technical product documentation—Lettering—
Part 4:diacritical and particular marks for the Latin alphabet

(ISO 3098-4:2000,IDT)

2005-07-01 发布　　2005-12-01 实施

中华人民共和国国家质量监督检验检疫总局
中国国家标准化管理委员会　发布

前　言

本部分等同采用 ISO 3098-4:2000《技术产品文件　字体　第 4 部分:拉丁字母的区别标识与特殊标识》(英文版)。

本部分详细说明了当拉丁字母与 GB/T 14691 所列出的字符一起使用时的区别与特殊标识,根据各国语言的不同,这些标识在表 1 和表 2 中分别列出。

为便于使用,本部分做了下列编辑性修改:

——将国际标准的表述改为适用于国家标准的表述;

——删除了国际标准的前言。

本部分由全国技术产品文件标准化技术委员会提出并归口。

本部分主要起草单位:中机生产力促进中心、合肥工业大学、大连海事大学、机械科学研究院。

本部分主要起草人:丁红宇、任灏、李学京、邹玉堂、周京淮、杨东拜。

技术产品文件　字体
第4部分:拉丁字母的区别标识与特殊标识

1　范围

本部分规定了使用GB/T 14691所列拉丁字母时的区别标识与特殊标识。

本部分适用于技术产品文件。

2　规范性引用文件

下列文件中的条款通过GB/T 14691的本部分的引用而成为本部分的条款。凡是注日期的引用文件,其随后所有的修改单(不包括勘误的内容)或修订版均不适用于本部分,然而,鼓励根据本部分达成协议的各方研究是否可使用这些文件的最新版本。凡是不注日期的引用文件,其最新版本适用于本部分。

GB/T 14691　技术制图　字体(eqv ISO 3098-1、ISO 3098-2)

3　一般要求和尺寸

字母、数字和标记的一般要求和尺寸应符合GB/T 14691的规定。

为了获得均匀的线宽、线的交点处美观以及书写方便,字母的笔划、角度应规范书写。

4　示例

表1列出了各语种字母的特殊或典型特性(相关字母的可区分间距、位置、尺寸),一些特殊的标识被视为字母,见表2。

表 1　拉丁字母的

区别标识的尺寸和位置				语种								
字体 A		字体 B		阿尔巴尼亚语 (sq)	捷克语 (cz)	丹麦语 (da)	芬兰语 (fi)	荷兰语 (nl)	法语 (fr)	德语 (de)	匈牙利语 (hu)	冰岛语 (is)
斜体	直体	斜体	直体									
Èè	Èè	Èè	Èè					àè	ÀÈÙ àèù			
Éé	Éé	Éé	Éé		ÁÉÍÓÚÝ áéíóúý			éó	É é		ÁÉÍÓÚ áéíóú	ÁÉÍÓÚÝ áéíóúý
Êê	Êê	Êê	Êê					ê	ÂÊÎÔÛ âêîôû			
Čč	Čč	Čč	Čč		ČĎĚŇŘŠŤŽ čěňřšž							
Ññ	Ññ	Ññ	Ññ									
Åå	Åå	Åå	Åå		Ů ů	Å å	Å å					
Ăă	Ăă	Ăă	Ăă									
Çç	Çç	Çç	Çç	Ç ç				ç	Ç ç			
Ää	Ää	Ää	Ää	Ë ë			ÄÖ äö	äëïö	ËÏ ëï	ÄÖÜ äöü	ÖÜ öü	Ö ö

区别标识

意大利语(it)	挪威语(no)	波兰语(pl)	葡萄牙语(pt)	罗马尼亚语(ro)	塞尔维亚语(sh)	斯洛伐克语(sk)	西班牙语(es)	瑞典语(sv)	土耳其(tr)	爱沙尼亚语(et)	列托语(lv)	立陶宛语(lt)
ÀÈÌÒÙ àèìòù			ÀÒ àò									
É é		ĆŃÓŚŹ ćńóśź	ÁÉÍÓÚ áéíóú		ĆÓ ćó	ÁÉÍÓŔÚÝ áéíóŕúý	ÁÉÍÓÚ áéíóú					
Î î			ÂÊÔ âêô	ÂÎ âî		Ô ô			ÂÎÛ âîû			
					ČŠŽ čšž	ČĎŇŠŤŽ čňšž				ŠŽ šž	ČŠŽ čšž	ČŠŽ čšž
			ÃÕ ãõ				Ñ ñ			Õ õ		
	Å å							Å å				
				Ă ă					Ğ ğ			Ğ ğ
			Ç ç						Ç ç			
	ö					Ä ä		ÄÖ äö	ÖÜ öü	ÄÖÜ äöü		

表 1（续）

区别标识号的尺寸和位置				语种								
字体 A 斜体	字体 A 直体	字体 B 斜体	字体 B 直体	阿尔巴尼亚语（sq）	捷克语（cz）	丹麦语（da）	芬兰语（fi）	荷兰语（nl）	法语（fr）	德语（de）	匈牙利语（hu）	冰岛语（is）
Żż	Żż	Żż	Żż									
Őő	Őő	Őő	Őő								ŐŰ őű	
Ĺĺ	Ĺĺ	Ĺĺ	Ĺĺ		d́t́							
Ľľ	Ľľ	Ľľ	Ľľ									
Ūū	Ūū	Ūū	Ūū									
Ļļ	Ļļ	Ļļ	Ļļ									
Łł	Łł	Łł	Łł									
Đđ	Đđ	Đđ	Đđ									Đ đ

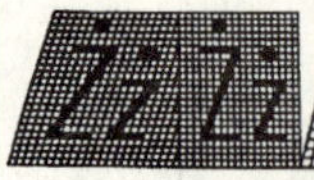

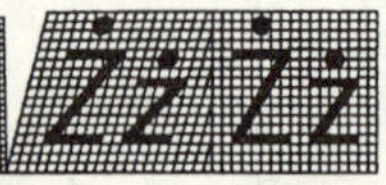

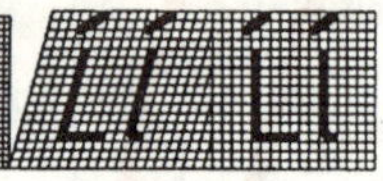

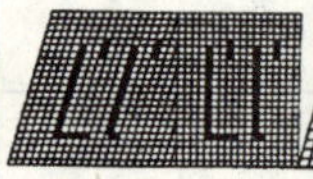

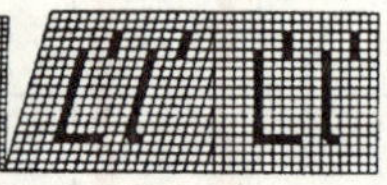

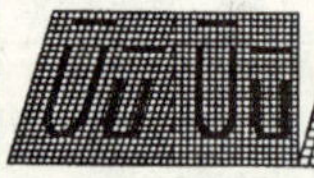

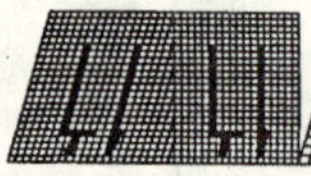

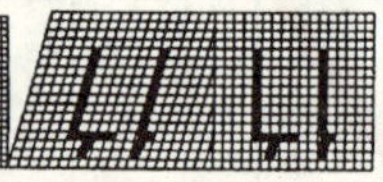

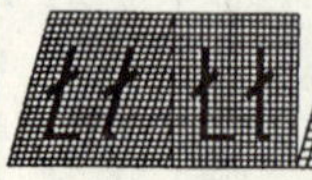

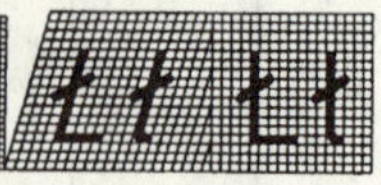

（根据 ISO 639 的语言符号语种）												
意大利语(it)	挪威语(no)	波兰语(pl)	葡萄牙语(pt)	罗马尼亚语(ro)	塞尔维亚语(sh)	斯洛伐克语(sk)	西班牙语(es)	瑞典语(sv)	土耳其(tr)	爱沙尼亚语(et)	列托语(lv)	立陶宛语(lt)
		Ż ż							I			Ė ė
						Ĺ Í					ģ	
						Ľ ďľť						
											ĀĒĪŪ āēīū	Ūa ū
		ĄĘ ąę		ȘȚ șț					Ş ş		ĢĶĻŅŖ ķļņŗ	ĄĘĮŲ ąęįų
		Ł ł										
					Đ đ							

表 2　拉丁字母的特殊标识

特殊标识的尺寸 字体 A（斜体　直体）　字体 B（斜体　直体）	语　种
Æ Æ Æ Æ	丹麦语
æ æ æ æ	冰岛语 挪威语
Œ Œ Œ Œ œ œ œ œ	法语
Øø Øø Øø Øø	丹麦语 挪威语
Þþ Þþ Þþ Þþ	冰岛语
ß ß ß ß	德　语

ICS 01.100.01
J 04

中华人民共和国国家标准

GB/T 14691.6—2005/ISO 3098-6:2000

技术产品文件 字体 第6部分:古代斯拉夫字母

Technical product documentation—Lettering—Part 6:Cyrillic alphabet

(ISO 3098-6:2000,IDT)

2005-07-01 发布

2005-12-01 实施

中华人民共和国国家质量监督检验检疫总局
中国国家标准化管理委员会 发布

前言

本部分等同采用ISO 3098-6:2000《技术产品文件　字体　古代斯拉夫字母表》(英文版)。

本部分规定了古代斯拉夫字母在技术制图和相关文件中的应用。

为便于使用,本部分做了下列编辑性修改:

——将国际标准中的表述改为适用于国家标准的表述;

——删除了国际标准的前言。

本部分由全国技术产品文件标准化技术委员会提出并归口。

本部分主要起草单位:中机生产力促进中心、机械科学研究院、湖南大学、大连海事大学。

本部分主要起草人:丁红宇、陈景玉、刘子建、邹玉堂、周京淮、杨东拜。

技术产品文件 字体
第6部分:古代斯拉夫字母

1 范围

本部分规定了古代斯拉夫字母的通用要求和尺寸。

本部分适用于技术产品文件。这些字母的印刷通常由模板辅助,但是也可手写或用其他方法编制。

2 规范性引用文件

下列文件中的条款通过GB/T 14691的本部分的引用而成为本部分的条款。凡是注日期的引用文件,其随后所有的修改单(不包括勘误的内容)或修订版均不适用于本部分,然而,鼓励根据本部分达成协议的各方研究是否可使用这些文件的最新版本。凡是不注日期的引用文件,其最新版本适用于本部分。

GB/T 14691 技术制图 字体(eqv ISO 3098-1:1974,ISO 3098-2:1984)

3 通用的要求和尺寸

字母、数字和标记的一般要求和尺寸应符合GB/T 14691的规定。

为了获得均匀的线宽、线的交点处美观以及书写方便,字母的笔画、角度应规范书写。

4 示例

下面的示例用来辅助正确理解古代斯拉夫字母的通用要求和尺寸。

字体 A,斜体

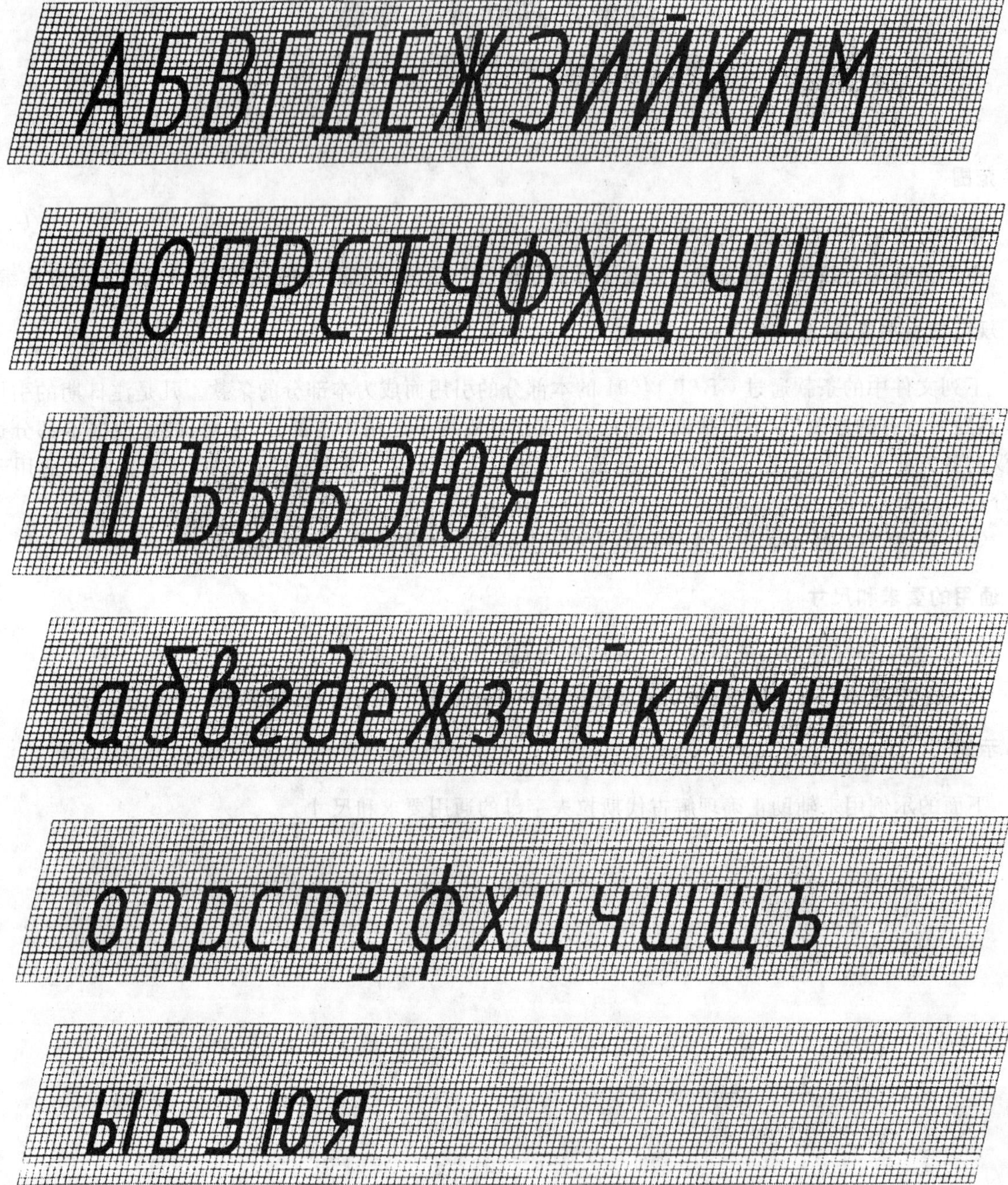

АБВГДЕЖЗИЙКЛМ
НОПРСТУФХЦЧШ
ЩЪЫЬЭЮЯ
абвгдежзийклмн
опрстуфхцчшщъ
ыьэюя

字体 A,直体

АБВГДЕЖЗИЙКЛМ
НОПРСТУФХЦЧШ
ЩЪЫЬЭЮЯ
абвгдежзийклмн
опрстуфхцчшщъ
ыьэюя

字体 B,斜体

АБВГДЕЖЗИЙКЛМ
НОПРСТУФХЦЧШ
ЩЪЫЬЭЮЯ
абвгдежзийклмн
опрстуфхцчшщъ
ыьэюя

字体 B,直体

优先选用

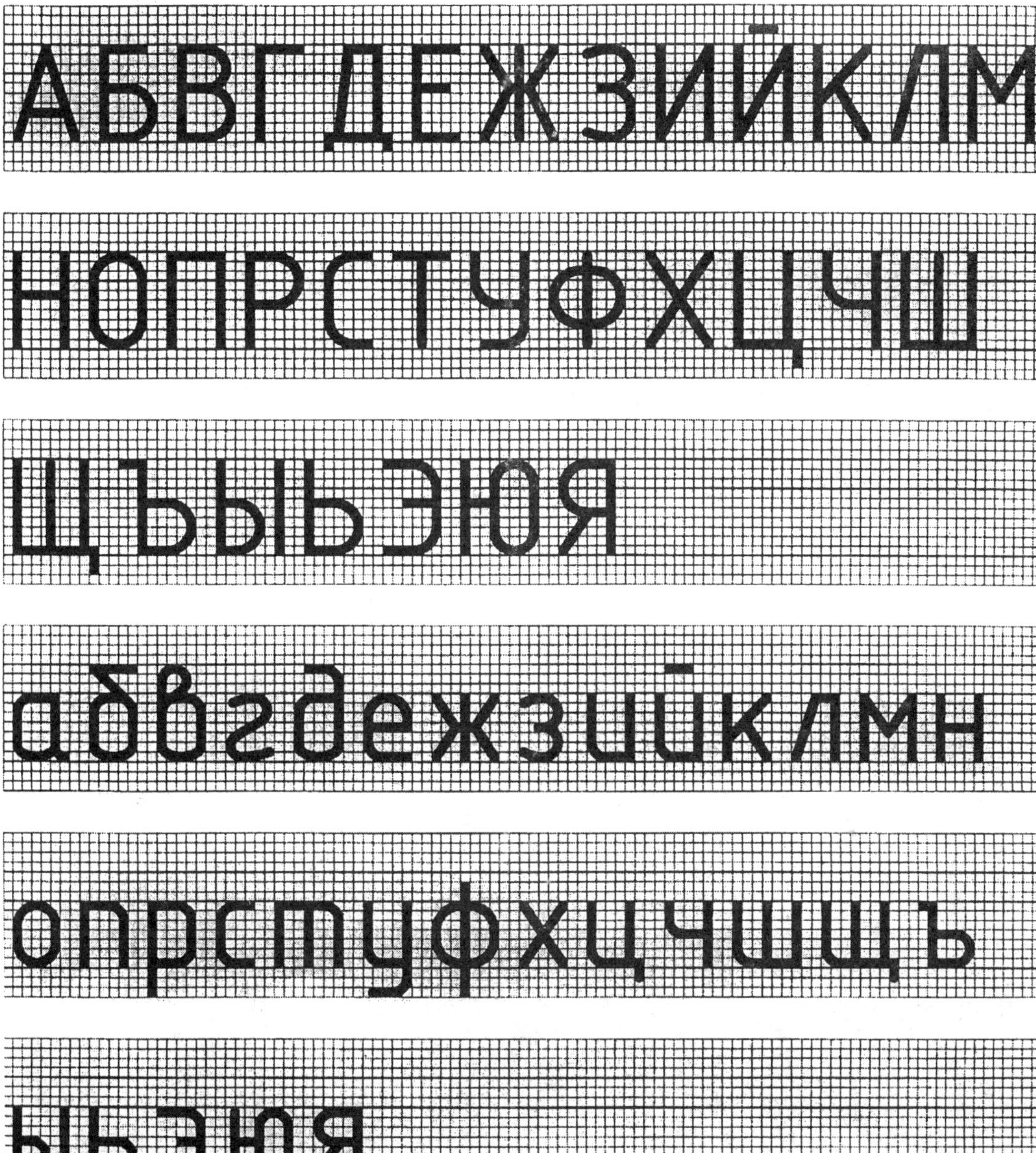

АБВГДЕЖЗИЙКЛМ
НОПРСТУФХЦЧШ
ЩЪЫЬЭЮЯ
абвгдежзийклмн
опрстуфхцчшщъ
ыьэюя

ICS 65.120
B 20

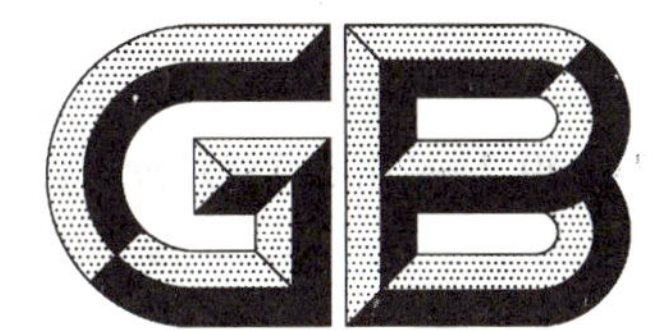

中华人民共和国国家标准

GB/T 14699.1—2005/ISO 6497:2002
代替 GB/T 14699.1—1993

饲料 采样

Feeding stuffs—Sampling

(ISO 6497:2002, Animal feeding stuffs—Sampling, IDT)

2005-03-23 发布 2005-06-01 实施

中华人民共和国国家质量监督检验检疫总局
中国国家标准化管理委员会 发布

前言

本标准等同采用国际标准 ISO 6497:2002《动物饲料——采样》(英文版)。

本标准做了下列编辑性修改:

——标准名称"动物饲料——采样"改为"饲料　采样";

——删除国际标准的"前言"和"引言";

——"本国际标准"一词改为"本标准";

——国际标准中的小数点","改为"."。

本标准代替 GB/T 14699.1—1993《饲料采样方法》。

本标准的附录 A 是资料性附录。

本标准由国家质量监督检验检疫总局和中华人民共和国农业部共同提出。

本标准由全国饲料工业标准化技术委员会归口。

本标准起草单位:国家饲料质检中心(北京)、农业部饲料质检中心(沈阳、济南)。

本标准主要起草人:苏晓鸥、陈新、冯忠华、杨曙明、李祥明、邵传明。

饲料　采样

1　范围

本标准提供了为了满足商业、技术和法律目的的质量控制中对动物饲料包括渔用饲料的采样方法。

本标准不适用于宠物食品，也不适用于以微生物检验为目的的采样。在某些条件下测定饲料物理特性时，应选择特殊的采样方法。

某些饲料的采样已有相应的国际标准，这些产品的种类见参考文献。为检测某些分布不均匀的成分的采样见附录A。

2　术语和定义

下列术语和定义适用于本标准。

2.1

交付物　consignment

一次给予、发送或收到的某个特定量的饲料的总称。

注：它可能由一批或多批饲料组成(见2.2)。

2.2

批(批次)　lot

假定特性一致的某个确定量的交付物的总称。

2.3

份样　increment

一次从一批产品的一个点所取的样品。

2.4

总份样　bulk sample

通过合并和混合来自同一批次产品的所有份样得到的样品。

注：打算分别调查的、明显和可辨认的份样集合可表示为“总样品”。

2.5

缩分样　reduced sample

总份样通过连续分样和缩减过程得到的数量或体积近似于试样的样品，具有代表总份样的特征。

2.6

实验室样品　laboratory sample

由缩分样分取的部分样品，用于分析和其他检测用，并且能够代表该批产品的质量和状况。

注：所取每种样品，一般分3份或4份实验室样品，一份提交检验，至少一份保存用于复核，如果要求超过4份实验室样品，需要增加缩分样，以满足最小实验室样品量的要求。

3　通则

3.1　代表性采样

代表性采样的目的是从一批产品中获得小部分样品，而测定这小部分样品的任何特性均可代表该批产品的平均值。

3.2　选择性采样

如果被采样的一批(批次)样品的某部分在质量上明显不同于其他部分，则这部分产品应区别对待，单独作为一批产品进行采样，并在采样报告中加以说明。

3.3 统计学考虑

认同采样是动物饲料采样的常用方法。对采样属性而言，存在着根据二项式分布进行的理论采样方法，但在实际工作中，这个方法应简化为批量大小和份样数量之间的平方根关系。

注 1：对于散装产品，如果批量在 2.5 t 以下，至少取 7 个份样；如果批量在 2.5 t 与 80 t 之间，所取份样数至少等于 $\sqrt{20m}$，m 是批量的质量，以 t 计，样品变异应该是均匀的；如果批量超过 80 t，平方根关系仍然适用，但以此为依据做出错误决定的风险也会增加，可由各方协商确定。

注 2：平方根关系的应用对袋装饲料、液体饲料和半液体饲料、舔块以及粗饲料来说有点不同，因为样品的大小变化很大。

4 采样人员

采样应该由受过适当培训并有饲料采样经验的人员执行，而且采样人员应意识到采样过程可能涉及到的危害和危险。

5 采样前对产品的确认和全面检查

采样前应确认有疑问的货物，为此应适当比较货物的数量、重量或货物的体积及容器上的标记和标签，以及有关资料。

采样报告记录包括相关代表性样品的采样和涉及到货物及其周围条件的所有特征。

如果货物出现损坏，要除去损坏的部分，将特性相似的货物划分在一起，并把每一部分作为独立的产品处理。

6 采样设备

6.1 一般要求

选择适合产品颗粒大小、采样量、容器大小和产品物理状态等特征的采样设备。

6.2 从固体产品采样的装置

6.2.1 手工从固体产品采样的工具举例

6.2.1.1 散装饲料采样

普通铲子、手柄勺、柱状取样器（如取样钎、管状取样器、套筒取样器）和圆锥取样器。取样钎可有一个或更多的分隔室。

流速比较慢的流动产品的采样可以手工完成。

6.2.1.2 袋装或其他包装饲料的采样

手柄勺、麻袋取样钎或取样器、管状取样器、圆锥取样器和分割式取样器。

6.2.2 机械采样装置举例

从流动的产品中周期采样可以使用认可的设备（例如气力装置）。速度较高的流动产品的采样可以通过手工控制机器来完成。

6.3 从液体或半液体产品手工或机械方法采样的设备

适当大小的搅拌器、取样瓶、取样管、带状取样器和长柄勺。

6.4 清洁

采样、缩样、存贮和处理样品时，应特别小心，确保样品和被取样货物的特性不受影响。采样设备应清洁、干燥、不受外界气味的影响。用于制造采样设备的材料不影响样品的质量。在不同样品间，采样设备应完全清扫干净，当被取样的货物含油高时尤其重要。取样人员应带一次性的手套，不同样品间应更换手套，防止污染随后的样品。

7 装样品容器

7.1 一般要求

装样品的容器应确保样品特性不变直至检测完成。样品容器的大小以样品完全充满容器为宜。容器应当始终封口,只有检测时才能打开。

7.2 清洁

样品容器应清洁、干燥、不受外界气味的影响。制造样品容器的材料应不影响样品的品质。

7.3 固体产品的样品容器

固体产品的样品容器及盖子应是防水和防脂材料制成的(例如,玻璃、不锈钢、锡或合适的塑料等),应是广口的,最好是圆柱形的,并与所装样品多少相配套。合适的塑料袋也可以。容器应是牢固和防水的。如果样品用来测定像维生素 A、D_3、B_2 和 C、叶酸等对光敏感的物质和像维生素 K_3、B_6 和 B_{12} 等对光轻微敏感的物质,容器应是不透明的。

7.4 液体和半液体产品的样品容器

容器应由合适材料制成(最好是玻璃或塑料),并要求容量合适、密闭、深色。注意 7.3 中对光敏感物质测定的样品要求。

8 采样步骤

8.1 采样位置

在条件许可的情况下,采样应在不受诸如潮湿空气、灰尘或煤烟等外来污染危害影响的地方进行。条件许可时,采样应在装货或卸货中进行。如果流动中的饲料不能进行采样,被采样的饲料应安排在能使每一部分都容易接触到,以便取到有代表性的实验室样品。

8.2 产品分类

按采样目的,饲料可分为以下几类:

a) 固体饲料——谷物、种子、豆类和颗粒饲料;

b) 固体饲料——粉状饲料;

c) 粗饲料;

d) 舔块;

e) 液体和半液体饲料。

8.3 样品量

要得到能代表整个批次产品的样品,就必须设置足够的份样数量。根据批次产品数量和实际采样的特点制定采样计划,在计划中确定需采的份样数量和重量。对于特别的批次产品的确定取决于 2.2 规定的因素。

8.4 谷物、种子、豆类和颗粒产品的采样

8.4.1 该类产品的举例

谷物:玉米、小麦、大麦、燕麦、水稻、高粱等;

油料籽实:向日葵籽实、花生、油菜籽、大豆、棉籽、亚麻籽等;

片状物:豆类等;

颗粒产品:颗粒形态的饲料。

8.4.2 批次产品量

对于袋装的产品批次量是由包装袋的数量决定和包装袋的容量确定。对于散装的产品,批次量是由盛该散样的容器数量决定的,或由满装该产品的容器的最少数量。如果一个容器内装的产品量已超过一个批次产品的最大量时,该容器内产品即为一个批次。如果一批次散装产品形态上出现明显的分级,则需要分成不同的批次。

8.4.3 份样数量

对于贮存于罐或类似容器的产品,随机选择份样的最小数量见表1。

表1

批次的重量 m/t	份样的最小数量
≤2.5	7
>2.5	$\sqrt{20m}$,不超过100

如果产品包装于袋中,随即选择份样的最小数量如下表:

a) 如果总量小于1 kg,见表2。

表2

批次的包装袋数 n	份样的最小数量
1~6	每袋取样
7~24	6
>24	$\sqrt{2n}$,不超过100

b) 如果总量大于1 kg,见表3。

表3

批次的包装袋数 n	份样的最小数量
1~4	每袋取样
5~16	4
>16	$\sqrt{2n}$,不超过100

8.4.4 样品量

见表4。

表4

批次产品总量/t	最小的总份样量/kg	最小的缩分样量[a]/kg	最小的实验室样品量/kg
1	4	2	0.5
>1≤5	8	2	0.5
>5≤50	16	2	0.5
>50≤100	32	2	0.5
>100≤500	64	2	0.5

a 最小量应可供取4个实验室样品。

8.4.5 采样程序

8.4.5.1 总则

采样应遵照8.1中的规定执行。对于散装产品,尽可能地在装或卸时采样。同理,如果产品是直接装到料仓或仓库中,则尽可能地在装入时取样。

8.4.5.2 从散装产品中采样

如果是从堆状等散装产品中取样,根据8.4.3的最少份样数,决定本次取样的份样数。然后,随机选取每个份样的位置,这些位置既覆盖产品的表面,又包括产品的内部,使该批次产品的每个部分都被覆盖。

在产品流水线上取样时,根据流动的速度,在一定的时间间隔内,人工或机械地在流水线的某一截面取样。根据流速和本批次产品的量,计算产品通过采样点的时间,该时间除以所需采样的份样数,即得到采样的时间间隔。

8.4.5.3 从袋装产品中采样

随机选择需采样的包装袋，采样的包装袋总数量根据 8.4.3 的最小份样数来决定。打开包装袋，用 6.2.1.2 描述的器具采取每个份样。

如果是在密闭的包装袋中采样，则需要取样器。采样时，不管是水平还是垂直，都必须经过包装物的对角线。份样可以是包装物的整个深度，或是表面、中间、底部这三个水平。在采样完成后，将包装袋上的采样孔封闭。

如果上述的方法不适合，则将包装物打开倒在干净、干燥的地方，混合后铲其一部分为份样。

8.4.6 实验室样品的制备

在采样完成后应尽快处理，以避免样品质量发生变化或被污染，将所得到的每个份样进行充分混合后得到总份样，其重量不应小于 2 kg。

充分将缩分样混合后分成 3 个或 4 个实验室样品放入适当的容器中，供实验室分析用，每个实验室样品重量最好相近，但不能小于 0.5 kg。

8.5 粉状产品的采样

8.5.1 产品的举例

这些产品是对下列物料进行加工（如粉碎、碾磨或干燥）获得的，其粒度远小于未加工处理的单种物料或混合物。

a) 植物源性的粉状物：
   1) 整粒或部分谷物；
   2) 未加工、加工或浸提的油料籽实；
   3) 未加工、加工或浸提的豆科籽实；
   4) 干苜蓿或干草；
   5) 植物蛋白浓缩物；
   6) 淀粉；
   7) 酵母。
b) 动物源性的粉状物：
   1) 鱼粉；
   2) 血粉、肉粉、肉骨粉、骨粉；
   3) 奶粉、乳清粉。
c) 预混合饲料。
d) 矿物质添加剂。
e) 配合饲料。
f) 饲料添加剂：
   1) 有机物：维生素和维生素制剂，药物和药物制剂，抗氧化剂，氨基酸和香味剂等；
   2) 无机化合物。

8.5.2 批次产品量的大小

不论交付量有多大，一个批次内产品的量不宜超过 100 t。

8.5.3 最小的份样数量

见 8.4.3。

8.5.4 样品量

见 8.4.4。

8.5.5 在采样时的注意事项

由于干的粉状饲料中粉尘的一致性高，采样时应防止其爆炸。由于产品是经加工处理的，因此受微生物侵害腐败的可能性增加。在预先检查整个批次产品时,应特别注意有无异常。如有异常,应将这部分与其他部分分开。

粉状物易于结块,有时需要添加抗结块剂。当发生结块时,应进行额外的处理或分开采样。如果产品产生较严重的分级,则应分步采样。散装或袋装中采粉样的步骤参照8.4.5。

8.5.6 实验室样品的制备

见8.4.6。

8.6 粗饲料的采样

8.6.1 举例

——鲜青绿饲料(苜蓿、牧草、玉米等);

——青贮青绿饲料(苜蓿、牧草、玉米等);

——干草(苜蓿、牧草等);

——秸秆;

——饲用甜菜;

——干糖蜜;

——块根、块茎(马铃薯等)。

8.6.2 批次产品量

由于产品遗传因素变化大,加上贮存方式的不同,粗饲料产品的特性变化很大,量大时更是如此。在量大的一批次粗饲料产品间,要求其均匀性是非常困难的。

8.6.3 采样时份样数的确定

通常粗饲料在贮存和搬运时为散装的,采样时的最小份样数规定见表5。

表5

批次的重量 m/t	份样的最小数量
≤5	10
>5	$\sqrt{40m}$,不超过50

8.6.4 样品的重量

见表6。

表6

产品种类	最小的总份样量/kg	最小的缩分样量[a]/kg	最小的实验室样品量/kg
青绿饲料、甜菜、块根、块茎、青贮粗饲料	16	4	1
干燥的粗饲料、块根、块茎	8	4	1
a 最小量应可供取4个实验室样品量。			

8.6.5 采样程序

8.6.5.1 总则

粗饲料采样时,通常是靠手工获得每一个份样。

8.6.5.2 田间采样

对于田间生长的产品或收获后仍放置于田间的产品,其采样程序根据土质不同参见ISO 10381-6。

8.6.5.3 堆积产品、青贮窖、青贮堆内产品的采样

进行堆积产品、青贮窖、青贮堆内产品的采样时,按8.4.3计算需采样的份样数,随机布置各份样点,但应保证产品的各层均被覆盖。青贮塔内产品的采样应注意安全,最好在搬运过程中采样。

8.6.5.4 **捆状产品采样**

进行捆状产品采样时,按8.4.3计算需采样的份样数,随机布置各份样点,每一捆取一个份样,应采集一个完整的截面。

8.6.5.5 **流动中的产品采样**

对于流动中的产品采样,参照8.4.5.2。

8.6.5.6 **实验室样品的制备**

在采样完成后应尽快处理,以避免样品质量发生变化或被污染。在混合总份样时应注重其可操作性,通常应将样品切成小块。总份样经过逐步分取获得重量不小于4 kg的缩分样。对于大块块状产品,将总份样的块数减半,随机选择其中的块构建成缩分样。除非必须,不要在缩阶段将总份样切短。

充分将缩分样混合后分成3个或4个实验室样品放入适当的容器中,供实验室分析用。每个实验室样品重量最好相近,但不能小于0.5 kg。置每个实验室样品于合适容器中,见2.6。

8.7 **块状、砖状产品的采样**

8.7.1 **举例**

例如矿物质的舔砖、舔块等。

8.7.2 **批次产品量**

该类产品一个批次量不应超过10 t。

8.7.3 **采样时份样数的确定**

采样时以该类产品的单位数计算最小份样数,规定见表7。

表7

批次内含的产品单位数 n	最小的份样数(产品单位数)
≤25	4
26～100	7
>100	$\sqrt{n}$,不超过40

8.7.4 **样品的重量**

见表8。

表8

最小的总份样量/kg	最小的缩分样量[a]/kg	最小的实验室样品量/kg
4	2	0.5
a 最小量应可供取4个实验室样品。		

8.7.5 **采样程序**

按8.7.3计算所需的最少采样的份样数。如果舔砖、舔块较小,则整个舔砖或舔块作为一个份样。

8.7.6 **实验室样品的制备**

如果用整个或大部分舔砖(块)作为份样,则需打碎。

将所得到的每个份样进行充分混合后得到总份样,将总份样重复缩分获得适当的缩分样,其重量不应小于2 kg。

充分将缩分样混合后分成3个或4个实验室样品放入适当的容器中。每个实验室样品重量最好相近,不能小于0.5 kg。

8.8 **液体产品的采样**

8.8.1 **产品举例**

——低黏度产品:该类产品易于搅拌混合。

——高黏度产品:该类产品不易搅拌混合。

8.8.2 批次产品量

该类产品一批次通常在60 t或60 000 L以内。如果一个容器含量超过10 t或10 000 L时，这一容器内产品即为一个批次。

8.8.3 采样时份样数的确定

随机选择份样时，最小份样的数量规定如下：

a) 散装产品：见表9。

表 9

批次产品量		最小份样数
重量/t	体积/L	
≤2.5	2 500	4
＞2.5	2 500	7

如果不能保证产品的均匀性，则应该增加份样数以保证实验室样品的代表性。

b) 对于贮存容器体积不超过200 L的产品，采样时抽取容器的数量计算如下：

1) 如果容器体积不超过1 L(含1 L)，参见表10。

表 10

批次内含的容器数 n	最小的抽取容器数
≤16	4
＞16	$\sqrt{n}$，不超过50

2) 如果容器体积超过1 L，参见表11。

表 11

批次内含的容器数 n	最小的抽取容器数
1～4	逐个
5～16	4
＞16	$\sqrt{n}$，不超过50

8.8.4 样品的重量

见表12。

表 12

最小的总份样量		最小的缩分样量[a]		最小的实验室样品量	
kg	L	kg	L	kg	L
8	8	2	2	0.5	0.5

a 最小量应可供取4个实验室样品。

8.8.5 采样程序

8.8.5.1 如果产品贮存于罐中，则可能不均匀。采样前需要搅动混合，用适当的器具从表面至内部采样。如果采样前不可能搅动，则在产品装罐或卸罐过程中采样。如果在产品流动过程中不能采样，则整个批次产品都取份样，以保证获得有代表性的实验室样品。

在产品特性不变的前提下，有时加热会提高样品的一致性。

8.8.5.2 桶装产品的采样

采样前需对随即选取产品进行振动、搅动等，使其混合，混合后再采样。如果采样前不能进行混合，则每个桶至少在不同的方向、两个层面取2个份样。

8.8.5.3 小容器装产品的采样

随机选择容器,混合后进行采样;如果容器很小,则每一个容器内的产品可作为一个份样。

8.8.6 实验室样品的制备

将所有份样放入适当的容器内即获得总份样,充分混合后取其中部分形成缩分样,每个缩分样不应小于 2 kg 或 2 L。

对于不容易混合的产品,使用下列的缩分样程序:

——将总份样分成 2 部分,分别为 A 和 B;

——再将 A 分成 2 部分,分别为 C 和 D;

——对 B 重复上述过程,形成 E 和 F;

——随机选择 C 和 D,E 和 F 中的之一;

——将两者放在一起,充分混合;

——重复该过程,直至获得 2 kg～4 kg(L)的缩分样;

——尽可能充分地混合缩分样,将其分成 3 个～4 个部分(即为实验室样品),每个实验室样品不应少于 0.5 kg 或 0.5 L。

——置每份实验室样品于适当容器内。

如果需制备的实验室样品超过 4 份,则缩分样的数量做适当的增加。

8.9 半液体(半固体)产品的采样

8.9.1 产品举例

例如脂肪、脂类产品、加氢油脂、皂脚等。

8.9.2 批次产品量

见 8.8.2。

8.9.3 采样时份样数的确定

见 8.8.3。

8.9.4 样品的重量

见 8.8.4。

8.9.5 采样

8.9.5.1 总则

如有可能,产品应在液态下进行采样。

8.9.5.2 液态产品的采样

见 8.8.5。

8.9.5.3 半液体(半固体)产品的采样

在产品装入或搬运过程中,使用可对角线插入罐底部的适当设备,至少在 3 个深度取样,有可能的情况下,取整个截面。采样后,将采样孔填补好。

如果不可能混合,也不可能在产品的流动中采样,则根据容器对角线的长度,每隔 30 cm 采样作为一个份样。

8.9.6 实验室样品的制备

将获得的总份样充分混合。将总份样放入可加热的容器中,采用加热或其他方法使其融化。如果加热对样品有不良影响,则使用其他方法。

缩分样和实验室样品的制备见 8.8.6。

9 样品和样品容器的包装、封口和标识

9.1 样品容器的装满和封口

每个装实验室样品的容器应当由取样人员封口和盖章,不破坏封口,容器就不能打开。容器也可装

入结实的信封或亚麻布、棉或塑料袋中,并进一步封口和盖章,不破坏封口,内容物就不能取出。

标签应附在内含实验室样品的容器上并封口,不破坏封口标签就不能去掉。标签应有9.2中所要求的标识项目,封口未打开前,标识项目应是可见的。

9.2 实验室样品的标识

标签应标识以下项目:

a) 采样人和采样单位名称;

b) 采样人和采样单位的身份标志;

c) 采样的地点、日期和时间;

d) 样品材料的标示(名称、等级、规格);

e) 样品材料的明示成分;

f) 样品材料的商品代码、批号、追踪代码或被抽检样品交付物的确认。

9.3 实验室样品的发送

每批货物,至少有一个实验室样品,与测定所需信息一起被尽快地送至认可的分析实验室,应在适当冷藏或冷冻条件下发送随时间而变化的样品。

9.4 实验室样品的贮藏

实验室样品的贮藏应防止样品成分发生变化。没有呈交实验室的实验室样品的可贮藏公认的一段时间,一般为6个月。

10 采样报告

采样后,应由采样人尽快完成报告。在报告后,应尽量附上随包装或容器的标签的复印件或交付物单子的复印件。

采样报告至少应包含以下信息:

a) 实验室样品标签所要求的信息(见9.2);

b) 被采样人的姓名和地址;

c) 制造商、进口商、分装商和(或)销售商的名称;

d) 货物的多少(重量和体积)。可能的情况下,还应包括以下内容:

1) 采样目的;

2) 交付给认可实验室分析的实验室样品数量;

3) 采样过程中可能出现的任何偏差的详情;

4) 其他的相关事宜。

附 录 A
（资料性附录）
含有霉菌毒素、蓖麻油和毒种子等非均匀分布的有毒有害物质的饲料的采样

A.1 总份样量

A.1.1 总则

当需要分析非均匀分布的有毒有害物质时，应从一批次产品中抽取不同的总份样，并由此获得不同的实验室样品。每一批次产品应抽取的最小总份样见 A.1.2 和 A.1.3。

A.1.2 对于袋装或其他容器装的产品见表 A.1。

表 A.1

批次产品内袋(容器)的数量	最小总份样份数
1～16	1
17～200	2
201～800	3
>800	4

A.1.3 对于散装产品见表 A.2。

表 A.2

批次产品重量 m/t	最小总份样份数
<1	1
1～10	2
10～40	3
>40	4

A.2 应取的份样量

A.2.1 份样的设置见本标准的第 8 章，用该数除以 A.1.1 中规定的总份样数。

A.2.2 按 A.1.1 中规定的总份样数，将批次内产品分成若干等份。

A.2.3 从 A.2.2 划分的某份产品中，按 A.2.1 规定的份样数随即取样。

A.2.4 将每份内的份样样品混在一起形成总份样。注意不要将不同份内的份样混在一起。按本标准的第 8 章规定制备实验室样品。

参考文献

1 ISO 542:1990,Oilseeds—Sampling
2 ISO 707:1997,Milk and milk products—Guidance on sampling
3 ISO 3951:1989,Sampling procedures and charts for inspection by variables for percent non-conforming
4 ISO 5500:1986,Oilseeds residues—Sampling
5 ISO 5555:2001,Animal and vegetable fats and oils—Sampling
6 ISO 6644:2002,Flowing cereals and milled cereal products—Automatic sampling by mechanical means
7 ISO 7002:1986,Agricultural food products—Layout for standard method of sampling
8 ISO 10381-6:1993,Soil quality—Sampling—Part 6:Guidance on the collection,handling and storage of soil for the assessment of aerobic microbial processes in the laboratory
9 ISO 13690:1999,Cereals,pulses and milled products—Sampling of static batches

ICS 33.020
M 04

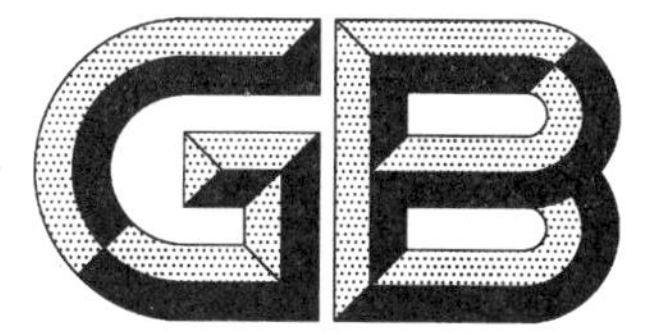

中华人民共和国国家标准

GB/T 14733.6—2005/IEC 60050-725:1994
代替 GB/T 14733.6—1993

电信术语 空间无线电通信

Terminology for telecommunication—Space radiocommunication

(IEC 60050-725:1994,International electrotechnical vocabulary
Part (725):Space radiocommunications,IDT)

2005-10-10 发布 2006-06-01 实施

中华人民共和国国家质量监督检验检疫总局
中国国家标准化管理委员会 发布

前　言

本部分为GB/T 14733的第6部分，修改采用IEC 60050-725:1994《国际电工词汇　第725章：空间无线电通信》。术语的条目编号与IEC 60050-725:1994保持一致。

本部分的部分术语与GB/T 2900.54—2002《电工术语　无线电通信：发射机、接收机、网络和运行》中的术语相关，后者是等同采用IEC 60050-713:1998。考虑到IEC标准的发表次序，并经过充分的技术研究，凡与GB/T 2900.54—2002中相同的术语，尽量采用一致的术语及定义，以保证术语标准的协调统一。为了表明与GB/T 2900.54—2002之间的关系，本部分分别在相关术语后面的括号中进行了说明。

本部分代替GB/T 14733.6—1993《电信术语　空间无线电通信》。

本部分与GB/T 14733.6—1993相比主要变化如下：

——术语涉及范围更加全面，包括卫星、航天器、轨道，空间无线电通信系统，天线和波束，传输四个部分；而GB/T 14733.6—1993只含有卫星和轨道，空间无线电通信系统两部分；

——本部分共定义术语184条，GB/T 14733.6—1993定义术语仅有54条。

本部分由全国电工术语标准化技术委员会提出。

本部分由全国电工术语标准化技术委员会归口。

本部分起草单位：信息产业部电信传输研究所、信息产业部邮电工业标准化研究所。

本部分主要起草人：郭良、蒋利群。

电信术语 空间无线电通信

1 范围

GB/T 14733 的本部分规定了有关空间无线电通信的术语和定义。

本部分适用于我国涉及空间无线电通信的所有科技领域。

2 规范性引用文件

下列文件中的条款通过 GB/T 14733 的本部分的引用而成为本部分的条款。凡是注日期的引用文件,其随后所有的修改单(不包括勘误的内容)或修订版均不适用于本部分,然而,鼓励根据本部分达成协议的各方研究是否可使用这些文件的最新版本。凡是不注日期的引用文件,其最新版本适用于本部分。

GB/T 2900.54—2002 电工术语 无线电通信:发射机、接收机、网络和运行

3 术语和定义

3.1 卫星、航天器、轨道

725-11-01

航天器 spacecraft

飞出地球大气层主要部分以外的人造飞行器。

725-11-02

深空 deep space

习惯上指距地球表面等于或大于 2×10^6 km 的宇宙空间。

725-11-03

空间探测器 space probe

用于在宇宙空间进行观察或测量的航天器。

725-11-04

深空探测器 deep space probe

进入深空探测的空间探测器。

725-11-05

卫星 satellite

围绕一个质量大得多的天体旋转且具有主要和永久地由该天体吸引力决定运动的物体。

注 1:围绕太阳旋转的天体叫做行星或小行星。

注 2:卫星可以是一个自然天体,也可以是航天器。

725-11-06

主天体(相对于卫星的) **primary body**(in relation to a satellite)

主要决定卫星运动轨迹的引力天体。

725-11-07

轨道 orbit

1) 仅受到主要是万有引力的自然界力作用的,宇宙中的一个卫星或其他天体的质量中心相对于特定参考系的运动轨迹。

2） 进一步引申，宇宙中受到自然界力和为实现和保持希望轨道受到推进器的临时性校正力的天体质量中心的运动轨迹。

725-11-08

无摄动轨道 unperturbed orbit

只受到主天体的引力，且引力集中作用卫星的质量中心的理想条件的卫星轨道。

注：在中心位于主天体的中心、各轴相对于星群具有固定方向的参考系中，无摄动轨道是椭圆形的。

725-11-09

[主]参考面（对于宇宙空间的天体） （**principal**）**reference plane**（for a body in space）

[基本]参考面（对于宇宙空间的天体） （**basic**）**reference plane**（for a body in space）

用于定义宇宙空间天体轨道要素的平面。

注：通常，主参考面是在主天体的黄道或赤道面内。对于一个人造地球卫星，主参考面是地球的赤道面。

725-11-10

轨道要素 orbital elements

相对于一个特定的参考系，可以确定宇宙空间中的天体的轨道位置、形状和大小的参数。

注1：为了随时确定宇宙中天体的位置。除了必须要知道天体的轨道要素之外，还要知道给定时刻天体轨道内的质量中心的位置。

注2：所采用的参考系通常是一个OXYZ的直角坐标系，在这个坐标系中，原点位于主天体的质量中心，OZ轴垂直于主参考面。

注3：对于人造地球卫星，主参考面是地球的赤道面，而第三轴OZ具有一个南到北的取向。

725-11-11

轨道面（卫星的） **orbital plane**（of a satellite）

对应于确定轨道要素所特定的参考系，含有卫星速度矢量和主天体质量中心的面。

注：在无扰动轨道情况下，在参考系中的轨道面是固定的。该参考系的中心是主天体的质量中心，参考系的各轴，相对于星群也有固定的方向。

725-11-12

正向轨道（卫星的） **direct orbit**（of a satellite）

卫星质量中心在主参考面上的投影，围绕主天体轴沿着主天体转动方向同向旋转时的卫星轨道。

725-11-13

反向轨道（卫星的） **retrograde orbit**（of a satellite）

卫星质量中心在主参考面上的投影，围绕主天体轴沿着主天体转动方向反向旋转时的卫星轨道。

725-11-14

圆轨道（卫星的） **circular orbit**（of a satellite）

卫星质量中心和主天体的质量中心之间的距离为常数的卫星轨道。

725-11-15

椭圆轨道（卫星的） **elliptical orbit**（of a satellite）

卫星质量中心和主天体质量中心之间的距离不为常数的无扰动卫星轨道。

注：在中心是主天体的质量中心、相对于星群其轴具有固定的方向的参考系里，轨道是椭圆的。

725-11-16

赤道轨道（卫星的） **equatorial orbit**（of a satellite）

卫星轨道面与主天体的赤道面重合时的卫星轨道。

725-11-17

极轨道（卫星的） **polar orbit**（of a satellite）

卫星轨道面含有主天体极轴的卫星轨道。

725-11-18

倾斜轨道(卫星的) **inclined orbit**(of a satellite)

既不是赤道轨道,也不是极轨道的卫星轨道。

725-11-19

停泊轨道 **parking orbit**

航天器在转移到工作轨道之前暂时停泊的轨道,通常停泊轨道靠近主天体。

725-11-20

转移轨道 **transfer orbit**

航天器从最初轨道或发射弹道转换到其他轨道上,暂时停泊的轨道。

注:转移轨道通常是在两个圆轨道之间的椭圆型轨道。

725-11-21

倾斜角(卫星轨道的) **inclination**(of a satellite orbit)

卫星运行轨道面与主参考面之间的夹角。

注:按照惯例,正向运行轨道的倾(角)为锐角,反向运行轨道的倾(角)为钝角。

725-11-22

升交点(卫星的) **ascending node**(of a satellite)

卫星轨道与主参考面相交点,当轨道穿过这一点,卫星第三坐标值逐渐增大。

725-11-23

降交点(卫星的) **descending node**(of a satellite)

卫星轨道与主参考面的交点,当轨道穿过这一点,卫星的第三坐标值逐渐减小。

725-11-24

交线(卫星的) **line of nodes** (of a satellite)

卫星轨道面与主参考面的交线。

725-11-25

升交点经度(地球卫星的) **longitude of the ascending node** (of an earth satellite)

地球中心到春分点的连线与地球中心到地球卫星的升交点的连线之间的夹角(向东测量)。

注:春分点是地球赤道面内的太阳的升交点。在英语中,称作白羊座的第一点。

725-11-26

岁差(卫星轨道的) **precession** (of the orbit of a satellite)

在主天体和星群定义的参考系内测出的卫星轨道的特征点,例如升交点经度的变化。

注1:卫星轨道的岁差是由于卫星轨道运动的摄动(如由主天体质量的非均匀性)造成的。

注2:不应把卫星轨道的岁差与转动天体的进动混为一谈。

725-11-27

远质心点 **apoapsis**

卫星或行星轨道上距主天体质量中心最远的点。

725-11-28

近质心点 **periapsis**

卫星或行星轨道上距主天体质量中心最近的点。

725-11-29

拱点线 **line of the apsides**

卫星轨道远质心点和近质心点的连接线。

725-11-30

近(质心)点幅角 **argument of periapsis**

升交点与卫星轨道的近质心点方向之间在主天体质量中心的张角。

725-11-31

远地点　apogee

地球卫星轨道上距离地球中心最远的点。

注：远地点是地球卫星的远质心点。

725-11-32

近地点　perigee

地球卫星轨道上距离地球中心最近的点。

注：近地点是地球卫星的近质心点。

725-11-33

远地点高度　altitude of the apogee

用于表示地球表面的特定参考表面上方的远地点的高度。

725-11-34

近地点高度　altitude of the perigee

用于表示地球表面的特定参考表面上方的近地点的高度。

725-11-35

公转周期(卫星的)　**period of revolution**(of a satellite)

轨道周期(卫星的)　**orbital period**(of a satellite)

在卫星连续两次通过它轨道上某特征点之间经过的时间。

注：在没有进一步说明的情况下，可以认为公转周期是近点周期。可参看术语交点周期和公转的恒星周期。

725-11-36

近点周期　anomalistic period

在卫星连续两次通过它的近质心点之间经过的时间。

725-11-37

交点周期　nodal period

在卫星连续两次通过它轨道升交点之间经过的时间。

725-11-38

公转的恒星周期(卫星的)　**sidereal period of revolution**(of a satellite)

一颗卫星在某个通过主天体质量中心的参考面上的投影，与在该平面内的一条从主天体质量中心延伸到无穷远的直线连续两次相交所经历的时间。该参考面的法线和该直线的方向相对于星群都是固定不变的。

725-11-39

推进器(航天器的)　**thruster**(of a spacecraft)

通过物质的喷射产生小推进力的器件，用于调整航天器的姿态、转动状态或轨道(包括轨道位置)。

725-11-40

滚动轴(航天器的)　**roll axis**(of a spacecraft)

按航天器习惯定义的一组称为滚动、俯仰和偏航的三个正交坐标轴中的第一个轴。这一组轴用作为定位航天器要素、说明航天器的转动、确定航天器相对于外坐标系姿态的参考。

注：对于地球静止卫星，滚动轴通常近似定为与轨道相切。

725-11-41

滚动(航天器的)　**roll** (of a spacecraft)

航天器围绕滚动轴的转动。

725-11-42

滚动[角](航天器的)　**roll(angle)**(of a spacecraft)

航天器绕滚动轴的角位移，是航天器相对于外部坐标系与某一最初取向有关的量度。

725-11-43

滚动速度(航天器的) **roll rate**(of a spacecraft)

相对于外部坐标系围绕滚动轴转动的角速度。

725-11-44

俯仰轴(航天器的) **pitch axis**(of a spacecraft)

按航天器习惯定义的一组称为滚动、俯仰和偏航的三个正交坐标轴的第二个轴。这一组轴用作为定位航天器要素、说明航天器的转动、确定航天器相对于外界坐标系姿态的参考。

注：对于地球静止卫星，俯仰轴通常近似定为与地球的极轴平行。

725-11-45

俯仰(航天器的) **pitch**(of a spacecraft)

航天器围绕俯仰轴的转动。

725-11-46

俯仰(角度)(航天器的) **pitch(angle)**(of a spacecraft)

航天器绕俯仰轴的角位移，是航天器相对于外部坐标系与某一最初取向有关的量度。

725-11-47

俯仰速度(航天器的) **pitch rate**(of a spacecraft)

相对于外部坐标系围绕俯仰轴转动的角速度。

725-11-48

偏航轴(航天器的) **yaw axis**(of a spacecraft)

按航天器习惯定义的一组称为滚动、俯仰和偏航的三个正交坐标轴的第三个轴。这一组轴用作为定位航天器位置要素、说明航天器的转动、确定航天器相对于外界坐标系姿态的参考。

注：对于地球静止卫星，偏航轴通常近似于指向地球中心的方向。

725-11-49

偏航(航天器的) **yaw**(of a spacecraft)

航天器围绕偏航轴的转动。

725-11-50

偏航[角度](航天器的) **yaw (angle)**(of a spacecraft)

航天器绕偏航轴的角位移，是航天器相对于外部坐标系与某一最初取向有关的量度。

725-11-51

偏航速度(航天器的) **yaw rate**(of a spacecraft)

相对于外部坐标系围绕偏航轴转动的角速度。

725-11-52

姿态传感器(航天器的) **attitude sensor**(of a spacecraft)

航天器上的器件。提供有关航天器相对于外部的参考(如太阳、其他星体或地球)姿态的信息。

725-11-53

进动 (转动天体的) **precession**(of a rotating body)

由于外力的作用，相对于星群的围绕固定方向转动天体的转动轴的锥形运动。

注：不应把转动天体的进动误认为是卫星轨道的岁差。

725-11-54

章动 **nutation**

重叠在转动天体进动上的小的周期性运动，使转动天体在进动锥上震荡。

注：章动周期通常比进动周期短。

725-11-55

章动阻尼器 nutation damper

一个转动的航天器的舱体上的器件，它能减少由于扰动转矩产生的运动的幅度。

注：不管术语中使用的词，章动阻尼器可以减少岁差和章动。

725-11-56

姿态稳定卫星 altitude stabilized satellite

至少有一个轴保持在一个特定的方向上，即朝向地球的中心、太阳或者空间中某一个特定点的卫星。

725-11-57

自旋稳定卫星 spin-stabilized satellite

是一种姿态稳定卫星。由于卫星体或者卫星的主要部分围绕着它的一个轴转动而保持着它的这个轴在特定方向上。

725-11-58

三轴稳定卫星 three-axis-stabilized satellite

是一种姿态稳定卫星。通过一组器件合测量、控制、稳定所有三个正交轴的姿态，使三个轴保持在三个特定的方向上。

725-11-59

自转的恒星周期 sidereal period of rotation

在相对于一个星群固定的主参考系内，宇宙中某一天体围绕着自己的质量中心自转的周期。

725-11-60

位置保持卫星 station-keeping satellite

卫星的质量中心的位置受如下某一特定规律控制：使其相对于同属一个宇宙系统的其他卫星的位置，或者相对于地球上固定或按特定方式移动的点。

725-11-61

同步卫星(1) synchronized satellite

一颗因受控而具有与另一颗卫星或行星相同的近点周期或交点周期，或具有与某个给定现象相同的周期，并在特定的瞬间通过其轨道上的某一特征点的卫星。

725-11-62

同步卫星(2) synchronous satellite

卫星平均公转的恒星周期等于或者近似等于主天体自转的恒星周期的卫星。

725-11-63

亚同步卫星 sub-synchronous satellite

围绕主天体平均公转的恒星周期是主天体自转的恒星周期约数的卫星。

725-11-64

超同步卫星 super-synchronous satellite

围绕主天体平均公转的恒星周期是主天体的自转的恒星周期倍数的卫星。

725-11-65

地球同步卫星 geosynchronous satellite

地球的同步卫星。

注：地球自转的恒星周期大约是 23 小时 56 分。

725-11-66

静止卫星 stationary satellite

对主天体的坐标系统保持固定或者精确地说近似固定的，相对于在主天体表面上的观察者是固定的卫星。

注：一个静止卫星是一个在赤道面内具有圆型正向运动轨道的同步卫星。

725-11-67

地球静止卫星　geostationary satellite

把地球视为主天体的静止卫星。

注：地球静止卫星的轨道平面的倾斜，从地球看过去，它造成的卫星视在运动是南北运动。卫星公转周期的不精确性和轨道的椭圆度，从地球看过去，它造成的卫星视在运动是东西运动。

725-11-68

地球静止卫星轨道　geostationary satellite orbit

地球静止轨道　geostationary orbit

GSO(缩写词)　**GSO** (abbreviation)

所有地球静止卫星的唯一轨道，其高度近似等于 35 800 km。

725-11-69

太阳同步卫星　sun-synchronous satellite

轨道内升交点的经度沿正方向每年旋转 360°的卫星。

725-11-70

太阳会合　solar conjunction

从地球站看过去，太阳和人造地球卫星成一条直线。

725-11-71

月亮会合　lunar conjunction

从地球站看过去，月亮和人造地球卫星成一条直线。

725-11-72

地心角　geocentric angle

连接两个给定点和地球中心的虚直线之间形成的角。

725-11-73

侧心角　topocentric angle

连接宇宙中两个给定点和地球表面的特定点的虚直线之间形成的角。

725-11-74

外心角　exocentric angle

连接宇宙中的一个特定点和两个给定点的虚直线之间形成的角。

3.2　空间无线电通信系统

注：对每一个具有不同特定功能的台站定义了术语，这些术语涉及用于陆地无线电通信系统中使用的设备。为了与移动台进行无线电通信，移动台以及用于非移动的台站的术语如表 1 所示。表 1 中给出的每个术语的相关定义在本条或在 GB/T 2900.54—2002 中给出。

表 1　与移动有关的无线电通信

移动的类型	用于空间无线电通信的无线电台的术语		用于陆上无线电通信的无线电台的术语	
	移　动	非　移　动	移　动	非　移　动
所有类型	移动地球站	陆地地球站	移动站	陆地站
船	船载地球站	海岸地球站	船站	海岸站
航空器	航空器地球站	航空地球站	航空器站	航空站
陆地上	陆地移动地球站	基地地球站	陆地移动站	基站

725-12-01

[无线电]台　(radio)station

为开展无线电通信业务或为射电天文学目的，在一给定地点设置的一个或多个无线电发射机或接收机，或发射机和接收机的组合，并包括相关设备。

注1：每个无线电台都应指明其永久或暂时的运行业务。

注2：给定地点可以是固定的或移动的，可以在陆地、海上、空中或宇宙空间。

[GB/T 2900.54—2002,713-02-01]

725-12-02

空间站（无线电通信领域） **space station**（in radiocommunication）

位于地球大气层的主要部分以外的物体上的无线电台。

注：在日常和航天学中，空间站是一个在轨道上或天体上能执行长期性任务的大型设施。

[GB/T 2900.54—2002,713-02-06]

725-12-03

地球站 **earth station**

位于地球表面或地球大气层的主要部分内的无线电台，并用于与一个或多个空间站的通信；或用于通过一个或多个反射卫星或其他空间物体与一个或多个同类站的通信。

[GB/T 2900.54—2002,713-02-05]

725-12-04

地面站 **terrestrial station**

实现地面无线电通信的无线电台。

725-12-05

陆地地球站 **land earth station**

向服务于移动地球站的卫星提供馈送链路的地球站。

725-12-06

移动地球站 **mobile earth station**

安装在船、航空器、陆地车辆上的或手持的在运动中使用的地球站，或在一个不确定地点使用的可搬运地球站。

725-12-07

陆地站 **land station**

在非运动中使用的移动业务中的无线电台。

725-12-08

移动[地面]站 **mobile（terrestrial）station**

在运动中使用或在不确定的地点暂停时使用的移动业务中的无线电台。

725-12-09

海岸地球站 **coast earth station**

为船载地球站服务的陆地地球站。

725-12-10

船载地球站 **ship earth station**

在船上的移动地球站。

725-12-11

航空地球站 **aeronautical earth station**

为航空器地球站服务的陆地地球站。

725-12-12

航空器地球站 **aircraft earth station**

位于航空器上的移动地球站。

725-12-13

基地地球站　base earth station

为陆地移动地球站服务的陆地地球站。

725-12-14

陆地移动地球站　land mobile earth station

位于陆地车辆上的、手持的、可搬运的和在不确定地方使用的移动地球站。

725-12-15

空间无线电通信　space radiocommunication

任何涉及使用一个或多个空间站，或使用一个或多个反射卫星或使用位于地球大气层的主要部分外的其他空间物体的无线电通信。

[GB/T 2900.54—2002,713-01-05]

725-12-16

地面无线电通信　terrestrial radiocommunication

除了空间无线电通信或射电天文以外的任何无线电通信。

[GB/T 2900.54—2002,713-01-06]

725-12-17

卫星固定业务　fixed-satellite service

经过一个或多个卫星链接给定位置的地球站的无线电通信应用。

注：给定位置也许是特定的固定点或特定区域范围内的任何固定点。

725-12-18

有源卫星　active satellite

至少装载一个发射空间站的卫星。

725-12-19

反射卫星　reflecting satellite

用于反射电磁波的卫星。

725-12-20

空间系统　space system

提供用于特定用途的空间无线电通信的地球站、空间站和特殊情况下的反射卫星的组合。

725-12-21

卫星系统　satellite system

使用一颗或多颗人造卫星的空间系统。

注：如果主天体不是地球，应指出。

725-12-22

卫星网络　satellite network

一颗卫星和相关的所有地球站的组合。

725-12-23

上行链路　uplink

发射地球站与接收空间站之间的无线电链路。

725-12-24

下行链路　downlink

发射空间站和接收地球站之间的无线电链路。

725-12-25

卫星间链路　inter-satellite link

中间没有经过地球站的发射空间站和接收空间站之间的无线电链路。

[修改 GB/T 2900.54—2002,713-02-23]

725-12-26

卫星连接 connection by satellite

在发射台站和接收台站之间通过一个或多个卫星的无线电链路,在某些情况下,也可通过一个或多个地球站。

注:卫星连接的终端站可以是两个地球站、两个空间站或一个地球站和一个空间站。

[GB/T 2900.54—2002,713-02-21]

725-12-27

卫星链路 satellite link

在发射台和接收台之间经过一个卫星的卫星连接。

注:当卫星链路建立在两个地球站之间时,包括一个上行链路和一个下行链路。

[GB/T 2900.54—2002,713-02-22]

725-12-28

多卫星链路 multi-satellite link

在一个发射台与接收台之间通过两个或多个卫星而无中间地球站转接的卫星连接。

注:在地球站之间的多卫星链路包括一个上行链路,一个或多个卫星间链路和一个下行链路。

[GB/T 2900.54—2002,713-02-24]

725-12-29

多跳卫星链路 multi-hop satellite link

连接地球站的两个或多个卫星链路所组成的卫星连接。

[GB/T 2900.54—2002,713-02-25]

725-12-30

前向链路(1)(指向空间站) **forward link**(to a space station)

从发射地球站到空间站(例如遥感卫星)的卫星连接;从发射地球站经过一个空间站(例如数据中继卫星)到另一个空间站的卫星连接。

725-12-31

返回链路(1)(来自空间站) **return link**(from a space station)

从发射空间站到接收地球站(例如遥感卫星)的卫星连接;从发射空间站经过一个空间站(例如数据中继卫星)到接收地球站的卫星连接。

725-12-32

前向链路(2)(卫星移动通信中) **forward link**(in mobile satellite communication)

从一个陆地发射地球站经卫星到一个移动接收地球站的卫星连接。

725-12-33

返回链路(2)(卫星移动通信中) **return link** (in mobile satellite communication)

从一个移动发射地球站经卫星到一个陆地接收地球站的卫星连接。

725-12-34

馈送链路 feeder link

从给定位置的地球站到空间站的无线电链路,或其反向链路,用于除卫星固定业务以外的空间无线电通信业务的信息传递。

注1:卫星固定业务是指在给定位置的地球站之间的无线电通信业务。"馈送链路"是一个规范术语,用于那些虽然并不构成一部分卫星固定业务,但仍可在划分给卫星固定业务的频带内分配一些频率的无线电链路。

注2:给定位置可以是特定的固定点,也可以是特定区域的任意固定点。

注3:馈送链路的示例:

广播卫星的上行链路;

到空间站的前向链路部分或从空间站的返回链路部分,此空间站处于地球站和数据中继卫星之间;

在海事移动卫星业务中在海岸地球站和卫星之间的一个上行链路和一个下行链路。

[修改 GB/T 2900.54—2002,713-02-26]

725-12-35

可见弧(卫星网络的) **visible arc** (of a satellite network)

在地球静止卫星轨道上的弧段,在卫星网内与该弧段上的一个空间站相关连的所有地球站都可以在本地无线电视界以上看到这个空间站。

725-12-36

业务弧(空间站的) **service arc**(of a space station)

在地球静止卫星轨道上的弧段,特定空间站位于弧内的任何部分可以向卫星网内所有与之相关连的地球站提供所要求的服务质量。

725-12-37

标称轨道位置 **nominal orbital position**

地球静止卫星轨道某一位置的经度。它是和给定静止卫星上的空间站的频率配置有关。

725-12-38

同位置卫星 **co-located satellite**

占用相同标称轨道位置的地球静止卫星。

注:各同位置卫星使用重叠频率配置,但是,它的发射可借助天线辐射特性加以区别,例如波束指向和极化。

725-12-39

协调距离 **co-ordination distance**

在给定方向上离开无线电台的某一距离。超过这个距离,在做规划时对共用同一频率的其他无线电台的干扰或来自同一频率的相同无线电台的干扰可以忽略不计。

注:实际上,协调距离是针对地球站、陆地站,而不是针对空间站。

725-12-40

协调区轮廓线 **co-ordination contour**

无线电台在所有方向上协调距离端点的轨迹。

725-12-41

协调区 **co-ordinate area**

在协调区轮廓线范围内包含的区域。

725-12-42

卫星广播 **satellite broadcasting**

卫星直播 **direct broadcasting by satellite**

DBS(缩写词) **DBS**(abbreviation)

从空间站发射的、供普通公众直接接收的无线电通信服务。

注1:普通公众的接收,包括个体接收和集体接收。

注2:相关术语:卫星电视。

725-12-43

个体接收(卫星广播) **individual receiver**(in satellite broadcasting)

借助家用装置直接接收卫星广播发射,通常使用小型天线。

725-12-44

集体接收 **community reception**

利用在同一地点的设施或在一有限区域内使用的电缆分配系统,供一群普通公众对陆地或卫星广播的发射进行接收。

注:不要把卫星广播的集体接收与卫星直接分配混为一谈。

725-12-45

卫星直接分配　direct distribution by satellite

利用卫星固定业务的卫星链路中继，通过位于同一位置的地球站，把源于一个或多个点的节目信号送到陆地广播发射站或电缆分配系统的前端。

725-12-46

卫星间接分配　indirect distribution by satellite

利用卫星固定业务的卫星链路，把源于一个或多个点的节目信号中继到各地球站，以便进一步分配给陆地广播站或电缆分配系统的前端。

725-12-47

卫星新闻采集　satellite news gathering

SNG(缩写词)　**SNG** (abbreviation)

新闻报导点和交换中心或演播中心之间是经过可搬运地球站的卫星链路的新闻报道。

725-12-48

无线电测定　radiodetermination

利用无线电波，完全或部分地测定目标物的位置、速度和/或其他特性。

[GB/T 2900.54—2002,713-04-01]

725-12-49

卫星无线电测定　satellite radiodetermination

使用卫星系统进行无线电测定。

725-12-50

无线电导航　radionavigation

用于导航的无线电测定，包括障碍物预警。

[修改 GB/T 2900.54—2002,713-04-02]

725-12-51

卫星无线电导航　satellite radionavgation

用于无线电导航的卫星无线电测定。

725-12-52

[空间]跟踪　(space) tracking

通常利用无线电测定来确定空间物体的轨道、位置或速度以跟随该物体运动所执行的行动。

725-12-53

数据中继卫星　data-relay satellite

主要的目的是把来自一个或者多个卫星或空间探测器的数据传送给一个或多个地球站的卫星。

注1：数据中继卫星还可以提供其他方向的通信。此外，还可以用于航天器操作控制的中继。

注2：通常，数据中继卫星是静止卫星。

725-12-54

数据收集卫星　data-collection satellite

主要的目的收集来自地球上或地球大气层中电台的数据，然后把这些数据传送给一个或多个地球站的卫星。

注：数据收集卫星还可以提供其他方向的通信。

725-12-55

遥感卫星　remote sensing satellite

通过使用有源或无源传感器接收电磁波进行远距离观测的卫星。

725-12-56

有源传感器　active sensor

通过发射电磁波和接收它们被反射的或朝向仪器再辐射回来的波而获得信息的器件。

725-12-57

无源传感器　passive sensor

通过接收自然界电磁波获得信息的器件。

3.3 天线和波束

注：本条包括许多天线和天线波束特别是与空间无线电通信有关的术语，通常可以参考 IEV 中 712 章中有关天线的术语。

725-13-01

覆盖区(空间站的)　**coverage area**(of a space station)

与空间站相关联的地球表面某一区域。在此区域内，在特定的技术条件下，通过一个或多个地球站之间的发射、接收或同时收发，可建立特定性质的无线电通信。

注1：几个覆盖区可能与同一空间站相关，如一个有若干天线波束的卫星。

注2：无干扰的情况下，覆盖区由预先确定的功率通量密度的等值线确定。

注3：此处定义的"覆盖区"的概念仅简单适用在静止地球卫星上的空间站。

[修改 GB/T 2900.54—2002,713-02-19]

725-13-02

服务区(空间站的)　**service area**(of a space station)

与给定的无线电通信业务的发射台相关联的区域，根据法规约定在该区域中接收或运行的无线电通信链路可受到保护而不受干扰。

注：有时用"服务区"代替术语"覆盖区"或"捕获区"，以表示在此区域中，无线电通信业务达到给定的业务质量。这种用法不予采纳。

[修改 GB/T 2900.54—2002,713-02-18]

725-13-03

溢出区　spill-over area

空间站服务区以外的那部分覆盖区。

725-13-04

波束脚印(卫星天线的)　**footprint of a beam**(of a satellite antenna)

波束范围(卫星天线的)　**beam area**(of a satellite antenna)

地球表面的范围。在这个范围内，天线增益至少等于规定值，通常相对于最大增益的－3 dB。

725-13-05

波束轴(天线的)　**beam axis** (of a antenna)

天线波束范围内的方向，在此方向上规定的场强分量幅度最大，或可以认为围绕此方向波束是对称的。

注：对于多波束天线，每一个波束的轴可以按同样方法确定。

725-13-06

电轴(天线的)　**electrical boresight**

由辐射特性决定的天线轴，例如：锥形扫描的或单脉冲天线系统的零点方向，或强方向性天线的波束轴。

725-13-07

视轴(在卫星广播中)　**boresight** (in satellite broadcasting)

广播卫星发射天线的波束轴和地球表面的交点，由其地理坐标表示。

725-13-08

多波束天线　multi-beam antenna

多图形天线　multi-pattern antenna

同时具有几个不同的辐射图，每一个图对应一个不同的端口，有多个独立端口的天线。

725-13-09

全球波束　global coverage beam

卫星脚印包括从卫星上可看到的地球全部表面的卫星天线波束。

725-13-10

点波束(卫星天线的)　**spot beam**(of a satellite antenna)

卫星脚印比从卫星上可看到的地球全部表面小得多的卫星天线波束。

725-13-11

赋形波束天线　shaped-beam antenna

设计成具有规定辐射图的天线，它的幅度图与具有均匀幅度相位孔径照射的天线所得到的辐射图有很大的不同。

725-13-12

再配置波束天线　reconfigurable beam antenna

按设计很容易通过遥控指令改变它的一些特性，例如辐射图的赋形波束天线。

725-13-13

轮廓波束天线　contoured beam antenna

以下述方法设计的赋形波束天线。当天线波束相交于给定的表面，在表面上的等功率通量密度线形成特定轮廓。

注：在空间无线电通信中，轮廓波束天线通常被称为“赋形波束天线”。

725-13-14

可调卫星波束　steerable satellite beam

方向可以改变的卫星天线波束。

725-13-15

有效照射区域(可调卫星波束)　**effective boresight area** (of a steerable satellite beam)

可调卫星波束的波束轴打算指向的地球表面上的面积。

注：一个可调卫星波束打算指向的范围也许有一个以上的不连续的有效照射面积。

725-13-16

有效天线增益等值线(可调卫星波束)　**effective antenna gain contour** (of a steerable satellite beam)

当波束轴指向有效照射面积的任何地方，地球表面上包围可调卫星波束脚印的所有点的等值线。

725-13-17

跳波束　hopping beam

它的方向可以迅速指向离散目的地的可调卫星波束。

725-13-18

扫描波束(在卫星通信中)　**scanning beam**(in satellite communication)

它的方向可以迅速沿希望路径进行扫描的可调卫星波束。

725-13-19

品质因数(天线接收系统的)　**figure of merit** (of an antenna-receiving system)

G/T

比值，通常以对数单位表示。在特定安装、操作条件和特定频率上，相对于天线末端的天线的绝对

增益 G 与天线-接收机噪声温度 T 的比值。

3.4 传输

725-14-01

[无线电]发送—应答机 (radio)transponder

与无线电接收机组合在一起的,依据一个专用触发信号,自动发射信号的无线电发射机。

注:发射信号是可以部分预测的,并且通常与访问信号不同。

725-14-02

[无线电]中继器 (radio)repeater

转发器(卫星通信中) **transponder**(in satellite communication)

无线电台的一部分;是一种将接收信号经放大和任何特定处理后重新发射的设备,通常是进行频率变换的处理。

注:在英语中,当无线电台是空间站时,只使用术语"转发器(transponder)"。

[GB/T 2900.54,713-08-05]

725-14-03

[透明]中继器 (transport) repeater

[透明]转发器 (transport) transponder

除放大所接收信号并在必要时进行频率变换外,重发前不做其他特别处理的无线电中继器。

[GB/T 2900.54,713-08-09]

725-14-04

再生[无线电]中继器 regeneration(radio)repeater

再生转发器 regeneration transponder

用于再生接收信号且重发该信号前通常要进行频率变换的数字信号无线电中继器。

[GB/T 2900.54,713-08-10]

725-14-05

回退(非线性放大器) **back off** (of a non-linear amplifier)

非线性放大器工作在比最大输出功率的输入信号电平低的输入信号电平状态(相对于饱和),以减小伴生于输出信号的谐波和互调产物的分量。

725-14-06

输入回退 input back off

规定工作条件下的回退程度,是按给出饱和时最大输出功率的单载波的最小输入功率与规定工作条件下总输入功率之比计算的。

注:输入回退通常是以正分贝值表示。

725-14-07

输出回退 output back off

规定工作条件下的回退程度,是按在饱和点处时单载波输出功率与规定工作条件下输出信号的总功率之比计算的。

注:输出回退通常是以正分贝值表示。

725-14-08

每载波单信道 single channel per carrier

SCPC(缩写词) **SCPC**(abbreviation)

每一个载波是受一个来自单传输信道信号调制的一种频分多址连接方法。

注:传输信道通常是一个电话信道或有可比信息容量的数字信道。

725-14-09

复用 multiplexing

为了把来自几个独立源的信号组合成一个复合信号,以便经过一个公用的传输信道传输的可逆过程,这个过程等效于把公用信道分成几个不同的信道,以便在同一方向传送各个独立的信号。

725-14-10

多址连接 multiple access

许多终端能够以预定方式或按照业务需求共用某链路传输容量的任一技术。

注:这些技术包括频分多址连接,时分多址连接,码分多址连接。

725-14-11

频分多址 frequency division multiple access

FDMA(缩写词) **FDMA**(abbreviation)

一种多址连接技术。连接链路的各种终端都分配到独立的传输频道。

725-14-12

时分多址 time division multiple access

TDMA(缩写词) **TDMA**(abbreviation)

一种多址连接技术。连接链路的各种终端都分配到独立的重复出现的用于传输信息的时间间隔。

725-14-13

卫星切换时分多址 satellite switch-time division multiple access

SS-TDMA(缩写词) **SS-TDMA**(abbreviation)

一种时分多址连接方式。它使用多波束星上高速开关,选择从各个上行链路接收的突发,以便以适当的方式重新选择路由和重新发射给各个下行链路。

725-14-14

码分多址 code division multiple access

CDMA(缩写词) **CDMA**(abbreviation)

一种多址连接技术。连接链路的各个终端分配用于传输正交信号。例如:没有或交叉相关很小的比特序列,即使在它们共用同一频段和同一时间间隔时也可以区分。

725-14-15

突发(在 TDMA 中) **burst**(in TDMA)

在由 TDMA 规程分配给终端的时间间隔内,以一种预定结构的块格式,终端发射的信号。

725-14-16

时隙 Time slot

TS(缩写词) **TS**(abbreviation)

可以被识别和特别定义的任何周期性的时间间隔。

725-14-17

帧(1)(在数字传输中) **frame**(in digital transmission)

连续的重复的一组时隙,构成信号、过程完整的周期。在该周期中每个时隙的相对位置是能够识别的。

725-14-18

帧(2)(在 TDMA 中) **frame**(in TDMA)

在 TDMA 中,为了终端传输信息突发,构成一个的完整循环的重复的时间周期。执行一次控制功能但不必是全部控制功能。

725-14-19

复帧 multiframe

一组重复连续的帧。其中每一帧的相对位置是可以识别的出来的。

725-14-20

超帧　superframe

所有系统控制功能至少执行一次的 TDMA 中一个整数帧的时间周期。

725-14-21

定时恢复　(timing recovery)

基于数字时隙的周期性，从接收数字信号中提取一循环定时信号。

725-14-22

控制突发(在 TDMA 中)　**control burst**(in TDMA)

在 TDMA 中，用于发送控制和规定系统运行的信息的突发。

725-14-23

帧参考突发(在 TDMA 中)　**frame reference burst**(in TDMA)

由 TDMA 系统参考站发射的控制突发。尽管它可以含有其他控制信号和通信管理信息，但它主要地是用于帧定时参考。

725-14-24

前置语(在 TDMA 中)　**preamble**(in TDMA)

在 TDMA 中突发开始的一部分，在这部分里，发送信号能使接收设备获取载波频率、载波相位锁定和比特同步、比特和突发同步、识别发射地球站和突发的用途。

725-14-25

解调同步序列(在 TDMA 中)　**demodulation synchronization sequence**(in TDMA)

在 TDMA 前置语中发送的数字信号固定图形，能使接收设备获取载波频率、载波相位锁定和比特同步。

725-14-26

独特字(在 TDMA 中)　**unique word**(in TDMA)

突发编码字(在 TDMA 中)　**burst codeword**(in TDMA)

在 TDMA 中，为了独特的相关能力选择和发送的以便接收设备可以获取突发同步的数字信号序列。

725-14-27

信息突发(在 TDMA 中)　**traffic burst**(in TDMA)

在 TDMA 中，主要用于发送通信信息的突发。

725-14-28

保护时间(在 TDMA 中)　**guard time**

为了在出现小的定时误差时，一个和另一个突发之间不产生干扰，在 TDMA 帧内不发送有用信息的那段期间。

725-14-29

能量扩散技术　energy dispersal technical

借助作为频率函数的功率再分布，减少无线电发射的功率谱密度峰值的任何方法。

注：通常是在调制信号中加入周期性波形实现能量扩散。

725-14-30

扩谱调制　spread spectrum modulation

调制的一种形式。发送信号的平均功率谱密度在比发送信息严格需要的带宽宽得多的频带上以随机或准随机方式扩展。

注 1：扩谱调制允许多路接入一个通信通道，并提高了抗射频窄带噪声和干扰的能力。

注 2：本标准将 IEC 原文注 1 中的“抗射频噪声”改为“抗射频窄带噪声”。

725-14-31

直接序列扩谱调制　direct sequence spread spectrum modulation

扩谱调制的一种形式。每一个数字信息信号单元用伪随机数字序列方式发送，而该伪随机数字序列数字速率远远高于信息信号比特速率。

注：调制载波的信号常通过在信息信号中加伪随机数字信号而获得。

725-14-32

跳频扩谱调制　frequency hopping spread spectrum modulation

一种载波频率在短时间间隔内自动变化的扩谱调制形式，它以伪随机方式从一组频率中选择载波频率，这组频率所占据的频带带宽远远大于发送信息所需的带宽。

注：频率变化的速率可以高于也可以低于信息信号的比特速率。

725-14-33

混合扩谱调制　hybrid spread spectrum modulation

直接序列扩谱调制和跳频扩谱调制技术的组合调制方式。

725-14-34

码片　chip

在数字无线电通信中，代表一个符号的信号的时间片，按照特定的规则，该时间片的传输特性与同一信号其他时间片有明显的不同。

注：在直接序列扩谱调制中，码片对应于伪随机序列的一个数字。在快速跳频扩谱调制中，码片对应于信号保持在一个载波上的时间。

中 文 索 引

英 文 索 引

A

B

C

S

ICS 13.040.50
Z 64

中华人民共和国国家标准

GB 14763—2005
代替 GB 14761.3—93 和 GB 14763—93 中相应部分

装用点燃式发动机重型汽车燃油蒸发污染物排放限值及测量方法（收集法）

Limits and measurement methods for fuel evaporative pollutants from heavy-duty vehicles equipped with P. I. engines
(Trap method)

2005-04-15 发布　　2005-07-01 实施

国家环境保护总局
国家质量监督检验检疫总局　发布

前　言

为贯彻《中华人民共和国环境保护法》和《中华人民共和国大气污染防治法》，防治装用点燃式发动机重型汽车燃油蒸发污染物排放对环境的污染，改善环境空气质量，制定本标准。

本标准规定了装用点燃式发动机、最大总质量超过 3 500 kg 的 M 类和 N 类车辆燃油蒸发污染物排放型式核准申请、型式核准试验及排放限值、生产一致性检查方法及排放限值。

本标准是在 GB 14761.3—93《汽油车燃油蒸发污染物排放标准》和 GB 14763—93《汽油车燃油蒸发污染物的测量　收集法》基础上，参考 GB 18352.2—2001 的部分技术内容进行的修订。

本标准与 GB 14761.3—93 和 GB 14763—93 的主要差异是：

1. 对适用范围进行了调整，轻型汽车燃油蒸发污染物排放要求已纳入到 GB 18352.2—2001 中，因此删除了原标准对轻型汽车的要求；

2. 增加了型式核准申请、型式核准扩展和生产一致性检查的内容；

3. 增加了炭罐的老化处理要求，并对炭罐的预试验提出了更严格的要求；

4. 对试验过程进行了更严格的控制；

5. 取消了对运行损失的测量。

自本标准发布之日起，下列标准中相应部分废止：

1. GB 14761.3—93　汽油车燃油蒸发污染物排放标准。

2. GB 14763—93　汽油车燃油蒸发污染物的测量　收集法。

本标准的附录 A、附录 B、附录 C、附录 D 为标准的附录。

本标准 1993 年 12 月第一次发布，本次修订为第一次修订。

按有关法律规定，本标准具有强制执行的效力。

本标准由国家环境保护总局科技标准司提出。

本标准主要起草单位：北京汽车研究所。

本标准由国家环境保护总局 2005 年 4 月 5 日批准。

本标准自 2005 年 7 月 1 日起实施。

本标准由国家环境保护总局解释。

装用点燃式发动机重型汽车
燃油蒸发污染物排放限值及测量方法(收集法)

1 范围

本标准规定了装用点燃式发动机重型汽车燃油蒸发污染物排放的型式核准申请、型式核准试验及排放限值、型式核准的扩展，以及生产一致性检查方法及排放限值。

本标准适用于装用点燃式发动机重型汽车。

本标准不适用于单一气体燃料车辆。

本标准不适用于已按GB 18352.2—2001《轻型汽车污染物排放限值及测量方法(Ⅱ)》规定的蒸发污染物排放试验方法进行燃油蒸发污染物排放型式核准的车辆。

2 引用标准

下列文件中的条款通过本标准的引用而成为本标准的条款。凡是不注日期的引用文件，其最新版本适用于本标准。

GB/T 15089 机动车辆分类

GB 17930 车用无铅汽油

GB/T 18297 汽车发动机性能试验方法

3 术语和定义

下列术语和定义适用于本标准。

3.1 重型汽车

指最大总质量大于3 500 kg的M类和N类车辆。M类和N类车辆的定义见GB/T 15089。

3.2 整备质量

指车辆空载，燃油箱注满燃油，润滑油和冷却水加到额定数量，带有随车工具和备用轮胎的质量。

3.3 基准质量

指整备质量加上100 kg的质量。

3.4 最大总质量

车辆制造厂提出的技术上允许的最大质量。

3.5 蒸发污染物

指从车辆的燃料(汽油)系统蒸发损失的碳氢化合物，它不同于排气排放物中的碳氢化合物。包括燃油箱呼吸损失和热浸损失。

燃油箱呼吸损失(昼间换气损失)：由于燃油箱内燃油温度变化排放的碳氢化合物(用$C_1H_{2.33}$当量表示)。

热浸损失：在车辆行驶一段时间以后，静置汽车的燃料系统排放的碳氢化合物(用$C_1H_{2.20}$当量表示)。

3.6 燃油蒸发污染物控制装置

指车辆上由翻转止流装置、真空压力释放装置、液汽分离装置、蒸汽储存装置、脱附控制阀等构成，用于控制或者限制燃油蒸发污染物排放的装置。

3.7 燃料系统

指由燃油箱、燃油管、燃油滤清器、燃油泵、化油器或汽油喷射部件组成的系统和燃油蒸发污染物控制装置，包括这两个系统中所有的通大气开口。

3.8 气体燃料

指液化石油气(LPG)或天然气(NG)。

3.9 两用燃料车辆

指既能燃用汽油又能燃用一种气体燃料，但两种燃料不能同时燃用的车辆。

3.10 单一气体燃料车辆

指只能燃用某一种气体燃料(LPG或NG)的车辆，或能燃用某种气体燃料(LPG或NG)和汽油，但汽油仅用于紧急情况或发动机启动，且汽油箱容积不超过15 L的车辆。

4 型式核准

4.1 型式核准的申请

4.1.1 汽车制造企业生产、销售汽车必须获得国家的污染物排放控制性能型式核准。一种车型的燃油蒸发污染物排放控制性能型式核准申请必须由汽车制造企业提出。

4.1.2 按本标准的附录A提交型式核准有关技术资料，以及车辆燃油蒸发污染物排放检测报告和相关主要总成的性能等指标，并提交有关燃油蒸发污染物排放生产一致性的保证材料。进行型式核准扩展时，需提供相关的其他型式核准复印件及测试数据，以支持型式核准扩展。

4.1.3 必须向负责型式核准试验的检测机构提交一辆能代表待型式核准车型的车辆(或对应的发动机及附件、燃料系统和燃油蒸发污染物控制装置)，按本标准第5章所规定的方法进行试验。

4.2 型式核准的批准

如果满足了第5章规定的各方面的技术要求，该车型将得到型式核准机关的批准。

5 技术要求和试验

5.1 对于影响车辆燃油蒸发污染物排放性能的部件，在设计、制造和组装上，必须保证在车辆正常使用条件下，都能达到本标准的要求。

5.2 车辆制造厂必须采取技术措施，保证车辆在正常使用条件下和正常寿命期内能有效地控制燃料系统蒸发污染物排放在本标准规定的限值内。系统所使用的软管及其接头，以及各个接线的可靠性，在制造上必须符合其设计要求。当车辆燃油蒸发污染物排放符合第5.4条(排放限值)要求及第7.2条(生产一致性检查)要求时，则认为车辆满足本条要求。

5.3 车辆必须具备防止由于加油盖丢失造成的蒸发污染物排放和燃油溢出的措施。如采用下列措施之一：

——采用不可卸下的自动开启和关闭的加油盖；

——加油盖丢失时，具有指示装置警告车辆蒸发物排放超标；

——其他有同样功能的装置，如：用绳索或链条栓住加油盖、加油盖与点火开关用同一把钥匙开启且只有加油盖锁上时钥匙才能拔下等。

5.4 排放限值

按照本标准附录B所述的方法进行试验，蒸发排放量小于4.0 g/测量循环。

5.5 对于两用燃料车辆，仅对燃用汽油进行试验。

6 型式核准扩展

6.1 对安装燃油蒸发污染物控制装置的某一已型式核准的车型，可以扩展到符合下列条件的车型：

6.1.1 燃料/空气计量的基本原理必须相同。

6.1.2 燃油箱的形状、燃油箱和液体燃料软管的材料必须相同。在型式核准试验时必须试验同系列中截面和长度方面蒸发排放最恶劣的软管。能否使用不同的液/气分离器，由负责型式核准的技术检测部门决定。燃油箱的容积差应在±10%以内。燃油箱呼吸阀的设定必须相同。

6.1.3 贮存燃料蒸气的方法必须相同,如活性炭罐的型式和容积,贮存介质、空气滤清器(如果用于蒸发排放控制)等。

6.1.4 化油器浮子室的燃油容积差必须在 10 mL 以内。

6.1.5 脱附贮存燃料蒸气的方法(如空气流量,启动点或运转循环中的脱附容积)必须相同。

6.1.6 燃油计量系统的密封和通风方式必须相同。

6.2 允许在以下方面有区别

6.2.1 发动机尺寸;

6.2.2 发动机排量;

6.2.3 发动机功率;

6.2.4 自动或手动变速器,两轮或四轮驱动;

6.2.5 车身形状;

6.2.6 车轮和轮胎尺寸。

7 生产一致性

7.1 必须按照型式核准时提交的生产一致性保证材料中的规定,来保证车辆燃油蒸发污染物排放的生产一致性。生产一致性的检查应根据附录 A 的描述和附录 B 的规定进行。

7.2 型式核准机关可以在任何时间对生产企业进行燃油蒸发污染物排放生产一致性的检查。

7.2.1 检验样品应从同一产品系列(包括基本车型和扩展车型)中抽取,检验样品数为 3 个。

7.2.2 根据企业生产一致性保证要求中规定的控制程序,选择采用第 5 章或第 B.6.2 条至第 B.6.4 条的规定对抽取的样品进行试验。

7.2.3 如果按照第 B.6.2 条至第 B.6.4 条进行检查的结果不能满足要求,制造厂可以要求应用第 5 章的型式核准程序。

7.2.3.1 不允许制造厂对检验样品进行任何调整、修理或更改,除非这些试验样品不能满足第 5 章的要求,或者这些工作已列在制造厂的车辆装配和检验的程序文件中。

7.2.3.2 如果由于第 7.2.3.1 条的操作,蒸发污染物排放特性可能产生了变化,生产厂可以要求对该车辆(或发动机)重新进行某单项试验。

7.2.3.3 按第 5 章要求试验时,如果第一个样品检验不满足第 5.4 条要求,则必须对三个样品均进行检验,以三次测量结果的平均值进行评价,结果应满足第 5.4 条要求。

7.3 如果某一车型不能满足第 7.2 条要求,车辆制造厂应尽快采取所有必需的措施来重新建立生产一致性,否则应撤消该车型蒸发污染物排放的型式核准。

8 标准的实施

自 2005 年 7 月 1 日起,第 1 章规定的汽车进行蒸发污染物排放型式核准的都必须符合本标准要求。在 2005 年 7 月 1 日之前,可以按照本标准的相应要求进行型式核准。

对于按本标准批准型式核准的汽车,其生产一致性的检查,自批准之日起执行。

从 2006 年 1 月 1 日起,所有制造和销售的第 1 章规定的汽车,其蒸发污染物排放必须符合本标准要求。

附　录　A
（标准的附录）
型式核准申报材料

型式核准申请时，必须提供包括内容目次的以下材料，以电子文档提供。

任何示意图，应以适当的比例充分说明细节；其幅面尺寸为A4，或折叠至该尺寸。如有照片，应显示其细节。

A.1　概述

A.1.1　厂牌（制造厂的商品名称）________________

A.1.2　型号及商业说明________________

A.1.3　如果在汽车上有标识，指出识别方法__________标识的位置__________

A.1.4　车辆类型________________

A.1.5　制造厂的名称和地址________________

A.2　发动机

A.2.1　制造厂________________

A.2.1.1　发动机型号、规格（如发动机上标注的，或其他识别方式）________________

A.2.1.2　最大净功率：________________ kW ________________ r/min下

A.2.2　燃料：无铅汽油，RON：________________

A.2.3　燃料供给

A.2.3.1　化油器式：是/不是[1)]

A.2.3.1.1　厂牌：________________

A.2.3.1.2　型号：________________

A.2.3.1.3　浮子室油面：________________

A.2.3.1.4　浮子室容积：________________

A.2.3.2　燃料喷射式：是/不是[1)]

A.2.3.2.1　工作原理：进气支管（单点/多点[1)]）/直喷式/其他（详细说明）[1)]

A.2.3.2.2　厂牌：________________

A.2.3.2.3　型号：________________

A.3　燃油蒸发污染物控制装置

A.3.1　厂牌：________________

A.3.2　型号：________________

A.3.3　燃油蒸发污染物控制装置工作原理说明：________________

A.3.3.1　炭罐的有效容积：________________

A.3.3.2　活性炭型号：

A.3.3.3　活性炭干炭的质量：________________

A.3.3.4　脱附阀控制方式：________________

A.3.3.5　脱附阀工作始点和终点：________________

1）划去不适用者。

A.3.3.6 脱附空气流量：____________________

A.3.3.7 运转循环中脱附容积：____________________

A.3.3.8 蒸气管型号/规格：____________________

A.3.3.9 蒸气管说明：____________________

A.3.3.10 其他说明：____________________

A.4 燃油箱

A.4.1 厂牌：____________________

A.4.2 型号：____________________

A.4.3 燃油箱的材料：____________________

A.4.4 燃油箱的容积：____________________

A.4.5 燃油箱的附加装置说明(压力保护装置、油气分离装置、翻车止流装置等)：__________

附 录 B
（标准的附录）
燃油蒸发污染物排放试验规程

B.1 试验描述

B.1.1 蒸发污染物排放试验（见图B.1）由下列四部分组成：

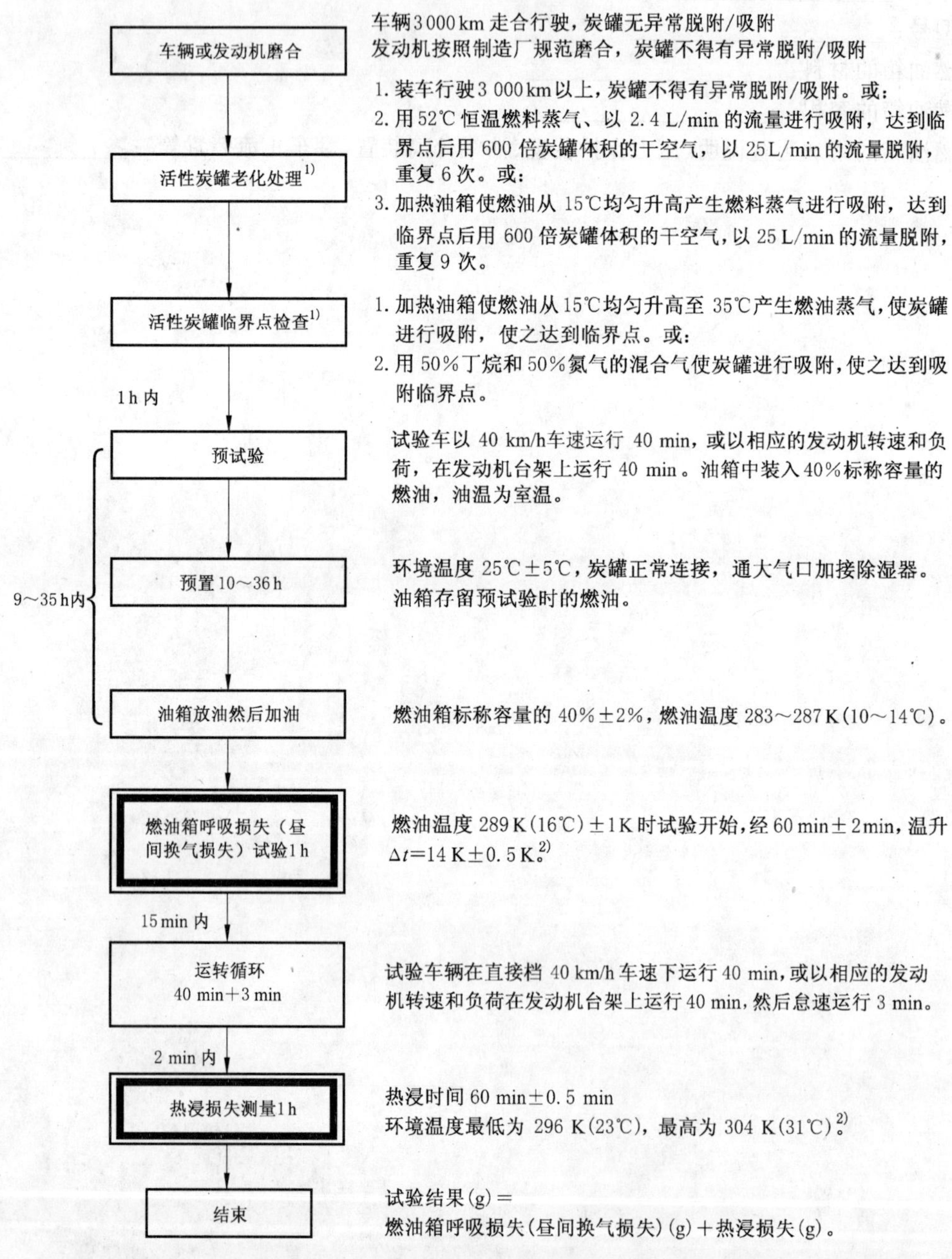

图B.1 燃油蒸发污染物排放试验程序

a) 试验准备;

b) 燃油箱呼吸损失(昼间换气损失)测定;

c) 在底盘测功机上以 40 km/h 车速匀速行驶,或在发动机台架上模拟车辆 40 km/h 车速运行;

d) 热浸损失测定。

B.1.2 试验结果:燃油箱呼吸损失和热浸损失阶段测定的碳氢化合物的排放质量相加后的质量,单位为 g/测量循环。

B.2 试验车辆(或试验发动机)和燃料

B.2.1 试验车辆(或试验发动机)

B.2.1.1 采用底盘测功机试验时,车辆技术状况应良好,试验前至少进行了 3 000 km 的走合行驶。装在车辆上的蒸发污染物控制装置在走合期间应工作正常,炭罐经过正常使用,未经异常吸附和脱附。

B.2.1.2 采用发动机台架试验时,试验发动机技术状况应良好,安装在发动机台架上应配备装车时的所有附件(冷却风扇、发电机、空滤器、排气消声器等),试验前应按照制造厂要求磨合完毕。车辆上使用的蒸发污染物控制装置应工作正常,炭罐经过正常使用,未经异常吸附和脱附。试验时,发动机的供油系统(燃油箱、燃油管路、燃油泵等)、排气系统(后处理器、消声器、排气管的尺寸和长度)、冷却系统、蒸发污染物控制装置等应与车辆上使用的完全一致,包括燃油箱与发动机的相对位置。

B.2.2 燃料

试验使用的燃料应符合 GB 17930 的规定。

B.3 试验设备

B.3.1 测功系统

B.3.1.1 发动机测功系统

任何可测定发动机稳定工况、精度符合 GB/T 18297 规定的测功机。

B.3.1.2 底盘测功机

B.3.1.2.1 测功机必须能模拟道路载荷。

B.3.1.2.2 测功机的设定应不受时间推移的影响,且不应使车辆产生任何妨碍车辆正常运行的振动。

B.3.1.2.3 测功机必须装有模拟惯量和模拟载荷的装置,若为双转鼓测功机,则这些模拟装置是与前转鼓连接。

B.3.1.2.4 准确度

B.3.1.2.4.1 测量和读出的指示载荷,其准确度应能达到±5%。

B.3.1.2.4.2 测功机在 40 km/h 时载荷设定的准确度必须达到±5%。

B.3.1.2.4.3 车速应通过转鼓(对于双转鼓测功机,用前转鼓)的转速来测量。车速大于 10 km/h 时,其测量准确度应为±1 km/h。

B.3.1.2.5 载荷的设定:应在 40 km/h 等速下调整载荷模拟器,使其吸收作用在驱动轮上的功率。

B.3.2 试验车辆(试验发动机)的冷却

用发动机在测功机上运行时,应使用正常的台架冷却水系统和与相应试验车辆上发动机冷却风扇一致的风扇冷却发动机,使发动机工作在正常温度范围,不得再用其他辅助风扇冷却发动机。

用车辆在底盘测功机上运行时,可以使用变速风机也可以使用定速风机冷却车辆。使用定速风机时,车辆前端 300 mm 处的风速应为 35～45 km/h。

B.3.3 燃油箱加热与控制装置

B.3.3.1 燃油箱中的燃油应采用可控热源加热,如可采用 2 000 W 容量的电加热垫板,加热系统应均匀加热燃油液面以下的燃油箱壁,不得出现燃油局部过热现象。不得加热燃油箱内燃油上部的燃油蒸气。

B.3.3.2 燃油箱加热装置应能够经 60 min 把燃油箱内燃油从 289 K(16℃)均匀加热升温 14 K,温度传感器位置如 B.4.1.2.2.2 所述。加热系统应能使燃油在加热过程中温度控制在要求的温度的±1.5 K以内。

B.3.4 温度测量与记录

B.3.4.1 燃油箱内燃油温度测量与记录应采用准确度在±1.0 K,分辨率在 0.5 K 以内的仪器。

B.3.4.2 环境温度测量与记录应采用准确度在±1.0 K,分辨率在 1.0 K 以内的仪器。

B.3.5 加油和放油装置

加油装置应是一组双管路密闭装置(见图 B.2),加油速度应保证燃油加至燃油箱测量容积时,燃油箱中油温不高于 287 K(14℃)。放油可采用重力或泵吸方式,但必须能够把油放空。加油或放油时,接管和容器必须预先对燃油箱接地,以保证安全。

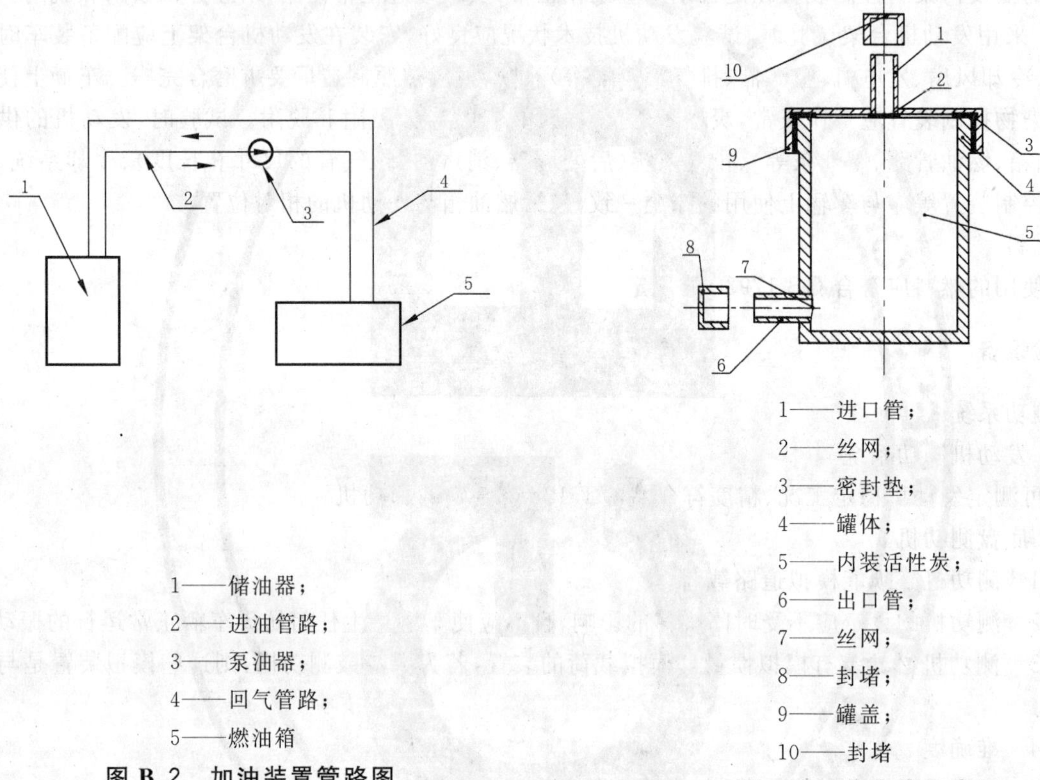

1——储油器;
2——进油管路;
3——泵油器;
4——回气管路;
5——燃油箱

图 B.2 加油装置管路图

1——进口管;
2——丝网;
3——密封垫;
4——罐体;
5——内装活性炭;
6——出口管;
7——丝网;
8——封堵;
9——罐盖;
10——封堵

图 B.3 收集器示意图

B.3.6 燃油冷却装置

该装置应有足够容积装入至少进行二次测量循环(每次测量循环需燃油量为燃油箱的 40%额定容积)所需的全部燃油,对设定温度点,准确度应为±0.5 K。

B.3.7 燃油蒸发污染物收集装置

B.3.7.1 收集器

B.3.7.1.1 收集器结构

收集器结构如图 B.3 所示。

B.3.7.1.2 收集器要素

a. 罐体容积为 300 mL±25 mL;

b. 罐体有效长径比为 1.4±0.1;

c. 进出口管长 25 mm,内径 ϕ8 mm,外径 ϕ12 mm,出口管中心线距底面高度为 15 mm;

d. 进出口管内端贴附 12 目以上的金属丝网,以防活性炭漏出;

e. 罐盖、进出口管、罐体和封堵材质为铝或聚四氟乙烯,金属丝网材质不限;

f. 密封性：容器经受 14 kPa 的气压，浸入水中 30 s，应无漏气现象。

B.3.7.2 活性炭：活性炭应满足以下技术要求，方能使用。

B.3.7.2.1 最小表面积：1 000 m^2/g。

B.3.7.2.2 最小吸附能力：(以四氯化碳为标准)60%重量比。

B.3.7.2.3 挥发成分及所吸收的水蒸气：无。

B.3.7.2.4 过筛尺寸分析：

1.7～2.4 mm 最少 90%；

1.4～3.0 mm 100%。

B.3.7.3 除湿管：除湿管长 200 mm±50 mm，内径 ϕ25 mm～ϕ35 mm，两端通气口内径不小于 ϕ8 mm，除湿管内装满干燥剂，并用 12 目以上的丝网将两端堵住，以防干燥剂漏出。

B.3.7.4 干燥剂：变色硅胶，颗粒规格 ϕ2 mm～ϕ5 mm。

B.3.7.5 接管和接头：材质为不锈钢、铝或聚四氟乙烯。其长度应尽量短，内径为 ϕ8 mm。

B.3.7.6 均压管：从除湿管的出口通向汽油蒸气源的出口处。

B.3.8 称重天平

用以称量收集器的质量。准确度±10 mg。

B.3.9 收集器烘干装置

该装置应有足够容积装入一个测量循环所需的全部收集器，烘干温度应不低于 423 K(150℃)。

B.3.10 干燥器

干燥器应有足够容积装入一个测量循环所需的全部收集器和除湿管。

B.3.11 附加设备

B.3.11.1 试验场地的压力测量应使用准确度在±0.1 kPa 以内的大气压力计。

B.3.11.2 试验场地的温度测量应使用准确度在±0.5 K 以内的温度计。

B.4 试验程序

B.4.1 测量条件和测量准备

B.4.1.1 测量条件

在测量准备阶段和燃油蒸发污染物测量过程中，试验室环境温度应保持在 298 K±5 K(25℃±5℃)，环境压力应保持在 97 kPa±7 kPa。

B.4.1.2 测量准备

B.4.1.2.1 燃油冷却

测量前，燃油在燃油冷却装置中冷却到 283～287 K(10～14℃)。

B.4.1.2.2 燃料系统准备

B.4.1.2.2.1 用发动机台架测试时，按整车情况安装与试验车型相符的燃料系统。

B.4.1.2.2.2 在试验的燃油箱内安装温度传感器，温度传感器的安装位置应能测量装到燃油箱 40%标称容量的燃油几何中心点的温度；

B.4.1.2.2.3 安装联接装置和附加装置，用以排净燃油箱中的燃油。

B.4.1.2.2.4 燃料系统压力试验

燃料系统需进行压力试验检查密封性。燃料系统在正常工作状态下(即燃油箱带有正常工作时具有的装置，如油箱盖、油面传感器、出油管、蒸气出口，燃料系统上带有燃油泵、燃油滤清器、燃油管和蒸气管路、燃油蒸发污染物控制装置等)，按图 B.4 所示方法向燃料系统通入 4.0 kPa±0.1 kPa 的压缩空气，30 min 内，压力下降应不大于 0.4 kPa。

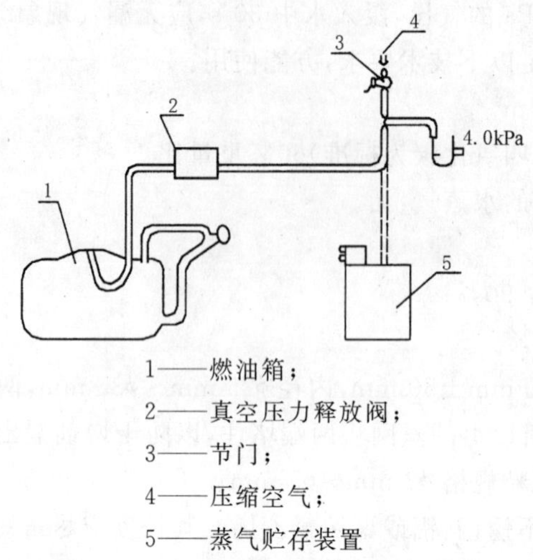

1——燃油箱；

2——真空压力释放阀；

3——节门；

4——压缩空气；

5——蒸气贮存装置

图 B.4 燃料系统压力试验示意图

B.4.1.2.3 收集器的准备和连接

B.4.1.2.3.1 收集器的准备

收集器内装满活性炭，在 423 K(150℃)的烘干箱中烘干 3 h 以上，然后盖上封堵，拧紧，密封，装入干燥瓶中，待其冷却到室温后备用。各收集器进出口管封堵在测量过程中不得任意互换。

B.4.1.2.3.2 收集器的连接

测量前，必须检查燃料系统，判明燃油蒸气通向大气的全部出口位置，测量时，将收集器接在燃油蒸气所有可能的通大气口处(如炭罐的通大气口、空气滤清器进气口)。

收集器的安装位置应比蒸气出口略低，连接管路不得有急剧弯曲，管路应尽量短。

在收集空气滤清器排出的燃油蒸气时，收集接口必须位于空气滤清器进气口的最低点。

B.4.1.2.3.3 除湿器的准备

除湿器内装满除湿剂，在 373 K(100℃)的烘干箱中烘干(观察除湿剂颜色)，然后盖上封堵，拧紧，密封，装入干燥瓶中，待其冷却到室温后备用。

B.4.1.2.4 测功机的设定

试验车辆按如下条件在平坦路面上正常行驶，测量发动机的转速及负荷，作为测功机的设定值。发动机测功机根据试验车型设定转速及负荷，底盘测功机根据试验车型设定负荷。

B.4.1.2.4.1 车辆质量为基准质量。

B.4.1.2.4.2 挡位用直接挡。

B.4.1.2.4.3 车速为 40 km/h±2 km/h。

B.4.1.3 炭罐的准备

B.4.1.3.1 试验用炭罐必须经过老化处理。老化处理方法可以是通过装在车辆上行驶 3 000 km 以上，装车行驶老化处理时必须能证明炭罐没有受到异常吸附/脱附；也可以采用附录 C 描述的方法进行老化处理。当采用附录 C 描述的方法进行老化处理时，对于多炭罐系统，每个炭罐均应单独进行老化处理。

B.4.1.3.2 老化处理后的试验用炭罐，必须用 B.4.1.3.3 或 B.4.1.3.4 规定的方法之一检查吸附临界点。在检查吸附临界点试验后的 1h 内，进行 B.4.1.4 规定的预试验。

吸附临界点定义为碳氢化合物累计排放量等于 2 g 的时刻。试验炭罐的吸附临界点可通过在试验炭罐的通大气口连接一个收集器来确定，该收集器在吸附前必须用干空气充分脱附，或采用保存在干燥器内未经吸附的收集器。

B.4.1.3.3 用加热燃料的蒸气使炭罐达到吸附临界点。

B.4.1.3.3.1 炭罐按照在车辆上的实际使用状况连接到燃料系统上，用油箱放油阀放净试验用燃油箱。放油时应打开燃油箱盖，使炭罐不至于受到异常脱附或异常吸附。

B.4.1.3.3.2 将温度为283～287 K(10～14℃)的试验燃料加入燃油箱，加入油量为燃油箱标称容量的40%±2%，盖上燃油箱盖。

B.4.1.3.3.3 将油箱温度传感器接至温度记录系统。将符合B.3.3中规定的加热源置于油箱的适当位置，并与温度控制器相连。如果试验车辆装有多个燃油箱，应该用下述同一种方法加热所有燃油箱，各燃油箱的温度差应在±1.5 K以内。

B.4.1.3.3.4 可以人工加热燃油，使其达到昼间换气的起始温度289 K(16℃)±1 K。

B.4.1.3.3.5 当燃油箱内燃油温度达到289 K(16℃)时，开始进行以线性加热升温的过程。加热过程中燃油温度应符合下列公式，误差在±1.5 K以内。记录加热经历时间和温升值。

$$T_r = T_o + 0.2333 \times t$$

式中：

T_r——要求温度，单位为开尔文(K)；

T_o——起始温度，单位为开尔文(K)；

t——从加热燃油箱开始所经历的时间，单位为分(min)。

B.4.1.3.3.6 一旦出现吸附临界点或者燃油温度达到308 K(35℃)，无论那种情况首先出现，则关掉热源，打开燃油箱盖。

B.4.1.3.3.7 如果燃油温度达到308 K(35℃)时还没有出现吸附临界点，则从油箱下边移开热源，重复B.4.1.3.3.1～B.4.1.3.3.6列出的所有程序，直至出现吸附临界点。

B.4.1.3.4 用丁烷使炭罐达到吸附临界点。

B.4.1.3.4.1 卸下炭罐。注意不得损坏零部件和燃油系统的完整性。

B.4.1.3.4.2 采用50%容积丁烷和50%容积氮气的混合气，以40 g/h丁烷的流量使炭罐吸附。

B.4.1.3.4.3 一旦炭罐达到吸附临界点，马上关闭蒸气源。

B.4.1.3.4.4 然后重新连接炭罐到发动机台架或车辆上，与发动机一起恢复至正常运转状态。

B.4.1.4 预试验

按照B.4.1.3.3或B.4.1.3.4完成炭罐吸附的1 h内，试验车辆或发动机按B.4.1.2.4设定的工况，运转40 min。此时油箱中应加入40%±2%标称容量的燃油，燃油温度为试验室环境温度。

B.4.1.5 完成B.4.1.4预试验后到正式试验开始，试验车辆或发动机应至少停放10 h，最多36 h，在此时期中，炭罐应连接在台架或车辆上并处于正常工作状态，通大气口需加装除湿器，油箱中应存留预试验后剩余的燃油。在此时期结束时，发动机机油和冷却液的温度必须达到试验室内温度的±2 K以内。

B.4.2 燃油箱呼吸损失(昼间换气损失)蒸发排放试验

B.4.2.1 在预处理运转循环后的9 h至35 h内，开始B.4.2.2规定的操作。

B.4.2.2 所有试验燃油箱打开油箱盖，放净燃油，然后加入温度为283～287 K(10～14℃)的试验燃油，加入油量为燃油箱标称容量的40%±2%，此时燃油箱盖切勿盖上。

B.4.2.3 如果有多个燃油箱时，则所有燃油箱都应按下述同一种方法加热，各燃油箱的温度应该一致，其误差在±1.5 K以内。

B.4.2.4 将发动机处于熄火状态，连接好燃油箱温度传感器和加热装置。立即开始记录燃油温度。

B.4.2.5 燃油可以人工加热至289.0 K(16.0℃)±1.0 K的起始温度。同时称量需要使用的收集器质量。

B.4.2.6 燃油温度一旦达到287.0 K(14.0℃)时，立即盖上燃油箱盖，并堵上发动机排气管口。

B.4.2.7 燃油温度一旦达到289.0 K(16.0℃)±1.0 K时：

a) 在所有通大气口(如炭罐通大气口、空气滤清器入口等)上连接好已称重并记录下质量的收集器；

b) 开始进行历时 60 min±2 min、温升 14.0 K±0.5 K 的线性加热过程。在加热过程中燃油温度应符合下列公式，其误差应在±1.5 K 以内：

$$T_r = T_o + 0.2333 \times t$$

式中：

T_r——要求温度，单位为开尔文(K)；

T_o——初始温度，单位为开尔文(K)；

t——从加热燃油箱开始所经历的时间，单位为分(min)。

B.4.2.8 当历时 60 min±2 min 燃油温度升高 14.0 K±0.5 K 时，拆下所有收集器并用封堵封死其进出口管，收集器称重后放入干燥器中。记录终了温度 T_f 及时间或试验所经历的时间。

B.4.2.9 切断加热电源。

B.4.2.10 试验车辆或发动机为下一步的运转循环试验做准备。从燃油箱呼吸损失(昼间换气损失)试验结束到运转循环试验发动机起动，时间不超过 15min。

B.4.3 运转循环试验

B.4.3.1 打开发动机排气管口，启动发动机。

B.4.3.2 在发动机测功机或底盘测功机上，按 B.4.1.2.4 设定的工况运转 40 min，然后怠速运行 3 min 后，关闭发动机。试验车辆或发动机为下一步的热浸损失测量做准备。

B.4.4 热浸损失测量

B.4.4.1 关闭发动机后，立即堵上发动机排气管口，在所有通大气口(如炭罐通大气口、空气滤清器入口等)上连接好已称重并记录下质量的新收集器。

B.4.4.2 在发动机熄火后的 2 min 内，开始 60 min±0.5 min 的热浸期。在 60 min 的热浸期间内，试验室的环境温度应不低于 296 K(23℃)，且不高于 304 K(31℃)。

B.4.4.3 完成 B.4.4.2 条后，取下收集器，用封堵封死其进出口管，收集器称量质量后放入干燥器中。并停止测量燃油温度。

B.4.5 至此，完成了蒸发排放的试验程序。

B.5 计算

在 B.4 描述的各项蒸发排放试验中，车辆的碳氢化合物排放量为燃油箱呼吸损失(昼间换气损失)测量和热浸损失测量试验结果的代数和。

B.6 控制装置的性能检查

B.6.1 生产厂在生产线终端可通过进行下列确认检查，检查蒸发污染物控制系统的生产一致性。

B.6.2 泄漏试验

B.6.2.1 堵上蒸发污染物控制装置通向大气的通气孔。

B.6.2.2 对燃油供给系统施加 4.0 kPa±0.1 kPa 的压力。

B.6.2.3 在燃油供给系统压力稳定后，将压力源断开。

B.6.2.4 燃油供给系统压力源断开后，5 min 内压力降低不大于 0.5 kPa。

B.6.3 通气试验

B.6.3.1 堵上蒸发污染物控制装置通向大气的通气孔。

B.6.3.2 对燃油供给系统施加 4.0 kPa±0.1 kPa 的压力。

B.6.3.3 在燃油供给系统压力稳定后，将压力源断开。

B.6.3.4 将蒸发污染物控制装置通向大气的通气孔恢复到产品正常状态。

B.6.3.5 燃油供给系统的压力应在 0.5～2 min 内降到 1.0 kPa 以下。

B.6.3.6 在制造厂的要求下，可以采用等效替代方法来证明其通气能力。在型式核准期间，制造厂应向检测机构证明其特定的试验程序。

B.6.4 脱附试验

B.6.4.1 将可测量空气流量为1.0 L/min的装置安装在脱附口处，并将容积足够大，对脱附系统不会产生不良影响的压力容器通过开关阀接在脱附口处，或使用替代方法。

B.6.4.2 经技术检测部门同意后，制造厂可以自行选择使用流量计。

B.6.4.3 操作车辆，使得脱附系统中可能限制脱附作用的所有设计特点都被检查出来，并将情况记录下来。

B.6.4.4 当发动机按B.6.4.3说明的方式运转时，可用下述方法之一测出空气流量：

B.6.4.4.1 接通B.6.4.1中测量装置的开关，观察大气压与在1 min内流进蒸发污染物控制装置1.0 L空气时的压力水平间的压力降；或者

B.6.4.4.2 如果使用替代流量测量装置，应可以读到不少于1.0 L/min的流量读数。

B.6.4.4.3 如果在型式核准期间，制造厂向检测机构提交了一个替代脱附试验程序并被接受，在制造厂的要求下，可以采用该替代方法。

附 录 C
(标准的附录)
活性炭罐老化试验规程

C.1 前言

本附录描述了两种活性炭罐老化试验的程序。可以选用其中任意一种进行炭罐的老化处理。

C.2 用恒温汽油蒸气进行老化处理

C.2.1 卸下炭罐。注意不得损坏零部件和燃油系统的完整性。

C.2.2 称量活性炭罐质量。

C.2.3 如图 C.1 所示,将活性炭罐连接到一个汽油蒸气发生器上,以 2.4 L/min 的充气速率,向活性炭罐充入 52℃±2℃的汽油蒸气,直至收集器增重 2 g。

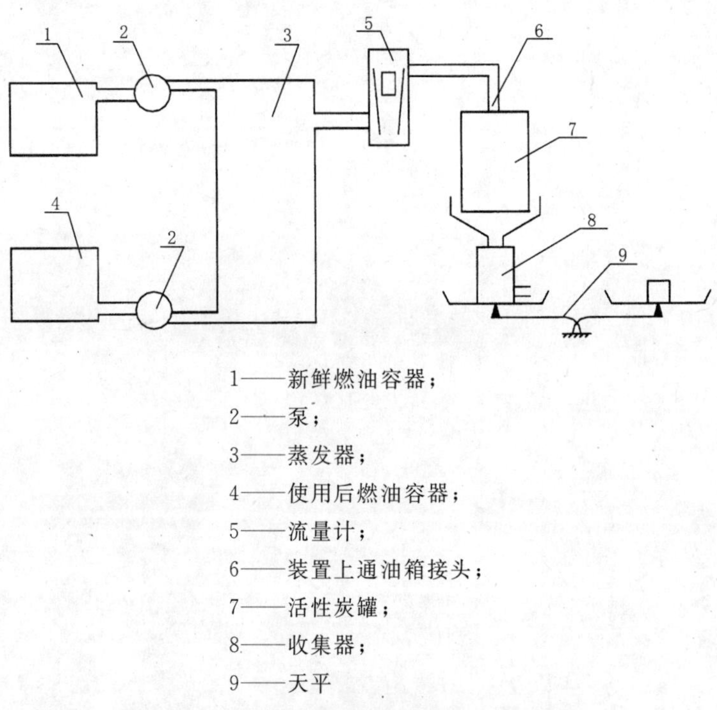

1——新鲜燃油容器;
2——泵;
3——蒸发器;
4——使用后燃油容器;
5——流量计;
6——装置上通油箱接头;
7——活性炭罐;
8——收集器;
9——天平

图 C.1 活性炭罐老化处理装置示意图

C.2.4 称量活性炭罐质量。

C.2.5 以温度为 24℃±3℃的干空气对活性炭罐进行脱附。脱附流量为 25 L/min±2 L/min,脱附气体量为 600 倍活性炭罐中活性炭体积。

C.2.6 称量活性炭罐质量。

C.2.7 重复 C.2.2 到 C.2.6 的步骤 6 次。

C.2.8 比较各循环中步骤 C.2.6 测得的活性炭罐质量,当该值稳定在一定范围内时,如±2 g,可适当减少循环次数,但最少不得少于 3 次。

C.2.9 重新连接活性炭罐到发动机台架或车辆上,与发动机一起恢复至正常连接状态。

C.3 用加热汽油箱产生蒸气进行老化处理

C.3.1 卸下活性炭罐。注意不得损坏零部件和燃油系统的完整性。

C.3.2 称量活性炭罐的质量。

C.3.3 将活性炭罐连接到一个与试验车辆使用的油箱完全一致的燃油箱上。

C.3.4 油箱中加入燃油温度在 283～287 K(10～14℃)之间的燃料，加入量为其标称容积的 40%。

C.3.5 将油箱从 288 K(15℃)加热至 318 K(45℃)(每 9 min 升高 1℃)。

C.3.6 如果温度升高至 318 K(45℃)之前，活性炭罐达到了吸附临界点，应切断热源。然后称量炭罐。如果温度升高至 318 K(45℃)后，活性炭罐还没有达到吸附临界点，应重复从 C.3.3～C.3.6 的程序，直至出现了临界点。然后称量炭罐。

C.3.7 用室温的干空气以 25±5 L/min 的流量脱附活性炭罐，脱附气体量为 600 倍活性炭罐中活性炭体积。

C.3.8 称量活性炭罐的质量。

C.3.9 重复 C.3.4 至 C.3.8 的步骤 9 次。当活性炭罐脱附后的质量稳定在一定范围内时，如±2 g，则可以提前中止老化试验。但最少不得少于 3 次。

C.3.10 重新连接活性炭罐到发动机台架或车辆上，与发动机一起恢复至正常连接状态。

附　录　D
（标准的附录）
燃油蒸发污染物排放试验数据记录表格

试验序号：__________ 试验室名称：__________ 试验日期：__________

试验室大气温度：__________ 试验室大气压力：__________

车辆制造厂：__________ 型号：__________ 出厂日期：__________

最大总质量：__________ 里程：__________ 燃油牌号：__________

发动机制造厂：__________ 型式：__________ 发动机号：__________

缸数：__________ 排量：__________ 出厂日期：__________

化油器或汽油喷射系统制造厂：__________ 型号：__________ 腔数：__________

空气滤清器制造厂：__________ 型式：__________ 进气方式：__________

油箱位置和型式：__________ 油箱容积：__________ 油箱通风系统：__________

化油器通风系统：__________ 汽油泵型式：__________ 汽油滤清器型式：__________

收集方法（说明收集的位置等）：__________

		昼间换气损失			热浸损失		
油箱燃油温度	日　期						
		时　间	环　境	油　箱	时　间	环　境	油　箱
	开　始						
	结　束						
收集器质量		炭　罐	空滤器	其　他	炭　罐	空滤器	其　他
	收集器号						
	净质量						
	结束时质量						
	蒸发量						
总蒸发排放量：							

试验负责人：　　　　　　　　　　试验记录人：

ICS 59.080.70
W 04

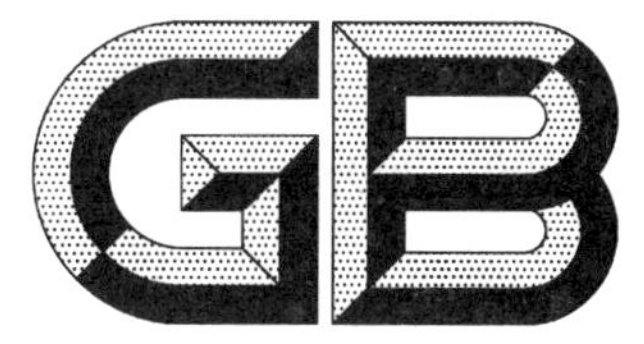

中华人民共和国国家标准

GB/T 14799—2005
代替 GB/T 14799—1993

土工布及其有关产品
有效孔径的测定　干筛法

**Geotextiles and geotextile-related products—
Determination of the effective opening size—Dry sieving method**

2005-11-04 发布　　2006-05-01 实施

中华人民共和国国家质量监督检验检疫总局
中国国家标准化管理委员会　发布

前言

本标准代替 GB/T 14799—1993《土工布孔径测定方法　干筛法》。与 GB/T 14799—1993 相比，本标准对以下内容作了修改：

——标准名称改为《土工布及其有关产品　有效孔径的测定　干筛法》；

——试样数量统一规定为 $5\times n$ 块，n 为选取粒径的组数；

——修改了标准颗粒材料标准粒径的分档；

——增加了试验用标准大气；

——标准颗粒材料的分档摇筛程序由 1993 版标准的从粗到细改为从细到粗进行试验；

——摇筛时间由 1993 版标准的 20 min 改为 10 min；

——对附录 A 中“孔径分布曲线”横坐标从左到右的顺序进行了调整，即由 1993 版标准的从大到小改为从小到大。

本标准的附录 A 为资料性附录。

本标准由中国纺织工业协会提出。

本标准由全国纺织品标准化技术委员会产业用纺织品分会(SAC/TC 209/SC7)归口。

本标准主要起草单位：纺织工业标准化研究所。

本标准主要起草人：徐华、霍书怀。

本标准于 1993 年首次发布，本次为第一次修订。

土工布及其有关产品
有效孔径的测定　干筛法

1　范围

本标准规定了用干筛法测定土工布孔径的方法。

本标准适用于各类土工布及相关产品。

2　规范性引用文件

下列文件中的条款通过本标准的引用而成为本标准的条款。凡是注日期的引用文件，其随后所有的修改单（不包括勘误的内容）或修订版均不适用于本标准，然而，鼓励根据本标准达成协议的各方研究是否可使用这些文件的最新版本。凡是不注日期的引用文件，其最新版本适用于本标准。

GB/T 6005—1997　试验筛　金属编织网、穿孔板和电成型薄板筛孔的基本尺寸

GB 6529　纺织品的调湿和试验用标准大气

GB/T 8170　数值修约规则

GB/T 13760　土工布的取样和试样的准备（GB/T 13760—1992，eqv ISO 9862:1990）

3　术语和定义

下列术语和定义适用于本标准。

3.1

孔径　opening size

以通过其标准颗粒材料的直径表征的土工布的孔眼尺寸。

3.2

有效孔径（O_e）　effective opening size

能有效通过土工布的近似最大颗粒直径，例如 O_{90} 表示土工布中 90%的孔径低于该值。

4　原理

用土工布试样作为筛布，将已知直径的标准颗粒材料放在土工布上面振筛，称量通过土工布的标准颗粒材料重量，计算出过筛率，调换不同直径标准颗粒材料进行试验，由此绘出土工布孔径分布曲线，并求出 O_{90} 值。

5　仪器及用具

5.1　支撑网筛：直径 200 mm。

5.2　标准筛振筛机：横向摇动频率（220±10）次/min；回转半径（12±1）mm。垂直振动频率（150±10）次/min；振幅（10±2）mm。

5.3　标准颗粒材料：标准颗粒材料通常可选用玻璃珠或球形砂粒。标准颗粒材料应该洁净，必要时需进行洗涤烘干。标准颗粒材料粒径（mm）分组如下：0.045～0.063，0.063～0.071，0.071～0.090，0.090～0.125，0.125～0.180，0.180～0.250，0.250～0.280，0.280～0.355，0.355～0.500，0.500～0.710。

5.4　天平：称量 200 g，感量 0.01 g。

5.5 其他用品:秒表,细软刷子,剪刀,画笔等。

6 试样

6.1 试样选取

根据 GB/T 13760 选择试样。

6.2 试样数量

剪取 $5\times n$ 块试样,n 为选取粒径的组数。

6.3 试样尺寸

试样直径应大于筛子直径。

7 调湿和试验用标准大气

在 GB 6529 规定的标准大气即温度(20±2)℃、相对湿度(65±5)%的条件下调湿试样并进行试验。当试样在间隔至少 2 h 的连续称重中质量变化不超过试样质量的 0.25%时,可认为试样达到调湿平衡。

注:实验室的湿度对干筛孔径试验非常重要。例如:湿度过大可能会引起颗粒粘结,过低的相对湿度可能会使静电增加。如果能表明试验结果不受影响,则可不对试样进行调湿。

8 试验步骤

8.1 试验前应将标准颗粒材料与试样同时放在标准大气下进行调湿平衡。

8.2 将同组 5 块试样平整、无皱折地放入能支撑试样而不致下凹的支撑网筛上。

8.3 选用较细粒径的标准颗粒材料称取 50 g,然后均匀地撒在试样表面上。

8.4 将筛框、试样和接收盘夹紧在振筛机上。开动机器,摇筛试样 10 min。

8.5 关机后,称量通过试样的标准颗粒材料质量,并记录,然后更换新的试样。

8.6 用下一组较粗标准颗粒材料重复 8.2～8.5 规定的程序,直至取得不少于三组连续分级标准颗粒材料的过筛率,并有一组的过筛率低于 5%。

9 计算

9.1 按式(1)计算过筛率。按 GB/T 8170 修约到小数点后两位。

$$B=\frac{m_1}{m}\times 100 \qquad \cdots\cdots(1)$$

式中:

B——某组标准颗粒材料通过试样的过筛率,%;

m_1——5 块试样同组粒径过筛量的平均值,单位为克(g);

m——每次试验用的标准颗粒材料量,单位为克(g)。

9.2 以每组标准颗粒材料粒径的下限值作为横坐标(对数坐标),相应的平均过筛率作为纵坐标,描点绘制过筛率与孔径的分布曲线,找出曲线上纵坐标 10%所对应的横坐标值即为 O_{90},找出曲线上纵坐标 5%所对应的横坐标值即为 O_{95}。读取两位有效数字。

附录 A 给出了土工布孔径分布曲线的绘制示例。

10 试验报告

试验报告应包括以下内容:

a) 本标准的编号；
b) 试样的描述；
c) 试验用标准大气；
d) 试验条件(如：标准颗粒材料用量、摇筛时间等)；
e) 试验结果(孔径分布曲线及 O_{90} 值或 O_{95} 值)；
f) 任何偏离规定程序的详细说明。

附 录 A
（资料性附录）
土工布孔径分布曲线的绘制示例

A.1 曲线的绘制

以每组标准颗粒材料粒径的下限值为横坐标，过筛率的平均值为纵坐标绘制孔径分布曲线。见图A.1。

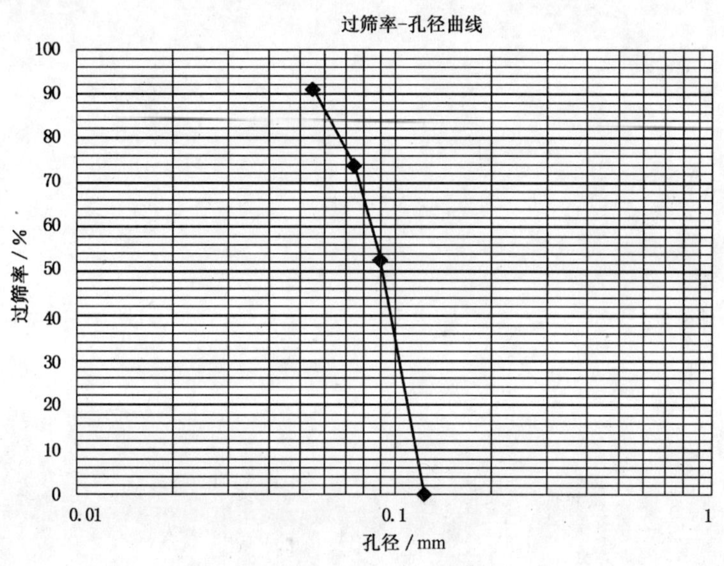

图 A.1 孔径分布曲线

A.2 O_{90}值确定

O_{90}表示90%的标准颗粒材料留在土工布上，其过筛率(B)为1－90%＝10%，曲线上纵坐标为10%点所对应的横坐标即定义为有效孔径O_{90}，单位为毫米(mm)。

A.3 O_{95}值确定

O_{95}表示95%的标准颗粒材料留在土工布上，其过筛率(B)为1－95%＝5%，曲线上纵坐标为5%点所对应的横坐标即定义为有效孔径O_{95}，单位为毫米(mm)。

ICS 35.240.60
L 70

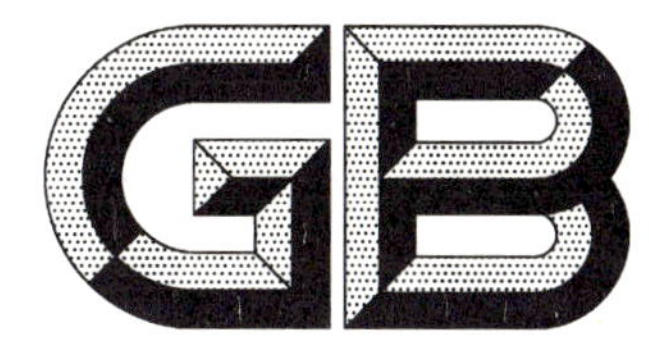

中华人民共和国国家标准

GB/T 14805.10—2005/ISO 9735-10:2002

用于行政、商业和运输业电子数据交换的应用级语法规则 第10部分:语法服务目录

Electronic data interchange for administration, commerce and transport (EDIFACT)—Application level syntax rules—Part 10: Syntax service directories

(ISO 9735-10:2002, IDT)

2005-03-28 发布　　2005-10-01 实施

中华人民共和国国家质量监督检验检疫总局
中国国家标准化管理委员会　发布

前言

GB/T 14805 标准在《用于行政、商业和运输业电子数据交换的应用级语法规则》的总标题下，目前包括下列 10 个部分：

——第 1 部分：公用的语法规则及语法服务目录。

——第 2 部分：批式电子数据交换专用的语法规则。

——第 3 部分：交互式电子数据交换专用的语法规则。

——第 4 部分：批式电子数据交换语法和服务报告报文(报文类型为 CONTRL)。

——第 5 部分：批式电子数据交换安全规则(真实性、完整性和源抗抵赖性)。

——第 6 部分：安全鉴别和确认报文(报文类型为 AUTACK)。

——第 7 部分：批式电子数据交换安全规则(保密性)。

——第 8 部分：电子数据交换中的相关数据。

——第 9 部分：安全密钥和证书管理报文(报文类型为 KEYMAN)。

——第 10 部分：语法服务目录。

将来还有可能增加新的部分。

本部分为第 10 部分，等同采用 ISO 9735-10:2002《用于行政、商业和运输业电子数据交换的应用级语法规则(语法版本号:4　语法发布号:1)　第 10 部分：语法服务目录》(英文版)。

本部分的附录 A 为资料性附录。

本部分由中国标准化研究院提出。

本部分由中国标准化研究院归口。

本部分由中国标准化研究院负责起草。

本部分的主要起草人：胡涵景、刘碧松、魏宏、孙文峰。

ISO 前　　言

ISO(国际标准化组织)是一个世界性的各国标准机构(ISO 国家成员体)联盟。国际标准的制定工作一般通过 ISO 技术委员会完成。任何对某个项目感兴趣的每个成员体,有权向该项目所属的技术委员会表述意见。任何与 ISO 有联络关系的官方和非官方的国际组织都可直接参与制定国际标准。ISO 与 IEC(国际电工委员会)在电工技术标准的所有领域密切合作。

应按照 ISO/IEC 导则第 3 部分的规则起草国际标准。

技术委员会的主要任务是起草国际标准。由技术委员会正式通过的国际标准草案在被 ISO 理事会接受为国际标准之前,须分发到各成员体进行表决,按照 ISO 的工作程序,在得到至少 75% 的成员体投票赞成之后,该标准草案才成为国际标准。

应当注意的是本部分可能涉及到专利。ISO 不负责标识这些专利。

本部分由 ISO/TC 154(商业、工业和行政中的过程、数据元和单证)与 UN/CEFACT 联合语法工作组合作起草。

为了不断对语法服务目录进行维护,本部分摘录了 1998 年和 1999 年第一版发布的 ISO 9735 系列标准的相关附录部分并加以更新。

ISO 9735 在《联合国用于行政、商业和运输业电子数据交换的应用级语法规则》的总标题下由下列几部分组成:

第 1 部分　各部分公用的语法规则。

第 2 部分　批式电子数据交换专用的语法规则。

第 3 部分　交互式电子数据交换专用的语法规则。

第 4 部分　批式电子数据交换语法和服务报告报文(报文类型为 CONTRL)。

第 5 部分　批式电子数据交换安全规则(真实性、完整性和源抗抵赖性)。

第 6 部分　安全鉴别和确认报文(报文类型为 AUTACK)。

第 7 部分　批式电子数据交换安全规则(保密性)。

第 8 部分　电子数据交换中的相关数据。

第 9 部分　密钥和证书管理报文(报文类型为 KEYMAN)。

第 10 部分　语法服务目录。

将来还有可能增加新的部分。

ISO 引　言

根据批式或交互式处理的需求，本部分包含了在开放环境下进行电子报文交换时结构化数据的应用级规则。联合国欧洲经济委员会(UN/ECE)已经同意把这些规则作为用于行政、商业和运输业电子数据交换(EDIFACT)的应用级语法规则。这些规则是联合国贸易数据交换目录(UNTDID)的一部分。UNTDID还包含批式和交互式报文设计指南。

本部分可用于各种应用，但是采用本部分规则的报文仅在符合UNTDID中的其他指南、规则和目录时，这些报文才可称为EDIFACT报文。就UN/EDIFACT而言，批式报文应符合批式的报文设计规则。这些规则在UNTDID中加以维护。

通讯规范及协议不在本部分的范围之内。

本部分是ISO 9735的一个新增部分。它摘录了1998和1999年发布的第1版ISO 9735系列标准中的相关章节，并进行了重新起草。为了给出代码型数据元的用法，在附录中增加了语法服务代码表目录简短描述。

用于行政、商业和运输业电子数据交换的应用级语法规则 第10部分:语法服务目录

1 范围

GB/T 14805 的本部分规定了 GB/T 14805 标准的所有部分的语法服务目录。

2 规范性引用文件

下列文件中的条款通过 GB/T 14805 的本部分的引用而成为本部分的条款。凡是注日期的引用文件,其随后所有的修改单(不包括勘误的内容)或修订版均不适用于本部分,然而,鼓励根据本部分达成协议的各方研究是否可使用这些文件的最新版本。凡是不注日期的引用文件,其最新版本适用于本部分。

GB/T 14805.1—1999 用于行政、商业和运输业的电子数据交换的应用级语法规则 第1部分:公用的语法规则及语法服务目录(idt ISO 9735-1:1998)

GB/T 14805.2—1999 用于行政、商业和运输业的电子数据交换的应用级语法规则 第2部分:批式电子数据交换专用的语法规则(idt ISO 9735-2:1998)

GB/T 14805.3—1999 用于行政、商业和运输业的电子数据交换的应用级语法规则 第3部分:交互式电子数据交换专用的语法规则(idt ISO 9735-3:1998)

GB/T 14805.4—2000 用于行政、商业和运输业的电子数据交换的应用级语法规则 第4部分:批式电子数据交换语法和服务报告报文(报文类型为 CONTRL)(idt ISO 9735-4:1998)

GB/T 14805.5—1999 用于行政、商业和运输业的电子数据交换的应用级语法规则 第5部分:批式电子数据交换安全规则(真实性、完整性和源抗抵赖性)(idt ISO 9735-5:1998)

GB/T 14805.6—1999 用于行政、商业和运输业的电子数据交换的应用级语法规则 第6部分:安全鉴别和确认报文(报文类型为 AUTACK)(idt ISO 9735-6:1998)

GB/T 14805.7—1999 用于行政、商业和运输业的电子数据交换的应用级语法规则 第7部分:批式电子数据交换安全规则(保密性)(idt ISO 9735-7:1998)

GB/T 14805.8—1999 用于行政、商业和运输业的电子数据交换的应用级语法规则 第8部分:电子数据交换中的相关数据(idt ISO 9735-8:1998)

GB/T 14805.9—2001 用于行政、商业和运输业的电子数据交换的应用级语法规则 第9部分:安全密钥和证书管理报文(报文类型为 KEYMAN)(idt ISO 9735-9:1999)

3 一致性

GB/T 14805 的本部分在 UNB 段(交换头)中出现的必备型数据元 0002(语法版本号)和条件型数据元 0076(语法发布号)的值应分别使用"4"和"01",因此仍在继续使用早期发布的版本中定义的语法的交换应使用以下语法版本号以便区分它们:

——ISO 9735:1988:语法版本号:1。

——ISO 9735:1988(1990 年修订和印刷):语法版本号:2。

——ISO 9735:1988 以及第1号修订单:1992:语法版本号:3。

——ISO 9735:1998:语法版本号:4(即 GB/T 14805.1~14805.9)。

与某个标准一致意味着支持其所有需求,包括所有选项。如果不是所有选项都被支持,那么任何一

致性声明都应包含一个说明,用于标识那些被声明为与其一致的选项。

如果所交换的数据结构和表示符合本部分规定的语法规则,则这些数据处于一致性状态。

当支持本部分的设备能够创建和/或解释其结构并表示与本部分一致的数据时,这些设备处于一致性状态。

与本部分的一致应包含与 GB/T 14805.1 至 GB/T 14805.9 的一致。

当在本部分中标识出在相关标准中定义的条款时,这些条款应构成一致性判定条件的组成部分。

4 术语和定义

GB/T 14805 的本部分采用的定义见 GB/T 14805.1。

5 语法服务目录

5.1 服务段目录

5.1.1 服务段规范说明:

功能(Function):段的功能。

位置(POS):段表中的独立数据元或复合数据元的顺序位置号。

标记(TAG):段目录中包含的所有服务段的标记均以字母“U”开头,所有服务复合数据元的标记以字母“S”开头,所有服务简单数据元的标记以数字“0”开头。

名称(Name):包括中文名称和英文名称,其中复合数据元的英文名称用大写字母表示。
独立数据元的英文名称用大写字母表示。
成分数据元的英文名称用小写字母表示。

状态(S):段中的独立数据元或复合数据元的状态或复合数据元中的成分数据元的状态。M 表示必备型,C 表示条件型。

最大次数(R):独立数据元或复合数据元在段中出现的最大次数。

表示(Repr.):复合数据元中的独立数据元或成分数据元的数据值的表示:

a 字母字符
n 数字字符
an 字母数字字符
a3 3 位字母字符,定长
n3 3 位数字字符,定长
an3 3 位字母数字字符,定长
a..3 最多为 3 位字母字符
n..3 最多为 3 位数字字符
an..3 最多为 3 位字母数字字符

5.1.2 从属性注释标识符

代码	名称
D1	有一项且仅有一项
D2	全有或全无
D3	有一项或多项
D4	有一项或无
D5	如第一项有,则所有项全有
D6	如第一项有,则至少有一项有
D7	如第一项有,则其他项全无

从属性注释标识符的定义见 GB/T 14805.1,11.5。

5.1.3 按段标记字母顺序排列的服务段索引

变更指示符(与 GB/T 14805 的第 1 至 9 部分(idt ISO 9735:1998/1999)进行比较)

加号(+) 增加

星号(*) 对结构进行了修订

井号(#) 对名称进行了变更

竖杠(|) 对描述性的、注释性的和功能性的文本进行了变更

减号(-) 删除

符号 X(X) 待删除标记

标记	中文名称	英文名称
UCD	数据元错误指示	Data element error indication
UCF	组应答	Group response
UCI	交换应答	Interchange response
UCM	报文/包应答	Message/package response
UCS	段错误指示	Segment error indication
UGH	防冲突段组头	Anti-collision segment group header
UGT	防冲突段组尾	Anti-collision segment group trailer
UIB	交互式交换头	Interactive interchange header
UIH	交互式报文头	Interactive message header
* | UIR	交互式状态	Interactive status
UIT	交互式报文尾	Interactive message trailer
UIZ	交互式交换尾	Interactive interchange trailer
UNB	交换头	Interchange header
UNE	组尾	Group trailer
UNG	组头	Group header
UNH	报文头	Message header
UNO	客体头	Object header
UNP	客体尾	Object trailer
UNS	节控制	Section control
UNT	报文尾	Message trailer
UNZ	交换尾	Interchange trailer
USA	安全算法	Security algorithm
USB	经安全处理的数据标识	Secured data identification
USC	证书	Certificate
USD	数据加密头	Data encryption header
USE	安全报文关系	Security message relation
USF	密钥管理功能	Key management function
USH	安全头	Security header
USL	安全列表状态	Security list status
USR	安全结果	Security result
UST	安全尾	Security trailer
USU	数据加密尾	Data encryption trailer
USX	安全参考	Security references
USY	参考的安全	Security on references

5.1.4 按段的英文名称字母顺序排列的服务段索引

变更指示符(与 GB/T 14805 的第 1 至 9 部分(idt ISO 9735:1998/1999)进行比较)

加号(+) 增加

星号(∗) 对结构进行了修订
井号(#) 对名称进行了变更
竖杠(|) 对描述性的、注释性的和功能性的文本的变更
减号(—) 删除
符号 X(X) 待删除标记

标记	中文名称	英文名称
UGH	防冲突段组头	Anti-collision segment group header
UGT	防冲突段组尾	Anti-collision segment group trailer
USC	证书	Certificate
UCD	数据元错误指示	Data element error indication
USD	数据加密头	Data encryption header
USU	数据加密尾	Data encryption trailer
UNG	组头	Group header
UCF	组应答	Group response
UNE	组尾	Group trailer
UIB	交互式交换头	Interactive interchange header
UIZ	交互式交换尾	Interactive interchange trailer
UIH	交互式报文头	Interactive message header
UIT	交互式报文尾	Interactive message trailer
∗ | UIR	交互式状态	Interactive status
UNB	交换头	Interchange header
UCI	交换应答	Interchange response
UNZ	交换尾	Interchange trailer
USF	密钥管理功能	Key management function
UNH	报文头	Message header
UNT	报文尾	Message trailer
UCM	报文/包应答	Message/package response
UNO	客体头	Object header
UNP	客体尾	Object trailer
UNS	节控制	Section control
USB	经安全处理的数据标识	Secured data identification
USA	安全算法	Security algorithm
USH	安全头	Security header
USL	安全列表状态	Security list status
USE	安全报文关系	Security message relation
USY	参考的安全	Security on references
USX	安全参考	Security references
USR	安全结果	Security result
UST	安全尾	Security trailer
UCS	段错误指示	Segment error indication

5.1.5 服务段规范

变更指示符(与 GB/T 14805 的第 1 至 9 部分(idt ISO 9735:1998/1999)进行比较)
加号(+) 增加
星号(∗) 对结构进行了修订

井号(#) 对名称进行了变更
竖杠(|) 对描述性的、注释性的和功能性的文本进行了变更
减号(—) 删除
符号 X(X) 待删除标记

UCD 数据元错误指示 DATA ELEMENT ERROR INDICATION

功能：标识一个出错的独立数据元、复合数据元或成分数据元，并标识该错误的性质。

位置	标记	名称	状态	最大次数	表示	注释
010	0085	语法错误，代码型 SYNTAX ERROR，CODED	M	1	an..3	
020	S011	数据元标识 DATA ELEMENT IDENTIFICATION	M	1		
	0098	错误数据元在段中的位置 Erroneous data element position in segment	M		n..3	
	0104	错误成分数据元位置 Erroneous component data element position	C		n..3	
	0136	错误数据元出现次数 Erroneous data element occurrence	C		n..6	

UCF 组应答 GROUP RESPONSE

功能：标识主交换中的一个组，指出对 UNG 和 UNE 段的确认或拒绝，并标识与这些段有关的错误。当 USA、USC、USD、USH、USR、UST 或 USU 安全段在该组出现时，UCF 段还能标识与这些安全段有关的错误。该段还可用行动代码指出对该组中的报文和包采取的行动。

位置	标记	名称	状态	最大次数	表示	注释
010	0048	组参考号 GROUP REFERENCE NUMBER	M	1	an..14	
020	S006	应用发送方标识 APPLICATION SENDER IDENTIFICATION	C	1		7
	0040	应用发送方标识 Application sender identification	M		an..35	
	0007	标识代码限定符 Identification code qualifier	C		an..4	
030	S007	应用接收方标识 APPLICATION RECIPIENT IDENTIFICATION	C	1		7
	0044	应用接收方标识 Application recipient identification	M		an..35	
	0007	标识代码限定符 Identification code qualifier	C		an..4	
040	0083	行动，代码型 ACTION，CODED	M	1	an..3	
050	0085	语法错误，代码型 SYNTAX ERROR，CODED	C	1	an..3	1,2,3,4
060	0135	服务段标记，代码型 SERVICE SEGMENT TAG，CODED	C	1	an..3	1,2,3,4,5
070	S011	数据元标识 DATA ELEMENT IDENTIFICATION	C	1		2
	0098	错误数据元在段中的位置 Erroneous data element position in segment	M		n..3	
	0104	错误成分数据元位置	C		n..3	

位置	标记	名称	状态	最大次数	表示	注释
		Erroneous component data element position				
	0136	错误数据元出现次数 Erroneous data element occurrence	C		n..6	
080	0534	安全参考号 SECURITY REFERENCE NUMBER	C	1	an..14	3,4,6
090	0138	安全段位置 SECURITY SEGMENT POSITION	C	1	n..6	3,4,6

从属性注释：

1. D5(060,050) 如第一项有，则所有项全有。
2. D5(070,060,050) 如第一项有，则所有项全有。
3. D5(080,060,050,090) 如第一项有，则所有项全有。
4. D5(090,080,060,050) 如第一项有，则所有项全有。

其他注释：

5. 0135 的值仅包含 UNG、UNE、USA、USC、USD、USH、USR、UST 或 USU。
6. 当要报告安全段中的错误时，该数据元应出现。
7. 如果该数据元在主交换中出现过，则还应出现。

UCI 交换应答 INTERCHANGE RESPONSE

功能：标识主交换，指明接收的交换和对 UNA、UNB 和 UNZ 段的确认或拒绝，并标识与这些段有关的错误。当安全段 USA、USC、USD、USH、USR、UST 或 USU 在交换级出现时，UCI 段还能标识与这些安全段有关的错误。该段还可用行动代码指出对该交换中的组、报文和包采取的行动。

位置	标记	名称	状态	最大次数	表示	注释
010	0020	交换控制参考 INTERCHANGE CONTROL REFERENCE	M	1	an..14	
020	S002	交换发送方 INTERCHANGE SENDER	M	1		
	0004	交换发送方标识 Interchange sender identification	M		an..35	
	0007	标识代码限定符 Identification code qualifier	C		an..4	
	0008	交换发送方内部标识 Interchange sender internal identification	C		an..35	
	0042	交换发送方内部子标识 Interchange sender internal sub-identification	C		an..35	
030	S003	交换接收方 INTERCHANGE RECIPIENT	M	1		
	0010	交换接收方标识 Interchange recipient identification	M		an..35	
	0007	标识代码限定符 Identification code qualifier	C		an..4	
	0014	交换接收方内部标识 Interchange recipient internal identification	C		an..35	
	0046	交换接收方内部子标识 Interchange recipient internal sub-identification	C		an..35	
040	0083	行动，代码型 ACTION,CODED	M	1	an..3	

050	0085	语法错误,代码型 SYNTAX ERROR,CODED	C	1	an..3	1,2,3,4
060	0135	服务段标记,代码型 SERVICE SEGMENT TAG,CODED	C	1	an..3	1,2,3,4,5
070	S011	数据元标识 DATA ELEMENT IDENTIFICATION	C	1		2
	0098	错误数据元在段中的位置 Erroneous data element position in segment	M		n..3	
	0104	错误成分数据元位置 Erroneous component data element position	C		n..3	
	0136	错误数据元出现次数 Erroneous data element occurrence	C		n..6	
080	0534	安全参考号 SECURITY REFERENCE NUMBER	C	1	an..14	3,4,6
090	0138	安全段位置 SECURITY SEGMENT POSITION	C	1	n..6	3,4,6

从属性注释：

1. D5(060,050) 如第一项有,则所有项全有。
2. D5(070,060,050) 如第一项有,则所有项全有。
3. D5(080,060,050,090) 如第一项有,则所有项全有。
4. D5(090,080,060,050) 如第一项有,则所有项全有。

其他注释：

5. 0135 的值可仅包含 UNA、UNB、UNZ、USA、USC、USD、USH、USR、UST 或 USU。
6. 当要报告安全段中的错误时,该数据元应出现。

UCM 报文/包应答 MESSAGE/PACKAGE RESPONSE

功能：标识主交换中的报文或包,指出对报文或包的确认或拒绝,并标识与 UNH、UNT、UNO 和 UNP 段有关的错误。当 USA、USC、USD、USH、USR、UST 或 USU 安全段在报文或包一级出现时,UCM 段还能标识与这些安全段有关的错误。

位置	标记	名称	状态	最大次数	表示	注释
010	0062	报文参考号 MESSAGE REFERENCE NUMBER	C	1	an..14	1,2
020	S009	报文标识符 MESSAGE IDENTIFIER	C	1		2
	0065	报文类型 Message type	M		an..6	
	0052	报文版本号 Message version number	M		an..3	
	0054	报文发布号 Message release number	M		an..3	
	0051	管理机构,代码型 Controlling agency,coded	M		an..3	
	0057	团体分配的代码 Association assigned code	C		an..6	
	0110	代码表目录版本号 Code list directory version number	C		an..6	
	0113	报文类型子功能标识 Message type sub-function identification	C		an..6	
030	0083	行动,代码型 ACTION,CODED	M	1	an..3	
040	0085	语法错误,代码型 SYNTAX ERROR,CODED	C	1	an..3	4,5,6,7
050	0135	服务段标记,代码型 SERVICE SEGMENT TAG,CODED	C	1	an..3	4,5,6,7,8
060	S011	数据元标识 DATA ELEMENT IDENTIFICATION	C	1		5
	0098	错误数据元在段中的位置 Erroneous data element position in segment	M		n..3	

	0104	错误成分数据元位置 Erroneous component data element position	C		n..3	
	0136	错误数据元出现次数 Erroneous data element occurrence	C		n..6	
070	0800	包参考号 PACKAGE REFERENCE NUMBER	C	1	an..35	1,3
080	S020	参考标识 REFERENCE IDENTIFICATION	C	99		3
	0813	参考限定符 Reference qualifier	M		an..3	
	0802	参考标识号 Reference identification number	M		an..35	
090	0534	安全参考号 SECURITY REFERENCE NUMBER	C	1	an..14	6,7,9
100	0138	安全段位置 SECURITY SEGMENT POSITION	C	1	n..6	6,7,9

从属性注释：

1. D1(010,070) 有一项且仅有一项。
2. D2(010,020) 全有或全无。
3. D2(070,080) 全有或全无。
4. D5(050,040) 如第一项有，则所有项全有。
5. D5(060,050,040) 如第一项有，则所有项全有。
6. D5(090,050,040,100) 如第一项有，则所有项全有。
7. D5(100,090,050,040) 如第一项有，则所有项全有。

其他注释：

8. 0135 的值可仅包含 UNH、UNT、UNO、UNP、USA、USC、USD、USH、USR、UST 或 USU。
9. 当要报告安全段中的错误时，该数据元应出现。

UCS 段错误指示 SEGMENT ERROR INDICATION

功能：标识某个有错误的段和遗漏的段，并标识与整个段有关的错误。

位置	标记	名称	状态	最大次数	表示	注释
010	0096	段在报文体中的位置 SEGMENT POSITION IN MESSAGE BODY	M	1	n..6	
020	0085	语法错误，代码型 SYNTAX ERROR, CODED	C	1	an..3	1

注释：

1. 仅当该错误与数据元 0096 标识的段有关时，0085 才应含有一个值。

UGH 防冲突段组头 Anti-collision segment group header

功能：开始、标识并指定一个防冲突段组。

位置	标记	名称	状态	最大次数	表示	注释
010	0087	防冲突段组标识 Anti-collision segment group identification	M	1	an..4	1

注释：

1. 0087 的值应是报文规范中所述的 UGH/UGT 段组的段组号，并与对应的 UGT 段中的 0087 的值相同。

UGT 防冲突段组尾 Anti-collision segment group trailer

功能：结束防冲突段组，并检查其完整性。

位置	标记	名称	状态	最大次数	表示	注释
010	0087	防冲突段组标识	M	1	an..4	1

Anti-collision segment group identification

注释：

1. 0087 的值应是报文规范中所述的 UGH/UGT 段组的段组号，并与对应的 UGH 段中的 0087 的值相同。

UIB 交互式交换头 Interactive interchange header

功能：开始并标识一个交换。

位置	标记	名称	状态	最大次数	表示	注释
010	S001	语法标识符 SYNTAX IDENTIFIER	M	1		3
	0001	语法标识符 Syntax identifier	M		a4	
	0002	语法版本号 Syntax version number	M		an1	
	0080	服务代码表目录版本号 Service code list directory version number	C		an..6	
	0133	字符编码，代码型 Character encoding，coded	C		an..3	
	0076	语法发布号 Syntax release number	C		an2	
020	S302	对话参考 DIALOGUE REFERENCE	C	1		1，2，4，5
	0300	发起方控制参考 Initiator control reference	M		an..35	
	0303	发起方参考标识 Initiator reference identification	C		an..35	
	0051	管理机构，代码型 Controlling agency，coded	C		an..3	
	0304	应答方控制参考 Responder control reference	C		an..35	
030	S303	交易参考 TRANSACTION REFERENCE	C	1		1，8
	0306	交易控制参考 Transaction control reference	M		an..35	
	0303	发起方参考标识 Initiator reference identification	C		an..35	
	0051	管理机构，代码型 Controlling agency，coded	C		an..3	
040	S018	剧本标识 SCENARIO IDENTIFICATION	C	1		
	0127	剧本标识 Scenario identification	M		an..14	
	0128	剧本版本号 Scenario version number	C		an..3	
	0130	剧本发布号 Scenario release number	C		an..3	
	0051	管理机构，代码型 Controlling agency，coded	C		an..3	
050	S035	对话标识 DIALOGUE IDENTIFICATION	C	1		2
	0311	对话标识 Dialogue identification	M		an..14	
	0342	对话版本号 Dialogue version number	C		an..3	
	0344	对话发布号 Dialogue release number	C		an..3	
	0051	管理机构，代码型 Controlling agency，coded	C		an..3	
060	S002	交换发送方 INTERCHANGE SENDER	C	1		5
	0004	交换发送方标识 Interchange sender identification	M		an..35	
	0007	标识代码限定符 Identification code qualifier	C		an..4	
	0008	交换发送方内部标识 Interchange sender internal identification	C		an..35	
	0042	交换发送方内部子标识 Interchange sender internal sub-identification	C		an..35	
070	S003	交换接收方 INTERCHANGE RECIPIENT	C	1		
	0010	交换接收方标识 Interchange recipient identification	M		an..35	

位置	标记	名称	状态	最大次数	表示	注释
	0007	标识代码限定符 Identification code qualifier	C		an..4	
	0014	交换接收方内部标识 Interchange recipient internal identification	C		an..35	
	0046	交换接收方内部子标识 Interchange recipient internal sub-identification	C		an..35	
080	S300	发起日期和/或时间 DATE AND/OR TIME OF INITIATION	C	1		
	0338	事件日期 Event date	C		n..8	
	0314	事件时间 Event time	C		an..15	
	0336	时差 Time offset	C		n4	
090	0325	重复指示符 DUPLICATE INDICATOR	C	1	a1	6
100	0035	测试指示符 TEST INDICATOR	C	1	n1	7

从属性注释：

1. D5(030,020) 如第一项有，则所有项全有。
2. D5(050,020) 如第一项有，则所有项全有。

其他注释：

3. S001/0002，应该用“4”指示这一版语法的版本号。
4. S302/0304，由应答方提供时，应由发起方通过对话返回。
5. S002/0004，对于交易的发起方可与 S302/0303 相同。
6. 0325 仅在交换为重复传送时才使用。
7. 0035，在测试性的对话中，则由发起方设置，应用于对话中的每个后续的报文和服务段。在非测试性对话中，则不用。
8. 通过对话参考(S302)和交易参考(S303)可实现对话和交易管理。如果选择其他方法，则不必使用这两个复合数据元。

UIH　交互式报文头 INTERACTIVE MESSAGE HEADER

功能：开始、标识并说明一个报文。

位置	标记	名称	状态	最大次数	表示	注释
010	S306	交互式报文标识符 INTERACTIVE MESSAGE IDENTIFIER	M	1		
	0065	报文类型 Message type	M		an..6	
	0052	报文版本号 Message version number	M		an..3	
	0054	报文发布号 Message release number	M		an..3	
	0113	报文类型子功能标识 Message type sub-function identification	C		an..6	
	0051	管理机构，代码型 Controlling agency，coded	C		an..3	
	0057	团体分配的代码 Association assigned code	C		an..6	
020	0340	交互式报文参考号 INTERACTIVE MESSAGE REFERENCE NUMBER	C	1	an..35	1,5
030	S302	对话参考 DIALOGUE REFERENCE	C	1		2,4,5
	0300	发起方控制参考 Initiator control reference	M		an..35	
	0303	发起方参考标识 Initiator reference identification	C		an..35	
	0051	管理机构，代码型 Controlling agency，coded	C		an..3	
	0304	应答方控制参考 Responder control reference	C		an..35	

040	S301	交互式传送状态 STATUS OF TRANSFER-INTERACTIVE	C	1		
	0320	发送方顺序号 Sender sequence number	C		n..6	
	0323	传送位置,代码型 Transfer position,coded	C		a1	
	0325	重复指示符 Duplicate indicator	C		a1	
050	S300	发起日期和/或时间 DATE AND/OR TIME OF INITIATION	C	1		
	0338	事件日期 Event date	C		n..8	
	0314	事件时间 Event time	C		an..15	
	0336	时差 Time offset	C		n4	
060	0035	测试指示符 TEST INDICATOR	C	1	n1	3

注释:

1. 0340 的值在交换(不包括重复传送)中应是唯一的。
2. S302 中的值应与上述 UIB 段中的 S302 中的值相同。
3. 使用 0035 时,其所指的测试仅适用于报文。
4. 对话控制可通过对话参考(S302)完成。但如果选择另一种控制方法,则不需使用该复合数据元。
5. 0340 和 S302 的联用可以唯一地标识一个报文。

---

*| UIR 交互式状态 INTERACTIVE STATUS

功能:报告对话的状态。

\+ 注释:为避免无休止循环,UIR 段不对所收到的带有语法错误的 UIR 进行响应。

位置	标记	名称	状态	最大次数	表示	注释
010	0331	报告功能,代码型 REPORT FUNCTION,CODED	M	1	an..3	
020	S307	状态信息 STATUS INFORMATION	C	9		
	0333	状态,代码型 Status ,coded	C		an..3	
	0332	状态 Status	C		an..70	
	0335	语言,代码型 Language,coded	C		an..3	
030	S302	对话参考 DIALOGUE REFERENCE	C	1		2,4,5
	0300	发起方控制参考 Initiator control reference	M		an..35	
	0303	发起方参考标识 Initiator reference identification	C		an..35	
	0051	管理机构,代码型 Controlling agency,coded	C		an..3	
	0304	应答方控制参考 Responder control reference	C		an..35	
040	S300	发起日期和/或时间 DATE AND/OR TIME OF INITIATION	C	1		
	0338	事件日期 Event date	C		n..8	
	0314	事件时间 Event time	C		an..15	
	0336	时差 Time offset	C		n4	
050	0340	交互式报文参考号 INTERACTIVE MESSAGE REFERENCE NUMBER	C	1	an..35	1,2
060	0800	包参考号 PACKAGE REFERENCE NUMBER	C	1	an..35	1,3
070	+0085	语法错误,代码型 SYNTAX ERROR,CODED	C	1	an..3	2,3
080	+0096	段在报文体中的位置 SEGMENT POSITION IN MESSAGE BODY	C	1	n..6	2,3

090	+S011	数据元标识 DATA ELEMENT IDENTIFICATION	C	1		3
	0098	错误数据元在段中的位置 Erroneous data element position in segment	M		n..3	
	0104	错误成分数据元位置 Erroneous component data element position	C		n..3	
	0136	错误数据元出现次数 Erroneous data element occurrence	C		n..6	

从属性注释：

1. D1(050,060)有一项且仅有一项。
2. +D5(080,070)如第一项有，则所有项全有。
3. +D5(090,070,080)如第一项有，则所有项全有。

其他注释：

4. 0340的值应与同一对话中的UIR的发送方所收到的报文的UIH中的0340的值相同。
5. 0800的值应与同一对话中的UIR的发送方所收到的报文的UNO中的0800的值相同。

UIT 交互式报文尾 INTERACTIVE MESSAGE TRAILER

功能：结束报文，并检查报文的完整性。

位置	标记	名称	状态	最大次数	表示	注释
010	0340	交互式报文参考号 INTERACTIVE MESSAGE REFERENCE NUMBER	C	1	an..35	1
020	0074	报文中的段数 NUMBER OF SEGMENTS IN A MESSAGE	C	1	n..10	

注释：

1. 0340的值应与对应的UIH段中的0340的值相同。

UIZ 交互式交换尾 INTERACTIVE INTERCHANGE TRAILER

功能：结束交换，并检查交换的完整性。

位置	标记	名称	状态	最大次数	表示	注释
010	S302	对话参考 DIALOGUE REFERENCE	C	1		1
	0300	发起方控制参考 Initiator control reference	M		an..35	
	0303	发起方参考标识 Initiator reference identification	C		an..35	
	0051	管理机构，代码型 Controlling agency,coded	C		an..3	
	0304	应答方控制参考 Responder control reference	C		an..35	
020	0036	交换控制计数 INTERCHANGE CONTROL COUNT	C	1	n..6	
030	0325	重复指示符 DUPLICATE INDICATOR	C	1	a1	2

注释：

1. S302的值应与UIB段中的S302应答方的对话参考的值相同。
2. 0325仅在交换为重复传送时才使用。

UNB 交换头 INTERCHANGE HEADER

功能：标识一个交换。

位置	标记	名称	状态	最大次数	表示	注释
010	S001	语法标识符 SYNTAX IDENTIFIER	M	1		1

	0001	语法标识符 Syntax identifier	M		a4	
	0002	语法版本号 Syntax version number	M		an1	
	0080	服务代码表目录版本号 Service code list directory version number	C		an..6	
	0133	字符编码,代码型 Character encoding,coded	C		an..3	
	0076	语法发布号 Syntax release number	C		an2	
020	S002	交换发送方 INTERCHANGE SENDER	M	1		2
	0004	交换发送方标识 Interchange sender identification	M		an..35	
	0007	标识代码限定符 Identification code qualifier	C		an..4	
	0008	交换发送方内部标识 Interchange sender internal identification	C		an..35	
	0042	交换发送方内部子标识 Interchange sender internal sub-identification	C		an..35	
030	S003	交换接收方 INTERCHANGE RECIPIENT	M	1		2
	0010	交换接收方标识 Interchange recipient identification	M		an..35	
	0007	标识代码限定符 Identification code qualifier	C		an..4	
	0014	交换接收方内部标识 Interchange recipient internal identification	C		an..35	
	0046	交换接收方内部子标识 Interchange recipient internal sub-identification	C		an..35	
040	S004	制作日期和时间 DATE AND TIME OF PREPARATION	M	1		
	0017	日期 Date	M		n8	
	0019	时间 Time	M		n4	
050	0020	交换控制参考 INTERCHANGE CONTROL REFERENCE	M	1	an..14	2
060	S005	接收方参考/口令细目 RECIPIENT REFERENCE/PASSWORD DETAILS	C	1		
	0022	接收方参考/口令 Recipient reference/password	M		an..14	
	0025	接收方参考/口令限定符 Recipient reference/password qualifier	C		an2	
070	0026	应用参考 APPLICATION REFERENCE	C	1	an..14	
080	0029	处理优先级代码 PROCESSING PRIORITY CODE	C	1	a1	
090	0031	确认请求 ACKNOWLEDGEMENT REQUEST	C	1	n1	
100	0032	交换协议标识符 INTERCHANGE AGREEMENT IDENTIFIER	C	1	an..35	
110	0035	测试指示符 TEST INDICATOR	C	1	n1	

注释:

1. S001/0002,应该用"4"表示该版语法的版本号。
2. 为了便于确认,应联用数据元 S002、S003 和 0020 的值,来唯一地标识该交换。

UNE 组尾 GROUP TRAILER

功能:结束组并检查组的完整性。

位置	标记	名称	状态	最大次数	表示	注释
010	0060	组控制计数 GROUP CONTROL COUNT	M	1	n..6	
020	0048	组参考号 GROUP REFERENCE NUMBER	M	1	an..14	1

注释：

1. 0048 的该值应与对应的 UNG 段中的 0048 的值相同。

UNG 组头 GROUP HEADER

功能：开始、标识并说明一个由报文和/或包构成的组。其中，组可用于内部路由，并且可包含一个或多个报文类型和/或包。

位置	标记	名称	状态	最大次数	表示	注释
010 X	0038	报文组标识 MESSAGE GROUP IDENTIFICATION	C	1	an..6	1,2,4
020	S006	应用发送方标识 APPLICATION SENDER IDENTIFICATION	C	1		5
	0040	应用发送方标识 Application sender identification	M		an..35	
	0007	标识代码限定符 Identification code qualifier	C		an..4	
030	S007	应用接收方标识 APPLICATION RECIPIENT IDENTIFICATION	C	1		5
	0044	应用接收方标识 Application recipient identification	M		an..35	
	0007	标识代码限定符 Identification code qualifier	C		an..4	
040	S004	制作日期和时间 DATE AND TIME OF PREPARATION	C	1		3
	0017	日期 Date	M		n8	
	0019	时间 Time	M		n4	
050	0048	组参考号 GROUP REFERENCE NUMBER	M	1	an..14	5
060	0051	管理机构，代码型 CONTROLLING AGENCY，CODED	C	1	an..3	1,2,4
070 X	S008	报文版本 MESSAGE VERSION	C	1		1,2,4
	0052	报文版本号 Message version number	M		an..3	
	0054	报文发布号 Message release number	M		an..3	
	0057	团体分配的代码 Association assigned code	C		an..6	
080	0058	应用口令 APPLICATION PASSWORD	C	1	an..14	

从属性注释：

1. D2(010,060,070)，全有或全无。

其他注释：

2. 该数据元仅在下列条件适用时才使用：
   1） 该组仅包含报文，且
   2） 这些报文具有相同的报文类型。
3. 如果 S004 不在 UNG 段中出现，则其值与 UNB 段中的 S004 中指示的交换的制作日期和时间相同。
4. 该数据元将从本部分的下一版中的 UNG 段中删除。因此其在 UNG 段中的用法不在此说明。
5. 为了便于确认，应联用数据元 S006、S007 和 0048 的值来唯一地标识该组。

UNH 报文头 MESSAGE HEADER

功能：开始、标识并说明报文。

位置	标记	名称	状态	最大次数	表示	注释
010	0062	报文参考号 MESSAGE REFERENCE NUMBER	M	1	an..14	2
020	S009	报文标识符 MESSAGE IDENTIFIER	M	1		1,2
	0065	报文类型 Message type	M		an..6	
	0052	报文版本号 Message version number	M		an..3	
	0054	报文发布号 Message release number	M		an..3	
	0051	管理机构,代码型 Controlling agency,coded	M		an..3	
	0057	团体分配的代码 Association assigned code	C		an..6	
	0110	代码表目录版本号 Code list directory version number	C		an..6	
	0113	报文类型子功能标识 Message type sub-function identification	C		an..6	
030	0068	公共访问参考 COMMON ACCESS REFERENCE	C	1	an..35	
040	S010	传送状态 STATUS OF THE TRANSFER	C	1		
	0070	传送顺序 Sequence of transfers	M		n..2	
	0073	第一个和最后一个传送 First and last transfer	C		a1	
050	S016	报文子集标识 MESSAGE SUBSET IDENTIFICATION	C	1		1
	0115	报文子集标识 Message subset identification	M		an..14	
	0116	报文子集版本号 Message subset version number	C		an..3	
	0118	报文子集发布号 Message subset release number	C		an..3	
	0051	管理机构,代码型 Controlling agency,coded	C		an..3	
060	S017	报文实施指南标识 MESSAGE IMPLEMENTATION GUIDELINE IDENTIFICATION	C	1		1
	0121	报文实施指南标识 Message implementation guideline identification	M		an..14	
	0122	报文实施指南版本号 Message implementation guideline version number	C		an..3	
0124		报文实施指南发布号 Message implementation guideline release number	C		an..3	
	0051	管理机构,代码型 Controlling agency,coded	C		an..3	
070	S018	剧本标识 SCENARIO IDENTIFICATION	C	1		
	0127	剧本标识 Scenario identification	M		an..14	
	0128	剧本版本号 Scenario version number	C		an..3	
	0130	剧本发布号 Scenario release number	C		an..3	
	0051	管理机构,代码型 Controlling agency,coded	C		an..3	

注释:

1. 为保持向上兼容,本语法版本仍保留了数据元 S009/0057。在使用过程中,建议优先使用 S016 和/或 S017。
2. 为了便于确认,应将数据元 0062 和 S009 的值联合使用,以便唯一地标识组(如果使用的话)中的报文或交换(如果不使用组的话)中的该报文。

UNO 客体头 OBJECT HEADER

功能:开始、标识并说明客体。

位置	标记	名称	状态	最大次数	表示	注释
010	0800	包参考号 PACKAGE REFERENCE NUMBER	M	1	an..35	1
020	S020	参考标识 REFERENCE IDENTIFICATION	M	99		2
	0813	参考限定符 Reference qualifier	M		an..3	
	0802	参考标识号 Reference identification number	M		an..35	
030	S021	客体类型标识 OBJECT TYPE IDENTIFICATION	M	99		3
	0805	客体类型限定符 Object type qualifier	M		an..3	
	0809	客体类型属性标识 Object type attribute identification	C		an..256	
	0808	客体类型属性 Object type attribute	C		an..256	
	0051	管理机构,代码型 Controlling agency,coded	C		an..3	
040	S022	客体状态 STATUS OF THE OBJECT	M	1		
	0810	客体八比特长度 Length of object in octet bits	M		n..18	
	0814	客体前的段数 Number of segments before object	C		n..3	
	0070	传送顺序 Sequence of transfers	C		n..2	
	0073	第一个和最后一个传送 First and last transfer	C		a1	
050	S302	对话参考 DIALOGUE REFERENCE	C	1		4
	0300	发起方控制参考 Initiator control reference	M		an..35	
	0303	发起方参考标识 Initiator reference identification	C		an..35	
	0051	管理机构,代码型 Controlling agency,coded	C		an..3	
	0304	应答方控制参考 Responder control reference	C		an..35	
060	S301	交互式传送状态 STATUS OF TRANSFER-INTERACTIVE	C	1		4
	0320	发送方顺序号 Sender sequence number	C		n..6	
	0323	传送位置,代码型 Transfer position,coded	C		a1	
	0325	重复指示符 Duplicate indicator	C		a1	
070	S300	发起的日期和/或时间 DATE AND/OR TIME OF INITIATION	C	1		4
	0338	事件日期 Event date	C		n..8	
	0314	事件时间 Event time	C		an..15	
	0336	时差 Time offset	C		n4	
080	0035	测试指示符 TEST INDICATOR	C	1	n1	4

注释:

1. 0800 的值在交换(不包括重复传送)中应是唯一的。
2. 必备型数据元 S020 用于标识客体标识号。
3. 必备型数据元 S021 用于文件格式的标识。
4. 数据元 S302、S301、S300 和 0035 只在交互式 EDI 中使用:
   ——S302 中的值应与本段前面的 UIB 段中的 S302 的值相同。
   ——如果使用 0035,则其值只适用于包。

UNP 客体尾 OBJECT TRAILER

功能:结束客体,并检查客体的完整性。

位置	标记	名称	状态	最大次数	表示	注释
010	0810	客体八比特长度				

位置	标记	名称	状态	最大次数	表示	注释
		LENGTH OF OBJECT IN OCTET BITS	M	1	n..18	1
020	0800	包参考号 PACKAGE REFERENCE NUMBER	M	1	an..35	2

注释：

1. 0810 的值应与 UNO 段中的数据元 0810 的值相同。
2. 0800 的值应与 UNO 段中的数据元 0800 的值相同。

UNS　节控制 SECTION CONTROL

功能：分隔报文的标头节、细目节和汇总节。

注释：仅当需要避免混淆时，才由报文的设计者使用。

位置	标记	名称	状态	最大次数	表示	注释
010	0081	节标识 SECTION IDENTIFICATION	M	1	a1	

UNT　报文尾 MESSAGE TRAILER

功能：结束报文，并检查报文的完整性。

位置	标记	名称	状态	最大次数	表示	注释
010	0074	报文中的段数 NUMBER OF SEGMENTS IN A MESSAGE	M	1	n..10	
020	0062	报文参考号 MESSAGE REFERENCE NUMBER	M	1	an..14	1

注释：

1. 0062 的值应与对应的 UNH 段中的 0062 的值相同。

UNZ　交换尾 INTERCHANGE TRAILER

功能：结束交换，并检查交换的完整性。

位置	标记	名称	状态	最大次数	表示	注释
010	0036	交换控制计数　INTERCHANGE CONTROL COUNT	M	1	n..6	
020	0020	交换控制参考 INTERCHANGE CONTROL REFERENCE	M	1	an..14	1

注释：

1. 0020 的值应与对应的 UNB 段中的 0020 的值相同。

USA　安全算法 SECURITY ALGORITHM

功能：标识一个安全算法及其技术用法，并且包含所需的技术参数。

位置	标记	名称	状态	最大次数	表示	注释
010	S502	安全算法 SECURITY ALGORITHM	M	1		
	0523	算法的使用，代码型 Use of algorithm，coded	M		an..3	
	0525	密码操作方式，代码型 Cryptographic mode of operation	C		an..3	
	0533	操作方式代码表标识符 Mode of operation code list identifier	C		an..3	
	0527	算法，代码型 Algorithm，coded	C		an..3	
	0529	算法代码表标识符 Algorithm code list identifier	C		an..3	
	0591	填充机制，代码型 Padding mechanism，coded	C		an..3	
	0601	填充机制代码表标识符 Padding mechanism code listidentifier	C		an..3	

020	S503	算法参数 ALGORITHM PARAMETER	C	9		1
	0531	算法参数限定符 Algorithm parameter qualifier	M		an..3	
	0554	算法参数值 Algorithm parameter value	M		an..512	

注释：

1. S503 提供了一个参数空间。通常使用的 S503 的重复次数取决于所使用的算法。参数的顺序是任意的，但是在每个情况下，在实际值之前有一个代码型算法参数限定符。

USB 经安全处理的数据标识 SECURED DATA IDENTIFICATION

功能：包括与安全鉴别和确认报文(AUTACK)有关的细目。

位置	标记	名称	状态	最大次数	表示	注释
010	0503	应答类型，代码型 RESPONSE TYPE，CODED	M	1	an..3	
020	S501	安全日期和时间 SECURITY DATE AND TIME	C	1		
	0517	日期和时间限定符 Date and time qualifier	M		an..3	
	0338	事件日期 Event date	C		n..8	
	0314	事件时间 Event time	C		an..15	
	0336	时差 Time offset	C		n4	
030	S002	交换发送方 INTERCHANGE SENDER	M	1		
	0004	交换发送方标识 Interchange sender identification	M		an..35	
	0007	标识代码限定符 Identification code qualifier	C		an..4	
	0008	交换发送方内部标识 Interchange sender internal identification	C		an..35	
0042		交换发送方内部分标识 Interchange sender internal sub-identification	C		an..35	
040	S003	交换接收方 INTERCHANGE RECIPIENT	M	1		
	0010	交换接收方标识 Interchange recipient identification	M		an..35	
	0007	标识代码限定符 Identification code qualifier	C		an..4	
	0014	交换接收方内部标识 Interchange recipient internal identification	C		an..35	
	0046	交换接收方内部分标识 Interchange recipient internal sub-identification	C		an..35	

USC 证书 CERTIFICATE

功能：传递公开密钥及其持有者的凭证。

位置	标记	名称	状态	最大次数	表示	注释
010	0536	证书参考 CERTIFICATE REFERENCE	C	1	an..35	2
020	S500	安全标识细目 SECURITY IDENTIFICATION DETAILS	C	2		3
	0577	安全参与方限定符 Security party qualifier	M		an..3	
	0538	密钥名称 Key name	C		an..35	
	0511	安全参与方标识 Security party identification	C		an..1024	
	0513	安全参与方代码表限定符 Security party code list qualifier	C		an..3	
	0515	安全参与方代码表负责机构，代码型	C		an..3	

		Security party code list responsible agency,coded				
	0586	安全参与方名称 Security party name	C		an..35	
	0586	安全参与方名称 Security party name	C		an..35	
	0586	安全参与方名称 Security party name	C		an..35	
030	0545	证书语法和版本,代码型 CERTIFICATE SYNTAX AND VERSION,CODED	C	1	an..3	2
040	0505	过滤函数,代码型 FILTER FUNCTION,CODED	C	1	an..3	
050	0507	源字符集编码,代码型 ORIGINAL CHARACTER SET ENCODING,CODED	C	1	an..3	4
060	0543	证书源字符集字符总表,代码型 CERTIFICATE ORIGINAL CHARACTER SET REPERTOIRE,CODED	C	1	an..3	5
070	0546	用户权限级 USER AUTHORISATION LEVEL	C	1	an..35	
080	S505	用于签名的服务字符 SERVICE CHARACTER FOR SIGNATURE	C	5		6
	0551	用于签名的服务字符限定符 Service character for signature qualifier	M		an..3	
	0548	用于签名的服务字符 Service character for signature	M		an..4	
090	S501	安全日期和时间 SECURITY DATE AND TIME	C	4		7
	0517	日期和时间限定符 Date and time qualifier	M		an..3	
	0338	事件日期 Event date	C		n..8	
	0314	事件时间 Event time	C		an..15	
	0336	时差 Time offset	C		n4	
100	0567	安全状态,代码型 SECURITY STATUS,CODED	C	1	an..3	1
110	0569	取消原因,代码型 REVOCATION REASON,CODED	C	1	an..3	1

从属性注释:

1. D5(110,100)如第一项有,则所有项全有。

其他注释:

2. 如果不使用整个证书(包括 USR 段),证书中只有数据元 0536 应是唯一的证书参考,它由证书参考(0536)、标识发布者认证机构的 S500 或标识证书持有者的 S500 组成,并包括其公开密钥名称。在非 EDIFACT 情况下,证书数据元 0545 也应出现。
3. S500/0538 标识了公共密钥,它或者是该证书持有者的公开密钥,或者是以该证书发布者(认证机构或 CA)签发证书所使用的私有密钥相关的公共密钥。
4. 0507,证书签署时的源字符集编码。如果没有规定值,则字符集编码与标识字符集组成部分的标准对应。
5. 0543,证书签署时的源字符集组成部分。如果没有规定值,在交换头中应定义该缺省。
6. 当该证书被传送时,S505 将使用 GB/T 14805.1 中定义的默认服务字符或如果使用了服务串通知,则应是该段中定义的服务字符。当证书被签署时,该数据元可规定所使用的服务字符。如果该数据元未被使用,则服务字符为默认的服务字符。
7. S501 表示与认证过程有关的日期和时间。它有可能出现 4 次:一次是证书产生的日期和时间,一次是证书有效期开始的日期和时间,一次是证书的有效期截止的日期和时间,一次是取消证书的日期和时间。

USD 数据加密头 DATA ENCRYPTION HEADER

功能:规定该段的段终止符之后的加密数据的大小(即:8 位数据的长度)。

位置	标记	名称	状态	最大次数	表示	注释
010	0556	8 位位组数据的长度 LENGTH OF DATA IN OCTETS OF BITS	M	1	n..18	
020	0518	加密参考号 ENCRYPTION REFERENCE NUMBER	C	1	an..35	
030	0582	填充位组数 NUMBER OF PADDING BYTES	C	1	n..2	

USE 安全报文关系 SECURITY MESSAGE RELATION

功能：说明与先前安全报文的关系，如对一特定请求的应答或要求得到一个特定的回答的请求。

位置	标记	名称	状态	最大次数	表示	注释
010	0565	报文关系，代码型 MESSAGE RELATION，CODED	M	1	an..3	

USF 密钥管理功能，代码型 KEY MANAGEMENT FUNCTION

功能：规定密钥管理功能的类型和对应的密钥或证书的状态。

位置	标记	名称	状态	最大次数	表示	注释
010	0579	密钥管理功能限定符 KEY MANAGEMENT FUNCTION QUALIFIER	C	1	an..3	
020	S504	列表参数 LIST PARAMETER	C	1		
	0575	列表参数限定符 List parameter qualifier	M		an..3	
	0558	列表参数 List parameter	M		an..70	
030	0567	安全状态，代码型 SECURITY STATUS，CODED	C	1	an..3	
040	0572	证书顺序号 CERTIFICATE SEQUENCE NUMBER	C	1	n..4	
050	0505	过滤函数，代码型 FILTER FUNCTION，CODED	C	1	an..3	

USH 安全头 SECURITY HEADER

功能：规定适用于 EDIFACT 结构(即：报文/包，组或交换)的安全机制。

位置	标记	名称	状态	最大次数	表示	注释
010	0501	安全服务，代码型 SECURITY SERVICE，CODED	M	1	an..3	
020	0534	安全参考号 SECURITY REFERENCE NUMBER	M	1	an..14	
030	0541	安全应用范围，代码型 SCOPE OF SECURITY APPLICATION，CODED	C	1	an..3	1
040	0503	应答类型，代码型 RESPONSE TYPE，CODED	C	1	an..3	
050	0505	过滤函数，代码型 FILTER FUNCTION，CODED	C	1	an..3	
060	0507	源字符集编码，代码型 ORIGINAL CHARACTER SET ENCODING，CODED	C	1	an..3	2
070	0509	安全提供者的作用，代码型 ROLE OF SECURITY PROVIDER，CODED	C	1	an..3	
080	S500	安全标识细目 SECURITY IDENTIFICATION DETAILS	C	2		3,4
	0577	安全参与方限定符 Security party qualifier	M		an..3	
	0538	密钥名称 Key name	C		an..35	
	0511	安全参与方标识 Security party identification	C		an..1024	
	0513	安全参与方代码表限定符 Security party code list qualifier	C		an..3	
	0515	安全参与方代码表负责机构，代码型	C		an..3	

位置	标记	名称	状态	最大次数	表示	注释
		Security party code list responsible agency,coded				
	0586	安全参与方名称 Security party name	C		an..35	
	0586	安全参与方名称 Security party name	C		an..35	
	0586	安全参与方名称 Security party name	C		an..35	
090	0520	安全顺序号 SECURITY SEQUENCE NUMBER	C	1	an..35	
100	S501	安全日期和时间 SECURITY DATE AND TIME	C	1		5
	0517	日期和时间限定符 Date and time qualifier	M		an..3	
	0338	事件日期 Event date	C		n..8	
	0314	事件时间 Event time	C		an..15	
	0336	时差 Time offset	C		n4	

注释：

1. 0541,如果数据元 0541 没有出现,则默认的安全应用范围应是当前的安全头段组和报文体或客体。
2. 0507,进行安全处理时的 EDIFACT 结构的源字符集编码。如果没有规定值,则字符集编码与 UNB 段中由语法标识符标识的字符组成部分相对应。
3. S500,有以下情况可能出现 2 次:安全发起方,安全接收方。
4. S500/0538,可用于在发送方和接收方之间建立密钥关系。
5. S501 可用作安全时间标记。它是与安全相关的,并且可以不同于任何可能出现在 EDIFACT 结构中其他地方的日期和时间。它可用来提供顺序完整性。

USL　安全列表状态 SECURITY LIST STATUS

功能：规定在列表中提供的密钥或证书等安全对象的状态,以及对应的列表参数。

位置	标记	名称	状态	最大次数	表示	注释
010	0567	安全状态,代码型 SECURITY STATUS,CODED	M	1	an..3	
020	S504	列表参数 LIST PARAMETER	C	9		
	0575	列表参数限定符 List parameter qualifier	M		an..3	
	0558	列表参数 List parameter	M		an..70	

USR　安全结果 SECURITY RESULT

功能：包括安全机制的结果。

位置	标记	名称	状态	最大次数	表示	注释
010	S508	确认结果 VALIDATION RESULT	M	2		1
	0563	确认值限定符 Validation value qualifier	M		an..3	
	0560	确认值 Validation value	C		an..1024	

注释：

1. 对于需要用两个参数来表示结果的签名算法,S508 应出现两次。对于 RSA 签名,S508 只应出现一次。对于 DSA 签名,S508 应出现两次。

UST　安全尾 SECURITY TRAILER

功能：在安全头和安全尾段组间建立联接。

位置	标记	名称	状态	最大次数	表示	注释
010	0534	安全参考号 SECURITY REFERENCE NUMBER	M	1	an..14	1
020	0588	安全段的数目 NUMBER OF SECURITY SEGMENTS	M	1	n..10	

注释：

1. 0534,其值应与 USH 段中的 0534 的值相同。

USU　数据加密尾 DATA ENCRYPTION TRAILER

功能：给出加密数据的尾。

位置	标记	名称	状态	最大次数	表示	注释
010	0556	8 位位组数据的长度 LENGTH OF DATA IN OCTETS OF BITS	M	1	n..18	1
020	0518	加密参考号 ENCRYPTION REFERENCE NUMBER	C	1	an..35	2

注释：

1. 0556，其值应与 USD 段中的 0556 的值相同。
2. 0518，其值应与 USD 段中的 0518 的值相同。

USX　安全参考 SECURITY REFERENCES

功能：参考安全处理的 EDIFACT 结构和相关的日期和时间。

位置	标记	名称	状态	最大次数	表示	注释
010	0020	交换控制参考 INTERCHANGE CONTROL REFERENCE	M	1	an..14	
020	S002	交换发送方 INTERCHANGE SENDER	C	1		
	0004	交换发送方标识 Interchange sender identification	M		an..35	
	0007	标识代码限定符 Identification code qualifier	C		an..4	
	0008	交换发送方内部标识 Interchange sender internal identification	C		an..35	
	0042	交换发送方内部子标识 Interchange sender internal sub-identification	C		an..35	
030	S003	交换接收方 INTERCHANGE RECIPIENT	C	1		
	0010	交换接收方标识 Interchange recipient identification	M		an..35	
	0007	标识代码限定符 Identification code qualifier	C		an..4	
	0014	交换接收方内部标识 Interchange recipient internal identification	C		an..35	
	0046	交换接收方内部子标识 Interchange recipient internal sub-identification	C		an..35	
040	0048	段组参考号 GROUP REFERENCE NUMBER	C	1	an..14	1,3
050	S006	应用发送方标识 APPLICATION SENDER IDENTIFICATION	C	1		1
	0040	应用发送方标识 Application sender identification	M		an..35	
	0007	标识代码限定符 Identification code qualifier	C		an..4	
060	S007	应用接收方标识 APPLICATION RECIPIENT IDENTIFICATION	C	1		3
	0044	应用接收方标识 Application recipient identification	M		an..35	
	0007	标识代码限定符 Identification code qualifier	C		an..4	
070	0062	报文参考号 MESSAGE REFERENCE NUMBER	C	1	an..14	2,4
080	S009	报文标识符 MESSAGE IDENTIFIER	C	1		4
	0065	报文类型 Message type	M		an..6	
	0052	报文版本号 Message version number	M		an..3	
	0054	报文发布号 Message release number	M		an..3	

	0051	管理机构,代码型 Controlling agency,coded	M		an..3	
	0057	机构指定的代码 Association assigned code	C		an..6	
	0110	代码列表目录版本号 Code list directory version number	C		an..6	
	0113	报文类型子功能标识 Message type sub-function identification	C		an..6	
090	0800	包参考号 PACKAGE REFERENCE NUMBER	C	1	an..35	2
100	S501	安全日期与时间 SECURITY DATE AND TIME	C	1		
	0517	日期与时间限定符 Date and time qualifier	M		an..3	
	0338	事件日期 Event date	C		n..8	
	0314	事件时间 Event time	C		an..15	
	0336	时差 Time offset	C		n4	

从属性注释:

1. D5(050,040) 如第一项有,则全有。
2. D1(070,090)有一项且仅有一项。
3. D5(060,040)如第一项有,则全有。
4. D5(080,070)如第一项有,则全有。

USY 参考的安全 Security on reference

功能:标识应用头,同时包括安全结果,并/或指出所参考值的安全拒绝的可能原因。

位置	标记	名称	状态	最大次数	表示	注释
010	0534	安全参考号 SECURITY REFERENCE NUMBER	M	1	an..14	
020	S508	确认结果 VALIDATION RESULT	C	2		1
	0563	确认值限定符 Validation value qualifier	M		an..3	
	0560	确认值 Validation value	C		an..1024	
030	0571	安全错误,代码型 SECURITY ERROR,CODED	C	1	an..3	1

从属性注释:

1. D3(020,030)有一项或多项。

5.2 服务复合数据元目录

5.2.1 服务复合数据元规范说明

位置(POS) :复合数据元中的成分数据元的顺序位置号。

标记(TAG) :复合数据元目录中的所有服务复合数据元的标记均以字母“S”开头,所有服务简单数据元的标记均以数字“0”开头。

名称(Name):包括中文名称和英文名称,其中成分数据元的英文名称用小写字母表示。

状态(S) :复合数据元中的成分数据元的状态(M 表示必备型,C 表示条件型)。

表示(Repr.):复合数据元中的成分数据元的数据值的表示。

a	字母字符
n	数字字符
an	字母数字字符
a3	3 位字母字符,定长
n3	3 位数字字符,定长
an3	3 位字母数字字符,定长
a..3	最多为 3 位字母字符
n..3	最多为 3 位数字字符

an..3　　最多为3位字母数字字符

说明(Desc.)：复合数据元的描述

5.2.2　从属性注释标识符

代码	名　称
D1	有一项且仅有一项
D2	全有或全无
D3	有一项或多项
D4	有一项或无
D5	如第一项有，则所有项全有
D6	如第一项有，则至少有一项有
D7	如第一项有，则其他项全无

从属性注释标识符的定义见GB/T 14805.1—1999的11.5。

5.2.3　标记字母顺序排列的服务复合数据元索引

变更指示符(与GB/T 14805的第1至9部分(idt ISO 9735:1998/1999)进行比较)

加号(+)　增加

星号(*)　对结构进行了修订

井号(#)　对名称进行了变更

竖杠(|)　对描述性的、注释性的和功能性的文本的变更

减号(—)　删除

符号X(X)　待删除标记

	标记	中文名称	英文名称
*	S001	语法标识符	Syntax identifier
	S002	交换发送方	Interchange sender
	S003	交换接收方	Interchange recipient
	S004	制作日期和时间	Date and time of preparation
	S005	接收方参考/口令细目	Recipient reference/password details
	S006	应用发送方标识	Application sender identification
	S007	应用接收方标识	Application recipient identification
X	S008	报文版本	Message version
	S009	报文标识符	Message identifier
	S010	传送状态	Status of the transfer
	S011	数据元标识	Data element identification
	S016	报文子集标识	Message subset identification
	S017	报文实施指南标识	Message implementation guideline identification
	S018	剧本标识	Scenario identification
	S020	参考标识	Reference identification
	S021	客体类型标识	Object type identification
	S022	客体状态	Status of the object
	S300	发起日期和/或时间	Date and/or time of initiation
	S301	交互式传送状态	Status of transfer-interactive
	S302	对话参考	Dialogue reference
	S303	交易参考	Transaction reference
	S305	对话标识	Dialogue identification
	S306	交互式报文标识符	Interactive message identifier

#	S307	状态信息	Status information
	S500	安全标识细目	Security identification details
	S501	安全日期和时间	Security data and time
|	S502	安全算法	Security algorithm
	S503	算法参数	Algorithm parameter
	S504	列表参数	List parameter
	S505	用于签名的服务字符	Service character for signature
	S508	确认结果	Validation result

5.2.4 按英文名称字母顺序排列的服务复合数据元索引

变更指示符(与 GB/T 14805 的第 1 至 9 部分(idt ISO 9735:1998/1999)进行比较)

加号(+) 增加

星号(*) 对结构进行了修订

井号(#) 对名称进行了变更

竖杠(|) 对描述性的、注释性的和功能性的文本的变更

减号(—) 删除

符号 X(X) 待删除标记

英文名称	中文名称	标记
Algorithm parameter	算法参数	S503
Application recipient identification	应用接收方标识	S007
Application sender identification	应用发送方标识	S006
Data element identification	数据元标识	S011
Date and time of preparation	制作日期和时间	S004
Date and/or time of initiation	发起日期和/或时间	S300
Dialogue identification	对话标识	S305
Dialogue reference	对话参考	S302
Interactive message identifier	交互式报文标识符	S306
Interchange recipient	交换接收方	S003
Interchange sender	交换发送方	S002
List parameter	列表参数	S504
Message identifier	报文标识符	S009
Message implementation guideline identification	报文实施指南标识	S017
Message subset identification	报文子集标识	S016
Message version	报文版本	X S008
Object type identification	客体类型标识	S021
Recipient reference/password details	接收方参考/口令细目	S005
Reference identification	参考标识	S020
Scenario identification	剧本标识	S018
Security algorithm	安全算法	| S502
Security data and time	安全日期和时间	S501
Security identification details	安全标识细目	S500
Service character for signature	用于签名的服务字符	S505
Status information	状态信息	# S307
Status of the object	客体状态	S022
Status of the transfer	传送状态	S010

Status of transfer-interactive	交互式传送状态	S301
Syntax identifier	语法标识符	* S001
Transaction reference	交易参考	S303
Validation result	确认结果	S508

5.2.5 服务复合数据元规范

变更指示符(与 GB/T 14805 的第 1 至 9 部分(idt ISO 9735:1998/1999)进行比较)

加号(＋) 增加

星号(*) 对结构进行了修订

井号(#) 对名称进行了变更

竖杠(|) 对描述性的、注释性的和功能性的文本的变更

减号(—) 删除

符号 X(X) 待删除标记

---

* S001 语法标识符 SYNTAX IDENTIFIER

说明:标识管理语法、语法级、版本号和服务代码目录的机构。

位置	标记	名称	状态	表示	注释
010	0001	语法标识符 Syntax identifier	M	a4	
020	0002	语法版本号 Syntax version number	M	an1	
030	0080	服务代码表目录版本号 Service code list directory version number	C	an..6	
040	0133	字符编码,代码型 Character encoding,coded	C	an..3	
050	＋0076	语法发布号 Syntax release number	C	an2	

S002 交换发送方 INTERCHANGE SENDER

说明:交换发送方的标识。

位置	标记	名称	状态	表示	注释
010	0004	交换发送方标识 Interchange sender identification	M	an..35	
020	0007	标识代码限定符 Identification code qualifier	C	an..4	
030	0008	交换发送方内部标识 Interchange sender internal identification	C	an..35	
040	0042	交换发送方内部子标识 Interchange sender internal sub-identification	C	an..35	

S003 交换接收方 INTERCHANGE RECIPIENT

说明:交换接收方的标识。

位置	标记	名称	状态	表示	注释
010	0010	交换接收方标识 Interchange recipient identification	M	an..35	
020	0007	标识代码限定符 Identification code qualifier	C	an..4	
030	0014	交换接收方内部标识 Interchange recipient internal identification	C	an..35	
040	0046	交换接收方内部子标识 Interchange recipient internal sub-identification	C	an..35	

S004 制作日期和时间 DATE AND TIME OF PREPARATION

说明：交换的制作日期和时间。

位置	标记	名称	状态	表示	注释
010	0017	日期 Date	M	n8	
020	0019	时间 Time	M	n4	

S005 接收方参考/口令细目 RECIPIENT REFERENCE/PASSWORD DETAILS

说明：通信参与方之间商定的参考或口令。

位置	标记	名称	状态	表示	注释
010	0022	接收方参考/口令 Recipient reference/password	M	an..14	
020	0025	接收方参考/口令限定符 Recipient reference/password qualifier	C	an2	

S006 应用发送方标识 APPLICATION SENDER IDENTIFICATION

说明：发送方的标识，如发送方的部门、分支机构、计算机应用系统或进程。

位置	标记	名称	状态	表示	注释
010	0040	应用发送方标识 Application sender identification	M	an..35	
020	0007	标识代码限定符 Identification code qualifier	C	an..4	

S007 应用接收方标识 APPLICATION RECIPIENT IDENTIFICATION

说明：接收方的标识，如接收方的部门、分支机构、计算机应用系统或进程。

位置	标记	名称	状态	表示	注释
010	0044	应用接收方标识 Application recipient identification	M	an..35	
020	0007	标识代码限定符 Identification code qualifier	C	an..4	

X S008 报文版本 MESSAGE VERSION

说明：组中所有单一类型的报文的版本号和发布号的说明。

位置	标记	名称	状态	表示	注释
010	0052	报文版本号 Message version number	M	an..3	
020	0054	报文发布号 Message release number	M	an..3	
030	0057	团体分配的代码 Association assigned code	C	an..6	

S009 报文标识符 MESSAGE IDENTIFIER

说明：所交换的报文的类型、版本等的标识。

位置	标记	名称	状态	表示	注释
010	0065	报文类型 Message type	M	an..6	
020	0052	报文版本号 Message version number	M	an..3	
030	0054	报文发布号 Message release number	M	an..3	
040	0051	管理机构，代码型 Controlling agency，coded	M	an..3	
050	0057	团体分配的代码 Association assigned code	C	an..6	
060	0110	代码表目录版本号 Code list directory version number	C	an..6	
070	0113	报文类型子功能标识			

		Message type sub-function identification	C	an..6	

S010 传送状态 STATUS OF THE TRANSFER

说明：声明该报文是与同一题目有关的传送序列中的一个。

位置	标记	名称	状态	表示	注释
010	0070	传送顺序 Sequence of transfers	M	n..2	
020	0073	第一个和最后一个传送 First and last transfer	C	a1	

S011 数据元标识 DATA ELEMENT IDENTIFICATION

说明：错误数据元的位置标识。该位置标识可以是段定义中的独立数据元或复合数据元的位置，也可以是复合数据元定义中的成分数据元的位置。

位置	标记	名称	状态	表示	注释
010	0098	错误数据元在段中的位置 Erroneous data element position in segment	M	n..3	
020	0104	错误成分数据元的位置 Erroneous component data element position	C	n..3	1,2
030	0136	错误数据元出现次数 Erroneous data element occurrence	C	n..6	1,3

从属性注释：

1. D4(020,030)有一项或无。

其他注释：

2. 当要报告成分数据元出错时才使用0104。
3. 当要报告重复数据元出错时才使用0136。

S016 报文子集标识 MESSAGE SUBSET IDENTIFICATION

说明：用标识符、版本号、发布号和出处标识报文子集。

位置	标记	名称	状态	表示	注释
010	0115	报文子集标识 Message subset identification	M	an..14	
020	0116	报文子集版本号 Message subset version number	C	an..3	
030	0118	报文子集发布号 Message subset release number	C	an..3	
040	0051	管理机构，代码型 Controlling agency，coded	C	an..3	

S017 报文实施指南标识 MESSAGE IMPLEMENTATION GUIDELINE IDENTIFICATION

说明：用标识符、版本号、发布号和出处标识报文实施指南。

位置	标记	名称	状态	表示	注释
010	0121	报文实施指南标识 Message implementation guideline identification	M	an..14	
020	0122	报文实施指南版本号 Message implementation guideline version number	C	an..3	
030	0124	报文实施指南发布号 Message implementation guideline release number	C	an..3	
040	0051	管理机构，代码型 Controlling agency，coded	C	an..3	

S018 剧本标识 SCENARIO IDENTIFICATION

说明：剧本的标识。

位置	标记	名称	状态	表示	注释
010	0127	剧本标识 Scenario identification	M	an..14	
020	0128	剧本版本号 Scenario version number	C	an..3	
030	0130	剧本发布号 Scenario release number	C	an..3	
040	0051	管理机构，代码型 Controlling agency，coded	C	an..3	

S020　参考标识 REFERENCE IDENTIFICATION

说明：与客体有关的参考的标识。

位置	标记	名称	状态	表示	注释
010	0813	参考限定符 Reference qualifier	M	an..3	
020	0802	参考标识号 Reference identification number	M	an..35	

S021　客体类型标识 OBJECT TYPE IDENTIFICATION

说明：有关客体类型的属性的标识。

位置	标记	名称	状态	表示	注释
010	0805	客体类型限定符 Object type qualifier	M	an..3	
020	0809	客体类型属性标识 Object type attribute identification	C	an..256	1
030	0808	客体类型属性 Object type attribute	C	an..256	1
040	0051	管理机构，代码型 Controlling agency，coded	C	an..3	

从属性注释：

1. D3(020,030) 有一项或多项

S022　客体状态 STATUS OF THE OBJECT

说明：标识客体的长度，需要时，还标识客体的传送状态。

位置	标记	名称	状态	表示	注释
010	0810	客体八比特长度 Length of object in octet bits	M	n..18	
020	0814	客体前的段数 Number of segments before object	C	n..3	
030	0070	传送顺序 Sequence of transfers	C	n..2	
040	0073	第一个和最后一个传送 First and last transfer	C	a1	

S300　发起日期和/或时间 DATE AND/OR TIME OF INITIATION

说明：发起事件的日期和/或时间。

位置	标记	名称	状态	表示	注释
010	0338	事件日期 Event date	C	n..8	
020	0314	事件时间 Event time	C	an..15	1
030	0336	时差 Time offset	C	n4	1

从属性注释：

1. D5(030,020) 如第一项有，则所有项全有。

S301　交互式传送状态 STATUS OF TRANSFER-INTERACTIVE

说明：标识在发送方发出的交换中报文和/或包的顺序，以及在多个报文和/或包传送中的位置。

位置	标记	名称	状态	表示	注释
010	0320	发送方顺序号 Sender sequence number	C	n..6	1
020	0323	传送位置,代码型 Transfer position,coded	C	a1	2
030	0325	重复指示符 Duplicate indicator	C	a1	3

注释:

1. 在一个交换中,0320 的值始于 1,且每增加一个报文和包加 1 递增。
2. 0323 仅在单一的请求或应答中包含多个报文或包的情况下才使用。
3. 0325 仅在重复传送的情况下才使用。

S302　对话参考 DIALOGUE REFERENCE

说明:交互式 EDI 交易中的协作的参与方之间的对话的唯一参考。

位置	标记	名称	状态	表示	注释
010	0300	发起方控制参考 Initiator control reference	M	an..35	
020	0303	发起方参考标识 Initiator reference identification	C	an..35	1
030	0051	管理机构,代码型 Controlling agency,coded	C	an..3	1
040	0304	应答方控制参考 Responder control reference	C	an..35	

从属性注释:

1. D5(030,020) 如第一项有,则所有项全有。

S303　交易参考 TRANSACTION REFERENCE

说明:对话所属的业务交易的唯一参考。

位置	标记	名称	状态	表示	注释
010	0306	交易控制参考 Transaction control reference	M	an..35	
020	0303	发起方参考标识 Initiator reference identification	C	an..35	1
030	0051	管理机构,代码型 Controlling agency,coded	C	an..3	1

从属性注释:

1. D5(030,020) 如第一项有,则所有项全有。

S305　对话标识 DIALOGUE IDENTIFICATION

说明:用于交互式 EDI 交易的对话类型的标识。

位置	标记	名称	状态	表示	注释
010	0311	对话标识 Dialogue identification	M	an..14	
020	0342	对话版本号 Dialogue version number	C	an..3	
030	0344	对话发布号 Dialogue release number	C	an..3	
040	0051	管理机构,代码型 Controlling agency,coded	C	an..3	

S306　交互式报文标识符 INTERACTIVE MESSAGE IDENTIFIER

说明:所交换的报文的类型、版本和细目的标识。

位置	标记	名称	状态	表示	注释
010	0065	报文类型 Message type	M	an..6	
020	0052	报文版本号 Message version number	M	an..3	
030	0054	报文发布号 Message release number	M	an..3	
040	0113	报文类型子功能标识 Message type sub-function identification	C	an..6	

050	0051	管理机构,代码型 Controlling agency,coded	C	an..3	
060	0057	团体分配的代码 Association assigned code	C	an..6	

S307 状态信息 STATUS INFORMATION

说明:状态或错误报告的原因。

位置	标记	名称	状态	表示	注释
010	0333	状态,代码型 Status,coded	C	an..3	
020	0332	状态 Status	C	an..70	1,2
030	0335	语言,代码型 Language,coded	C	an..3	1

从属性注释:

1. D5(030,020) 如第一项有,则所有项全有。

其他注释:

2. 当0335无值时,0332所述文本默认为英文。

S500 安全标识细目 SECURITY IDENTIFICATION DETAILS

说明:在安全过程中涉及的各参与方的标识。

位置	标记	名称	状态	表示	注释
010	0577	安全参与方限定符 Security party qualifier	M	an..3	
020	0538	密钥名称 Key name	C	an..35	
030	0511	安全参与方标识 Security party identification	C	an..1024	1
040	0513	安全参与方代码表限定符 Security party code list qualifier	C	an..3	1
050	0515	安全参与方代码表负责机构,代码型 Security party code list responsible agency,coded	C	an..3	1
060	0586	安全参与方名称 Security party name	C	an..35	
070	0586	安全参与方名称 Security party name	C	an..35	
080	0586	安全参与方名称 Security party name	C	an..35	

从属性注释:

1. D2(030,040,050)全有或全无。

S501 安全日期和时间 SECURITY DATE AND TIME

说明:与安全相关的日期和时间。

位置	标记	名称	状态	表示	注释
010	0517	日期和时间限定符 Date and time qualifier	M	an..3	
020	0338	事件日期 Event date	C	n..8	
030	0314	事件时间 Event time	C	an..15	
040	0336	时差 Time offset	C	n4	

| S502 安全算法 SECURITY ALGORITHM

说明:安全算法的标识。

位置	标记	名称	状态	表示	注释
010	0523	算法的使用,代码型 Use of algorithm,coded	M	an..3	
020	0525	密码操作方式,代码型 Cryptographic mode of operation,coded	C	an..3	1,3,6

030	0533	操作方式代码表标识符 Mode of operation code list identifier	C	an..3	1
040	0527	算法,代码型 Algorithm,coded	C	an..3	2,3,5
050	0529	算法代码表标识符 Algorithm code list identifier	C	an..3	2
060	0591	填充机制,代码型 Padding mechanism,coded	C	an..3	4,5
070	0601	填充机制代码表标识符 Padding mechanism code list identifier	C	an..3	4

从属性注释:

1. | D5(030,020)如第一项有,则所有项全有。
2. D5(050,040)如第一项有,则所有项全有。
3. D5(020,040)如第一项有,则所有项全有。
4. D5(070,060)如第一项有,则所有项全有。
5. D5(060,040)如第一项有,则所有项全有。

其他注释:

6. | 操作方式的选择应根据所选定的算法(数据元 0527)进行选择。操作方式与算法的某些组合是不适宜的。

S503 算法参数 ALGORITHM PARAMETER

说明:安全算法所需要的参数。

位置	标记	名称	状态	表示	注释
010	0531	算法参数限定符 Algorithm parameter qualifier	M	an..3	
020	0554	算法参数值 Algorithm parameter value	M	an..512	

S504 列表参数 LIST PARAMETER

说明:用于请求或提供列表参数的标识。

位置	标记	名称	状态	表示	注释
010	0575	列表参数限定符 List parameter qualifier	M	an..3	
020	0558	列表参数 List parameter	M	an..70	

S505 用于签名的服务字符 SERVICE CHARACTER FOR SIGNATURE

说明:计算签名时作为语法服务字符的字符标识。

位置	标记	名称	状态	表示	注释
010	0551	用于签名的服务字符的限定符 Service character for signature qualifier	M	an..3	
020	0548	用于签名的服务字符 Service character for signature	M	an..4	

S508 确认结果 VALIDATION RESULT

说明:安全机制的应用结果。

位置	标记	名称	状态	表示	注释
010	0563	确认值限定符 Validation value qualifier	M	an..3	
020	0560	确认值 Validation value	C	an..1024	1

注释:

1. 0560 的长度应由计算机确认值的加密算法和应用于结果的过滤函数的特征来决定。

5.3 服务简单数据元目录

5.3.1 概述

服务代码目录是联合国贸易数据交换目录(UNTDID)的组成部分。

下述简单数据元目录中的代码型数据元的代码值应参见最新版的 UNTDID。

5.3.2 服务简单数据元规范说明

标记 (Tag) ：服务简单数据元目录中包含的所有服务简单数据元的标记均以数字“0”开头。

名称 (Name)：简单数据元的中文名称和英文名称。

说明 (Desc.)：简单数据元的说明。

表示 (Repr.)：简单数据元的数据值的表示。

a	字母字符
n	数字字符
an	字母数字字符
a3	3 位字母字符，定长
n3	3 位数字字符，定长
an3	3 位字母数字字符，定长
a..3	最多为 3 位字母字符
n..3	最多为 3 位数字字符
an..3	最多为 3 位字母数字字符

5.3.3 按标记的字母顺序排列的服务简单数据元索引

变更指示符(与 GB/T 14805 的第 1 至 9 部分(idt ISO 9735:1998/1999)进行比较)

加号(+) 增加

星号(*) 对结构进行了修订

井号(#) 对名称进行了变更

竖杠(|) 对描述性的、注释性的和功能性的文本的变更

减号(—) 删除

符号 X(X) 待删除标记

标记	中文名称	英文名称
0001	语法标识符	Syntax identifier
0002	语法版本号	Syntax version number
0004	交换发送方标识	Interchange sender identification
0007	标识代码限定符	Identification code qualifier
0008	交换发送方内部标识	Interchange sender internal identification
0010	交换接收方标识	Interchange recipient identification
0014	交换接收方内部标识	Interchange recipient internal identification
0017	日期	Date
0019	时间	Time
0020	交换控制参考	Interchange control reference
0022	接收方参考/口令	Recipient reference/password
0025	接收方参考/口令限定符	Recipient reference/password qualifier
0026	应用参考	Application reference
0029	处理优先级代码	Processing priority code
0031	确认请求	Acknowledgement request
0032	交换协议标识符	Interchange agreement identifier
0035	测试指示符	Test indicator

	0036	交换控制计数	Interchange control count
X	0038	报文组标识	Message group identification
	0040	应用发送方标识	Application sender identification
	0042	交换发送方内部子标识	Interchange sender internal sub-identification
	0044	应用接收方标识	Application recipient identification
	0046	交换接收方内部子标识	Interchange recipient internal sub-identification
	0048	组参考号	Group reference number
	0051	管理机构,代码型	Controlling agency,coded
	0052	报文版本号	Message version number
	0054	报文发布号	Message release number
	0057	团体分配的代码	Association assigned code
	0058	应用口令	Application password
	0060	组控制计数	Group control count
	0062	报文参考号	Message reference number
	0065	报文类型	Message type
	0068	公共访问参考	Common access reference
	0070	传送顺序	Sequence of transfers
	0073	第一个和最后一个传送	First and last transfer
	0074	报文中的段数	Number of segments in a message
+	0076	语法发布号	Syntax release number
	0080	服务代码表目录版本号	Service code list directory version number
	0081	节标识	Section identification
	0083	行动,代码型	Action,coded
	0085	语法错误,代码型	Syntax error,coded
	0087	防冲突段组标识	Anti-collision segment group identification
|	0096	段在报文体中的位置	Segment position in message body
	0098	错误数据元在段中的位置	Erroneous data element position in segment
	0104	错误成分数据元位置	Erroneous component data element position
	0110	代码表目录版本号	Code list directory version number
	0113	报文类型子功能标识	Message type sub-function identification
	0115	报文子集标识	Message subset identification
	0116	报文子集版本号	Message subset version number
	0118	报文子集发布号	Message subset release number
	0121	报文实施指南标识	Message implementation guideline identification
	0122	报文实施指南版本号	Message implementation guideline version number
	0124	报文实施指南发布号	Message implementation guideline release number
	0127	剧本标识	Scenario identification
	0128	剧本版本号	Scenario version number
	0130	剧本发布号	Scenario release number
	0133	字符编码,代码型	Character encoding,coded
	0135	服务段标记,代码型	Service segment tag,coded
	0136	错误数据元出现次数	Erroneous data element occurrence
	0138	安全段位置	Security segment position
	0300	发起方控制参考	Initiator control reference

	0303	发起方参考标识	Initiator reference identification
	0304	应答方控制参考	Responder control reference
	0306	交易控制参考	Transaction control reference
	0311	对话标识	Dialogue identification
	0314	事件时间	Event time
	0320	发送方顺序号	Sender sequence number
	0323	传送位置,代码型	Transfer position,coded
	0325	重复指示符	Duplicate indicator
	0331	报告功能,代码型	Report function,coded
#	0332	状态	Status
#	0333	状态,代码型	Status ,coded
# |	0335	语言,代码型	Language,coded
	0336	时差	Time offset
	0338	事件日期	Event date
	0340	交互式报文参考号	Interactive message reference number
	0342	对话版本号	Dialogue version number
	0344	对话发布号	Dialogue release number
	0501	安全服务,代码型	Security service,coded
	0503	应答类型,代码型	Response type,coded
	0505	过滤函数,代码型	Filter function,coded
	0507	源字符集编码,代码型	Original character set encoding,coded
	0509	安全提供者作用,代码型	Role of security provider,coded
*	0511	安全参与方标识	Security party identification
	0513	安全参与方代码表限定符	Security party code list qualifier
	0515	安全参与方代码表负责机构,代码型	Security party code list responsible agency,coded
	0517	日期和时间限定符	Date and time qualifier
	0518	加密参考号	Encryption reference number
	0520	安全顺序号	Security sequence number
	0523	算法的使用,代码型	Use of algorithm,coded
	0525	密码操作方式,代码型	Cryptographic mode of operation,coded
	0527	算法,代码型	Algorithm,coded
	0529	算法代码表标识符	Algorithm code list identifier
	0531	算法参数限定符	Algorithm parameter qualifier
	0533	操作方式代码表标识符	Mode of operation code list identifier
	0534	安全参考号	Security reference number
	0536	证书参考	Certificate reference
	0538	密钥名称	Key name
	0541	安全应用范围,代码型	Scope of security application,coded
	0543	证书源字符集字符总表,代码型	Certificate original character set repertoire,coded
	0545	证书语法和版本,代码型	Certificate syntax and version,coded
	0546	用户权限级	User authorization level
	0548	用于签名的服务字符	Service character for signature
	0551	用于签名的服务字符限定符	Service character for signature qualifier
	0554	算法参数值	Algorithm parameter value

	0556	8位位组的数据长度	Length of data in octets of bits
	0558	列表参数	List parameter
*	0560	确认值	Validation value
#	0563	确认值限定符	Validation value qualifier
	0565	报文关系,代码型	Message relation, coded
	0567	安全状况,代码型	Security status, coded
	0569	取消原因,代码型	Revocation reason, coded
	0571	安全错误,代码型	Security error, coded
	0572	证书顺序号	Certificate sequence number
	0575	列表参数限定符	List parameter qualifier
	0577	安全参与方限定符	Security party qualifier
	0579	密钥管理功能限定符	Key management function qualifier
	0582	填充位组数	Number of padding bytes
	0586	安全参与方名称	Security party name
	0588	安全段的数目	Number of security segments
	0591	填充机制,代码型	Padding mechanism, coded
	0601	填充机制代码表标识符	Padding mechanism code list identifier
	0800	包参考号	Package reference number
	0802	参考标识号	Reference identification number
	0805	客体类型限定符	Object type qualifier
	0808	客体类型属性	Object type attribute
	0809	客体类型属性标识	Object type attribute identification
	0810	客体八比特长度	Length of object in octet bits
	0813	参考限定符	Reference qualifier
	0814	客体前的段数	Number of segments before object

5.3.4 按英文名称排列的服务简单数据元索引

变更指示符(与 GB/T 14805 的第1至9部分(idt ISO 9735:1998/1999)进行比较)

加号(+) 增加

星号(*) 对结构进行了修订

井号(#) 对名称进行了变更

竖杠(I) 对描述性的、注释性的和功能性的文本的变更

减号(—) 删除

符号 X(X) 待删除标记

英文名称	中文名称	标记
Acknowledgement request	确认请求	0031
Action, coded	行动,代码型	0083
Algorithm code list identifier	算法代码表标识符	0529
Algorithm parameter qualifier	算法参数限定符	0531
Algorithm parameter value	算法参数值	0554
Algorithm, coded	算法,代码型	0527
Anti-collision segment group identification	防冲突段组标识	0087
Application password	应用口令	0058
Application recipient identification	应用接收方标识	0044
Application reference	应用参考	0026

Application sender identification	应用发送方标识	0040
Association assigned code	团体分配的代码	0057
Certificate original character set repertoire,coded	证书源字符集字符总表,代码型	0543
Certificate reference	证书参考	0536
Certificate sequence number	证书顺序号	0572
Certificate syntax and version,coded	证书语法和版本,代码型	0545
Character encoding,coded	字符编码,代码型	0133
Code list directory version number	代码表目录版本号	0110
Common access reference	公共访问参考	0068
Controlling agency,coded	管理机构,代码型	0051
Cryptographic mode of operation,coded	密码操作方式,代码型	0525
Date	日期	0017
Date and time qualifier	日期和时间限定符	0517
Dialogue identification	对话标识	0311
Dialogue release number	对话发布号	0344
Dialogue version number	对话版本号	0342
Duplicate indicator	重复指示符	0325
Encryption reference number	加密参考号	0518
Erroneous component data element position	错误成分数据元位置	0104
Erroneous data element occurrence	错误数据元出现次数	0136
Erroneous data element position in segment	错误数据元在段中的位置	0098
Event date	事件日期	0338
Event time	事件时间	0314
Filter function,coded	过滤函数,代码型	0505
First and last transfer	第一个和最后一个传送	0073
Group control count	组控制计数	0060
Group reference number	组参考号	0048
Identification code qualifier	标识代码限定符	0007
Initiator control reference	发起方控制参考	0300
Initiator reference identification	发起方参考标识	0303
Interactive message reference number	交互式报文参考号	0340
Interchange agreement identifier	交换协议标识符	0032
Interchange control count	交换控制计数	0036
Interchange control reference	交换控制参考	0020
Interchange recipient identification	交换接收方标识	0010
Interchange recipient internal identification	交换接收方内部标识	0014
Interchange recipient internal sub-identification	交换接收方内部子标识	0046
Interchange sender identification	交换发送方标识	0004
Interchange sender internal identification	交换发送方内部标识	0008
Interchange sender internal sub-identification	交换发送方内部子标识	0042
Key management function qualifier	密钥管理功能限定符	0579
Key name	密钥名称	0538
Language,coded	语言,代码型	# |0335
Length of data in octets of bits	8位位组的数据长度	0556

Length of object in octet bits	客体八比特长度	0810
List parameter	列表参数	0558
List parameter qualifier	列表参数限定符	0575
Message group identification	报文组标识	X 0038
Message implementation guideline identification	报文实施指南标识	0121
Message implementation guideline release number	报文实施指南发布号	0124
Message implementation guideline version number	报文实施指南版本号	0122
Message reference number	报文参考号	0062
Message relation,coded	报文关系,代码型	0565
Message release number	报文发布号	0054
Message subset identification	报文子集标识	0115
Message subset release number	报文子集发布号	0118
Message subset version number	报文子集版本号	0116
Message type	报文类型	0065
Message type sub-function identification	报文类型子功能标识	0113
Message version number	报文版本号	0052
Mode of operation code list identifier	操作方式代码表标识符	0533
Number of padding bytes	填充位组数	0582
Number of security segments	安全段的数目	0588
Number of segments before object	客体前的段数	0814
Number of segments in a message	报文中的段数	0074
Object type attribute	客体类型属性	0808
Object type attribute identification	客体类型属性标识	0809
Object type qualifier	客体类型限定符	0805
Original character set encoding,coded	源字符集编码,代码型	0507
Package reference number	包参考号	0800
Padding mechanism code list identifier	填充机制代码表限定符	0601
Padding mechanism,coded	填充机制,代码型	0591
Processing priority code	处理优先级代码	0029
Recipient reference/password	接收方参考/口令	0022
Recipient reference/password qualifier	接收方参考/口令限定符	0025
Reference identification number	参考标识号	0802
Reference qualifier	参考限定符	0813
Report function,coded	报告功能,代码型	0331
Responder control reference	应答方控制参考	0304
Response type,coded	应答类型,代码型	0503
Revocation reason,coded	取消原因,代码型	0569
Role of security provider,coded	安全提供者作用,代码型	0509
Scenario identification	剧本标识	0127
Scenario release number	剧本发布号	0130
Scenario version number	剧本版本号	0128
Scope of security application,coded	安全应用范围,代码型	0541
Section identification	节标识	0081
Security error,coded	安全错误,代码型	0571

Security party code list qualifier	安全参与方代码表限定符	0513
Security party code list responsible agency, coded	安全参与方代码表负责机构,代码型	0515
Security party identification	安全参与方标识	* 0511
Security party name	安全参与方名称	0586
Security party qualifier	安全参与方限定符	0577
Security reference number	安全参考号	0534
Security segment position	安全段位置	0138
Security sequence number	安全顺序号	0520
Security service, coded	安全服务,代码型	0501
Security status, coded	安全状况,代码型	0567
Segment position in message body	段在报文体中的位置	| 0096
Sender sequence number	发送方顺序号	0320
Sequence of transfers	传送顺序	0070
Service character for signature	用于签名的服务字符	0548
Service character for signature qualifier	用于签名的服务字符限定符	0551
Service code list directory version number	服务代码表目录版本号	0080
Service segment tag, coded	服务段标记,代码型	0135
Status	状态	# 0332
Status , coded	状态,代码型	# 0333
Syntax error, coded	语法错误,代码型	0085
Syntax identifier	语法标识符	0001
Syntax release number	语法发布号	0076
Syntax version number	语法版本号	0002
Test indicator	测试指示符	0035
Time	时间	0019
Time offset	时差	0336
Transaction control reference	交易控制参考	0306
Transfer position, coded	传送位置,代码型	0323
Use of algorithm, coded	算法的使用,代码型	0523
User authorization level	用户权限级	0546
Validation value	确认值	* 0560
Validation value qualifier	确认值限定符	# 0563

5.3.5 服务简单数据元规范

变更指示符(与 GB/T 14805 的第 1 至 9 部分(idt ISO 9735:1998/1999)进行比较)

加号(+) 增加

星号(*) 对结构进行了修订

井号(#) 对名称进行了变更

竖杠(|) 对描述性的、注释性的和功能性的文本的变更

减号(—) 删除

符号 X(X) 待删除标记

0001 语法标识符 SYNTAX IDENTIFIER

说明:语法管理机构和交换中使用的字符总表的代码型标识。

表示：a4

注：数据值由标识语法管理机构的大写字母“UN”和紧随其后的标识所用字符总表的2位字母代码组成。

0002　语法版本号 SYNTAX VERSION NUMBER

说明：语法的版本号。

表示：an1

注：用“4”表示该版语法的版本号。

0004　交换发送方标识 INTERCHANGE SENDER IDENTIFICATION

说明：交换发送方的名称或代码型标识。

表示：an..35

注1：机构代码或名称与交换双方商定的一致。

注2：如用代码型表示，其出处可由数据元0007中的限定符规定。

0007　标识代码限定符 IDENTIFICATION CODE QUALIFIER

说明：标识代码的限定符。

表示：an..4

注：限定符代码可引用ISO 6523中的机构标识。

0008　交换发送方内部标识 INTERCHANGE SENDER INTERNAL IDENTIFICATION

说明：由交换发送方规定的标识（如部门、分支机构或计算机系统/进程的标识），如经商定，接收方可在应答交换中使用该标识，以简化内部路由。

表示：an..35

0010　交换接收方标识 INTERCHANGE RECIPIENT IDENTIFICATION

说明：交换接收方的名称或代码型标识。

表示：an..35

注1：机构代码或名称与交换双方商定的一致。

注2：如用代码型标识，其出处可由数据元0007中的限定符规定。

0014　交换接收方内部标识 INTERCHANGE RECIPIENT INTERNAL IDENTIFICATION

说明：由交换接收方规定的标识（如部门、分支机构或计算机系统/进程的标识），如经商定，发送方可在应答交换中使用该标识，以简化内部路由。

表示：an..35

0017　日期 DATE

说明：制作交换或组时的当地日期。

表示：n8

注：格式为CCYYMMDD。

0019　时间 TIME

说明：制作交换或组时的当地时间。

表示：n4

注：格式为24小时制的HHMM。

0020 交换控制参考 INTERCHANGE CONTROL REFERENCE

说明：发送方为某一交换指定的唯一参考。

表示：an..14

0022 接收方参考/口令 RECIPIENT REFERENCE/PASSWORD

说明：接收方系统或参与方交换协议中规定的第三方网络的参考或口令。

表示：an..14

注：按参与方交换协定的规定使用，也可用数据元0025限定。

0025 接收方参考/口令限定符 RECIPIENT REFERENCE/PASSWORD QUALIFIER

说明：接收方参考或口令的限定符。

表示：an2

注：按参与方交换协定中的规定使用。

0026 应用参考 APPLICATION REFERENCE

说明：发送方指定的应用领域的标识，交换中的报文与该应用领域有关。如，如果交换中的所有报文为同一类型，则该标识即为该报文类型。

表示：an..14

注：应用领域(如会计，采购等)的标识或报文类型的标识，视应用情况而定。

0029 处理优先级代码 PROCESSING PRIORITY CODE

说明：发送方为交换请求处理优先级而确定的代码。

表示：a1

注：按参与方交换协定的规定使用。

0031 确认请求 ACKNOWLEDGEMENT REQUEST

说明：请求对交换进行确认的代码。

表示：n1

注1：发送方请求接收方在应答中发送与语法正确性有关的报文时使用。

注2：就UN/EDIFACT而言，已为此制定了一个专用报文(语法和服务报告报文—CONTRL)。

0032 交换协议标识符 INTERCHANGE AGREEMENT IDENTIFIER

说明：交换中所遵循的协议类型的标识，用代码或名称表示。

表示：an..35

注：名称或代码在参与方交换协议中规定。

0035 测试指示符 TEST INDICATOR

说明：指出包含测试指示符的结构级是一个测试。

表示：n1

0036 交换控制计数 INTERCHANGE CONTROL COUNT

说明：交换中的报文和包的数目，或者交换中的组(如果使用了组)的数目。

表示：n..6

X 0038 报文组标识 MESSAGE GROUP IDENTIFICATION

说明：组中的单一报文类型的标识。

表示：an..6

注：该数据元将从本部分的下一版本中删除，因此其用法不在此说明。

0040 应用发送方标识 APPLICATION SENDER IDENTIFICATION

说明：应用发送方（如，部门、分支机构或计算机系统/处理过程）的名称或代码型标识。

表示：an..35

0042 交换发送方内部子标识 INTERCHANGE SENDER INTERNAL SUB-IDENTIFICATION

说明：当需要更下一级的标识时，用于给出交换发送方内部标识的子标识。

表示：an..35

0044 应用接收方标识 APPLICATION RECIPIENT IDENTIFICATION

说明：应用接收方（如，部门、分支机构或计算机系统/处理过程）的名称或代码型标识。

表示：an..35

0046 交换接收方内部子标识 INTERCHANGE RECIPIENT INTERNAL SUB-IDENTIFICATION

说明：需要更下一级的标识时，用于给出交换接收方内部标识的子标识。

表示：an..35

0048 组参考号 GROUP REFERENCE NUMBER

说明：交换中的组的唯一参考号。

表示：an..14

0051 管理机构，代码型 CONTROLLING AGENCY，CODED

说明：标识管理机构的代码。

表示：an..3

0052 报文版本号 MESSAGE VERSION NUMBER

说明：报文类型的版本号。

表示：an..3

---

* 0054 报文发布号 MESSAGE RELEASE NUMBER

说明：当前报文版本号中的发布号。

表示：an..3

0057 团体分配的代码 ASSOCIATION ASSIGNED CODE

说明：由负责有关报文类型的设计和维护的团体指定的、用于进一步标识报文的代码。

表示：an..6

0058 应用口令 APPLICATION PASSWORD

说明：接收方的部门或应用系统/进程的口令。

表示：an..14

0060 组控制计数 GROUP CONTROL COUNT

说明：组中的报文和包的数目。
表示：n..6

0062　报文参考号 MESSAGE REFERENCE NUMBER
说明：由发送方指定的唯一的报文参考。
表示：an..14

0065　报文类型 MESSAGE TYPE
说明：由管理机构指定的、用于标识报文类型的代码。
表示：an..6
注：在 UNSM(联合国标准报文)中，其表示为 a6。

0068　公共访问参考 COMMON ACCESS REFERENCE
说明：作为把所有后续的数据传送与同一业务案例或文件联系起来的关键字的参考。
表示：an..35

0070　传送顺序 SEQUENCE OF TRANSFERS
说明：由发送方指定的、用于指出与同一主题有关的报文传送顺序的号码。该报文可以是对于同一主题有关的、先前传送内容的增补或变更。
表示：n..2
注：应将传送序列中的第一个报文的传送顺序号赋值为 1。

0073　第一个和最后一个传送 FIRST AND LAST TRANSFER
说明：用于指出报文为同一主题的报文序列中第一个和最后一个报文的标识。
表示：a1

0074　报文中的段数 NUMBER OF SEGMENTS IN A MESSAGE
说明：报文体中段的数目，包括报文标头段和报文尾段。
表示：n..10

＋0076　语法发布号　Syntax release number
说明：语法发布的号码(在现有的语法版本号中)。
表示：an2

0080　服务代码表目录版本号 SERVICE CODE LIST DIRECTORY VERSION NUMBER
说明：服务代码表目录的版本号。
表示：an..6

0081　节标识 SECTION IDENTIFICATION
说明：用于分隔报文的节。
表示：a1

0083　行动，代码型 ACTION，CODED
说明：用代码形式指出对交换或交换的一部分的确认、拒绝或交换接收的指示。
表示：an..3

0085 语法错误,代码型 SYNTAX ERROR,CODED

说明:指明所查出的错误的代码。

表示:an..3

0087 防冲突段组标识 ANTI-COLLISION SEGMENT GROUP IDENTIFICATION

说明:唯一标识报文中的防冲突段组。

表示:an..4

注:该数据元的值应是报文规范中所规定的 UGH/UGT 段组的段组号。

| 0096 段在报文体中的位置 SEGMENT POSITION IN MESSAGE BODY

| 说明:在实际接收到的报文体中某个段的位置编号。该编号从 UNH 段开始并包括 UNH 段,UNH 段的编号为 1。当标识段出错时,该编号为出错段的位置编号。当报告段遗漏时,该编号为应当出现的遗漏段之前的那个段的位置编号。当报告段组遗漏时,用标识该遗漏段组的第一个段遗漏的方式表示。

表示:n..6

0098 错误数据元在段中的位置 ERRONEOUS DATA ELEMENT POSITION IN SEGMENT

说明:出错的独立数据元或复合数据元的位置编号。段代码和每个随后的已在段说明中定义的独立数据元或复合数据元应按升序编号,段标记的位置编号为 1。

表示:n..3

0104 错误成分数据元位置 ERRONEOUS COMPONENT DATA ELEMENT POSITION

说明:出错的成分数据元的位置编号。每个已在复合数据元说明中定义的成分数据元应按升序编号,编号从 1 开始。

表示:n..3

0110 代码表目录版本号 CODE LIST DIRECTORY VERSION NUMBER

说明:代码表目录的版本号。

表示:an..6

0113 报文类型子功能标识 MESSAGE TYPE SUB-FUNCTION IDENTIFICATION

说明:标识报文类型的子功能的代码。

表示:an..6

注:该代码限定报文类型数据元(0065),以允许接收方标识一个报文的特定子功能。

0115 报文子集标识 MESSAGE SUBSET IDENTIFICATION

说明:报文子集的管理机构给报文子集制定的代码型标识。

表示:an..14

0116 报文子集版本号 MESSAGE SUBSET VERSION NUMBER

说明:报文子集的版本号。

表示:an..3

0118 报文子集发布号 MESSAGE SUBSET RELEASE NUMBER

说明：报文子集版本号中的发布号。
表示：an..3

0121 报文实施指南标识 MESSAGE IMPLEMENTATION GUIDELINE IDENTIFICATION
说明：报文实施指南的管理机构给报文实施指南制定的代码型标识。
表示：an..14

0122 报文实施指南版本号 MESSAGE IMPLEMENTATION GUIDELINE VERSION NUMBER
说明：报文实施指南的版本号。
表示：an..3

0124 报文实施指南发布号 MESSAGE IMPLEMENTATION GUIDELINE RELEASE NUMBER
说明：报文实施指南版本号中的发布号。
表示：an..3

0127 剧本标识 SCENARIO IDENTIFICATION
说明：标识剧本的代码。
表示：an..14

0128 剧本版本号 SCENARIO VERSION NUMBER
说明：剧本的版本号。
表示：an..3

0130 剧本发布号 SCENARIO RELEASE NUMBER
说明：剧本版本号中的发布号。
表示：an..3

0133 字符编码，代码型 CHARACTER ENCODING，CODED
说明：交换中使用的字符编码的代码型标识。
表示：an..3
注：按参与方交换协定中的规定使用。当在交换中不采用由字符总表相关的字符集规范规定的编码时，用该数据元标识所采用的字符总表的编码技术。

0135 服务段标记，代码型 SERVICE SEGMENT TAG，CODED
说明：标识服务段的代码。
表示：an..3

0136 错误数据元出现次数 ERRONEOUS DATA ELEMENT OCCURRENCE
说明：出错的重复的独立数据元或复合数据元的出现次数。每次出现（用重复分隔符指出）应累加计数，计数从 1 开始。
表示：n..6

0138 安全段位置 SECURITY SEGMENT POSITION
说明：在实际接收到的一对安全头/安全尾组成的段组内，用其安全参考号标识的某一安全段的位置编

号。编号从USH段开始，并包括USH段，USH段编号为1。当标识有错误的安全段时，该编号为该安全段的位置编号。当报告安全段遗漏时，该编号为在应当出现的遗漏段之前的那个安全段的位置编号。当报告安全段组遗漏时，用标识该遗漏段组的第一个段遗漏的方式表示。

表示：n..6

0300　发起方控制参考 INITIATOR CONTROL REFERENCE

说明：由对话发起方指定的参考。

表示：an..35

0303　发起方参考标识 INITIATOR REFERENCE IDENTIFICATION

说明：由发起交易或对话的参与方指定的机构代码或名称。表示：an..35

0304　应答方控制参考 RESPONDER CONTROL REFERENCE

说明：由对话应答方指定的参考。

表示：an..35

0306　交易控制参考 TRANSACTION CONTROL REFERENCE

说明：由交易发起方指定的参考。

表示：an..35

0311　对话标识 DIALOGUE IDENTIFICATION

说明：标识对话的代码。

表示：an..14

0314　事件时间 EVENT TIME

说明：事件的时间。

表示：an..15

注：格式为HHMMSS…，最多可精确到其后9位。末尾字符为"Z"时表示为国际协调时间(UTC)。(见GB/T 7408)。

0320　发送方顺序号 SENDER SEQUENCE NUMBER

说明：发送方交换中的报文或包的顺序号的标识。

表示：n..6

0323　传送位置，代码型 TRANSFER POSITION，CODED

说明：传送位置的指示。

表示：a1

0325　重复指示符 DUPLICATE INDICATOR

说明：该结构是前期发送的结构的重复的指示。

表示：a1

0331　报告功能，代码型 REPORT FUNCTION，CODED

说明：标识状态或错误报告类型的代码型值。

表示:an..3

0332 状态 STATUS

说明:状态或错误报告的原因的文本性描述。

表示:an..70

0333 状态,代码型 STATUS,CODED

说明:标识状态或错误报告的原因的代码。

表示:an..3

| 0335 语言,代码型 LANGUAGE,CODED

| 说明:标识所使用的语言的代码。

表示:an..3

注释:该数据元的代码表由 ISO 维护(见 GB/T 4880)。

0336 时差 TIME OFFSET

说明:事件时间与 UTC(国际协调时间)的时差。

表示:n4

注释:格式为 HHMM,对于负时差应带有前缀"-"(见 GB/T 7408)。

0338 事件日期 EVENT DATE

说明:事件的日期。

表示:n..8

注释:格式为 YYMMDD 或 CCYYMMDD。

0340 交互式报文参考号 INTERACTIVE MESSAGE REFERENCE NUMBER

说明:由发送方指定的唯一的交互式报文参考。

表示:an..35

0342 对话版本号 DIALOGUE VERSION NUMBER

说明:对话的版本号。

表示:an..3

0344 对话发布号 DIALOGUE RELEASE NUMBER

说明:对话的发布号。

表示:an..3

0501 安全服务,代码型 SECURITY SERVICE,CODED

说明:所使用安全服务的规范。

表示:an..3

0503 应答类型,代码型 RESPONSE TYPE,CODED

说明:预期的、来自接收方的应答类型的规范。

表示：an..3

0505　过滤函数，代码型 FILTER FUNCTION，CODED

说明：用于把任一位模式可逆地映射到一个有限的字符集上的过滤函数的标识。

表示：an..3

0507　源字符集编码，代码型 ORIGINAL CHARACTER SET ENCODING，CODED

说明：当应用安全机制时，对经安全处理的 EDIFACT 结构进行编码所使用的字符集的标识。

表示：an..3

0509　安全提供者作用，代码型 ROLE OF SECURITY PROVIDER，CODED

说明：与经安全处理的项相关的安全提供者的作用的标识。

表示：an..3

---

* 0511　安全参与方标识 SECURITY PARTY IDENTIFICATION

说明：根据定义好的安全参与方记录，安全过程中所涉及的参与方的标识。

表示：an..1024

0513　安全参与方代码表限定符 SECURITY PARTY CODE LIST QUALIFIER

说明：用于注册安全参与方的标识类型的标识。

表示：an..3

0515　安全参与方代码表负责机构，代码型 SECURITY PARTY CODE LIST RESPOSIBLE AGENCY，CODED

说明：负责安全参与方注册的标识。

表示：an..3

0517　日期和时间限定符 DATE AND TIME QUALIFIER

说明：日期和时间类型规范。

表示：an..3

0518　加密参考号 ENCRYPTION REFERENCE NUMBER

说明：加密 EDIFACT 结构的参考号。

表示：an..35

0520　安全顺序号 SECURITY SEQUENCE NUMBER

说明：给经安全处理的 EDIFACT 结构所分配的顺序号。

表示：an..35

注释：该顺序号是与安全相关，它可以不同于可能出现于 EDIFACT 结构其他地方的 EDIFACT 结构标识。当需要顺序完整性时，可使用它。

0523　算法的使用，代码型 USE OF ALGORITHM，CODED

说明：由算法所产生的用法的规范。

表示：an..3

0525 密码操作方式，代码型 CRYPTOGRAPHIC MODE OF OPERATION，CODED

说明：用于算法的操作方式的规范。

表示：an..3

0527 算法，代码型 ALGORITHM，CODED

说明：算法的标识。

表示：an..3

0529 算法代码表标识符 ALGORITHM CODE LIST IDENTIFIER

说明：用来标识算法的代码表规范。

表示：an..3

0531 算法参数限定符 ALGORITHM PARAMETER QUALIFIER

说明：参数值类型的规范。

表示：an..3

0533 操作方式代码表标识符 MODE OF OPERATION CODE LIST IDENTIFIER

说明：用来标识加密操作方式的代码表规范。

表示：an..3

0534 安全参考号 SECURITY REFERENCE NUMBER

说明：由安全发起方给一对安全头和安全尾段组指定的唯一参考号。

表示：an..14

注释：该值可以任意指定，但在同一 EDIFACT 结构(如交换、组、报文或包)中不能再重复使用。

0536 证书参考 CERTIFICATE REFERENCE

说明：标识认证机构的证书。

表示：an..35

0538 密钥名称 KEY NAME

说明：用于建立参与方间密钥关系的名称。

表示：an..35

0541 安全应用范围，代码型 SCOPE OF SECURITY APPLICATION，CODED

说明：安全头中所定义的安全服务应用范围的规范。

表示：an..3

注释：它定义了在相关加密过程中必须考虑的数据。

0543 证书源字符集字符总表，代码型 CERTIFICATE ORIGINAL CHARACTER SET REPERTOIR，CODED

说明：签署证书时用于创建证书的字符集字符总表的标识。

表示:an..3

0545 证书语法和版本,代码型 CERTIFICATE SYNTAX AND VERSION,CODED
说明:用于创建证书的语法和版本的代码型证书。
表示:an..3

0546 用户权限级 USER AUTHOTIZATION LEVEL
说明:与证书持有者相关的权限级的规范。
表示:an..35

0548 用于签名的服务字符 SERVICE CHARACER FOR SIGNATURE
说明:计算签名时使用的服务字符。
表示:an..4
注释:为了避免翻译问题,该服务字符用其在源字符集编码数据元(0507)标识的字符集中的值表示。对至少两个字符进行六层过滤。例如,如果使用 GB 1988(即 ASCII 编码)8 位编码页,服务字符“'”的编码为“27”(两个字符)。

0551 用于签名的服务字符限定符 SERVICE CHARACER FOR SIGNATURE QUALIFIER
说明:计算签名时使用的服务字符类型的标识。
表示:an..3

0554 算法参数值 ALGORITHM PARAMETER VALUE
说明:算法所要求的参数值。
表示:an..512
注释:如果需要,该值应通过一个适当的过滤函数进行过滤。注意,密钥名称无须过滤。

0556 8 位位组的数据长度 LENGTH OF DATA IN OCTETS OF BITS
说明:8 位位组的数据的计数。
表示:n..18

0558 列表参数 LIST PARAMETER
说明:所要求或提供的列表的说明。
表示:an..70

---

* 0560 确认值 VALIDATION VALUE
说明:与规定的安全功能对应的安全结果。
表示:an..1024
注释:如果需要,该值应由一个适当的过滤函数进行过滤。

0563 确认值限定符 VALIDATION VALUE QUALIFIER
说明:确认值类型的标识。
表示:an..3

0565　报文关系，代码型 MESSAGE RELATION，CODED
说明：与另一个报文的关系，该报文可以是过去的报文或未来的报文。
表示：an..3

0567　安全状态，代码型 SECURITY STATUS，CODED
说明：安全元素(如密钥或证书)状态的标识。
表示：an..3

0569　取消原因，代码型 REVOCATION REASON，CODED
说明：取消证书的原因的标识。
表示：an..3

0571　安全错误，代码型 SECURITY ERROR，CODED
说明：标识导致拒绝 EDIFACT 结构的安全错误。
表示：an..3
注释：此数据元应说明所出现的安全错误。这些错误可能是导致对安全确认请求的未确认，或者可以是一个包含错误的 AUTACK，或经安全处理的 EDIFACT 结构的接收方主动发送的。

0572　证书顺序号 CERTIFICATE SEQUENCE NUMBER
说明：认证途径中证书的位置的说明。
表示：n..4
注释：证书路径可按认证路径中的证书序号来排序。

0575　列表参数限定符 LIST PARAMETER QUALIFIER
说明：列表参数类型的说明。
表示：an..3

0577　安全参与方限定符 SECURITY PARTY QUALIFIER
说明：安全参与方作用的标识。
表示：an..3

0579　密钥管理功能限定符 KEY MANAGEMENT FUNCTION QUALIFIER
说明：密钥管理功能类型的说明。
表示：an..3

0582　填充位组数 NUMBER OF PADDING BYTES
说明：计算填充位组数。
表示：n..2

0586　安全参与方名称 SECURITY PARTY NAME
说明：安全参与方的名称。
表示：an..35

0588 安全段的数目 NUMBER OF SECURITY SEGMENTS
说明：当一对安全头/尾组被用于加密时，这对安全头/尾组中的安全段的数目，安全段数目应加上USD和USU段。
表示：n..10
注释 1：每对安全头/安全尾组中应包括在这对安全头/安全尾组内的安全段数目的计数。
2：安全段的数目的计数应包括USR段。

0591 填充机制，代码型 PADDING MECHANNISM,CODED
说明：所用的填充机制或填充方案。
表示：an..3

0601 填充机制代码表标识符 PADDING MECHANNISM CODE LIST IDENTIFIER
说明：用来标识填充机制或填充方案的代码表的规范。
表示：an..3

0800 包参考号 PACKAGE REFERENCE NUMBER
说明：由发送方指定的唯一的包参考号。
表示：an..35

0802 参考标识号 REFERENCE IDENTIFICATION NUMBER
说明：标识与客体有关的报文、报文组和/或交换的参考号。
表示：an..35

0805 客体类型限定符 OBJECT TYPE QUALIFIER
说明：客体类型的限定符。
表示：an..3

0808 客体类型属性 OBJECT TYPE ATTRIBUTE
说明：适用于客体类型的属性。
表示：an..256

0809 客体类型属性标识 OBJECT TYPE ATTRIBUTE IDENTIFICATION
说明：适用于客体类型的属性的代码型标识。
表示：an..256

0810 客体八比特长度 LENGTH OF OBJECT IN OCTET BITS
说明：客体的八比特的计算。
表示：n..18
注：该计数不应包括前一个结构化的EDIFACT段的终止符和下一个结构化的EDIFACT段的第一个字符（“U”）。

0813 参考限定符 REFERENCE QUALIFIER
说明：赋予参考标识号特定含义的代码。
表示：an..3

0814 客体前的段数 NUMBER OF SEGMENTS BEFORE OBJECT
说明：出现在 UNO 段和客体开始之间的段的数目。
表示：n..3

6 语法服务代码表目录

语法服务代码表目录是联合国贸易数据交换目录(UNTDID)的组成部分，由联合国欧洲经济委员会(UN/ECE)维护，本部分不再重述。引用服务简单数据元目录(参见本部分 5.3)中的代码型数据元的代码值时，应使用最新版本的语法服务代码表目录。

语法服务代码表目录可以从联合语法工作组(JSWG)的网址(www.gefeg.com/jswg)下载。为了给标准 GB/T 14805 的用户提供帮助，本部分的附录 A 给出了语法服务代码表目录的简短描述。

附 录 A
（资料性附录）
语法服务代码表目录的简短描述

A.1 概述

为了描述在服务简单数据元目录中所示的代码型数据元的用法，在此给出目前发布的（发布号40005）ISO 9735/第4版语法服务代码表目录的简单描述。

语法服务代码表目录由联合语法工作组（JSWG）的代码分工作组（SWG 4）进行维护。目前，该目录与UN/CEFACT用户目录集每年同时更新两次。

ISO 9735语法服务代码表目录在JSWG的网页（www.gefeg.com/jswg）上发布。

A.2 代码表

变更指示符（与发布的40004语法服务代码表目录进行比较）

加号（＋） 增加

星号（＊） 对结构进行了修订

井号（♯） 对名称进行了变更

竖杠（｜） 对描述性的、注释性的和功能性的文本进行了变更

符号X（X）待删除标记

0001 语法标识符 SYNTAX IDENTIFIER

说明：语法管理机构和交换中使用的字符总表的代码型标识。

表示：a4

注：数据值由标识语法管理机构的大写字母“UN”和紧随其后的标识所用字符总表的2位字母代码组成。

UNOA UN/ECE A级 UN/ECE level A

遵循GB/T 1988基本代码表的定义，小写字母、可选的图形字符和国家或面向应用的图形字符除外。

UNOB UN/ECE B级 UN/ECE level B

遵循GB/T 1988基本代码表的定义，可选的图形字符和国家或面向应用的图形字符除外。

UNOC UN/ECE C级 UN/ECE level C

遵循GB/T 15273.1《信息处理　八位单字节编码图形字符集　第一部分：拉丁字母一》（idt ISO 8859-1）中的定义。

UNOD UN/ECE D级 UN/ECE level D

遵循GB/T 15273.2《信息处理　八位单字节编码图形字符集　第二部分：拉丁字母二》（idt ISO 8859-2）中的定义。

UNOE UN/ECE E级 UN/ECE level E

遵循ISO 8859-5《信息处理　第5部分：拉丁字母/西里尔字母》中的定义。

UNOF UN/ECE F级 UN/ECE level F

遵循GB/T 15273.7《信息处理　八位单字节编码图形字符集　第七部分：拉丁/希腊字母》（idt ISO 8859-7）中的定义。

UNOG UN/ECE G级 UN/ECE level G

遵循GB/T 15273.3《信息处理　八位单字节编码图形字符集　第三部分：拉丁字母三》

(idt ISO 8859-3)中的定义。

UNOH　UN/ECE H 级 UN/ECE level H

遵循 GB/T 15273.4《信息处理　八位单字节编码图形字符集　第四部分:拉丁字母四》(idt ISO 8859-4)中的定义。

UNOI　UN/ECE I 级 UN/ECE level I

遵循 ISO 8859-6《信息处理　第 6 部分:拉丁字母/阿拉伯字母》的定义。

UNOJ　UN/ECE J 级 UN/ECE level J

遵循 ISO 8859-8《信息处理　第 8 部分:拉丁字母/西伯来字母》的定义。

UNOK　UN/ECE K 级 UN/ECE level K

遵循 ISO 8859-9《信息处理　第 9 部分:拉丁字母》的定义。

UNOX　UN/ECE X 级 UN/ECE level X

GB/T 7589 中定义的代码扩充技术,该技术利用了 GB/T 12054 中的转义技术。

UNOY　UN/ECE Y 级 UN/ECE level Y

GB/T 13000.1《信息技术　通用多八位编码字符集(UCS) 第 1 部分:体系结构与基本多文种平面》中的无代码扩充技术的八位编码字符。

0002　语法版本号 SYNTAX VERSION NUMBER

说明:语法的版本号。

表示:an1

注:用“4”表示该版语法的版本号。

1　版本 1 Version 1

ISO 9735:1988

2　版本 2 Version 2

ISO 9735:1990

3　版本 3 Version 3

ISO 9735 第 1 号修订单:1992

4　版本 4 Version 4

GB/T 14805(idt ISO 9735:1998/1999)。

0007　标识代码限定符 IDENTIFICATION CODE QUALIFIER

说明:标识代码的限定符。

表示:an..4

注:限定符代码可引用 ISO 6523 中的机构标识。

1　邓白氏商业资料调查公司 DUNS

由邓白氏分配的伙伴标识代码。

4　国际航空运输协会 IATA

由国际航空运输协会分配的伙伴标识代码。

5　商业系统标识 INSEE

法国国家统计机构。

8　统一代码委员会标识符 UCC Communications ID

统一代码委员会标识符是一个 10 位数字码,用于唯一标识物理或逻辑位置。

9　带有四位数字尾标的邓白氏商业资料调查公司代码 DUNS with 4 digit suffix

12　电话号码　telephone　number

与伙伴电话号码相对应的伙伴标识代码。

14　欧洲物品编码协会 EAN

由欧洲物品编码协会分配的伙伴标识代码。

18 汽车工业协作集团 AIAG

由汽车工业协作集团分配的伙伴标识代码。

22 企业系统标识 INSEE/SIREN

法国国家统计机构。

30 ISO 6523：机构标识 ISO 6523：Organization identification

在 ISO 6523(机构标识的结构)中规定的伙伴标识代码。

31 德国标准化协会 DIN

33 德国社会保障协会 BfA

34 国家统计机构 National Statistical Agency

由国家统计机构分配的伙伴标识代码。

51 通用电气信息服务机构 GEIS

由通用电气信息服务机构分配的伙伴标识代码。

52 IBM 网络服务机构 INS

由 IBM 网络服务机构分配的伙伴标识代码。

53 德国零售业数据中心 Datenzentrale des Einzelhandels,Germany

54 德国建筑材料贸易协会 Bundesverband der Deutschen Baustoffhaendler

55 银行标识符代码 Bank identifier code

与伙伴的银行标识代码对应的伙伴标识代码。

57 韩国贸易网络服务机构 KTNet

由韩国贸易网络服务机构分配的伙伴标识代码。

58 万国邮政联盟 UPU

由万国邮政联盟分配的伙伴标识代码。

59 欧洲使用电信传输的数据交换组织(欧洲汽车工业工程) ODETTE

欧洲自动工业项目。

61 标准承运人字母代码 SCAC

多式联运承运人和代理代码目录，该目录列出运输公司列表及其代码。

63 澳大利亚电子商务协会 ECA

澳大利亚电子商务协会。

65 TELEBOX 400

德国电信服务机构。

80 英国卫生服务体系 NHS

英国卫生服务体系。

82 挪威电信管理机构 Statens Teleforvaltning

挪威电信管理机构。

84 雅典商会 Athens Chamber of Commerce

希腊商会。

85 瑞士商会 Swiss Chamber of Commerce

瑞士商会。

86 美国国际商会 US Council for International Business

美国国际商会。

87 国家商业和工业联盟 National Federation of Chambers of Commerce and Industry

比利时国家商业和工业联盟。

89 英国商业协会 Association of British Chambers of Commerce

英国商业协会。

90 国际航空电信协会 SITA
国际航空电信协会 SITA

91 由卖方或卖方代理分配 Assigned by seller or seller's agent
由卖方或卖方代理分配的伙伴标识代码。

92 由买方或买方代理分配 Assigned by buyer or buyer's agent
由买方或买方代理分配的伙伴标识代码。

103 台湾贸易网 Trade-van
供海关、运输和保险的内贸和外贸的 EDI 增值网服务中心。

128 瑞士清算银行号码 CH,BCNR
作为电子报文的发送方和/或接收方的瑞士清算银行的标识代码。

129 瑞士业务伙伴标识 CH,BPI
作为电子报文的发送方和/或接收方的公司或瑞士非清算银行标识代码。

144 美国国防部机构地址代码 US,DODAAC
美国国防部中分配给所有部队单位的唯一标识代码。

145 法国公共会计协会 FR,DGCP
由法国公共会计协会分配的代码。

146 法国税务局 FR,DGI
由法国税务局分配的代码。

147 日本信息处理开发公司/电子商务促进中心,JP,JIPDEC/ECPC
在日本信息处理开发公司/电子商务促进中心注册的伙伴标识代码。

148 国际电信联盟数据网络标识代码 ITU,DNIC
由国际电信联盟分配的网络标识代码。

ZZZ 相互协商 Mutually defined
在贸易伙伴间相互协商。

0025 接收方参考/口令限定符 RECIPIENT REFERENCE/PASSWORD QUALIFIER

说明：接收方参考或口令的限定符。

表示：an2

注：按参与方交换协定中的规定使用。

AA 参考 Reference
接收方的参考/口令是一个参考。

BB 口令 Password
接收方的参考/口令是一个口令。

0029 处理优先级代码 PROCESSING PRIORITY CODE

说明：发送方为交换请求处理优先级而确定的代码。

表示：a1

注 1：按参与方交换协定的规定使用。

A 最高优先级 Highest priority
最高的请求处理优先级。

0031 确认请求 ACKNOWLEDGEMENT REQUEST

说明：请求对交换进行确认的代码。

表示：n1

注 1：发送方请求接收方在应答中发送与语法正确性有关的报文时使用。

注 2：在 UN/EDIFACT 中，已为此制定了一个专用报文（语法和服务报告报文——CONTRL）。

1 请求确认 Acknowledgement requested
请求确认。

2 接收指示 Indication of receipt
仅对接收进行确认。

0035 测试指示符 TEST INDICATOR

说明：指出包含测试指示符的结构级是一个测试。

表示：n1

1 交换是一个测试 Interchange is a test
指出交换是一个测试。

2 仅测试语法 Syntax only test
仅测试语法结构。

3 回送请求 Echo request
无变更返回，该数据元的值为 4 时除外。

4 回送应答 Echo reponse
无变更返回，该数据元的值从 3 变为 4 时除外。

0051 管理机构，代码型 CONTROLLING AGENCY，CODED

说明：标识管理机构的代码。

表示：an..3

AA 法国建筑工程 EDICONSTRUCT
法国建筑工程。

AB 德国标准化协会 DIN
德国标准化协会。

AC 国际航运商会 ICS

AD 万国邮政联盟 UPU
万国邮政联盟。

AE 英国物品编码协会 ANA
标识英国物品编码协会。

AF 美国国家标准局标准委员会 X12 ANSI ASC X12
标识美国的电子数据交换标准团体。

AG 美国国防部 US DOD
美国国防部是管理报文规范的实体。

AH 美国联邦政府 US Federal Government
美国联邦政府是管理报文规范的实体。

AI 用于金融、信息、费用、会计、审计和社会领域的欧洲 EDI 协会 EDIFICAS
用于金融、信息、费用、会计、审计和社会领域的欧洲 EDI 协会 EDIFICAS。

CC 海关合作理事会 CCC
海关合作理事会 CCC

CE 欧洲化学工业联合会 CEFIC
化学工业 EDI 项目。

EC 英国建筑工程 EDICON
英国建筑工程 。

ED 电子工业工程 EDIFICE
对计算机和电子学感兴趣的部门之间的 EDI 论坛(EDP/ADP 部门的 EDI 工程)。

EE 欧共体及欧洲自由贸易协会 EC + EFTA
欧共体及欧洲自由贸易协会。

EN 国际物品编码协会 EAN
国际物品编码协会。

ER 国际铁路联盟 UIC
欧洲铁路。

EU 欧盟 European Union
欧洲联盟。

EW UN/EDIFACT 工作组 UN/EDIFACT Working Group
联合国负责 UN/EDIFACT 的工作组。

EX 国际快递运输协会 IECC
国际快递运输协会。

IA 国际航空运输协会 IATA
国际航空运输协会。

KE 韩国 EDIFACT 委员会 KEC
韩国 EDIFACT 委员会。

LI 英国保险工程 LIMNET
英国保险工程。

OD 欧洲使用电信传输的数据交换组织(欧洲汽车工业工程) ODETTE
欧洲自动工业工程。

RI 分保和保险网络
分保和保险网络。

RT EDIFACT 报告人小组 UN/ECE/TRADE/WP.4/GE.1/EDIFACT Rapporteurs'Teams
联合国欧洲经济委员会国际贸易程序简化工作组,数据元与自动数据交换专家组,EDIFACT 报告人。

UN 联合国贸易简化与电子商务中心 UN/CEFACT
联合国贸易简化与电子商务中心。

0052 报文版本号 MESSAGE VERSION NUMBER

说明:报文类型的版本号。

表示:an..3

1 状态 1 版本 Status 1 version
作为状态 1(试用)报文批准和发布的报文,(适用于 1990 年 3 月至 1993 年 3 月期间发布的目录)。

2 状态 2 版本 Status 2 version
作为状态 2(正式推荐)报文批准和发布的报文,(适用于 1990 年 3 月至 1993 年 3 月期间发布的目录)。

4 服务报文,版本 4 Service message,version 4
已批准和发布作为 GB/T 14805(语法版本 4)的服务报文。
注:在早期 UN/EDIFACT 中,作为独立报文发布的 CONTRL 报文,其使用的版本号在报文中规定。

88 1988 年版 1988 version
1988 年版 UNTDID(联合国贸易数据交换目录)中批准和发布的状态 2(正式推荐)报文。

89 1989 年版 1989 version

1989 年版 UNTDID 中(联合国贸易数据交换目录)批准和发布的状态 2(正式推荐)报文。

90 1990 年版 1990 version

1990 年版 UNTDID 中(联合国贸易数据交换目录)批准和发布的状态 2(正式推荐)报文。

D UN/EDIFACT 目录的草案版本 Draft version/UN/EDIFACT Directory

作为草案版本批准和发布的报文。(1993 年 3 月至 1997 年 3 月期间发布的目录生效)。批准作为标准报文(1997 年 3 月之后发布的目录生效)。

S 标准版本 Standard version

作为标准版本批准和发布的报文。(1993 年 3 月至 1997 年 3 月期间发布的目录生效)。

0054 报文发布号 MESSAGE RELEASE NUMBER

说明:当前报文版本号中的发布号。

表示:an..3

1 第一次发布 First release

UNTDID(联合国贸易数据交换目录)该年第一次批准和发布的用户报文。1990 年 3 月之前发布的目录生效。已批准和第一次发布作为 ISO 9735/使用的第 4 版语法服务报文自发布之日起生效。

2 第二次发布 Second release

UNTDID(联合国贸易数据交换目录)该年第二次批准和发布的用户报文。1990 年 3 月之前发布的目录生效。已批准和第一次发布作为 ISO 9735/使用的第 4 版语法服务报文自发布之日起生效。

902 1990 年发布试用报文 Trial release 1990

1990 年版 UNTDID(联合国贸易数据交换目录)中批准和发布的状态 1 报文。

911 1991 年发布试用报文 Trial release 1991

1991 年版 UNTDID(联合国贸易数据交换目录)中批准和发布的状态 1 报文。

912 1991 年标准版 Standard release 1991

1991 年版 UNTDID(联合国贸易数据交换目录)中批准和发布的状态 2 报文。

921 1992 年试用版 Trial release 1992

1992 年版 UNTDID(联合国贸易数据交换目录)中批准和发布的状态 1 报文。

932 1993 年标准版 Standard release 1993

1993 年版 UNTDID(联合国贸易数据交换目录)中批准和发布的状态 2 报文。

00A 2000 年 A 版 Release 2000-A

2000 年版 UNTDID(联合国贸易数据交换目录)中第 1 次批准和发布的报文。

00B 2000 年 B 版 Release 2000-B

2000 年版 UNTDID(联合国贸易数据交换目录)中第 2 次批准和发布的报文。

01A 2001 年 A 版 Release 2001-A

2001 年版 UNTDID(联合国贸易数据交换目录)中第 1 次批准和发布的报文。

+ 01B 2001 年 B 版 Release 2001-B

2001 年版 UNTDID(联合国贸易数据交换目录)中第 2 次批准和发布的报文。

93A 1993 年 A 版 Release 1993-A

1993 年版 UNTDID(联合国贸易数据交换目录)中批准和发布的报文。

94A 1994 年 A 版 Release 1994-A

1994 年第一版 UNTDID(联合国贸易数据交换目录)中批准和发布的报文。

94B 1994 年 B 版 Release 1994-B

1994 年第二版 UNTDID(联合国贸易数据交换目录)中批准和发布的报文。

95A 1995 年 A 版 Release 1995-A
1995 年第一版 UNTDID(联合国贸易数据交换目录)中批准和发布的报文。
95B 1995 年 B 版 Release 1995-B
1995 年第二版 UNTDID(联合国贸易数据交换目录)中批准和发布的报文。
96A 1996 年 A 版 Release 1996-A
1996 年第一版 UNTDID(联合国贸易数据交换目录)中批准和发布的报文。
96B 1996 年 B 版 Release 1996-B
1996 年第二版 UNTDID(联合国贸易数据交换目录)中批准和发布的报文。
97A 1997 年 A 版 Release 1997-A
1997 年第一版 UNTDID(联合国贸易数据交换目录)中批准和发布的报文。
97B 1997 年 B 版 Release 1997-B
1997 年第二版 UNTDID(联合国贸易数据交换目录)中批准和发布的报文。
98A 1998 年 A 版 Release 1998-A
1998 年版 UNTDID(联合国贸易数据交换目录)中第 1 次批准和发布的报文。
98B 1998 年 B 版 Release 1998-B
1998 年版 UNTDID(联合国贸易数据交换目录)中第 2 次批准和发布的报文。
99A 1999 年 A 版 Release 1999-A
1999 年版 UNTDID(联合国贸易数据交换目录)中第 1 次批准和发布的报文。
99B 1999 年 B 版 Release 1999-B
1999 年版 UNTDID(联合国贸易数据交换目录)中第 2 次批准和发布的报文。

0065 报文类型 MESSAGE TYPE
说明：由报文管理机构指定的、用于标识报文类型的代码。
表示：an..6
注：在 UNSM(联合国标准报文)中，其表示为 a6。

APERAK 应用错误与确认报文 Application error and acknowledgement message
标识应用错误与确认报文的代码。
AUTACK 安全鉴别和确认报文 Secure authentication and acknowledgement message
标识安全鉴别和确认报文的代码。
AUTHOR 授权报文 Authorization message
标识授权报文的代码。
AVLREQ 交互式可获性请求报文 Availability request-interactive message
标识交互式可获性请求报文的代码。
AVLRSP 交互式可获性应答报文 Availability response-interactive message
标识交互式可获性应答报文的代码。
BANSTA 银行业务状态报文 Banking status message
标识银行业务状态报文的代码。
BAPLIE 船图/积载图报文 Bayplan/stowage plan occupied and empty locations message
标识船图/积载图报文的代码。
X BAPLTE 船图/积载图总数报文 Bayplan/stowage plan total numbers message
标识船图/积载图总数报文的代码。
注：本代码值将在 2003 年第 1 次发布的服务代码表中删去。
BERMAN 泊位管理报文 Berth management message
标识泊位管理报文的代码。
BMISRM 大型海船检查报告报文 Bulk marine inspection summary report message

标识大型海船检查报告报文的代码。

BOPBNK　银行交易及有价证券交易报告报文 Bank transactions and portfolio transactions report message
标识银行交易及有价证券交易报告报文的代码。

BOPCUS　国际收支客户交易报告报文 Balance of payment customer transaction report message
标识国际收支客户交易报告报文的代码。

BOPDIR　国际收支直接申报报文 Direct balance of payment declaration message
标识国际收支直接申报报文的代码。

BOPINF　客户国际收支信息报文 Balance of payment information from customer message
标识客户国际收支信息报文的代码。

BUSCRD　商业信用报告报文 Business credit report message
标识商业信用报告报文的代码。

CALINF　船舶挂靠信息报文 Vessel call information message
标识船舶挂靠信息报文的代码。

CASINT　民事诉讼请求报文 Request for legal administration action in civil proceedings message
标识民事诉讼请求报文的代码。

CASRES　民事诉讼回复报文 Legal administration response in civil proceedings message
标识民事诉讼回复报文的代码。

CHACCO　帐户一览表报文 Chart of accounts message
标识帐户会计科目一览表报文的代码。

CLASET　分类信息集合报文 Classification information set message
标识分类信息集合报文的代码。

CNTCND　合同条件报文 Contractual conditions message
标识合同条件报文的代码。

COACSU　商业帐户汇总报文 Commercial account summary message
标识商业帐户汇总报文的代码。

COARRI　集装箱装/卸报告报文 Container discharge/loading report message
标识集装箱装/卸报告报文的代码。

CODECO　集装箱进/出场站报告报文 Container gate-in/gate-out report message
标识集装箱进/出门报告报文的代码。

CODENO　许可期到期/开始结关通知报文 Permit expiration/clearance ready notice message
标识许可期到期/开始结关通知报文的代码。

COEDOR　集装箱堆存报告报文 Container stock report message
标识集装箱堆存报告报文的代码。

COHAOR　集装箱特殊装卸指示报文 Container special handling order message
标识集装箱特殊装卸指示报文的代码。

COLREQ　跟单托收请求报文 Request for a documentary collection message
标识跟单托收请求报文的代码。

COMDIS　商业纠纷报文 Commercial dispute message
标识商业纠纷报文的代码。

CONAPW　开工前通知报文 Advice on pending works message

标识开工前通知报文的代码。

CONDPV 直接支付估价报文 Direct payment valuation message

标识直接支付估价报文的代码。

CONDRA 绘图管理报文 Drawing administration message

标识绘图管理报文的代码。

CONDRO 绘图机构报文 Drawing organisation message

标识绘图机构报文的代码。

CONEST 订立合同报文 Establishment of contract message

标识订立合同报文的代码。

CONITT 招标报文 Invitation to tender message

标识招标报文的代码。

CONPVA 支付估价报文 Payment valuation message

标识支付估价报文的代码。

CONQVA 量评估报文 Quantity valuation message

标识量评估报文的代码。

CONRPW 开工前回复报文 Response of pending works message

标识开工前回复报文的代码。

CONTEN 投标报文 Tender message

标识投标报文的代码。

CONTRL 语法和服务报告报文 Syntax and service report message

标识语法和服务报告报文的代码。

CONWQD 工作项目量确定报文 Work item quantity determination message

标识工作项目量确定报文的代码。

COPARN 集装箱通知报文 Container announcement message

标识集装箱通知报文的代码。

COPAYM 支付分摊报文 Contributions for payment message

标识支付分摊报文的代码。

COPINO 集装箱预通知报文 Container pre-notification message

标识集装箱预通知报文的代码。

COPRAR 集装箱装/卸指示报文 Container discharge/loading order message

标识集装箱装/卸指示报文的代码。

COREOR 集装箱放行指示报文 Container release order message

标识集装箱放行指示报文的代码。

COSTCO 装箱/拆箱确认报文 Container stuffing/stripping confirmation message

标识装箱/拆箱确认报文的代码。

COSTOR 装箱/拆箱指示报文 Container stuffing/stripping order message

标识装箱/拆箱指示报文的代码。

CREADV 贷记通知报文 Credit advice message

标识贷记通知报文的代码。

CREEXT 扩展贷记通知报文 Extended credit advice message

标识扩展贷记通知报文的代码。

CREMUL 多重贷记通知报文 Multiple credit advice message

标识多重贷记通知报文的代码。

CUSCAR 海关货物报告报文 Customs cargo report message

标识海关货物报告报文的代码。

CUSDEC 海关申报报文 Customs declaration message
标识海关申报报文的代码。

CUSEXP 海关快件货物申报报文 Customs express consignment declaration message
标识海关快件货物申报报文的代码。

CUSPED 海关定期申报报文 Periodic customs declaration message
标识海关定期申报报文的代码。

CUSREP 海关运输工具报告报文 Customs conveyance report message
标识海关运输工具报告报文的代码。

CUSRES 海关回执报文 Customs response message
标识海关回执报文的代码。

DEBADV 借记通知报文 Debit advice message
标识借记通知报文的代码。

DEBMUL 多重借记通知报文 Multiple debit advice message
标识多重借记通知报文的代码。

DELFOR 交货计划报文 Delivery schedule message
标识交货计划报文的代码。

DELJIT 适时交货报文 Delivery just-in-time message
标识适时交货报文的代码。

DESADV 发货通知报文 Despatch advice message
标识发货通知报文的代码。

DESTIM 设备损坏和维修预算报文 Equipment damage and repair estimate message
标识设备损坏和维修预算报文的代码。

DGRECA 危险品概况报文 Dangerous goods recapitulation message
标识危险品概况报文的代码。

DIRDEB 直接借记报文 Direct debit message
标识直接借记报文的代码。

DIRDEF 目录定义报文 Directory definition message
标识目录定义报文的代码。

DMRDEF 数据维护请求定义报文 Data maintenance request definition message
标识数据维护请求定义报文的代码。

DMSTAT 数据维护状态报告/查询报文 Data maintenance status report/query message
标识数据维护状态报告/查询报文的代码。

DOCADV 跟单信用证通知报文 Documentary credit advice message
标识跟单信用证通知报文的代码。

DOCAMA 跟单信用证更改通知报文 Advice of an amendment of a documentary credit message
标识跟单信用证更改通知报文的代码。

DOCAMI 跟单信用证更改信息报文 Documentary credit amendment information message
标识跟单信用证更改信息报文的代码。

DOCAMR 跟单信用证更改请求报文 Request for an amendment of a documentary credit message
标识跟单信用证更改请求报文的代码。

DOCAPP 跟单信用证申请报文 Documentary credit application message
标识跟单信用证申请报文的代码。

DOCARE 跟单信用证更改回复报文 Response to an amendment of a documentary credit message

标识跟单信用证更改回复报文的代码。

DOCINF 跟单信用证开证信息报文 Documentary credit issuance information message
标识跟单信用证开证信息报文的代码。

ENTREC 会计分录报文 Accounting entries message
标识会计分录报文的代码。

FINCAN 财务撤消报文 Financial cancellation message
标识财务撤消报文的代码。

FINPAY 多重银行间资金转移报文 Multiple interbank funds transfer message
标识多重银行间资金转移报文的代码。

FINSTA 帐户财务报表报文 Financial statement of an account message
标识帐户财务报表报文的代码。

GENRAL 一般用途报文 General purpose message
标识一般用途报文的代码。

GESMES 一般统计报文 Generic statistical message
标识一般统计报文的代码。

HANMOV 货物装卸和搬移报文 Cargo/goods handling and movement message
标识货物装卸和搬移报文的代码。

ICASRP 保险索赔评估与报告报文 Insurance claim assessment and reporting message
标识保险索赔评估与报告报文的代码。

ICSOLI 保险索赔请求方指令报文 Insurance claim solicitor's instruction message
标识保险索赔请求方指令报文的代码。

IFCSUM 国际货运和集拼汇总报文 International forwarding and consolidation summary message
标识运输与拼装汇总报文的代码。

IFTCCA 转运和运费计算报文 Forwarding and transport shipment charge calculation message
标识转运和运费计算报文的代码。

IFTDGN 危险品通知报文 Dangerous goods notification message
标识危险品通知报文的代码。

IFTFCC 国际运输运费和其他费用报文 International transport freight costs and other charges message
标识国际运输运费和其他费用报文的代码。

X IFTIAG 危险品清单报文 Dangerous cargo list message
标识危险品清单报文的代码。

IFTICL 货物保险索赔报文 Cargo insurance claims message
标识货物保险索赔报文的代码。

IFTMAN 到货通知报文 Arrival notice message
标识到货通知报文的代码。

IFTMBC 订舱确认报文 Booking confirmation message
标识订舱确认报文的代码。

IFTMBF 正式订舱报文 Firm booking message
标识正式订舱报文的代码。

IFTMBP 临时订舱报文 Provisional booking message
标识临时订舱报文的代码。

IFTMCA 托运通知报文 Consignment advice message
标识托运通知报文的代码。

IFTMCS　指示合同状态报文 Instruction contract status message
　　标识指示合同状态报文的代码。

IFTMIN　指示报文 Instruction message
　　标识指示报文的代码。

IFTRIN　转运和运输费率信息报文 Forwarding and transport rate information message
　　标识转运和运输费率信息报文的代码。

IFTSAI　运输计划及实施信息报文 Forwarding and transport schedule and availability Information message
　　标识运输计划及实施信息报文的代码。

IFTSTA　国际多式联运状态报告报文 International multimodal status report message
　　标识国际多式联运状态报告报文的代码。

IFTSTQ　国际多式联运状态请求报文 International multimodal status request message
　　标识国际多式联运状态请求报文的代码。

IHCLME　交互式保健申请或意外请求和应答报文 Health care claim or encounter request response-interactive message
　　标识交互式保健申请或意外请求和应答报文的代码。

IMPDEF　EDI 实施指南定义报文 EDI implementation guide definition message
　　标识 EDI 实施指南定义报文的代码。

INFCON　基础设施条件报文 Infrastructure condition message
　　标识基础设施条件报文的代码。

INFENT　企业会计信息报文 Enterprise accounting information message
　　标识企业会计信息报文的代码。

INSDES　发送指令报文 Instruction to dispatch message
　　标识发送指令报文的代码。

INSPRE　保险费报文 Insurance premium message
　　标识保险费报文的代码。

INSREQ　检验请求报文 Inspection request message
　　标识检验请求报文的代码。

INSRPT　检验报告报文 Inspection report message
　　标识检验报告报文的代码。

INVOIC　发票报文 Invoice message
　　标识发票报文的代码。

INVRPT　库存报告报文 Inventory report message
　　标识库存报告报文的代码。

IPPOAD　保险单管理报文 Insurance policy administration message
　　标识保险单管理报文的代码。

IPPOMO　汽车保险单报文 Motor insurance policy message
　　标识汽车保险单报文的代码。

ISENDS　中介系统能力报文 Intermediary system enablement or disablement message
　　标识中介系统能力报文的代码。

ITRRPT　中转报告细目报文 In transit report detail message
　　标识中转报告细目报文的代码。

JAPRES　工作申请结果报文 Job application result message
　　标识工作申请结果报文的代码。

JINFDE 工作信息要求报文 Job information demand message
标识工作信息要求报文的代码。

JOBAPP 工作申请推荐报文 Job application proposal message
标识工作申请推荐报文的代码。

JOBCON 工作招聘确认报文 Job order confirmation message
标识工作招聘确认报文的代码。

JOBMOD 工作招聘更改报文 Job order modification message
标识工作招聘更改报文的代码。

JOBOFF 工作招聘报文 Job order message
标识工作招聘报文的代码。

JUPREQ 确认的支付请求报文 Justified payment request message
标识确认的支付请求报文的代码。

KEYMAN 密钥和证书管理报文 Security key and certificate management message
标识密钥和证书管理报文的代码。

LEDGER 分类帐报文 Ledger message
标识分类帐报文的代码。

LREACT 人寿再保险活动报文 Life reinsurance activity message
标识人寿再保险活动报文的代码。

LRECLM 人寿再保险索赔报文 Life reinsurance claims message
标识人寿再保险索赔报文的代码。

MEDPID 人员标识报文 Person identification message
标识人员标识报文的代码。

MEDPRE 医疗处方报文 Medical prescription message
标识医疗处方报文的代码。

MEDREQ 医疗服务请求报文 Medical service request message
标识医疗服务请求报文的代码。

MEDRPT 医疗服务报告报文 Medical service report message
标识医疗服务报告报文的代码。

MEDRUC 医疗资源的使用和费用报文 Medical resource usage and cost message
标识医疗资源的使用和费用报文的代码。

MEQPOS 运输工具和设备位置报文 Means of transport and equipment position message
标识运输工具和设备位置报文的代码。

MOVINS 装载指示报文 Stowage instruction message
标识装载指示报文的代码。

MSCONS 计量服务消费报告报文 Metered services consumption report message
标识计量服务消费报告报文的代码。

ORDCHG 订购单变更报文 Purchase order change message
标识订购单变更报文的代码。

ORDERS 订购单报文 Purchase order message
标识订购单报文的代码。

ORDRSP 订购单应答报文 Purchase order response message
标识订购单应答报文的代码。

OSTENQ 订单状态询问报文 Order status enquiry message
标识订单状态询问报文的代码。

OSTRPT 订单状态报告报文 Order status report message
标识订单状态报告报文的代码。

PARTIN 参与方信息报文 Party information message
标识参与方信息报文的代码。

PASREQ 交互式旅行、旅游和休闲产品申请状态请求报文 Travel, tourism and leisure product application status request-interactive message
标识交互式旅行、旅游以及休闲产品申请状态请求报文的代码。

PASRSP 交互式旅行、旅游和休闲产品申请状态应答报文 Travel, tourism and leisure product application status response-interactive message
标识交互式旅行、旅游以及休闲产品申请状态应答报文的代码。

PAXLST 乘客清单报文 Passenger list message
标识乘客清单报文的代码。

PAYDUC 工资扣款通知报文 Payroll deductions advice message
标识工资扣款通知报文的代码。

PAYEXT 扩展付款指示报文 Extended payment order message
标识扩展付款指示报文的代码。

PAYMUL 多重付款指示报文 Multiple payment order message
标识多重付款指示报文的代码。

PAYORD 付款指示报文 Payment order message
标识付款指示报文的代码。

PRICAT 价格/销售目录表报文 Price/sales catalogue message
标识价格/销售目录表报文的代码。

PRIHIS 定价记录报文 Pricing history message
标识定价记录报文的代码。

PROCST 项目费用报告报文 Project cost reporting message
标识项目费用报告报文的代码。

PRODAT 产品数据报文 Product data message
标识产品数据报文的代码。

PRODEX 产品交换调节报文 Product exchange reconciliation message
标识产品交换调节报文的代码。

PROINQ 产品询问报文 Product inquiry message
标识产品询问报文的代码。

PROSRV 产品服务报文 Product service message
标识产品服务报文的代码。

PROTAP 项目任务计划报文 Project tasks planning message
标识项目任务计划报文的代码。

PRPAID 保险费付款报文 Insurance premium payment message
标识保险费付款报文的代码。

QALITY 质量数据报文 Quality data message
标识质量数据报文的代码。

QUOTES 报价报文 Quote message
标识报价报文的代码。

RDRMES 原始数据报告报文 Raw data reporting message
标识原始数据报告报文的代码。

REBORD　再保险明细报文 Reinsurance bordereau message
标识再保险明细报文的代码。

RECADV　收货通知报文 Receiving advice message
标识收货通知报文的代码。

RECALC　再保险计算报文 Reinsurance calculation message
标识再保险计算报文的代码。

RECECO　信用风险保证金报文 Credit risk cover message
标识信用风险保证金报文的代码。

RECLAM　再保险索赔报文 Reinsurance claims message
标识再保险索赔报文的代码。

RECORD　再保险核心数据报文 Reinsurance core data message
标识再保险核心数据报文的代码。

REGENT　企业登记报文 Registration of enterprise message
标识企业登记报文的代码。

RELIST　再保险客体列表报文 Reinsured object list message
标识再保险客体列表报文的代码。

REMADV　汇款通知报文 Remittance advice message
标识汇款通知报文的代码。

REPREM　再保险保险费报文 Reinsurance premium message
标识再保险保险费报文的代码。

REQDOC　文件请求报文 Request for document message
标识文件请求报文的代码。

REQOTE　报价请求报文 Request for quote message
标识报价请求报文的代码。

RESETT　再保险结算报文 Reinsurance settlement message
标识再保险结算报文的代码。

RESMSG　预订报文 Reservation message
标识预订报文的代码。

RESREQ　交互式预订请求报文 Reservation request-interactive message
标识交互式预订请求报文的代码。

RESRSP　交互式预订应答报文 Reservation response-interactive message
标识交互式预订应答报文的代码。

RETACC　再保险业务帐单报文 Reinsurance technical account message
标识再保险业务帐单报文的代码。

RETANN　退还通知报文 Announcement for returns message
标识退还通知报文的代码。

RETINS　退还指示报文 Instruction for returns message
标识退还指示报文的代码。

RPCALL　修理通知报文 Repair call message
标识修理通知报文的代码。

SAFHAZ　安全与危险数据报文 Safety and hazard data message
标识安全与危险数据报文的代码。

SANCRT　国际货物运输政府管理报文 International movement of goods governmental regulatory message

标识国际货物运输政府管理报文的代码。

SKDREQ 交互式计划请求报文 Schedule request-interactive message

标识交互式计划请求报文的代码。

SKDUPD 交互式计划更新报文 Schedule update-interactive message

标识交互式计划更新报文的代码。

SLSFCT 销售预测报文 Sales forecast message

标识销售预测报文的代码。

SLSRPT 销售数据报告报文 Sales data report message

标识销售数据报告报文的代码。

SOCADE 社会管理报文 Social administration message

标识社会管理报文的代码。

SSIMOD 身份细目更改报文 Modification of identity details message

标识身份细目更改报文的代码。

SSRECH 工人保险记录报文 Worker's insurance history message

标识工人保险记录报文的代码。

SSREGW 工人注册通知报文 Notification of registration of a worker message

标识工人注册通知报文的代码。

STATAC 对帐单报文 Statement of account message

标识对帐单报文的代码。

STLRPT 结算交易报告报文 Settlement transaction reporting message

标识结算交易报告报文的代码。

SUPCOT 退休金分摊通知报文 Superannuation contributions advice message

标识退休金分摊通知报文的代码。

SUPMAN 退休金维护报文 Superannuation maintenance message

标识退休金维护报文的代码。

SUPRES 供应商应答报文 Supplier response message

标识供应商应答报文的代码。

TANSTA 液舱状态报告报文 Tank status report message

标识液舱状态报告报文的代码。

TAXCON 税务管理报文 Tax control message

标识税务管理报文的代码。

TIQREQ 交互式旅行、旅游和休闲信息询问请求报文 Travel, tourism and leisure Information inquiry request-interactive message

标识交互式旅行、旅游和休闲信息询问请求报文的代码。

TIQRSP 交互式旅行、旅游和休闲信息询问应答报文 Travel, tourism and leisure Information inquiry response-interactive message

标识交互式旅行、旅游和休闲信息询问应答报文的代码。

TPFREP 终止行动报文 Terminal performance message

标识终止行动报文的代码。

TSDUPD 交互式时刻表静态数据更新报文 Timetable static data update-interactive message

标识交互式时刻表静态数据更新报文的代码。

TUPREQ 交互式旅行、旅游和休闲数据更新请求报文 Travel, tourism and leisure data update request-interactive message

标识交互式旅行、旅游和休闲数据更新请求报文的代码。

TUPRSP 交互式旅行、旅游和休闲数据更新应答报文 Travel,tourism and leisure data update response-interactive message
标识交互式旅行、旅游和休闲数据更新应答报文的代码。

UTILMD 公共设施主要数据报文 Utilities master data message
标识公共设施主要数据报文的代码。

UTILTS 公共设施时间系列报文 Utilities time series message
标识公共设施时间系列报文的代码。

VATDEC 增值税申报报文 Value added tax message
标识增值税申报报文的代码。

VESDEP 船舶离港报文 Vessel departure message
标识船舶离港报文的代码。

WASDIS 废物处理信息报文 Waste disposal information message
标识废物处理信息报文的代码。

WKGRDC 工作许可决定报文 Work grant decision message
标识工作许可决定报文的代码。

WKGRRE 工作许可请求报文 Work grant request message
标识工作许可请求报文的代码。

0073 第一个和最后一个传送 FIRST AND LAST TRANSFER

说明:涉及同一主题同类连续报文中的第一个和最后一个报文的指示。

表示:a1

C 第一个 Creation
同一报文多次传输的第一次传输。

F 最后一个 Final
同一报文多次传输的最后一次传输。

0081 节标识 SECTION IDENTIFICATION

说明:用于分隔报文的节。

表示:a1

D 标头节/细目节分隔 Header/detail section separation
当把报文的标头节与细目节分开时,用 UNS 段限定。

S 细目节/汇总节分隔 Detail/summary section separation
当把报文的细目节与汇总节分开时,用 UNS 段限定。

0083 行动,代码型 ACTION,CODED

说明:用代码形式指出对交换或交换的一部分的确认、拒绝或交换接收的指示。

表示:an..3

4 拒绝该层及全部更低层 This level and all lower levels rejected
相应引用层及全部更低引用层都被拒绝。在该报告层或更低报告层报告了一处或多处错误。

7 如未显式拒绝,该层确认;下一更低层也确认 This level acknowledged,next lower level acknowledged if not explicitly rejected
相应的引用层被确认。除非在CONTRL报文中下一更低报告层显式报告拒绝,全部报文或在下一更低引用层的或功能组也被确认。

8 接收交换 Interchange received

主交换已接收。如果出现 UNB,UNZ 和 UNA 段被确认,交换的其他部分将在随后的 CONTRL 报文里被确认或拒绝。

0085 语法错误,代码型 SYNTAX ERROR,CODED

说明:指明所查出的错误的代码。

表示:an..3

2 不支持的语法版本或级 Syntax version or level not supported

接收方不支持的语法版本和/或语法级的通知。

7 非实际接收方的交换接收方 Interchange recipient not actual recipient

交换接收方(S003)与实际接收方不同的通知。

12 无效值 Invalid value

简单数据元、复合数据元或数据元的值与有关该值的说明不一致的通知。

13 遗漏 Missing

必备型的(或另有要求的)服务段或用户段、数据元、复合数据元或成分数据元遗漏的通知。

14 该位置不支持的值 Value not supported in this position

该通知表示接收方不支持该位置使用的已标识的简单数据元、复合数据元或成分数据元的值。根据有关要求该值可能是有效的,如果在另一位置上,也可能得到支持。

15 该位置不支持 Not supported in this position

该通知表示接收方不支持在标识的位置上数据段类型、简单数据元类型、复合数据元类型或成分数据元类型的使用。

16 组合过多 Too many constituents

所标识的段包含过多的数据元或所标识的复合数据包含过多成分数据元的通知。

17 无协定 No agreement

允许带有已标识的简单数据元、复合数据元或成分数据元值的交换、功能组或报文的接收方协定不存在。

18 未说明错误 Unspecified error

错误已标出但未报告错误性质的通知。

X 19 无效小数标志 Invalid decimal notation

指示 UNA 中小数标志的字符无效,或一数据元中小数标志与 UNA 中指示不一致的通知。

20 字符为无效服务字符 Character invalid as service character

UNA 中所建议的作为服务字符的字符是无效的通知。

21 无效字符 Invalid character(s)

按照 UNB 中指示的语法级的定义,交换中所使用的一个或多个字符是无效的通知。该无效字符是参考级的一部分,或紧随交换已标识部分之后。

22 无效服务字符 Invalid service character(s)

交换所用的服务字符不是按照 UNA 中建议的有效服务字符,或不是在 UNB 中所指的语法级中的服务字符之一的通知。如果该代码用于 UCS 或 UCD 中,该无效字符紧随在交换已标识部分之后。

23 不明交换发送方 Unknown Interchange sender

交换发送方(S002)不明的通知。

24 过于陈旧 Too old

收到的交换或功能组比在交换协议(IA)所规定的或接收方所确定的限度更为陈旧的通知。

25 不支持的测试指示符 Test indicator not supported

不能为所标出的交换、功能组、报文或包执行一次测试处理的通知。

26 发现重复 Duplicate detected

发现可能重复了以前已接收的交换、功能组成报文的通知。先前的传输可能已被拒绝。

X 27 不支持的安全功能 Security function not supported

与参考层或数据元有关的安全功能不被支持的通知。

注：在 2003 年第 1 次发布的服务代码表中该代码值将被删除。

28 参考不匹配 References do not match

UNB、UNG、UNH、UNO、USH 或 USD 中的控制参考与 UNZ、UNE、UNT、UNP、UST 或 USU 中的参考不匹配的通知。

29 控制计数与收到数字不匹配 Control count does not match number of instances received

功能组、报文、段的数目与 UNZ、UNE、UNT 或 UST 中所给的数不匹配的通知，或客体与加密数据长度与 UNO、UNP、USD 或 USU 中说明的不相等。

30 功能组和报文混淆 Functional groups and messages mixed

单独的报文和功能组在交换的同一级相混淆的通知。

X 31 功能组中有一个以上的报文类型 More than one message type in group

功能组中含有不同的报文类型的通知。

注：在 2003 年第 1 次发布的服务代码表中该代码值将被删除。

32 较低层是空的 Lower level empty

交换未包含任何报文或功能组，或一个功能组未包含任何报文的通知。

33 出现在报文或功能组以外的无效内容 Invalid occurrence outside message or functional group

在交换中的报文之间或包之间或功能组之间出现无效的段或数据元的通知。在该级之上拒绝被报告。

X 34 不允许的嵌套指示符 Nesting indicator not allowed

显示嵌套已用在报文中它不应使用之处的通知。

注：在 2003 年第 1 次发布的服务代码表中该代码值将被删除。

35 数据元或段重复过多 Too many data element or segment repetitions

独立数据元、复合数据元或段重复次数过多的通知。

36 段组重复过多 Too many segment group repetitions

段组重复次数过多的标记。

37 无效字符类型 Invalid type of character(s)

一个或多个数字字符被用在一字母(成分)型数据元里，或一个或多个字母字符被用在数字(成分)型数据元中的通知。

X 38 小数符号前缺位 Missing digit in front of decimal sign

小数符号前缺一位或多位数字的通知。

注：在 2003 年第 1 次发布的服务代码表中该代码值将被删除。

39 数据元过长 Data element too long

收到的数据元长度超出了该数据元描述中规定的最大长度的通知。

40 数据元过短 Data element too short

收到的数据元长度比该数据元描述中规定的最小长度短的通知。

X 41 永久性通信网错误 Permanent communication network error

由传送交换所用的通信网络报告的永久性错误的通知。在网络层用同样参数作同一交换的重复传输将不成功。

注：在 2003 年第 1 次发布的服务代码表中该代码值将被删除。

X 42 临时通信网错误 Temporary communication network error

由传送交换所用的通信网络报告的临时错误的通知。同一交换的再传输将成功。

注：在2003年第1次发布的服务代码表中该代码值将被删除。

X 43 不可识别的交换接收方 Unknown interchange recipient

网络提供方不认识的交换接收方的通知。

注：在2003年第1次发布的服务代码表中该代码值将被删除。

45 尾随分隔符 Trailing separator

表示下列两种情况：

——段终止符之前的最后一个字符是一个数据元分隔符，或成分数据元分隔符，或重复数据元分隔符，或

——数据元分隔符之前的最后一个字符是成分数据元分隔符，或重复数据元分隔符。

46 不支持的字符集 Character set not supported

表示所使用的一个或多个字符不在语法标识符定义的字符集中，或者由代码扩充技术的转义序列标识的字符集不被接受方支持。

47 不支持的信封功能 Envelope functionality not supported

所收到的信封结构不被接受方支持。

48 违反从属条件 Dependency condition violated

当违反从属条件导致错误情况出现时的通知。

0113 报文类型子功能标识 MESSAGE TYPE SUB-FUNCTION IDENTIFICATION

说明：标识报文类型的子功能的代码。

表示：an..6

注：该代码限定报文类型数据元(0065)，以允许接收方标识一个报文的特定子功能。

AA 交互式，执行销售 Interactive，perform sell

该子功能是通知接收方此报文的目的为一个执行销售的指示。

AB 交互式，修改当前的对话数据 Interactive，modify current dialogue data

该子功能是通知接收方该报文数据为在当前交互式对话中对以前发送的数据的修改。

AC 交互式，修改以前的对话数据 Interactive，modify previous dialogue data

该子功能是通知接收方该报文数据为在以前交互式对话中对以前发送的数据的修改。

AD 交互式，取消预订的产品 Interactive，cancel reserved product

该子功能是通知接收方该报文的目的为取消在以前交互式对话中的一个产品。

AE 交互式，忽略预订的产品 Interactive，ignore reserved product

该子功能是通知接收方该报文的目的为忽略在以前交互式对话中的一个产品。

AF 交互式，完成当前的预订 Interactive，conclude current reservation

该子功能是通知接收方该报文的目的为完成当前预订交易。

AG 交互式，展示预订的产品 Interactive，display reserved product

该子功能是通知接收方该报文的目的为展示在以前交互式对话中预订的一个产品。

AH 交互式，执行参考的销售 Interactive，perform reference sell

该子功能是通知接收方该报文的目的为基于以前交互式对话中所反馈的数据执行销售的指令。

AI 交互式，修改以前对话中的预定 Interactive，modify previous dialogue reservation

该子功能是通知接收方该报文的目的为修改在以前交互式对话期间的一个预定。

AJ 交互式，展示凭证模板 Interactive，display voucher template

该子功能是通知接收方该报文的目的为展示凭证的模板。

AK 交互式，打印凭证 Interactive，print voucher

该子功能是通知接收方该报文的目的为打印一个凭证。

AL　交互式，取消当前对话中的预定 Interactive,cancel current dialogue reservation
该子功能是通知接收方该报文的目的为取消当前交互式对话期间的一个预定。

AM　交互式，取消以前对话中的预定 Interactive,cancel previous dialogue reservation
该子功能是通知接收方该报文的目的为取消以前交互式对话期间的一个预定。

AN　交互式，复制销售报文 Interactive,duplicate sell message
该子功能是通知接收方该报文的目的为复制以前发送的交互式销售报文。

AO　交互式，复制修改当前对话中的数据 Interactive,duplicate modify current dialogue data
该子功能是通知接收方该报文的目的为复制当前交互式对话中对以前发送的修改数据报文。

AP　交互式，复制修改以前对话中的预定 Interactive,duplicate modify previous dialogue reservation
该子功能是通知接收方该报文的目的为复制以前交互式对话中对以前发送的修改数据报文。

AQ　交互式，可获性请求，多个供应商 Interactive,availability request,multiple suppliers
该子功能是通知接收方该报文的目的为一个同时向多个供应商发送交互式可获性请求。

AR　交互式，可获性请求，一个特定的供应商 Interactive,availability request,one specific supplier
该子功能是通知接收方该报文的目的为仅来自特定供应商的交互式可获性请求。

AS　交互式，产品规则请求 Interactive,product rules request
该子功能是通知接收方该报文为产品规则的交互式请求。

SECACK　安全确认 Security acknowledgement
AUTACK 报文的子功能是接收的安全确认，包括任何相关的安全违规报告。

SECAUT　安全源鉴别和/或源的抗抵赖性 Security authentication and/or non-repudiation of origin
AUTACK 报文的子功能是安全完整性、安全源鉴别和/或源的抗抵赖性。

0133　字符编码，代码型 CHARACTER ENCODING,CODED

说明：交换中使用的字符编码的代码型标识。

表示：an..3

注：按参与方交换协定中的规定使用。当在交换中不采用由字符总表相关的字符集规范规定的编码时，用该数据元标识所采用的字符总表的编码技术。

1　7 位 ASCII 码 ASCII 7 bit
7 位 ASCII 代码。

2　8 位 ASCII 码 ASCII 8 bit
8 位 ASCII 代码。

3　代码第 500 页(EBCDIC Multinational No. 5) Code page 500 (EBCDIC Multinational No. 5)
由该代码页定义的字符集总表的编码方案。

4　代码第 850 页(IBM PC Multinational) Code page 850 (IBM PC Multinational)
由该代码页定义的字符集总表的编码方案。

5　UCS-2 UCS-2
在 GB 13000.1 中定义的通用多八位编码字符集(UCS)双八位编码方案。

6　UCS-4 UCS-4
在 GB 13000.1 中定义的通用多八位编码字符集(UCS)四八位编码方案。

7　UTF-8 UTF-8
在 GB 13000.1 附录 R 中定义的 UTF-8 多八位(1 到 6 个八位)编码方案。

8　UTF-16 UTF-16
在 GB 13000.1 附录 Q 中定义的 UTF-16 双八位编码方案。

ZZZ　相互协商 Mutually agreed
在贸易伙伴间相互协商。

0135　服务段标记,代码型 SERVICE SEGMENT TAG,CODED

说明:标识服务段的代码。

表示:an..3

UCD　数据元错误指示 Data element error indication
标识一个出错的独立数据元、复合数据元或成分数据元,并标识该错误的性质。

UCF　组应答 Group response
标识主交换中的一个组,指出对 UNG 和 UNE 段的确认或拒绝,并标识与这些段有关的错误。当 USA、USC、USD、USH、USR、UST 或 USU 安全段在该组级出现时,UCF 段还能标识与这些安全段有关的错误。该段还可用行动代码指出对该组中的报文和包采取的行动。

UCI　交换应答 Interchange response
标识主交换,指明接收的交换和对 UNA、UNB 和 UNZ 段的确认或拒绝,并标识与这些段有关的错误。当安全段 USA、USC、USD、USH、USR、UST 或 USU 在交换级出现时,UCI 段还能标识与这些安全段有关的错误。该段还可用行动代码指出对该交换中的组、报文和包采取的行动。

UCM　报文/包应答 Message/package response
标识主交换中的报文或包,指出对报文或包的确认或拒绝,并标识与 UNH、UNT、UNO 和 UNP 段有关的错误。当 USA、USC、USD、USH、USR、UST 或 USU 安全段在报文或包一级出现时,UCM 段还能标识与这些安全段有关的错误。

UCS　段错误指示 Segment error indication
标识某个有错误的段和遗漏的段,并标识与整个段有关的错误。

UGH　防冲突段组头 Anti-collision segment group header
开始、标识并指定一个防冲突段组。

UGT　防冲突段组尾 Anti-collision segment group trailer
结束防冲突段组,并检查其完整性。

UIB　交互式交换头 Interactive interchange header
开始并标识一个交换。

UIH　交互式报文头 Interactive message header
开始、标识并说明一个报文。

UIR　交互式状态 Interactive status
报告对话的状态。

UIT　交互式报文尾 Interactive message trailer
结束报文,并检查报文的完整性。

UIZ　交互式交换尾 Interactive interchange trailer
结束交换,并检查交换的完整性。

UNB　交换头 Interchange header
标识一个交换。

UNE　组尾 Group trailer
结束组并检查组的完整性。

UNG　组头 Group header

开始、标识并说明一个由报文和/或包构成的组。其中,组可用于内部路由,并且可包含一个或多个报文类型和/或包。

UNH 报文头 Message header
开始、标识并说明报文。

UNO 客体头 Object header
开始、标识并说明客体。

UNP 客体尾 Object trailer
结束客体,并检查客体的完整性。

UNS 节控制 Section control
分隔报文的标头节、细目节和汇总节。

UNT 报文尾 Message trailer
结束报文,并检查报文的完整性。

UNZ 交换尾 Interchange trailer
结束交换,并检查交换的完整性。

USA 安全算法 Security algorithm
标识安全算法及组成它的技术用法,并且包含所需的技术参数。

USB 经安全处理的数据标识 Security algorithm
包括与安全鉴别和确认报文(AUTACK)有关的细目。

USC 证书 Certificate
传递公共密钥以及其拥有者的凭证。

USD 数据加密头 Data encryption header
规定该段的段终止符之后的加密数据的大小(即:8位数据的长度)。

USE 安全报文关系 Security message relation
说明与先前安全报文的关系,如对一特定请求的应答或要求得到一个特定的回答的请求。

USF 密钥管理功能,代码型 Key management function,coded
规定密钥管理功能的类型和对应密钥或证书的状态。

USH 安全头 Security header
规定适用于EDIFACT结构(即:报文/包,组或交换)的安全机制。

USL 安全列表状况 Security list status
规定象密钥或将在列表中提供的证书以及对应的列表参数这样的安全客体的状况。

USR 安全结果 Security result
包括安全机制的结果。

UST 安全尾 Security trailer
在安全头和安全尾段组间建立联接。

USU 数据加密尾 Data encryption trailer
给出加密数据的尾。

USX 安全参考 Security references
参考安全处理的EDIFACT和相关的日期和时间。

USY 参考的安全 Security on reference
标识应用头,同时包括安全结果,并/或指出所参考值的安全拒绝的可能原因。

0323 传送位置,代码型 TRANSFER POSITION,CODED

说明:传送位置的指示。

表示:a1

F 第1个报文 First message

在序列中的第1个报文。在序列的开始,仅出现1次。

I 中间报文 Intermediate message

在序列中中间的报文。在序列中间,可以出现0次或多次。

L 最后一个报文 Last message

在序列中最后的报文。在序列的末尾,仅出现1次。

0325 重复指示符 DUPLICATE INDICATOR

说明:该结构是前期发送的结构的重复的指示。

表示:a1

D 重复 Duplicate

一个重复传送。

0331 报告功能,代码型 REPORT FUNCTION,CODED

说明:标识状态或错误报告类型的代码型值。

表示:an..3

1 信息 Information

非错误信息,如:参与方仍在正常运转的确认。

2 警告 Warning

警告,如:资源正在减少。

3 非致命性错误 Non-fatal error

由发送交互式状态段(UIR)的参与方检查出的非致命性错误。可能危及对话的完整性。

4 放弃对话 Abort dialogue

已建立的对话不再继续。

5 查询状态 Query status

来自其他参与方的状态报告请求。应使用"状况报告"来回答(见下面的代码值"6")。

6 状态报告 Status report

报告发送方所观察到的对话状态。

7 暂停对话 Pause dialogue

通知其他参与方停止传送该对话中的数据,直到收到"继续对话"为止。

8 继续对话 Continue dialogue

数据流在"终止"(见上面的代码值"7")之后继续的通知。

9 拒绝开始对话 Start dialogue reject

无法开始对话。

0333 状态,代码型 Status,coded

说明:标识状态或错误报告的原因的代码。

表示:an..3

1 正确的应答 OK response

无进一步的信息。

2 语法错误 Syntax error

检查出语法错误。

3 无效的头段 Invalid header

接收到无效的头段。

4 无效的尾段 Invalid trailer segment
接收到无效的尾段。
5 不支持的语法 Unsupported syntax
不支持的语法版本/发布。
6 不支持的剧本类型 Unsupported scenario type
不支持剧本类型。
7 不支持的剧本版本 Unsupported scenario version
不支持剧本版本/发布。
8 不支持的对话类型 Unsupported dialogue type
不支持该剧本的对话类型。
9 不支持的对话版本 Unsupported dialogue version
不支持对话类型版本/发布。
10 未授权的发送方 Unauthorized sender
未授权的发送方。
11 被拒绝的发送方 Sender rejected
由于管理原因被拒绝的发送方。
12 不支持的多重交易 Multiple transactions unsupported
不支持多重并行交易。
13 不支持的多重对话 Multiple dialogue unsupported
不支持多重并行对话。
14 不可获得的资源 Resources unavailable
所请求的资源不可获得。
15 未知的交易 Unknown transaction
所参考的交易不存在。
16 未知的对话 Unknown dialogue
所参考的对话不存在。
17 无效的功能 Invalid function
当前对话状态的功能无效。
18 不可获得的服务 Service unavailable
所请求的服务不可获得。
19 不可获得的应用 Application unavailable
所请求的应用不可获得。
20 超时 Time-out
在预计时间内没有收到应答。
21 不能进行交互式处理 Unable to process interactively
通知发起方无法对一个特定的请求进行交互式处理。
22 可纠正的应用错误 Correctable application error
通知发起方在请求报文中出现了应用错误,该错误可由发起方纠正。
23 无信息返回 Nothing to return
通知发起方在对询问进行应答时没有信息返回。
24 数据无法访问 Data not accessible
通知发起方所请求的信息无法返回。
25 无法纠正的应用错误 Non-correctable application error
通知发起方遇到了某种类型系统错误或处理错误,这些错误与所接收的数据无关。

0501 安全服务,代码型 SECURITY SERVICE,CODED
说明:所使用安全服务的规范。
表示:an..3

1 源抗抵赖性 Non-repudiation of origin
该报文包括一个防止发送方否认发送过该报文的数字签名,以保护报文的接收方。

2 报文源鉴别 Message origin authentication
该报文的实际发送方不能宣称是其他的(已鉴别的)实体。

3 完整性 Integrity
保护该报文的内容不被修改。

4 保密性 Confidentiality
保护该报文的内容,使其在未授权的情况下不能被阅读、复制或公开。

5 接收的抗抵赖性 Non-repudiation of receipt
防止接收方否认接收过该报文,以保护报文的发送方。

6 接收的鉴别 receipt authentication
使发送方确保该报文已被鉴别的接收方接收。

7 所参考的 EDIFACT 结构的源抗抵赖性 Referenced EDIFACT structure Non-repudiation of origin 通过对参考的 EDIFACT 结构进行数字签名,来防止该报文的发送方否认发送过该报文,以保护报文的接收方。

8 所参考的 EDIFACT 结构的源鉴别 Referenced EDIFACT structure origin authentication
所参考的 EDIFACT 结构的实际发送方不能宣称是其他的(已鉴别的)实体。

9 所参考的 EDIFACT 结构的完整性 Referenced EDIFACT structure Integrity
保护所参考的 EDIFACT 结构内容不被修改。

10 时戳请求 Time stamping request
要求 EDIFACT 结构带有时戳。

11 实体鉴别 Entity authentication
发起方和/或应答方不能宣称自己是另一个参与方。

12 带有密钥的实体鉴别 Entity authentication with key establishment
发起方和/或应答方不能宣称自己是另一个参与方,并建立安全密钥。

0503 应答类型,代码型 RESPONSE TYPE,CODED
说明:预期的、来自接收方的应答类型的规范。
表示:an..3

1 不要求确认 No acknowledgement required
预期没有 AUTACK 确认报文。

2 要求确认 Acknowledgement required
预期将有 AUTACK 确认报文。

0505 过滤函数,代码型 FILTER FUNCTION,CODED
说明:用于把任一位模式可逆地映射到一个有限的字符集上的过滤函数的标识。
表示:an..3

1 不过滤 No filter
不使用过滤函数。

2 十六进制过滤 Hexadecimal filter

十六进制过滤。

3 ISO 646 过滤 ISO 646 filter

在 DIS 10126-1 中描述的 ASCII 过滤。

4 ISO 646 波特过滤 ISO 646 Baudot filter

在 DIS 10126-1 中描述的波特过滤。

5 UN/EDIFACT EDA 过滤 UN/EDIFACT EDA filter

在 GB/T 14805.5 中描述的 UN/EDIFACT 字符集总表 A 的过滤函数。

6 UN/EDIFACT EDC 过滤 UN/EDIFACT EDC filter

在 GB/T 14805.5 中描述的 UN/EDIFACT 字符集总表 A 的过滤函数。

7 Base64 过滤 Base 64 filter

在 RFC1521 中描述的 Base64 过滤函数。

ZZZ 相互协商 Mutually agreed

在贸易伙伴间相互协商。

0507 源字符集编码,代码型 ORIGINAL CHARACTER SET ENCODING,CODED

说明:当应用安全机制时,对经安全处理的 EDIFACT 结构进行编码所使用的字符集的标识。

表示:an..3

---

1 7 位 ASCII 码 ASCII 7 bit

7 位 ASCII 代码。

2 8 位 ASCII 码 ASCII 8 bit

8 位 ASCII 代码。

3 代码第 850 页(IBM PC Multinational) Code page 850 (IBM PC Multinational)

由该代码页定义的字符集总表的编码方案。

4 代码第 500 页(EBCDIC Multinational No. 5) Code page 500 (EBCDIC Multinational No. 5)

由该代码页定义的字符集总表的编码方案。

5 UCS-2 UCS-2

在 GB 13000.1 中定义的通用多八位编码字符集(UCS)双八位编码方案。

6 UCS-4 UCS-4

在 GB 13000.1 中定义的通用多八位编码字符集(UCS)四八位编码方案。

7 UTF-8 UTF-8

在 GB 13000.1 附录 R 中定义的 UTF-8 多八位(1 到 6 个八位)编码方案。

8 UTF-16 UTF-16

在 GB 13000.1 附录 Q 中定义的 UTF-16 双八位编码方案。

ZZZ 相互协商 Mutually agreed

在贸易伙伴间相互协商。

0509 安全提供者的作用,代码型 ROLE OF SECURITY PROVIDER,CODED

说明:与经安全处理的项相关的安全提供者的作用的标识。

表示:an..3

1 签发方 Issuer

安全提供方是所签文件的合法的签发方。

2 公证人 Notary

安全提供方作为与所签文件有关的公证人。

3 签约方 Contracting party
安全提供方签署所签文件的内容。
4 证人 Witness
安全提供方作为证人,但不负责所签文件的内容。
ZZZ 相互协商 Mutually agreed
在贸易伙伴间相互协商。

0513 安全参与方代码表限定符 SECURITY PARTY CODE LIST QUALIFIER
说明:用于注册安全参与方的标识类型的标识。
表示:an..3
1 自动清算所 ACH
自动清算所的标识。
2 欧洲编码协会 EAN
欧洲编码协会。
ZZZ 相互协商 Mutually agreed
在贸易伙伴间相互协商。

0515 安全参与方代码表负责机构,代码型 SECURITY PARTY CODE LIST RESPOSIBLE AGENCY,CODED
说明:负责安全参与方注册的标识。
表示:an..3
1 联合国贸易简化与电子商务中心 UN/CEFACT
联合国贸易简化与电子商务中心。
2 国际标准化组织 ISO
国际标准化组织。

0517 日期和时间限定符 DATE AND TIME QUALIFIER
说明:日期和时间类型规范。
表示:an..3
1 安全时戳 Security Timestamp
经安全处理的报文的安全时戳。
2 证书生成的日期和时间 Certificate generation date and time
标识由认证机构所发布证书的生成日期和时间。
3 证书有效期开始日期 Certificate start of validity period
标识证书有效期开始的日期和时间。
4 证书有效期截止日期 Certificate end of validity period
标识证书有效期截止的日期和时间。
5 EDIFACT 结构生成的日期和时间 EDIFACT structure generation date and time
经安全处理的 EDIFACT 结构生成的日期和时间。
6 证书撤消的日期和时间 Certificate revocation date and time
标识由认证机构所撤消证书的日期和时间。
7 密钥生成的日期和时间 Key generation date and time
标识密钥生成的日期和时间。

0523 算法的使用,代码型 USE OF ALGORITHM,CODED

说明:由算法所产生的用法的规范。

表示:an..3

1 持有方哈希函数 Owner hashing

规定了报文发送方对报文进行哈希函数运算(在 USH 的安全功能限定符中标识的完整性或源抗抵赖性情况下)时使用的算法。

2 持有方对称函数 Owner symmetric

规定了报文发送方在完整性、保密性或报文源鉴别(在 USH 中的安全服务,代码型规定)时所使用的算法。

3 签发方签名 Issuer signing

规定了证书签发方(CA)在对证书的哈希函数结果进行签名时使用的算法。

4 签发方的哈希函数 Issuer hashing

规定了证书签发方(CA)计算证书的哈希函数结果时使用的算法。

5 持有方加密 Owner enciphering

规定了由报文发送方加密一个对称密钥时使用的算法。

6 持有方签名 Owner signing

规定了报文发送方在对报文的哈希函数结果或对称密钥进行签名时使用的算法。

7 持有方加密或签名 Owner enciphering or signing

规定了报文发送方加密一个对称密钥或对报文的哈希函数结果进行签名时使用的算法。该值仅可以用于 USC 段组中的 USA 段。当加密对称密钥时,应使用接收方证书。当签发一个哈希函数的结果时,应使用发送方证书。

8 持有方压缩 Owner compressing

规定了报文发送方(加密并)提交之前压缩数据时使用的算法。

9 持有方压缩的完整性 Owner compression integrity

规定了报文发送方(加密并)提交之前压缩数据时使用的算法。完整性的值用来验证解压之前压缩文本的内容。

10 密钥协议 Key agreement

规定了发起方和应答方协商一个秘密密钥时使用的算法。

0525 密码操作方式,代码型 CRYPTOGRAPHIC MODE OF OPERATION,CODED

说明:用于算法的操作方式的规范。

表示:an..3

1 ECB ECB

DES 操作方式,电子密码本;见 FIPS Pub 81(1981);ANSI X3.106;IS 8372(64 位);ISO 10116(n-位)。

2 CBC CBC

DES 操作方式,加密块链;见 FIPS Pub 81(1981);ANSI X3.106;IS 8372(64 位);ISO 10116(n-位)。

3 CFB1 CFB1

DES 操作方式,加密反馈;见 FIPS Pub 81(1981);ANSI X3.106;IS 8372(64 位);ISO 10116(n-位)。

4 CFB8 CFB8

DES 操作方式，加密反馈；见 FIPS Pub 81(1981)；ANSI X3.106；IS 8372(64 位)；ISO 10116(n-位)。

5　OFB OFB

DES 操作方式；见 FIPS Pub 81(1981)；106；IS 8372(64 位)；ISO 10116(n-位)。

X 6　MAC MAC

使用 DES CBC 方式的报文鉴别码 ISO 8731-1。

注：该代码值将在 2002 年第 2 次发布的服务代码表中删除。

X 7　DIM1 DIM1

使用加密校验函数的数据完整性机制；ISO DIS 9797，第 1 种方法。

注：该代码值将在 2002 年第 2 次发布的服务代码表中删除。

X 8　DIM2 DIM2

使用加密校验函数的数据完整性机制；ISO DIS 9797，第 2 种方法。

注：该代码值将在 2002 年第 2 次发布的服务代码表中删除。

X 9　MDC2 MDC2

修改检测码——IBM 系统杂志，30 卷，2 号，1991。

注：该代码值将在 2002 年第 2 次发布的服务代码表中删除。

X 10　HDS1 HDS1

哈希函数　第 1 部分：使用 n 位块加密算法的哈希函数，提供单精度哈希码。

注：该代码值将在 2002 年第 2 次发布的服务代码表中删除。

X 11　HDS2 HDS2

哈希函数　第 2 部分：使用 n 位块加密算法的哈希函数，提供双精度哈希码。

注：该代码值将在 2002 年第 2 次发布的服务代码表中删除。

X 12　SQM SQM

用于 RSA 的 n 的平方的哈希函数。见附录 D，ITU X 509，ISO 9594-8。

注：该代码值将在 2002 年第 2 次发布的服务代码表中删除。

X 13　NVB7.1 NVB7.1

荷兰银行标准哈希函数。

注：该代码值将在 2002 年第 2 次发布的服务代码表中删除。

X 14　NVBAK NVBAK

荷兰银行标准，NVB 鉴别标志，见 NVB，May 1992。

注：该代码值将在 2002 年第 2 次发布的服务代码表中删除。

X 15　MCCP MCCP

使用非对称算法的银行密钥管理，使用 RSA 加密系统的算法。使用独立签名的签名结构。ISO 11166-2。

注：该代码值将在 2002 年第 2 次发布的服务代码表中删除。

16　DSMR DSMR

对报文进行恢复的数字签名方案；ISO 9796。

17　CFB64 CFB64

DES 操作方式，加密反馈；ISO 10116(n 位)。

23　TCBC TCBC

TDEA 操作方式，加密块链，ANSI X 9.52

24　TCBC--I TCBC--I

TDEA 操作方式，交叉式加密块链，ANSI X 9.52。

25　TCFB1 TCFB1

TDEA 操作方式,加密反馈——1 位反馈,ANSI X 9.52。

26 TCFB8 TCFB8

TDEA 操作方式,加密反馈——8 位反馈,ANSI X 9.52。

27 TCFB64 TCFB64

TDEA 操作方式,加密反馈——64 位反馈,ANSI X 9.52。

28 TCFB1--P TCFB1--P

TDEA 操作方式,管道式加密反馈——1 位反馈,ANSI X 9.52。

29 TCFB8--P TCFB8--P

TDEA 操作方式,管道式加密反馈——8 位反馈,ANSI X 9.52。

30 TCFB64--P TCFB64--P

TDEA 操作方式,管道式加密反馈——64 位反馈,ANSI X 9.52。

31 TOFB TOFB

TDEA 操作方式,输出反馈方式,ANSI X 9.52。

32 TOFB--P TOFB--P

TDEA 操作方式,管道式输出反馈方式,ANSI X 9.52。

33 TCBCM TCBCM

TDEA 操作方式,带有输出反馈掩蔽的加密块链,ANSI X 9.52。

34 TCBCM--I TCBCM--I

TDEA 操作方式,带有交叉输出反馈掩蔽的加密块链,ANSI X 9.52。

35 TECB TECB

TDEA 操作方式,电子密码本方式,ANSI X 9.52。

36 CTS CTS

RC5 操作方式,偷窃密码本,见 RFC2040。

ZZZ 相互协商 Mutually agreed

在贸易伙伴间相互协商。

---

*0527 算法,代码型 ALGORITHM,CODED

说明:算法的标识。

表示:an..3

1 DES DES

数据加密标准。见 FIPS Pub 46(1977 年 1 月)。

2 MAA MAA

报文鉴别算法。银行业批准的报文鉴别算法。ISO 8731-2。

3 FEAL FEAL

FEAL 快速数据加密算法。

4 IDEA IDEA

国际数据加密算法,见 Lai X.,Massey J. “A Proposal for a New Block Encryption Standard”, Proceedings of Eurocrypt'90,LNCS vol 473,Springer-Verlag,Berlin 1991,and Lai X.,Massey J. “Markov Ciphers and Differential Cryptanalysis”,Proceedings of Eurocrypt'91,LNCS vol 547, Springer-Verlag,Berlin 1991。

5 MD4 MD4

MD4 报文摘要算法。见 Rivert R. RSA Data Security Inc.(1990)。

6 MD5 MD5

MD5 报文摘要算法。见 Rivert R. Dusse S. RSA Data Security Inc.(1991)。

7 RIPEMD RIPEMD

见 Extension of the MD4-Ripe Report CS-R9324,April 9。

8 SHA SHA

安全哈希算法。

9 AR/DFP AR/DFP

德国银行业的哈希函数,提交到 ISO/IEC JTC1/SC 27/WG 2,Doc N179。

10 RSA RSA

见 Rivest,Shamir,Adleman: A Method for obtaining Digital Signatures and Public Key Cryptosystems. Communications of the ACM,Vol. 21(2),pp 120～126(1978)。

11 DSA DSA

数字签名算法/数字签名标准, 见 NIST Pub 1993 Draft。

12 RAB RAB

见 Rabin,"Digitalized signatures and public-key functions as intractable as factorization", MIT Laboratory for Computer Science Technical Report LCS/TR-212, Cambridge, Mass,1979。

13 TDEA TDEA

3 重数据加密算法;见 ANSI X9. 52。

14 RIPEMD--160 RIPEMD--160

专用的哈希函数＃1;见 ISO 10118-3。

15 RIPEMD--128 RIPEMD--128

专用的哈希函数＃2;见 ISO 10118-3。

16 SHA1 SHA1

安全哈希算法,专用的哈希函数＃3;见 ISO 10118-3。

17 ECC ECC

椭圆曲线算法,见起草 IEEE P1363 标准。

18 ZLIB ZLIB

数据压缩算法;压缩/解压算法,见 RFC1950、RFC1951 和 RFC1952。

20 INFOZIP INFOZIP

数据压缩算法。

21 OLZW OLZW

数据压缩算法;优化的 LZW;见"Dr. Dobb's Journal"(Jun. 1990)。

22 ARITCODE ARITCODE

数据压缩算法;算术编码;见"Comm. Of the ACM"(Jun. 1987)。

23 SHUFF SHUFF

数据压缩算法;静态霍夫曼算法;见"Proceedings of the I. R. E. "(Sep. 1952)。

24 DHUFF DHUFF

数据压缩算法;动态霍夫曼算法;见"ACM Transaction on Mathematical Software"(Jun. 1989)。

25 CRC--32 CRC--32

循环冗余校验—32 位;以太网 CRC。

26 CRC--CCITT CRC--CCITT

循环冗余校验—16 位。

27 ISO 12042 ISO 12042

信息交换用数据压缩—2 进制算术编码算法;ISO 12042。

28 RC4 RC4

可变密钥长度对称序列密码,由 RSA 安全公司规定。

29 RC5 RC5

可变密钥长度对称块密码,见:RFC2040。

30 HMAC—SHA-1 HMAC—SHA-1

使用密钥加密的 SHA-1 的报文鉴别(见:RFC2040)。

31 HMAC—MD5 HMAC—MD5

使用密钥加密的 MD5 的报文鉴别(见:RFC2040)。

32 HMAC—RIPEMD--160 HMAC— RIPEMD--160

使用密钥加密的 RIPEMD--160 的报文鉴别(见:RFC2040)。

33 HMAC—RIPEMD-128 HMAC—RIPEMD-128

使用密钥加密的 RIPEMD-128 的报文鉴别(见:RFC2040)。

34 DB—MACv3 DB—MACv3

MAC 计算(变量 3),使用 RIPEMD-160 和 3 重 DES(见:Deutsche bundesbank 1998)。

35 LZ77 LZ77

见 Lempel Ziv,1977 数据压缩算法。

36 LZW LZW

见 Lempel Ziv,Welch 数据压缩算法。

37 MAC—ISO 8731-1 MAC—ISO 8731-1

在 ISO 8731 第 1 部分定义的报文鉴别码。

38 DIM1 DIM1

使用加密校验函数的数据完整性机制;ISO DIS 9797,第 1 种方法。

39 DIM2 DIM2

使用加密校验函数的数据完整性机制;ISO DIS 9797,第 2 种方法。

40 MDC2 MDC2

修改检测码,见 IBM System Journal,vol 13,#2,1991。

41 HDS1 HDS1

ISO CD 10118-1 哈希函数 第 1 部分:使用 n 位块加密算法的哈希函数,提供单精度哈希码。

42 HDS2 HDS2

ISO CD 10118-2 哈希函数 第 2 部分:使用 n 位块加密算法的哈希函数,提供双精度哈希码。

43 SQM SQM

ISO 9594-8 用于 RSA 的 n 的平方的哈希函数。

44 NVB7.1 NVB7.1

荷兰银行标准哈希函数。

45 PKCS#1—v2_MGF1 PKCS#1—v2_MGF1

在 PKCS#1 版本 2 中定义的掩蔽生成函数。

+ 46 NVBAK NVBAK

荷兰银行标准,NVB 鉴别标志,见 NVB,May 1992。

+ 47 MCCP MCCP

使用非对称算法的银行密钥管理,使用 RSA 加密系统的算法。使用独立签名的签名结构。ISO 11166-2。

ZZZ 相互协商 Mutually agreed
在贸易伙伴间相互协商。

0529 算法代码表标识符 ALGORITHM CODE LIST IDENTIFIER
说明:用来标识算法的代码表规范。
表示:an..3

1 联合国贸易简化与电子商务中心 UN/CEFACT
联合国贸易简化与电子商务中心(UN/CEFACT)。

0531 算法参数限定符 ALGORITHM PARAMETER QUALIFIER
说明:参数值类型的规范。
表示:an..3

1 初始值,明文 Initialisation value,clear text
标明算法参数值是一个未加密的初始值。

2 初始值,对称密钥加密 Initialisation value,encrypted under a symmetric key
标明算法参数值是一个使用了对称数据密钥加密的初始值。

3 初始值,公钥加密 Initialisation value,encrypted under a public key
标明算法参数值是一个使用了接收方公钥加密的初始值。

4 初始值,相互协商的格式 Initialisation value,format mutually agreed
标明算法参数值是两个参与方间协商格式的初始值。

5 对称密钥,对称密钥加密 Symmetric key,encrypted under a symmetric key
标明算法参数值是一个根据以前交换的对称密钥协商的算法进行加密的对称密钥。

6 对称密钥,公钥加密 Symmetric key,encrypted under a public key
标明算法参数值是一个使用了接收方公钥加密的对称密钥。

7 对称密钥,已签名和加密 Symmetric key,signed and encrypted
标明算法参数值是一个根据发送方的秘密密钥签名,并根据接收方的公钥加密的对称密钥。

8 对称密钥,发送方和接收方共同的非对称密钥加密 Symmetric key encrypted under an asymmetric key common to the sender and the receiver
标明算法参数值是一个根据对发送方和接收方共同的非对称密钥(例如:迪福和赫尔曼方案的使用)加密的对称密钥。

9 对称密钥名称 Symmetric key name
标明算法参数值是一个对称密钥名称。它可以在发送方和接收方已建立密钥关系的情况下使用。

10 加密密钥的密钥名称 Key encrypting key name
标明算法参数值是一个加密密钥的密钥名称。

11 对称密钥,相互协商的格式 Symmetric key,format mutually agreed
标明算法参数值是两个参与方间协商格式的对称密钥。

12 模数 Modulus
标明算法参数值是公钥的模数,公钥的使用根据“算法的使用”所定义的函数。

13 指数 Exponent
标明算法参数值是公钥的指数,公钥的使用根据“算法的使用”所定义的函数。

14 模数长度 Modulus length

标明算法参数值是在算法中使用的公钥的模数的长度(按位)。该长度独立于所使用的过滤函数。

15 通用参数 1 Generic parameter 1

标明算法参数值是第 1 个通用参数。

16 通用参数 2 Generic parameter 2

标明算法参数值是第 2 个通用参数。

17 通用参数 3 Generic parameter 3

标明算法参数值是第 3 个通用参数。

18 通用参数 4 Generic parameter 4

标明算法参数值是第 4 个通用参数。

19 通用参数 5 Generic parameter 5

标明算法参数值是第 5 个通用参数。

20 通用参数 6 Generic parameter 6

标明算法参数值是第 6 个通用参数。

21 通用参数 7 Generic parameter 7

标明算法参数值是第 7 个通用参数。

22 通用参数 8 Generic parameter 8

标明算法参数值是第 8 个通用参数。

23 通用参数 9 Generic parameter 9

标明算法参数值是第 9 个通用参数。

24 通用参数 10 Generic parameter 10

标明算法参数值是第 10 个通用参数。

25 DSA 参数 P DSA parameter P

标明算法参数值是 DSA 算法的参数 P。

26 DSA 参数 Q DSA parameter Q

标明算法参数值是 DSA 算法的参数 Q。

27 DSA 参数 G DSA parameter G

标明算法参数值是 DSA 算法的参数 G。

28 DSA 参数 Y DSA parameter Y

标明算法参数值是 DSA 算法的参数 Y。

29 用于 CRC 计算的初始值 Initial value for CRC calculation

标明算法参数值是用于 CRC 计算的初始值。

30 初始目录树 Initial directory tree

标明算法参数值是所规定的数据压缩算法的初始目录树。

31 完整性值偏移 Integrity value offset

标明算法参数值是完整性值在压缩文本中的偏移。

33 生成器 Generator

标明算法参数值是一个秘密密钥协商机制的生成器。

34 对称密钥启动日期/时间 Symmetric key activation date/time

标明算法参数值是对称密钥的启动日期/时间。日期/时间格式应为 YYYYMMDDHHMMSS。

35 PKCS＃1-EME-OAEP HF PKCS＃1-EME-OAEP HF

标明算法参数值是在 PKCS＃1 版本 2 中定义的由 EME—OAEP 填充机制使用的哈希函数的代码。

36 PKCS＃1-EME-OAEP MGF PKCS＃1-EME-OAEP MGF
标明算法参数值是在 PKCS＃1 版本 2 中定义的由 EME—OAEP 填充机制使用的掩蔽生成函数的代码。

37 PKCS＃1-EME-OAEP P 初始化 PKCS＃1-EME-OAEP P Init
标明算法参数值是在 PKCS＃1 版本 2 中定义的由 EME—OAEP 填充机制使用的编码参数 8 比特字符串的初始 8 比特。

38 PKCS＃1-EME-OAEP P 附加值 PKCS＃1-EME-OAEP P Cont
标明算法参数值是在 PKCS＃1 版本 2 中定义的由 EME—OAEP 填充机制使用的紧随初始 8 比特的编码参数 8 比特字符串的附加 8 比特。

39 PKCS＃1-EME-OAEP P 最终值 PKCS＃1-EME-OAEP P Final
标明算法参数值是在 PKCS＃1 版本 2 中定义的由 EME—OAEP 填充机制使用的紧随初始或附加 8 比特的编码参数 8 位字符串的最终 8 比特。

40 PKCS＃1-EME-OAEP HF/MGF PKCS＃1-EME-OAEP HF/MGF
标明算法参数值是在 PKCS＃1 版本 2 中定义的由 EME—OAEP 填充机制使用的掩蔽生成函数的哈希函数的代码。

41 PKCS＃1-EME-OAEP 长度 PKCS＃1-EME-OAEP LENGTH
标明算法参数值是在 PKCS＃1 版本 2 中定义的由 EME—OAEP 填充机制所产生结果的预定长度。

ZZZ 相互协商 Mutually agreed
在贸易伙伴间相互协商。

0533 操作方式代码表标识符 MODE OF OPERATION CODE LIST IDENTIFIER

说明：用来标识加密操作方式的代码表规范。

表示：an..3

1 联合国贸易简化与电子商务中心 UN/CEFACT
联合国贸易简化与电子商务中心(UN/CEFACT)。

0541 安全应用范围，代码型 SCOPE OF SECURITY APPLICATION，CODED

说明：安全头中所定义的安全服务应用范围的规范。

表示：an..3

注：它定义了在相关加密过程中必须考虑的数据。

1 安全头和报文体 Security header and message body
仅包括当前安全头段组和客体主体本身。在此情况下不应包括其他安全头或安全尾段组在该范围中。

2 从安全头到安全尾 From security header to security trailer
从当前的安全头段组到相关的安全尾段组。在此情况下，应包括当前安全头段组、客体主体和所有其他嵌套安全头和安全尾段组。

3 所有相关的报文、包、组或交换 Whole related message，package，group or interchange
从报文、包、组或交换的第一个字符到报文、包、组或交换的最后一个字符。

4 交互式安全信息、安全头和报文体 Interactive security information，security header and message body

包括相关的安全信息、相关的交互式安全头和交互式报文体。

5 交互式安全信息加上从安全头到安全尾 Interactive security information plus security header to security trailer

包括相关的安全信息、安全头、所有其他嵌套的交互式安全头、交互式报文体以及所有其他嵌套的交互式安全尾。

ZZZ 相互协商 Mutually agreed

在贸易伙伴间相互协商。

0543 证书源字符集字符总表,代码型 CERTIFICATE ORIGINAL CHARACTER SET REPERTOIR,CODED

说明:用于建立所签发的证书的源字符集字符总表的标识。

表示:an..3

1 UN/ECE A 级 UN/ECE level A

遵循 GB/T 1988 基本代码表的定义,小写字母、可选的图形字符和国家或面向应用的图形字符除外。

2 UN/ECE B 级 UN/ECE level B

遵循 GB/T 1988 基本代码表的定义,可选的图形字符和国家或面向应用的图形字符除外。

3 UN/ECE C 级 UN/ECE level C

遵循 GB/T 15273.1《信息处理 八位单字节编码图形字符集 第一部分:拉丁字母一》(idt ISO 8859-1)中的定义。

4 UN/ECE D 级 UN/ECE level D

遵循 GB/T 15273.2《信息处理 八位单字节编码图形字符集 第二部分:拉丁字母二》(idt ISO 8859-2)中的定义。

5 UN/ECE E 级 UN/ECE level E

遵循 ISO 8859-5《信息处理 第 5 部分:拉丁字母/西里尔字母》中的定义。

6 UN/ECE F 级 UN/ECE level F

遵循 GB/T 15273.7《信息处理 八位单字节编码图形字符集 第七部分:拉丁/希腊字母》中的定义。

7 UN/ECE G 级 UN/ECE level G

遵循 GB/T 15273.3《信息处理 八位单字节编码图形字符集 第三部分:拉丁字母三》(idt ISO 8859-3)中的定义。

8 UN/ECE H 级 UN/ECE level H

遵循 GB/T 15273.4《信息处理 八位单字节编码图形字符集 第四部分:拉丁字母四》(idt ISO 8859-4)中的定义。

9 UN/ECE I 级 UN/ECE level I

遵循 ISO 8859-6《信息处理 第 6 部分:拉丁字母/阿拉伯字母》的定义。

10 UN/ECE J 级 UN/ECE level J

遵循 ISO 8859-8《信息处理 第 8 部分:拉丁字母/希伯来字母》的定义。

11 UN/ECE K 级 UN/ECE level K

遵循 ISO 8859-9《信息处理 第 9 部分:拉丁字母》的定义。

12 UN/ECE X 级 UN/ECE level X

GB/T 7589 中定义的代码扩充技术,该技术利用了 GB/T 12054 中的转义技术。

13 UN/ECE Y 级 UN/ECE level Y

GB/T 13000.1《信息技术 通用多八位编码字符集(UCS) 第一部分:体系结构与基本多文种平面》中的无代码扩充技术的八位编码字符。

0545 证书语法和版本,代码型 CERTIFICATE SYNTAX AND VERSION,CODED

说明:用于创建证书的语法和版本的代码型证书。

表示:an..3

1 EDIFACT 版本 4 EDIFACT version 4
GB/T 14805。

2 EDIFACT 版本 3 EDIFACT version 3
ISO 9735 版本 3。

3 X.509 X.509
ISO/IEC 9594-8,ITU X.509 密钥/证书参考。

4 PGP PGP
基于格式化密钥/证书参考的良好隐私(PGP)。

5 EDI 5 1.4 版本 EDI 5 v1.4
EDI 5 的证书第 1.4 版本(法国国家标准)。

0551 用于签名的服务字符限定符 SERVICE CHARACER FOR SIGNATURE QUALIFIER

说明:计算签名时使用的服务字符类型的标识。

表示:an..3

1 段终止符 Segment terminator
说明这是一个段结束时的分割符。

2 成分数据元分割符 Component data element separator
说明这是一个成分数据元之间的分割符。

3 数据元分割符 Data element separator
说明这是一个数据元之间的分割符。

4 释放字符 Release character
说明这是一个释放字符。

5 重复分割符 Repetition separator
说明这是一个重复的数据元之间的分割符。

0563 确认值限定符 VALIDATION VALUE QUALIFIER

说明:确认值类型的标识。

表示:an..3

1 唯一的确认值 Unique validation value
说明这是一个唯一的确认值。当所涉及的算法生成单个参数结果时(例如:用 DES 算法生成一个 MAC,或用 RSA 算法生成一个数字签名),应使用该代码。

2 DSA 算法 r 参数 DSA algorithm r parameter
说明这是一个使用 DSA 算法产生的 r 参数。

3 DSA 算法 s 参数 DSA algorithm s parameter
说明这是一个使用 DSA 算法产生的 s 参数。

4 参与方 A 的随机数 Random number for party A
由密钥协议或实体鉴别协议中的参与方 A 生成的随机数。

5 参与方 B 的随机数 Random number for party B
由密钥协议或实体鉴别协议中的参与方 B 生成的随机数。

6 对称算法的加密块 Enciphered block under a symmetric algorithm
按实体鉴别协议中的对称算法进行数据加密的结果。

7 非对称算法的加密模块 Enciphered block under an asymmetric algorithm
按实体鉴别协议中的非对称算法进行数据加密的结果。

8 密钥协议的值 Key agreement value
在密钥协议中计算的值。

0565 报文关系，代码型 MESSAGE RELATION，CODED
说明：与另一个报文的关系，该报文可以是过去的报文或未来的报文。
表示：an..3

1 无关系 No relation
该报文是发起的报文。

2 应答 Response
该报文是一个应答报文。

3 所请求的应答 Response requested
该报文请求一个回答。

0567 安全状况，代码型 SECURITY STATUS，CODED
说明：安全元素(例如：密钥或证书)状况的标识。
表示：an..3

1 有效 Valid
该安全元素是有效的。

2 撤消 Revoked
该安全元素已被撤消。

3 未知 Unknown
该安全元素的状态是未知的。

4 终止 Discontinued
该安全元素不应使用。

5 警告 Alert
已对该安全元素发出警告，但还未被撤消。

6 有效期满 Expired
该安全元素的有效期已满。

0569 取消原因，代码型 REVOCATION REASON，CODED

说明：取消证书的原因的标识。
表示：an..3

1 持有者的密钥泄露 Owner key compromised
该证书的持有者的密钥已经泄露。

2 签发者的密钥泄露 Issuer key compromised
该证书的签发者的密钥已经泄露。

3 持有者改变隶属关系 Owner changed affiliation

证书的标识细目不再有效。

4 证书被替代 Certificate superseded

该证书已经更新，并且由另一个证书替代。

5 证书被终止 Certificate terminated

该证书的有效期已满，并且还未更新。

6 无信息 No information available

该证书被撤消，但没有明确说明原因。

ZZZ 相互协商 Mutually agreed

在贸易伙伴间相互协商。

0571 安全错误，代码型 SECURITY ERROR,CODED

说明：标识导致拒绝 EDIFACT 结构的安全错误。

表示：an..3

注：此数据元应说明所出现的安全错误。这些错误可能是导致对安全确认请求的未确认，或者可以是一个包含错误的AUTACK，或经安全处理的 EDIFACT 结构的接收方主动发送的。

1 错误的鉴别者 Wrong authenticator

该确认是错误的。

2 错误的证书 Wrong certificate

该证书是错误的。

3 证书路径 Certification path

该证书路径是不完整的。无法确认。

4 不支持的算法 Algorithm not supported

不支持该算法。

5 不支持的哈希算法 Hashing method not supported

不支持该哈希算法。

6 协议错误 Protocol error

没有遵守已声明的协议。

7 预期的安全未给出 Security expected but not present

预期用户报文将经过安全处理(如：使用集成的报文安全或在鉴别方法上使用 AUTACK 报文)，但在预期的时间期限内还未给出或收到。

8 安全参数与预期不符 Security parameters do not match those expected

规定所应用的安全参数与预期的(如来自于交换协议)不符合。

0575 列表参数限定符 LIST PARAMETER QUALIFIER

说明：列表参数类型的说明。

表示：an..3

ZZZ 相互协商 Mutually agreed

在贸易伙伴间相互协商。

0577 安全参与方限定符 SECURITY PARTY QUALIFIER

说明：安全参与方作用的标识。

表示：an..3

1 报文发送方 Message sender

标识生成报文安全参数的参与方(即安全源发方)。

2 报文接收方 Message receiver

标识验证报文安全参数的参与方(即安全接收方)。

3 证书持有者 Certificate owner

标识持有证书的参与方。

4 鉴别方 Authenticating party

检验文件(即证书)是否真实的参与方。

0579 密钥管理功能限定符 KEY MANAGEMENT FUNCTION QUALIFIER

说明:密钥管理功能类型的说明。

表示:an..3

101 注册提交 Registration submission

注册信息的提交。

102 非对称密钥对请求 Asymmetric key pair request

请求一个可信赖的参与方生成一个非对称密钥对。

110 认证请求 Certification request

请求对证书和公共密钥进行认证。

111 证书更新请求 Certificate renewal request

请求延长当前有效密钥(其证书的有效期将满)的有效期。

112 证书替换请求 Certificate replacement request

请求用一个带有不同公共密钥(和其他可能的信息)的证书替换当前的证书。

121 证书(路径)检索请求 Certificate (path) retrieval request

请求提供现有的(有效的或撤消的)带有适当路径细目的证书。

123 证书列表检索请求 Certificate list retrieval request

请求检索全部或部分证书列表。

124 证书状态请求 Certificate status request

请求一个给定证书的当前状态。

125 证书有效性请求 Certificate validation request

请求认证机构确认一个现有的证书。

126 证书交付请求 Certificate delivery request

请求认证机构向认证机构已知的或其他特定地方的一系列接收方交付一个(有效的或撤消的)证书。

130 撤消请求 Revocation request

请求撤消一个参与方的证书。

131 告警请求 Alert request

请求向参与方的证书发出警告。

140 撤消列表请求 Revocation list request

请求所撤消的证书的全部或部分列表。

150 对称密钥请求 Symmetric key request

请求提供对称密钥。

151 对称密钥中止请求 Symmetric key discontinuation request

请求中止对称密钥。

152 非对称密钥中止请求 Asymmetric key discontinuation request

请求中止非对称密钥。

221 证书交付 Certificate delivery
交付现有的(有效的或撤消的)证书。

222 证书路径交付 Certificate path delivery
交付一个路径。

224 证书状态通知 Certificate status notice
通知一个给定证书的当前状态。

225 证书有效性通知 Certificate validation notice
通知一个现有证书的确认。

231 撤消确认 Revocation confirmation
参与方证书的撤消确认。

251 交付对称密钥 Symmetric key delivery
交付对称密钥。

252 中止确认 Discontinuation acknowledgement
所请求的中止的确认。

0591 填充机制,代码型 PADDING MECHANNISM,CODED

说明:所用的填充机制或填充方案。

表示:an..3

1 00 填充 00 padding
用于块加密算法的报文填充。用二进制的 0 填充,将报文填充至一个块长。块长通过算法和操作方法隐式地规定。

X 2 PKCS#1 填充 PKCS #1 padding
根据 PKCS#1(由 RSA 公司出版,1993 年)用于块加密算法的报文填充。
注:在 2002 年第 2 次发布的服务代码表中,该代码值将被删除。

3 ISO 10126 填充 ISO 10126 padding
根据 ISO 10126 规范用于块加密算法的报文填充。

4 TBSS 填充 TBSS padding
根据 TBSS(瑞士标准,见 Telekurs AG,1996)用于块加密算法的报文填充。

5 FF 填充 FF padding
用于块加密算法的报文填充。用二进制的 255 填充,将报文填充至一个块长。块长通过算法和操作方法隐式地规定。

6 ISO 9796#1 填充 ISO 9796 #1 padding
根据 ISO 9796 第 1 部分用于数字签名方案的报文填充。

7 ISO 9796#2 填充 ISO 9796 #2 padding
根据 ISO 9796 第 2 部分用于数字签名方案的报文填充。

8 ISO 9796#3 填充 ISO 9796 #3 padding
根据 ISO 9796 第 3 部分用于数字签名方案的报文填充。

9 TBSS 信封填充 TBSS envelope padding
根据 TBSS(瑞士标准,见 Telekurs AG,1996)用于数字信封的报文填充。

X 10 PKCS#1 信封填充 PKCS #1 envelope padding
根据 PKCS#1(由 RSA 公司出版,1993 年)用于数字信封的报文填充。
注:在 2002 年第 2 次发布的服务代码表中,该代码值将被删除。

X 11 PKCS#1 签名填充 PKCS #1 signature padding
根据 PKCS#1(由 RSA 公司出版,1993 年)用于数字签名方案的报文填充。
注:在 2002 年第 2 次发布的服务代码表中,该代码值将被删除。
12 BCS 签名填充 BCS signature padding
根据 ZKA(德国标准,见 ZKA,1995 年)用于数字签名方案的报文填充。
13 OAEP OAEP
优选的非对称加密填充(见 IEEE P1363)。
14 RSAES—OAEP RSAES—OAEP
在 PKCS#1,版本 2 中规定的填充机制,用于带有 RSA 公共密钥的加密。
15 RSAES—PKCS-v1_5 RSAES—PKCS-v1_5
在 PKCS#1,版本 2 中规定的填充机制,用于带有 RSA 公共密钥的加密。
16 RSASA—PKCS-v1_5 RSASA—PKCS-v1_5
在 PKCS#1,版本 2 中规定的填充机制,用于数字签名。
17 加密模块格式化 Encryption Block Formatting
在 PKCS#1,版本 1.5 中规定的填充机制。
18 PKCS#5 PKCS#5
在 PKCS#5 中规定的填充机制,用于对称加密。
19 ANSI X9.23 ANSI X9.23
在 ANSI X9.23 中规定的填充机制,用于对称加密。

0601 填充机制代码表标识符 PADDING MECHANNISM CODE LIST IDENTIFIER
说明:用来标识填充机制或填充方案的代码表的规范。
表示:an..3
1 联合国贸易简化与电子商务中心 UN/CEFACT
联合国贸易简化与电子商务中心(UN/CEFACT)。

0805 客体类型限定符 OBJECT TYPE QUALIFIER
说明:客体类型的限定符。
表示:an..3
1 计算机环境类型 Computer environment type
客体所应用的计算机环境类型的说明。
2 计算机环境版本 Computer environment version
客体所应用的计算机环境版本的说明。
3 计算机环境发布 Computer environment release
客体所应用的计算机环境发布的说明。
5 计算机环境名称 Computer environment name
客体所应用的计算机环境名称的说明。
6 非 EDIFACT 安全级代码 Non-EDIFACT security level code
应用于客体数据的非 EDIFACT 安全级(如:交换、组或报文)的说明。
7 非 EDIFACT 安全版本 Non-EDIFACT security version
应用于客体数据的非 EDIFACT 安全技术的版本的说明。
8 非 EDIFACT 安全发布 Non-EDIFACT security release
应用于客体数据的非 EDIFACT 安全技术的发布的说明。

9 非 EDIFACT 安全技术 Non-EDIFACT security technique
应用于客体数据的非 EDIFACT 安全技术的说明。
10 非 EDIFACT 安全的自由文本信息 Non-EDIFACT security free text information
应用于客体数据的非 EDIFACT 安全技术的自由文本格式说明。
11 用号码进行的文件标识 File identification by number
分配给构成客体的文件的标识号。
12 用名称进行的文件标识 File identification by name
分配给构成客体的文件的名称。
13 文件格式 File format
构成客体的文件格式的说明。
14 文件版本 File version
构成客体的文件版本的说明。
15 文件发布 File release
构成客体的文件发布的说明。
16 文件状态 File status
构成客体的文件状态的说明。
17 文件大小 File size
构成客体的文件所占字节多少的说明。
18 文件描述 File description
构成客体的文件的自由文本格式描述。
19 文件块类型 File block type
用于划分构成客体的文件的块类型的说明。
20 文件模块长度 File block length
用于划分构成客体的文件的块长度的说明。
21 文件记录长度 File record length
按字符位置号表达的在构成客体的文件中包括的记录长度的说明。
22 用号码进行程序标识 Program identification by number
分配给构成客体的程序的标识号。
23 用名称进行程序标识 Program identification by name
分配给构成客体的程序的名称。
24 程序类型 Program type
构成客体的程序的类型说明。
25 程序版本 Program version
构成客体的程序的版本说明。
26 程序发布 Program release
构成客体的程序的发布说明。
27 程序状态 Program status
构成客体的程序的状态说明。
28 程序描述 Program description
构成客体的程序的自由文本格式描述。
29 程序大小 Program size
构成客体的程序的字节多少的说明。
30 交换格式 Interchange format

构成客体的交换格式的说明。

31 交换版本 Interchange version

构成客体的交换版本的说明。

32 交换发布 Interchange release

构成客体的交换发布的说明。

33 交换状态 Interchange status

构成客体的交换状态的说明。

34 交换标识 Interchange identification

分配给构成客体的交换的标识号。

35 压缩技术标识 Compression technique identification

分配给客体所使用的压缩技术的标识。

36 压缩技术版本 Compression technique version

客体所使用的压缩技术的版本说明。

37 压缩技术发布 Compression technique release

客体所使用的压缩技术的发布说明。

38 用名称进行制图标识 Drawing identification by name

分配给构成客体的制图的名称。

39 用号码进行制图标识 Drawing identification by number

分配给构成客体的制图的标识号。

40 制图类型 Drawing type

构成客体的制图类型的说明。

41 制图格式 Drawing format

构成客体的制图格式的说明。

42 制图版本 Drawing version

构成客体的制图版本的说明。

43 制图发布 Drawing release

构成客体的制图发布的说明。

44 制图状态 Drawing status

构成客体的制图状态的说明。

45 制图大小 Drawing size

构成客体的制图的字节多少的说明。

46 制图描述 Drawing description

构成客体的制图类型的自由文本格式的描述。

48 过滤器类型 Filter type

客体所使用的过滤技术类型的说明。

49 过滤器版本 Filter version

客体所使用的过滤技术版本的说明。

50 过滤器代码页 Filter code page

客体所使用的过滤技术的代码页的说明。

51 过滤器技术 Filter technique

客体所使用的过滤技术的说明。

52 字符集总表标识 Character set repertoire identification

客体使用的字符集总表的标识。

53 字符集编码技术 Character set encoding technique
客体使用的字符集编码技术的说明。
54 字符集编码技术代码页 Character set encoding technique code page
客体使用的字符集编码技术的代码页的说明。
55 证书类型 Certificate type
构成客体的证书类型的说明。
56 证书版本 Certificate version
构成客体的证书版本的说明。
57 证书发布 Certificate release
构成客体的证书发布的说明。
58 证书状态 Certificate status
构成客体的证书状态的说明。
60 用名称进行证书标识 Certificate identification by name
分配给构成客体的证书的名称。
61 用号码进行证书标识 Certificate identification by number
分配给构成客体的证书的标识号。
62 证书格式 Certificate format
构成客体的证书格式的说明。
63 证书代码页 Certificate code page
当生成一个构成客体的证书时使用的代码页的说明。

0813 参考限定符 REFERENCE QUALIFIER
说明：赋予参考标识号特定含义的代码。
表示：an..3
1 客体标识号 Object identification number
分配给客体的标识号。
2 应用报文参考号 Application message reference number
计算机应用程序分配给报文的参考号。

ICS 45.060.20
Q 84

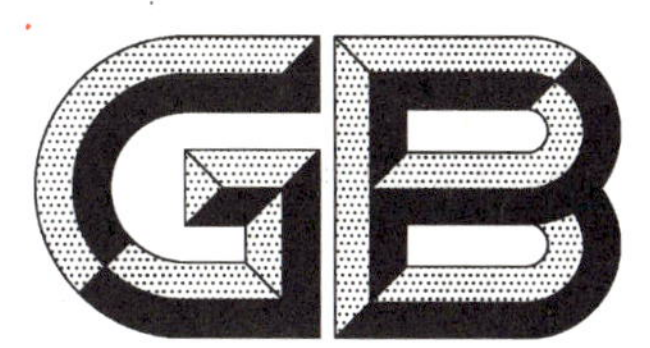

中华人民共和国国家标准

GB/T 14894—2005
代替 GB/T 14894—1994

城市轨道交通车辆组装后的检查与试验规则

Rules for inspecting and testing of urban rail transit vehicles after completion of construction

(IEC 61133:1992, Electric traction-Rolling stock—Test methods for electric and thermal/electric rolling stock on completion of construction and before entry into service, MOD)

2005-09-28 发布 2006-04-01 实施

中华人民共和国国家质量监督检验检疫总局
中国国家标准化管理委员会 发布

前　言

本标准修改采用了 IEC 61133《电力牵引—机车车辆—电力机车车辆和电传动热力机车车辆制成后投入使用前的试验方法》1992 年第 1 版(英文版)。

本标准根据 IEC 61133:1992 重新起草。为了方便比较,在资料性附录 B 中列出了本标准条款与国际标准条款的对照一览表。

本标准在采用国际标准 IEC 61133:1992 时,根据我国国情进行了修改。这些技术性差异用垂直单线标识在它们所涉及的条款的页边空白处。在附录 C 中给出了技术性差异及其原因一览表,以供参考。

为便于使用,本标准还做了下列编辑性修改:删除国际标准 IEC 61133:1992 的引言。

本标准代替 GB/T 14894—1994《地下铁道车辆组装后的检查与试验规则》,因为随着城市轨道交通的发展,GB/T 14894—1994 已不能满足城市轨道交通车辆发展的要求,也没有和国际标准 IEC 61133:1992 相一致。

本标准与 GB/T 14894—1994 相比主要内容变化如下:

——名称改为《城市轨道交通车辆组装后的检查与试验规则》。

——“1 范围”中增加了试验目的;删除与电动车辆无关的项目;取消对轨距的限制;扩大适用范围。

——“规范性引用文件”中增加了与城市轨道车辆有关的国家标准;增加了引用 IEC 61133 中与电动车辆有关的最新版本的标准和与 IEC 61133 等同或等效的国家行业标准。

——“3 术语和定义”中增加了第 3.7 条至第 3.10 条的定义。

——将 GB/T 14894—1994 中“5 试验种类”改为“4 试验分类和实施方法”。

——新增加“4.5 试验实施方法”、“5.1 车辆的载荷状态”、“5.3.6 称重容许误差”、“5.7.4 乘客舒适性的设备”、“5.7.5 重联操作”、“5.11.8 车辆内压检查”、“5.12(7)防火材料性能检查”、“5.15 冲击耐压试验”、“6.2 曲线和坡道变化线路的运行试验”、“6.3 受电装置(受流器和受电弓)试验”、“6.7 干扰试验”、“6.12 供电中断和电压突变试验”、“6.14 内部过电压的检查”共 13 条。

本标准附录 A 为规范性附录,附录 B、附录 C 为资料性附录。

本标准由中华人民共和国建设部提出。

本标准由建设部标准定额研究所归口。

本标准负责起草单位:铁科院(北京)工程咨询有限公司、北京地下铁道运营有限公司、长春轨道客车股份有限公司。

本标准参加起草单位:北京地下铁道设计研究所、南车四方机车车辆股份有限公司、南车集团株洲电力机车厂、南车集团南京浦镇车辆厂、南车集团株洲电力机车研究所、北车集团大连机车车辆有限公司、北车集团四方车辆研究所、上海地铁运营有限公司、广州地铁总公司、同济大学铁道与城市轨道交通研究院。

本标准主要起草人:肖彦君、杨润栋、赵菊静、吴茂杉、雷强、黄宪、马沂文、文龙贤、王旭东、王娟、谢谦、杨宏基、黄殿清、王兴文、陈文光、朱鹏飞、田葆栓、樊嘉峰、蔡广国、程祖国。

本标准于 1994 年 1 月首次发布,2005 年第一次修订。

城市轨道交通车辆
组装后的检查与试验规则

1 范围

1.1 本标准规定了由车轮支持和导向的城市轨道交通车辆(以下简称车辆)制成后投入使用前的检查与试验规则。这些车辆由其内部控制的旋转电动机或直线电动机提供动力。

该试验方法适用于下列车辆:

——由外部直流电源供电的交流传动车辆;

——带司机室拖车或中间车辆,这种车辆没有安装动力设备或牵引电动机,但其设计与同一列车中动车相类似,并且装有一些与安装在动车上的电气和/或气动设备相连接的同类设备。

1.2 本标准的目的在于车辆组装完成后投入使用前,通过检查与试验验证达到下列要求:

车辆型式试验的结果与用户和制造商双方签定的合同相符合;

每辆通过例行试验的车辆与型式试验验证的设计标准相符合。

本标准不包括用以验证耐久性或可靠性的试验项目。

2 规范性引用文件

下列文件中的条款通过本标准的引用而成为本标准的条款。凡是注日期的引用文件,其随后所有的修改单(不包括勘误的内容)或修订版均不适用于本标准,然而,鼓励根据本标准达成协议的各方研究是否可使用这些文件的最新版本。凡是不注日期的引用文件,其最新版本适用于本标准。

GB/T 5599 铁道车辆动力学性能评定和试验鉴定规范

GB 6771—2000 电力机车防火和消防措施的规程(eqv UIC 617-10R:1979)

GB/T 7928—2003 地铁车辆通用技术条件

GB/T 14892 地下铁道电动车组司机室、客室噪声限值

GB/T 14893 地下铁道电动车组司机室、客室噪声测量

TB/T 1333.1—2002 铁路应用机车车辆电气设备 第1部分:一般使用条件和通用规则(idt IEC 60077-1:1999)

TB/T 1333.2—2002 铁路应用机车车辆电气设备 第2部分:电工器件通用规则(idt IEC 60077-2:1999)

TB/T 1333.3—2004 铁路应用机车车辆电器设备 第3部分:电工器件 直流断路器规则(idt IEC 60077-3:2001)

TB/T 1393—2003 电力传动机车车辆主电路欧姆电阻器规则(idt IEC 60322:2001)

TB/T 1680—1997 牵引变压器和电抗器(eqv IEC 60310:1991)

TB/T 1802—1996 铁路车辆漏雨试验方法

TB/T 2054—1989 铁路机车漏雨试验方法

TB/T 2431—1993 铁路客车车顶单元式空调机组技术条件

TB/T 3001—2000 铁路机车车辆用电子变流器供电的交流电动机(eqv IEC 60349-2:1993)

TB/T 3021—2001 铁道机车车辆电子装置(eqv IEC 60571:1998)

TB/T 3034—2002 机车车辆电气设备电磁兼容性试验及其限值(eqv EN 50121-3-2:2000)

IEC 60411 电力牵引用电力变流器

IEC 61287-1:1995　机车车辆用电力变流器　第一部分特性和试验方法

UIC 651　机车、有轨电车、多节编组列车和带司机室拖车中司机室布置

3　术语和定义

下列术语和定义适用于本标准。

3.1

制造商　manufacturer

负责提供车辆系统技术职责的机构。车辆合同分割为两个或两个以上时，制造商可以是多个。

3.2

制造商的工厂　manufacturers'works

完成车辆组装并一般进行静态试验的场所。

3.3

用户　user

订购车辆，负责直接与制造商洽谈业务的机构。

3.4

供货商　supplier

负责提供单个设备或成套设备的机构。

3.5

供货商的工厂　suppliers'works

制造单个设备或成套设备的场所。

3.6

合同　contract

制造商与用户双方签定的商务条款和全套技术文件。例如，用户的技术规格书、制造商的技术响应、会议纪要、质疑澄清、制造商与用户取得一致意见的技术文件等。

3.7

车辆　vehicle car

采用车轮支撑和导向负荷、具有牵引动力或无牵引动力、可编成列车运行的单节载客工具。

3.8

车组　set of cars

编成固定基本行车单元、可在轨道上独立运行的车辆组合体。

3.9

列车　train

以在运营线路上运行为目的而编组的由一个或多个车组组成的集合体。

3.10

柔性系数　coefficient of flexibility

当空车或加有载荷的车辆静置在有超高的轨道上时，其运行平面与水平面形成一个夹角 Δ，此时车体斜压在它的弹簧上，并与轨面垂线形成夹角 β。在消除了不对称的影响以及弹簧和减振器的摩擦影响后，计算或测得的比值 β/Δ 便称之为车辆柔性系数，以字母 s 表示。

4　试验分类和实施方法

4.1　总则

车辆制成后投入使用前的各种试验，分类如下：

a)　调整试验；

b) 验收试验，包括：

1）型式试验，原则上在给定设计的车组或一列车上进行；

2）例行试验，对同一设计的每辆车都要进行。

c) 研究性试验。

根据车辆的特点，可以进行静置试验或线路试验：

静置试验，见本标准第5章，该试验通常在制造商的工厂进行；

线路试验，见本标准第6章，该试验通常在运用车辆的线路上进行。

在下列情况下，按照用户与制造商间的协议，可以将相应试验简化或取消：

a) 本车辆与以前制造的车辆是相同的，其生产经验是可以采用的，或者该车装有用户规定的电动机或其他重要部件时；

b) 若有文件证明在具有代表性的条件下完成了等效性试验。

4.2 调整试验

车辆在进行验收试验前，制造商可以要求进行不能在制造商的工厂做的调整试验，而到用户的线路上进行负载或空载试运行。

为获得必要的调整而进行的试运行的最大总里程应由用户与制造商双方议定，并应该考虑车辆的类型，特别应考虑其最高速度和所采用的新设备。当合同中缺乏规定值时，对要进行型式试验的车辆最大试运行里程应定为5 000 km。

试运行可以仅在用户指派的合格的代表参加和监督下进行。用户应指派车辆的司机。

4.3 验收试验

4.3.1 型式试验

车辆的型式试验项目列于表A.1和表A.2。型式试验的期限按照用户和制造商双方签定的协议进行，试验从制造商提出车辆验收试验准备报告的时间算起。仅当合同有规定时，方可要求做选择性型式试验。

4.3.2 例行试验

例行试验仅限于表A.1和表A.2的试验项目。例行试验可以在用户和制造商双方议定的期限内，并按照第5章和第6章所述的试验方法进行。

例行试验结果，计及公差在内，与型式试验结果相符合。

根据对应的型式试验，按照用户和制造商间的协议，例行试验没有必要全部重复时，也可以简化试验，即减少在附件中给出的试验项目。任何必须附加的例行试验，需符合用户和制造商的协议。

4.4 研究性试验

研究性试验是为了获得补充资料而进行的一种选择性的特殊试验。仅当合同有规定时方可进行。表A.1和表A.2列出一些研究性试验项目，但当用户和制造商双方要求时，也可安排进行其他的试验项目。每当进行特定的试验时，用户和制造商应对这些试验的操作方法和试验程序进行磋商。研究性试验的结果，不可作为拒绝接收车辆的理由，合同另有规定除外。

4.5 试验实施方法

在本标准中提出的各种试验项目和试验场所，用户和制造商应在订合同时就达成协议。在签订协议时应包括以下内容：

a) 型式试验和例行试验程序，特别是在本标准允许双方有某种选择的自由时；

b) 对于通常在制造商的工厂内进行的静置试验项目，制造商要特别通知用户，关于与这些试验有关的试验设备一些条件的限值；

c) 用户拟在他自己的系统上进行线路试验项目和进行试验的条件；

d) 对随季节而变化的环境试验条件如雪、雨、尘埃、气温、潮湿等的试验方法；

e) 某些部件的工厂试验由于供货商的工厂相应的试验设备的缺陷，要求在整车上进行静止试验和线路试验时来做。

如果希望依靠第三方的试验设备，双方应在签定合同时就达成协议。在下列情况下这样做是必要的：

——当必须将车辆送到一个既不属于制造商也不属于用户的专门的试验中心去进行静置试验时；

——需要在既不属于制造商也不属于用户的另一系统上进行线路试验时。

5 静置试验

5.1 车辆的载荷状态

目的：规定车辆限界检查、称重试验和其他试验时的载荷状态。

车辆限界、检查称重、操作试验和其他试验，原则上应在车辆的最大载荷状态下进行。除非合同另有规定，对按照本标准进行的试验，必须考虑如下所示的载荷状态：

——最小载荷(AW0)：车辆自重，即空车载荷状态；

——额定载荷(AW2)：在合同中规定的作为性能试验的最大载荷，即车辆自重与额定载客重量之和；

——最大载荷(AW3)：在合同规定的条件下车辆可以安全运行的最大载荷，即车辆自重与最大载客重量之和。

为了减少试验时载荷的装卸工作量，车辆限界检查和称重试验可在下列载荷状态下进行：

——在同样的载荷状态下；

——也可在不是合同规定的载荷状态进行，但要对所记录的数值进行适当修正。

5.2 静置状态机械试验

目的：静置状态机械试验是为了保证车辆外形尺寸在任何使用条件下符合车辆限界的规定；同时采用制造商推荐的作业方法检查车辆的起吊性能。

5.2.1 限界检查

本试验的目的在于保证：

a) 各部件组装后，外形尺寸的设计(包括容差)应在用户所规定的车辆限界内；

b) 对因车轮磨耗需补偿的部件(排障器、扫雪器等)应进行适当调整。

通常按下列载荷状态进行限界检查：

——车辆上部部件：在最小载荷状态下；

——车辆下部部件：在最大载荷状态下(参照第5.1条)。

例行试验应在最小载荷状态下检查限界，同时考虑到最大载荷状态下发生的变化。

应考虑因车轮的磨耗、弹簧装置的不良动作和损坏(如断簧或空气弹簧漏气)引起车体与转向架一处或多处相碰的情况。

如果制造商和用户同意，应对可能侵入限界尺寸的部件(如向外突出的踏板)，可在运行条件下进行侵入量确认。

5.2.2 柔性系数检查

制造商应根据用户的要求，提出最小载荷和最大载荷状态下车辆柔性系数的计算值。柔性系数应该用直接测量法确定，其值应符合设计要求。

5.2.3 起吊性能检查

根据合同规定的条件，在制造商的工厂内按型式试验检查车辆的起吊性能。该试验可用天车或架车机在设计的起吊点或架车点提升车辆。

5.3 称重试验

目的：规定车辆在称重台上称重的方法，以确保最大或最小允许载荷符合合同的规定值。

5.3.1 应测量车辆的重量和每个支撑或承重的轮子作用于轨道上的垂直载荷，并应附上测量设备的精度。在称重作业时，车辆的载荷状态应在用户和制造商间的协议中做出规定；在没有其他规定时，称重试验应按下列条件进行：

a） 型式试验：在最小载荷、最大载荷和/或额定载荷状态下；

b） 例行试验：在最小载荷状态下。

5.3.2 称重试验前，允许调整悬挂装置，通常不需测量载荷，只检查尺寸。为使一系悬挂装置起作用，让车辆在带有不同坡度的线路上运行后，松开减振器和转向架之间以及抗侧滚扭杆与车体之间的连接装置，减速缓行到称重试验地点。在整个称重过程中，不许改变或调整车辆的载荷状态，也不允许人为地采用冲击、摇动或其他方法改变车体和悬挂装置的状态。

5.3.3 型式试验时，应连续进行四次称重试验，车辆应在前进、后退两个方向上各运行两次，以便尽量减少平衡不良和摩擦所产生的称重误差。例行试验时，必须连续称重两次。测定值取在称重试验中所得数据的算术平均值。

5.3.4 称重试验通常在制造商的工厂内进行，经过事先安排，也可在用户的装备上进行。

5.3.5 车辆的重量以及每根轴的轴重，应考虑下列条件满足合同的要求：

a） 车辆最大重量与最小重量，以及车辆总重量的容许误差；

b） 车辆最大轴重以及车辆每根轴重的容许误差；

c） 车辆一侧与另一侧称重的差值。

5.3.6 当合同没有规定时，测得的车辆重量不应比合同中规定的值大 3%；测得的轴重与该车各动轴实际平均轴重之差不应超过实际平均轴重的 2%；每个车轮的实际轮重与该轴两轮平均轮重之差不应超过该轴两轮平均轮重的±4%。

5.4 压缩空气设备全面气密性检查和运转试验

目的：制订试验程序和所采用的限度，以检查压缩空气设备的全面气密性。

5.4.1 总风缸和其他压缩空气设备的气密性

车辆处于正常运转状态，总风缸充气到最大压力，切断压缩机供气。

5.4.1.1 总风缸和附属装置

应该在各种压缩空气设备（制动回路、门装置、悬挂装置、电空装置等）处于切断空气源并不带压力状态下，确认在合同规定时间内总风缸压力的降低不大于合同规定值。合同未规定值时，在 5 min 后的压力降低不得超过 20 kPa。

5.4.1.2 总风缸和附属装置与其他空气压缩设备的组合

应在各种压缩空气设备处于压力下（除开有意设计成固有漏气外），关闭气路，检查总风缸压力在合同规定时间内不应降到小于合同的规定值。未有规定值时，在 20 min 内的压力不应降到小于所有设备都在正常工作时相对应的最小值。

5.4.1.3 带拖车的动车组

在将没有总风缸的拖车编入动车组时，也应按照第 5.4.1.1 和第 5.4.1.2 条重复试验。此时时间的限制与容许泄漏量与连挂的拖车辆数有关，应由用户与制造商双方议定。

5.4.2 列车管（回送用）的气密性

列车管气密性的试验方法与所使用的制动机型式相适应，应由用户和制造商双方议定。

5.4.3 制动缸和辅助风缸的气密性

试验时，由司机操纵制动控制器或用其他方法，使制动缸及其相关的辅助风缸达到最大工作压力，然后切断供风。制动缸压力经过 3 min 后，降低值不得超过 10 kPa。

当第 5.4.1、5.4.2 和 5.4.3 条中的要求与制动系统的特性不满足或不相适应时，例如电空制动、液压制动等系统，应由用户和制造商双方议定一种试验方法。

5.4.4 压缩空气设备运转检查

应检查全部压缩空气设备的正常工作状况。例如安全保护装置、干燥器、压力调节装置、隔离塞门、排水阀、压力传感器与开关等。

5.5 静置制动试验

目的：制定静置时摩擦制动系统的试验方法。

5.5.1 常用与紧急制动试验

本试验的目的在于与线路制动试验相结合，是为了确认制动系统的操作和施加在闸瓦或闸片的压力是否与合同规定值一致。例行试验时，为了避免往车辆装卸载荷，可以考虑简化的试验方法。

5.5.1.1 应检查基础制动装置是否符合设计图纸的要求，测量其静态传动效率是否符合合同的规定值。应检查空气管路、各种风缸和制动缸是否符合按第 5.4 条规定的条件在最大压力下的气密性，并且应检查供气系统是否已正确调整到能以合同规定的压力与速率对管道和风缸供气。

5.5.1.2 在静置状态下进行的常用制动试验是为了确认全部制动系统是否符合合同规定的特性。特别是在不同的操作条件下，施加制动和进行缓解的时间以及制动缸的最大压力。

5.5.1.3 在紧急制动和常用制动的各级位工况下，反复测定制动缸的压力和动作时间。

5.5.1.4 在车辆装有防滑装置时，应检查其排气时间、作用时间和缓解时间等。

5.5.1.5 车辆装有载荷调整装置时，应在最小载荷、额定载荷和最大载荷条件下检查所施加的制动力。

5.5.2 停放制动试验

停放制动系统应做试验，检查动作条件与测量其压力，应满足列车在合同规定的线路最大坡道、最大载荷的情况下施加停放制动不会发生溜逸的要求。

5.6 绝缘试验

目的：检查电气设备的绝缘强度。

5.6.1 绝缘试验

本试验的主要目的是检查车辆上各种电路的电缆状态是否良好，在装配中有没有损伤。

5.6.1.1 设备通常是由几个绝缘等级不同的电路组成，应分别对每个电路进行绝缘检查和对地耐受电压试验，此时原则上应将其他电路处于接地状态。必要时，为确保电路的所有部件连接在一起，接触器和开关装置必要时应处于闭合或短路状态。为防止特殊部件因受电容和电感的影响出现异常的电压，应采取必要的防护措施。对于易受损害的静止变流器和电子设备，在试验前应切除或短路。对于在此之前已在试验台上进行过绝缘强度试验并已合格的旋转电机或其他设备，在整车的绝缘试验时也可将其切除。

在各电缆电路对地之间施加试验电压，时间为 1 min。试验电压值为现行标准（例如 TB/T 1333.1～TB/T 1333.3、TB/T 1680—1997、TB/T 1393—2003、TB/T 3001—2000 或 IEC 60411）中规定的单个设备试验电压的 85%。

5.6.1.2 根据用户和制造商间的协议，各电路的绝缘强度试验可在电缆敷设和设备安装完成后，并没联接以前，在制造商的工厂内进行。但在连线前，所有电气设备需经过绝缘强度测试并确认是合格的。

车辆组装完成后应立即进行各电路绝缘检查。应采用经用户和制造商双方同意的电压等级的欧姆表，来测量绝缘电阻值。

最低绝缘电阻值应符合用户和制造商间协议的规定值。如无规定值时，试验电压取 500V 时的最低绝缘电阻值应不小于如下给定值：

——对额定电压等于或大于 300 V 的直流或等于或大于 100 V 的交流，各电路大于 5 MΩ。

——对额定电压小于 300 V 的直流或小于 100 V 的交流，各电路大于 1 MΩ。

但是，如果通过用户和制造商间的协议同意，按以下条件测得绝缘电阻小于 1 MΩ 也是认为合格的，即：

a) 试验在高湿度环境的时候进行的；

b) 或所测得的较低电阻值是由于各电路中有铠装电缆之类的部件而引起的。

5.6.2 双重绝缘系统

合同中规定的电气设备对车体为双重绝缘时，则要实际验证这种绝缘系统的各部分均能承受第5.6.1条绝缘度试验的要求。

5.7 成套设备正常运转试验

目的：检查完工后的车上成套设备，包括重联设备的正常运转情况。

5.7.1 总则

所有的装车设备均应按照相应的技术条件在供货商的工厂内做过试验。

在静置顺序试验时，应检查各电路中所有设备单个操作与操作顺序正确性，并确认在最后组装中（包括所有动轴的运转方向、门的动作、安全回路等）未受损伤。

型式试验时，必须检查成套设备的电气间隙，特别是在连接线处。

该试验应尽可能在静置状态完成；要是用户与制造商达成协议，必要时也可以在线路上进行。

5.7.2 保护装置的整定

应检查各种保护装置和继电器等的整定值是否正确。

5.7.3 气动开关装置

应检查气动开关装置的操作是否因供气管道截面太小，或风缸容量不足而造成动作不良。

5.7.4 乘客舒适性的设备

应对所适当提供乘客舒适性的设备进行验证，检查结果应符合合同的规定值。特别应在正常时和紧急状态下进行下列检查：

a) 照明度和其配置是令人满意的；

b) 采暖、空调与通风维持在所需的舒适水平；

c) 动力操作的客室驱动门装置功能正常，不会对乘客造成危害；

d) 乘客信息系统工作正常，无干扰。

5.7.5 重联操作

为了验证重联运行中所要求的功能，则应在重联组合的电动车组上进行下列试验，例如：

牵引与制动电路；

故障显示与信号装置；

空气压缩机的联锁；

辅助电源或蓄电池的并联装置或转换装置；

客室门的动作；

制动或客室门控制的安全电路；

照明、采暖和其他辅助设备的控制；

乘客紧急报警；

列车通信网络。

在列车布线上利用交叉连接，以改变列车运动方向或改变客室门的开关侧时，必须对在正常运行中所有重联组合的实际功能进行试验。

亦应检测在所有操作或驾驶位置的功能。

经用户与制造商同意，也可用电路试验代替重联操作线路运行试验。

例行试验，可用简化方式来检查重联操作，不必每台车都连挂，仅向列车线的连接端输入各种信号。

5.7.6 通风管道试验

车上设备冷却或空调装置用的通风管道均应在例行试验中做气密性检查，例如可用产生烟雾的装置来检查。

5.8 接地和回流电路接线的检查

目的：检查车辆上接地与回流电路的连接线。

5.8.1 车辆上需要下列的电气连接线：

a) 用以固定各电路和车上机械部分的电位；

b) 用以保护轴承不受杂散电流的影响；

c) 用以确保某些电路(例如牵引电流的返回、列车采暖电路)的回流通路。

5.8.2 为此目的，应检查配线符合如下要求：连接线的长度满足连接点间容许的最大相对位移，连接线有足够的导线截面；接线端子易于接近、牢固并有足够大的接触面积。采用焊接连线时，应确保焊接质量。

5.9 辅助电气设备和辅助电源的试验

目的：确保辅助设备的正确安装，规定可充分保证其使用功能的检查项目。

5.9.1 辅助电气设备和辅助电源应在装车前，按照 IEC 61287-1 和 TB/T 3021—2001 标准在供货商工厂分别进行试验。在供货商工厂做试验时，应根据营业运行中将会遇到的电压变化范围，检查其工作性能的变化。根据用户和制造商的协议，当供货商工厂缺少相应的试验设备时，这部分试验可在线路整车试验中进行。

在整车上进行试验时，应检查辅助电源装置的输入和输出功率保持在“持续定额”内。

5.9.2 当在试验台上进行辅助电气设备和辅助电源强制风冷试验时，如果没有使用与车上相同的通风机组和相同尺寸的风道，就应在车上检查冷却风量是否符合设计值或规定值。如果有被试验辅助设备的静压力差和风量间关系图表，则可测量辅助设备静压力差校核风量。

5.9.3 检查辅助设备的旋转方向与交流电源的相序。

5.9.4 辅助设备的起动试验

对于连续运转的设备应进行四次完整连续起动；对于断续运转的设备应进行六次断续起动(尽可能一半起动在最高电压下进行，另一半在最低电压下进行)。第一次起动时，电动机处于常温状态。在正常运转条件下，每次试验的持续时间应严格限制在所要求的起动和停止时间内。辅助设备重复起动试验在型式试验进行；例行试验中必须进行一次或两次起动试验。

5.9.5 辅助系统用静止逆变器检查

a) 检查逆变器外部接线应接触良好。测得的绝缘电阻，应符合车辆设计要求。测量时，主电路功率电子器件各电极应短接，控制电路电子器件应切除。

b) 在合同规定的网压波动范围内，在额定负载的 15%～100%范围内，逆变器交流输出电压值允许误差、波形畸变率、频率允许误差均应符合设计要求。

c) 输入电压分别为额定电压、最低工作电压及最高工作电压时，当负载在空载到额定负载至满载范围内突变时，逆变器工作应正常。如无特殊规定，则负载突变量分别为：从空载突变到 50%额定负载至满载，然后由满载至 50%额定负载至空载，各项试验进行三次。

d) 在负载分别为额定负载及 50%额定负载时，当输入电压由最低工作电压到额定电压至最高工作电压，然后由最高工作电压到额定电压至最低工作电压，每项试验各进行三次。

e) 当输入电压分别为额定电压、最低工作电压及最高工作电压，负载分别为额定负载及 50%额定负载工作时，输入电压瞬时断电，在车辆设计规定的断电间歇时间内，逆变器仍应维持工作。

f) 输入电压分别为额定电压、最低工作电压及最高工作电压，负载分别为额定负载及 50%额定负载工作时，逆变器应能可靠起动并正常工作。

5.10 蓄电池充电设备的检查

目的：规定检查蓄电池及其充电装置的一般准则。

5.10.1 应对车辆蓄电池及其充电器进行下列检查：

a) 蓄电池容量应满足 GB/T 7928—2003 规定的要求；

b) 蓄电池充电设备必须按合同的要求，能充分而又不过度地给蓄电池充电；

c) 按照合同规定，在车辆的所有负载条件下，在最高网压和最低网压下均可对蓄电池充电；

d) 在车辆运行时，充电器除了作充电作用外，还应能给蓄电池所预定的负载供电；

e) 在24小时内的正常运行负载循环中，蓄电池具有完全的充电能力；

f) 蓄电池箱的通风，要做到足以保证充电周期内没有积聚的危险气体；

g) 蓄电池电路的下列参数要符合车辆合同的要求：

1) 最大充电电流；

2) 最高电压；

3) 浮充电压；

4) 浮充电流；

5) 放电电流；

6) 放电时间。

由于蓄电池和充电器种类很多，试验的形式要按照用户和制造商间的协议进行。

5.10.2 如果充电器在断开蓄电池情况下工作，则应检查充电器的脉动电平，该脉动电平应在合同规定的允许值内。

5.10.3 在蓄电池和充电器的例行试验中，测定以下事项：

a) 最大充电电流；

b) 最高电压；

c) 浮充电压；

d) 浮充电流。

5.11 车体和外部设备箱体密封试验

目的：规定当车体受到雨、尘埃、雪及其他污染物的影响时，检查其密封性能的试验方法。

5.11.1 在进行车体与装在车体外部的电气设备箱的水密性试验时，应检查所有可能有水或雨浸入的开孔、门、孔盖、盖板或缝隙处。

要区别设计上开孔（进风口等）的防水性和主要取决于安装和接口状态的孔盖（门、窗、机罩等）的防水性。各开孔和孔盖的防水性以及从某些隔室的排水，必须做到不得对必备的电缆、电气设备或任何其他设备带来浸水的不良影响。

5.11.2 进行开孔和孔盖的水密封检查时，应开动车辆所有的通风机，让车辆通过带喷射水的龙门架，使水流喷向各个开孔与孔盖，每辆车持续喷射15 min。喷射架的喷流量、水流的分布和喷嘴部位以及龙门架喷水速率，参照TB/T 2054—1989第4章或TB/T 1802—1996第5.1条的要求，在由用户和制造商双方协议中做出规定。

在没有这种协议时，可采用上部有一排水平喷嘴和两侧各有一排垂直喷嘴的喷射架，每排喷嘴每分钟应能均匀地喷射500 L流量水，其压力200 kPa，采用90°固定锥体喷嘴的喷射方式。

5.11.3 如果用户和制造商间有协议，也可采用另一种方法，即在车辆全部通风机工作时，让车辆15 min通过自动清洗机，来进行车辆水密封试验。

5.11.4 水密封性例行试验中，关闭车辆所有风机，按上述程序进行5 min防水试验。

5.11.5 应检验一般用于净化吸入车体和设备箱空气的防护板、百叶窗、过滤器、尘埃分离器等装备的有效性。

在完成线路试验之后，也应检查不得由于灰尘的侵入，使电缆配置、开关设备或保证车辆正常运行的任何其他设备的安全性受到损害。

5.11.6 检查百叶窗、过滤器、换气口等安装的正确性。

5.11.7 如果合同规定车辆在进入有沙、雪等造成空气污染的线路上运行时，应根据用户和制造商的协议，对用来为防止这类异物侵入引起故障的各种装置进行检查。

5.11.8 检查车辆的内压，关闭车辆的所有车门，开启所有风机，测量车辆的内压，应符合合同的规定。

5.12 安全措施检查

目的：提供为评定运转、维修人员和乘客安全的检查项目。

按照合同的要求，应检查已造好的车辆是否符合国家制定的安全规则和规程。应检查为了工作人员人身安全而采取的各项措施。在应检查的各项目中，应对下列项目做出规定：

a) 可能触及通风机、联轴节、皮带及尖锐的边缘等危险的机械部件以及旋转部件防护措施效果。

b) 防止某些进风口可能引起危险的防护措施效果。

c) 离固定的或移动的带电设备应留有足够的安全距离。

d) 为预防任何意外触及带电零件而设置的各种装置的有效性。至于车下各高压柜的入口，对于不同的高压柜要求有所区别：

   1) 对于装有与外部供电电源（联挂车辆、车辆段外接电源）连接而可能带有高电位的电器柜，开门时必须先行切断电路或将电路接地；

   2) 对于装有车辆牵引电路设备的高压柜，可采用一种简单的安全装置，例如操作主隔离开关或断开主接触器；

   3) 对于电力电容器必须有放电设备和安全标志。

e) 来自断路装置如高速断路器或接触器电弧的防护措施的效果。

f) 电气设备或车辆中可能偶然带电的部件的保护性接地效果。

g) 按照 GB/T 7928—2003 规定检查车辆的结构材料和零部件防火性能是否符合国家规定的标准要求或合同的规定要求。

h) 按照 GB 6771—2000 规定检查防火和消防设备。

i) 安装在主电路的电容器，要有对人员不产生危险的放电时间。在带有这些电容器的设备上应给出适当的标记。

j) 部件屏蔽的有效性，这些部件可能在无意中触及，并具有烫伤的温度（例如电阻箱外壳）。

k) 按合同要求提供的必备的警告信号，特别适用于过热，高电压状态或移动部件。

l) 在紧急情况下，车辆紧急疏散门或备用梯等措施的功能。

m) 按照 GB/T 7928—2003 的规定，检查列车前照灯在车辆前端紧急制停距离处的照度。

n) 按照 GB/T 7928—2003 的规定，检查客室车门紧急解锁功能。

5.13 工作条件和舒适性检查

目的：规定车辆司机室、客室及其他工作区域的工作条件与舒适性的检查项目。

这些检查尽可能在静置状态下进行，如不具备条件，可在正线试验中完成。

5.13.1 对司机室，应参照相应的标准（例如 UIC 651）进行下列检查：

a) 瞭望方便，司机能容易看到轨道和信号，障碍物（立柱等）或反射光（从窗、其他光亮、反光表面反射的光或人造光）不得引起司机误操作和造成司机眼睛过分疲劳；

b) 司机在日光下和晚上都能清晰看见仪表和指示灯，夜间从它们射出的或反射的光不得妨碍司机的视野；

c) 室内照明和指示灯不得在前窗产生引起信号误判或其他有影响的反射；

d) 强迫通风与自然通风均应符合合同的要求；

e) 各种控制器均不需用过大的力就能操作，否则可能会造成操作不准确，或造成身体过度疲劳；当无意中触碰了某些控制器件，如键或按钮等，没有危险；

f) 门和窗应装配足够紧密，以防止气流侵入；

g) 装有采暖与空调设备时，应足以能在合同指定的气候条件下维持规定的温度；

h) 应保证前窗刮雨器、遮阳板、擦洗器和除霜器（如果有）能满意地工作；

i) 应按 GB/T 14893 检查司机室的噪声，不得超过 GB/T 14892 规定的噪声限值。

5.13.2 对车辆客室应连同其电气设备的操作一起进行可靠的检查。

a) 检查车辆通风能力,在通风机额定电压下,测试通风系统循环总风量、新风量、车内微风速以及应急通风的新风量,应符合合同的规定值或 GB/T 7928—2003 的规定值。

b) 检查客室采暖设备性能,测试采暖功率和采暖设备表面温度,应能在合同规定的大气条件下保持室内的预定温度,应符合合同的规定值或 GB/T 7928—2003 的规定值。

c) 检查客室空调设备性能,进行空调机组降温试验、名义工况试验和高温工况试验,检测车内温度的均匀性和稳定性,应能在合同规定的大气条件下保持室内的预定温度,符合合同的规定值或 GB/T 7928—2003 的规定值。检验规则由用户和制造商在合同中规定,当合同中没有规定时,可参照 TB/T 2431—1993 的规定进行检验。

d) 检查室内照明设备性能,应能充分满足合同或 GB/T 7928—2003 的规定值,特别是有关平均照度的要求。

5.13.3 应该按照 GB/T 14892 和 GB/T 7928—2003 检查客室和车辆外部的噪声等级,均不应超过标准的规定值。

5.13.4 如果合同中有规定,应检查车辆在意外情况下防护压力冲击所采取的措施(例如防冲撞装置)。

5.14 安全设备试验

目的:检查安全设备的功能。

5.14.1 应对安装在车辆的一般安全设备的正确动作进行检查:

例如:下列装置(如果有):

司机警惕装置;

自动紧急制动装置;

音响警告装置(警笛、铃、喇叭);

速度表与事件记录仪;

火灾报警装置;

乘客报警装置;

制动控制的安全电路;

客室门的防护措施和安全电路。

特殊的检查应由用户和制造商双方议定。

5.14.2 通信系统试验

目的:检查通信系统状态和安全性。

a) 司机室间的通信联系,应符合设计要求;

b) 车辆有线广播设备应作用良好,声音清晰,符合设计要求;

c) 车辆无线通信系统应符合设计要求。

5.14.3 车钩装置试验

目的:检查车钩装置状态和安全性能。

a) 车钩中心线距轨面高度及前后两车钩高度差应符合设计要求;

b) 车钩在规定的范围内作用良好;

c) 车钩装置上的机械、电气、空气组件连结准确,符合设计要求;

d) 水密封试验符合设计要求;

e) 车钩装置负载试验符合合同规定。

5.15 冲击耐压试验

目的:检查防止外部过电压的防护措施。

为了实际检查来自外部电源过电压对设备的保护措施的有效性,可以通过研究性试验,进行冲击耐压试验。进行该试验的条件应依据用户和制造商双方签定的协议。

6 线路试验

6.1 运行安全性和平稳性试验

目的:检查车辆在线路运行的安全性与平稳性。

应在开始订合同时由用户与制造商间议定,规定线路条件和试验方法。

6.1.1 运行安全试验

如有可能,车辆应在包括隧道在内的将要运营的线路上,按以满足运行图规定的速度和合同中规定的最高速度进行试验。运行安全性试验也可以按照用户和制造商间的协议,在双方选定的平均条件相同的另外线路上进行。

按照用户和制造商的协议,在该试验中检查车辆运行安全性的特征参数:

a) 防止脱轨的安全性

1) 检查车辆脱轨系数

通过测量车轮作用于钢轨的横向力 Q 和垂直力 P 得到脱轨系数 Q/P,新造车的脱轨系数应小于0.8。

2) 检查轮重减载率

通过测量车轮作用于钢轨上的轮重 P 和轮重减载量 ΔP,得到轮重减载率 $\Delta P/P$。新造车的轮重减载率应小于或等于0.6。

3) 检查车辆倾覆系数

车辆倾覆应在试验车辆以线路容许的最高速度通过时的运行状态进行测试。新造车的倾覆系数 D 应小于0.8。

b) 检查轨排横移的安全性,应符合GB/T 5599的规定。

c) 防止对钢轨及其固定装置,以及对车轮、车轴和转向架重要部件机械应力的安全性;防止悬挂装置故障(如空气弹簧泄气等)的安全性。

如果在合同中有规定,可做专项试验,用以检查车辆在隧道内和相邻轨道上通过车辆时产生的冲击波对本车辆机械强度的影响。

6.1.2 平稳性试验

车辆的平稳性试验应按照GB/T 5599进行平稳性测量,车辆运行的平稳性指标应按小于2.5评定。

6.2 曲线和坡度变化线路的运行试验

目的:检验车辆在最小载荷和最大载荷状态下,在曲线和坡度变化线路上的安全裕度和运行情况。

6.2.1 按合同规定的速度,让车辆通过规定的最小半径曲线,检查跨接电缆、连接风管、牵引电动机连接线和回流连接线都有足够的长度;由车轴驱动的装置(例如速度传感器)不受损坏;车辆的运动不应受到限制或束缚。

6.2.2 车体两端部伸出量相当大的车辆应在有反向曲线的道岔上进行试验。试验时,将营业运行需与其连挂的同类型车辆或由合同中指定的不同类型车辆连挂到该车上。用目测方法确认车辆工作状态是否良好,即牵引缓冲装置和贯通道连接处应不受束缚或挤压。本试验应在车钩完全拉伸状态下进行。

6.2.3 应确认装有自动车钩或半自动车钩的车辆符合合同规定半径的曲线上能够进行连接。

6.2.4 在检查车辆通过曲线和道岔时不受约束,轨道不会产生永久变形。

6.2.5 对适用于在合同规定的坡度变化最大的直道上运行的车辆,还应重复进行弯道上所要求做的试验项目。

6.2.6 检查车辆在弯道上的位移,可在静置条件下,将转向架放在移车台或转车台上观测车体的移动或转动。

6.2.7 检查因车轮磨耗、操作不当或悬挂装置损坏(即空气弹簧泄气或断簧)引起车体接触到转向架或车轮的情况，要确认不得出现这种情况。

6.2.8 应检查装有轮缘喷油器或钢轨涂油器的动作和性能。

以上所有试验均在正常保养的用户线路上进行。

6.3 受电装置(受流器和受电弓)试验

目的：检查车辆受电装置的正确动作。

6.3.1 受电装置的静置试验

应检查车辆静置状态下，受电装置在合同规定的工作高度和接触压力的限值内动作良好。对做型式试验的受电弓应在静置状态下检查合同的规定的受电弓横向位移的极限尺寸。

6.3.2 受流性能

列车应以合同规定的最高运行速度在即将运行的线路上运行。让列车至少升起一组受电弓或用受流器受流运行，检查其在合同规定工况(例如速度、受电装置的间距)下的受流性能。

应检查受流状态良好，受流时对受电装置或供电装置无损伤或异常磨耗。

应说明试验时的气象条件。

通过无电区或接触轨间隙时，应对受电装置和相关电气的动作和机械的动作进行检查。

6.3.3 空气动力学的影响

对受电弓而言，应在两个运行方向上检查在合同规定的最高运行速度下升弓后的接触压力(包括静态压力)，空气动力学的影响不致引起超过合同规定的上限和下限的力。

如果有合同规定，重联车组应重复做此项检查(例如两个受电弓距离短的车辆)。

同时，还应校验高速运行时空气动力不会使降下的受电弓发生不应有的升起，并且也不妨碍受电弓正常地上升或下降。

6.3.4 受电弓的摆动

应通过测量检查受电弓横向最大动态位移，其实测的最大横向位移不得超过计算的最大值。

6.3.5 供电系统的质量(接触网或接触轨)

运行试验的供电系统的质量，原则上应由用户与制造商双方在开始签定合同时议定。

6.4 起动和加速试验

目的：验证起动和加速性能是否符合规定的指标，以及检查设备和控制装置在起动和加速过程中是否满意地工作。

列车应经受订合同时规定的起动和加速试验过程，直至达到所要求的最高速度。测定速度和加速度的试验应在良好的粘着条件下进行。

6.4.1 型式试验时应检查下列各项：

a) 牵引力-速度特性及牵引设备的工作条件符合合同的规定。为此，应采用数据自动采集及处理装置测量速度、时间及对应的输入、输出电参数(电流、电压、频率、功率和功率因数)。

b) 测定合同规定的平均加速度，这个加速度应符合合同规定值。

c) 级间过渡引起的牵引力瞬时增值不得超过合同规定值。

d) 自动控制下加速度的任何变化不得超过合同规定的冲击率。在没有规定值时，冲击率在正常运行中不得超过 $1\ m/s^3$。

e) 车辆装有防空转装置时，应做到在低粘着状态下能正确动作以防止车轮过大的空转。为了模拟低粘着状态，可使用50%的乙二醇和50%水的混合液涂在车轮或钢轨面上，进行防空转试验。

6.4.2 例行试验应检查牵引力/速度特性应符合合同的规定。该数值可由已知条件下通过测定动车速度与时间的关系，从起动与加速度试验来推算。应定性检查在特性转折点上无异常冲击。

6.5 线路制动试验

目的：检查车辆制动系统的动态特性。

6.5.1　总则

车辆各种制动系统的线路试验应包括制动距离的测定和制动系统动态特性的试验。

车辆的型式试验应对车辆各种制动方式(如紧急制动与常用制动、单纯的空气制动或空电联合制动)进行试验。应在最小载荷和额定载荷状态下进行车辆型式试验。按照合同的规定,可以切除一台或几台转向架的制动。应在最小载荷状态进行例行试验。包括紧急制动距离的测定和常用制动系统的简化试验。

6.5.2　轨道状态

应在具有良好道床的线路上进行制动试验。型式试验先在干燥轨道上进行,再在潮湿轨道上,或通过人工使粘着降低,模拟运行中可能发生的实际状态的轨道上进行。

例行试验在自然的实际状态(即有时潮湿,有时干燥)下进行,该状态应在试验结果中说明。

6.5.3　基础制动装置状态

所有的场合,试验前应经过适当的磨合,确定闸瓦或闸片良好地贴靠在车轮或制动盘上。

装有闸瓦间隙调整器的车辆,应用新闸瓦进行型式试验;没有安装闸瓦间隙调整器的车辆,应用完全磨合的闸瓦进行型式试验。

6.5.4　制动距离的测定方法

6.5.4.1　制动距离的测定应在平直轨道上进行。应按照合同的规定,进行列车组等不同编组的制动距离的测定。对每种编组或每种制动型式(紧急制动、常用制动或必要时的联合电制动)至少应进行3次检查,每次检查应在相同运行状态下按下述要求进行。实际试验次数由每次检查的试验结果的偏差决定。

a)　在到达施加制动的标志地点之前,应使车辆的速度接近试验预定的速度(V_0)并切除牵引电动机电源。当通过施加制动的标志地点时,立即施加所要求的制动。

b)　应该精确测量

1)　每次试验中所记录的制动距离 L(单位 m);

2)　制动开始的初速度 V(单位:km/h)(该速度与基准速度 V_0 之差不应超过±3 km/h)。

c)　为了用图解法求减速度时,还应记录制动过程中速度随时间变化的曲线和必要的系统参数(压力、电流等),减速度应符合合同中常用制动减速度和紧急制动减速度的规定值。

d)　应检查各次试验之间制动管压力是否恢复正常。

6.5.4.2　如果制动距离的测试不可能在一段绝对平直线路上进行,可选在坡度不超过±4‰的线路上进行。这时试验值可按下式进行修正:

$$L_1 = L \times \frac{3.92 \times (1 + R_0) \times V_0^2}{[3.92 \times (1 + R_0) \times V^2] \pm i \times L}$$

式中:

L_1——修正后的制停距离,单位为米(m);

L——测得的制停距离,单位为米(m);

V_0——参考初速度,单位为千米每小时(km/h);

V——实际初速度,单位为千米每小时(km/h);

i——坡度,单位为毫米每米(mm/m);

R_0——旋转惯性因数。

合同中对 R_0 未规定时,取 $R_0 = 0.08$。

公式中"+"号用于下坡,"−"号用于上坡。

修正后的制动距离应小于合同规定值。

6.5.5　制动试验的频率

重复进行制动试验频率,不应比合同规定的制动条件还要苛刻。

应检查在合同规定的最苛刻的制动情况下，用于制动系统的能量（如空气、油、蓄电池）不超过能源的能力。应考虑轮对防滑装置、空气弹簧、干燥器等多消耗的能量。

6.5.6 **车轮防滑装置**

如果制动系统中装有车轮防滑装置，进行制动试验时应将装置投入运用。

为模拟低粘着状态，应用50％乙二醇与50％水的混合液涂于车轮或钢轨面上。

6.5.7 **其他制动系统试验**

应按照用户与制造商的协议进行其他制动系统（涡流制动、磁轨制动等）的试验。

6.5.8 **电制动试验**

装有电制动的车辆，应对常用制动的全部级位和手动或自动施加制动方式进行下列项目检查：

a) 下坡道采用恒速制动时，实际的制动状况应符合合同规定的性能；

b) 在每台电动机和调节设备的端子上的电压，不得超过设计值或合同规定值；

c) 每台牵引电动机的电流不得超过设计值或合同的规定值；

d) 再生制动时，因受电弓离线、电源不能吸收、网线不连续或过无电区造成了供电中断，则应该可以平滑转换到另一个制动系统；

e) 装有混合制动系统（如空气制动和电制动），应能在不同的制动系统之间平滑转换，而无明显的冲击、欠制动或过制动。在空电联合常用制动工况应达到电制动优先；

f) 电制动的平稳施加与缓解应无明显冲击。除非合同另有规定，该冲击率一般不得超过1 m/s^3，紧急制动工况例外；

g) 在进行电阻制动试验时，试验过程中制动电阻最高温度不应超过规定值，电阻箱外壳温度符合TB/T 1333.1—2002的规定，电阻元件应无变形。

6.6 **列车自动控制（ATC）系统试验**

目的：检查列车自动控制系统（ATC）的线路运行性能。此时应按用户和制造商的协议规定的方法进行试验，检查系统功能是否正确。

6.6.1 **列车自动防护（ATP）系统**

装有列车自动保护系统的车辆，是由外部向司机室提供信息（速度的显示和紧急制动的自动作用信号等）。

特别要检查以下项目：

a) 无论按合同规定的速度实施紧急制动，还是向司机发出减速指示的警告，保护系统都应起作用；

b) 实施紧急制动时，自动切除动力，并施加合同规定制动率的制动，车辆应在规定的制动距离内停车；

c) 除非发生超速，保护系统不得无故动作。应在最大载荷条件下进行速度保护系统试验，检查其动作是否正确；

d) 车载装置的信号显示符合合同的规定。

6.6.2 **列车自动驾驶（ATO）系统**

列车自动驾驶（ATO）系统发生故障时，应能转为司机控制。应检查下列项目：

a) 速度控制系统，在制动、惰行与加速度运行时没有明显的颠簸或振荡；

b) 根据变化的指令而进行加速与制动时的速率应在车辆设计规定的极限内；

c) 在站台上及在其他停车场所（例如区间临时停车处）内的停车位置准确，应符合合同的规定值。

6.6.3 **列车自动监控（ATS）系统**

检查列车监视和追踪功能与列车运行管理功能，应符合设计要求。

6.7 **干扰试验**

目的：为编制电气干扰试验的详细程序提供依据。

干扰试验应考虑从传导源和辐射源来的内部干扰与外部干扰。

由用户与制造商双方议定干扰试验程序的详细内容，如果合同中没有规定，应按照TB/T 3034—2002标准进行试验与评定。

6.7.1 车辆内部干扰

车辆内部传导干扰，例如感应线圈电路的失电或无效的接地状态。

车辆内部辐射干扰，例如线圈产生的感应辐射影响最近的电子电路，可能是容性耦合或感性耦合。通过试验确认干扰源发射的噪声和控制设备对噪声的抗干扰之间是否有足够的余量。试验可按下列方式进行：让车上所有的接触器，继电器及电路中其他干扰源依次动作，以保证不因磁辐射或传导信号对车辆电路产生有害的电气干扰。

6.7.2 车辆对外部干扰

车辆对外部的传导干扰，例如车辆主电路中谐波电流对轨道电路信号频率发生干扰。

车辆对外部的辐射干扰，例如车上的电抗器的感应辐射干扰轨道旁的通信电缆或轨道上的信号控制线圈。

通过试验确认车辆的干扰频谱(幅值、频率、噪声电流等)不超过合同的规定值。

试验在用户和制造商双方同意的不同运用条件下进行，确认在用户线路所有正常状态下不会产生任何有害影响。

例如：

——与变电所的不同距离；

——牵引和制动时的不同速度和加速度。

为监视干扰临界频率，应对所设检测装置进行检查。如果合同中没有规定最大干扰电平，可通过在用户线路上在相同条件下运用的类似车辆所测得的干扰电平和频率进行比较，同时应考虑不同的车上系统和要避免的不同临界频率。

6.7.3 无线电频率干扰

车辆产生的无线电频率，有时会对“发射”和“接收”装置(例如机场导航系统)产生干扰。

应实际验证车辆在等于或大于100 kHz临界频率下不会产生过大的电磁干扰。临界频率和最高电平应在用户和制造商的协议中加以规定。

6.7.4 外部对车辆的干扰

外部的传导干扰，如交流供电系统的谐波或直流供电系统的脉动。

外部的辐射干扰，如铁道附近的架空电力线或变电站或大功率发射台附近。

用户在签定合同时，应将对车辆产生干扰的干扰源通知制造商。

6.7.5 静电放电

如果车辆用金属导电构件连接到公共接地点上时，则由于静电放电对电气设备干扰的危险原则上可以忽略。

但是对非导电构件的特殊情况，应对敏感设备采取相应的预防措施。

6.8 牵引能力和制动能力试验

目的：验证牵引和制动设备在设计温升限值内按规定的负载周期运行能力。

6.8.1 牵引和制动设备在装车前，经用户和制造商双方同意，可以在地面试验台上进行试验，确定在规定的负载周期达到的温升。必要时，这些试验可以按合同规定，可在线路试验时完成。如果没有合适的试验台，可在线路上做全部试验。

6.8.2 根据用户和制造商的协议，在试验过程中检查设备温升是否在设计值内。特别应做以下各项检查：

——旋转电机；

——冷却液；

——制动电阻器；
——电抗器；
——功率半导体器件及其散热器；
——电缆绝缘；
——电缆管道；
——辅助设备；
——控制开关装置；
——辅助电源变压器；
——电容器；
——设备机箱；
——冷却风；
——联轴节；
——齿轮箱；
——机械制动杆件；
——轴箱；
——轮对。

6.8.3 应按用户和制造商的协议，对切除一部分设备或牵引电机而运行的列车，应重复进行上述的检查。如果没有协议时，应根据 GB/T 7928—2003 的要求，重复进行上述的检查。

6.8.4 应按用户和制造商的协议，为救援其他列车，要求该列车投入紧急运行业务时，应在紧急运行业务条件下重复进行上述的检查。如果没有协议时，应根据 GB/T 7928—2003 的要求，重复进行上述的检查。

6.9 运行阻力试验

目的：测量车辆的运行阻力。

试验应在干燥、无风的气候条件下进行。

车辆应以合同规定的最高速度，在一个已知坡度、尽可能没有曲线的线路上运行，在这个速度不用制动情况下，让车辆的速度自然下降。同时，应采用数据自动记录处理装置将运行速度、时间和距离记录下来，并绘制出运行阻力曲线。运行阻力试验也可用动力试验车或用测量减速度的仪器来进行。

运行阻力也可由主电路消耗的功率进行推算，同时考虑牵引电动机的效率和牵引系统的全部功率损耗。

有各种不同编组的列车，必要时对每种编组均进行运行阻力试验。

6.10 能耗试验

目的：为进行实际测试的能耗与预测能耗比较，而规定必要的试验程序。

要求制造商进行能耗试验的用户，应提供按照已绘制出的速度、时间图表来计算能耗所需的全部详细数据的确切说明。为此，用户应向制造商提供下列资料：

6.10.1 对于试验运行方面

a) 线路长度，坡度和曲线的详细资料；
b) 停车时间；
c) 各区间的最高允许速度；
d) 运行全程及其各区间所需的最长时间；
e) 全程网压的变化范围；
f) 采用再生制动时供电电网适配能力。

6.10.2 对于试验列车方面

a) 车辆载重或牵引载荷；

b） 轴数；

c） 考虑到回转质量的惯性系数；

d） 列车不同速度时的运行阻力曲线；

e） 列车不同速度时的制动力曲线；

f） 容许的最大加速度和最大加速度变量；

g） 容许的最大制动减速度；

h） 驾驶方式——人工的或自动的。

本试验应在用户和制造商议定的无风天气和气温条件下，利用已经运行一段时间的车辆来进行电能消耗的试验，应当由安装在车辆本身或其联挂车辆（如动力试验车）上的测试仪器，来测量供电网电压和电流，然后通过推算得到电能消耗量。此外，供电网电压可用记录式电压计来检查。

所测得的电能消耗与某些有用而不能控制的变量有关，例如运行条件、速度变化、特别是与规定采用再生制动的电网吸引能力等有关。因此，应监测电网对再生制动的吸收能力。

在这些试验之后，制造商可根据试验条件的变更结果，再重新核算能耗的预测值。

6.11 典型运行图的检查

目的：检查车辆满足规定的运行图的能力。

如果用户想要通过试验来检查“典型的运行图”，则在签定合同前，用户应向制造商提供如同第6.10条所示的内容和相同条件下使用的“典型列车”的全部详细资料。

在试验过程中，应测定通过各区间的时间或总里程所需的时间，这些时间应符合合同的规定。

6.12 供电中断和电压突变试验

目的：确认外部电源的电压变化，对车辆的运行没有不利影响。

供电中断的电压突变试验，应在用户和制造商同意的试验台上进行。在没有合适的试验台时，该试验可在线路试验中进行。

该试验应在运行中遇到的不同的电网条件（如电压、线路电阻）下进行，例如在变电所附近或离变电所的最远处进行。

对于带有变流器的设备，在没有合同规定的数据时，该试验可在下列三种不同条件下进行：

——主电路最大电流；

——变流器最高输出电压；

——车辆最高运行速度。

6.12.1 电压突变试验

6.12.1.1 供电电压应从标称电压值开始突然增加10%。

本试验可采用多种方法进行，特殊情况下，可按下列方法进行：

——在供电变电所控制操作；

——或将装在被试车辆上或装在与其联挂的另一车辆上的电阻器突然短接；

——或突然切断与被试车辆并联的大负荷；

——或切换到一个预先退出运行的供电变电所。

6.12.1.2 装有再生制动的车辆，电压突变试验（减少10%）应在最高速度与该速度下产生的最大再生电流（即合同规定的最大再生制动电流所达到的最高速度）下，进行该项试验。

这些试验可以利用突然接通与被试车辆并联大负荷来进行。试验后，设备没有任何损伤，应继续正常工作。

6.12.2 供电中断试验

对于牵引与再生制动，按照用户和制造商的协议，应将外部供电电压在全切断时间从10 ms至10 s的范围内进行切断和再投入。包含零电压保护装置在内的全部保护装置应在试验中必须动作。

为确保完全在该定时范围内，必须进行多次试验。可用断路器断开电路与再重合进行试验。设备在试验后没有任何损伤，应继续正常工作。

6.12.3 电压变动试验

如果没有预先做过试验，则还应检查安装在车上包括辅助设备在内的全部设备，应在合同规定的网压范围内正常工作。

为确保电压在规定的范围内(如最高网压、最低网压和标称网压)，应进行多次试验。

6.13 过载装置动作正确性试验

目的：检查过载与电气保护装置动作的正确性。

车辆过载电路和电气保护装置应在用户与制造商同意的试验台上试验其动作的正确性。如果没有这种试验台，按照用户与制造商达成的协议，可在线路上用组装完成后的车辆进行试验。

当提供电子组件作为过载保护装置，并且电流是连续地与过载整定值进行监测和比较者，没有必要进行单独的试验。

6.13.1 牵引与电制动过载检测装置

牵引与电制动(电阻制动或再生制动)过载保护检测装置应按下列一种方法进行检查：

——将过载检测装置的整定值降到某一点，即在牵引工况或制动工况下将使该装置动作在规定电流值；

——利用某一试验绕组或电路，引入与牵引或电制动电流成比例的电信号，使检测装置动作；

——将牵引或制动电流升至保护装置的动作点，可用合适的接触器或短路晶闸管来达到。可以测定保护装置要求的触发电流或等效的电信号幅值。

6.13.2 辅助电路保护装置

检查辅助电路或辅助设备(如辅助逆变器、压缩机、空调装置、列车采暖电路)的过载保护装置，可采用下列中的一种方法进行检查：

——将保护装置的整定值降低至触发该装置动作的规定的工作电流值；

——引入适当的电信号，使该保护装置动作；

——在输出端子间插入低电阻，将辅助电路中的电流升至保护装置动作值。

6.14 内部过电压的检查

目的：检查降低车辆设备内部过电压值的各项措施的有效性。

检测到的过电压峰值和持续时间，不应超过设备的设计值。内部过电压的试验方法如下：

a) 对于主电路、控制电路、辅助电路，可在最小与最大线路电流下，利用主断路器跳闸进行试验。该试验应重复多次，并记录最高电压。

b) 对电子电路、主断路器或其他任何开关、继电器或接触器在不同的电路条件下动作时，在电子装置端子上测得的电压不应超过 TB/T 3021—2001 的规定值。

附 录 A
（规范性附录）
试验项目一览表

表 A.1 静置试验项目

试验项目	条款		
	型式试验	例行试验	研究试验
静置状态机械试验	5.2		
——限界		5.2.1	
称重试验	5.3	5.3	
压缩空气设备全面气密性和运转试验	5.4	5.4	
静置制动试验	5.5	5.5	
绝缘试验	5.6	5.6	
成套设备正常运转试验	5.7	5.7	
接地和回流电路接线的检查	5.8	5.8	
辅助电气设备和辅助电源的试验	5.9		
——旋转方向等		5.9.3	
——起动试验		5.9.4	
蓄电池充电设备的检查	5.10	5.10.3	
车体和设备箱体的密封试验	5.11		
——初期检查		5.11.1	
——开口部和孔盖		5.11.4	
——过滤器等安装部		5.11.6	
安全措施检查	5.12	5.12	
工作条件和舒适性的检查	5.13		
——外部噪声水平	5.13.3(可选择)		
——压力冲击	5.13.4(可选择)		
安全设备的试验	5.14	5.14	
冲击耐压试验			5.15

表 A.2 线路试验项目

试验项目	条款		
	型式试验	例行试验	研究试验
运行安全性和舒适性试验	6.1		
曲线和坡度变化线路的运行试验	6.2		
受电装置的试验(第三轨受流器和受电弓)	6.3		
——受电装置的动作		6.3.1	
起动和加速试验	6.4		
——牵引力·速度特性		6.4.2	
线路制动试验	6.5		
——总则		6.5.1	
——制动距离		6.5.4	
——电制动:			
平稳过渡		6.5.8e)	
平稳上升		6.5.8f)	
停止供电		6.5.8d)	
速度控制和列车自动控制(ATC)系统试验	6.6	6.6	
干扰试验	6.7		
牵引能力和制动能力试验	6.8		
运行阻力试验			6.9
能耗试验			6.10
典型运行图的确认	6.11(可选择)		
供电中断和电压突变试验	6.12(可选择)		
过载装置动作正确性试验	6.13(可选择)		
内部过电压的确认			6.14

附 录 B
（资料性附录）
本标准章条编号与 IEC 61133 章条编号对照

表 B.1 给出了本标准章条编号与 IEC 61133 章条编号对照一览表。

表 B.1 本标准章条编号与 IEC 61133 章条编号对照

本标准章条编号	对应 IEC 61133 章条编号	本标准章条编号	对应 IEC 61133 章条编号
1	1	5.3.4	5.3.4
1.1	1.1 的部分内容	5.3.5	5.3.5
1.2	1.2	5.3.6	5.3.6 的 a)、c)、e)
2	2 的部分内容	5.4	5.4
3	3	5.4.1	5.4.1
3.1	3.1	5.4.1.1	5.4.1.1
3.2	3.2	5.4.1.2	5.4.1.2
3.3	3.3	5.4.1.3	5.4.1.3
3.4	3.4	5.4.2	5.4.2
3.5	3.5	5.4.3	5.4.3
3.6	3.6	5.4.4	5.4.4
3.7	—	5.5	5.5
4	4	5.5.1	5.5.1
4.1	4.1	5.5.1.1	5.5.1.1 大部分内容
4.2	4.2	5.5.1.2	5.5.1.2
4.3	4.3	5.5.1.3	5.5.1.3
4.3.1	4.3.1	5.5.1.4	5.5.1.4
4.3.2	4.3.2	—	5.5.1.5
4.4	4.4	—	5.5.1.6
4.5	4.5	5.5.1.5	5.5.1.7
5	5	5.5.2	5.5.2 部分内容
5.1	5.1 的部分内容	5.6	5.6
5.2	5.2	5.6.1	5.6.1
5.2.1	5.2.1	5.6.1.1	5.6.1.1
5.2.2	5.2.2 的正文	5.6.1.2	5.6.1.2
5.2.3	5.2.3	5.7	5.7
5.3	5.3	5.7.1	5.7.1
5.3.1	5.3.1	5.7.2	5.7.2
5.3.2	5.3.2	5.7.3	5.7.3
5.3.3	5.3.3 大部分内容	5.7.4	5.7.4 的大部分

表 B.1(续)

本标准章条编号	对应 IEC 61133 章条编号	本标准章条编号	对应 IEC 61133 章条编号
5.7.5	5.7.5 的大部分	5.14.3	—
—	5.7.6	5.15	5.16
5.7.6	5.7.7	6	6
5.8	5.8	6.1	6.1
5.8.1	5.8.1	6.1.1	6.1.1 并增加内容
5.8.2	5.8.2	6.1.2	6.1.2 并增加内容
—	5.8.3	6.2	6.2
5.9	5.9	6.2.1	6.2.1
5.9.1	5.9.1 的大部分内容	6.2.2	6.2.2
5.9.2	5.9.2	6.2.3	6.2.3
5.9.3	5.9.3	6.2.4	6.2.4
5.9.4	5.9.4	6.2.5	6.2.5
5.9.5	—	—	6.2.6
5.10	5.10	6.2.6	6.2.7
5.10.1a)	5.10.1a)的大部分	6.2.7	6.2.8
5.10.2	5.10.2 的大部分	6.2.8	6.2.9
5.10.3	5.10.3	6.3	6.3
5.11	5.12	6.3.1	6.3.1
5.11.1	5.12.1	6.3.2	6.3.2
5.11.2	5.12.2	6.3.3	6.3.3
5.11.3	5.12.3	6.3.4	6.3.4
5.11.4	5.12.4	6.3.5	6.3.5
5.11.5	5.12.5	6.4	6.4
5.11.6	5.12.6	6.4.1	6.4.1 大部分内容
5.11.7	5.12.7	6.4.2	6.4.2
5.11.8	—	6.5	6.5
5.12	5.13 大部分内容	6.5.1	6.5.1
5.13	5.14	6.5.2	6.5.2
5.13.1	5.14.1 的大部分内容	6.5.3	6.5.3
5.13.2	5.14.2 部分内容	6.5.4	6.5.4
5.13.3	5.14.3 的部分内容	6.5.4.1	6.5.4.1
5.13.4	5.14.4	6.5.4.2	6.5.4.2
5.14	5.15	6.5.5	6.5.5
5.14.1	5.15	—	6.5.6
5.14.2	—	6.5.6	6.5.7

表 B.1(续)

本标准章条编号	对应 IEC 61133 章条编号	本标准章条编号	对应 IEC 61133 章条编号
6.5.7	6.5.8	6.8.4	6.8.6
6.5.8	6.5.9 内容并增加(7)	6.9	6.9 的大部分内容
6.6	6.6	6.10	6.10
—	6.6.1	6.10.1	6.10.1
6.6.1	6.6.2	6.10.2	6.10.2
6.6.2	—	6.11	6.11
6.6.3	—	6.12	6.12 的大部分内容
6.7	6.7 的大部分内容	6.12.1	6.12.1
6.7.1	6.7.1	6.12.1.1	6.12.1.1
6.7.2	6.7.2	6.12.1.2	6.12.1.2
6.7.3	6.7.3	6.12.2	6.12.2
6.7.4	6.7.4	6.12.3	6.12.3
6.7.5	6.7.5	6.13	6.13
6.8	6.8	6.13.1	6.13.1
6.8.1	6.8.1	6.13.2	6.13.2
6.8.2	6.8.2	6.14	6.14 的大部分内容
—	6.8.3	附录 A	附录 A
—	6.8.4	附录 B	—
6.8.3	6.8.5	附录 C	—

附　录　C
（资料性附录）
本标准与 IEC 61133 的技术性差异及其原因

表 C.1 给出了本标准与 IEC 61133 的技术性差异及其原因一览表。

表 C.1　本标准与 IEC 61133 技术性差异及其原因

本标准的章条编号	技术性差异	原　因
1.1	删除了由交流或交直流两用的外部电源供电的机车车辆、由热力发动机驱动发电机供电给牵引电动机的机车车辆和由独立电源蓄电池或其他贮存能源供电给牵引电动机的机车车辆等	《铁道设计规范》(GB 50157)规定我国城市轨道牵引供电制式为 DC750V 或 DC1500V 直流供电。 城市轨道交通列车由电动车辆组成，不采用机车牵引方式
2	删除了 IEC 61133 参考核准的内容，按 GB/T 1.1—2000 规定，引入一段固定的引导语和引用的规范性文件	根据 GB/T 1.1—2000 规定，修改采用国际标准时，则 IEC 61133 中规范性引用文件作如下处理： ——被与国际文件的一致性程度为等同或修改的国内标准所代替； ——被与国际文件的一致性程度为非等效的国内标准所代替，但必须保证能指出所引章条与国际标准的技术性差异； ——引用原国际标准
3.10	增加了车辆“柔性系数”定义	IEC 61133 将柔性系数定义引入到 5.2.2 条的注中，不尽合理。故本标准将其引到 3.7 条给以定义
5.1	IEC 61133 的第 5.1 条中通过表 1 给出了各种试验应考虑的常规载荷状态，在本标准中将该表删除	在城轨车辆中只有车辆自重和乘客的重量，没有沙、水、润滑剂和工具的重量，乘务人员只有 1～2 人可忽略不计。因此，本标准只考虑了 AW0、AW2、AW3 三种载荷状态
5.2.2	删除了柔性系数的注明	标准章条结构更加合理
5.3.3	删除了 IEC 61133 的 5.3.3 条中的“可以采用另一种替代的称重方法，例如将机车辆吊至称重场地，然后垂直落至称重机上。…”等内容	在城轨车辆称重作业中，已不采用这种麻烦而又精度低的称重法，而采用在电子称重台上称重，故予以删除
5.3.6	删除了 IEC 61133 的第 5.3.6 条中的 b)和 d)的内容，保留了 a)、c)、e)条的内容	因为 b)条规定的是对机车静置粘着重量的要求，不适用于城轨动车或拖车；d)条规定的是车辆轴重不超过线路的允许的轴重，而城轨车辆轴重都在 16 t 以下，都小于线路允许轴重(20 t 以上)。GB/T 7928—2003 第 6.5 条、第 6.6 条和第 6.7 条的规定与 IEC 61133 的 5.3.6 条中的 a)、c)和 e)条内容一致
5.5	删除了 IEC 61133 的第 5.5.1.5 条和第 5.5.1.6 条的内容	IEC 61133 的第 5.5.1.5 条规定的是列车在限定的时间内保持停车，对液压制动或空气制动装置实施保压制动的要求，城轨列车运行无此制动工况。第 5.5.1.6 条是对国际联运的列车要求，不适用于城轨交通列车

表 C.1(续)

本标准的章条编号	技术性差异	原 因
5.5.1.1	在 IEC 61133 的第 5.5.1.1 条中增加了"测量其静态传动效率是否符合合同的规定值"的内容	车辆基础制动装置的静态传动效率是衡量该装置性能的重要技术指标,传动效率高,制动能力强,制动距离短,结构重量轻。现在,城轨车辆制动试验时必须进行静态传动效率的测量
5.5.2	在 IEC 61133 的第 5.5.2 条中增加了"应满足列车在合同规定的线路最大坡道、最大载荷的情况下施加停放制动不会发生溜逸的要求"的内容	根据 GB/T 7928 中第 10.6 条规定,地铁车辆的停放制动装置必须保证列车在线路最大坡道和最大载荷的条件下施加停放制动不会溜逸。这是保证地铁车辆运行安全的重要试验项目
5.7	删除了 IEC 61133 的第 5.7.6 条内容	IEC 61133 第 5.7.6 条是对串联直流牵引电动机磁场削弱运行而言,本标准规定车辆采用交流传动,而交流电动机在恒电压区运行,即在弱磁工况下运行,无此项要求
5.7.4	增加了"检查结果应符合合同的规定值"	IEC 61133 第 5.7.4 条规定检查照明度、采暖、空调、客室门、信息系统的运转情况,只有定性要求,可操作性差。增加检查结果应符合合同要求,便于检查和验收
5.7.5	增加了"列车通信网络"重联操作的检查	现代城轨车辆都设置了功能完善的列车通信网络,以保证列车信号和通信信息的安全有效的运行,重联时应做此项检查
5.8	删除了 IEC 61133 的第 5.8.3 条内容	第 5.8.3 条规定的内容是对由单相电源供电及装有变压器的车辆上一次侧绕组采用大截面绝缘电缆接地线检查要求。城轨车辆无此装置
5.9.1	在本条中增加了"辅助电气设备和辅助电源应在装车前,按照 IEC 61287-1 和 TB/T 3021—2001 标准在供货工厂分别进行试验"的内容	IEC 61133 只规定了"按照在所有情况下均适用的标准"进行试验,没有指出按哪种标准做试验。而 IEC 61287-1 具体规定了辅助变流器的特性与型式试验项目内容和要求;TB/T 3021—2001 规定了机车车辆供电用电子装置和辅助电源的试验项目内容、试验方法和验收标准。因此,应将这两个标准引用到本规则中
5.9.1	本条中还删除了 IEC 61133 的第 5.9.1 条中"或在间歇工作的场合,则应保持在"断续定额"之内,…"等内容	因为城轨车辆的辅助电源系统一直在"持续定额"下工作,没有间歇工况,故将断续定额删除
5.9.5	本标准增加了"辅助电源用静止逆变器检查"项目要求,以保证逆变器正常工作	静止逆变器是保证电动车组在正常和紧急情况下供电的关键设备,应严格试验。IEC 61133 规定的试验内容不全,可操作性欠佳。本标准增加的检查内容与 GB/T 14894—1994 的第 4.24 条内容相同
5.10.1(1)	本标准规定蓄电池的容量应满足 GB/T 7928—2003 的要求,替代 IEC 61133 第 5.10.1 条 a)项内容	城轨车辆用蓄电池的容量除满足正常运行用电外,还必须满足列车故障情况下用电要求。GB/T 7928—2003 具体规定了对蓄电池容量的要求

表 C.1(续)

本标准的章条编号	技术性差异	原　因
5.11.2	本条增加了“喷射架的喷流量、水流的分布和喷嘴部位以及龙门架喷水速率,参照 TB/T 2054—1989 第4条或 TB/T 1802—1996 第5.1条的要求,在由用户和制造商双方协议中做出规定”的内容	在 IEC 61133 第5.12.2条中对喷射架的喷流量、水流的分布和喷嘴部位以及龙门架喷水速率等没有具体规定。我国铁路标准 TB/T 2054—1989 第4条和 TB/T 1802—1996 的第5.1条规定了铁路机车和车辆淋雨试验装置喷流量、喷头部位、孔径、喷水强度、水压等参数,已在国内外铁路机车车辆和国内地铁车辆淋雨验收试验中广泛应用,故应引入到本标准来
5.11.8	本标准增加了检查车辆客室内压的要求	车辆的密封性直接影响车内压力,在运行中车体密封性良好,车内压力易达到合同要求。因此通过关闭客室所有车门,开放所有通风机,测量客室的内压,是检查车辆密封性重要试验方法
5.12(4)	本条增加了“③对于电力电容器必须有放电设备和安全标志”的要求	电力电容器是车辆主回路系统的高压(接近网压)电器部件,都有放电装置和安全标志。在检查和维修电力电容器时,必须确保电力电容器放电装置已放电完成后,才能进行作业,以保证人身安全
5.12(7)	本条为防火材料性能检查,为新增条款,在 IEC 61133 第5.13条中无此规定	防火材料性能是保证火灾时车辆和人员安全的关键指标。因此在 GB/T 7928 第6.22条中规定车辆的结构材料、零部件应采用难燃或高阻燃性材料,满足车辆防火要求
5.12(8)	将 IEC 61133 第5.13条 g)修改为“按照 GB 6771—2000 的规定检查防火措施和消防措施”	在 IEC 61133 第5.13条 g)中只检查消防设备。而在 GB 6771—2000(eqv UIC 617-10R:1979)的第3条和第4条中规定了动车防火和消防措施,比 IEC 61133 更详细和全面
5.12(13)	本条增加了“按照 GB/T 7928—2003 的规定,检查列车前照灯”的内容。在 IEC 61133 中无此项要求	列车前照灯是保证列车正常安全运行的照明设备,特别是在紧急制动距离处能让司机清晰看见障碍物,以便采取紧急措施,确保行车安全。因此,在 GB/T 7928 中规定列车前照灯在列车前端紧急制停距离处的照度不小于 2 lx
5.12(14)	本条增加了“按照 GB/T 7928—2003 的规定,检查客室车门紧急解锁功能”的内容。在 IEC 61133 中无此项要求	客室车门紧急解锁是在故障情况下能与门控系统切除,乘客能手动解锁开闭车门的功能,这是保证乘客安全的重要措施,应按 GB/T 7928—2003 要求进行检查
5.13.1(9)	在 IEC 61133 对应的第5.14.1条的 I)项中增加了“应按照 GB/T 14892 检查司机室噪声,不得超过 GB/T 14892 规定的噪声限值”	控制司机室噪声是保证司机正常工作和舒适性的重要条件。GB/T 14892 规定了城轨电动车组司机室噪声限值和测量方法,故本标准按照 GB/T 14892 标准进行试验

表 C.1(续)

本标准的章条编号	技术性差异	原　因
5.13.2 (1)	增加了"检查车辆通风能力，在通风机额定电压下，测试通风系统循环总风量、新风量、车内微风速以及应急通风的新风量，应符合合同的规定值或 GB/T 7928—2003 的规定值"。在 IEC 61133 第 5.14.2 条 a)中规定不具体	车内总风量、人均新鲜空气量、特别是应急通风时新风量是保证乘客和司机舒适度的关键参数。IEC 61133 只规定达到"舒适水平"，没有定量要求，而 GB/T 7928—2003 规定了乘客和司机人均新鲜空气量的最低值
5.13.2 (2)	增加了"检查客室采暖设备性能，测试采暖功率和采暖设备表面温度，应能在合同规定的大气条件下保持室内的预定温度，应符合合同的规定值或 GB/T 7928—2003 规定值"等内容。IEC 61133 第 5.14.2 条 a)中规定不具体	车辆采暖设备是保证车辆在冬季运行期间乘客和司机取暖的必要手段。GB/T 7928—2003 第 12.7 条规定用于冬季寒冷地区的车辆取暖设备，运行时应维持司机室温度不低于 14℃。第 12.9 条规定车用电加热器罩表面温度不应大于 68℃
5.13.2 (3)	增加了"进行空调机组降温试验、名义工况试验和高温工况试验，检测车内温度的均匀性和稳定性，应能在合同规定的大气条件下保持室内的预定温度，符合合同的规定值或 GB/T 7928—2003 的规定值。检验规则由用户和制造商在合同中规定，当合同中没有规定时，可参照 TB/T 2431—1993 的规定进行检验"等内容。在 IEC 61133 第 5.14.2 条 a)中规定不具体	车辆空调设备是保证车辆在运行期间乘客和司机舒适度的关键设备。GB/T 7928—2003 第 12.1 条规定空调设备的制冷能力应满足外温 33℃、湿度 65% 时室内温度不低于 28℃ 的要求，使乘客和司机感到舒适。在 TB/T 2431—1993 的第 4 章中规定了车顶单元式空调机组的检验规则，包括例行检验和型式试验的内容，同样适合城轨车辆空调机组的检验
5.13.2 (4)	增加了按照 GB/T 7928—2003 检查客室照明设备的要求，在 IEC 61133 第 5.14.2 条 c 中规定不具体	GB/T 7928—2003 第 8.3.7 条明确规定客室灯光照明在距地板面高 800 mm 处的照度平均值不低于 200 lx，最低值不低于 150 lx(在车外无任何光照时)；紧急照明时照度应不低于 10 lx。应按此规定验收
5.13.3	在 IEC 61133 对应的第 5.14.2 条的 a)和 c)项中增加了按照 GB/T 14892 检查客室和车辆外部的噪声等级的规定	减少客室噪声和车辆外部的噪声是提高乘客舒适性和减少车辆对周围环境噪声污染的需要。GB/T 14892 规定我国轨道车辆客室和车辆外部噪声的限值和测量方法，应遵照执行
5.14.2	在 IEC 61133 对应的第 5.15 条基础上增加了通信系统的试验检查	通信系统是保证列车行车调度指挥系统正常工作和提高乘客广播信息系统服务质量的重要工具。应对无线通信、有线广播和司机间通信系统进行充分试验和检查，应符合设计要求
5.14.3	在 IEC 61133 对应的第 5.15 条基础上增加了车钩装置试验检查	车钩装置是保证列车牵引与制动功能的实现和安全运行的重要联结部件。应按合同的规定，进行车钩装置机械、电气、空气组件连结试验；水密封试验；负载试验等
6.1.1 (1)	在 IEC 61133 对应的第 6.1.1 条 a)项基础上增加了可按照 GB/T 5599—1985 进行车辆安全性试验和评定	GB/T 5599—1985 是我国铁道车辆动力学性能评定和试验鉴定规范，规定了车辆脱轨系数、轮重减载率和车辆倾覆系数试验方法和评定标准，完全符合城轨车辆的要求。至今地铁车辆的安全性评定均按该标准执行

表 C.1(续)

本标准的章条编号	技术性差异	原　因
6.1.1 (2)	在 IEC 61133 对应的第 6.1.1 条 b)项基础上增加了检查道渣路床轨排横移的安全性,应符合 GB/T 5599—1985 的规定	车辆运行产生的较大横向力易使轨排横移,严重时造成车辆脱轨和线路损坏,影响行车安全。GB/T 5599—1985 具体规定了横向力的允许限度,应按该标准检查轨排横移的状况
6.1.2	在该条中增加了车辆平稳性试验应按 GB/T 5599—1985 进行车辆平稳性测量,车辆运行平稳性指标按不大于 2.5 评定	GB/T 5599—1985 是铁道车辆动力学性能评定和试验鉴定规范,包括车辆平稳性的试验方法和限值规定。考虑到城市轨道车辆的特殊要求和可行性,GB/T 7928—2003 规定车辆运行平稳性指标按不大于 2.5。故本标准按 GB/T 7928—2003 规定执行
6.2	删除了 IEC 61133 中第 6.2.6 条内容	该条规定了当合同要求车辆在坡度和倾斜度多变的弯道上运行时,例如有轨电车系统,进行此项检查。城轨线路没有这样多变的弯道,车辆不需要做此项检查
6.4.1	本标准删除了 IEC 61133 的第 6.4.1 条中关于"对于机车,可以采用另一种方法来测量牵引力/速度特性,例如测量机车车钩上的力,…" 的内容	铁路机车牵引是动力集中牵引方式,而城轨交通列车是动力分散方式,无法用测量车钩力的方法得到列车牵引力/速度特性,因此予以删除
6.4.1(1)	在 IEC 61133 对应的第 6.4.1 条 a)项基础上增加了"应采用数据自动采集及处理装置"测量速度、时间及对应的输入输出电参数(电流、电压、频率、功率和功率因数)	该装置能实时、快速和准确地得到试验结果,已广泛应用到铁路和城轨列车起动和加速试验中
6.5	本标准删除了 IEC 61133 第 6.5.6 条规定内容	IEC 61133 第 6.5.6 条规定检查制动缸最小行程,防止最大制动力抱死车轮。现在城轨车辆采用带闸瓦间隙调整器的制动单元,压力可自调,又有防滑器,无须作此项检查
6.5.8	删除了 IEC 61133 第 6.5.9 条中 d)项和 e)项内容	d)项是检查直流牵引电动机当制动或牵引不动时有无异常自励现象,交流电机无此现象,不做检查。e)项是检查交流供电再生制动的功率因数,城轨交通是直流供电,无须检查
6.5.8 (5)	在 IEC 61133 第 6.5.9 条中 g)项中增加了"空电联合常用制动工况下应达到电制动优先" 内容	保持常用制动时优先使用电制动(再生制动或电阻制动)可以充分利用电制功率高的优点,节约电能,减少闸瓦磨耗和污染,减少压缩空气的消耗。我国新造的地铁车和轻轨车都按此要求进行空电联合制动系统的设计,取得了良好的制动效果
6.5.8 (7)	本标准在 IEC 61133 第 6.5.9 条基础上增加了第(7)项内容即"在进行电制动试验时,试验过程中制动电阻最高温度不应超过规定值,电阻箱外壳温度符合TB/T 1333.1—2002 的规定,电阻元件应无变形。"的要求	制动电阻器的温度超过规定值将影响电阻制动功率正常发挥,高温时电阻元件易发生变形,电阻箱外壳高温甚至引起火灾,故应做该项试验。TB/T 1333.1—2002 规定了电阻箱最高温度限值

表 C.1(续)

本标准的章条编号	技术性差异	原 因
6.6	本标准删除了 IEC 61133 的第 6.6.1 条规定内容	现代城市轨道交通的信号系统大多数采用列车自动控制(ATC)系统,它由列车自动监控(ATS)、列车自动防护(ATP)和列车自动驾驶(ATO)三部分组成,速度控制系统已在其中。IEC 61133 的第 6.6.1 条规定内容仅适用于铁路机车的速度控制
6.6.2	本标准增加的条款。规定了列车自动驾驶系统(ATO)检查要求,与原标准 GB/T 14894—1994 规定相同	列车自动驾驶系统(ATO)是列车自动控制系统的重要组成部分,是现代城轨交通列车自动控制发展方向,我国许多城轨车辆都安装了 ATO 系统,应作此项检查要求
6.6.3	本标准增加的条款。规定了列车自动监控系统(ATS)检查要求,与原标准 GB/T 14894—1994 规定相同	列车自动监控系统(ATS)是列车自动控制系统的重要组成部分,是现代城轨交通列车自动控制发展方向,我国许多城轨车辆都安装了 ATS 系统,应作此项检查要求
6.7	本标准增加了干扰试验"如果合同中没有规定,应按照 TB/T 3034—2002 标准进行试验与评定"的要求	TB/T 3034—2002 规定了车辆电气设备电磁兼容性试验的试验条件、试验项目、试验等级、性能评定和限值;还规定了传导和辐射干扰有关的电磁发射和抗扰度试验的限值和试验方法。这些限值和试验代表基本的电磁兼容要求
6.8	本标准删除了 IEC 61133 第 6.8.3 条和第 6.8.4 条规定内容	第 6.8.3 条和第 6.8.4 条是对热力发动机工作条件和排气系统检查内容,超出本标准的范围,应删除
6.8.3	在 IEC 61133 第 6.8.5 条的基础上增加了"如果没有协议时",应根据 GB/T 7928—2003 的要求,重复进行上述的检查。"	因为 GB/T 7928—2003 的第 6.19 条规定了列车在丧失 1/4 动力的情况下,应维持运行到终点;在丧失 1/2 动力情况下,应具有在正线最大坡道上起动和运行到最近车站的能力。这些规定符合我国城轨车辆的要求
6.8.4	在 IEC 61133 第 6.8.5 条的基础上,规定按合同对救援列车进行紧急运行业务条件下牵引制动能力的检查。如果没有协议时,应根据 GB/T 7928—2003 的要求,重复进行上述的检查	因为 GB/T 7928—2003 的第 6.19 条规定了一列空载列车应具有在正线线路的最大坡道上牵引另一列额定载荷的无动力列车运行到下一站的能力。这一具体要求应作为车辆牵引制动能力验收的依据
6.9	在该条中增加了"应采用数据自动记录及处理装置将运行速度、力、时间和距离等相关参数记录下来,并绘制出运行阻力曲线。"	该试验方法能实时、快速和准确地得到试验结果,已广泛应用于列车牵引试验和运行阻力试验中
6.14 (2)	用 TB/T 3021—2001 替代 IEC 61133 第 6.14 条 b)项的 IEC 60571-1	标准 TB/T 3021—2001《铁道机车车辆电子装置》等效于 IEC 60571:1998

ICS 27.010
F 04

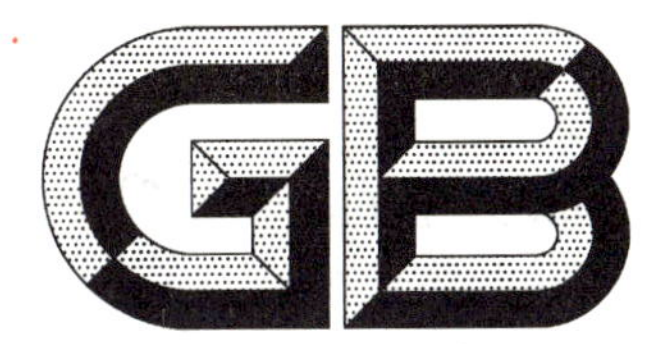

中华人民共和国国家标准

GB/T 14909—2005
代替 GB/T 14909—1994

能量系统㶲分析技术导则

Technical guides for exergy analysis in energy system

2005-07-15 发布　　2006-01-01 实施

中华人民共和国国家质量监督检验检疫总局
中国国家标准化管理委员会　发布

前言

本标准代替 GB/T 14909—1994《能量利用中的㶲分析方法技术导则》。

本标准与 GB/T 14909—1994 相比主要变化如下：

——修改了关于本标准适用范围的表述，特别指出本标准不仅适用于一般的能量系统，也适用于“产品生命周期评价”等新领域；

——修改了术语和定义的表述；

——更正了㶲值的计算基准。包括更正了基准态压力和环境基准态下的大气组成，调整了个别元素的基准物质，增加了一些新的基准物质，使基准物质体系的元素总数达到 80 种；

——完善了㶲分析的评价指标，包括增加了㶲平衡和㶲效率的多项内容；

——完善了㶲分析的原则方法及结果表示中“评价与分析”的表述；

——简化了规范性附录中的多处表述（见附录 A 的起始处、A.1、A.4.1、A.4.1.1）；

——基于正文中的元素的基准物质体系（见 3），重新核算了全部元素的标准㶲数值（见附录 A 的表 A.3）；

——基于元素的标准㶲数值（见附录 A 的表 A.3），重新核算了“部分无机化合物的标准㶲数值”，其中还调整了个别物质（见附录 A 的表 A.4）；

——基于元素的标准㶲数值（见附录 A 的表 A.3），重新核算了“部分有机化合物的标准㶲数值”，其中还调整了个别物质（见附录 A 的表 A.5）；

——修改了关于“稳定流动体系纯物质的㶲”和“稳定流动体系多组分物质的㶲”的表述和计算公式（见附录 A 的 A.4.2 和 A.4.3）；

——修改了资料性附录中的㶲分析方法的计算实例的“锅炉的㶲分析”的表述（见附录 B）；

——更换了资料性附录“㶲分析方法的计算实例”中的示例 2（见附录 B）。

本标准附录 A 为规范性附录，附录 B 为资料性附录。

本标准由全国能源基础与管理标准化技术委员会提出。

本标准由全国能源基础与管理标准化技术委员会归口。

本标准起草单位：北京化工大学、华北电力大学、中国科学院工程热物理所、石油工业节能节水专业标准化技术委员会、北京国电华北电力工程有限公司、中石化洛阳石化工程公司工程研究院。

本标准主要起草人：郑丹星、武向红、宋之平、陈铭铮、俞伯炎、任晓东、郑战利。

本标准所代替标准的以往版本发布情况为：

——GB/T 14909—1994。

能量系统㶲分析技术导则

1 范围

本标准规定了能量系统㶲分析的基本概念与术语、㶲值的计算基准、㶲值的计算方法、㶲平衡、㶲分析的原则方法及结果表示等，并给出了㶲分析方法的计算实例。

本标准适用于任何涉及能量利用或能量转换的过程、设备、工艺流程或系统，也适用于产品生命周期评价等环境保护方面相关问题的定量分析。

2 术语和定义

本标准采用下列术语和定义。

2.1

体系 system

根据研究目的而确定的具有明确边界的分析对象。根据同一概念，体系内部还可以分割成两个或两个以上的子体系(subsystem)。

2.2

环境 environment

体系边界以外称为外界。环境是外界的一部分，是一个作为㶲分析基准的特定的理想外界，由处于完全平衡状态下的大气、地表和海洋中的选定基准物质所组成。

2.3

㶲 exergy

体系与环境作用从所处的状态达到与环境相平衡状态的可逆过程中，对外界做出的功。

2.4

㶲损失 exergy loss

由于过程不可逆性所造成的体系作功能力的减少。

2.5

㶲分析 exergy analysis

对能量系统㶲的传递、利用和损失等情况进行的分析。

3 㶲值的计算

3.1 㶲值的计算基准

㶲值的计算基准是环境参考态，它是基准物质体系在规定的温度、压力下的状态。

本标准规定㶲的基准态温度为298.15 K(25℃)，基准态压力为0.1 MPa(1 bar)；基准物质体系规定为：大气物质所含元素的基准物质取大气中的对应成分，其组成如表1所示，即在上述温度和压力条件下的饱和湿空气；氢的基准物质是液态水；其他元素的基准物质取表2中所列的纯物质。

表1 环境参考态下的大气组成

组　分	N_2	O_2	Ar	CO_2	Ne	He	H_2O
组成(摩尔分数)	0.756 1	0.202 8	0.009 1	0.000 3	1.77×10^{-5}	5.08×10^{-6}	0.031 67

表 2 元素的基准物质

元素	基准物质	元素	基准物质	元素	基准物质
Ag	AgCl	H	H_2O(液态)	Pr	PrF_3
Al	Al_2O_3	He	He(空气)	Pt	Pt
Ar	Ar(空气)	Hf	HfO_2	Rb	Rb_2SO_4
As	As_2O_5	Hg	$HgCl_2$	Rh	Rh
Au	Au	Ho	$HoCl_3 \cdot 6H_2O$	Ru	Ru
B	H_3BO_3	I	PdI_2	S	$CaSO_4 \cdot 2H_2O$
Ba	$Ba(NO_3)_2$	In	In_2O_3	Sb	Sb_2O_5
Be	$BeO \cdot Al_2O_3$	Ir	Ir	Sc	Sc_2O_3
Bi	BiOCl	K	KNO_3	Se	SeO_2
Br	$PtBr_2$	Kr	Kr	Si	SiO_2
C	CO_2(空气)	La	LaF_3	Sm	$SmCl_3$
Ca	$CaCO_3$	Li	$LiNO_3$	Sn	SnO_2
Cd	$CdCl_2$	Lu	Lu_2O_3	Sr	SrF_2
Ce	CeO_2	Mg	$CaCO_3 \cdot MgCO_3$	Ta	Ta_2O_5
Cl	NaCl	Mo	$CaMoO_4$	Tb	TbO_2
Co	$CoFe_2O_4$	Mn	MnO_2	Te	TeO_2
Cr	Cr_2O_3	N	N_2(空气)	Th	ThO_2
Cs	$CsNO_3$	Na	$NaNO_3$	Ti	TiO_2
Cu	CuO	Nb	Nb_2O_5	Tl	$TlCl_3$
Dy	$DyCl_3 \cdot 6H_2O$	Nd	NdF_3	Tm	Tm_2O_3
Er	$ErCl_3 \cdot 6H_2O$	Ne	Ne(空气)	U	$UO_3 \cdot H_2O$
Eu	$EuCl_3 \cdot 6H_2O$	Ni	$NiO \cdot Al_2O_3$	V	V_2O_5
F	Na_3AlF_6	O	O_2(空气)	W	$CaWO_4$
Fe	Fe_2O_3	Os	OsO_4	Y	Y_2O_3
Ga	Ga_2O_3	P	$Ca_3(PO_4)_2$	Yb	Yb_2O_3
Gd	GdF_3	Pb	$PbCl_4$	Zn	$ZnSiO_3$
Ge	GeO_2	Pd	Pd	Zr	$ZrSiO_4$

3.2 㶲值的计算方法

见附录 A。

4 㶲平衡

4.1 㶲损失

㶲损失按式(1)计算

$$I = I_{int} + I_{ext} \quad \cdots\cdots (1)$$

式中：

I——㶲损失，单位为焦耳(J)；

I_{int}——内部㶲损失，单位为焦耳(J)；

I_{ext}——外部㶲损失，单位为焦耳(J)。

4.2 体系输入与输出之间的㶲平衡

体系输入与输出之间的㶲平衡按式(2)计算

$$E_{in} = E_{out} + I_{int} + \Delta E_{sys} \qquad \cdots\cdots (2)$$

式中：

E_{in}——穿过体系边界的输入㶲，单位为焦耳(J)；

E_{out}——穿过体系边界的输出㶲，单位为焦耳(J)；

ΔE_{sys}——㶲在体系内部的积存量，单位为焦耳(J)。

对于稳定流动体系，输入与输出之间的㶲平衡按式(3)计算

$$E_{in} = E_{out} + I_{int} \qquad \cdots\cdots (3)$$

4.3 体系支付与收益之间的㶲平衡

体系支付与收益之间的㶲平衡按式(4)计算

$$E_p = E_g + I \qquad \cdots\cdots (4)$$

式中：

E_p——体系在能量转变过程中的支付㶲，单位为焦耳(J)；

E_g——体系在能量转变过程中的收益㶲，单位为焦耳(J)。

5 㶲分析的评价指标

5.1 普遍㶲效率

普遍㶲效率按式(5)计算

$$\eta_{gen} = \frac{E_{out}}{E_{in}} = 1 - \frac{I_{int}}{E_{in}} \qquad \cdots\cdots (5)$$

式中：

η_{gen}——普遍㶲效率。

5.2 目的㶲效率

目的㶲效率按式(6)计算

$$\eta_{obj} = \frac{E_g}{E_p} = 1 - \frac{I}{E_p} \qquad \cdots\cdots (6)$$

式中：

η_{obj}——目的㶲效率。

5.3 局部㶲损失率

局部㶲损失率按式(7)计算

$$\xi_i = \frac{I_i}{I} \qquad \cdots\cdots (7)$$

式中：

ξ_i——体系的局部㶲损失率；

I_i——体系的局部(子体系)㶲损失，单位为焦耳(J)。

5.4 局部㶲损失系数

局部㶲损失系数按式(8)计算

$$\Omega_i = \frac{I_i}{E_p} \qquad \cdots\cdots (8)$$

式中：

Ω_i——体系的局部㶲损失系数。

体系的局部㶲损失系数与体系的目的㶲效率之间关系如式(9)

$$\eta_{obj} = 1 - \Sigma \Omega_i \qquad \cdots\cdots (9)$$

5.5 单位产品(或单位原料)的支付㶲

单位产品(或单位原料)的支付㶲按式(10)计算

$$\omega = \frac{E_p}{M} \qquad \cdots\cdots (10)$$

式中:

ω——单位产品(或单位原料)的支付㶲,单位为焦耳每千克($J \cdot kg^{-1}$);

M——总产量(或总原料量),单位为千克(kg)。

6 㶲分析的步骤

6.1 确定体系

事先要明确体系的边界、子体系的分割方式,以及穿过边界的所有物质和能量(例如功或热)。必要时辅以示意图说明。

6.2 明确环境基准

一般应采用本标准的环境参考态。若采用其他基准态应予以说明。

6.3 说明计算依据

说明所使用的热力学基础数据(如物质的热容、焓和熵等)的来源。列出直接应用本标准的计算公式或由本标准定义外延得到的数学关系式,并说明应用的场合。

6.4 计算㶲平衡

建立体系的㶲平衡关系,用表和图辅助表示计算结果。基于㶲平衡关系,做出支付与收益、损失平衡表或做出输入与输出、损失平衡表。计算出㶲效率、局部㶲损失率或局部㶲损失系数,以及单位产品(或单位原料)的支付㶲等评价指标。

6.5 评价与分析

根据计算结果,分析㶲损失的部位、大小和原因,为改善过程的能量利用指出方向和措施。

6.6 㶲分析方法的计算实例

参见附录B。

附 录 A
（规范性附录）
㶲值的计算方法

本附录是㶲分析方法中涉及的基本计算问题的说明。文中所使用的物理量及符号如表 A.1 所示。

表 A.1 物理量的名称、符号及单位

量的符号	量 的 名 称	单 位
$\hat{a}_i$	多组分物质中 i 组分的活度	
a,b,c	化合物 $A_aB_bC_c$ 中的相应元素的化学计量数	
c_p	质量定压热容	$J \cdot kg^{-1} \cdot K^{-1}$
$C_{p,m}$	摩尔定压热容	$J \cdot mol^{-1} \cdot K^{-1}$
C_p	体积定压热容	$J \cdot m^{-3} \cdot K^{-1}$
E	㶲	J
e	比㶲	$J \cdot kg^{-1}$
E_m	摩尔㶲	$J \cdot mol^{-1}$
ΔE_{sys}	㶲在体系内部的积存	J
$\Delta_f G_m^\theta$	标准摩尔生成吉布斯自由能	$J \cdot mol^{-1}$
H	焓	J
h	质量焓	$J \cdot kg^{-1}$
H_m	摩尔焓	$J \cdot mol^{-1}$
Δh_H	高热值(高发热量)	$J \cdot kg^{-1}$
Δh_L	低热值(低发热量)	$J \cdot kg^{-1}$
$\Delta_{mix} H_m$	混合热	$J \cdot mol^{-1}$
I	㶲损失	J
M	产量或原料量	kg
p	压力	Pa
Q	热量	J
R	通用气体常数为 8.3145	$J \cdot mol^{-1} \cdot K^{-1}$
S	熵	$J \cdot K^{-1}$
s	质量熵	$J \cdot kg^{-1} \cdot K^{-1}$
S_m	摩尔熵	$J \cdot mol^{-1} \cdot K^{-1}$
T	热力学温度	K
U	热力学能又名内能	J
V	体积	m^3
v	比体积或比容	$m^3 \cdot kg^{-1}$
V_m	摩尔体积	$m^3 \cdot mol^{-1}$
W	功	J
w_i	混合物中 i 组分的质量分数	
x_i	混合物中 i 组分的摩尔分数	

表 A.1（续）

量的符号	量 的 名 称	单 位
ξ_i	体系的局部㶲损失率	
η	效率	
ω	单位产品(或单位原料)的支付㶲	$J \cdot kg^{-1}$
Ω_i	体系的局部㶲损失系数	
上标：		
θ	标准状态	
id	理想混合物	
ig	理想气体	
l	液体	
下标：		
0	环境基准态	
1,2,…	某种状态	
comb	燃烧	
ext	外部	
exh	排烟	
f	燃料	
g	收益,气体	
gen	普遍	
h	高温	
hex	换热	
i	混合物中某个组分或局部体系	
in	输入	
int	内部	
L	损失	
mix	混合	
obj	目的	
out	输出	
p	支付	
q	热量	
s	饱和状态	
st	水蒸气	
sys	体系	
w	水	
顶标：		
·	单位时间的物理量	
底标：		
_	一维数组	

A.1 功和热的㶲

$$E = W \qquad \text{(A.1)}$$

式中：

E——㶲，单位为焦耳(J)；

W——功、电能或机械能等，单位为焦耳(J)。

传热过程中热的㶲为：

$$E_q = \int_Q \left(1 - \frac{T_0}{T}\right) \delta Q \qquad \text{(A.2)}$$

式中：

T_0——环境基准态的温度，单位为开尔文(K)；

T——体系的温度，单位为开尔文(K)；

Q——过程中传输的热，单位为焦耳(J)。

A.2 稳定流动体系与封闭体系的㶲

在不计动能与位能时，处于一定状态下稳定物质流的㶲为：

$$E = (H - T_0 S) - (H_0 - T_0 S_0) \qquad \text{(A.3)}$$

式中：

H——一定状态下体系的焓，单位为焦耳(J)；

S——一定状态下体系的熵，单位为焦耳每开尔文($J \cdot K^{-1}$)；

H_0——环境基准态下体系的焓，单位为焦耳(J)；

S_0——环境基准态下体系的熵，单位为焦耳每开尔文($J \cdot K^{-1}$)。

从状态1变化到状态2稳定流动体系的㶲变化为：

$$E_2 - E_1 = (H_2 - T_0 S_2) - (H_1 - T_0 S_1) \qquad \text{(A.4)}$$

式中：

E_1——状态1下体系的㶲，单位为焦耳(J)；

E_2——状态2下体系的㶲，单位为焦耳(J)。

处于一定状态下封闭体系的㶲为：

$$E = (U - T_0 S + p^\theta V) - (U_0 - T_0 S_0 + p^\theta V_0) \qquad \text{(A.5)}$$

式中：

p^θ——环境基准态下体系的压力，单位为帕斯卡(Pa)；

V_0——环境基准态下体系的体积，单位为立方米(m^3)；

U_0——环境基准态下体系的热力学能，单位为焦耳(J)；

U——一定状态下体系的热力学能，单位为焦耳(J)；

V——一定状态下体系的体积，单位为立方米(m^3)。

从状态1变化到状态2封闭体系的㶲变化为：

$$E_2 - E_1 = (U_2 - T_0 S_2 + p^\theta V_2) - (U_1 - T_0 S_1 + p^\theta V_1) \qquad \text{(A.6)}$$

式中：

U_1——状态1下体系的热力学能，单位为焦耳(J)；

U_2——状态2下体系的热力学能，单位为焦耳(J)；

V_1——状态1下体系的体积，单位为立方米(m^3)；

V_2——状态2下体系的体积，单位为立方米(m^3)；

S_1——状态1下体系的熵，单位为焦耳每开尔文($J \cdot K^{-1}$)；

S_2——状态 2 下体系的熵，单位为焦耳每开尔文（$J \cdot K^{-1}$）。

A.3 㶲损失

体系的内部㶲损失可通过正文中式(3)的㶲平衡关系导出。根据能量转换过程目的所考察的外部㶲损失则是式(3)中输出㶲 E_{out} 的一部分。表 A.2 列出了五种基本过程的㶲损失的计算方法，每种过程又举例说明了几种具有不同特征的情况。其中，均忽略了过程的动能、位能变化以及由于保温不良造成的热损失。

表 A.2 五种基本过程的㶲损失的计算方法

过　程	① 流动过程		
特征或目的	输出功	输入功	节流
实际过程或设备	汽(气)轮机、内燃机	压缩机、泵、风机	节流阀
图示	W H_1, E_1　H_2, E_2	H_1, E_1　H_2, E_2 W	H_1, E_1　H_2, E_2
能量平衡	$H_1 = H_2 + W$	$H_1 + W = H_2$	$H_1 = H_2$
㶲平衡	$E_1 = E_2 + W + I_{int}$ $E_{in} = E_1$ $E_{out} = E_2 + W$	$E_1 + W = E_2 + I_{int}$ $E_{in} = E_1 + W$ $E_{out} = E_2$	$E_1 = E_2 + I_{int}$ $E_{in} = E_1$ $E_{out} = E_2$
内部㶲损失	$I_{int} = E_1 - E_2 - W$	$I_{int} = E_1 + W - E_2$	$I_{int} = E_1 - E_2$
㶲效率	$\dfrac{W}{E_1 - E_2}$	$\dfrac{E_2 - E_1}{W}$	$\dfrac{E_2}{E_1}$

过　程	② 传热过程	
特征或目的	放热	吸热
实际过程或设备	输出热的过程	输入热的过程
图示	Q, E_q H_1, E_1　H_2, E_2	H_1, E_1　H_2, E_2 Q, E_q
能量平衡	$H_1 = H_2 + Q$	$H_1 + Q = H_2$
㶲平衡	$E_1 = E_2 + E_q + I_{int}$ $E_{in} = E_1$ $E_{out} = E_2 + E_q$	$E_1 + E_q = E_2 + I_{int}$ $E_{in} = E_1 + E_q$ $E_{out} = E_2$
内部㶲损失	$I_{int} = E_1 - E_2 - E_q$	$I_{int} = E_1 + E_q - E_2$
㶲效率	$\dfrac{E_q}{E_1 - E_2}$	$\dfrac{E_2 - E_1}{E_q}$

表 A.2（续）

过 程	③ 化学反应过程			
特征或目的	绝热反应	放热反应	吸热反应	电 解
实际过程或设备	绝热反应器	有冷却的反应器	有加热的反应器	电解槽
图示	 H_1,E_1；H_2,E_2	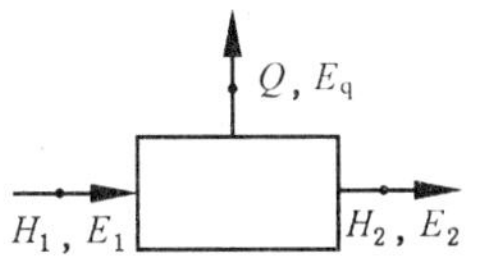 Q,E_q；H_1,E_1；H_2,E_2	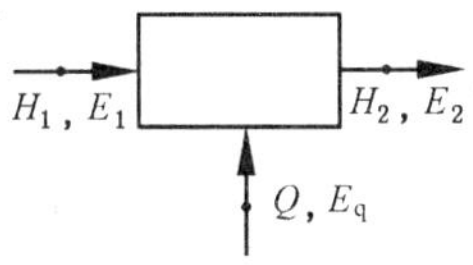 H_1,E_1；H_2,E_2；Q,E_q	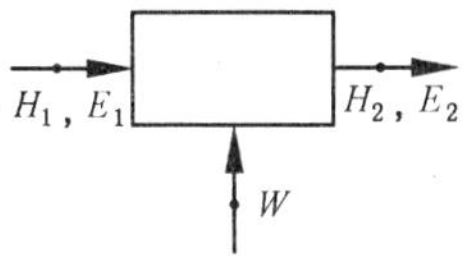 H_1,E_1；H_2,E_2；W
能量平衡	$H_1=H_2$	$H_1=H_2+Q$	$H_1+Q=H_2$	$H_1+W=H_2$
㶲平衡	$E_1=E_2+I_{int}$ $E_{in}=E_1$ $E_{out}=E_2$	$E_1=E_2+E_q+I_{int}$ $E_{in}=E_1$ $E_{out}=E_2+E_q$	$E_1+E_q=E_2+I_{int}$ $E_{in}=E_1+E_q$ $E_{out}=E_2$	$E_1+W=E_2+I_{int}$ $E_{in}=E_1+W$ $E_{out}=E_2$
内部㶲损失	$I_{int}=E_1-E_2$	$I_{int}=E_1-E_2-E_q$	$I_{int}=E_1+E_q-E_2$	$I_{int}=E_1+W-E_2$
㶲效率	$\frac{E_2}{E_1}$	$\frac{E_q}{E_1-E_2}$	$\frac{E_2-E_1}{E_q}$	$\frac{E_2-E_1}{W}$

过 程	④ 混合过程		⑤ 分离过程	
特征或目的	绝热混合	放热混合	输入热的分离	输入功的分离
实际过程或设备	绝热混合器	有冷却的混合器	蒸馏釜	微分过滤、反渗透
图示	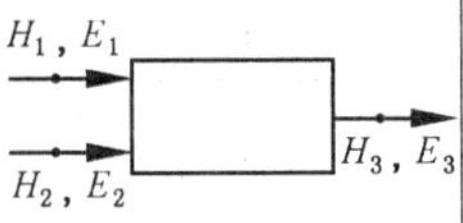 H_1,E_1；H_2,E_2；H_3,E_3	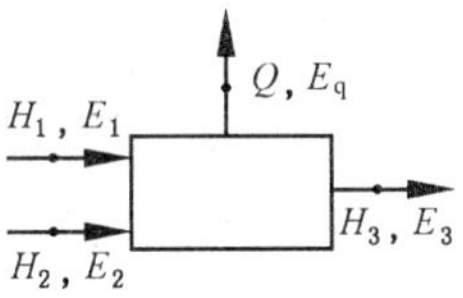 Q,E_q；H_1,E_1；H_2,E_2；H_3,E_3	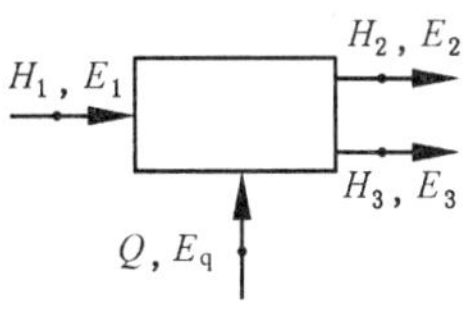 H_1,E_1；H_2,E_2；H_3,E_3；Q,E_q	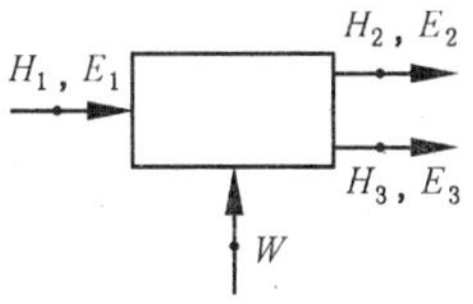 H_1,E_1；H_2,E_2；H_3,E_3；W
能量平衡	$H_1+H_2=H_3$	$H_1+H_2=H_3+Q$	$H_1+Q=H_2+H_3$	$H_1+W=H_2+H_3$
㶲平衡	$E_1+E_2=E_3+I_{int}$ $E_{in}=E_1+E_2$ $E_{out}=E_3$	$E_1+E_2=E_3+E_q+I_{int}$ $E_{in}=E_1+E_2$ $E_{out}=E_3+E_q$	$E_1+E_q=E_2+E_3+I_{int}$ $E_{in}=E_1+E_q$ $E_{out}=E_2+E_3$	$E_1+W=E_2+E_3+I_{int}$ $E_{in}=E_1+W$ $E_{out}=E_2+E_3$
内部㶲损失	$I_{int}=E_1+E_2-E_3$	$I_{int}=E_1+E_2-E_3-E_q$	$I_{int}=E_1+E_q-E_2-E_3$	$I_{int}=E_1+W-E_2-E_3$
㶲效率	$\frac{E_3}{E_1+E_2}$	$\frac{E_q+E_3}{E_1+E_2}$	$\frac{(E_2+E_3)-E_1}{E_q}$	$\frac{(E_2+E_3)-E_1}{W}$

A.4 物质的㶲

A.4.1 物质的标准㶲

处于环境基准态温度和基准态压力下纯物质的㶲称为该物质的标准㶲，记作 E^0。该值通常取摩尔量。

A.4.1.1 化学元素的标准㶲

化学元素的标准㶲见表 A.3。

表 A.3 元素的标准㶲

元素	标准㶲 $kJ \cdot mol^{-1}$	元素	标准㶲 $kJ \cdot mol^{-1}$	元素	标准㶲 $kJ \cdot mol^{-1}$
Ag(s)	86.570	H	117.575	Pr	978.061
Al	788.186	He	30.224	Pt	0
Ar	11.665	Hf	1057.105	Rb	354.722
As	386.137	Ho	967.432	Rh	0
Au	0	Hg	134.692	Ru	0
B	609.882	I	35.491	S	601.063
Ba	784.076	In	412.372	Sb	420.522
Be	594.277	Ir	0	Sc	906.734
Bi	308.083	K	388.426	Se	167.570
Br	25.842	Kr	0	Si	850.529
C	410.515	La	989.334	Sm	879.773
Ca	713.882	Li	374.690	Sn	516.023
Ce	1021.448	Lu	891.464	Sr	740.743
Cd	297.471	Mg	616.793	Ta	950.578
Cl	23.222	Mo	713.730	Tb	909.227
Co	240.261	Mn	463.235	Te	265.629
Cr	523.590	N	0.346	Th	1164.813
Cs	399.656	Na	360.802	Ti	885.498
Cu	126.350	Nb	877.954	Tl	171.925
Dy	957.970	Nd	969.027	Tm	894.284
Er	961.983	Ne	27.139	U	1152.058
Eu	873.616	Ni	218.435	V	704.556
F	211.481	O	1.977	W	795.441
Fe	367.761	Os	294.557	Y	905.356
Ga	496.228	P	863.689	Yb	860.434
Gd	987.942	Pb	421.961	Zn	323.059
Ge	499.780	Pd	0	Zr	1062.802

A.4.1.2 化合物的标准㶲

a) 化合物的标准㶲

化合物($A_aB_bC_c$)的标准㶲为：

$$E_m^\theta(A_aB_bC_c) = \Delta_f G_m^\theta(A_aB_bC_c) + aE_m^\theta(A) + bE_m^\theta(B) + cE_m^\theta(C) \quad \cdots\cdots(A.7)$$

式中：

$\Delta_f G_m^\theta(A_aB_bC_c)$——化合物 $A_aB_bC_c$ 的标准摩尔生成吉布斯自由能，单位为千焦耳每摩尔($kJ \cdot mol^{-1}$)；

a——A 元素的化学计量数；

b——B 元素的化学计量数；

c——C 元素的化学计量数；

$E_{m}^{\theta}(A)$——A 元素的标准㶲，单位为千焦耳每摩尔(kJ · mol^{-1})；

$E_{m}^{\theta}(B)$——B 元素的标准㶲，单位为千焦耳每摩尔(kJ · mol^{-1})；

$E_{m}^{\theta}(C)$——C 元素的标准㶲，单位为千焦耳每摩尔(kJ · mol^{-1})。

由此计算，表 A.4 列出了部分常见无机化合物的标准㶲数值，表 A.5 列出了部分常见有机化合物的标准㶲数值。同时，表 A.4 和表 A.5 还列出了作为计算基础的该化合物的标准摩尔生成吉布斯自由能数值。

表 A.4 部分无机化合物的标准㶲数值

化合物	聚集态	$\Delta_f G_m^{\theta}$ kJ · mol^{-1}	标准㶲 kJ · mol^{-1}	化合物	聚集态	$\Delta_f G_m^{\theta}$ kJ · mol^{-1}	标准㶲 kJ · mol^{-1}
$AlCl_3$	S	−629.974	227.878	KI	s	−322.895	101.022
$Al_2(SO_4)_3$	s	−3099.657	303.634	MgO	s	−568.895	49.875
BaO	s	−520.387	265.666	$MgCl_2$	s	−594.618	68.620
$BaCl_2$	s	−810.330	20.190	$MgCO_3$	s	−1012.214	21.027
$BaSO_4$	s	−1362.109	30.939	$Mg(OH)_2$	s	−833.675	22.223
$BaCO_3$	s	−1119.263	81.260	$MgSO_4$	s	−1147.430	78.336
CaO	s	−603.511	112.349	Mn_2O_3	s	−881.138	51.264
$Ca(OH)_2$	s	−898.444	54.543	Mn_3O_4	s	−1281.211	116.404
$CaCl_2$	s	−748.799	11.527	N_2	g	0	0.693
CO	g	−137.170	275.323	NaOH	s	−379.776	100.578
CO_2	g	−394.394	20.075	NaBr	s	−349.025	37.619
Cu_2O	s	−147.877	106.801	Na_2SO_4	s	−1270.001	60.576
$CuSO_4 \cdot H_2O$	s	−918.016	54.434	Na_2CO_3	s	−1048.227	89.824
$FeAl_2O_4$	s	−1853.877	98.165	$NaHCO_3$	s	−838.298	56.526
$Fe(OH)_3$	s	−705.469	20.948	$NiSO_4$	s	−762.616	64.792
Fe_2SiO_4	s	−1376.206	217.754	NH_3	g	−16.368	336.703
H_2	g	0	235.150	NO	g	86.588	88.912
HBr	g	−53.469	89.948	NO_2	g	51.257	55.559
HCl	g	−95.282	45.515	O_2	g	0	3.955
HF	g	−274.702	54.354	PbO	s	−189.633	234.305
HgO	s	−58.555	78.114	PbO_2	s	−224.541	201.374
$HgCl_2$	s	−181.136	114.189	$PbCl_2$	s	−314.111	154.294
$HgSO_4$	s	−594.799	148.865	$PbBr_2$	s	−260.882	212.763
HI	g	1.594	154.660	$PbSO_4$	s	−813.013	217.921
H_2O	g	−228.547	8.580	$PbCO_3$	s	−625.412	212.996
H_3PO_4	l	−1123.654	100.670	SO_2	g	−300.080	304.939
H_2S	g	−33.320	802.893	SO_3	g	−371.068	235.927
H_2SO_4	l	−689.940	154.183	SnO	s	−257.114	260.886
KBr	s	−380.213	34.055	ZnO	s	−320.491	4.545
KCl	s	−408.578	3.070	$ZnCl_2$	s	−369.394	0.110
K_2CO_3	s	−1065.356	127.943	$ZnSO_4$	s	−868.741	63.291
KCN	s	−102.051	697.237				

表 A.5 部分有机化合物的标准㶲数值

化合物	聚集态	$\Delta_f G_m^\theta$ kJ・mol⁻¹	标准㶲 kJ・mol⁻¹	化合物	聚集态	$\Delta_f G_m^\theta$ kJ・mol⁻¹	标准㶲 kJ・mol⁻¹
CH_4	g	−50.840	829.974	$HCOOCH_3$	g	−297.190	998.094
C_2H_6	g	−32.930	1493.549	$CH_3COOC_2H_4$	l	−332.700	2253.914
C_3H_8	g	−23.470	2148.674	$(CH_3)_2O$	g	−112.930	1415.526
C_4H_{10}	g	−17.150	2800.658	$(C_2H_4)_2O$	g	−51.830	2532.806
C_5H_{12}	g	−8.370	3455.103	$HCHO$	g	−109.910	537.732
C_6H_{14}	g	−0.250	4108.888	CH_3CHO	g	−133.300	1160.007
C_6H_{14}	l	−3.800	4105.338	$(CH_3)_2CO$	g	−153.050	1785.921
C_7H_{16}	g	7.990	4762.792	CH_3Cl	g	−62.890	723.572
C_2H_4	g	68.120	1359.449	CH_2Cl_2	g	−68.870	623.239
C_3H_6	g	62.720	1999.714	$CHCl_3$	l	−73.700	524.056
$CH_2=CHC_2H_5$	g	71.300	2653.959	CCl_4	l	−62.600	440.803
C_2H_2	g	209.200	1265.380	CH_3Br	g	−28.160	760.922
C_5H_{10}(环戊烷)	l	36.400	3264.723	CH_3I	g	15.650	814.380
C_6H_{12}(环己烷)	l	26.700	3900.688	CF_4	g	−888.430	368.011
C_6H_6	l	124.500	3293.039	C_6H_5F	g	−69.040	3193.406
$CH_3C_6H_5$	l	113.800	3928.004	C_6H_5Cl	l	89.200	3163.386
CH_3OH	l	−166.600	716.192	C_6H_5Br	l	126.000	3202.807
C_2H_5OH	l	−174.800	1353.656	C_6H_5I	g	187.78	3274.235
C_3H_7OH	l	−170.600	2003.521	CH_3NH_2	g	32.260	1030.996
C_4H_9OH	l	−162.500	2657.286	CH_3CN	l	86.500	1260.601
$C_5H_{11}OH$	g	−149.750	3315.702	$CO(NH_2)_2$	s	−196.800	686.685
C_6H_5OH	g	−32.890	3137.627	$C_6H_5NO_2$	l	146.200	3201.466
$HCOOH$	l	−361.400	288.219	$C_6H_5NH_2$	l	149.200	3435.661
CH_3COOH	l	−389.900	905.384	$C_6H_{12}O_6$(α-葡萄糖)	s	−910.400	2975.452
C_3H_7COOH	l	−377.700	2208.914	$C_{12}H_{22}O_{11}$(蔗糖)	s	−1544.700	5989.878
$C_{15}H_{31}COOH$	s	−274	10060.594	C_5H_5N	l	190.21	2831.010
C_6H_5COOH	s	−210.41	3372.599	C_9H_7N	l	293.5	4811.506

b) 燃料标准㶲的估算

气体燃料的比标准㶲为:

$$e^\theta \approx 0.950 \times \Delta h_H^\theta \qquad \text{(A.8)}$$

式中:

e^θ——燃料的比标准㶲,单位为千焦耳每千克(kJ・kg⁻¹);

Δh_H^θ——燃料的标准高热值,单位为千焦耳每千克(kJ・kg⁻¹)。

液体燃料的比标准㶲为:

$$e^\theta \approx 0.975 \times \Delta h_H^\theta \qquad \text{(A.9)}$$

固体燃料的比标准㶲为：

$$e^{\theta} \approx \Delta h_{L}^{\theta} + 2\ 438 \times w \qquad \text{(A.10)}$$

式中：

Δh_{L}^{θ}——燃料的标准低热值，单位为千焦耳每千克($kJ \cdot kg^{-1}$)；

2 438——水的汽化潜热，单位为千焦耳每千克($kJ \cdot kg^{-1}$)；

w——固体燃料中水的质量分数(%)。

A.4.2 稳定流动体系纯物质的㶲

可利用式(A.3)求取稳定流动体系纯物质的㶲。例如，对于任意温度 T 和压力 p 下某种纯物质的摩尔㶲为：

$$E_{m}(T,p) = E_{m}^{\theta} + [H_{m}(T,p) - H_{m}^{\theta}(T_0,p^{\theta})] - T_0[S_{m}(T,p) - S_{m}^{\theta}(T_0,p^{\theta})] \qquad \text{(A.11)}$$

式中：

E_{m}^{θ}——纯物质的标准㶲，单位为千焦耳每摩尔($kJ \cdot mol^{-1}$)；

$S_{m}^{\theta}(T_0,p^{\theta})$——环境基准态温度 T_0 与基准态压力 p^{θ} 下纯物质的摩尔熵，单位为千焦耳每摩尔开尔文($kJ \cdot mol^{-1} \cdot K^{-1}$)；

$S_{m}(T,p)$——任意温度 T 和压力 p 下纯物质的摩尔熵，单位为千焦耳每摩尔开尔文($kJ \cdot mol^{-1} \cdot K^{-1}$)；

$H_{m}^{\theta}(T_0,p^{\theta})$——环境基准态温度 T_0 与基准态压力 p^{θ} 下纯物质的摩尔焓，单位为千焦耳每摩尔($kJ \cdot mol^{-1}$)；

$H_{m}(T,p)$——任意温度 T 和压力 p 下纯物质的摩尔焓，单位为千焦耳每摩尔($kJ \cdot mol^{-1}$)。

式(A.11)中的焓与熵可以借助热力学性质模型计算，也可以从适宜的热力学性质图或表查取。

任意温度 T 和压力 p 下某种理想气体的摩尔㶲为：

$$E_{m}^{ig}(T,p) = E_{m}^{\theta} + \int_{T_0}^{T}\left(1-\frac{T_0}{T}\right)C_{p,m}^{ig}\,dT + RT_0\ln\left(\frac{p}{p^{\theta}}\right) \qquad \text{(A.12)}$$

式中：

E_{m}^{θ}——纯物质的标准㶲，环境基准态下该物质为气态，单位为千焦耳每摩尔($kJ \cdot mol^{-1}$)；

$C_{p,m}^{ig}$——理想气体的摩尔定压热容，单位为千焦耳每摩尔开尔文($kJ \cdot mol^{-1} \cdot K^{-1}$)；

R——气体常数，为 $8.314\ 5 \times 10^{-3}\ kJ \cdot mol^{-1} \cdot K^{-1}$。

任意温度 T 和压力 p 下某种纯液体的摩尔㶲为：

$$E_{m}(T,p) = E_{m}^{\theta} + \int_{T_0}^{T}\left(1-\frac{T_0}{T}\right)C_{p,m}^{l}\,dT \qquad \text{(A.13)}$$

式中：

E_{m}^{θ}——纯物质的标准㶲，环境基准态下该物质为液态，单位为千焦耳每摩尔($kJ \cdot mol^{-1}$)；

$C_{p,m}^{l}$——液体的摩尔定压热容，单位为千焦耳每摩尔开尔文($kJ \cdot mol^{-1} \cdot K^{-1}$)。

A.4.3 稳定流动体系多组分物质的㶲

对于任意温度为 T，压力为 p 和一定组成的多组分稳定流动体系，其摩尔㶲为：

$$E_{m}(T,p,\underline{x}) = \Sigma x_i E_{m,i}(T,p) + RT_0\Sigma x_i\ln\hat{a}_i + \left(1-\frac{T_0}{T}\right)\Delta_{mix}H_{m} \qquad \text{(A.14)}$$

式中：

x_i——体系中 i 组分的摩尔分数；

$E_{m,i}(T,p)$——体系温度 T 与压力 p 下组分 i 的摩尔㶲，单位为千焦耳每摩尔($kJ \cdot mol^{-1}$)，可利用式(A.11)算出；

$\hat{a}_i$——体系中 i 组分的活度，可以借助热力学性质模型计算等方法获取；

$\Delta_{mix}H_{m}$——体系的混合热，可以借助热力学性质模型计算等方法获取，单位为千焦耳每摩尔($kJ \cdot mol^{-1}$)。

理想混合物的摩尔㶲为：

$$E_{\mathrm{m}}^{\mathrm{id}}(T,p,\underline{x}) = \Sigma x_i E_{\mathrm{m},i}(T,p) + RT_0 \Sigma x_i \ln \hat{x}_i \qquad \cdots\cdots\cdots(\mathrm{A}.15)$$

式中：

$E_{\mathrm{m},i}(T,p)$——体系温度 T 与压力 p 下液体组分 i 的摩尔㶲，单位为千焦耳每摩尔($\mathrm{kJ \cdot mol^{-1}}$)，可利用式(A.13)算出。

理想气体混合物的摩尔㶲为：

$$E_{\mathrm{m}}^{\mathrm{id}}(T,p,\underline{x}) = \Sigma x_i E_{\mathrm{m},i}^{\mathrm{ig}}(T,p) + RT_0 \Sigma x_i \ln\left(\frac{p_i}{p}\right) \qquad \cdots\cdots\cdots(\mathrm{A}.16)$$

式中：

$E_{\mathrm{m},i}^{\mathrm{ig}}(T,p)$——体系温度 T 与压力 p 下理想气体组分 i 的摩尔㶲，单位为千焦耳每摩尔($\mathrm{kJ \cdot mol^{-1}}$)，可利用式(A.12)算出；

p_i——混合物中的 i 组分的分压，单位为帕斯卡(Pa)。

附 录 B
（资料性附录）
㶲分析方法的计算实例

本附录是㶲分析方法的基本计算实例的说明。

B.1 锅炉的㶲分析

B.1.1 锅炉概况和原始数据

燃煤蒸汽锅炉图 B.1 的蒸发量 $\dot{M}_w$ 为 $410\times10^3\ kg\cdot h^{-1}$；蒸汽参数是：压力 p 为 9.81 MPa，温度 T 为 813.15 K(540℃)；给水温度 T_w 为 493.15 K(220℃)；燃煤量 $\dot{M}_f$ 为 $44.5\times10^3\ kg\cdot h^{-1}$；煤中水的质量分数 w 为 5.54%；煤的低热值 Δh_L^θ 为 25 523 $kJ\cdot kg^{-1}$；炉膛内的最高温度 T_h 为 1 873.15 K (1 600℃)；每千克燃料的排烟量 V_g 为 9.975 m^3；排烟温度 T_g 为 405.15 K(132℃)；排烟气体积定压热容 C_p 取为常量，其值为 1.387 3 $kJ\cdot m^{-3}\cdot K^{-1}$。此外可将燃料的不完全燃烧和排渣、散热等损失 $\dot{q}_L$ 折合为燃煤发热量的 2.74%；本例所取体系为锅炉炉墙外侧，包括烟风道直至烟囱出口。

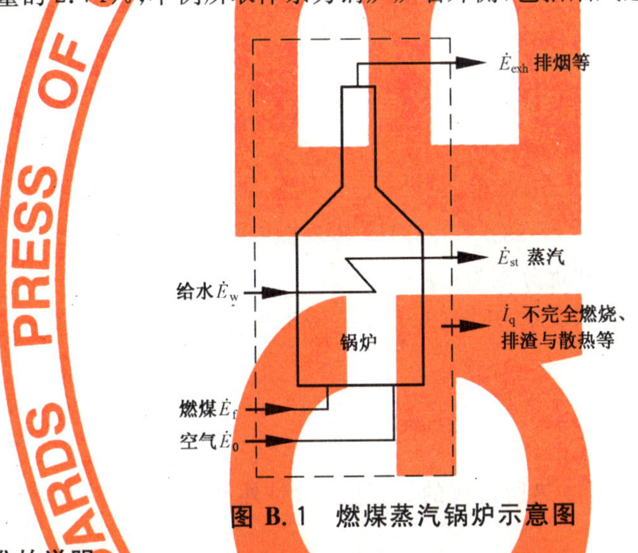

图 B.1 燃煤蒸汽锅炉示意图

B.1.2 环境基准的说明

本例未采用本标准的环境基准态温度，而是根据所在地区的情况设环境物理基准态温度 T_0 为 293.15 K(20℃)，因而空气进入锅炉时的㶲 $\dot{E}_0$ 应取为零。

B.1.3 计算依据的说明

本例计算所用物性数据除已知条件中给定者外，水蒸气性质选自 Grigull U 等编著的《Steam Tables in SI-Units》(Grigull U，Straub J，and Schiebener P，3rd ed. Berlin：Springer-Verlag，1990)。

B.1.4 锅炉的㶲平衡和㶲效率

B.1.4.1 各物流的㶲的计算

根据本标准的式(A.10)，由已知煤的热值数据可估算出其比标准㶲为：

$$e_f^\theta = \Delta h_L^\theta + 2\ 438w = 25\ 523 + 2\ 438 \times 0.055\ 4 = 25.658\ (MJ/kg)$$

则锅炉输入燃料的化学㶲为：

$$\dot{E}_f = e_f^\theta \cdot \dot{M}_f = 25.658 \times 44.5 \times 10^3 = 1\ 141.781\ (GJ/h)$$

不计排烟与环境的化学成分不平衡，仅考虑其热不平衡且视排烟为纯物质，因为 $p=p_0$，$e^\theta=0$，所以排烟的㶲损失可按式(A.12)计算：

$$\begin{aligned}\dot{I}_{exh} &= \dot{E}_{exh} \\ &= \dot{M}_f V_g \int_{T_0}^{T_g} C_p \left(1 - \frac{T_0}{T}\right) dT \\ &= \dot{M}_f V_g C_p \left[(T_g - T_0) - T_0 \ln\left(\frac{T_g}{T_0}\right)\right] \\ &= 44.5 \times 10^3 \times 9.975 \times 1.3873 \times \left[(405.15 - 293.15) - 293.15 \ln\left(\frac{405.15}{293.15}\right)\right] \\ &= 10.558 (GJ \cdot h^{-1})\end{aligned}$$

设炉膛内燃烧产物，即烟气的最高温度为 $T = 1\,600 + 273.15 = 1\,873.15\ K$，其㶲为：

$$\begin{aligned}\dot{E}_{T_h} &= \dot{M}_f V_g \int_{T_0}^{T_h} C_p \left(1 - \frac{T_0}{T}\right) dT \\ &= \dot{M}_f V_g C_p \left[(T_h - T_0) - T_0 \ln\left(\frac{T_h}{T_0}\right)\right] \\ &= 44.5 \times 10^3 \times 9.975 \times 1.3873 \times \left[(1\,873.15 - 293.15) - 293.15 \ln\left(\frac{1\,873.15}{293.15}\right)\right] \\ &= 638.175 (GJ \cdot h^{-1})\end{aligned}$$

基于工程分析所要求的精度，进入锅炉燃料的物理㶲与排渣的物理㶲可不予考虑。

由水蒸气表查取的数据得到给水的焓为：

$$\dot{H}_w = \dot{M}_w(h_w - h_0) = 410 \times 10^3 \times (943.37 - 83.83) = 352.411\ (GJ/h)$$

根据式(A.3)给水的㶲为：

$$\begin{aligned}\dot{E}_w &= \dot{M}_w[(h_w - h_0) - T_0(s_w - s_0)] \\ &= 410 \times 10^3 \times [(943.37 - 83.83) - 293.15 \times (2.5172 - 0.2963)] = 85.478\ (GJ/h)\end{aligned}$$

仿此，水蒸气在锅炉出口的焓和㶲分别为：

$$\begin{aligned}\dot{H}_{st} &= \dot{M}_w(h - h_0) = 410 \times 10^3 \times (3\,476.1 - 83.83) = 1\,390.831\ (GJ \cdot h^{-1}) \\ \dot{E}_{st} &= \dot{M}_w[(h - h_0) - T_0(s - s_0)] \\ &= 410 \times 10^3 \times [(3\,476.1 - 83.83) - 293.15 \times (6.7347 - 0.2963)] \\ &= 616.990\ (GJ \cdot h^{-1})\end{aligned}$$

锅炉的不完全燃烧和向环境的散热所造成的㶲损失 $\dot{I}_q$，是外部㶲损失的一部分，它可由相应的燃料损失求得：

$$\dot{I}_q = \dot{Q}_l = \dot{M}_f \cdot \Delta h_L^\theta \cdot \dot{q}_L = 44.5 \times 10^3 \times 25\,523 \times 0.0274 = 31.120\ (GJ \cdot h^{-1})$$

B.1.4.2 输入与输出的㶲平衡

按进入㶲的总和减去离开㶲的总和的方式列出的平衡关系可求出内部㶲损失 $\dot{I}_{int}$。内部㶲损失是无形的，往往不易察觉，而在不少热工设备中，内部㶲损失又往往构成㶲损失的主体。因此，这种形式的㶲平衡式很重要。由以上计算结果可有表 B.1。

表 B.1 输入输出的㶲平衡表

单位为吉焦每时

输入㶲 $\dot{E}_{in}$		输出㶲 $\dot{E}_{out}$			内部㶲损失 $\dot{I}_{int}$
$\dot{E}_f$	$\dot{E}_w$	$\dot{E}_{st}$	$\dot{I}_{exh}$	$\dot{I}_q$	
1 141.781	85.478	616.990	10.558	31.120	568.591

表中的内部㶲损失由两项构成，一是由烟气向工质传热的㶲损失 $\dot{I}_{hex}$，它等于烟气提供的㶲与水工质接受的㶲之差再减去不完全燃烧和向环境的散热所造成的㶲损失 $\dot{I}_q$，即

$$\begin{aligned}\dot{I}_{hex} &= (\dot{E}_{T_h} - \dot{E}_{exh}) - (\dot{E}_{st} - \dot{E}_w) - \dot{I}_q \\ &= (638.157 - 10.558) - (619.990 - 85.478) - 31.120 = 64.968 (GJ \cdot h^{-1})\end{aligned}$$

另一项内部㶲损失是燃料燃烧的㶲损失 $\dot{I}_{comb}$ 其值为燃料㶲与温度最高时烟气㶲之差：

$$\dot{I}_{comb} = \dot{E}_f - \dot{E}_{T_h}$$
$$= 1\,141.781 - 638.157 = 503.624(GJ \cdot h^{-1})$$

总的㶲损失 $\dot{I}$ 应当是内部㶲损失 $\dot{I}_{int}$ 和外部㶲损失 $\dot{I}_{ext}$ 之和，即

$$\dot{I} = \dot{I}_{int} + \dot{I}_{ext}$$
$$= \dot{I}_{int} + (\dot{I}_{exh} + \dot{I}_q)$$
$$= 568.591 + (10.558 + 31.120) = 610.269\ (GJ \cdot h^{-1})$$

B.1.4.3 支付与收益的㶲平衡

通过支付与收益的㶲平衡式可求得㶲效率和局部㶲损失率。在本例中支付㶲为：

$$\dot{E}_p = \dot{E}_f = 1\,141.78\ (GJ \cdot h^{-1})$$

收益㶲为：

$$\dot{E}_g = \dot{E}_{st} - \dot{E}_w = 616.990 - 85.478 = 531.512\ (GJ \cdot h^{-1})$$

㶲损失为：

$$\dot{I} = \dot{E}_f - (\dot{E}_{st} - \dot{E}_w) = 1\,141.781 - 531.512 = 610.269\ (GJ \cdot h^{-1})$$

根据以上计算，可得出锅炉的第一定律效率(简称热效率)η 以及第二定律效率 η_e(即㶲效率)如下：

$$\eta = \frac{\dot{H}_{st} - \dot{H}_w}{\Delta h_L^{\theta} \cdot \dot{M}_f} = \frac{1\,390.831 - 352.411}{25.523 \times 44.5} = 91.428\%$$

$$\eta_e = \frac{E_g}{E_p} = \frac{(\dot{E}_{st} - \dot{E}_w)}{\dot{E}_f} = \frac{531.512}{1\,141.781} = 46.551\%$$

根据本标准式(8)，锅炉中的各个局部㶲损失系数如下：

排烟局部㶲损失系数：

$$\Omega_{exh} = \frac{\dot{I}_{exh}}{\dot{E}_p} = \frac{\dot{I}_{exh}}{\dot{E}_f} = \frac{10.558}{1\,141.781} = 0.925\%$$

不完全燃烧及散热的㶲损失系数：

$$\Omega_q = \frac{\dot{I}_q}{\dot{E}_p} = \frac{\dot{I}_q}{\dot{E}_f} = \frac{31.120}{1\,141.781} = 2.725\%$$

与燃料燃烧和炉内传热相应的局部㶲损失系数：

$$\Omega_{int} = \frac{\dot{I}_{int}}{\dot{E}_p} = \frac{\dot{I}_{int}}{\dot{E}_f} = \frac{568.591}{1\,141.781} = 49.799\%$$

锅炉的目的㶲效率和它的局部㶲损失系数之间的关系为：

$$\eta_{obj} = 1 - \Sigma\,\Omega_i = 1 - (0.925\% + 2.725\% + 49.799\%) = 46.551\%$$

B.1.5 评价与分析

通过以上分析可以看出，尽管锅炉的热效率很高，达到 91.428%，然而它的㶲效率并不高，而且与热效率的数值相差很大，仅为 46.551%。这后一数据真实地反映了锅炉的能量有效利用率。因为在热效率中没有能反映出巨大的内部㶲损失所造成的影响。

本例中内部㶲损失率高达 49.799%，其他㶲损失，如排烟损失、不完全燃烧及散热等外部㶲损失，相对来说所占比重并不大。所以，要大幅度地提高锅炉㶲效率就必须减少由燃料燃烧和炉内传热所构成的内部㶲损失，这就需要把锅炉作为能量利用的一个环节与动力生产相结合，采用诸如超临界机组、整体煤气化联合循环、燃料电池联合循环等先进技术来降低这两项不可逆性，并参照需求侧的实际需要以热电联产的方式提供相应品位的热能。

B.2 苯加氢制取环己烷工艺的㶲分析

B.2.1 对象体系及其流程

通过图 B.2 所示流程，苯与氢反应生成环己烷。系统中的主要设备包括加氢反应器、冷凝器、高压

闪蒸罐、低压闪蒸罐、循环气压缩机和泵等。原料泵将高纯度的液态苯送入反应器，与氢气反应生成环己烷。反应产物经冷凝器冷却后，在高压闪蒸罐分成气液两相。气相主要是未反应的氢，大部分经循环气压缩机回流至反应器入口，少部分放空。高压闪蒸罐的液相主要含有环己烷，其中约三分之一经循环泵返回至反应器，其余经减压阀送入低压闪蒸罐，再次分成气液两相。其气相放空部分极少，不足进口的1%，液相则为高纯度的环己烷产物。

将本例的流程设为稳定流动体系。流程中各状态点的参数如表B.2所示。其中，体系整体或各单元设备的摩尔流量满足物料平衡。

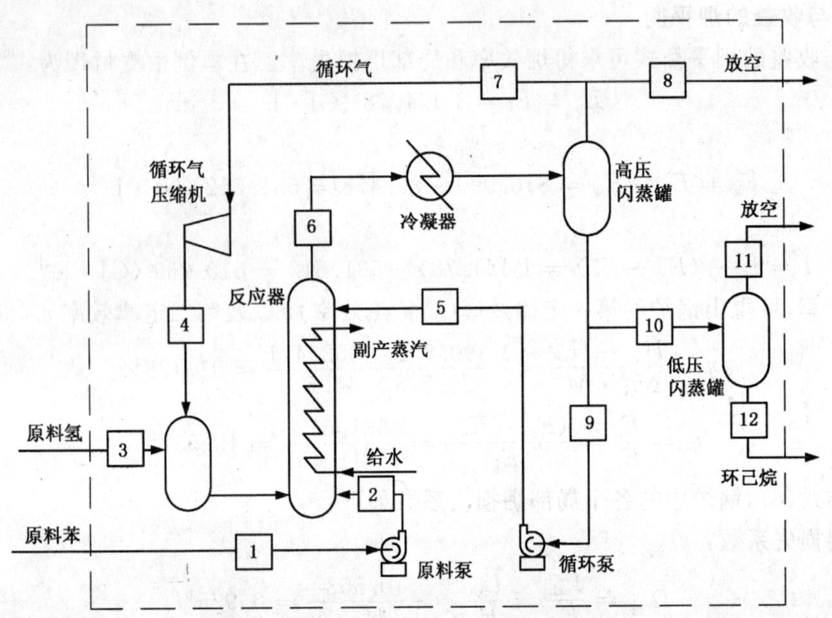

图 B.2 苯加氢制环己烷工艺流程示意图

表 B.2 各状态点的温度、压力及摩尔流量

物　流	1	2	3	4	5	6
温度/℃	37.8	40.4	48.9	176.1	49.3	200
压力/bar	10.34	23.1	23.1	34.656	13.556	21.72
流量/(kmol·h^{-1})						
H_2	0	0	128.55	35.807	0.021	39.06
N_2	0	0	0.38	3.672	0.026	4.068
苯	41.79	41.79	0	0.002	0.037	0.099
环己烷	0	0	0	1.063	25.601	68.53
合计	41.79	41.79	128.93	40.544	25.685	111.757
物　流	7	8	9	10	11	12
温度/℃	48.9	48.9	48.9	48.9	48.9	48.9
压力/bar	13.2	11.556	11.556	11.556	0.445	0.99
流量/(kmol·h^{-1})						
H_2	35.807	3.198	0.021	0.034	0.034	0
N_2	3.672	0.328	0.026	0.042	0.04	0.002
苯	0.002	0	0.037	0.06	0	0.06
环己烷	1.063	0.095	25.601	41.771	0.263	41.508
合计	40.544	3.621	25.685	41.907	0.337	41.571

B.2.2 环境基准的说明

本例采用本标准所规定的环境基准体系。

B.2.3 计算依据的说明

本例所涉及的化合物如表 B.3 所示。各物质的热力学性质选自王松汉主编的《石油化工设计手册》(第一版,北京:化学工业出版社,2002),即 268 页的“有机化合物的标准热化学性质”,以及 308 页的“元素及无机化合物的标准热化学性质”。

表 B.3 有关物质的热力学性质

物质	分子式	聚集态	标准摩尔定压热容 $C^{\theta}_{p,m}/(kJ\cdot mol^{-1}\cdot K^{-1})$	标准摩尔生成吉布斯自由能 $\Delta_f G^{\theta}_m/(kJ\cdot mol^{-1})$	标准摩尔㶲 $E^{\theta}_m/(kJ\cdot mol^{-1})$
氢气	H_2	g	28.8		235.15
氮气	N_2	g	29.2		0.692
苯	C_6H_6	g	82.4	129.7	3 298.24
苯	C_6H_6	l	136.0	124.5	3 293.04
环己烷	C_6H_{12}	g	106.3	31.8	3 905.79
环己烷	C_6H_{12}	l	154.9	26.7	3 900.69
水	H_2O	g	33.6	−228.6	8.53
水	H_2O	l	75.3	−237.1	0

基于上述手册中的标准摩尔生成吉布斯自由能数据和本标准中表 A.3 化学元素的标准㶲,由式(A.7)算出:

$$E^{\theta}_m(C_6H_6,g)=\Delta_f G^{\theta}_m(C_6H_6,g)+6E^{\theta}_m(C)+6E^{\theta}_m(H)$$
$$=129.7+6\times 410.515+6\times 117.575=3\ 298.24\ (kJ\cdot mol^{-1})$$

以同样的方法可求得 $E^{\theta}_m(C_6H_6,l)$、$E^{\theta}_m(C_6H_{12},g)$、$E^{\theta}_m(C_6H_{12},l)$、$E^{\theta}_m(H_2O,g)$和 $E^{\theta}_m(H_2O,l)$。

B.2.4 㶲平衡的计算

根据本例的情况,计算中将气体物流(如 7、8 物流等)设作理想气体混合物,液体物流(如 9、10 和 5 物流等)设作理想的液体混合物,则可利用本标准的相应公式计算出各物流的㶲值。

例如,对于循环液 9 可以用公式(A.15)

$$E_m(T,p,\underline{x})=\sum x_i E_{m,i}(T,p)+RT_0\sum x_i\ln x_i$$

式中的下标 i 分别表示混合物中各物质的性质,其中 $E_{m,i}(T,p)$为系统某点温度与压力的液态纯物质的㶲,忽略压力的影响,根据本例的情况由式(A.13)有:

$$E_{m,i}(T,p)=E^{\theta}_{m,i}+\int_{T_0}^{T}\left(1-\frac{T_0}{T}\right)C^{l}_{pm,i}\mathrm{d}T$$

又如,对于循环气 9 可用公式(A.16):

$$E^{id}_m(T,p,\underline{x})=\Sigma x_i E^{ig}_{m,i}(T,p)+RT_0\Sigma x_i\ln\left(\frac{p_i}{p}\right)$$

而式中的

$$E^{ig}_{m,i}(T,p)=E^{\theta}_{m,i}+\int_{T_0}^{T}\left(1-\frac{T_0}{T}\right)C^{ig}_{pm,i}\mathrm{d}T+RT_0\ln\left(\frac{p}{p^{\theta}}\right)$$

基于表 B.2 的物流信息和表 B.3 的物性数据,可由上述式子求出各物流的㶲值。

另外,根据关于㶲平衡的输入㶲、输出㶲和内部㶲损失的关系

$$\dot{E}_{in}=\dot{E}_{out}+\dot{I}_{int}$$

可得表 B.4 的局部以及整体的㶲平衡计算结果。为了便于比较分析,本例将内部㶲损失与外部㶲

损失并列给出，得出如表 B.4 的热力学分析结果。

表 B.4 苯加氢制环己烷过程的㶲平衡

设 备	输入/(MJ·h^{-1})		输出/(MJ·h^{-1})	
原料泵	原料苯(1)	137 617.66	原料苯(2)	137 618.33
	原料泵功	14.06		
			外部㶲损失	0
			内部㶲损失	13.39
			局部㶲损失率	0.28%
循环泵	循环液(9)	99 990.35	循环液(5)	99 990.47
	循环泵功	0.35		
			外部㶲损失	0
			内部㶲损失	0.23
			㶲损失分布	0%
循环气压缩机	循环气(7)	12 798.93	循环气(4)	12 930.93
	循环气压缩机功	165.64		
			外部㶲损失	0
			内部㶲损失	33.64
			㶲损失分布	0.70%
混合器与反应器	原料苯(2)	137 618.33	反应器产物(6)	277 903.78
	循环气(4)	12 930.93	副产蒸汽	1 520.62
	原料氢气(3)	31 229.22		
	循环液(5)	99 990.47	外部㶲损失	0
	给水	0	内部㶲损失	2 344.55
			㶲损失分布	48.91%
冷凝器与高压闪蒸罐	反应器产物(6)	277 903.78	循环气(7)	12 798.92
	冷却水	0	放空气(8)	1 142.81
			循环液(9)	99 990.35
			粗环己烷(10)	163 144.54
			冷却水	93.33
			外部㶲损失	1 236.14
			内部㶲损失	82.70
			㶲损失分布	27.51%
节流阀与低压闪蒸罐	粗环己烷(10)	163 144.54	放空气(11)	1 034.03
			环己烷(12)	162 061.36
			外部㶲损失	1 034.03
			内部㶲损失	49.15
			㶲损失分布	22.60%

表 B.4（续）

设　备	输入/(MJ·h⁻¹)		输出/(MJ·h⁻¹)	
合计	原料	168 846.88	环己烷	162 061.36
	给水与冷却水	0	副产蒸汽	2 265.08
	压缩机与泵功	180.05	放空气	2 176.84
			冷却水	93.33
			外部㶲损失	2 270.17
			内部㶲损失	2 523.66

B.2.5　体系效率与分析

从表 B.4 可以得出，体系的内部与外部㶲损失之和为

$$\dot{I}=\dot{I}_{\text{int}}+\dot{I}_{\text{ext}}=3\ 579.34+1\ 901.06=5\ 480.40\ (\text{MJ}\cdot\text{h}^{-1})$$

㶲损失主要集中在化学反应过程和冷凝过程，因为混合器与反应器的局部㶲损失率为 46.39%，而冷凝器与高压闪蒸罐为 42.86%，节流阀与低压闪蒸罐仅占 9.86%。系统的外部㶲损失占总㶲损失的 34.69%，其中放空气又占外部㶲损失的 90.82%。

普遍㶲效率为：

$$\eta_{\text{gen}}=\frac{\dot{E}_{\text{out}}}{\dot{E}_{\text{in}}}=1-\frac{\dot{I}_{\text{int}}}{\dot{E}_{\text{in}}}=1-\frac{3\ 579.34}{169\ 079.72}=97.88\%$$

此外，可以认为动力消耗是体系的支付㶲，则体系的单位产品环己烷的支付㶲为：

$$\omega=\frac{E_{\text{p}}}{M}=\frac{211.37}{41.571}=5.085\quad(\text{MJ}\cdot\text{kmol}^{-1})$$

针对本例的具体分析结果，可采取措施提高系统的㶲效率。例如，回收利用放空气，以减少外部㶲损失；采用多台不同温位的冷凝器代替单台冷凝器，来减少换热过程的㶲损失；同时可以通过采用高效反应精馏、膜反应器等先进技术来改进生产工艺，以减少反应过程的㶲损失。

ICS 07.040
A 75

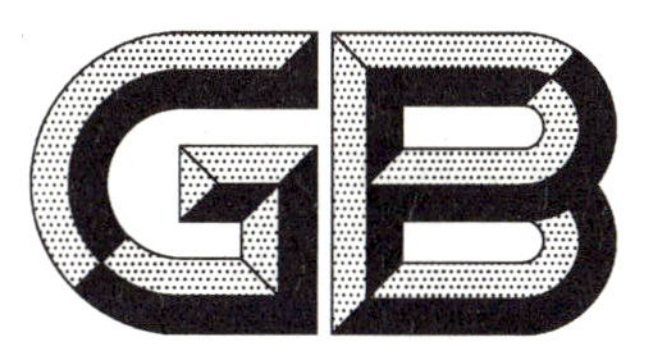

中华人民共和国国家标准

GB/T 14912—2005
代替 GB 14912—1994

1∶500 1∶1 000 1∶2 000 外业数字测图技术规程

Specifications for 1∶500 1∶1 000 1∶2 000 field digital mapping

2005-04-19 发布 2005-10-01 实施

中华人民共和国国家质量监督检验检疫总局
中国国家标准化管理委员会 发布

前　言

本标准代替GB 14912—1994《大比例尺地形图机助制图规范》。与GB 14912—1994相比主要变化如下：

——本标准将地面数字测图得到的成果分为地图制图产品和空间数据库产品两种，增加了后者的相关内容和技术规定。

——修改了GB 14912—1994的6.5数据文件记录格式。

——增加了规范性附录A。

本标准附录A为规范性附录。

本标准由国家测绘局提出。

本标准由国家测绘局归口。

本标准起草单位：国家测绘局测绘标准化研究所。

本标准主要起草人：肖学年、王春。

本标准所代替的历次版本发布情况为：

——GB 14912—1994

1∶500 1∶1 000 1∶2 000
外业数字测图技术规程

1 范围

本标准规定了采用外业数字测图的方法测绘1∶500、1∶1 000、1∶2 000数字地形图的技术规定和精度要求。

本标准适用于1∶500、1∶1 000、1∶2 000数字地形图的测绘生产。

2 规范性引用文件

下列文件中的条款通过本标准的引用而成为本标准的条款，凡是注日期的引用文件，其随后所有的修改单(不包括勘误的内容)或修订版均不适用于本标准，然而，鼓励根据本标准达成协议的各方研究是否可使用这些文件的最新版本。凡是不注日期的引用文件，其最新版本适用于本标准。

GB 2312—1980 信息交换用汉字编码字符集 基本集

GB/T 7929—1995 1∶500,1∶1 000,1∶2 000地形图图式

GB 14804—1993 1∶500、1∶1 000、1∶2 000地形图要素分类与代码

GB/T 17798—1999 地球空间数据交换格式

GB/T 18316—2001 数字测绘产品检查验收规定和质量评定

CH/T 1005—2000 基础地理信息数字产品数据文件命名规则

3 总则

3.1 一般规定

3.1.1 外业数字测图应遵循对照实地测绘的原则，采用电子平板作业模式，或采用数字测记模式进行数字地形图的测绘。

3.1.2 采用外业数字测图方法测绘的数字地形图(以下简称地形图)按照用途可分为空间数据库产品和地图制图数字产品，其分类应符合表1的规定。

3.1.3 外业数字测图所使用的软件应经有关部门测评和上级主管部门批准。

3.2 采用基准和投影方式

3.2.1 外业数字测图平面控制测量的坐标应采用投影平面坐标系，并满足全测区长度变形不大于2.5 cm/km。

表1 数字地形图分类及内容

项目	分类	
	空间数据库产品	地图制图数字产品
用途	空间数据库建库与更新 地图制图	地图制图
内容	全面提供几何图形数据、属性数据、要素拓扑关系等	仅提供满足制图要求的几何图形数据
属性表达	通过要素分类编码、属性表等直接表达要素属性；也可以通过分层、注记、颜色、符号等间接表达要素属性	通过分层、注记、颜色、符号等间接表达要素属性

3.2.2 投影平面的大地基准宜采用1980西安坐标系的大地基准，投影面可选用过地方平均高程的椭球面，并通过增减椭球长半径或坐标系平移方法确定投影椭球。

3.2.3 投影方式宜采用高斯—克吕格投影或通用横轴墨卡托投影(UTM)。投影分带按3°分带，中央子午线可采用标准分带的中央子午线或任意子午线。

3.2.4 投影平面坐标宜与1980西安坐标系有确定的转换关系及参数。

3.2.5 高程基准采用1985国家高程基准。采用独立高程基准时，应与1985国家高程基准联测或有确定的转换关系和参数。

3.3 地形图的分幅和编号

地形图图幅应按矩形分幅，其规格为40 cm×50 cm或50 cm×50 cm。图幅编号按西南角图廓点坐标公里数编号，X坐标在前，Y坐标在后，亦可按测区统一顺序编号。对于已施测过地形图的测区，可沿用原有的分幅和编号。

3.4 地形类别的划分

平地：绝大部分地面坡度在2°以下的地区。

丘陵地：绝大部分地面坡度在2°～6°(不含6°)之间的地区。

山地：绝大部分地面坡度在6°～25°之间的地区。

高山地：绝大部分地面坡度在25°以上的地区。

3.5 地形图的基本等高距

地形图的基本等高距根据地形类别和用途的需要，按表2规定选用。

一个测区内同一比例尺地形图宜采用相同基本等高距。当基本等高距不能显示地貌特征时，应加绘半距等高线。平坦地区和城市建筑区，根据用图的需要，也可以不绘等高线，只用高程注记点表示。

表2 地形图基本等高距

单位为米

比例尺	地形类别			
	平地	丘陵地	山地	高山地
1∶500	0.5	1.0(0.5)	1.0	1.0
1∶1 000	0.5(1.0)	1.0	1.0	2.0
1∶2 000	1.0(0.5)	1.0	2.0(2.5)	2.0(2.5)
注：括号内的等高距依用途需要选用。				

3.6 高程注记点的密度

地图制图产品中高程注记点密度为图上每100 cm^{2}内5～20个，一般选择明显地物点或地形特征点。

3.7 地形图的精度

3.7.1 地物点的平面位置中误差

地形图图上地物点相对于邻近图根点的点位中误差和邻近地物点点间的距离中误差不应超过表3的规定。当测图单纯为城市规划或一般用途时，可选用表3中括号内的指标。当所需精度有特殊要求时，可根据相应的专业需要在技术设计书中进行规定。

表3 地物点平面位置精度

单位为米

地区分类	比例尺	点位中误差	邻近地物点间距中误差
城镇、工业建筑区、平地、丘陵地	1∶500	±0.15(±0.25)	±0.12(±0.20)
	1∶1 000	±0.30(±0.50)	±0.24(±0.40)
	1∶2 000	±0.60(±1.00)	±0.48(±0.80)

表 3(续) 单位为米

地区分类	比例尺	点位中误差	邻近地物点间距中误差
困难地区、隐蔽地区	1∶500	±0.23(±0.40)	±0.18(±0.30)
	1∶1 000	±0.45(±0.80)	±0.36(±0.60)
	1∶2 000	±0.90(±1.60)	±0.72(±1.20)

3.7.2 高程注记点的高程中误差

高程注记点相对于邻近图根点的高程中误差不应大于相应比例尺地形图基本等高距的 1/3。困难地区放宽 0.5 倍。

3.7.3 等高线插求点高程中误差

等高线插求点相对于邻近图根点的高程中误差，平地不应大于基本等高距的 1/3，丘陵地不应大于基本等高距的 1/2。山地不应大于基本等高距的 2/3，高山地不应大于基本等高距。

3.7.4 数字高程模型(DEM)的精度

a) 由外业数字测图方法野外实测生成的 DEM 一般为不规则格网 DEM，参与构成不规则格网的点的高程中误差相对于邻近图根点不应低于相应比例尺地形图的高程注记点的精度要求。

b) 规则格网 DEM 可由不规则格网 DEM 内插生成。其格网点的高程中误差不应低于相应比例尺地形图等高线插求点的高程中误差。根据实地地形情况，其格网单元尺寸可选用 $1.25\times M\times10^{-3}$(m)，$2.5\times M\times10^{-3}$(m)，$5\times M\times10^{-3}$(m)。($M$ 为测图比例尺分母，以下同。)

3.8 地形图符号及注记

地形图符号及注记按 GB/T 7929—1995 的规定执行。对图式中没有规定的地物、地貌符号，各专业部门根据用途需要，可在技术设计书或其他相关技术文件中另作补充规定。

3.9 允许误差

以中误差作为衡量精度标准，二倍中误差作为允许误差。

3.10 仪器的精度要求和检验

外业数字测图所采用的测距仪的标称精度应不低于Ⅲ级测距仪的精度，经纬仪的测角精度应不低于 10″，且用于图根控制测量的经纬仪精度应不低于 DJ6 型经纬仪精度。

所使用的测绘仪器，要求做到及时检验和校正，加强维护保养，使其保持良好状态。

4 图根控制测量

4.1 一般规定

4.1.1 四等以下各级基础平面控制测量的最弱点相对于起算点点位中误差不应大于 5 cm。四等以下各级基础高程控制的最弱点相对于起算点的高程中误差不应大于 2 cm。

4.1.2 图根点相对于图根起算点的点位中误差，按测图比例尺：1∶500 不应大于 5 cm；1∶1 000、1∶2 000不应大于 10 cm。高程中误差不应大于测图基本等高距的 1/10。

4.1.3 图根点应视需要埋设适当数量的标石，城市建设区和工业建设区标石的埋设，应考虑满足地形图修测的需要。

4.1.4 图根控制点(包括高级控制点)的密度，应以满足测图需要为原则，一般应不低于表 4 的要求。

表 4 图根控制点密度

测图比例尺	1∶500	1∶1 000	1∶2 000
图根控制点的密度(点数/km²)	64	16	4

4.2 图根平面控制测量

图根平面控制测量，可采用图根导线(网)、极坐标法(引点法)和交会法等方法布设。在各等级控制点下加密图根点，不宜超过二次附合。在难以布设附合导线的地区，可布设成支导线。测区范围较小时，图根导线可作为首级控制。

4.2.1 图根导线测量

图根导线测量的主要技术要求，应按照表5的规定执行。

图根导线的边长采用测距仪单向施测一测回。一测回进行二次读数，其读数较差应小于20 mm。测距边应加气象加、乘常数改正。

1∶500、1∶1 000测图，附合导线长度可放宽至表5规定值的1.5倍，且附合导线边数不宜超过15条，此时方位角闭合差不应大于$\pm 40''\sqrt{n}$，绝对闭合差不应大于$0.5\times M\times 10^{-3}$(m)；导线长度短于表5规定的1/3时，其绝对闭合差不应大于$0.3\times M\times 10^{-3}$(m)。

表5 图根导线测量技术指标

附合导线长度 m	相对闭合差	边长	测角中误差 (″)		测回数	方位角闭合差 (″)	
			一般	首级控制	DJ6	一般	首级控制
$1.3M$	1/2 500	不大于碎部点最大测距的1.5倍	±30	±20	1	$\pm 60\sqrt{n}$	$\pm 40\sqrt{n}$
注：n为测站数。							

当图根导线布设成支导线时，支导线的长度不应超过表5中规定长度的1/2，边数不宜多于3条。水平角应使用DJ6型经纬仪施测左、右角各一测回，其圆周角闭合差不应大于40″。边长采用测距仪单向施测一测回。

4.2.2 极坐标法测量(引点法)

采用光电测距极坐标法测量时，应在等级控制点或一次附合图根点上进行，且应联测两个已知方向，其主要技术要求，应按照表6规定执行。其边长按测图比例尺：1∶500不应大于300 m；1∶1 000不应大于500 m，1∶2 000不应大于700 m。

采用光电测距极坐标法所测的图根点，不应再次发展。

表6 极坐标法测量技术指标

DJ6	距离测量	半测回较差 (″)	测距读数较差 mm	高程较差	两组计算坐标较差 m
1	单向施测一测回	≤30	≤20	$\leqslant 1/5H_d$	$0.2\times M\times 10^{-3}$
注：H_d为基本等高距。					

4.2.3 交会法测量

图根解析补点，可采用有检核的测边交会和测角交会。其交会角应在30°～150°之间，交会边长不宜超过$0.5\times M$(m)。分组计算所得的坐标较差，不应大于$0.2\times M\times 10^{-3}$(m)。

4.3 图根高程控制测量

图根点的高程应采用图根水准测量或电磁波测距三角高程测量。

4.3.1 图根水准测量

图根水准可沿图根点布设为附合路线、闭合路线或结点网。图根水准测量应起迄于不低于四等精度的高程控制点上，其技术要求按照表7规定执行。

当水准路线布设成支线时，应采用往返观测，其路线长度不应大于2.5 km。当水准路线组成单结点时，各段路线的长度不应大于3.7 km。

表 7 图根水准测量限差

仪器类型	附合路线长度 km	i 角 (″)	视线长度 m	观测次数		往返测较差、附合或环线闭合差 mm	
				与已知点联测	附合或闭合线路	平地	山地
DS10	5	≤30	100	往返各一次	往一次	$\pm 40\sqrt{L}$	$\pm 12\sqrt{n}$
注：L 为水准路线长度，单位为公里(km)。n 为测站数。							

4.3.2 电磁波测距三角高程测量

电磁波测距三角高程，其技术要求应按照表 8 规定执行。电磁波测距三角高程测量附合路线长度不应大于 5 km，布设成支线不应大于 2.5 km。仪器高、觇标高量取至毫米。其路线应起闭于图根以上各等级高程控制点。

表 8 电磁波测距三角高程测量限差

仪器类型	测回数 (中丝法)	指标差较差 (″)	垂直角较差 (″)	附合或环线闭合差 mm	边长施测方法
DJ6	2	≤25	≤25	$\pm 40\sqrt{D}$	单向施测一测回
注：D 为路线长度，单位为公里(km)。					

4.4 测站点的增补

外业数字测图应充分利用控制点和图根点。当图根点密度不足时，可采用支导线、极坐标法、自由设站法等方法增设测站点。不论采用何种方法，测站点相对于邻近图根点，点位精度的中误差不应大于 $0.1\times M\times 10^{-3}$(m)，高程中误差不应大于测图基本等高距的 1/6。

支导线和极坐标法测量的技术要求应按照 4.2.1 和 4.2.2 的有关规定执行。

采用自由设站法测量时，观测的已知点数不应少于两个。水平角、距离各观测一测回，其半测回较差不应大于 30″，测距读数较差不应大于 20 mm。自由设站法测量各方向解算水平角与观测水平角的差值，按测图比例尺，1∶500 不应大于 40″，1∶1 000、1∶2 000 不应大于 20″。

5 数据采集

5.1 作业组织

5.1.1 外业数字测图一般以所测区域(测区)为单位统一组织作业和组织数据。当测区较大或有条件时，可在测区内按自然带状地物(如街道线、河沿线等)为边界线构成分区界限，分成若干相对独立的分区。

5.1.2 各分区的数据组织、数据处理和作业应相对独立，分区内及各分区之间在数据采集和处理时不应存在矛盾，避免造成数据重叠或漏测。

5.1.3 当有地物跨越不同分区时，该地物应完整的在某一分区内采集完成。

5.2 准备工作

a) 测区开始施测前，应做好测区内标准分幅图的图幅号编制，并建立测区分幅信息，如图幅号、图廓点坐标范围、测图比例尺等。

b) 每日施测前，应对控制点数据进行检校，并应对全站仪与电子手簿或电子平板的连接、测图软件或数据采集软件及其全部的通讯连接进行试运行检查，确保无误方可使用。

c) 一般应在每日施测前、后记录有关的元数据。

5.3 **仪器设置及测站定向检查**

a) 仪器对中偏差不大于 5 mm。

b) 以较远一测站点(或其他控制点)标定方向(起始方向),另一测站点(或其他控制点)作为检核,算得检核点平面位置误差不大于 $0.2\times M\times 10^{-3}$(m)。

c) 检查另一测站点(或其他控制点)的高程,其较差不应大于 1/6 等高距。

d) 每站数据采集结束时应重新检测标定方向,检测结果如超出 b)、c)两项所规定的限差,其检测前所测的碎部点成果须重新计算,并应检测不少于两个碎部点。

5.4 **测站点与碎部点观测记录**

5.4.1 碎部点观测记录应包括测站点号、仪器高、观测点号、编码、觇标高、斜距、垂直角、水平角、连接点、连接类型等,其格式可自行规定。

5.4.2 数据采集时采用的要素分类与编码可自行规定,但数据处理完成后,所采用的要素分类与编码应按 GB 14804—1993 的规定执行。

5.4.3 外业数据记录文件应是一个文本文件,其格式可自行规定,在上交成果时,应附加格式说明。

5.5 **数据采集**

5.5.1 点状要素(独立地物)能按比例表示时,应按实际形状采集,不能按比例表示时应精确测定其定位点或定线点。有方向性的点状要素应先采集其定位点,再采集其方向点(线)。

5.5.2 具有多种属性的线状要素(线状地物、面状地物公共边、线状地物与面状地物边界线的重合部分),只可采集一次,但应处理好多种属性之间的关系。

5.5.3 线状地物采集时,应视其变化测定,适当增加地物点的密度,以保证曲线的准确拟合。

5.5.4 碎部点采集与控制测量同时进行时,碎部点坐标应以经平差后的控制点坐标计算得到,当控制测量成果检核超限时,测量控制点应重测,且重新计算碎部点坐标。

5.5.5 数据采集时,除遵循 5.4 规定外,空间数据库产品应根据需要或建库的要求采集所需的属性数据,且不应遗漏。属性项,属性数据类型、代码和记录格式可自行规定,并应在技术设计书或相关技术文件中说明。

5.6 **要素内容的取舍**

5.6.1 地物地貌的各项要素的表示方法和取舍原则,除按 GB/T 7929—1995 有关规定执行外,还应遵守下列有关规定。

5.6.2 各类建筑物、构筑物及主要附属设施数据均应采集。房屋以墙为主,临时性建筑物可舍去。对居民区可视测图比例尺大小或需要适当加以综合。建筑物、构筑物轮廓凸凹在图上小于 0.5 mm 时,可予以综合。

5.6.3 地上管线的转角点均应实测,管线直线部分的支架线杆和附属设施密集时,可适当取舍。

5.6.4 水系及附属物,应按实际形状采集。水渠应测记渠底高程,并标记渠深;堤、坝应测记顶部及坡脚高程;泉、井应测记泉的出水口及井台高程,并测记井台至水面深度。

5.6.5 地貌一般以等高线表示,特征明显的地貌不能用等高线表示时,应以符号表示。山顶、鞍部、凹地、山脊、谷底及倾斜变换处,应测记高程点。

5.6.6 露岩、独立石、梯田坎应测记比高,斜坡、陡坎比高小于 1/2 基本等高距或在图上长度小于5 mm 时可舍去。当坡、坎较密时,可适当取舍。

5.6.7 一年分几季种植不同作物的耕地,以夏季主要作物为准;地类界与线状地物重合时,按线状地物采集。

5.6.8 居民地、机关、学校、山岭、河流等有名称的应标注名称。

5.7 **地形点密度**

地形点间距一般应按照表 9 的规定执行。地性线和断裂线应按其地形变化增大采点密度。

表 9 地形点间距

单位为米

比例尺	1∶500	1∶1 000	1∶2 000
地形点平均间距	25	50	100

5.8 碎部点测距长度

碎部点测距最大长度一般应按照表 10 的规定执行。如遇特殊情况，在保证碎部点精度的前提下，碎部点测距长度可适当加长。

表 10 碎部点测距长度

单位为米

比例尺	1∶500	1∶1 000	1∶2 000
最大测距长度	200	350	500

5.9 数据读取

数据采集时，水平角、垂直角读记至度盘最小分划，觇标高量至厘米，测距读数读记至毫米，归零检查和垂直角指标差不大于1′。

5.10 草图的绘制

a) 采用数字测记模式时，一般应绘制草图。绘制草图时，采集的地物地貌，原则上遵照 GB/T 7929—1995 的规定绘制，对于复杂的图式符号可以简化或自行定义。但数据采集时所使用的地形码，必须与草图绘制的符号一一对应。

b) 草图必须标注所测点的测点编号，且标注的测点编号应与数据采集记录中测点编号严格一致。

c) 草图上地形要素之间的相互位置必须清楚正确。

d) 地形图上须注记的各种名称、地物属性等，草图上必须标注清楚。

6 数据处理

6.1 数据处理一般原则

6.1.1 外业原始测量数据不能随意修改。

6.1.2 数据应及时处理，并对照实地进行检核。

6.1.3 图廓数据，包括 GB/T 7929—1995 规定的用于图廓整饰的内图廓线以外的所有线划、注记文本、说明、图例等和内图廓线以内的直角坐标网线宜通过软件方式生成。

6.1.4 汉字信息的编码按 GB 2312—1980 执行。

6.2 数据的整理和检查

6.2.1 外业数据(包括采用外业记录手簿记录的数据)应及时处理，形成图块。整理和检查属性数据，并对照实地进行检查。

6.2.2 当对照检查发现有矛盾时，如草图绘制有错误，应按照实地情况修改草图；如数据记录有错误，可修改测点编号、地形码和信息码，对于记录中的水平角、垂直角、距离、觇标高等观测数据不允许修改，要求返工重测。

6.2.3 删除或标记作废记录，补充实测时来不及记录的卷尺量距点和公共点记录。

6.2.4 检查修改后的数据应及时存盘，并做备份。

6.3 数据分层

6.3.1 空间数据库产品和地图制图产品的数据分层按表 11 和表 12 规定执行。

表 11 空间数据库产品分层及层名代码规定

主层名	项目			
	层名代码	类型	要素内容	要素编码
测量控制点	Cor	点	测量控制点	Code Elevation
居民地	Res	点、线、面	居民地、垣栅	Code
工矿建筑物	Bui	点、线、面	工矿建(构)筑物及其附属设施	Code
交通	Roa	点、线	交通运输及附属设施	Code
管线	Pip	点、线	管线及其附属物	Code
水系	Hyd	点、线、面	水系及附属设施	Code
境界	Bou	点、线	境界	Code
地貌与土质	Ter	点、线、面	地貌、土质	Code
植被	Veg	面	植被	Code
高程	Ele	点、线	等高线、高程点	Code Elevation
注记	Ano	注记	注记	无
图廓	Net	线、注记	图廓整饰	无

表 12 地图制图数据产品分层及层名代码规定

主层名	项目			
	层名代码	顺序号	类型	要素内容
测量控制点	Cor	1	点	测量控制点
居民地	Res	2	点、线	居民地、垣栅
工矿建筑物	Bui	3	点、线	工矿建(构)筑物及其附属设施
交通	Roa	4	点、线	交通运输及附属设施
管线	Pip	5	点、线	管线及其附属物
水系	Hyd	6	点、线	水系及附属设施
境界	Bou	7	点、线	境界
地貌与土质	Ter	8	点、线	地貌、土质
植被	Veg	9	点、线	植被
高程	Ele	10	点、线	等高线、高程点
注记	Ano	11	注记	注记
图廓	Net	999	线、注记	图廓整饰

6.3.2 根据需要各层均可向下详细分层，层名应用汉字命名，层名代码规则为：

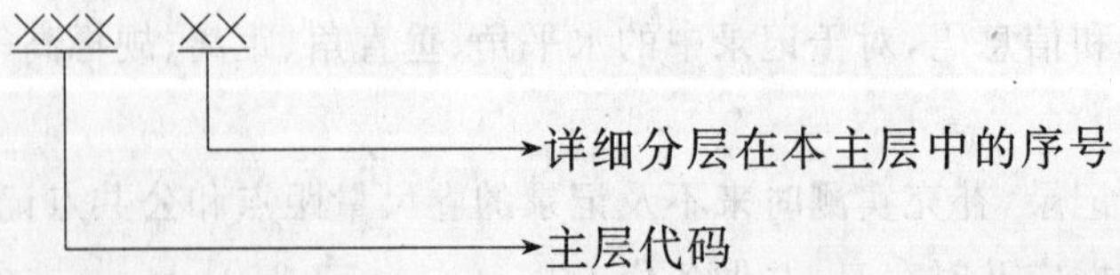

6.3.3 特殊情况下，不同类可以合并为一层，也可从不同类中各取一部分要素合并为一层。

6.3.4 图廓数据应独立分层。

6.3.5 若主层向下详细分层时，分层方案应在技术设计书和元数据文件中说明。

6.4 等高线处理

6.4.1 数字高程模型及等高线应以测区或分区为单位建立和处理。空间数据库产品的数字高程模型(或等高线)应连续无缝,不应因分幅而造成变形。地图制图产品的等高线按 GB/T 7929—1995 和本标准 6.7.7 的有关规定断开。

6.4.2 数字地面模型建立时,应充分考虑各种地性线、断裂线和微地貌的表示,以保证地貌的真实性。

6.4.3 生成等高线时必须采用严密的数学模型进行计算。

6.4.4 等高线生成后必须对照实地进行检查,发现错误应及时改正。

6.5 数据文件的组织和格式

6.5.1 数据处理完成后,数据文件应以测区为单位组织,以图幅为单位进行存贮和管理。文件的组织和命名可参照 CH/T 1005—2000 的有关规定执行。

6.5.2 各测图软件可采用自己规定的数据格式进行内部数据信息交换和管理。不同系统之间的数据信息交换格式按 GB/T 17798—1999 规定执行。

6.5.3 元数据文件应是一个文本文件,且每幅图均应有一个元数据文件。元数据项按本标准附录 A 的规定执行。

6.6 空间数据库产品的数据处理原则

6.6.1 一般规定

a) 图形、属性数据处理应以测区或分区为单位统一进行,应根据需要建立拓扑关系。

b) 数据按标准图幅或特殊要求分幅时,应保证地形要素在本图和相邻图幅中,几何图形要素属性和拓扑关系的一致。

c) 线划必须光滑,自然,清晰,无挤压,无重复现象。

6.6.2 图形数据

a) 面状要素应封闭,无悬挂或过头现象。一个面状要素应能唯一标识。

b) 线划应连续,线划相交不允许有悬挂,不允许有线划被错误打断的现象,需连通的要素应保持连通。

c) 有方向性的要素,其符号方向必须正确。

d) 符号表示规格应符合 GB/T 7929—1995 的有关规定。

6.6.3 属性数据

a) 描述每个地形要素特征的属性类型应完备,数据应符合 GB 14804—1993 或技术文件规定的属性码表的要求,不应有遗漏。

b) 点、线、面状要素属性表中,字段名、字段类型、字段长、字段顺序、属性与属性值均应正确无误。

6.6.4 注记

a) 各种名称注记、说明注记及其指示应正确,无错误或遗漏。

b) 注记应尽量不压盖地物,其字体、字大、字数、字向、单位等应符合 GB/T 7929—1995 的有关规定。特殊情况下,可缩小字大,但最小不应小于 2 mm。

6.6.5 数据分层

所有要素应按 6.3.1 的要求进行分层,数据分层须正确,无重复或漏层。

6.6.6 接边

要素几何图形的接边误差不应大于 3.7 中相应比例尺地形图平面、高程中误差的 $2\sqrt{2}$倍,且应保证要素属性和拓扑关系一致。

6.7 地图制图产品的编辑原则

6.7.1 居民地

a) 街区与道路的衔接处,应留 0.2 mm 间隔。

b) 建筑在陡坎和斜坡上建筑物，按实际位置绘出，陡坎无法准确绘出时，可移位表示，并留 0.2 mm的间隔。

c) 悬空于水上的建筑物(如房屋)与水涯线重合时，建筑物照常绘出，间断水涯线。

6.7.2 点状地物

a) 两个点状地物相距很近，同时绘出有困难时，可将高大突出的准确表示，另一个移位表示，但应保持相互的位置关系。

b) 点状地物与房屋、道路、水系等其他地物重合时，可中断其他地物符号，间隔 0.2 mm，以保持独立符号的完整性。

6.7.3 交通

a) 双线道路与房屋、围墙等高出地面的建筑物边线重合时，可用建筑物边线代替道路边线。道路边线与建筑物的接头处，应间隔 0.2 mm。

b) 铁路与公路(或其他道路)水平相交时，铁路符号不中断，另一道路符号中断；不在同一水平相交时，道路的交叉处，应绘制相应的桥梁符号。

c) 公路路堤(堑)应分别绘出路边线与堤(堑)边线，两者重合时，可将其中之一移动 0.2 mm 绘出。

6.7.4 管线

a) 城市建筑区内电力线、通讯线可不连接，但应绘出连线方向。

b) 同一杆架上架有多种线路时，表示其中主要的线路，但各种线路走向应连贯，线类应分明。

6.7.5 水系

a) 河流遇桥梁、水坝、水闸等应断开。

b) 水涯线与陡坎重合时，可用陡坎边线代替水涯线；水涯线与斜坡脚重合时，仍应在坡脚将水涯线绘出。

6.7.6 境界

a) 凡绘制有国界线的图，应报国家测绘局地图审查中心批准。

b) 境界以线状地物一侧为界时，应离线状地物 0.2 mm 按图式绘出；如以线状地物中心为界，不能在线状地物符号中心绘出时，可沿两侧每隔 3 cm～5 cm 交错绘出 3～4 节符号。但在境界相交或明显拐弯及图廓处，境界符号不应省略，以明确走向和位置。

6.7.7 等高线

a) 单色图上等高线遇到房屋及其他建筑物、双线道路、路堤、路堑、坑穴、陡坎、斜坡、湖泊、双线河、双线渠以及注记等均应中断。

b) 多色图等高线遇双线河、渠、湖泊、水库、池塘应断开，遇其他地物可不中断。

c) 当等高线的坡向不能判别时，应加绘示坡线。

6.7.8 植被

a) 同一地类界范围内的植被，其符号可均匀配置；大面积分布的植被在能表达清楚的情况下，可采用注记说明。

b) 地类界与地面上有实物的线状符号重合时，可省略不绘；与地面上无实物的线状符号重合时，地类界移位 0.2 mm 绘出。

6.7.9 注记

a) 文字注记要使所表达的地物能明确判读，字头朝北，道路河流名称，可随线状弯曲的方向排列，各字底边平行于南、北图廓线。

b) 注记文字之间最小间隔应为 0.5 mm，最大间隔不宜超过字大的 8 倍。注记时应避免遮盖主要地物和地形特征部分。

c) 高程注记一般注于点的右方，离点间隔 0.5 mm。

d) 等高线注记字头应指向山顶或高地，但字头不宜指向图纸的下方。地貌复杂的地方，应注意合理配置，以保持地貌的完整。

e) 图廓整饰注记按 GB/T 7929—1995 有关规定执行。

7 数字地图的修测

7.1 修测前的准备工作

修测前应进行实地踏勘，确定修测范围，制订修测方案。

7.2 修测方法及要求

7.2.1 地物变更范围较大或周围地物关系控制不足，补测新建的住宅楼群或独立的高大建筑物，已变化的较复杂的地貌，均应先补测图根控制再进行修测。

7.2.2 修测工作，应利用原有的邻近图根点或重新施测的图根点。修测的地物点精度应符合 3.7 中相应比例尺地形图地物点的精度要求。

7.2.3 当局部地区地物变动不大时，可利用经校核的地物点修测。修测后地物与邻近原有地物的间距中误差，不应大于 $0.4 \times M \times 10^{-3}$(m)。修测后的地物点不能再作为修测新地物的依据。

7.2.4 高程点应从邻近的高程控制点引测，局部地区的少量高程点，可利用三个固定的高程点作依据进行补测。补测结果的高程较差不应超过 1/5 等高距，并取用平均值。

7.2.5 修测时如发现原数据中已有地物、地貌、注记、分层有明显错误或粗差时，亦应进行纠正。

7.2.6 每幅图修测后应将修测情况做出记录，并绘制略图，以供下次修测时参考。

8 检查验收和上交资料

8.1 检查验收基本规定

8.1.1 二级检查一级验收制

数字测绘产品实行过程检查、最终检查和验收制度。过程检查由生产单位检查人员承担，最终检查由生产单位的质量管理机构负责实施，验收工作由任务的委托单位组织实施，或由该单位委托具有检验资格的检验机构验收。

8.1.2 提交检查验收的资料

提交检查验收的资料要齐全。一般应包括：

a) 技术设计书、技术总结等。

b) 数据文件，包括图廓内外整饰信息文件，元数据文件等。

c) 输出的检查图。

d) 技术规定或技术设计书规定的其他文件资料。

提交验收时，还应包括检查报告。凡资料不全或数据不完整者，承担检查或验收的单位有权拒绝检查验收。

8.1.3 检查验收依据

a) 有关的测绘任务书、合同书中有关产品质量特征的摘录文件或委托检查、验收文件。

b) 有关法规和技术标准。

c) 技术设计书和有关的技术规定等。

8.1.4 检查验收的记录及存档

检查验收的记录包括质量问题的记录，问题处理的记录、质量评定的记录等。记录必须及时、认真、规范、清晰。检查、验收工作完成时，应编写检查、验收报告。

8.1.5 检查验收工作的实施

检查验收工作的实施按 GB/T 18316—2001 第 5 章有关规定执行。

8.2 检查内容及方法

检查内容包括数学基础(图廓点、公里网交点、控制点等)检查、平面和高程精度检查、接边精度的检测、属性精度的检测、逻辑一致性检测、整饰质量检查、附件质量检查等。

8.2.1 数学基础检查

将图廓点、公里网交点、控制点等的坐标按检索条件在屏幕上显示,并与理论值和控制点已知坐标值核对。

8.2.2 平面和高程精度的检查

8.2.2.1 选取检测点的一般规定

数字地形图平面检测点应是均匀分布,随机选取的明显地物点。平面和高程检测点数量视地物复杂程度等具体情况确定,每幅图一般选取20～50个点。

8.2.2.2 检测方法

检测点的平面坐标和高程采用外业散点法按测站点精度施测。用钢尺或测距仪量测相邻地物点距离,量测边数每幅图一般不少于20处。检测数据的处理按GB/T 18316—2001中6.2.3.3的规定执行。

检测中如发现被检测的地物点和高程点具有粗差时,应视其情况重测。当一幅图检测结果算得的中误差超过3.7的有关规定,应分析误差分布的情况,再对邻近图幅进行抽查。中误差超限的图幅应重测。

检测结果应建立统计表格和编写野外检测报告。

8.2.3 接边精度的检测

通过量取两相邻图幅接边处要素端点的距离是否等于0来检查接边精度,未连接的要素记录其偏离值;检查接边要素几何上自然连接情况,避免生硬;检查面域属性、线划属性的一致情况,记录属性不一致的要素实体个数。

8.2.4 属性精度的检测

a) 检查各个层的名称是否正确,是否有漏层。

b) 逐层检查各属性表中的属性项是否正确,有无遗漏。

c) 按地理实体的分类、分级等语义属性检索,在屏幕上将检测要素逐一显示,并与要素分类代码核对来检查属性的错漏,用抽样点检查属性值、代码、注记的正确性。

d) 检查公共边的属性值是否正确。

8.2.5 逻辑一致性检测

a) 用相应软件检查各层是否建立拓扑关系及拓扑关系的正确性。

b) 检查各层是否有重复的要素。

c) 检查有向符号,有向线状要素的方向是否正确。

d) 检查多边形闭合情况,标识码是否正确。

e) 检查线状要素的结点匹配情况。

f) 检查各要素的关系表示是否合理,有无地理适应性矛盾,是否能正确反映各要素的分布特点和密度特征。

g) 检查水系、道路等要素是否连续。

对于地图制图数字产品,其8.2.4与8.2.5中检测项可根据需要做相应调整。

8.2.6 整饰质量检查

对于地图制图数字产品,应检查以下内容:

a) 检查各要素是否正确,尺寸是否符合图式规定。

b) 检查图形线划是否连续光滑、清晰,粗细是否符合规定。

c) 检查要素关系是否合理,是否有重叠、压盖现象。

d) 检查各名称注记是否正确，位置是否合理，指向是否明确，字体、字大、字向是否符合规定。

e) 检查注记是否压盖重要地物或点状符号。

f) 检查图面配置、图廓内外整饰是否符合规定。

8.2.7 附件质量检查

a) 检查所上交的文档资料填写是否正确、完整。

b) 逐项检查元数据文件内容是否正确、完整。

8.3 质量评定

质量评定可参照 GB/T 18316—2001 有关规定执行。

8.4 上交资料

8.4.1 上交资料要齐全。一般应包括以下资料：

a) 技术设计书(有项目设计书的也应包括项目设计书)。

b) 测图控制点展点图、水准路线图、埋石点点之记、控制点平差计算成果表。

c) 地形图数据文件、元数据文件等各种数据文件。

d) 输出的地形图。

e) 产品检查报告、产品验收报告、技术总结报告。

8.4.2 上交资料中数据文件应正确、完整，文档资料规范、清晰且满足以下基本要求：

a) 即时性：随时记录和反映项目的设计与实施以及数据生产各环节中遇到的各种问题。

b) 一致性：技术设计及生产过程的前后工序之间以及与其他相关标准之间的名词、术语、符号、计算单位等均应与有关法规和标准保持协调一致，同一项目中文档的内容应协调一致，不能有矛盾。

c) 完整性：要求的文档资料应齐全、完整。

d) 可读性：文字简明扼要，公式、数据及图表准确，便于理解和使用。

e) 真实性：内容真实，对技术方案、作业方法和成果质量应做出客观的分析和评价。

8.4.3 其他未提及的数据文件、图件、文档等资料，各部门可根据实际需要予以增加。

附 录 A
（规范性附录）
元 数 据 表

序号	元数据项标识	类型	性质	说 明
1	产品所有权单位名称	字符型	M	
2	产品生产单位名称	字符型	M	
3	产品名称	字符型	O	
4	产品生产日期	整 型	M	YYYYMMDD
5	产品更新日期	整 型	M	YYYYMMDD(修测时选择)
6	数据格式	字符型	M	
7	作业者	字符型	M	
8	检查者	字符型	M	
9	验收者	字符型	M	
10	密级	字符型	M	秘密、机密、内部
11	图名	字符型	O	
12	图号	字符型	O	
13	图幅等高距	整 型	M	单位:米
14	比例尺分母	整 型	M	
15	西南图廓角点 X 坐标	数值型	M	单位:米
16	西南图廓角点 Y 坐标	数值型	M	单位:米
17	西北图廓角点 X 坐标	数值型	O	单位:米
18	西北图廓角点 Y 坐标	数值型	O	单位:米
19	东北图廓角点 X 坐标	数值型	M	单位:米
20	东北图廓角点 Y 坐标	数值型	M	单位:米
21	东南图廓角点 X 坐标	数值型	O	单位:米
22	东南图廓角点 Y 坐标	数值型	O	单位:米
23	所采用大地基准	字符型	M	
24	地图投影	字符型	O	
25	坐标单位	字符型	M	M—米;D—度
26	所采用高程基准	字符型	M	
27	数据采集方法	字符型	M	
28	数据采集仪器类型	字符型	O	
29	数据采集仪器型号	字符型	O	
30	测图软件名称及版本号	字符型	O	
31	西边接边状况	字符型	O	Y—已接;N—未接

表(续)

序号	元数据项标识	类型	性质	说　明
32	北边接边状况	字符型	O	Y—已接;N—未接
33	东边接边状况	字符型	O	Y—已接;N—未接
34	南边接边状况	字符型	O	Y—已接;N—未接
35	图幅结合表中西北图幅名称	字符型	O	
36	图幅结合表中北图幅名称	字符型	O	
37	图幅结合表中东北图幅名称	字符型	O	
38	图幅结合表中东图幅名称	字符型	O	
39	图幅结合表中东南图幅名称	字符型	O	
40	图幅结合表中南图幅名称	字符型	O	
41	图幅结合表中西南图幅名称	字符型	O	
42	图幅结合表中西图幅名称	字符型	O	
43	数据质量检验评定单位	字符型	M	
44	数据质量评检日期	整　型	M	YYYYMMDD
45	数据质量总评价	字符型	M	优、良、合格
46	总层数	整　型	O	空间数据库产品必选
47	层名]循环	字符型	O	空间数据库产品必选
⋮	⋮	⋮	⋮	

注：元数据表"性质"一栏中，"M"指必选项，即元数据文件必须提供的项；"O"指可选项，即元数据文件可以提供亦可以不提供，它可以根据需要进行选择，允许有缺省。元数据文件为一个纯文本文件，数据标志为 Metadata，数据格式为(元数据文件中数据不包括带下划线的文字)：

序号　　元数据项标识　　元数据项内容

⋮　　⋮　　⋮

ICS 67.040
C 53

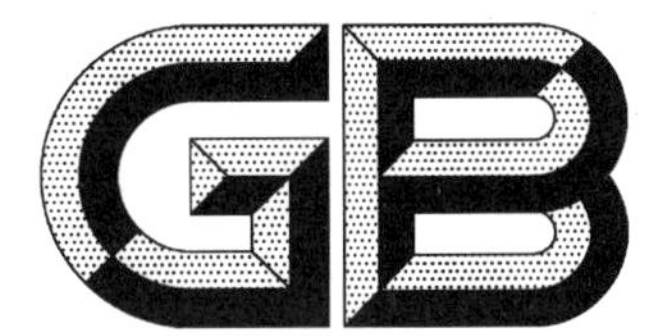

中华人民共和国国家标准

GB 14939—2005
代替 GB 14939—1994

鱼类罐头卫生标准

Hygienic standard for canned fish

2005-01-25 发布 2005-10-01 实施

中华人民共和国卫生部
中国国家标准化管理委员会 发布

前　言

本标准全文强制。

本标准与国际食品法典委员会(CAC)标准 Codex Stan 70—1981(Rev. 1-1995)《金枪鱼和鲣鱼罐头》(Canned Tuna and Bonito)的一致性程度为非等效。

本标准代替并废止 GB 14939—1994《鱼罐头卫生标准》。

本标准与 GB 14939—1994 相比主要变化如下：

——按照 GB/T 1.1—2000 对标准文本的格式进行了修改；

——对 GB 14939—1994 的结构进行了修改，增加了原料、食品添加剂、生产加工以及包装、运输和贮存的卫生要求；

——采用 CAC 标准 CAC/GL7—1991《鱼甲基汞指导值》(Guideline levels for methylmercury in fish)中的甲基汞指标；

——增加了锌、镉、多氯联苯、甲基汞限量指标；

——取消了总汞指标；

——将砷限量≤0.5 mg/kg 修改为无机砷限量≤0.1 mg/kg。

本标准于 2005 年 10 月 1 日起实施，过渡期为一年。即 2005 年 10 月 1 日前生产并符合相应标准要求的产品，允许销售至 2006 年 9 月 30 日止。

本标准由中华人民共和国卫生部提出并归口。

本标准起草单位：上海市疾病预防控制中心、山东省卫生防疫站、浙江省疾病预防控制中心、上海市卫生监督所、江苏省疾病预防控制中心。

本标准主要起草人：浦惠莉、姜培珍、张理、沈向红、张双凤、顾振华、袁宝君。

本标准所代替标准的历次版本发布情况为：

——GB 14939—1994。

鱼类罐头卫生标准

1 范围

本标准规定了鱼类罐头的卫生指标和检验方法以及食品添加剂、生产加工过程、标识、包装、贮存与运输的卫生要求。

本标准适用于鲜(冻)鱼经处理、分选、修整、加工、装罐(包括马口铁罐、玻璃罐、复合薄膜袋或其他包装材料容器)、密封、杀菌、冷却而制成的具有一定真空度的罐头食品。

2 规范性引用文件

下列文件中的条款通过本标准的引用而成为本标准的条款。凡是注日期的引用文件,其随后所有的修改单(不包括勘误的内容)或修订版均不适用于本标准,然而,鼓励根据本标准达成协议的各方研究是否可使用这些文件的最新版本。凡是不注日期的引用文件,其最新版本适用于本标准。

GB 2733 鲜、冻动物性水产品卫生标准

GB 2760 食品添加剂使用卫生标准

GB/T 4789.26 食品卫生微生物学检验 罐头食品商业无菌的检验

GB/T 5009.11 食品中总砷及无机砷的测定

GB/T 5009.12 食品中铅的测定

GB/T 5009.14 食品中锌的测定

GB/T 5009.15 食品中镉的测定

GB/T 5009.16 食品中锡的测定

GB/T 5009.17 食品中总汞及有机汞的测定

GB/T 5009.27 食品中苯并(a)芘的测定

GB/T 5009.45 水产品卫生标准的分析方法

GB/T 5009.190 海产食品中多氯联苯的测定

GB 7718 预包装食品标签通则

GB 8950 罐头厂卫生规范

3 指标要求

3.1 原料、辅料要求

3.1.1 鱼:应符合 GB 2733 的规定。

3.1.2 辅料:应符合相应卫生标准的规定。

3.2 感官指标

无杂质、无脱落的内壁涂料,无异味,无锈蚀,无泄漏,无胖听。

3.3 理化指标

理化指标应符合表 1 要求。

表 1 理化指标

项 目		指 标
苯并(a)芘[a]/(μg/kg)	≤	5
组胺[b]/(mg/100 g)	≤	100

表 1（续）

项　目		指　标
铅(Pb)/(mg/kg)	≤	1.0
无机砷/(mg/kg)	≤	0.1
甲基汞/(mg/kg)		
食肉鱼（鲨鱼、旗鱼、金枪鱼、梭子鱼及其他）	≤	1.0
非食肉鱼	≤	0.5
锡(Sn)/(mg/kg)		
镀锡罐头	≤	250
锌(Zn)/(mg/kg)	≤	50
镉(Cd)/(mg/kg)	≤	0.1
多氯联苯[c]/(mg/kg)	≤	2.0
PCB138/(mg/kg)	≤	0.5
PCB153/(mg/kg)	≤	0.5

[a] 仅适用于烟熏鱼罐头。

[b] 仅适用于鲐鱼罐头。

[c] 仅适用于海水鱼罐头，且以 PCB28、PCB52、PCB101、PCB118、PCB138、PCB153 和 PCB180 总和计。

3.4 微生物指标

符合罐头食品商业无菌要求。

4 食品添加剂

4.1 食品添加剂质量符合相应的标准和有关规定。

4.2 食品添加剂品种及其使用量应符合 GB 2760 的规定。

5 生产加工过程

生产加工过程的卫生要求应符合 GB 8950 规定。

6 包装

包装容器与材料应符合相应的卫生标准和有关规定。

7 标识

标识应符合 GB 7718 的规定。

8 贮存与运输

8.1 贮存

产品贮存在干燥、通风的场所。禁止与有毒、有害、有异味物品同库贮存。

8.2 运输

运输工具应清洁卫生，运输时应避免强烈震荡。禁止与有毒、有害、有异味物品混运。

9 检验方法

9.1 感官检验

取保证感官检查的样品量或最小包装量，将内容物置于白色盘中，在自然光线下感官检查。

9.2 理化检验

9.2.1 铅:按 GB/T 5009.12 规定的方法测定。

9.2.2 锌:按 GB/T 5009.14 规定的方法测定。

9.2.3 镉:按 GB/T 5009.15 规定的方法测定。

9.2.4 锡:按 GB/T 5009.16 规定的方法测定。

9.2.5 甲基汞:按 GB/T 5009.17 规定的方法测定。

9.2.6 苯并(a)芘:按 GB/T 5009.27 规定的方法测定。

9.2.7 组胺:按 GB/T 5009.45 规定的方法测定。

9.2.8 无机砷:按 GB/T 5009.11 规定的方法测定。

9.2.9 多氯联苯:按 GB/T 5009.190 规定的方法测定。

9.3 微生物检验

按 GB/T 4789.26 规定的方法测定。

ICS 77.140.01
H 57

中华人民共和国国家标准

GB/T 14992—2005
代替 GB/T 14992—1994

高温合金和金属间化合物高温材料的分类和牌号

Classification and designation for superalloys and high temperature intermetallic materials

2005-07-21 发布　　2006-01-01 实施

中华人民共和国国家质量监督检验检疫总局
中国国家标准化管理委员会　发布

前言

本标准代替 GB/T 14992—1994《高温合金牌号》。

本标准与 GB/T 14992—1994 相比主要变化如下：

——标准名称由“高温合金牌号”修改为“高温合金和金属间化合物高温材料的分类和牌号”；

——增加了金属间化合物高温材料类别，即镍铝系和钛铝系金属间化合物高温材料，同时增补了相应的牌号表示方法；

——增加了高温合金类别，即定向凝固柱晶高温合金、单晶高温合金和弥散强化高温合金，同时增补了相应的牌号表示方法；

——增加了铬为主要元素的高温合金分类号，即“7”和“8”数字及使用方法；

——增加了高温合金牌号，由原来的 61 个牌号增加到 177 个牌号；

——高温合金牌号的命名程序改为：高温合金和金属间化合物高温材料牌号的命名和使用规定；

——删除了“变形高温合金成品化学成分允许偏差”；

——将“残余元素和有害杂质元素含量的测定”条款内容进行了改写：“有害杂质元素的控制”合并到本标准的 5.1；残余元素“铜”主要作为牌号的一般化学成分进行规定。

本标准由中国钢铁工业协会提出。

本标准由冶金工业信息标准研究院归口。

本标准起草单位：钢铁研究总院、冶金工业信息标准研究院。

本标准主要起草人：袁英、燕平、庄景云、李世琼、陈惠霞、曾凡、冯涤、赵明汉。

本标准 1982 年 12 月首次发布 GBn 175—1982，1994 年调整为 GB/T 14992—1994。

高温合金和金属间化合物高温材料的分类和牌号

1 范围

本标准规定了高温合金和金属间化合物高温材料的分类、牌号的命名原则、命名程序及一般化学成分等内容。

本标准适用于变形高温合金、铸造高温合金(等轴晶铸造高温合金、定向凝固柱晶高温合金和单晶高温合金)、焊接用高温合金丝、粉末冶金高温合金、弥散强化高温合金和金属间化合物高温材料。

2 分类

2.1 高温合金分类

根据合金的基本成形方式或特殊用途,将合金分为变形高温合金、铸造高温合金(等轴晶铸造高温合金、定向凝固柱晶高温合金和单晶高温合金)、焊接用高温合金丝、粉末冶金高温合金和弥散强化高温合金。

2.2 金属间化合物高温材料分类

根据高温材料的基本组成元素,将高温材料分为镍铝系金属间化合物高温材料和钛铝系金属间化合物高温材料。

3 高温合金和金属间化合物高温材料牌号的命名规则和使用

3.1 凡经过科研、试制并经主管部门正式组织鉴定、转入成批生产的高温合金和金属间化合物高温材料,以及国家正式立项研制、生产、工艺稳定并有供货的合金或材料,由主要生产、研制单位向标准归口单位提出材料牌号的注册申请。

3.2 在科研、试制阶段的高温合金和金属间化合物高温材料,可以根据本标准的牌号表示方法命名。

3.3 允许将新牌号与原牌号并列等效使用,在技术文件中可以同时列出新、原牌号。

3.4 高温合金和金属间化合物高温材料的牌号,采用字母加阿拉伯数字相结合的方法表示。根据特殊需要,可以在牌号后加英文字母表示原合金的改型合金,如表示某种特定工艺或特定化学成分等。

高温合金和金属间化合物高温材料牌号的一般形式为:

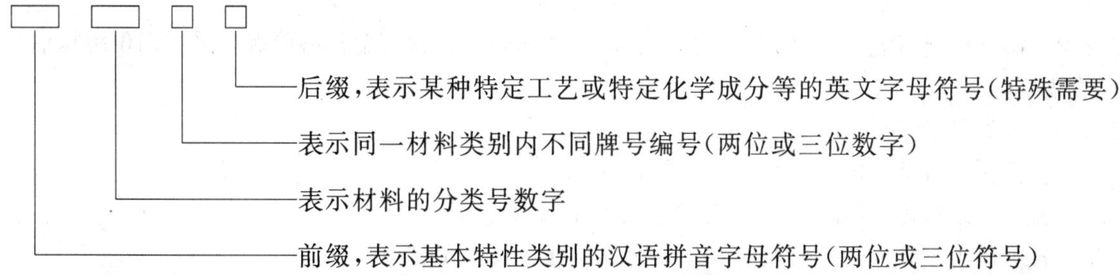

4 牌号的表示方法

4.1 牌号前缀

变形高温合金牌号采用汉语拼音字母“GH”作前缀(“G”和“H”分别为“高”和“合”字汉语拼音的第一个字母);

等轴晶铸造高温合金牌号采用汉语拼音字母“K”作前缀;

定向凝固柱晶高温合金牌号采用汉语拼音字母“DZ”作前缀(“D”和“Z”分别为“定”和“柱”字汉语拼音第一个字母);

单晶高温合金牌号采用汉语拼音字母“DD”作前缀(“D”和“D”分别为“定”和“单”字汉语拼音第一个字母);

焊接用高温合金丝牌号采用汉语拼音字母“HGH”作前缀(“GH”符号前的“H”为“焊”字汉语拼音第一个字母);

粉末冶金高温合金牌号采用汉语拼音字母“FGH”作前缀(“GH”符号前的“F”为“粉” 字汉语拼音第一个字母);

弥散强化高温合金牌号采用汉语拼音字母“MGH”作前缀(“GH”符号前的“M”为“弥”字汉语拼音第一个字母);

金属间化合物高温材料牌号采用汉语拼音字母“JG”作前缀(“J”和“G”为“金”和“高”字汉语拼音第一个字母)。

4.2 阿拉伯数字

4.2.1 变形高温合金和焊接用高温合金丝

4.2.1.1 前缀后采用四位数字,第一位数字表示合金的分类号;第二至四位数字表示合金编号,不足位数的合金编号用数字“0”补齐。“0”放在第一位表示分类号的数字与合金编号之间。

4.2.1.2 分类号单双数的选择,按合金主要使用的强化类型确定。焊接用高温合金丝牌号中的第一位数字没有强化类型的含义,只沿用变形高温合金牌号的数字。

分类号,即第一数字规定如下:

1—表示铁或铁镍(镍小于50%)为主要元素的固溶强化型合金类;

2—表示铁或铁镍(镍小于50%)为主要元素的时效强化型合金类;

3—表示镍为主要元素的固溶强化型合金;

4—表示镍为主要元素的时效强化型合金;

5—表示钴为主要元素的固溶强化型合金;

6—表示钴为主要元素的时效强化型合金;

7—表示铬为主要元素的固溶强化型合金;

8—表示铬为主要元素的时效强化型合金。

4.2.2 其他高温合金和金属间化合物高温材料

4.2.2.1 铸造高温合金前缀后一般采用三位阿拉伯数字。第一位数字表示合金的分类号;第二、三位数字表示合金编号,不足位数的合金编号用数字“0”补齐。“0”放在第一位表示分类号的数字与合金编号之间。

4.2.2.2 粉末冶金高温合金、弥散强化高温合金、金属间化合物高温材料前缀后采用四位阿拉伯数字。阿拉伯数字同4.2.1.1规定。

4.2.2.3 分类号,即第一位数字规定如下:

1—表示钛铝系金属间化合物高温材料;

2—表示铁或铁镍(镍小于50%)为主要元素的合金;

4—表示镍为主要元素的合金和镍铝系金属间化合物高温材料;

6—表示钴为主要元素的合金;

8—表示铬为主要元素的合金。

5 高温合金和金属间化合物高温材料牌号及其化学成分

5.1 本标准列出的合金或材料牌号的化学成分为一般的化学成分,允许在产品标准或合同、协议中规定较严格的化学成分范围、微量元素的添加值和有害元素的指标要求。

5.2 变形高温合金牌号及其化学成分见表1。

5.3 铸造高温合金(等轴晶铸造高温合金、定向凝固柱晶高温合金和单晶高温合金)牌号及其化学成分见表2。

5.4 焊接用高温合金丝牌号及其化学成分见表3。

5.5 粉末冶金高温合金牌号及其化学成分见表4。

5.6 弥散强化高温合金牌号及其化学成分见表5。

5.7 金属间化合物高温材料牌号及其化学成分见表6。

表 1 变形高温合金牌号及其化学成分

铁或铁镍(镍小于50%)为主要元素的变形高温合金化学成分（质量分数）/%										
新牌号	原牌号	C	Cr	Ni	W	Mo	Al	Ti	Fe	Nb
GH1015	GH15	≤0.08	19.00～22.00	34.00～39.00	4.80～5.80	2.50～3.20	—	—	余	1.10～1.60
GH1016[a]	GH16	≤0.08	19.00～22.00	32.00～36.00	5.00～6.00	2.60～3.30	—	—	余	0.90～1.40
GH1035[b]	GH35	0.06～0.12	20.00～23.00	35.00～40.00	2.50～3.50	—	≤0.50	0.70～1.20	余	1.20～1.70
GH 1040[c]	GH40	≤0.12	15.00～17.50	24.00～27.00	—	5.50～7.00	—	—	余	—
GH1131[d]	GH131	≤0.10	19.00～22.00	25.00～30.00	4.80～6.00	2.80～3.50	—	—	余	0.70～1.30
GH 1139[e]	GH139	≤0.12	23.00～26.00	15.00～18.00	—	—	—	—	余	—
GH1140	GH140	0.06～0.12	20.00～23.00	35.00～40.00	1.40～1.80	2.00～2.50	0.20～0.60	0.70～1.20	余	—
GH2035A	GH35A	0.05～0.11	20.00～23.00	35.00～40.00	2.50～3.50	—	0.20～0.70	0.80～1.30	余	—
GH2036	GH36	0.34～0.40	11.50～13.50	7.00～9.00	—	1.10～1.40	—	≤0.12	余	0.25～0.50
GH2038	GH38A	≤0.10	10.00～12.50	18.00～21.00	—	—	≤0.50	2.30～2.80	余	—
GH2130	GH130	≤0.08	12.00～16.00	35.00～40.00	1.40～2.20	—	—	2.40～3.20	余	—
GH2132	GH132	≤0.08	13.50～16.00	24.00～27.00	—	1.00～1.50	≤0.40	1.75～2.35	余	—
新牌号	原牌号	Mg	V	B	Ce	Si	Mn	P	S	Cu
								不大于		
GH1015	GH15	—	—	≤0.010	≤0.050	≤0.60	≤1.50	0.020	0.015	0.250
GH1016	GH16	—	0.100～0.300	≤0.010	≤0.050	≤0.60	≤1.80	0.020	0.015	—
GH1035	GH35	—	—	—	≤0.050	≤0.80	≤0.70	0.030	0.020	—
GH1040	GH40	—	—	—	—	0.50～1.00	1.00～2.00	0.030	0.020	0.200
GH1131	GH131	—	—	0.005	—	≤0.80	≤1.20	0.020	0.020	—
GH1139	GH139	—	—	≤0.010	—	≤1.00	5.00～7.00	0.035	0.020	—
GH1140	GH140	—	—	—	≤0.050	≤0.80	≤0.70	0.025	0.015	—
GH2035A	GH35A	≤0.010	—	0.010	0.050	≤0.80	≤0.70	0.030	0.020	—
GH2036	GH36	—	1.250～1.550	—	—	0.30～0.80	7.50～9.50	0.035	0.030	—
GH2038	GH38A	—	—	≤0.008	—	≤1.00	≤1.00	0.030	0.020	—
GH2130	GH130	—	—	0.020	0.020	≤0.60	≤0.50	0.015	0.015	—
GH2132	GH132	—	0.100～0.500	0.001～0.010	—	≤1.00	1.00～2.00	0.030	0.020	—

表 1（续）

铁或铁镍（镍小于 50%）为主要元素的变形高温合金化学成分（质量分数）/%											
新牌号	原牌号	C	Cr	Ni	Co	W	Mo	Al	Ti	Fe	Nb
GH2135	GH135	≤0.08	14.00～16.00	33.00～36.00	—	1.70～2.20	1.70～2.20	2.00～2.80	2.10～2.50	余	—
GH2150	GH150	≤0.08	14.00～16.00	45.00～50.00	—	2.50～3.50	4.50～6.00	0.80～1.30	1.80～2.40	余	0.90～1.40
GH2302	GH302	≤0.08	12.00～16.00	38.00～42.00	—	3.50～4.50	1.50～2.50	1.80～2.30	2.30～2.80	余	—
GH2696	GH696	≤0.10	10.00～12.50	21.00～25.00	—	—	1.00～1.60	≤0.80	2.60～3.20	余	—
GH2706	GH706	≤0.06	14.50～17.50	39.00～44.00	—	—	—	≤0.40	1.50～2.00	余	2.50～3.30
GH2747	GH747	≤0.10	15.00～17.00	44.00～46.00	—	—	—	2.90～3.90	—	余	—
GH2761	GH761	0.02～0.07	12.00～14.00	42.00～45.00	—	2.80～3.30	1.40～1.90	1.40～1.85	3.20～3.65	余	—
GH2901	GH901	0.02～0.06	11.00～14.00	40.00～45.00	—	—	5.00～6.50	≤0.30	2.80～3.10	余	—
GH2903	GH903	≤0.05	—	36.00～39.00	14.00～17.00	—	—	0.70～1.15	1.35～1.75	余	2.70～3.50
GH2907	GH907	≤0.06	≤1.00	35.00～40.00	12.00～16.00	—	—	≤0.20	1.30～1.80	余	4.30～5.20
GH2909	GH909	≤0.06	≤1.00	35.00～40.00	12.00～16.00	—	—	≤0.15	1.30～1.80	余	4.30～5.20
GH2984	GH984	≤0.08	18.00～20.00	40.00～45.00	—	2.00～2.40	0.90～1.30	0.20～0.50	0.90～1.30	余	—

新牌号	原牌号	B	Zr	Ce	Si	Mn	P	S	Cu
						不大于			
GH2135	GH135	≤0.015	—	≤0.030	≤0.50	0.40	0.020	0.020	—
GH2150	GH150	≤0.010	≤0.050	≤0.020	≤0.40	0.40	0.015	0.015	0.070
GH2302	GH302	≤0.010	≤0.050	≤0.020	≤0.60	0.60	0.020	0.010	—
GH2696	GH696	≤0.020	—	—	≤0.60	0.60	0.020	0.010	—
GH2706	GH706	≤0.006	—	—	≤0.35	0.35	0.020	0.015	0.300
GH2747	GH747	—	—	≤0.030	≤1.00	1.00	0.025	0.020	—
GH2761	GH761	≤0.015	—	≤0.030	≤0.40	0.50	0.020	0.008	0.200
GH2901	GH901	0.010～0.020	—	—	≤0.40	0.50	0.020	0.008	0.200
GH2903	GH903	0.005～0.010	—	—	≤0.20	0.20	0.015	0.015	—
GH2907	GH907	≤0.012	—	—	0.07～0.35	1.00	0.015	0.015	0.500
GH2909	GH909	≤0.012	—	—	0.25～0.50	1.00	0.015	0.015	0.500
GH2984	GH984	—	—	—	≤0.50	0.50	0.010	0.010	—

表 1（续）

镍为主要元素的变形高温合金化学成分（质量分数）/%											
新牌号	原牌号	C	Cr	Ni	Co	W	Mo	Al	Ti	Fe	Nb
GH3007	GH5K	≤0.12	20.00～35.00	余	—	—	—	—	—	≤8.00	—
GH3030	GH30	≤0.12	19.00～22.00	余	—	—	—	≤0.15	0.15～0.35	≤1.50	—
GH3039	GH39	≤0.08	19.00～22.00	余	—	—	1.80～2.30	0.35～0.75	0.35～0.75	≤3.00	0.90～1.30
GH3044	GH44	≤0.10	23.50～26.50	余	—	13.00～16.00	≤1.50	≤0.50	0.30～0.70	≤4.00	—
GH3128	GH128	≤0.05	19.00～22.00	余	—	7.50～9.00	7.50～9.00	0.40～0.80	0.40～0.80	≤2.00	—
GH3170	GH170	≤0.06	18.00～22.00	余	15.00～22.00	17.00～21.00	—	≤0.50	—	—	—
GH3536	GH536	0.05～0.15	20.50～23.00	余	0.50～2.50	0.20～1.00	8.00～10.00	≤0.50	≤0.15	17.00～20.00	—
GH3600	GH600	≤0.15	14.00～17.00	≥72.00	—	—	—	≤0.35	≤0.50	6.00～10.00	≤1.00

新牌号	原牌号	La	B	Zr	Ce	Si	Mn	P	S	Cu
						不大于				
GH3007	GH5K	—	—	—	—	1.00	0.50	0.040	0.040	0.500～2.000
GH3030	GH30	—	—	—	—	0.80	0.70	0.030	0.020	≤0.200
GH3039	GH39	—	—	—	—	0.80	0.40	0.020	0.012	—
GH3044	GH44	—	—	—	—	0.80	0.50	0.013	0.013	≤0.070
GH3128	GH128	—	≤0.005	≤0.060	≤0.050	0.80	0.50	0.013	0.013	—
GH3170	GH170	0.100	≤0.005	0.100～0.200	—	0.80	0.50	0.013	0.013	—
GH3536	GH536	—	≤0.010	—	—	1.00	1.00	0.025	0.015	≤0.500
GH3600	GH600	—	—	—	—	0.50	1.00	0.040	0.015	≤0.500

表 1（续）

镍为主要元素的变形高温合金化学成分（质量分数）/%											
新牌号	原牌号	C	Cr	Ni	Co	W	Mo	Al	Ti	Fe	Nb
GH3625	GH625	≤0.10	20.00～23.00	余	≤1.00	—	8.00～10.00	≤0.40	≤0.40	≤5.00	3.15～4.15
GH3652	GH652	≤0.10	26.50～28.50	余	—	—	—	2.80～3.50	—	≤1.00	—
GH4033	GH33	0.03～0.08	19.00～22.00	余	—	—	—	0.60～1.00	2.40～2.80	≤4.00	—
GH4037	GH37	0.03～0.10	13.00～16.00	余	—	5.00～7.00	2.00～4.00	1.70～2.30	1.80～2.30	≤5.00	—
GH4049	GH49	0.04～0.10	9.50～11.00	余	14.00～16.00	5.00～6.00	4.50～5.50	3.70～4.40	1.40～1.90	≤1.50	—
GH4080A	GH80A	0.04～0.10	18.00～21.00	余	≤2.00	—	—	1.00～1.80	1.80～2.70	≤1.50	—
GH4090	GH90	≤0.13	18.00～21.00	余	15.00～21.00	—	—	1.00～2.00	2.00～3.00	≤1.50	—
GH4093	GH93	≤0.13	18.00～21.00	余	15.00～21.00	—	—	1.00～2.00	2.00～3.00	≤1.00	—
GH4098	GH98	≤0.10	17.50～19.50	余	5.00～8.00	5.50～7.00	3.50～5.00	2.50～3.00	1.00～1.50	≤3.00	≤1.50
GH4099	GH99	≤0.08	17.00～20.00	余	5.00～8.00	5.00～7.00	3.50～4.50	1.70～2.40	1.00～1.50	≤2.00	—
新牌号	原牌号	Mg	V	B	Zr	Ce	Si	Mn	P	S	Cu
							不大于				
GH3625	GH625	—	—	—	—	—	0.50	0.50	0.015	0.015	0.070
GH3652	GH652	—	—	—	—	≤0.030	0.80	0.30	0.020	0.020	—
GH4033	GH33	—	—	≤0.010	—	≤0.020	0.65	0.40	0.015	0.007	—
GH4037	GH37	—	0.100～0.500	≤0.020	—	≤0.020	0.40	0.50	0.015	0.010	0.070
GH4049	GH49	—	0.200～0.500	≤0.025	—	≤0.020	0.50	0.50	0.010	0.010	0.070
GH4080A	GH80A	—	—	≤0.008	—	—	0.80	0.40	0.020	0.015	0.200
GH4090	GH90	—	—	≤0.020	≤0.150	—	0.80	0.40	0.020	0.015	0.200
GH4093	GH93	—	—	≤0.020	—	—	1.00	1.00	0.015	0.015	0.200
GH4098	GH98	—	—	≤0.005	—	≤0.020	0.30	0.30	0.015	0.015	0.070
GH4099	GH99	≤0.010	—	≤0.005	—	≤0.020	0.50	0.40	0.015	0.015	—

表 1(续)

镍为主要元素的变形高温合金化学成分(质量分数)/%											
新牌号	原牌号	C	Cr	Ni	Co	W	Mo	Al	Ti	Fe	Nb
GH4105	GH105	0.12~0.17	14.00~15.70	余	18.00~22.00	—	4.50~5.50	4.50~4.90	1.18~1.50	≤1.00	—
GH4133	GH33A	≤0.07	19.00~22.00	余	—	—	—	0.70~1.20	2.50~3.00	≤1.50	1.15~1.65
GH4133B	GH4133B	≤0.06	19.00~22.00	余	—	—	—	0.75~1.15	2.50~3.00	≤1.50	1.30~1.70
GH4141	GH141	0.06~0.12	18.00~20.00	余	10.00~12.00	—	9.00~10.50	1.40~1.80	3.00~3.50	≤5.00	—
GH4145	GH145	≤0.08	14.00~17.00	≥70.00	≤1.00	—	—	0.40~1.00	2.25~2.75	5.00~9.00	0.70~1.20
GH4163	GH163	0.04~0.08	19.00~21.00	余	19.00~21.00	—	5.60~6.10	0.30~0.60	1.90~2.40	≤0.70	—
GH4169	GH169	≤0.08	17.00~21.00	50.00~55.00	≤1.00	—	2.80~3.30	0.20~0.80	0.65~1.15	余	4.75~5.50
GH4199	GH199	≤0.10	19.00~21.00	余	—	9.00~11.00	4.00~6.00	2.10~2.60	1.10~1.60	≤4.00	—
GH4202	GH202	≤0.08	17.00~20.00	余	—	4.00~5.00	4.00~5.00	1.00~1.50	2.20~2.80	≤4.00	—
GH4220	GH220	≤0.08	9.00~12.00	余	14.00~15.50	5.00~6.50	5.00~7.00	3.90~4.80	2.20~2.90	≤3.00	—
新牌号	原牌号	Mg	V	B	Zr	Ce	Si	Mn	P	S	Cu
							不大于				
GH4105	GH105	—	—	0.003~0.010	0.070~0.150	—	0.25	0.40	0.015	0.010	0.200
GH4133	GH33A	—	—	≤0.010	—	≤0.010	0.65	0.35	0.015	0.007	0.070
GH4133B	GH4133B	0.001~0.010	—	≤0.010	0.010~0.100	≤0.010	0.65	0.35	0.015	0.007	0.070
GH4141	GH141	—	—	0.003~0.010	≤0.070	—	0.50	0.50	0.015	0.015	0.500
GH4145	GH145	—	—	—	—	—	0.50	1.00	0.015	0.010	0.500
GH4163	GH163	—	—	≤0.005	—	—	0.40	0.60	0.015	0.007	0.200
GH4169	GH169	≤0.010	—	≤0.006	—	—	0.35	0.35	0.015	0.015	0.300
GH4199	GH199	≤0.050	—	≤0.008	—	—	0.55	0.50	0.015	0.015	0.070
GH4202	GH202	—	—	≤0.010	—	≤0.010	0.60	0.50	0.015	0.010	—
GH4220	GH220	≤0.010	0.250~0.800	≤0.020	—	≤0.020	0.35	0.50	0.015	0.009	0.070

表 1（续）

镍为主要元素的变形高温合金化学成分（质量分数）/%											
新牌号	原牌号	C	Cr	Ni	Co	W	Mo	Al	Ti	Fe	Nb
GH4413	GH413	0.04～0.10	13.00～16.00	余	—	5.00～7.00	2.50～4.00	2.40～2.90	1.70～2.20	≤5.00	
GH4500	GH500	≤0.12	18.00～20.00	余	15.00～20.00	—	3.00～5.00	2.75～3.25	2.75～3.25	≤4.00	—
GH4586	GH586	≤0.08	18.00～20.00	余	10.00～12.00	2.00～4.00	7.00～9.00	1.50～1.70	3.20～3.50	≤5.00	—
GH4648	GH648	≤0.10	32.00～35.00	余	—	4.30～5.30	2.30～3.30	0.50～1.10	0.50～1.10	≤4.00	0.50～1.10
GH4698	GH698	≤0.08	13.00～16.00	余	—	—	2.80～3.20	1.30～1.70	2.35～2.75	≤2.00	1.80～2.20
GH4708	GH708	0.05～0.10	17.50～20.00	余	≤0.50	5.50～7.50	4.00～6.00	1.90～2.30	1.00～1.40	≤4.00	—
GH4710	GH710	≤0.10	16.50～19.50	余	13.50～16.00	1.00～2.00	2.50～3.50	2.00～3.00	4.50～5.50	≤1.00	—
GH4738	GH738 (GH684)	0.03～0.10	18.00～21.00	余	12.00～15.00	—	3.50～5.00	1.20～1.60	2.75～3.25	≤2.00	—
GH4742	GH742	0.04～0.08	13.00～15.00	余	9.00～11.00	—	4.50～5.50	2.40～2.80	2.40～2.80	≤1.00	2.40～2.80

新牌号	原牌号	La	Mg	V	B	Zr	Ce	Si	Mn	P	S	Cu
								不大于				
GH4413	GH413	—	≤0.005	0.200～1.000	0.020	—	0.020	0.60	0.50	0.015	0.009	0.070
GH4500	GH500	—	—	—	0.003～0.008	≤0.060	—	0.75	0.75	0.015	0.015	0.100
GH4586	GH586	≤0.015	≤0.015	—	≤0.005	—	—	0.50	0.10	0.010	0.010	—
GH4648	GH648	—	—	—	≤0.008	—	≤0.030	0.40	0.50	0.015	0.010	—
GH4698	GH698	—	≤0.008	—	≤0.005	≤0.050	≤0.005	0.60	0.40	0.015	0.007	0.070
GH4708	GH708	—	—	—	≤0.008	—	≤0.030	0.40	0.50	0.015	0.015	—
GH4710	GH710	—	—	—	0.010～0.030	≤0.060	0.020	0.15	0.15	0.015	0.010	0.100
GH4738	GH738 (GH684)	—	—	—	0.003～0.010	0.020～0.080	—	0.15	0.10	0.015	0.015	0.100
GH4742	GH742	≤0.100	—	—	≤0.010	—	0.010	0.30	0.40	0.015	0.010	—

表 1（续）

钴为主要元素的变形高温合金化学成分（质量分数）/%

新牌号	原牌号	C	Cr	Ni	Co	W	Mo	Al	Ti	Fe	Nb
GH5188	GH188	0.05～0.15	20.00～24.00	20.00～24.00	余	13.00～16.00	—	—	—	≤3.00	—
GH5605	GH605	0.05～0.15	19.00～21.00	9.00～11.00	余	14.00～16.00	—	—	—	≤3.00	—
GH5941	GH941	≤0.10	19.00～23.00	19.00～23.00	余	17.00～19.00	—	—	—	≤1.50	—
GH6159	GH159	≤0.04	18.00～20.00	余	34.00～38.00	—	6.00～8.00	0.10～0.30	2.50～3.25	8.00～10.00	0.25～0.75
GH6783[f]	GH783	≤0.03	2.50～3.50	26.00～30.00	余	—	—	5.00～6.00	≤0.40	24.00～27.00	2.50～3.50

新牌号	原牌号	La	B	Si	Mn	P	S	Cu
						不大于		
GH5188	GH188	0.030～0.120	≤0.015	0.20～0.50	≤1.25	0.020	0.015	0.070
GH5605	GH605	—	—	≤0.40	1.00～2.00	0.040	0.030	—
GH5941	GH941	—	—	≤0.50	≤1.50	0.020	0.015	0.500
GH6159	GH159	—	≤0.030	≤0.20	≤0.20	0.020	0.010	—
GH6783	GH783	—	0.003～0.012	≤0.50	≤0.50	0.015	0.005	0.500

a 氮含量在 0.130～0.250 之间。

b 加钛或加铌，但两者不得同时加入。

c 氮含量在 0.100～0.200 之间。

d 氮含量在 0.150～0.300 之间。

e 氮含量在 0.300～0.450 之间。

f 钽含量不大于 0.050。

表 2 铸造高温合金牌号及其化学成分

等轴晶铸造高温合金化学成分（质量分数）/%

新牌号	原牌号	C	Cr	Ni	Co	W	Mo	Al	Ti	Fe
K211	K11	0.10～0.20	19.50～20.50	45.00～47.00	—	7.50～8.50	—	—	—	余
K213	K13	<0.10	14.00～16.00	34.00～38.00	—	4.00～7.00	—	1.50～2.00	3.00～4.00	余
K214	K14	≤0.10	11.00～13.00	40.00～45.00	[illegible]	6.50～8.00	[illegible]	1.80～2.40	4.20～5.00	余
K401	K1	≤0.10	14.00～17.00	余	—	7.00～10.00	≤0.30	4.50～5.50	1.50～2.00	≤0.20
K402	K2	0.13～0.20	10.50～13.50	余	—	6.00～8.00	4.50～5.50	4.50～5.30	2.00～2.70	≤2.00
K403	K3	0.11～0.18	10.00～12.00	余	4.50～6.00	4.80～5.50	3.80～4.50	5.30～5.90	2.30～2.90	≤2.00
K405	K5	0.10～0.18	9.50～11.00	余	9.50～10.50	4.50～5.20	3.50～4.20	5.00～5.80	2.00～2.90	≤0.50
K406	K6	0.10～0.20	14.00～17.00	余	—	—	4.50～6.00	3.25～4.00	2.00～3.00	≤1.00
K406C	K6C	0.03～0.08	18.00～19.00	余	—	—	4.50～6.00	3.25～4.00	2.00～3.00	≤1.00
K407	K7	≤0.12	20.00～35.00	余	—	—	—	—	—	≤8.00

新牌号	原牌号	B	Zr	Ce	Si	Mn	P	S	Cu
					不大于				
K211	K11	0.030～0.050	—	—	0.40	0.50	0.040	0.040	—
K213	K13	0.050～0.100	—	—	0.50	0.50	0.015	0.015	—
K214	K14	0.100～0.150	—	—	0.50	0.50	0.015	0.015	—
K401	K1	0.030～0.100	—	—	0.80	0.80	0.015	0.010	—
K402	K2	0.015	—	0.015	0.04	0.04	0.015	0.015	—
K403	K3	0.012～0.022	0.030～0.080	0.010	0.50	0.50	0.020	0.010	—
K405	K5	0.015～0.026	0.030～0.100	0.010	0.30	0.50	0.020	0.010	—
K406	K6	0.050～0.100	0.030～0.080	—	0.30	0.10	0.020	0.010	—
K406C	K6C	0.050～0.100	≤0.030	—	0.30	0.10	0.020	0.010	—
K407	K7	—	—	—	1.00	0.50	0.040	0.040	0.500～2.000

表 2（续）

新牌号	原牌号	等轴晶铸造高温合金化学成分（质量分数）/%									
		C	Cr	Ni	Co	W	Mo	Al	Ti	Fe	Nb	Ta
K408	K8	0.10～0.20	14.90～17.00	余	—	—	4.50～6.00	2.50～3.50	1.80～2.50	8.00～12.50	—	—
K409	K9	0.08～0.13	7.50～8.50	余	9.50～10.50	≤0.10	5.75～6.25	5.75～6.25	0.80～1.20	≤0.35	≤0.10	4.00～4.50
K412	K12	0.11～0.16	14.00～18.00	余	—	4.50～6.50	3.00～4.50	1.60～2.20	1.60～2.30	≤8.00	—	—
K417	K17	0.13～0.22	8.50～9.50	余	14.00～16.00	—	2.50～3.50	4.80～5.70	4.50～5.00	≤1.00	—	—
K417G	K17G	0.13～0.22	8.50～9.50	余	9.00～11.00	—	2.50～3.50	4.80～5.70	4.10～4.70	≤1.00	—	—
K417L	K17L	0.05～0.22	11.00～15.00	余	3.00～5.00	—	2.50～3.50	4.00～5.70	3.00～5.00	—	—	—
K418	K18	0.08～0.16	11.50～13.50	余	—	—	3.80～4.80	5.50～6.40	0.50～1.00	≤1.00	1.80～2.50	—
K418B	K18B	0.03～0.07	11.00～13.00	余	≤1.00	—	3.80～5.20	5.50～6.50	0.40～1.00	≤0.50	1.50～2.50	—
K419	K19	0.09～0.14	5.50～6.50	余	11.00～13.00	9.50～10.50	1.70～2.30	5.20～5.70	1.00～1.50	≤0.50	2.50～3.30	—
K419H	K19H	0.09～0.14	5.50～6.50	余	11.00～13.00	9.50～10.70	1.70～2.30	5.20～5.70	1.00～1.50	≤0.50	2.25～2.75	—

新牌号	原牌号	Hf	Mg	V	B	Zr	Ce	Si	Mn	P	S	Cu
								不大于				
K408	K8	—	—	—	0.060～0.080	—	0.010	0.60	0.60	0.015	0.020	—
K409	K9	—	—	—	0.010～0.020	0.050～0.100	—	0.25	0.20	0.015	0.015	—
K412	K12	—	—	≤0.300	0.005～0.010	—	—	0.60	0.60	0.015	0.009	—
K417	K17	—	—	0.600～0.900	0.012～0.022	0.050～0.090	—	0.50	0.50	0.015	0.010	—
K417G	K17G	—	—	0.600～0.900	0.012～0.024	0.050～0.090	—	0.20	0.20	0.015	0.010	—
K417L	K17L	—	—	—	0.003～0.012	—	—	—	—	0.010	0.006	—
K418	K18	—	—	—	0.008～0.020	0.060～0.150	—	0.50	0.50	0.015	0.010	—
K418B	K18B	—	—	—	0.005～0.015	0.050～0.150	—	0.50	0.25	0.015	0.015	0.500
K419	K19	—	≤0.003	≤0.100	0.050～0.100	0.030～0.080	—	0.20	0.50	—	0.015	0.400
K419H	K19H	1.200～1.600	—	≤0.100	0.050～0.100	0.030～0.080	—	0.20	0.20	—	0.015	0.100

表 2（续）

等轴晶铸造高温合金化学成分（质量分数）/%

新牌号	原牌号	C	Cr	Ni	Co	W	Mo	Al	Ti	Fe	Nb	Ta
K423	K23	0.12～0.18	14.50～16.50	余	9.00～10.50	≤0.20	7.60～9.00	3.90～4.40	3.40～3.80	≤0.50	≤0.25	—
K423A	K23A	0.12～0.18	14.00～15.50	余	8.20～9.50	≤0.20	6.80～8.30	3.90～4.40	3.40～3.80	≤0.50	≤0.25	—
K424	K24	0.14～0.20	8.50～10.50	余	12.00～15.00	1.00～1.80	2.70～3.40	5.00～5.70	4.20～4.70	≤2.00	0.50～1.00	—
K430	K430	≤0.12	19.00～22.00	≥75.00	—	—	—	≤0.15	—	≤1.50	—	—
K438	K38	0.10～0.20	15.70～16.30	余	8.00～9.00	2.40～2.80	1.50～2.00	3.20～3.70	3.00～3.50	≤0.50	0.60～1.10	1.50～2.00
K438G	K38G	0.13～0.20	15.30～16.30	余	8.00～9.00	2.30～2.90	1.40～2.00	3.50～4.50	3.20～4.00	≤0.20	0.40～1.00	1.40～2.00
K441	K41	0.02～0.10	15.00～17.00	余	—	12.00～15.00	1.50～3.00	3.10～4.00	—	—	—	—
K461	K461	0.12～0.17	15.00～17.00	余	≤0.50	2.10～2.50	3.60～5.00	2.10～2.80	2.10～3.00	6.00～7.50	—	—
K477	K77	0.05～0.09	14.00～15.25	余	14.00～16.00	—	3.90～4.50	4.00～4.60	3.00～3.70	≤1.00	—	—
K480[a]	K80	0.15～0.19	13.70～14.30	余	9.00～10.00	3.70～4.30	3.70～4.30	2.80～3.20	4.80～5.20	≤0.35	≤0.10	≤0.10
K491	K91	≤0.02	9.50～10.50	余	9.50～10.50	—	2.75～3.25	5.25～5.75	5.00～5.50	≤0.50	—	—

新牌号	原牌号	Hf	Mg	V	B	Zr	Ce	Si	Mn	P	S	Cu
									不大于			
K423	K23	≤0.250	—	—	0.004～0.008	—	—	≤0.20	0.20	0.010	0.010	—
K423A	K23A	—	—	—	0.005～0.015	—	—	≤0.20	0.20	—	0.010	—
K424	K24	—	—	0.500～1.000	0.015	0.020	0.020	≤0.40	0.40	0.015	0.015	—
K430	K430	—	—	—	—	—	—	≤1.20	1.20	0.030	0.020	0.200
K438	K38	—	—	—	0.005～0.015	0.050～0.150	—	≤0.30	0.20	0.015	0.015	—
K438G	K38G	—	—	—	0.005～0.015	—	—	≤0.01	0.20	0.000 5	0.010	0.100
K441	K41	—	—	—	0.001～0.010	≤0.050	—	—	—	0.015	0.010	—
K461	K461	—	—	—	0.100～0.130	—	—	1.20～2.00	0.30	0.020	0.020	—
K477	K77	—	—	—	0.012～0.020	≤0.040	≤0.100	≤0.50	0.20	0.015	0.010	—
K480	K80	≤0.100	≤0.010	≤0.100	0.010～0.020	0.020～0.100	—	≤0.10	0.50	0.015	0.010	0.100
K491	K91	—	≤0.005	—	0.080～0.120	≤0.040	—	≤0.10	0.10	0.010	0.010	—

表 2（续）

等轴晶铸造高温合金化学成分（质量分数）/%												
新牌号	原牌号	C	Cr	Ni	Co	W	Mo	Al	Ti	Fe	Nb	Ta
K4002	K002	0.13～0.17	8.00～10.00	余	9.00～11.00	9.00～11.00	≤0.50	5.25～5.75	1.25～1.75	≤0.50	—	2.25～2.75
K4130	K130	<0.01	20.00～23.00	余	≤1.00	≤0.20	9.00～10.50	0.70～0.90	2.40～2.80	≤0.50	≤0.25	—
K4163	K163	0.04～0.08	19.50～21.00	余	18.50～21.00	≤0.20	5.60～6.10	0.40～0.60	2.00～2.40	0.70	0.25	—
K4169	K4169	0.02～0.08	17.00～21.00	50.00～55.00	≤1.00	—	2.80～3.30	0.30～0.70	0.65～1.15	余	4.40～5.40	≤0.10
K4202	K202	≤0.08	17.00～20.00	余	—	4.00～5.00	4.00～5.00	1.00～1.50	2.20～2.80	≤4.00	—	—
K4242	K242	0.27～0.35	20.00～23.00	余	9.55～11.00	≤0.20	10.00～11.00	≤0.20	≤0.30	≤0.75	≤0.25	—
K4536	K536	≤0.10	20.50～23.00	余	0.50～2.50	0.20～1.00	8.00～10.00	—	—	17.00～20.00	—	—
K4537[b]	K537	0.07～0.12	15.00～16.00	余	9.00～10.00	4.70～5.20	1.20～1.70	2.70～3.20	3.20～3.70	≤0.50	1.70～2.20	—
K4648	K648	0.03～0.10	32.00～35.00	余	—	4.30～5.50	2.30～3.50	0.70～1.30	0.70～1.30	≤0.50	0.70～1.30	—
K4708	K708	0.05～0.10	17.50～20.50	余	—	5.50～7.50	4.00～6.00	1.90～2.30	1.00～1.40	≤4.00	—	—
新牌号	原牌号	Hf	Mg	V	B	Zr	Ce	Si	Mn	P	S	Cu
										不大于		
K4002	K002	1.300～1.700	≤0.003	≤0.100	0.010～0.020	0.030～0.080	—	≤0.20	≤0.20	0.010	0.010	0.100
K4130	K130	—	—	—	—	—	—	≤0.60	≤0.60	—	—	—
K4163	K163	—	—	—	≤0.005	—	—	≤0.40	≤0.60	—	0.007	0.200
K4169	K4169	—	—	—	≤0.006	≤0.050	—	≤0.35	≤0.35	0.015	0.015	0.300
K4202	K202	—	—	—	≤0.015	—	≤0.010	≤0.60	≤0.50	0.015	0.010	—
K4242	K242	—	—	—	—	—	—	0.20～0.45	0.20～0.50	—	—	—
K4536	K536	—	—	—	≤0.010	—	—	≤1.00	≤1.00	0.040	0.030	—
K4537	K537	—	—	—	0.010～0.020	0.030～0.070	—	—	—	0.015	0.015	—
K4648	K648	—	—	—	≤0.008	—	≤0.030	≤0.30	—	—	0.010	—
K4708	K708	—	—	—	≤0.008	—	≤0.030	≤0.60	≤0.50	0.015	0.015	—

表 2（续）

等轴晶铸造高温合金化学成分（质量分数）/%											
新牌号	原牌号	C	Cr	Ni	Co	W	Mo	Al	Ti	Fe	Ta
K605	K605	≤0.40	19.00～21.00	9.00～11.00	余	14.00～16.00	—	—	—	≤3.00	—
K610	K10	0.15～0.25	25.00～28.00	3.00～3.70	余	≤0.50	4.50～5.50	—	—	≤1.50	—
K612	K612	1.70～1.95	27.00～31.00	≤1.50	余	8.00～10.00	≤2.50	1.00	—	≤2.50	—
K640	K40	0.45～0.55	24.50～26.50	9.50～11.50	余	7.00～8.00	—	—	—	≤2.00	—
K640M	K40M	0.45～0.55	24.50～26.50	9.50～11.50	余	7.00～8.00	0.10～0.50	0.70～1.20	0.05～0.30	≤2.00	0.10～0.50
K6188[c]	K188	0.15	20.00～24.00	20.00～24.00	余	13.00～16.00	—	—	—	3.00	—
K825[d]	K25	0.02～0.08	余	39.50～42.50	—	1.40～1.80	—	—	0.20～0.40	—	—
新牌号	原牌号	V			B	Zr	Ce	Si	Mn	P	S
										不大于	
K605	K605	—			≤0.030	—	—	≤0.40	1.00～2.00	0.040	0.030
K610	K10	—			—	—	—	≤0.50	≤0.60	0.025	0.025
K612	K612	—			—	—	—	≤1.50	≤1.50	—	—
K640	K40	—			—	—	—	≤1.00	≤1.00	0.040	0.040
K640M	K40M	—			0.008～0.040	0.100～0.300	—	≤1.00	≤1.00	0.040	0.040
K6188	K188	—			≤0.015	—	—	0.20～0.50	≤1.50	0.020	0.015
K825	K25	0.200～0.400			—	—	—	≤0.50	≤0.50	0.015	0.010

表 2（续）

定向凝固柱晶高温合金化学成分（质量分数）/%													
新牌号	原牌号	C	Cr	Ni	Co	W	Mo	Al	Ti	Fe	Nb	Ta	Hf
DZ404	DZ4	0.10～0.16	9.00～10.00	余	5.50～6.50	5.10～5.80	3.50～4.20	5.60～6.40	1.60～2.20	≤1.00	—	—	—
DZ405	DZ5	0.07～0.15	9.50～11.00	余	9.50～10.50	4.50～5.50	3.50～4.20	5.00～6.00	2.00～3.00	—	—	—	—
DZ417G	DZ17G	0.13～0.22	8.50～9.50	余	9.00～11.00	—	2.50～3.50	4.80～5.70	4.10～4.70	≤0.50	—	—	—
DZ422	DZ22	0.12～0.16	8.00～10.00	余	9.00～11.00	11.50～12.50	—	4.75～5.25	1.75～2.25	≤0.20	0.75～1.25	—	1.40～1.80
DZ422B[e]	DZ22B	0.12～0.14	8.00～10.00	余	9.00～11.00	11.50～12.50	—	4.75～5.25	1.75～2.25	≤0.25	0.75～1.25	—	0.80～1.10
DZ438G[f]	DZ38G	0.08～0.14	15.50～16.40	余	8.00～9.00	2.40～2.80	1.50～2.00	3.50～4.30	3.50～4.30	≤0.30	0.40～1.00	1.50～2.00	—
DZ4002	DZ002	0.13～0.17	8.00～10.00	余	9.00～11.00	9.00～11.00	≤0.50	5.25～5.75	1.25～1.75	≤0.50	—	2.25～2.75	1.30～1.70
DZ4125	DZ125	0.07～0.12	8.40～9.40	余	9.50～10.50	6.50～7.50	1.50～2.50	4.80～5.40	0.70～1.20	≤0.30	—	3.50～4.10	1.20～1.80
DZ4125L	DZ125L	0.06～0.14	8.20～9.80	余	9.20～10.80	6.20～7.80	1.50～2.50	4.30～5.30	2.00～2.80	≤0.20	—	3.30～4.00	—
DZ640M	DZ40M	0.45～0.55	24.50～26.50	9.50～11.50	余	7.00～8.00	0.10～0.50	0.70～1.20	0.05～0.30	≤2.00	—	0.10～0.50	—

新牌号	原牌号	V	B	Zr	Si	Mn	P	S	Pb	Sb	As	Sn	Bi	Ag	Cu
					不大于										
DZ404	DZ4	—	0.012～0.025	≤0.020	0.500	0.500	0.020	0.010	0.001	0.001	0.005	0.002	0.000 1	—	—
DZ405	DZ5	—	0.010～0.020	≤0.100	0.500	0.500	0.020	0.010	—	—	—	—	—	—	—
DZ417G	DZ17G	0.600～0.900	0.012～0.024	—	0.200	0.200	0.005	0.008	0.000 5	0.001	0.005	0.002	0.000 1	—	—
DZ422	DZ22	—	0.010～0.020	≤0.050	0.150	0.200	0.010	0.015	0.000 5	—	—	—	0.000 05	—	0.100
DZ422B	DZ22B	—	0.010～0.020	≤0.050	0.120	0.120	0.015	0.010	0.0005	—	—	—	0.000 03	—	0.100
DZ438G	DZ38G	—	0.005～0.015	—	0.150	0.150	0.000 5	0.015	0.001	0.001	—	0.002	0.000 1	—	—
DZ4002	DZ002	≤0.100	0.010～0.020	0.030～0.080	0.200	0.200	0.020	0.010	—	—	—	—	—	—	0.100
DZ4125	DZ125	—	0.010～0.020	≤0.080	0.150	0.150	0.010	0.010	0.0005	0.001	0.001	0.001	0.000 05	0.000 5	—
DZ4125L	DZ125 L	—	0.005～0.015	≤0.050	0.150	0.150	0.001	0.010	0.000 5	0.001	0.001	0.001	0.000 05	0.000 5	—
DZ640M	DZ40M	—	0.008～0.018	0.100～0.300	1.000	1.000	0.040	0.040	0.000 5	0.001	0.001	0.001	0.000 05	—	—

表 2（续）

新牌号	原牌号	单晶高温合金化学成分(质量分数)/%												
		C	Cr	Ni	Co	W	Mo	Al	Ti	Fe	Nb	Ta	Hf	Re
DD402	DD402	≤0.006	7.00～8.20	余	4.30～4.90	7.60～8.40	0.30～0.70	5.45～5.75	0.80～1.20	≤0.20	≤0.15	5.80～6.20	≤0.0075	—
DD403	DD3	≤0.010	9.00～10.00	余	4.50～5.50	5.00～6.00	3.50～4.50	5.50～6.20	1.70～2.40	≤0.50	—	—	—	—
DD404	DD4	≤0.01	8.50～9.50	余	7.00～8.00	5.50～6.50	1.40～2.00	3.40～4.00	3.90～4.70	≤0.50	0.35～0.70	3.50～4.80	—	—
DD406	DD6	0.001～0.04	3.80～4.80	余	8.50～9.50	7.00～9.00	1.50～2.50	5.20～6.20	≤0.10	≤0.30	≤1.20	6.00～8.50	0.050～0.150	1.600～2.400
DD408[g]	DD8	<0.03	15.50～16.50	余	8.00～9.00	5.60～6.40	—	3.60～4.20	3.60～4.20	≤0.50	—	0.70～1.20	—	—

新牌号	原牌号	Ga	Tl	Te	Se	Yb	Cu	Zn	Mg	[N]	[H]	[O]	B	Zr
		不大于												
DD402	DD402	0.002	0.000 03	0.000 03	0.000 1	0.100	0.050	0.000 5	0.008	0.001 2	—	0.001 0	0.003	0.007 5
DD403	DD3	—	—	—	—	—	0.100	—	0.003	0.001 2	—	0.001 0	0.005	0.007 5
DD404	DD4	—	—	—	—	—	0.100	—	0.003	0.001 5	—	0.001 5	0.010	0.050
DD406	DD6	—	—	—	—	—	0.100	—	0.003	0.001 5	0.001	0.004	0.020	0.100
DD408	DD8	—	—	—	—	—	0.100	—	0.003	0.001 2	—	0.001	0.005	0.007

新牌号	原牌号	Si	Mn	P	S	Pb	Sb	As	Sn	Bi	Ag
		不大于									
DD402	DD402	0.040	0.020	0.005	0.002	0.000 2	0.000 5	0.000 5	0.001 5	0.000 03	0.000 5
DD403	DD3	0.200	0.200	0.010	0.002	0.000 5	0.001 0	0.001 0	0.001 0	0.000 05	0.000 5
DD404	DD4	0.200	0.200	0.010	0.010	0.000 5	0.002	0.001	0.001	0.000 5	0.000 5
DD406	DD6	0.200	0.150	0.018	0.004	0.000 5	0.001	0.001	0.001	0.000 05	0.000 5
DD408	DD8	0.150	0.150	0.010	0.010	0.001	—	0.005	0.002	0.000 1	—

[a] 钨加钼含量不小于 7.70。

[b] 氮含量小于 0.200。

[c] 镧含量在 0.020～0.120 之间。

[d] 氮含量小于 0.030。

[e] 硒含量不大于 0.000 1；碲含量不大于 0.000 05；铊含量不大于 0.000 05。

[f] 铝加钛含量不小于 7.30。

[g] 铝加钛含量在 7.50～7.90 之间。

表 3 焊接用高温合金丝牌号及其化学成分

新牌号	原牌号	化学成分(质量分数)/%									
		C	Cr	Ni	W	Mo	Al	Ti	Fe	Nb	V
HGH1035	HGH35	0.06～0.12	20.00～23.00	35.00～40.00	2.50～3.50	—	≤0.50	0.70～1.20	余	—	—
HGH1040	HGH40	≤0.10	15.00～17.50	24.00～27.00	—	5.50～7.00	—	—	余	—	—
HGH1068	HGH68	≤0.10	14.00～16.00	21.00～23.00	7.00～8.00	2.00～3.00	—	—	余	—	—
HGH1131	HGH131	≤0.10	19.00～22.00	25.00～30.00	4.80～6.00	2.80～3.50	—	—	余	0.70～1.30	—
HGH1139	HGH139	≤0.12	23.00～26.00	14.00～18.00	—	—	—	—	余	—	—
HGH1140	HGH140	0.06～0.12	20.00～23.00	35.00～40.00	1.40～1.80	2.00～2.50	0.20～0.60	0.70～1.20	余	—	—
HGH2036	HGH36	0.34～0.40	11.50～13.50	7.00～9.00	—	1.10～1.40	—	≤0.12	余	0.25～0.50	1.25～1.55
HGH2038	HGH38	≤0.10	10.00～12.50	18.00～21.00	—	—	≤0.50	2.30～2.80	余	—	—
HGH2042	HGH42	≤0.05	11.50～13.00	34.50～36.50	—	—	0.90～1.20	2.70～3.20	余	—	—

新牌号	原牌号	B	Ce	Si	Mn	P	S	Cu	其他
						不大于			
HGH1035	HGH35	—	≤0.050	≤0.80	≤0.70	0.020	0.020	0.200	
HGH1040	HGH40	—	—	0.50～1.00	1.00～2.00	0.030	0.020	0.200	N:0.100～0.200
HGH1068	HGH68	—	≤0.020	≤0.20	5.00～6.00	0.010	0.010	—	
HGH1131	HGH131	≤0.005	—	≤0.80	≤1.20	0.020	0.020	—	N:0.150～0.300
HGH1139	HGH139	≤0.010	—	≤1.00	5.00～7.00	0.030	0.025	0.200	N:0.250～0.450
HGH1140	HGH140	—	—	≤0.80	≤0.70	0.020	0.015	—	
HGH2036	HGH36	—	—	0.30～0.80	7.50～9.50	0.035	0.030	—	
HGH2038	HGH38	≤0.008	—	≤1.00	≤1.00	0.030	0.020	0.200	
HGH2042	HGH42	—	—	≤0.60	0.80～1.30	0.020	0.020	0.200	

表 3（续）

新牌号	原牌号	化学成分（质量分数）/%									
		C	Cr	Ni	W	Mo	Al	Ti	Fe	Nb	V
HGH2132	HGH132	≤0.08	13.50～16.00	24.50～27.00	—	1.00～1.50	≤0.35	1.75～2.35	余	—	0.10～0.50
HGH2135	HGH135	≤0.06	14.00～16.00	33.00～36.00	1.70～2.20	1.70～2.20	2.40～2.80	2.10～2.50	余	—	—
HGH2150	HGH150	≤0.06	14.00～16.00	45.00～50.00	2.50～3.50	4.50～6.00	0.80～1.30	1.80～2.40	余	0.90～1.40	—
HGH3030	HGH30	≤0.12	19.00～22.00	余	—	—	≤0.15	0.15～0.35	≤1.00	—	—
HGH3039	HGH39	≤0.08	19.00～22.00	余	—	1.80～2.30	0.35～0.75	0.35～0.75	≤3.00	0.90～1.30	—
HGH3041	HGH41	≤0.25	20.00～23.00	72.00～78.00	—	—	≤0.06	—	≤1.70	—	—
HGH3044	HGH44	≤0.10	23.50～26.50	余	13.60～16.00	—	≤0.50	0.30～0.70	≤4.00	—	—
HGH3113	HGH113	≤0.08	14.50～16.50	余	3.00～4.50	15.00～17.00	—	—	4.00～7.00	—	≤0.35
HGH3128	HGH128	≤0.05	19.00～22.00	余	7.50～9.00	7.50～9.00	0.40～0.80	0.40～0.80	≤2.00	—	—
HGH3367	HGH367	≤0.06	14.00～16.00	余	—	14.00～16.00	—	—	≤4.00	—	—

新牌号	原牌号	B	Ce	Si	Mn	P	S	Cu	其他
						不大于			
HGH2132	HGH132	0.001～0.010	—	0.40～1.00	1.00～2.00	0.020	0.015	—	
HGH2135	HGH135	≤0.015	≤0.030	≤0.50	≤0.40	0.020	0.020	—	
HGH2150	HGH150	≤0.010	≤0.020	≤0.40	≤0.40	0.015	0.015	0.070	Zr:0.050
HGH3030	HGH30	—	—	≤0.80	≤0.70	0.015	0.010	0.200	
HGH3039	HGH39	—	—	≤0.80	≤0.40	0.020	0.012	0.200	
HGH3041	HGH41	—	—	≤0.60	0.20～1.50	0.035	0.030	0.200	
HGH3044	HGH44	—	—	≤0.80	≤0.50	0.013	0.013	0.200	
HGH3113	HGH113	—	—	≤1.00	≤1.00	0.015	0.015	0.200	
HGH3128	HGH128	≤0.005	≤0.050	≤0.80	≤0.50	0.013	0.013	—	Zr:0.060
HGH3367	HGH367	—	—	≤0.30	1.00～2.00	0.015	0.010	—	

表 3（续）

新牌号	原牌号	化学成分（质量分数）/%							
		C	Cr	Ni	W	Mo	Al	Ti	Fe	Nb
HGH3533	HGH533	≤0.08	17.00～20.00	余	7.00～9.00	7.00～9.00	≤0.40	2.30～2.90	≤3.00	—
HGH3536	HGH536	0.05～0.15	20.50～23.00	余	0.20～1.00	8.00～10.00	—	—	17.00～20.00	—
HGH3600	HGH600	≤0.10	14.00～17.00	≥72.00	—	—	—	—	6.00～10.00	—
HGH4033	HGH33	≤0.06	19.00～22.00	余	—	—	0.60～1.00	2.40～2.80	≤1.00	—
HGH4145	HGH145	≤0.08	14.00～17.00	余	—	—	0.40～1.00	2.50～2.75	5.00～9.00	0.70～1.20
HGH4169	HGH169	≤0.08	17.00～21.00	50.00～55.00	—	2.80～3.30	0.20～0.60	0.65～1.15	余	4.75～5.50
HGH4356	HGH356	≤0.08	17.00～20.00	余	4.00～5.00	4.00～5.00	1.00～1.50	2.20～2.80	≤4.00	—
HGH4642	HGH642	≤0.04	14.00～16.00	余	2.00～4.00	12.00～14.00	0.60～0.90	1.30～1.60	≤4.00	—
HGH4648	HGH648	≤0.10	32.00～35.00	余	4.30～5.30	2.30～3.30	0.50～1.10	0.50～1.10	≤4.00	0.50～1.10

新牌号	原牌号	B	Ce	Si	Mn	P	S	Cu	其他
				不大于					
HGH3533	HGH533	—	—	0.30	0.60	0.010	0.010	—	
HGH3536	HGH536	≤0.010	—	1.00	1.00	0.025	0.025	—	Co:0.50～2.50
HGH3600	HGH600	—	—	0.50	1.00	0.020	0.015	0.500	Co:≤1.00
HGH4033	HGH33	≤0.010	≤0.010	0.65	0.35	0.015	0.007	0.07	
HGH4145	HGH145	—	—	0.50	1.00	0.020	0.010	0.200	
HGH4169	HGH169	≤0.006	—	0.30	0.35	0.015	0.015	—	
HGH4356	HGH356	≤0.010	≤0.010	0.50	1.00	0.015	0.010	—	
HGH4642	HGH642	—	≤0.020	0.35	0.60	0.010	0.010	—	
HGH4648	HGH648	≤0.008	≤0.030	0.40	0.50	0.015	0.010	—	

表 4 粉末冶金高温合金牌号及其化学成分

化学成分（质量分数）/%											
新牌号	原牌号	C	Cr	Ni	Co	W	Mo	Al	Ti	Fe	Nb
FGH 4095	FGH95	0.04～0.09	12.00～14.00	余	7.00～9.00	3.30～3.70	3.30～3.70	3.30～3.70	2.30～2.70	≤0.50	3.30～3.70
FGH4096	FGH96	0.02～0.05	15.00～16.50	余	12.50～13.50	3.80～4.20	3.80～4.20	2.00～2.40	3.50～3.90	≤0.50	0.60～1.00
FGH4097	FGH97	0.02～0.06	8.00～10.00	余	15.00～16.50	4.80～5.90	3.50～4.20	4.85～5.25	1.60～2.00	≤0.50	2.40～2.80
新牌号	原牌号	Hf	Mg	Ta	B	Zr	Ce	Si	Mn	P	S
								不大于			
FGH4095	FGH95	—	—	≤0.020	0.006～0.015	0.030～0.070	—	0.20	0.15	0.015	0.015
FGH4096	FGH96	—	—	≤0.020	0.006～0.015	0.025～0.050	0.005～0.010	0.20	0.15	0.015	0.015
FGH4097	FGH97	0.100～0.400	0.002～0.050	—	0.006～0.015	0.010～0.015	0.005～0.010	0.20	0.15	0.015	0.009

表 5 弥散强化高温合金牌号及其化学成分

化学成分（质量分数）/%												
新牌号	原牌号	C	Cr	Ni	W	Mo	Al	Ti	Fe	[O]	Y_2O_3	S
MGH2756	MGH2756	≤0.10	18.50～21.50	<0.50	—	—	3.75～5.75	0.20～0.60	余	—	0.30～0.70	—
MGH2757[a]	MGH2757	≤0.20	9.00～15.00	<1.00	1.00～3.00	0.20～1.50	—	0.30～2.50	余	—	0.20～1.00	—
MGH4754	MGH754	≤0.05	18.50～21.50	余	—	—	0.25～0.55	0.40～0.70	<1.20	<0.50	0.50～0.70	<0.005
MGH4755	MGH5K	≤0.10	25.00～35.00	余	—	—	—	—	≤4.0	—	0.10～2.00	—
MGH4758[b]	MGH4758	≤0.05	28.00～32.00	余	—	—	0.25～0.55	0.40～0.70	<1.20	<0.50	0.50～0.70	<0.005

a 钨钼元素只可任选一种加入。

b 铜含量在 0.50～1.50。

表 6　金属间化合物高温材料牌号及其化学成分

新牌号	原牌号	化学成分(质量分数)/%									
		C	Cr	Ni	W	Mo	Al	Ti	Nb	Ta	V	Fe
JG1101	TAC-2	—	1.20～1.60	—	—	—	32.30～34.60	余	—	—	3.00～3.60	—
JG1102	TAC-2M	—	1.20～1.60	0.65～0.85	—	—	32.10～33.10	余	—	—	2.30～2.90	—
JG1201	TAC-3A	—	—	—	—	—	9.90～11.90	余	41.60～43.60	—	—	—
JG1202	TAC-3B	—	—	—	—	—	9.70～11.70	余	44.20～46.20	—	—	—
JG1203	TAC-3C	—	—	—	—	—	9.20～11.20	余	37.50～39.50	9.00～9.60	—	—
JG1204	TAC-3D	—	—	—	—	—	8.60～10.60	余	29.20～31.20	20.10～21.10	—	—
JG1301	TAC-1	—	—	—	—	0.80～1.20	12.10～14.10	余	25.30～27.30	—	2.80～3.40	—
JG1302	TAC-1B	—	—	—	—	—	11.20～13.20	余	30.10～32.10	—	—	—
JG4006	IC6	≤0.02	—	余	—	13.50～14.30	7.40～8.00	—	—	—	—	≤1.00
JG4006A	IC6A	≤0.02	—	余	—	13.50～14.30	7.40～8.00	—	—	—	—	≤1.00
JG4246	MX246	0.06～0.16	7.40～8.20	余	—	—	7.00～8.50	0.60～1.20	—	—	—	≤2.00
JG4246A	MX246A	0.06～0.20	7.40～8.20	余	1.70～2.30	3.50～4.50	7.60～8.50	0.60～1.20	—	—	—	≤2.00

新牌号	原牌号	B	Zr	Hf	Y	Si	Mn	P	S	Pb	Sb	As	Sn	Bi	O	N	H
						不大于											
JG1101	TAC-2	—	—	—	—	—	—	—	—	—	—	—	—	—	0.100	0.020	0.010
JG1102	TAC-2M	—	—	—	—	—	—	—	—	—	—	—	—	—	0.100	0.020	0.010
JG1201	TAC-3A	—	—	—	—	—	—	—	—	—	—	—	—	—	0.100	0.020	0.010
JG1202	TAC-3B	—	—	—	—	—	—	—	—	—	—	—	—	—	0.100	0.020	0.010
JG1203	TAC-3C	—	—	—	—	—	—	—	—	—	—	—	—	—	0.100	0.020	0.010
JG1204	TAC-3D	—	—	—	—	—	—	—	—	—	—	—	—	—	0.100	0.020	0.010
JG1301	TAC-1	—	—	—	—	—	—	—	—	—	—	—	—	—	0.100	0.020	0.010
JG1302	TAC-1B	—	—	—	—	—	—	—	—	—	—	—	—	—	0.100	0.020	0.010
JG4006	IC6	0.020～0.060	—	—	—	0.50	0.50	0.015	0.010	0.001	0.001	0.005	0.002	0.0001	—	—	—
JG4006A	IC6A	0.020～0.060	—	—	0.010～0.050	0.50	0.50	0.015	0.010	0.001	0.001	0.005	0.002	0.000 1	—	—	—
JG4246	MX246	0.010～0.050	0.300～0.800	—	—	1.00	0.50	0.020	0.015	0.001	0.001	0.005	0.002	0.000 1	—	—	—
JG4246A	MX246A	0.010～0.050	—	0.300～0.600	—	1.00	0.50	0.020	0.015	0.001	0.001	0.005	0.002	0.000 1	—	—	—

ICS 29.140.30
K 71

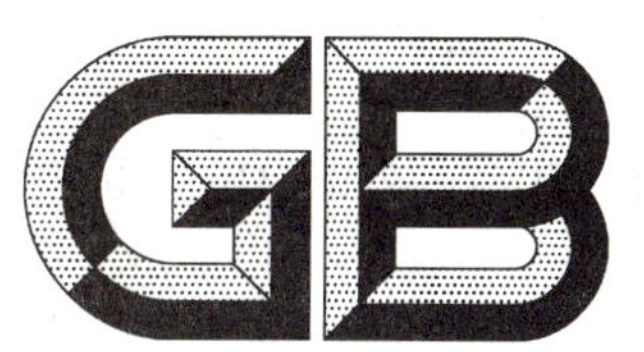

中华人民共和国国家标准

GB/T 15042—2005/IEC 60923:2001
代替 GB/T 15042—1994

灯用附件　放电灯(管形荧光灯除外)用镇流器　性能要求

**Auxiliaries for lamps—
Ballasts for discharge lamps(excluding tubular fluorescent lamps)—
Performance requirements**

(IEC 60923:2001,IDT)

2005-01-18 发布　　2005-08-01 实施

中华人民共和国国家质量监督检验检疫总局
中国国家标准化管理委员会　发布

前言

本标准等同采用 IEC 60923:2001《灯用附件 放电灯(管形荧光灯除外)用镇流器 性能要求》(英文版)。

本标准等同翻译 IEC 60923:2001。

为便于使用,本标准做了下列编辑性修改:

a) “IEC 60923”改为“本标准”,“IEC 60923 号标准”一词改为“GB/T 15042”;

b) 删除 IEC 60923 的前言和引言;

c) 用小数点“.”代替作为小数点的“,”;

d) 对于 IEC 60923:2001 引用的其他国际标准中有被等同采用为我国标准的,本部分用引用我国的这些国家标准或行业标准代替对应的国际标准,其余未有等同采用为我国标准的国际标准,在本部分中均被直接引用(见本标准的 1.2)。

本标准的附录 A,附录 B,附录 C,附录 D 为规范性附录,附录 E、附录 F 为资料性附录。

本标准由中国轻工业联合会提出。

本标准由全国照明电器标准化技术委员会(SAC/TC 224)归口。

本标准起草单位:福建源光亚明电器有限公司、上海亚明双灯照明电器有限公司、上海国荣电圣电器有限公司、上海联荣电器灯具厂、上海东升电子股份有限公司、飞利浦照明电子(上海)有限公司、国家电光源质量监督检验中心(上海)、飞利浦亚明照明有限公司、上海源明照明电器有限公司。

本标准主要起草人:张和泉、姜宝琪、顾森林、徐建春、李裕人、范红梅、毛孝君、俞安琪、黄佩、张翼鹏、叶际爽、叶达。

本标准为首次制定。

本标准自实施之日起 GB/T 15042—1994《高压钠灯泡用镇流器性能要求》和 QB/T 2052—1994《荧光高压汞灯泡用镇流器性能要求》将废止。

灯用附件　放电灯(管形荧光灯除外)用镇流器　性能要求

第1篇　一般要求

1　总则

1.1　范围

本标准规定了放电灯用镇流器的性能要求,这种放电灯包括高压汞灯、低压钠灯、高压钠灯和金属卤化物灯。每一章对特定类型的镇流器均规定了具体要求。本标准所论述的是使用50 Hz或60 Hz、1 000 V以下交流电源的电感式放电灯用镇流器,灯的额定功率、尺寸及特性均应符合相应IEC的灯标准的规定。本标准应与GB 19510.10一起使用。

注1:对于某些类型的放电灯,需要使用触发器。

注2:对于装有串联电容器或使用串联电容器的镇流器,其要求尚在研究之中。

注3:管形荧光灯用镇流器的性能要求在IEC 60921中给出。

注4:关于灯具和独立式控制装置等成品的电源电流谐波规定已有各地区标准。在此方面,灯具中的控制装置尤为突出。控制装置及其他部件应符合这些标准。

1.2　规范性引用文件

下列文件中的条款通过本标准的引用而成为本标准的条款。凡是注日期的引用文件,其随后所有的修改单(不包括勘误的内容)或修订版均不适用于本标准,然而,鼓励根据本标准达成协议的各方研究是否可使用这些文件的最新版本。凡是不注日期的引用文件,其最新版本适用于本标准。

GB 19510.2　灯的控制装置　第2部分:启动装置(辉光启动器除外)的特殊要求(GB 19510.2—2005,IEC 61347-2-1:2000,IDT)

GB 19510.10　灯的控制装置　第10部分:放电灯(荧光灯除外)用镇流器的特殊要求(GB 19510.10—2004,IEC 61347-2-9:2000,IDT)

IEC 60188　高压汞灯

IEC 60192　低压钠灯

IEC 60410　计数检查抽样方案和程序

IEC 60662:2002　高压钠灯

IEC 60921　管形荧光灯用镇流器　性能要求

IEC 61167　金属卤化物灯

2　定义

采用GB 19510.10所规定的定义。

3　关于试验的一般说明

3.1　本标准规定的试验均为型式试验。

注:本标准所述要求和公差均是根据对制造商为此目的提供的型式试验样品进行试验而制定的。这种型式试验样品原则上应具有制造商产品的典型特性,并应尽可能接近该产品中心点值。关于本标准给出的公差,可以预计大部分产品只要按照试验样品去生产,将符合本标准。然而由于产品的离散性,所以不可避免有时会出现超出规定的公差范围的镇流器。

关于计数检查抽样方案和程序,见 IEC 60410。

3.2 各项试验应按照条款的顺序进行,但另有规定时除外。

3.3 一只样品应承受所有的试验。

3.4 通常,要对每一种类型的镇流器进行所有的试验。在涉及范围类似的镇流器的情况下,应对该范围中每一额定功率的镇流器或从制造商所认可的范围中挑选有代表性的镇流器进行所有的试验。

3.5 基准镇流器和基准灯应符合附录 A 和附录 B 的要求。

3.6 试验应在附录 C 所规定的条件下进行。

3.7 本标准规定的所有镇流器均应符合 GB 19510.10 的要求。

4 标志

镇流器上应标有下述适用的补充标志。

线路功率因数,例如:$\lambda=0.85$。

5 可在不同电源电压下工作的镇流器

如果镇流器采用一个以上的电源电压,则该镇流器在其所标志的所有电压下均应符合本标准相关条款的要求。如果镇流器带分接头,在试验时应使用适宜的分接线抽头。

6 线路功率因数

当镇流器与一只或几只配套灯在其额定电压和频率下一起工作时,所测得的线路功率因数与标志值的误差应不超过 0.05。

对于高功率因数镇流器,除了满足上述条件,在任何情况下测得的线路功率因数应不小于 0.85。

7 电源电流

当镇流器与基准灯在额定电压下一起工作时,电源电流与镇流器所标志的电流的误差应不超过 10%。

8 电流波形

8.1 灯的工作电流波形

当镇流器在其额定电压下与基准灯一起工作时,峰值与有效值的最大比值不应超过表 1 给出的值。

表 1 灯的工作电流波形,峰值与有效值的最大比值

灯的类型	峰值与有效值的最大比值
高压汞灯	1.9
低压钠灯[a]	1.6
金属卤化物灯	待定
高压钠灯	1.8

[a] 在低压钠灯的触发器线路中,灯工作电流的峰值与有效值的最大比值与表中所示值不同;对于短波期(例如小于 0.20 ms),该最大比值应不超过 2.0;对于较长的波期,该最大比值应不超过 1.8。

8.2 试验程序

电源电流的谐波分量应使用图 1 所示选择式电压表、波形分析仪和无感电阻器 R_1 进行测定。选择式电压表或波形分析仪应能保证其在对某一给定的谐波进行测量时不会明显受到其他谐波的影响。

灯电流的峰值应采用经过校准的阴极射线示波器测定,电阻器 R_2 应接在线路的接地一侧。

这类电阻器应具有足够低的电阻值,以便电压降不超过灯的标称电压的 0.5%。

选择式电压表或波形分析仪和示波器要与接地引线连接在电源一侧。在两次测量期间，每一次都要将不用的电阻器短路，并将不用的仪器断开。

应注意确保所涉及的不同频率的电源的阻抗要足够的低。此外，在计算试验结果时，应将最大值为3%(见C.2 c))的电源电压畸变考虑进去。如有疑问，则应采用无畸变的电源。

9 磁屏蔽

镇流器应能有效屏蔽掉邻近铁磁性材料的影响。

合格性采用下述试验进行检验。

将镇流器在额定电压下与一适用的灯一起工作。在达到稳定状态之后，将一厚度为1 mm，长度和宽度均大于受试镇流器的相应尺寸的钢板移近镇流器，并与镇流器的每个表面保持5 mm的间隔。在如此操作期间，测量灯的电流，由于钢板的存在而引起的灯电流的变化不应超过2%。

10 触发器

触发器应符合GB 19510.2的要求。

第2篇 高压汞灯用镇流器的电气要求

11 镇流器的调整

镇流器应将供给基准灯的功率和电流限制在一定范围内，当与由基准镇流器供给同一只灯的相应值相比时，功率不应低于后者的92.5%，而电流不应高于后者的115%。基准镇流器和受试镇流器应在相同的额定频率、各自的额定电压下工作。

此外，对于其值位于额定值的92%和106%之间的任何电源电压，由镇流器提供给基准灯的功率应处于由基准镇流器供给同一灯的功率的88%(在92%额定电压时)和109%(在106%额定电压时)之间。

试验程序

试验应按照图2所示线路进行，使开关S_2处于朝上的位置，再用开关S_1使灯相继与基准镇流器和受试镇流器匹配工作。

12 短路电流

当镇流器采用其额定电压的92%～106%之间的任一电压时，所通过的短路电流不应超过IEC 60188所给定的值。

试验程序

试验按照图2所示线路进行，使开关S_1处于朝上的位置，而使开关S_2处于朝下的位置。

13 开路电压(稳定工作所需最小电压)

当镇流器在其额定电压的92%～106%之间的任一电压和额定频率下工作时，它所提供的电压不应小于IEC 60188所给定的值。

第3篇 低压钠灯用镇流器的电气要求

14 镇流器的调整

镇流器应能限制基准灯的电流，对于带有标称正弦灯电流波形的线路(例如电感线路)，此项值应限定在由基准镇流器提供给同一灯的电流的95%和107.5%之间；对于带有标称非正弦灯电流波形的线路[1]（例如恒定功率线路），则限定在 $X\%$[2] 和 107.5%之间。基准镇流器和受试镇流器应在相同的额定频率，各自的额定电压下工作。

此外，对于其值位于额定电压的 92%和 106%之间的任何电源电压，基准灯的电流，对于带有标称正弦灯电流波形的线路，其值位于由基准镇流器分别在 92%和 106%额定电压下提供给同一灯的相应值的 93%和 109.5%之间；对于带有标称非正弦灯电流波形的线路[1]，其值则应处于 $Y\%$[2] ～109.5%之间。

试验程序

试验应按图 2 所示线路进行，将开关 S_2 处于朝上的位置，而开关 S_1 使灯相继与基准镇流器和受试镇流器匹配工作。

15 短路电流和启动条件

15.1 对于开关启动式镇流器，当镇流器处在其额定电压的 92%和 106%之间的任一电压时，所通过的预热电流不应超过 IEC 60192 所给定的值。

试验程序

采用图 2 所示试验线路进行试验，使开关 S_1 处于朝上的位置，而使开关 S_2 处于朝下的位置。

15.2 对于无启动器的镇流器，当镇流器处在 92%的额定电压下并使下述表 2 所示试验电流通过一无感电阻器负载时，镇流器的输出电压不应低于该表所给出的值。

表 2 试验电流

灯的额定功率/W	镇流器最小输出电压/V	试验电流(有效值)/A
35	280	0.35
55	310	0.35
90	335	0.50
135	420	0.50
180	470	0.50
140(直管)	335	0.50
200(直管)	310	1.00

15.3 有关触发器线路的启动条件的相应要求尚在研究之中。

16 开路电压(稳定工作所需最小电压)

只适用于无启动器的镇流器。

当镇流器在其额定电压的 92%和 106%之间的任一电压下和额定频率下工作时，镇流器所提供的电压不应低于 IEC 60192 所规定的值。

峰值电压与有效值电压之比应不小于 1.4。

第 4 篇 金属卤化物灯用镇流器的电气要求

17 镇流器的调整

各项要求和试验方法尚在研究之中。

18 短路电流和启动条件

镇流器应符合相关的 IEC 标准所规定的相应的启动电流的最大值。如果标准中无此数据，应向灯的制造商咨询。

---

1) 就本标准而言，非正弦灯电流波形是一具有快速电流反向值的波形。关于确定该电流反向的方法尚在研究之中。

2) 对于带有非正弦灯电流波形的线路，正在研究确定一个比带有正弦灯电流波形的线路要低一些的电流下限值。

IEC 61167 中相应灯的参数表所规定的灯启动电流最大值(峰值)应按照下述要求进行检验(如果标准中无此数据,应向灯的制造商咨询)。

a) 试验线路

试验线路见图 6。

b) 部件

电源:电源的阻抗应足够低,以便不会影响测量结果。

整流器:电源整流器,正向电压降≤2 V(例如:BY249.600)。

$R_{灯}$:$R_{灯}$ 取决于灯的类型,并应按照下述公式计算得出:

$$R_{灯} = 2(V_{灯的标称值}/I_{灯的标称值})$$

$R_{分流器}$:在试验期间,电压降≤1 V。

c) 试验程序

受试镇流器的绕组的温度应为(25±5)℃。

将镇流器连接在电源上之后的 3 s 之内测量电流的峰值。

注 1:将第一次开灯时的电流峰值略去不计。

注 2:如果需要对一已经进行过试验的镇流器再进行试验,该镇流器绕组的温度应符合上述要求。

d) 极限值

在标称电源电压下测量得到的峰值电流不应超过相应灯的参数表规定的最大值(如果标准中没有适用的参数,应向灯的制造商咨询)。

19 开路电压(稳定工作所需最小电压)

各项要求和试验尚在研究之中。

第 5 篇 高压钠灯用镇流器的电气要求

20 镇流器的调整

20.1 要求

镇流器应能限制提供给基准灯的功率,当镇流器在 IEC 60662 中相应灯的参数表所规定的灯的目标电压下工作时,其功率与由基准镇流器提供给同一灯的相应值相比,不应小于后者的 95%,也不应大于后者的 105%。

在灯的目标电压下,灯的功率可依据按照 20.2 规定(也可参见附录 D)进行试验所得出的结果绘制的灯功率对灯电压曲线图推出。

20.2 试验程序

采用附录 C 的要求。

基准灯应按照附录 B 的要求进行挑选。

采用相关的基准镇流器应能使灯启动,并使其电压升高。

在电压升高期间,应连续地或每隔若干伏(不超过 5 V)灯电压的间隔记录下灯的电压和灯功率,直至灯电压达到 IEC 60662 中相应灯的参数表所规定的灯电压的最大极限值。必要时可采用人为的方法使灯电压升高至最大极限值。

注:人为升高灯电压的方法在 IEC 60662 的附录 F 中给出。

将灯关闭至少 5 min,使灯冷却,然后采用受试镇流器按照相同的试验程序重复试验。

将基准镇流器的试验结果和受试镇流器的试验结果绘制成曲线图,使灯的电压用水平轴线表示,使灯的功率用垂直轴线表示(参见附录 D)。

关于在 IEC 60662:2002 中的 8.6 所规定的电源电压极限值条件下的评定要求尚在研究之中。

21 短路电流

当镇流器采用其额定电压的 92%和 106%之间的任一电压时,短路电流不应低于 IEC 60662 所给出的校准电流。

镇流器的短路电流与标称电流之比不应超过表 3 所示之值。

表 3 短路电流比值

灯功率	比值(最大值)
>100 W	1.8
≤100 W	2.0

22 开路电压

当镇流器在其额定电压的 92%和 106%之间的任一电压下和额定频率下工作时,它所提供的电压不应小于 IEC 60662 中相应灯的参数表所给出的灯的启动试验电压。

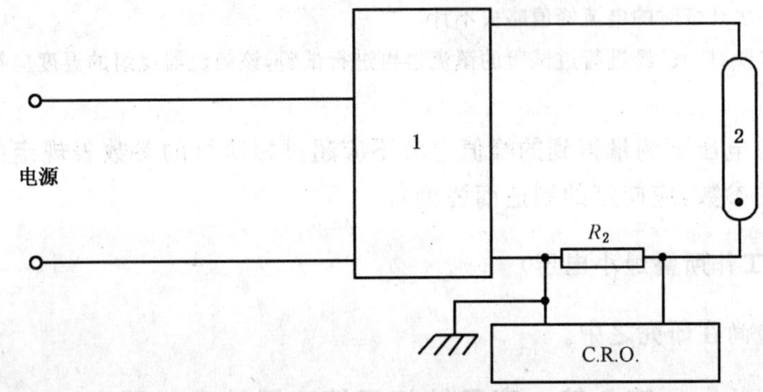

1——受试镇流器;

2——基准灯。

图 1 电流波形测量线路

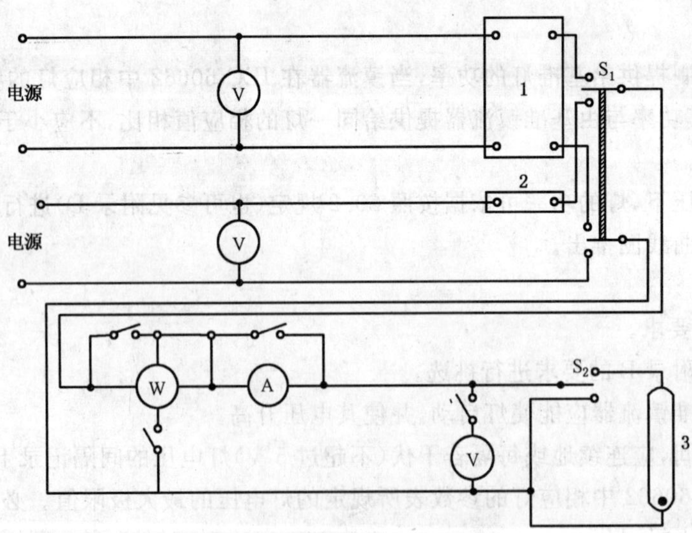

1——受试镇流器;

2——基准镇流器;

3——基准灯。

注:在测量灯的功率时,对功率表的损耗不作补偿。应将不使用的仪器短路或关闭。将灯从一个镇流器安全快速地转换至另一个镇流器的方法尚在研究之中。

图 2 低压钠灯用镇流器的试验线路

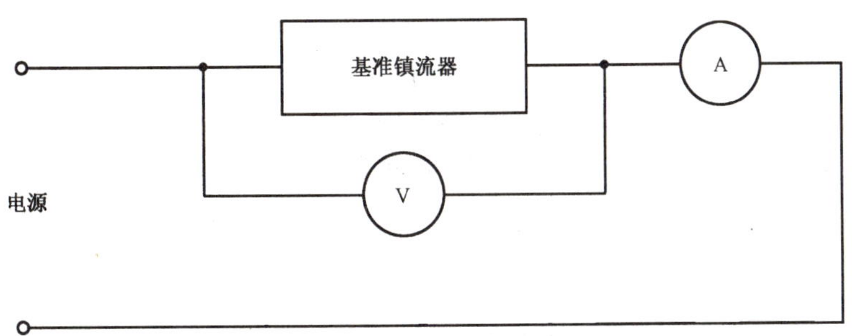

图 3　基准镇流器的电压/电流比的推荐测量线路

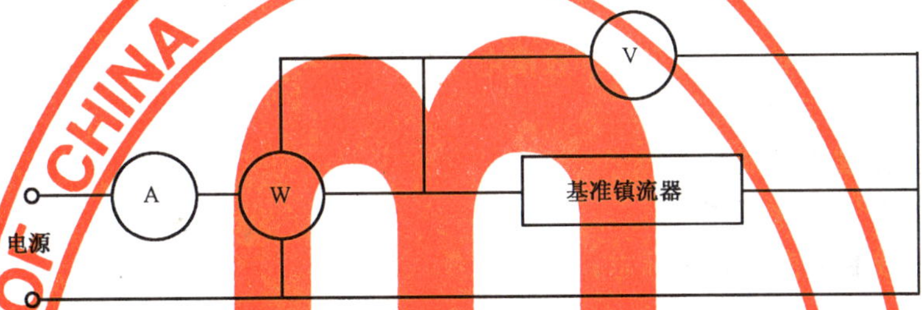

图 4　基准镇流器的功率因数的推荐测量线路

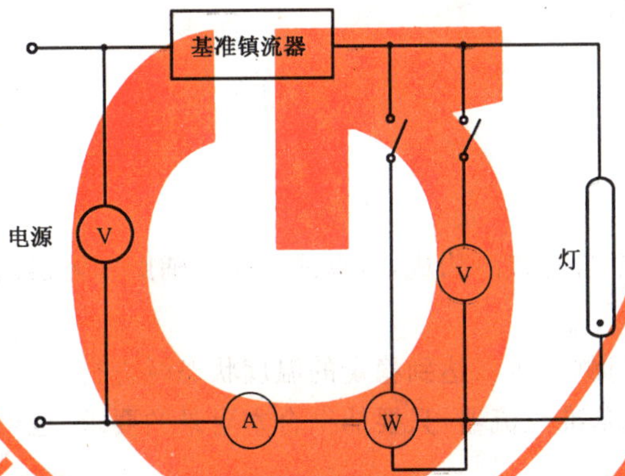

图 5　用于挑选基准灯的推荐线路

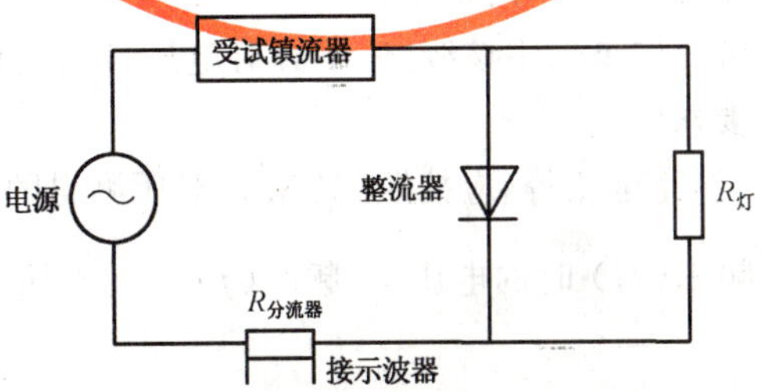

图 6　灯的启动电流试验线路

附 录 A
（规范性附录）
基准镇流器

A.1 标志

基准镇流器上应清晰和耐久地标有下述标志：

A.1.1 阻抗固定式基准镇流器

a) “基准镇流器”的全称字样；

b) 销售商和/或制造商的识别标志；

c) 系列号；

d) 灯的型号、额定功率或灯的名称和校准电流；

e) 额定电源电压和频率。

A.1.2 可调式阻抗基准镇流器

a) “基准镇流器”的全称字样；

b) 销售商和/或制造商的识别标志；

c) 系列号；

d) 额定电压和频率；

e) 额定频率下电压/电流比的范围；

f) 校准电流；

g) 每个线圈的最大电流；

h) 适用的连接线路图。

A.2 特性

A.2.1 一般设计要求

基准镇流器由一个或几个自感线圈构成，装有或未装有辅助电阻器，在设计上具有相应灯的标准所规定的工作特性。

基准镇流器特性的检验与测量应在达到稳定的温度状态时进行。

电压/电流比值可变化的基准镇流器，只要能符合本附录的要求，也可使用。

A.2.2 电压/电流比

当校准电流通过基准镇流器时，基准镇流器在该校准电流下所提供的电压/电流比应符合相应灯的参数表的规定，公差为±0.5%。在校准电流的50%和115%之间的任一电流条件下，允许该电压/电流比与相应灯的标准所规定的阻抗值有±3%的误差。

图3所示为典型的试验线路。如果采用该线路，不必对电压表引起的电流流失进行补偿。但是该电压表的电阻应符合C.5.1的要求。

如果频率(f)与额定值(f_n)不完全相等，应按照式(A.1)对所测得的电压值进行校正。

$$额定频率(f_n)时的电压 = 频率(f)时的电压 \times \frac{f_n}{f} \qquad \cdots\cdots\cdots\cdots(A.1)$$

A.2.3 功率因数的测量

图4所示为测定功率因数的典型线路。对仪器造成的损耗应进行适当的补偿。

A.2.4 磁屏蔽或磁保护

镇流器应具有防磁保护功能（例如，采用适用的钢外壳），在将一厚12.5 mm的普通低碳钢板置于与该镇流器的任一表面相距25 mm的位置时,这种保护功能应能使校准电流下的镇流器的电压/电流比的变化不超过0.2%。

上述钢板的尺寸应比外壳的相应投影至少大25 mm,并应与被测镇流器表面呈几何对称放置。

此外,镇流器还应具有防止机械损伤的保护功能。

A.2.5 温升

A.2.5.1 125 W以下(含125 W)的灯用基准镇流器

在适宜的校准电流和20℃～30℃之间的环境温度下,采用“电阻变化法”测得的绕组的稳定温升应不超过25℃。

在加热期间,应将镇流器内的任何串联或并联电阻连接在线路中,但在为确定温升而测量电阻时,应将任何这类电阻全部排除在外。

A.2.5.2 A.2.5.1所述之外的基准镇流器

符合A.2.5.1热性能要求的其他型号的放电灯用镇流器体积大,价格高。此外,由于正常使用中的温升而引起的功率因数的变化对这类灯的性能没有太大的影响,因此可以选用适宜的产品镇流器,但他们必须符合本附录其他条款的要求。

附 录 B
（规范性附录）
基 准 灯

B.1 特性

如果一只已老炼至少 100 h 的灯与一相应的基准镇流器在 B.2 所规定的条件下一起工作时其特性符合下述各项要求，则该只灯被视为基准灯。

B.1.1 高压汞灯、低压钠灯和金属卤化物灯

灯的功率、电压和电流与相应的 IEC 灯标准所规定值的误差应不大于 3%。

B.1.2 高压钠灯

灯的电压与 IEC 60662 中相应灯的参数表所规定的目标电压值的误差应不超过 10%；灯的功率因数与按照 IEC 60662 中相应灯的参数表所规定的目标功率，电流和电压计算得出的功率因数相比，误差应不超过 6%。

注：灯的功率因数定义为灯的功率除以灯的电压与灯的电流的乘积。

B.2 基准灯的工作与挑选

应将基准灯置于无对流风的、温度为 25 ℃±5 ℃的环境中，按照下述规定位置燃点，并且稳定 1 h。

——对于按照设计能在任何位置上工作的高压汞灯，应使其灯头垂直朝上燃点；

——对于 U 形玻壳的低压钠灯，应使其灯头朝上，并且轴线稍微倾斜于水平线进行安装；直管形低压钠灯应水平安装；

——高压钠灯应水平安装；

——对于金属卤化物灯，应根据制造商的说明书要求进行水平安装或垂直安装。

图 5 给出了用来挑选基准灯的推荐线路。

在测量灯的电压或功率时，应将不使用的仪器的电压线路开路。

在测量灯的功率时，对功率表的损耗不作补偿（见下述注释）（功率表通常连接在电流线圈的灯的一侧）。

注：对功率表的电压线路所造成的损耗不作补偿，其原因是，在大多数情况下，处于相同电源电压下的负载已大致上对由于并联的功率表电压线路引起的灯的功率损耗的降低做出了补偿。如果对测量的精度有疑问，可通过测量与灯并联的该负载的其他值来计算出补偿误差。具体作法是增加并联电阻，并读取每次由功率表测得的功率值。然后，对所获得的结果实施外推法，以便确定在没有任何并联负载时的实际功率。

附 录 C
（规范性附录）
试验一般要求

C.1 环境温度

所有的测量均应在无对流风的室内环境温度为20℃～30℃之间的条件下进行。

C.2 电源电压

a) 电源电压和频率

基准镇流器和受试镇流器应具有相同的标称频率，每个镇流器均应在其标称频率和额定电源电压下工作，但另有规定时除外。

当镇流器上标有电源电压的范围或具有几个额定电源电压时，应选用其中最不利的电压作为额定电压值。

b) 电源电压和频率的稳定性

电源电压和频率应保持恒定，其变化应不超过±0.5%。但是在实际测量时，电压应调整到规定试验值的±0.2%范围内。

c) 电源电压波形

电源电压的总谐波含量应不超过3%，谐波含量被定义为各次谐波含量的有效值之和，基波为100%。

此要求表示电源应具有足够的功率，并且电源线路的阻抗与镇流器的阻抗相比应足够低。

C.3 磁效应

在距离基准镇流器或受试镇流器的任一表面25 mm的范围之内，不应存在任何磁性物体。

C.4 基准灯的稳定性

为了使基准灯达到最大的稳定性，应按照B.2所述要求进行安装。在进行测量之前，应使灯达到稳定的工作状态。

在每个系列试验之前和之后，均应立即检验灯的特性。

C.5 仪器特性

C.5.1 电压线路

流经跨接于灯端的仪器的电压线路的电流应不超过灯的标称电流的0.5%。

C.5.2 电流线路

电流线路应具有足够低的阻抗，以便使包括仪器和电缆的电阻效应在内的电压降不超过灯的标称电压的0.5%。

C.5.3 有效值的测量

用于测量有效值的仪器不应产生由波形畸变引起的误差。

C.6 线路电阻

测量线路应具有足够低的阻抗，以便使包括电缆的电阻效应在内的整个电压降不超过灯的标称电压的0.5%。

附 录 D
（规范性附录）
对镇流器的调整结果及高压钠灯的工作电流波形的测量的说明

D.1 以较宽的公差范围挑选基准灯

当高压钠灯(HPS)工作时，其特性均易于发生变化，因此完全按照镇流器试验所要求的高精度公差来挑选灯并使灯稳定工作是不切实际的。

因此，B.1.1 所规定的基准灯的一般要求是不充分的，有必要采用较宽范围参数公差来挑选这类基准灯（见 B.1.2 的规定）。

D.2 镇流器的调整结果的动态测量系统（见第 20 章）

由于 HPS 基准灯在受试镇流器线路和基准镇流器线路中连续工作时，其特性易于发生变化，有必要对其与每只镇流器在预定灯电压下一起工作时的灯的功率进行比较。

图 D.1 给出了高压钠灯与基准镇流器以及受试镇流器一起工作时镇流器的典型特性，此时阻抗已调至能使具有标称电压的灯处于最大功率极限的程度。图 D.1 还给出了典型的高压钠灯特性斜率以及比较镇流器时用的灯电压值，该电压就是相应灯的参数表所规定的灯端目标电压。

典型的 HPS 特性斜率表明，如果能使一基准灯与每个镇流器一起工作时均达到稳定状态，则该基准灯便处于理想的稳定工作状态。在这种情况下，直线的斜率取决于灯的设计和制作。

在灯端目标电压下对由动态测量镇流器特性获得的结果进行比较，实际上就是对处于受试镇流器特性曲线不同部分的灯的功率进行比较。与基准镇流器特性曲线 5%的偏差相当于位于灯的理想稳定工作斜线上的 7.5%的偏差。

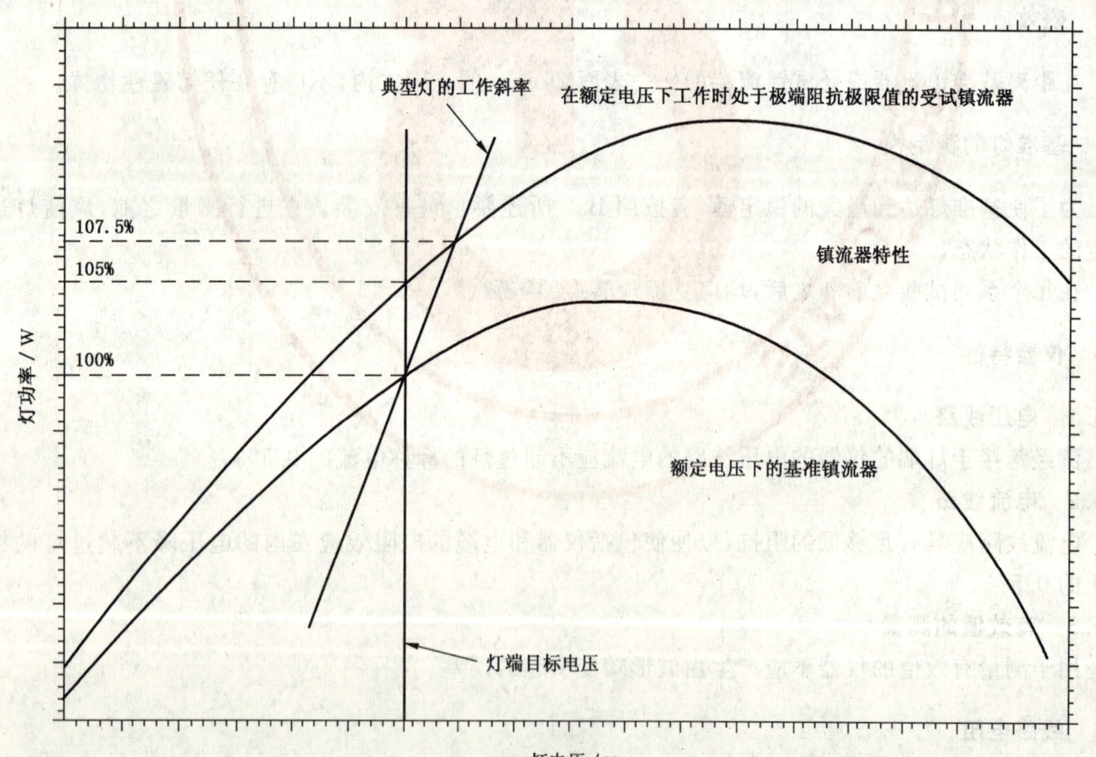

图 D.1 高压钠灯与基准镇流器和受试镇流器一起工作时
高压钠灯镇流器调整的合格特性

D.3 灯电流的波峰系数

对于按照B.1.2要求选出的基准灯,他们在与一给定的镇流器一起工作时的灯电流波峰系数不应有明显可察觉的差异,即使对在灯的目标电压极限的极端情况下选出的基准灯也是如此。

附 录 E
（资料性附录）
说 明[3)]

E.1 独立式热保护镇流器

根据 GB 7000.1 中附录 N 的要求，符合下述要求的独立式热保护镇流器可标有 F 标志。

a） GB 19510.10 中关于“P 级”镇流器的要求；或

b） GB 19510.10 中关于“额定最大外壳温度为 130℃或低于 130℃的热保护镇流器”的要求。

注 1：上述温度不是指镇流器的最大外壳温度，而是指镇流器的安装表面任一部分的最高温度（见 GB 7000.1—2002 中 12.6.2。）

注 2：温度试验应按照 GB 7000.1 的要求进行。

E.2 参考文献

GB 7000.1—2000 灯具一般安全要求与试验（IEC 60598-1:1999，Luminaires—Part 1:General requirements and tests，IDT）

3）此说明是由 COMEX/SC34C 于 1998 年 4 月在他们举行的会议上讨论的，并于 1998 年 10 月在其会议上通过。

附 录 F
（资料性附录）
参考文献

GB 17625.1 电磁兼容 限值 谐波电流发射限值(设备每相输入电流≤16 A)(GB 17625.1—2003,IEC 61000-3-2:2001,IDT),

GB/T 18595 一般照明用设备电磁兼容抗扰度要求(GB/T 18595—2002,idt IEC 61547:1995)

ICS 13.220.20
C 84

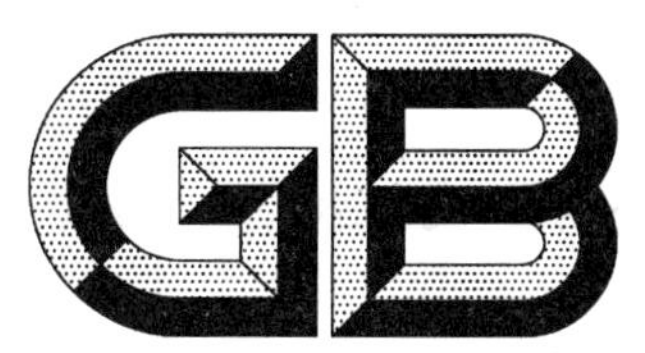

中华人民共和国国家标准

GB 15090—2005
代替 GB 15090—1994

消 防 软 管 卷 盘

Fire hose reel

2005-04-22 发布　　2005-12-01 实施

中华人民共和国国家质量监督检验检疫总局
中国国家标准化管理委员会　发布

前言

本标准的第5章为强制性条文，其余为推荐性条文。

本标准代替GB15090—1994《消防软管卷盘》，与GB 15090—1994《消防软管卷盘》相比，主要差异如下：

——增加了水软管卷盘1.0 MPa之规格、水和泡沫联用种类代号、水和干粉联用种类代号、干粉和泡沫联用种类代号、使用场合代号、干粉软管卷盘的气密性试验、外观检验、结构检验、出厂检验和型式检验的样品基数及判定准则。

——用“耐压性能”取代了“卷盘管路的耐压性能”。

——取消了1211软管卷盘、二氧化碳软管卷盘。

本标准由中华人民共和国公安部消防局提出。

本标准由全国消防标准化技术委员会第五分技术委员会归口。

本标准起草单位：公安部上海消防研究所。

本标准主要起草人：曹家胜、徐耀亮、陈刚、徐兰娣、顾钟红。

本标准所替代的历次版本发布情况：

——GB 15090—1994。

消 防 软 管 卷 盘

1 范围

本标准规定了消防软管卷盘的产品分类与型号、技术要求、试验方法、检验规则、标志。

本标准适用于水、干粉、泡沫灭火剂的消防软管卷盘的型式检验和出厂检验。

2 规范性引用文件

下列文件中的条款通过本标准的引用而成为本标准的条款。凡是注日期的引用文件，其随后所有的修改单(不包括勘误的内容)或修订版均不适用于本标准，然而，根据本标准达成协议的各方研究是否可使用这些文件的最新版本。凡是不注日期的引用文件，其最新版本适用于本标准。

GB/T 197—2003　普通螺纹　公差(ISO 965-1:1998,MOD)

GB 6246—2001　有衬里消防水带性能要求和试验方法

3 术语和定义

下列术语和定义适用于本标准

3.1

消防软管卷盘(以下简称软管卷盘)　fire hose reel

由阀门、输入管路、卷盘、软管和喷枪等组成，并能在迅速展开软管的过程中喷射灭火剂的灭火器具。

3.2

水软管卷盘　water hose reel

输送水灭火剂的软管卷盘。

3.3

干粉软管卷盘　dry powder hose reel

输送干粉灭火剂的软管卷盘。

3.4

泡沫软管卷盘　foam hose reel

输送泡沫灭火剂的软管卷盘。

4 产品分类与型号

4.1 分类

软管卷盘按其所输送的灭火剂分为水、干粉、泡沫软管卷盘，按其使用场合分为消防车用和非消防车用软管卷盘。其规格如表1所示。

4.2 型号

软管卷盘的型号编制应符合下列规定：

4.2.1 使用灭火剂种类代号：

S—水

F—干粉

P—泡沫

SP—水和泡沫联用

SF—水和干粉联用

FP—干粉和泡沫联用

表 1

软管卷盘类别	额定工作压力/MPa	喷射性能试验时软管卷盘进口压力/MPa	射程/m	流量		使用场合
				L/min	kg/min	
水软管卷盘	0.8	0.4	≥6	≥24		非消防车用
	1.0					
	1.6					
	1.0	额定工作压力	≥12	≥120		消防车用
	1.6					
	2.5					
	4.0					
干粉软管卷盘	1.6		≥8		≥45	非消防车用
			≥10		≥150	消防车用
泡沫软管卷盘	0.8		≥10	≥60		非消防车用
	1.6		≥12	≥120		非消防车用

4.2.2 使用场合代号：

C—消防车用

非消防车用可省略此代号。

4.2.3 软管卷盘的型号编制为：

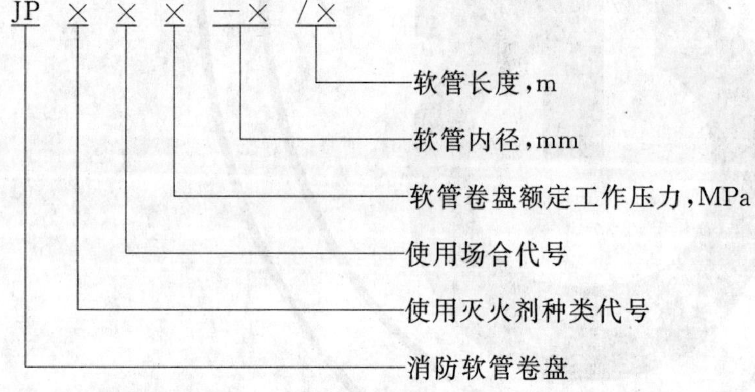

4.2.4 软管卷盘型号示例如下：

灭火剂为水、额定工作压力为 0.8 MPa，软管内径为 19 mm，软管长度为 25 m 的软管卷盘，其型号为：JPS0.8—19/25

5 技术要求

5.1 喷射性能

软管卷盘应按 6.1 规定进行喷射性能试验。试验结果应符合表 1 规定。

5.2 密封性能

软管卷盘应按 6.2.1、6.2.2 规定进行密封试验。试件在额定工作压力下，任何部位均不得渗漏，软管缠绕轴应不发生明显变形。试验后软管卷盘应能正常使用。干粉软管卷盘还应按 6.2.3、6.2.4 规定进行气密性试验。试件在额定工作压力下，任何部位均不得渗漏，软管缠绕轴应不发生明显变形。试验后软管卷盘应能正常使用。

5.3　**耐压性能**

软管卷盘应按6.3规定进行耐压试验。试件在1.5倍额定工作压力下，各零部件不得产生影响正常使用的变形和脱落。试验后软管卷盘应能正常使用。

5.4　**耐腐蚀性能**

软管卷盘应按6.4规定进行盐雾腐蚀试验。试件表面应无起层、剥落或肉眼可见的点蚀凹坑。试验后软管卷盘应能正常使用。

5.5　**抗载荷性能**

软管卷盘应按6.5规定进行抗载荷试验。试验后其密封性能应符合5.2规定。

5.6　**转动性能**

软管卷盘应按6.6规定进行转动试验。其转动的启动力矩应不大于20 N·m。

5.7　**喷枪性能**

5.7.1　喷枪应带有开关，“开”与“关”的转换功能应由一个动作完成。

5.7.2　使用水的喷枪应为直流型或直流喷雾混合型。

5.7.3　喷枪的螺纹应符合GB/T 197—2003中内螺纹7 H级、外螺纹8 g级的要求。螺纹应表面光洁、牙形完整。

5.7.4　喷枪在软管卷盘1.5倍额定工作压力下不得产生明显变形或断裂现象。

5.7.5　喷枪应按6.7.3规定进行跌落试验，试验后喷枪应无碎裂和变形现象并能正常使用。

5.8　**软管性能**

5.8.1　软管的内径、长度和相应的极限偏差应符合表2规定。

表2

<table>
<tr><th colspan="2">内　　径</th><th colspan="2">长　　度</th></tr>
<tr><th>公称通径/mm</th><th>极限偏差/mm</th><th>基本尺寸/m</th><th>极限偏差/%</th></tr>
<tr><td>13</td><td rowspan="4">±0.8</td><td rowspan="4">15、20
25、30</td><td rowspan="6">±1.0</td></tr>
<tr><td>16</td></tr>
<tr><td>19</td></tr>
<tr><td>25</td></tr>
<tr><td>32</td><td rowspan="2">±1.2</td><td rowspan="2">30、40、60</td></tr>
<tr><td>38</td></tr>
</table>

5.8.2　软管在3.0倍额定工作压力下，不得有破裂和异形现象。

5.8.3　软管在额定工作压力下，外径膨胀率应在－5%～＋7%范围内。

5.8.4　软管在额定工作压力下，轴向伸长率应在－6%～＋10%范围内。

5.8.5　软管应按6.8.3规定进行弯曲试验，试验后其外径增加率不得大于初始值的10%。

5.8.6　软管应按6.8.4规定进行低温试验，试验后软管应能立即展开，无卷曲现象，并能再次缠绕，且在额定工作压力下无渗漏。

5.8.7　软管衬里及覆盖层材料的物理机械性能应符合相应材料的国家标准或行业标准的规定。

5.8.8　软管外表应无破损、划伤、局部隆起。

5.9　**外观质量**

软管卷盘表面应进行耐腐蚀处理，涂漆部分的漆层应均匀，无明显的划痕和碰伤。焊缝应平整均匀、焊接牢固，应无烧穿、疤瘤等。

5.10　**结构要求**

5.10.1　软管卷盘应有清除通路内残留灭火剂的装置。

5.10.2 软管卷盘旋转部分应能绕转臂的固定轴向外作水平转动和摆动，摆动角应不小于90°。

5.10.3 软管卷盘应设有保险机构，保证未打开进口阀时，软管不能展开。

5.10.4 软管卷盘进口阀的开启和关闭方向应有明显的标志。顺时针方向为关闭。

5.10.5 软管与卷盘的连接应保证软管缠绕时，靠近连接部位的软管不扁瘪。

6 试验方法

6.1 喷射试验

在外界风速小于 3 m/s 条件下，作顺风方向喷射试验。

6.1.1 射程

将软管展开，调节喷枪轴线使其仰角为 30°±2°，喷枪口中心到地面高度为 1 m±0.05 m。将喷枪偏离测量方向，按表 1 规定将软管进口压力调节到规定值并开始喷射。然后将喷枪口转向测量方向，测出灭火剂喷洒密集中心到喷枪口在地面投影的距离，即为软管卷盘的射程。其应符合表 1 规定。

6.1.2 流量

6.1.2.1 对于输送水和泡沫的软管卷盘，在将进口压力调节到表 1 规定值后，即向容器内喷射 60 s，测出容器内积液的体积即为流量。

6.1.2.2 对于使用其他灭火剂的软管卷盘，可在测定射程的同时用秒表测定灭火剂开始喷出枪口至射程测定结束的时间间隔，时间间隔应不少于 30 s。然后测出试验前和喷射结束时灭火剂容器的质量差，用式(1)计算该软管卷盘的流量。其应符合表 1 相应规定。

$$q = \frac{Q}{t} \qquad \cdots\cdots(1)$$

式中：

q——软管卷盘的流量，单位为升每分钟(L/min)；

Q——灭火剂的喷射量，单位为升(L)；

t——喷射时间，单位为分钟(min)。

6.2 密封试验

6.2.1 软管完全缠绕，将软管卷盘进口端与水压试验台相连。使管路灌满水，关闭喷枪，缓慢升压至额定工作压力，保压 2 min，卸压后将软管全部展开，检查软管缠绕轴是否变形，再升压至该压力，保压 2 min，结果应符合 5.2 规定。

6.2.2 水压试验台应符合 6.3.2 规定。

6.2.3 软管完全缠绕，将软管卷盘进口端与气压试验台相连。关闭喷枪，缓慢升压至额定工作压力，保压 2 min，卸压后将软管全部展开，检查软管缠绕轴是否变形，结果应符合 5.2 规定。

6.2.4 气压试验台应符合 6.3.3 规定。

6.3 耐压试验

6.3.1 软管完全缠绕，将软管卷盘进口端与水压试验台相连。使管路灌满水，关闭喷枪，缓慢升压至 5.3 规定的压力，保压 2 min，结果应符合 5.3 规定。

6.3.2 水压试验台应符合下列要求：

6.3.2.1 水压源的额定工作压力应不低于相应软管卷盘额定工作压力的 3 倍。

6.3.2.2 当系统内水压不大于 3.0 MPa 时，压力显示器所显示的压力波动值应不大于±0.03 MPa，水压大于 3.0 MPa 时，压力波动值应不大于±0.05 MPa。

6.3.2.3 压力显示器的下限为 0，上限为试验所需压力值的 1.5～3.0 倍范围内，精度不低于±1.5%。

6.3.3 气压试验台应符合下列要求：

6.3.3.1 气压源的额定工作压力应不低于相应软管卷盘额定工作压力的 3 倍。

6.3.3.2 当系统内气压不大于 3.0 MPa 时，压力显示器所显示的压力波动值应不大于±0.03 MPa，气压大于 3.0 MPa 时，压力波动值应不大于±0.05 MPa。

6.3.3.3 压力显示器的下限为 0，上限为试验所需压力值的 1.5～3.0 倍范围内，精度不低于±1.5%。

6.4 耐腐蚀试验

6.4.1 去除软管，将其余部分的表面用中性清洁液浸泡清洗，再用清水漂洗，干燥后将其悬挂在盐雾箱内，并使旋转轴垂直于地面。

6.4.2 盐雾腐蚀试验的试验条件如下：

盐溶液浓度 50 g/L±1 g/L；

盐雾沉降率：1.0 mL/h～2.0 mL/h(在 80 cm^2 水平收集区内)；

盐溶液在 35℃时的 pH 值应保持在 6.5～7.2 范围内；

盐雾箱内存放试样的空间温度为 35℃±2℃；

盐溶液 96 h 内连续喷射。

6.4.3 试验后，检查转动部分，看其能否正常转动。将试样在室内干燥 1 h 后用不超过 40℃的温水漂洗，待其干燥后检查试样表面状况。结果应符合 5.4 规定。

6.5 抗载荷试验

6.5.1 如图 1 所示，按制造厂规定的安装方法，将试样固定安装在冲击试验架上，使试样通路灌满水，然后将截面为 100 mm×25 mm，长度比卷盘两侧板间距略长的钢板平放在两侧板上；将质量 25 kg、直径 125 mm 的钢锤从距离钢板上平面 300 mm 处自由落下冲击钢板 1 次，落点为两侧板中央位置。冲击后再按 6.2 进行试验，其结果应符合 5.2 规定。

单位为毫米

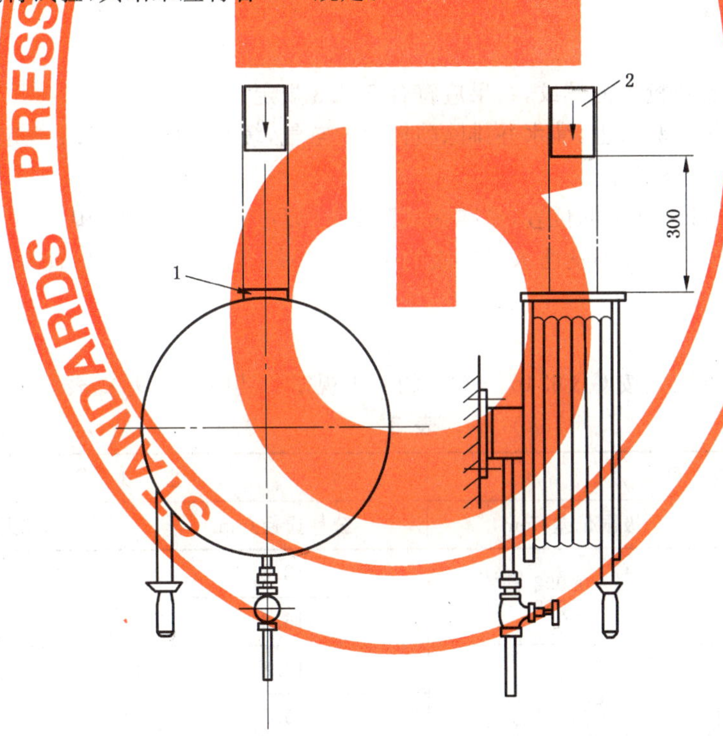

1——钢板；

2——ϕ125、25 kg 钢锤。

图 1

6.5.2 按 6.5.1 规定安装试样并灌水。如图 2 所示在卷盘侧板上悬挂质量为 80 kg 砝码。72 h 后去除砝码，再按 6.2 规定进行试验，其结果应符合 5.2 规定。旋转轴仅为 1 个支承点的卷盘，悬挂点应距支承点最远。旋转轴多于 1 个支承点的，悬挂点应通过各支承点的支承中心。

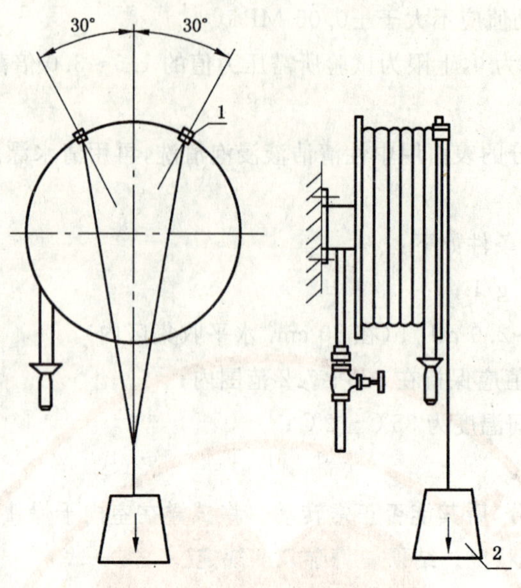

1——夹钳;

2——80 kg 砝码。

图 2

6.6 转动试验

软管完全缠绕,在喷枪处悬挂重物,逐渐增加悬挂物质量,直至卷盘开始旋转。计算悬挂物所产生的力矩,结果应符合 5.6 规定。

6.7 喷枪性能试验

6.7.1 用螺纹环塞规检验喷枪上的螺纹,结果应符合 5.7.3 规定。

6.7.2 将喷枪安装在水压试验台上,灌水并排除喷枪内的空气,缓慢升压至 5.7.4 规定的试验压力,保压 2 min,结果应符合 5.7.4 规定。

6.7.3 喷枪分别以喷嘴、开关朝下的位置,悬挂在试验架上,以喷枪的最低部为基点,从离地 1.50 m±0.05 m 的高度自由落在厚 10 cm 的钢筋水泥制成的平台上。每个试样的每个位置重复跌落 3 次。结果应符合 5.7.5 规定。

6.8 软管性能试验

6.8.1 软管内径的检验方法应按 GB 6246—2001 的 4.1 规定。其中 D_1、D_2 如表 3 所示。

表 3

通 规 D_1		止 规 D_2	
公称通径/mm	极限偏差/mm	公称通径/mm	极限偏差/mm
12.2	+0.092 +0.058	13.8	0 −0.035
15.2		16.8	
18.2	+0.110 +0.070	19.8	0 −0.040
24.2		25.8	
30.8	+0.135 +0.085	33.2	0 −0.050
36.8		39.2	

6.8.2 软管的耐压试验方法及外径膨胀率、轴向伸长率的试验方法按 GB 6246—2001 的 4.2 和 4.4 规定执行。其结果应符合本标准 5.8.2 至 5.8.4 规定。

6.8.3 在软管任意点上做标记,测定标记点处的软管外径。使软管在光滑轴上缠绕一周,且使标记点处于缠绕段上。将软管一端夹在轴上,另一端悬挂质量为 4.5 kg 的砝码,沿光滑轴线平行方向测定此时标记点处的最大外径，其结果应符合5.8.5规定。内径为13 mm、16 mm的软管，光滑轴直径为150 mm；其余内径的软管光滑轴直径为200 mm。

软管外径变化率用式(2)表示。

$$\beta=\frac{d_2-d_1}{d_1}\times 100\% \qquad \cdots\cdots(2)$$

式中：

β——软管外径变化率；

d_1——吊重前标记点处软管外径，单位为毫米(mm)。

d_2——吊重后标记点处软管最大外径，单位为毫米(mm)。

6.8.4 将软管缠绕在6.8.3规定的光滑轴上。置于－5℃低温箱内10 h，取出后立即展开并重新缠绕，其结果应符合5.8.6规定。从最内层割取1.20 m长的一段软管，置于室温下1 h，再在额定工作压力下进行水压试验，软管应无渗漏。

6.8.5 软管衬里及覆盖层的物理机械性能试验方法应符合相应材料的国家标准或行业标准的规定。

6.8.6 软管的外观质量用目测方法检验，结果应符合5.8.8规定。

6.9 外观检验

利用目视法进行检测，结果应符合5.9规定。

6.10 结构检验

利用目视法进行检测，结果应符合5.10规定。

7 检验规则

7.1 出厂检验

7.1.1 产品必须经过工厂质量检验部门按出厂检验项目检验合格方能出厂。

7.1.2 出厂检验的项目为本标准规定的5.1、5.2、5.3、5.9、5.10、8.1、8.2。

7.1.3 出厂检验的样本数按5.1、5.3每批不得少于2台，以50台为一批。按5.2、5.9、5.10、8.1、8.2为逐台检验。

7.1.4 出厂检验项目应符合本标准规定的5.1、5.2、5.3、5.9、5.10、8.1、8.2方为合格。

7.2 型式检验

7.2.1 有下列情况之一时，须进行型式试验。

a) 生产厂新试制产品时；

b) 改变工艺、结构、材料、部件并对产品性能可能产生影响时；

c) 停产一年以上再生产时；

d) 正常连续生产一年时。

7.2.2 型式检验的项目为本标准第5章、第8章规定的全部项目。

7.2.3 型式检验的样本数每批不得少于2台，以50台为一批。

7.2.4 型式检验的项目应全部符合标准方为合格。

8 标志

8.1 应在卷盘位置标出型号、规格、商标(或厂名)、生产年月、编号等内容。

8.2 应在使用者显见的位置用文字和图形注明正确使用方法和定期检查要求。

ICS 61.060
Y 78

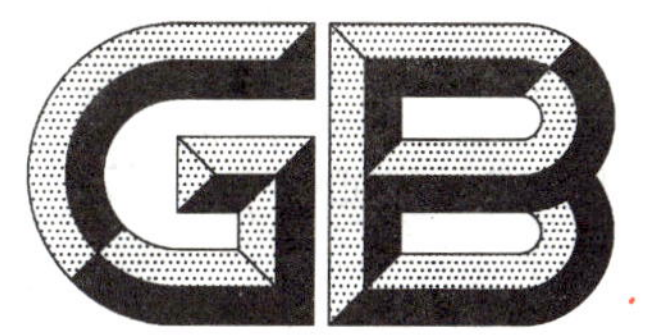

中华人民共和国国家标准

GB/T 15107—2005
代替 GB/T 15107—1994

旅游鞋

Athletic footwear

2005-03-23 发布　　2005-09-01 实施

中华人民共和国国家质量监督检验检疫总局
中国国家标准化管理委员会　发布

前　言

本标准是在 GB/T 15107—1994《旅游鞋》的基础上修订的，可适应技术发展、市场经济和消费观念的变化，进一步提高标准化对旅游鞋生产、质量和市场发展的推动作用。

本标准与 GB/T 15107—1994 的主要差异：

——对标准的适用范围进行了明确的界定；

——增加了帮面材料的低温屈挠性能要求；

——技术要求中增加了不得出现影响穿用的缺陷；

——产品质量以优等品和合格品分类，分别检验判定；

——对外观质量检验项目进行了增删和修改；

——对物理机械性能的指标进行了调整；

——增加了附录 A《旅游鞋售后服务质量判定》。

本标准自实施之日起，同时代替 GB/T 15107—1994。

本标准的附录 A 为资料性附录。

本标准由中国轻工业联合会提出。

本标准由全国制鞋标准化中心归口。

本标准起草单位：双星集团有限责任公司、北京李宁体育用品有限公司、安踏(福建)鞋业有限公司、泉州寰球鞋服有限公司、康威体育用品有限公司、中国皮革和制鞋工业研究院。

本标准主要起草人：沙淑芬、王晓葵、丁世家、陈永培、黎伟秋、严怀道、戚晓霞。

本标准所代替标准的历次版本发布情况为：

——GB/T 15107—1994。

旅　　游　　鞋

1　范围

本标准规定了旅游鞋的产品分类、技术要求、试验方法、检验规则及标志、包装、运输、贮存。

本标准适用于一般穿用的运动鞋、练习鞋、健身鞋、散步鞋、慢跑鞋、休闲鞋等，不包括专业运动鞋。

2　规范性引用文件

下列文件中的条款通过本标准的引用而成为本标准的条款。凡是注日期的引用文件，其随后所有的修改单(不包括勘误的内容)或修订版均不适用于本标准，然而，鼓励根据本标准达成协议的各方研究是否可使用这些文件的最新版本。凡是不注日期的引用文件，其最新版本适用于本标准。

GB/T 532　硫化橡胶或热塑性橡胶与织物粘合强度的测定(GB/T 532—1997,idt ISO 36:1993)

GB/T 3293.1　鞋号(GB/T 3293.1—1998,idt ISO 9407:1991)

GB/T 3903.1　鞋类通用试验方法　耐折试验方法

GB/T 3903.2　鞋类通用试验方法　耐磨试验方法

GB/T 3903.3　鞋类通用试验方法　剥离强度试验方法

GB/T 3903.5　鞋类通用试验方法　外观检验方法

QB/T 2224　鞋面材料低温屈挠技术条件

3　产品分类

3.1　按鞋面材料分为：

a)　天然皮革(含头层和剖层皮革)面旅游鞋；

b)　合成(人造)革面旅游鞋；

c)　织物面旅游鞋；

d)　革[天然皮革或合成(人造)革]与非革材料混合面旅游鞋。

3.2　按穿用对象分为：男、女、童旅游鞋。

4　技术要求

4.1　鞋号

凡内销产品其鞋号按 GB/T 3293.1 规定执行。

4.2　主要部件原材料厚度推荐值

主要部件原材料厚度推荐值见表 1。

表 1

部件名称	材料名称	厚度/mm
前帮、后帮、包头、外包头	天然正(绒)革	≥1.0
	剖层天然皮革贴膜革、合成(人造)发泡革	≥1.0
	合成(人造)革	≥0.8　厚度不够时可以复合其他材料
前帮、后帮、包头、外包头	织物面	≥0.8
前帮、后帮、鞋舌	复合织物面	≥3.0　包括复合发泡材料厚度

表 1(续)

部件名称	材料名称	厚度/mm
镶条	天然皮革、合成(人造)革	≥0.6
内底	天然革、再生革、鞋用纸板	≥1.2
	无纺布	≥0.6
外底	天然橡胶、合成橡胶、塑料、橡胶塑料并用材料等	≥4.0 外底屈挠部位最薄处(不包括花纹)厚度不得低于 2.0

4.3 外观质量要求

成品鞋外观质量应符合表 2 要求,其中序号 1~5 为主要项目,其余为次要项目。

表 2

序号	项目		优等品	合格品
1	整体外观		绷帮端正、平服;内垫平服,对称;鞋内外清洁;帮底结合处无缺胶、开胶;无明显可见缺陷	
2	面革		同双鞋相同部位的色泽、厚度、花纹、绒毛粗细一致;无裂面、裂浆、涂饰层脱落、脱色、松面,允许有不明显轻微缺陷	同双鞋相同部位的色泽、厚度、花纹、绒毛粗细允许稍有差异;无裂面、裂浆、涂饰层脱落、脱色,允许轻微缺陷,无明显松面
3	织物面、鞋里		色泽一致,不允许有乱纱、跳纱和明显污迹;次要部位允许每只有 3 mm 以下疵点一处	色泽基本一致,不允许有乱纱、跳纱和明显污迹;次要部位允许每只有 10 mm 以下疵点两处
4	外底		表面光洁,同双鞋外底花纹、色泽基本一致,次要部位允许有轻微缺陷	表面光洁,同双鞋外底花纹、色泽基本一致,允许有轻微缺陷
5	同双鞋对应部位	前帮长度	相差不大于 3 mm	相差不大于 5 mm
		后帮高度	低帮鞋相差不大于 3mm,高帮鞋相差不大于 5 mm	低帮鞋相差不大于 4 mm,高帮鞋相差不大于 6 mm
		鞋底	长度相差不大于 1.5 mm,宽度相差不大于 1.0 mm,厚度相差不大于 0.5 mm	长度相差不大于 2.5 mm,宽度相差不大于 2.0 mm,厚度相差不大于 0.5 mm
		后帮歪斜	后帮歪斜相差不大于 3 mm	后帮歪斜相差不大于 4 mm
6	缝线		线道整齐,针码均匀;底面线松紧一致;不允许有跳线、重针、断线、翻线、开线	线道整齐,针码均匀;底面线松紧一致;主要部位不允许有跳线、重针、断线、翻线、开线;次要部位允许跳线、重针一针,每只鞋不得超过两处
7	外中底		同双鞋色泽、软硬、厚度、底墙斜度基本一致;每只鞋切边允许有直径小于 2 mm 气孔三处	
8	装饰件		装配牢固,基本对称,外观无明显缺陷,无锋利边缘和锐利尖端	

4.4 物理机械性能要求

物理机械性能要符合表 3 要求。

表 3

序号	项目	单位	技术要求	
			优等品	合格品
1	帮底剥离强度[a]	N/cm	≥60	≥45
2	耐折性能[b] (预割口 5 mm,连续屈挠 4 万次,裂口长度)	mm	≤10.0 不得出现帮面裂浆、裂面和底墙(帮底)开胶现象;不得出现新裂纹;外底不得出现涂色龟裂或脱落	≤15.0 不得出现帮面裂浆、裂面现象,底墙(帮底)开胶不得超过 10 mm;新裂纹不得大于 5 mm;外底不得出现涂色龟裂或脱落
3	耐磨性能	mm	≤10.0	≤12.0
4	外底与外中底粘着强度	N/cm	≥20 微孔底撕裂而胶层不开时≥15	
5	底墙与帮面剥离强度	N/cm	≥90	≥70
6	前帮材料低温屈挠		符合 QB/T 2224 要求	

a 剥离试验中若材料撕裂而剥离层未开,判合格。

b 鞋号 230 以下的鞋不测耐折性能。

4.5 其他

不得出现影响穿用的缺陷。

5 试验方法

5.1 外观质量按 GB/T 3903.5 进行。

5.2 厚度用游标卡尺测量。

5.3 耐折性能试验按 GB/T 3903.1 进行,割口 5 mm,屈挠 4 万次。

5.4 耐磨性能试验按 GB/T 3903.2 进行,磨耗时间 20 min。

5.5 剥离强度试验按 GB/T 3903.3 进行。刀口宽度 10 mm,一般测前尖、后跟部位,如果外底前尖和后跟部位卷起,改测第一、第五跖趾关节处。

5.6 粘合强度测试按 GB/T 532 进行。

5.7 帮面材料低温屈挠性能按 QB/T 2224 进行,鞋面无法取样时,由厂材料库抽取相同帮面材料试验。

6 检验规则

6.1 组批

以同一品种原料投产、按同一生产工艺生产的同一品种的产品组成一个检验批。

6.2 出厂检验

产品出厂前应经过检验,经检验合格并附有合格证(或检验标识)方可出厂。

6.2.1 检验项目

外观质量、剥离强度、耐磨性能、耐折性能、外底与外中底的粘着强度、帮面低温屈挠性能。

6.2.2 检验内容和数量

外观质量为逐双检验,剥离强度、耐磨性能、耐折性能、外底与外中底的粘着强度、帮面低温屈挠性能为组批抽查检验,每批随机抽查三双。

6.2.3 判定

6.2.3.1 单双判定

a) 优等品:物理性能全部达到优等品要求,以及外观质量的主要项目达到优等品要求,次要项目达到合格品要求,判该双产品为优等品。

b) 合格品:物理机械性能达到合格品或优等品要求,以及外观质量的主要项目符合合格品或优等品,次要项目不超过两项不符合合格品要求,判该双产品为合格品。

c) 不合格:物理性能中有一项或一项以上不合格,或外观质量中有一项或一项以上主要指标不合格,或超过两项次要项目不合格,即判该双产品不合格。

6.2.3.2 批量判定

三双产品全部优等,则判该批产品优等。所检被测样品全部达到合格品要求,则判该批产品合格。如有一只(及以上)不符合合格品或优等品要求,则加倍抽样对不合格项目进行复检,按复验结果判定。

6.3 型式检验

有下列情况之一时,应进行型式检验:

a) 产品结构、工艺、材料有重大改变时;

b) 产品长期停产(三个月)后恢复生产时;

c) 国家质量监督检验机构提出进行型式检验时;

d) 正常生产时,每半年至少进行一次型式检验。

6.3.1 抽样数量

从出厂检验合格的产品中随机抽取三双进行检验。

6.3.2 合格判定

6.3.2.1 单双判定

a) 优等品:物理性能全部达到优等品要求,以及外观质量的主要项目达到优等品要求,次要项目达到合格品要求,判该双样品为优等品。

b) 合格品:物理机械性能达到合格品或优等品要求,以及外观质量的主要项目符合合格品或优等品,次要项目不超过两项不符合合格品要求,判该双样品为合格品。

c) 不合格:物理性能中有一项或一项以上不合格,或外观质量中有一项或一项以上主要指标不合格,或超过两项次要项目不合格,即判该双样品不合格。

6.3.2.2 批量判定原则

a) 优等品:所检产品全部达到优等品要求,则判该批产品为优等品。

b) 合格品:所检被检测样品全部达到合格品要求,则判该批产品合格。如有一只(及以上)不符合合格品要求,则加倍抽样对不合格项目进行复检,复检项目所测样品全部达到合格品要求,则判该批产品复检合格。如有一只(及以上)不符合合格品要求,则判该批产品复检不合格。

7 标志、包装、运输、贮存

7.1 标志

7.1.1 每双鞋或内包装里应有检验合格标识及生产日期。

7.1.2 每双鞋应有以下内容:

a) 制造厂名或商标;

b) 鞋号、型。

7.2 售后服务或穿用须知说明

内包装可附有售后服务规定或附穿用须知等说明。

7.2.1 内包装(鞋盒)上要标志以下内容:

a) 制造厂名、厂址、邮政编码、商标,进口鞋要有国内经销商名称和国内地址。地址要有省、市、县、乡、镇、路、村；

b) 产品名称[应注明鞋帮材料如：牛皮革、猪皮革、羊皮革、二层革、合成(人造)革、织物或革与非革混合面等]；

c) 鞋号、货号、等级；

d) 鞋的颜色；

e) 执行标准编号。

7.2.2 外包装上要标志以下内容：

a) 制造厂名及商标；

b) 产品名称、鞋号、货号、等级；

c) 鞋的颜色、数量；

d) 箱号、毛重、体积、装箱日期；

e) 贮运要求标志等。

7.2.3 制造厂名和厂址应有汉字。

7.2.4 缺厂(经销商)名或厂(经销商)地址或商标属“三无”产品，不得出厂销售。

7.3 包装

应有内、外包装。必要时可加软包装、防潮剂、防蛀剂、防霉剂。

7.4 运输和贮存

7.4.1 运输和贮存时不得重压、受潮、雨淋、曝晒或与油及酸、碱等腐蚀物质放在一起。

7.4.2 仓库内要保持通风干燥。产品离地和墙 0.2 m 以上，防止产品受潮发霉。

7.5 有关标志、包装、运输、贮存另有要求由购销双方商定。出口产品按合同执行。

附 录 A
（资料性附录）
旅游鞋售后服务质量判定

A.1 售后服务期限

可由厂商按产品档次确定，并在售后服务规定中明确声明。

A.2 质量问题的判定

在售后服务期限内正常穿用情况下，以下问题可判为质量问题：

A.2.1 不符合产品标准中合格品质量要求。

A.2.2 帮面裂、帮脚裂，严重泛硝，明显变色，涂饰层脱落或龟裂。

A.2.3 开线、开胶。

A.2.4 外底或内底断裂或凸凹不平影响穿用。

A.2.5 鞋内不平服影响穿用。

A.3 处理方法

可按厂商约定的明示售后服务规定办理，或按销售单位所在地的统一规定办理。

ICS 73.100.40
D 93

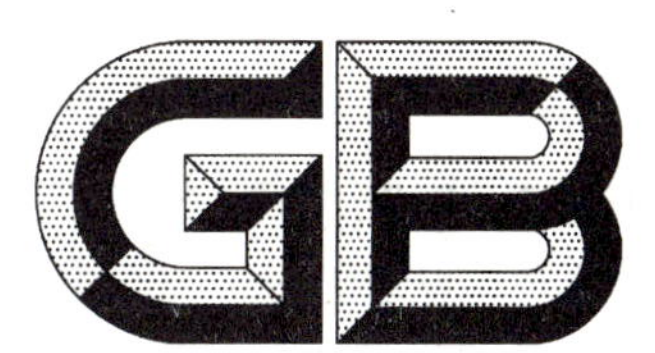

中华人民共和国国家标准

GB/T 15113—2005
代替 GB/T 15113—1994

调度绞车

Dispatching winch

2005-09-19 发布　　　　2006-04-01 实施

中华人民共和国国家质量监督检验检疫总局
中国国家标准化管理委员会　发布

前言

本标准代替 GB/T 15113—1994《调度绞车》。

本标准与 GB/T 15113—1994 相比主要内容变化如下：

——在型式与基本参数中增加了绞车的工作机构为卷筒缠绕式的分类型式；

——基本参数中增加了 JD-2、JD-3 两种规格；

——删去了原标准对制造保证的规定；

——试验方法与检验规则分两章编写；

——增加了对绞车运输的要求。

本标准由中国机械工业联合会提出。

本标准由全国矿山机械标准化技术委员会(SAC/TC88)归口。

本标准负责起草单位：徐州矿山设备制造有限公司、徐州汇通矿山设备制造厂。

本标准主要起草人：翟绪琴、陈洪斌、孙运德、郭明。

本标准所代替标准的历次版本发布情况为：

——GB/T 15113—1994。

调　　度　　绞　　车

1　范围

本标准规定了调度绞车(以下简称绞车)的型式与基本参数、技术要求、试验方法、检验规则、标志、使用说明书、包装、运输和贮存。

本标准适用于电动机驱动的绞车。该绞车主要用于矿山调度矿车。

2　规范性引用文件

下列文件中的条款通过本标准的引用而成为本标准的条款。凡是注日期的引用文件,其随后所有的修改单(不包括勘误的内容)或修订版均不适用于本标准,然而,鼓励根据本标准达成协议的各方研究是否可使用这些文件的最新版本。凡是不注日期的引用文件,其最新版本适用于本标准。

GB/T 4879　防锈包装

GB/T 13306　标牌

GB/T 13384　机电产品包装通用技术条件

JB/T 1604　矿山机械产品型号编制方法

JB/T 5995　机电产品使用说明书编写规定

煤矿安全规程　(2001 年版)

3　型式与基本参数

3.1　绞车的工作机构为卷筒缠绕式,传动型式为行星齿轮传动。

3.2　绞车型号的表示方法应符合 JB/T 1604 的规定。

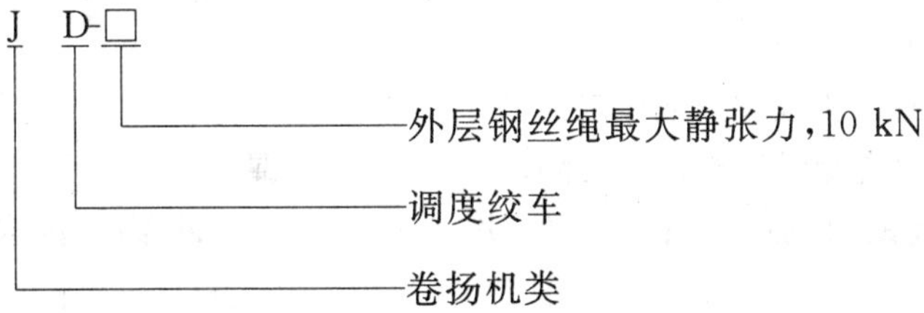

标记示例:

外层钢丝绳最大静张力为 25 kN 的调度绞车标记为:

JD-2.5　调度绞车

3.3　绞车的基本参数应符合表 1 的规定。

表 1　基本参数

型　号	JD-0.5	JD-1	JD-1.6	JD-2	JD-2.5	JD-3	JD-4
外层钢丝绳最大静张力/kN	5	10	16	20	25	30	40
外层钢丝绳绳速/(m/s)	≥0.70	≥1.00	≥1.20		≥1.25		
容绳量/m	≥150	≥400					≥650
钢丝绳直径/mm	9	12	16		20		22

4　技术要求

4.1　绞车应符合本标准的要求,并应按照经规定程序批准的图样和技术文件制造。

6.2.2 出厂检验时，应逐台进行外观检查及空负荷试验，并应符合 4.4、4.5、4.6、4.7、4.11、4.12 和 4.13 的规定。

6.3 型式检验

6.3.1 有下列情况之一时，应进行型式检验：

a) 新产品或老产品转厂生产的试制定型鉴定；

b) 正常生产后，如结构、材料、工艺等有较大改变，可能影响产品性能时；

c) 正常批量生产时，每 3 年至少进行一次；

d) 国家质量检验机构提出型式检验要求时。

6.3.2 型式检验应包括本标准的全部要求。

6.3.3 型式检验应从出厂检验合格的产品中抽取一台进行。如检验不合格应加倍抽检。

7 标志、使用说明书、包装、运输和贮存

7.1 每台绞车应在适当明显的位置固定产品标牌，其型式与尺寸应符合 GB/T 13306 的规定，并标明下列内容：

a) 制造厂名称和商标；

b) 产品型号和名称；

c) 主要技术参数；

d) 出厂编号、制造日期。

7.2 绞车应有使用说明书，其编写应符合 JB/T 5995 的有关规定。

7.3 绞车外露加工表面应按 GB/T 4879 中 D 级的要求进行防锈包装。

7.4 绞车包装应符合 GB/T 13384 的有关规定。

7.5 随机应附带下列技术文件：

a) 产品使用说明书；

b) 产品合格证；

c) 装箱单。

7.6 绞车的包装应能满足陆路和水路运输的要求。

7.7 绞车应存放在通风、防雨(雪)的场所。

ICS 29.140.30
K 74

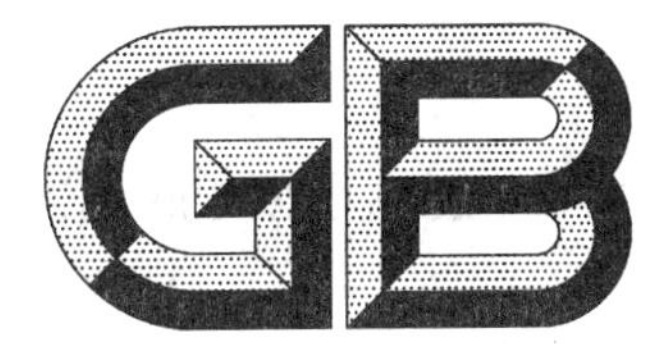

中华人民共和国国家标准

GB/T 15144—2005/IEC 60929:2002
代替 GB/T 15144—1994

管形荧光灯用交流电子镇流器　性能要求

A.C. supplied electronic ballasts for tubular fluorescent lamps—Performance requirements

(IEC 60929:2002,IDT)

2005-03-03 发布　　　　2005-08-01 实施

中华人民共和国国家质量监督检验检疫总局
中国国家标准化管理委员会　发布

前言

本标准等同采用 IEC 60929:2002《管形荧光灯用交流电子镇流器　性能要求》(英文版)。

为了便于使用,本标准做了下列编辑性修改:

a) 用小数点“.”代替作为小数点的逗号“,”;

b) “本国际标准”一词改为“本标准”;

c) 删除国际标准前言。

d) 对于 IEC 60929 中引用的其他国际标准中有被等同采用为我国标准的,本标准引用我国的这些国家标准或行业标准代替对应的国际标准,其余未有等同采用为我国标准的国际标准,在本标准中均被直接引用。

本标准代替 GB/T 15144—1994《管形荧光灯用交流电子镇流器性能要求》。

本标准与原标准 GB/T 15144—1994 相比,主要差异如下:

——在术语中增加了对启动辅助件的说明。

——强制性标志删除了对启动类型和流明系数的要求,5.2 中增加了对启动类型、是否需要启动辅助件、流明系数的说明,5.3 中增加了对线路总功率的要求。

——启动

1) 启动状态中,原标准中可分为控制电流型及控制电压型两种方式对启动性能进行考核。新标准中增加了采用测量镇流器在启动过程中提供给阴极预热能量来考核镇流器的预热启动性能。如相应灯的参数表中没有提供能量参数,则继续采用考核预热电流对镇流器的启动特性进行考核。

2) 对采用启动辅助件的镇流器,对镇流器的开路电压及启动辅助件的电压提出要求。

——增加对调光镇流器的要求。

——线路功率因数,规定对可调式镇流器测量线路功率因数时在满功率下进行。

——因在 GB 17625.1 中规定了照明电器电源电流的考核要求,新标准删除了对镇流器电源电流波形的要求。

——新标准删除了磁屏蔽的要求。

——新标准删除了耐电源中的瞬时过电压性能要求。

——新标准删除了对镇流器包装、存储、运输要求。

——添加了附录 F 及附录 H。

本标准中共有 8 个附录,其中附录 E 和附录 G 已撤消。附录 A、附录 B 和附录 C 为规范性附录,附录 D、附录 F 和附录 H 为资料性附录。

本标准由中国轻工业联合会提出。

本标准由全国照明电器标准化技术委员会(SAC/TC 224)归口。

本标准由国家电光源质量监督检验中心(上海)、飞利浦照明电子(上海)有限公司、惠州 TCL 照明电器有限公司、上海松下电工池田有限公司、上海东升电子股份有限公司、华东电子集团公司、广东东松三雄电器有限公司起草。

本标准主要起草人:俞安琪、道德宁、范红梅、毛孝君、邹瑛、高文国、李裕人、张贤庆。

本标准于 1994 年首次发布,本次为第一次修订。

管形荧光灯用交流电子镇流器　性能要求

1　范围

本标准规定了管形荧光灯及其他高频工作的管形荧光灯用电子镇流器的性能要求，此种镇流器使用频率为50 Hz或60 Hz，电压在1 000 V以下的电源，其工作频率不同于电源的频率，与其匹配使用的管形荧光灯应符合IEC 60081和IEC 60901的要求。

注1：本标准所述试验均为型式试验。不包括对生产期间的单个镇流器的试验要求。

注2：对于诸如灯具和独立式控制装置等最终产品，已制定出版了关于调节其电源电流谐波和抗扰性的专项标准。在这方面，灯具中的控制装置起主要作用。控制装置及其他零部件均应符合这些标准。

2　规范性引用文件

下列文件中的条款通过本标准的引用而成为本标准的条款。凡是注日期的引用文件，其随后所有的修改单(不包括勘误的内容)或修订版均不适用于本标准，然而，鼓励根据本标准达成协议的各方研究是否可使用这些文件的最新版本。凡是不注日期的引用文件，其最新版本适用于本标准。

GB 19510.1　灯的控制装置　第1部分：一般要求和安全要求(GB 19510.1—2004，IEC 61347-1：2000，IDT)

GB 19510.4　灯的控制装置　第4部分：荧光灯用交流电子镇流器的特殊要求(GB 19510.4—2005，IEC 61347-2-3：2000，IDT)

IEC 60081　双端荧光灯　性能要求

IEC 60901　单端荧光灯　性能要求

3　定义

本标准采用下述定义：

3.1

启动辅助件　starting aid

启动辅助件可以是一固定在灯的外表面上的条形导电部件，或是一与灯保持适宜的间隔的片形导电部件。启动辅助件只有在与灯的一端保持足够的电位差时才起作用。

3.2

镇流器流明系数　ballast lumen factor

受试镇流器在其额定电压下工作时，灯的光通量与该灯和适宜的基准镇流器一起在其额定电压和频率下工作时的光通量之比。缩写字母为blf。

3.3

基准镇流器　reference ballast

在交流电源频率下工作的灯用的特殊电感式镇流器或在高频下工作的灯用的特殊电阻式镇流器。按照设计要求，在检验镇流器和挑选基准灯时以及在标准化的条件下检验常规生产的灯时，这种镇流器可用作比较标准。其主要特征是在其额定频率下具有稳定的电压/电流比，相对地不受本标准所述电流、温度和周围磁场的变化的影响(见GB/T 2900.65)。

3.4

基准灯 reference lamp

经过挑选用来检验镇流器的灯，这种灯在与基准镇流器一起工作时所具有的电特性接近于相应灯的标准所规定的标称值。

注：附录C给出了该种灯的特定条件。

3.5

基准镇流器的校准电流　calibration current of a reference ballast

校准和调整基准镇流器时所依据的电流值。

注：这种电流最好大致上等于基准镇流器所适用的灯的额定电流。

3.6

线路总功率　total circuit power

在镇流器的额定电压和频率下由镇流器和灯的组合体所消耗的总功率。

3.7

线路功率因数 λ　circuit power factor λ

镇流器与其匹配使用的灯(一只或几只)的组合体的功率因数。

3.8

高功率因数镇流器　high power factor ballast

其线路功率因数至少为0.85的镇流器。

注1：功率因数0.85已把电流波形的畸变考虑进去。

注2：在北美，高功率因数规定至少为0.9。

3.9

高声频阻抗镇流器　high audio-frequency impedance ballast

其在250 Hz～2 000 Hz频率范围之内的阻抗超过本标准第13章所规定之值的镇流器。

3.10

预热启动　preheat starting

在灯被实际触发之前能使灯的电极达到发射温度的线路的类型。

3.11

非预热启动 non-preheat starting

能利用高开路电压使电极产生二次电子发射的线路的类型。

3.12

预启动时间　pre-start time

在3.11中所述镇流器被接通电源电压后使灯的电流保持≤10 mA的那段时间。

4　关于试验的一般说明

4.1　按照本标准进行的试验均为型式试验。

注：本标准所述要求及允许公差均以对制造商所提交的型式试验样品进行的试验为依据。原则上，这种型式试验样品应由具备制造商产品的典型特性的样品组成，并应尽可能地接近该类产品的中间值。

可以预期，在按照型式试验样品制造产品时采用本标准给出的公差，能确保使产品的大多数符合本标准。但是，由于产品的离散性，有时难免会出现超出规定公差范围的产品。关于按照特性进行检验的抽样方法和程序参见IEC 60410。

4.2　试验要按照条款的顺序进行，但另有规定时除外。

4.3　一只镇流器应承受所有的试验。

4.4　通常，应对每一种类型的镇流器进行所有的试验。在涉及到一批类似的镇流器的情况下，应对该批量中每个额定功率的镇流器或对从该批量中挑选出的有代表性的并经过制造商认可的镇流器进行所有的试验。

4.5　试验应在附录A所规定的条件下进行。IEC标准中未作规定的灯的参数应由灯的制造商给出。

4.6　本标准规定的所有镇流器均应符合GB 19510.4的要求。

5 标志

5.1 镇流器上应清晰地标有下述强制性标志：

a) 线路功率因数，例如：0.85。

如果功率因数小于0.95且超前，则该功率因数之后应标有字母C，例如：0.85 C。

如适用镇流器上还应标有下述的标志：

b) 表明镇流器在设计上符合声频阻抗条件的符号 Ƶ。

5.2 除了上述强制性标志之外，下述内容也应标在镇流器上，或注明在制造商的产品目录或类似文件中：

a) 关于启动类型的明确说明，即预热型或非预热型。

b) 关于镇流器是否需要启动辅助件的说明。

c) 在1±0.05的范围之外的镇流器流明系数。

5.3 制造商可采用下述信息作为非强制性标志：

a) 在额定电压下带灯和不带灯工作时的额定输出频率；

b) 能使镇流器在规定电压(范围)良好地工作的环境温度范围的极限值；

c) 线路总功率。

6 总说明

可以预计，符合本标准的镇流器在额定电压的92%和106%之间的电压下能使符合IEC 60081和IEC 60901的灯或其他高频荧光灯在灯的环境温度为10℃～35℃时顺利地启动，并使它们在灯的环境温度为10 ℃～50℃时良好地工作。

注1：IEC 60081和IEC 60901所给定的电特性以及在频率为50 Hz或60 Hz的额定电压下工作的镇流器所应适用的电特性可能与在使用高频镇流器时和在上述5.3的b)中所述条件下工作时的电特性有所不同。

注2：在某些地区，制定有关于灯具电磁兼容性的法规。灯的控制装置也能使这种电磁兼容性发生变化。参见附录H所示参考文献。

7 启动条件

当镇流器按照预定使用要求工作时，镇流器应能使灯启动，并不会对灯的性能造成有害的影响。附录D(资料性附录)对启动条件做了说明。

合格性应按照7.1～7.3中所述适用的试验要求进行检验，试验时应使镇流器在其额定值的92%和106%之间的任一电源电压下工作。

7.1 预热式镇流器的条件

镇流器应按照下述要求以及附录A中A.3的要求进行试验。有关预热的相同要求也适用于在任一调光位置上处于启动状态的可调式镇流器。

灯的参数表给出了与镇流器一起使用的替代电阻 R_{sub}，用来检验镇流器在启动时能否产生符合灯的参数表的能量。如果在替代电阻 R_{sub} 上所消耗的能量未超过极限值，则镇流器合格。如果镇流器不能提供灯的参数表规定的最小能量，则该镇流器不合格。如果镇流器提供的能量超过最大能量，则必须用另一个替代电阻来检验镇流器的预热能力，该替代电阻所消耗的能量应与上限能量相一致。如果镇流器仍产生过高的能量，则该镇流器不合格。第二个替代电阻的值尚在研究之中。初始值可由灯的制造商提供。

7.1.1 预热能量

在额定电源电压下，镇流器在 t_1 时应至少能提供符合相应灯的参数表所示时间/能量极限要求的最小总加热能量 E_{min}(见图1)。按照相应灯的参数表的要求，(t_1，t_2)间隔之内的总加热能量应在最大

加热能量 E_{max} 和最小加热能量 E_{min} 之间(见图 1)。

在 t_2 之前的任一时间,最大加热能量不得超过相应灯的参数表所规定的极限值。如果 $t_2-t_1<0.1$ s,则该间隔不适用此要求。

绝对最小预热时间应为 0.4 s,但相应灯的参数表另有规定时除外。

为了防止产生横向电弧,在预热能量 E 小于最小预热能量 E_{min} 时,施加在替代电阻上的电压应保持在 10 $V_{(有效值)}$ 以下。

如果灯的参数表未给出任何关于预热能量的参数,则采用阴极电流要求,并进行下述试验:

用一对具有相应灯的参数表所规定之值的无感电阻代替灯的每个阴极,镇流器应能提供符合相应灯的参数表所规定的时间/电流极限要求的最小和最大总加热电流。最小预热电流 i_k 被定义为:

$$i_{k}=\sqrt{\frac{a}{t_{e}}+i_{m}{}^{2}}$$

公式中 a 和 i_m 的值由灯的参数表给出。

在进行测量时,用具有相应灯的参数表所规定值的无感电阻来代替灯的每个阴极并按照阴极预热要求进行试验,在两只或多只灯同时工作的情况下也应如此。

7.1.2 开路电压

在预热期间,任一对替代电阻之间的开路电压不得超过相应灯的参数表所规定的最大值。在预热期之后,此开路电压应为或提升至不小于相应灯的参数表所规定的触发电压。

当两只或几只灯在串联或并联线路中工作时,要依次对每一位置进行测量。为此,要更换所有的灯。对于尚不作测量的位置,应安装上基准灯;对于要作测量的位置,应安装上一对开路电压试验用的替代电阻。

测量替代电阻之间的开路电压,在所有情况下测得的开路电压均应符合同一只灯的参数表所规定的值。

开路电压的波峰因数应不超过 1.8。在最短的预热期间,即使是非常狭窄的不会影响有效值的电压峰值在最小预热时间内也不得出现。

对于在并联电路中工作的灯,每只灯应采用相应的单只灯的要求。

进行测量时要使用示波器,还要使用超出相应灯的参数表的规定范围的无感替代电阻进行开路电压试验。

在有要求时,镇流器制造商应提供在规定范围内能产生最小触发开路电压的阴极替代电阻的值。

7.2 非预热式镇流器的条件

符合 3.12 中定义的镇流器在设计上应能使在启动期间累积的辉光放电时间不超过 100 ms,在测量该值时应使用基准灯,灯的附近不应有任何可能成为启动辅助件的接地金属部件。如果该灯的电流至少为灯额定电流的 80%,则辉光放电期被视为结束。

当镇流器满足下述条件时,该镇流器被视为符合上述要求。

7.2.1 开路电压

使用示波器进行测量,并用具有相应灯的参数表所规定之值的无感替代电阻 R_c 代替灯的每个阴极(见图 2a),所测得的开路电压应符合相应灯的参数表所规定的值。

当两只或几只灯串联工作时,应依次对每一个位置进行测量。为此,应更换所有的灯。对于尚不作测量的位置,应安装上基准灯;对于要作测量的位置,应安装上一对检验开路电压用的替代电阻。

然后,在两个替代电阻之间测量开路电压,在所有情况下所测得的开路电压均应符合同一只灯的参数表所规定的值。

注:在启动期间存在补充阴极加热的情况下,较低的值可足以满足要求,但辉光放电的时间应不超过 100 ms。

7.2.2 镇流器阻抗试验

用一具有相应灯的参数表所规定之值的灯的无感替代电阻 R_L 代替灯,再用一对具有相应灯的参数表所规定之值的无感电阻 R_c 代替每个灯的阴极(见图 2b),并使电压处于额定电压的 92%。此时,镇流器所提供的电流应不小于相应灯的参数表所规定的最小值。

7.2.3 阴极电流

非预热启动式镇流器在启动期间可为某一阴极提供加热。

如果存在这种情况,阴极电流应不超过相应灯的参数表所规定的最大值。

进行测量时要使用替代电阻 R_i(见图 2c),该电阻的值按照式(1)计算得出:

$$R_i = \frac{11.0}{2.1 \times I_n}\Omega \qquad \cdots\cdots(1)$$

式中:

I_n——灯的额定工作电流。

7.3 启动辅助件及间隔

与符合本标准的电子镇流器一起工作的灯可使用 IEC 60081 和 IEC 60901 规定的启动辅助件。在预热和启动期间,开路电压及启动辅助件上的电压不得超过相应灯的参数表中镇流器设计参数表所规定的极限值。

8 工作条件

8.1 在额定电压和 25℃±2℃的环境温度下,镇流器流明系数应不低于制造商宣称值的 95%;如果制造商对此未作规定,该镇流器流明系数应不低于 0.95。

由于某一固定测试点的光通量与照度有密切关系,所以在测量该系数时,使用适宜的照度计便足以满足要求。

如果所宣称的镇流器的流明系数低于 0.9,则应提供证据表明灯在和该镇流器一起工作时灯的性能不会受到损害。相应的试验尚在研究之中。

8.2 当镇流器在额定电压下与一只或几只基准灯一起工作时,线路总功率应不大于制造商所宣称值的 110%。

8.3 处于额定电压下的镇流器应能限制提供给基准灯的电流,使该电流不超过该灯与基准镇流器一起工作时的电流值的 115%,但相应灯的参数表另有规定时除外。

8.4 调光要求

8.4.1 灯阴极的加热

当灯以低于设计所要求的最佳值的流明等级工作时,应注意使镇流器为灯连续提供阴极加热,以便防止灯寿命的降低。

8.4.2 控制接口

此要求由附录 E 规定,并应与镇流器制造商的说明相一致。

目前还存在其他非标准化的接口,这种接口会引起接口之间的互换性问题。必须按照制造商的技术规范对其进行试验。

9 线路功率因数

当镇流器与一只或几只基准灯一起在其额定电压和频率下工作时,所测得的线路功率因数值与标志值的差异应不超过 0.05。

对于可调式镇流器,其功率因数应在满功率条件下进行测量。

10 电源电流

当镇流器在额定电压下与一只或几只基准灯一起工作时,电源电流与镇流器上的标志值或制造商文献中的规定值的差异应不超过±10%。

对于可调式镇流器,按照 GB 19510.1 的要求,在任一调光位置上,电源电流应不超过镇流器标志值的 110%。

11 导入任一阴极引线的最大电流

当电源电压为额定值的 92%和 106%之间的任一值并处于正常工作状态时,流经任一阴极终端的电流不得超过相应灯的参数表所给定的值。

进行测量时应使用示波器或其他适用的仪器,还应使用基准灯,测量应在灯阴极的所有触点上进行。

12 灯的工作电流波形

应使镇流器在其额定电压下与一只或几只基准灯一起工作。在灯达到稳定状态之后,灯电流的波形应符合下述条件:

a) 在每个连续的半周之内,在电源电压通过零相之后的同一时间,灯电流的包迹波形的差异应不超过 4%。

注:本要求的目的是为了避免由电源半周至电源另外半周的包迹波形的不一致而引起的脉动。

b) 对于单独的高频波峰系数,峰值与有效值的最大比值应不超过 1.7。

在电源频率下进行高频调制时,对于已调制的包迹线,灯的最大电流波峰系数应不超过 1.7。

注:高频电流的波峰系数等于已被调制或未被调制的包迹波峰值电流除以实际有效值电流。

13 声频阻抗

标有声频符号的镇流器(见 5.1)应按照附录 A 中 A.2 的要求进行试验。

对于 400 Hz 和 2 000 Hz 之间的每一个信号频率,当镇流器在其额定电压和频率下与基准灯一起工作时,其阻抗应是电感性的。该阻抗用欧姆表示,并且应至少等于下述电阻器的电阻值,即其所消耗的功率与该灯/镇流器组合体在其额定功率和频率下所消耗的功率相等的电阻器。镇流器的阻抗应使用一其值等于镇流器额定电源电压的 3.5%的信号电压进行测量。

250 Hz 和 400 Hz 之间的阻抗应至少等于 400 Hz 和 2 000 Hz 之间的频率所要求的最小值的二分之一。

注:无线电干扰抑制器由容量小于 0.2 μF(总量)的电容器构成,它可以安装在镇流器之内,在进行本试验时可将其断开。

14 异常条件下的工作试验

14.1 灯被断开

当镇流器在 110%额定电压下与一只或几只适用的灯一起工作期间,在不关闭电源的情况下使灯与镇流器断开,并持续 1 h,然后,将灯重新连接,灯应能正常启动和工作。如果灯不能启动,应将电源关闭 1 min,然后再接通电源,此时,灯应能启动。

14.2 灯不能启动

用一对相应灯的参数表所规定的适用的阴极模拟电阻代替每个灯的阴极,与镇流器连接,并使镇流器在 110%额定电压下工作 1 h,然后,将该电阻移开。将一只或几只适用的灯与镇流器连接,灯应能正常启动和工作。如果灯不能启动,应将电源关闭 1 min,然后再接通电源,此时,灯应能启动。

15 耐久性

15.1 在进行本试验之前,应使镇流器接受下述温度循环试验和开路条件下的开关试验:

a) 温度循环试验

首先，将镇流器在环境温度的下限值条件下放置 1 h，然后将温度升高到 t_c，并持续 1 h。如此温度循环要进行五次。如果没有规定温度下限值，则应采用＋10℃。

b) 开关循环试验

在额定电源电压下（或电压范围中最不利的电压下，此电压由制造商给出）将镇流器接通电源 30 s，再断开 30 s。在输出端处于空载状态下重复此循环 1 000 次。

15.2 随后，使镇流器与一适用的灯在额定电源电压下和能产生 t_c 值的环境温度下工作 200 h，然后，使镇流器冷却至室温。此时，镇流器应能使适用的灯正常启动并工作 15 min。在此试验期间，应将灯放置在试验箱之外并且温度为 25℃±5℃的环境中。

15.3 上述 t_c 值指的是在最不利的调光位置上测得的 t_c。此调光位置可与制造商协商后提供。

注：在灯具之内试验 t_c 温度时，采用同一最不利的调光位置。

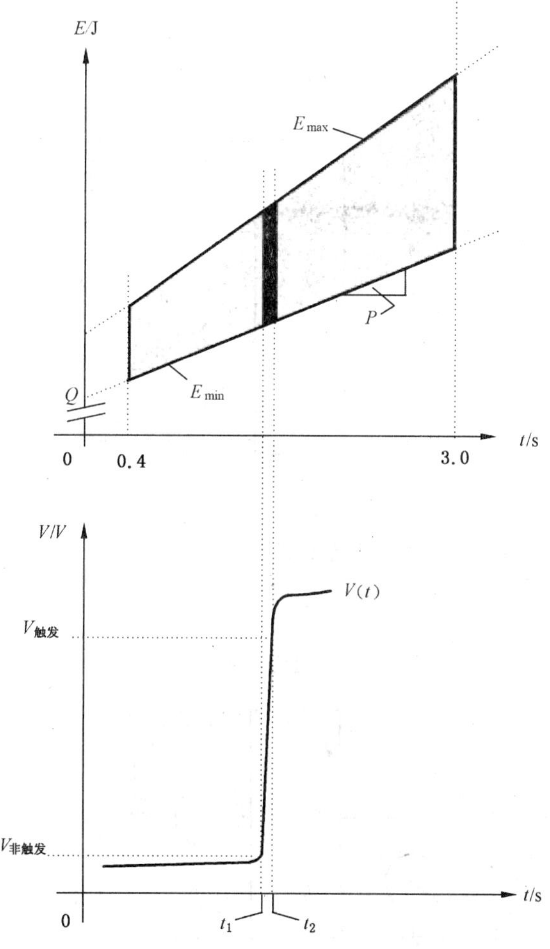

说明：

灰色区：供给阴极所允许的能量；

深灰色区：所允许的触发；

E：提供给电极预热用的能量(J)；

Q：见灯的参数表(J)；

P：见灯的参数表(W)；

F：系数，见灯的参数表；

$E_{min}=Q+P\cdot t$＝最小阴极预热能量；

$E_{max}=F\cdot E_{min}$＝最大阴极预热能量；

$V(t)$＝在镇流器的输出端测得的电压；

$V_{非触发}$＝见灯的参数表(V)；

$V_{触发}$＝见灯的参数表(V)；

$t_1=t(V_{非触发})$；

$t_2=t(V_{触发})$。

图 1 预热和启动所需能量的示意图

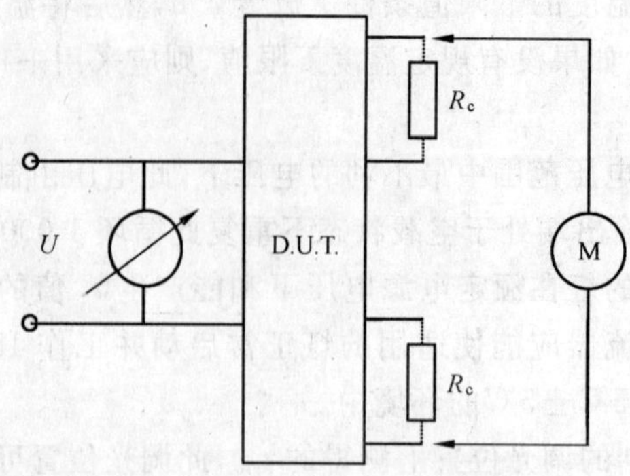

U=电源　　D. U. T. =受试装置(镇流器)

M=测量装置　　R_c=见 7.2.1

a　开路电压试验线路

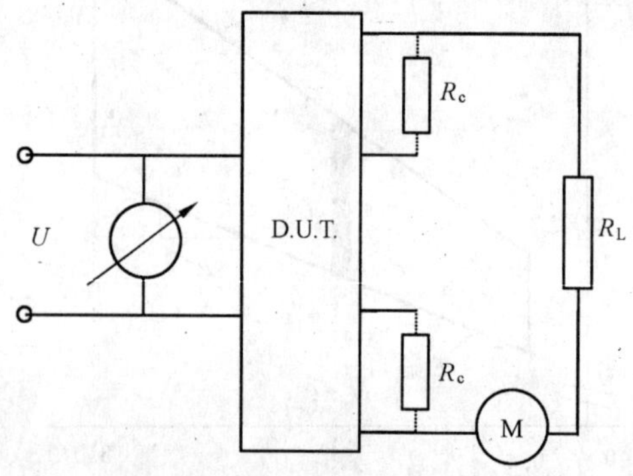

U=电源　　D. U. T. =受试装置(镇流器)

M=测量装置　　R_c=见 7.2.2

R_L=见 7.2.2

b　镇流器阻抗的试验线路

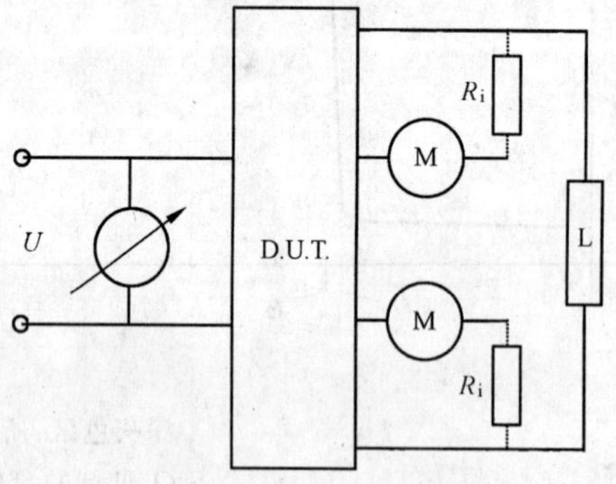

U 电源　　D. U. T. =受试装置(镇流器)

M=测量装置　　R_i=见 7.2.3

L=灯

c　阴极电流的试验线路

图 2　非预热启动的试验线路

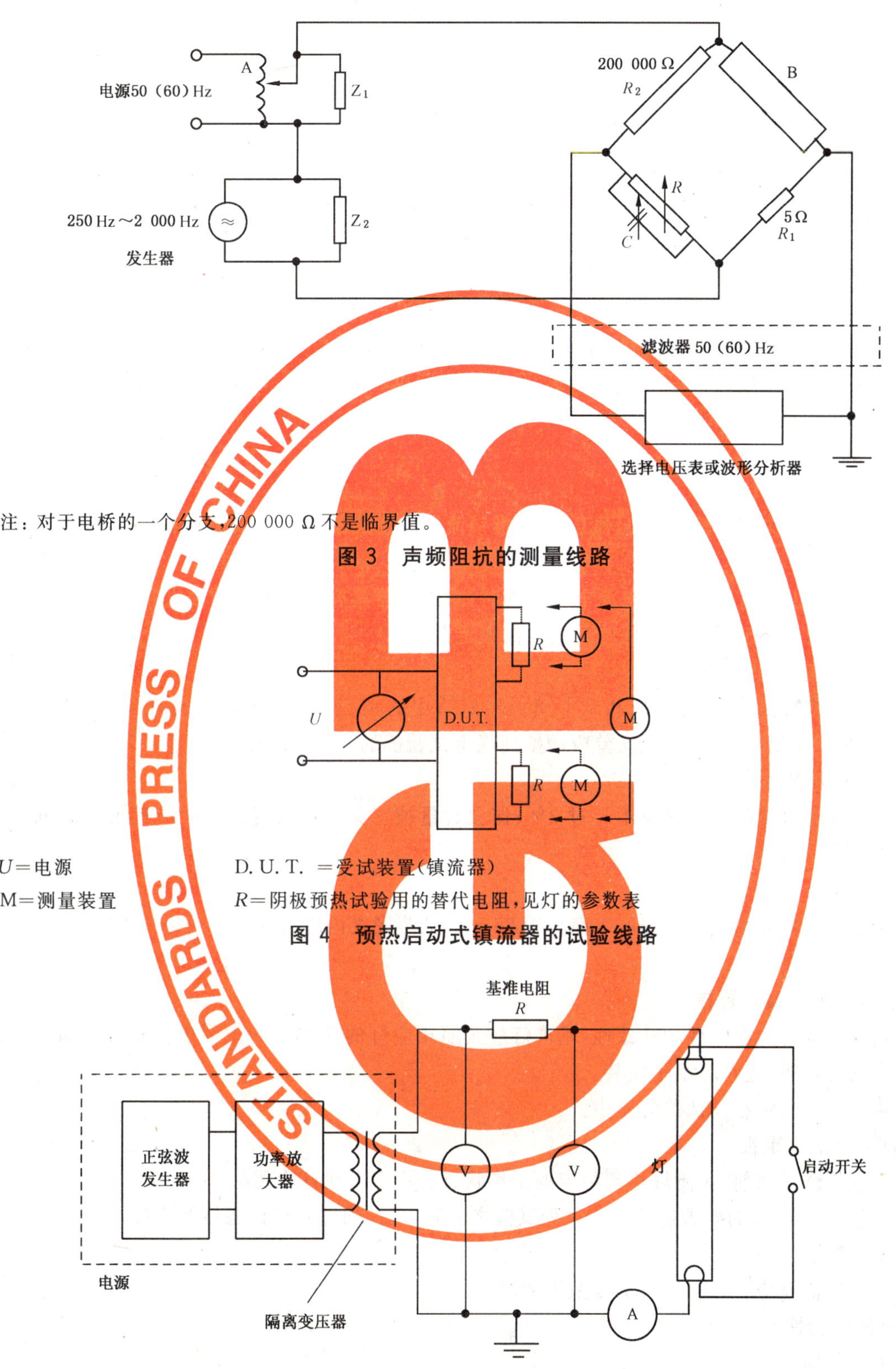

注：对于电桥的一个分支，200 000 Ω 不是临界值。

图 3　声频阻抗的测量线路

U＝电源　　D. U. T. ＝受试装置（镇流器）

M＝测量装置　　R＝阴极预热试验用的替代电阻，见灯的参数表

图 4　预热启动式镇流器的试验线路

图 5　高频基准线路

附 录 A
（规范性附录）
试 验

A.1 一般要求

各项试验均为型式试验。一个样品应接受所有的试验。

A.1.1 环境温度

各项试验应在无对流风的室内和20℃～27℃的环境温度下进行。

对于那些要求灯的性能稳定不变的试验，在进行这些试验期间，灯周围的环境温度应处在23℃～27℃之间，其变化应不超过1℃。

A.1.2 电源电压和频率

a) 试验电压和频率

受试镇流器应在其额定电压下工作，基准镇流器应在其额定电压和频率下工作，但另有规定时除外。

当镇流器上标有所采用的电源电压范围时，或镇流器具有几种不同的独立额定电源电压时，该镇流器任一预定采用的电压均可被选作额定电压。

b) 电源和频率的稳定性

对于大多数试验，电源电压和基准镇流器所适用的频率误差应稳定保持在±0.5%之内。但是，在实际测量期间，电压误差应调整到规定试验值的0.2%之内。

c) 电源电压波形

电源电压的总谐波含量应不超过3%；谐波含量被定义为各次谐波分量的有效值(r.m.s.)总和，基波定为100%。

A.1.3 磁效应

在与基准镇流器或受试镇流器的表面相距25 mm的范围之内应不存在任何磁性物体，但另有规定时除外。

A.1.4 基准灯的安装与连接

为了确保基准灯的电特性的一致性，基准灯应按照相应灯的参数表的说明进行安装。如果灯的参数表未给出安装说明，应将灯水平安装。

建议将灯持久固定在其试验灯座中。

A.1.5 基准灯的稳定性

a) 在进行测量之前，应使灯达到稳定的工作状态。不得出现打旋现象。

b) 在按照附录C的要求进行每一系列试验之前和之后，均应立即检验灯的特性。

A.1.6 基准镇流器

所用基准镇流器应符合相应灯的参数表的规定。

A.1.7 仪器的特性

a) 电压线路

流经跨接于灯端的仪器的电压线路的电流应不超过标称工作电流的3%。

b) 电流线路

与灯串联连接的仪器应具有足够低的阻抗，以便使电压降不超过灯的目标电压的2%。

在将测量仪器插接在并联的加热电路中时，该仪器的总阻抗应不超过0.5Ω。

c) 有效值的测量

测量仪器应基本上不会出现由波形畸变引起的误差，并应与工作频率相适应。

应注意确保测量仪器的对地电容不会干扰受试部件的工作，还必须确保受试线路的测量点处于地电位。

A.2 声频阻抗的测量

图 3 所示的线路是一用来测定灯/镇流器组合体的声频阻抗 Z 的电桥。

线路图中，代表电阻器的 R' 和 R'' 的值分别为 5 Ω 和 200 000 Ω(至少后者不是临界值)。当调节 R 和 C 时，可使一在波形分析器(或其他适用的选择性探测器)上选定的声频达到一种平衡，通常表示为：

$$Z = R'R''\left(\frac{1}{R} + \mathrm{j}\omega C\right)$$

如果电阻 R' 和 R'' 具有精确的数值，该公式则变为：

$$Z = 10^{6}\left(\frac{1}{R} + \mathrm{j}\omega C\right)$$

其中：

A=50 Hz 或 60 Hz 电源变压器；

B=受试灯/镇流器组合体；

Z_1=其值对于 50 Hz 或 60 Hz 足够高而对于 250 Hz～2 000 Hz 足够低的阻抗(例如：电阻 15 Ω，电容 16 μF)

Z_2=其值对于 50 Hz 或 60 Hz 足够低而对于 250 Hz～2 000 Hz 足够高的阻抗(例如：电感 20 mH)。

注：如果对于其他源的电流来说，相关的源具有低的内阻抗，则阻抗 Z_1 和/或 Z_2 就不是必需的。

A.3 预热期间的测量

A.3.1 试验设备和测量程序

试验设备应包括受试镇流器，相应灯的参数表所规定的阴极替代电阻(R)和测量装置。测量装置可以是一装有电压和/或电流探测器的示波器(见图 4)。

必要时，将隔离变压器的隔离输出绕组的次级输出绕组连接在接地的一端。如果镇流器中未装有隔离变压器，那么应在输入端插接上隔离变压器。

总开路电压应在两个阴极替代电阻之间进行测量。

如果装有启动辅助件，其电压应符合规定的电压要求。

A.3.2 用预热线路进行测量和数据处理的特定条件

借助测量装置，可测定加热电流和开路电压，此二值与时间有关。

对于稳定状态的有效值电流或有效值电压来说，要依据对一个单独的能确定实际值和波峰系数的高频周期来测定加热电流/电压的实际值。

可使用适宜的仪器直接测量有效值。

对于变化着的电流，加热电流的实际值被定义为与具有相同加热效果的稳定状态的有效值电流相等的一个值。

借助灯的参数表所给定的公式，可计算出发射时间(见 7.1.1)。

附 录 B
（规范性附录）
基准镇流器

B.1 标志

基准镇流器上应清晰耐久地标有下述标志：

a) “基准镇流器”或“高频基准镇流器”的全称字样；

b) 销售商的标志；

c) 序列号；

d) 灯的额定功率和校准电流；

e) 额定电源电压和频率。

B.2 设计特征

B.2.1 50 Hz 或 60 Hz 频率的镇流器的一般设计特征

基准镇流器是一自感线圈，装有或未装有辅助电阻器，在设计上能提供 B.3 所述工作特征。

基准镇流器可用在装有启动器的线路中，或者，在适宜的情况下用在具有加热灯阴极的独立电源的线路中。

B.2.2 25 kHz 频率的高频基准镇流器

高频基准镇流器是一按设计要求能提供 B.4 所述工作特性的电阻器。

由于此类型的高频镇流器是设计用作永久性的参照基准，所以最重要的是在正常使用条件下这种镇流器的结构应有助于提供稳定的阻抗。

为此，这种镇流器可装有能恢复基准电阻的适用部件。

高频基准镇流器应密封安装在一具有机械和电气保护功能的外壳中。但是，应注意对由此造成的功率损耗进行适当的处理。

B.2.3 保护功能

镇流器应具有防磁保护功能，例如，采用适宜的钢制外壳，将一 12.5 mm 厚的普通软钢板置于与镇流器外壳任一表面相距 25 mm 之处，相对于校准电流来说，其电压/电流比的变化应不超过 0.2%。

此外，镇流器应具有防止机械损坏的保护功能。

B.3 频率为 50 Hz 或 60 Hz 的工作特性

B.3.1 额定电源电压和频率

基准镇流器的额定电源电压和频率应符合 IEC 60081 和 IEC 60901 中相应灯的参数表所给定的值。

B.3.2 电压/电流比

基准镇流器的电压/电流比应为 IEC 60081 和 IEC 60901 中相应灯的参数表所给定的值，并应具有下述公差：

a) 在校准电流下，公差为±0.5%；

b) 在校准电流的 50%～115%之间的任一电流下，公差为±3%。

B.3.3 功率因数

在校准电流下测定的基准镇流器的功率因数应为 IEC 60081 和 IEC 60901 中相应灯的参数表所示值，可允许有±0.005 的公差。

B.3.4 温升

当基准镇流器在校准电流和额定频率下以及20℃和27℃之间的环境温度下工作，并达到热稳定之后，用“电阻变化法”测得的镇流器绕组的温升应不超过25 K。

B.4 频率为25 kHz的工作特性

B.4.1 概述

在高频基准镇流器的额定输入电压和额定频率下以及在室内温度为25℃±5℃和基准镇流器的温度达到稳定状态的情况下所进行的测量应采用下述技术要求。

B.4.2 阻抗

高频基准镇流器的阻抗应为IEC 60081和IEC 60901中相应灯的参数表所给出的值，并具有下述公差：

a) 在校准电流下，公差为±0.5%；

b) 在校准电流的50%和115%之间的任一电流下，公差为±1%。

B.4.3 串联电感与并联电容

基准镇流器的串联电感应小于0.1 mH，其并联电容应小于1 nF。

B.5 频率为25 kHz时的线路(见图5)

B.5.1 阴极加热

高频镇流器可用在为使灯顺利启动而安装了加热灯阴极用的独立电源的线路中。在测量灯时应将这些电源断开。

B.5.2 电源

用于调整和试验高频基准镇流器的高频电压电源应具有以下特点，即在全负载条件下，谐波含量的有效值之和应不超过基波分量的3%。

此电源应尽可能地稳定并尽可能不发生突然变化。为获得最佳试验结果，应在0.2%的范围内调节电压。

对于电阻型基准镇流器，频率应保持在2%范围之内。

B.5.3 仪器

测量高频基准镇流器用的所有仪器均应适用于高频工作。

详细要求尚在研究之中。

B.5.4 引线

连接用的引线应尽可能短且直，以避免寄生电容的产生。与灯并联的寄生电容应小于1 nF。

附 录 C
（规范性附录）
基准灯条件

当一只已老炼了至少 100 h 的灯与一基准镇流器在附录 A 所规定的条件下和 25℃的环境温度下一起工作时，如果灯的功率、灯端电压或灯的工作电流与 IEC 60081 和 IEC 60901 所给定的相应额定值的差异不超过 2.5%，则该只灯被视为是符合 3.4 中要求的基准灯。

对于不用启动器工作的基准灯，如果阴极电阻比灯的参数表所给出的额定值高出 10%以上，则可使用一分流电阻器将其降低。

应始终使用受试镇流器所适用的基准灯。

当基准灯与基准镇流器一起工作并达到稳定状态时，流经基准灯的电流的波形应与连续半周内的波形基本相同。

注：此要求用来限制任何整流效应可能引起的偶次谐波。

附 录 D
（资料性附录）
对启动条件的说明

D.1 引言

第 7 章所述启动条件要求和 IEC 标准中灯的参数表所给出的相关数据均适用于电子镇流器所能采用的不同的灯启动方式。

由于这些启动方式比传统的 50 Hz 或 60 Hz 线路所提供的方式更复杂，因此本附录可作为对本标准的此项要求和灯的参数表所规定的数据的补充说明。

D.2 对灯启动有影响的因素

影响荧光灯的启动机理的物理因素主要有五种：

D.2.1 阴极的加热：用于预热的能量和施加该能量的时间。

D.2.2 开路电压：在预热期间及灯被触发时灯端和启动辅助件上的电压。

D.2.3 环境条件：环境温度，相对湿度。

D.2.4 灯的物理条件：填充气体的类型及其压力，灯的尺寸，包括内部导电涂层。

D.2.5 电源和灯具条件：工作频率，启动辅助件的尺寸及间距。

所有这些因素都以复杂的形式相互作用，如果对于某一选定的启动方式来说不能使这些因素正确组合，就会使灯的性能降低（例如：灯寿命的降低，在给定灯寿命中启动周期次数的减少，灯末端过度发黑）。

D.3 灯启动的主要方式

50 Hz 或 60 Hz 镇流器传统上主要有两种使荧光灯启动的方法：预热阴极启动和非预热阴极启动。

这两种启动方式都能使用电子镇流器，但是，由于电子镇流器含有较高的技术性能，通常，必须采用能对启动特征进行确定、测量和评定的新方式。

虽然电子镇流器以比传统的 50 Hz 或 60 Hz 镇流器更复杂的方式提供灯的启动条件，但是为使灯工作性能良好，要采用同样的原理。

D.4 灯启动的特定方式

D.4.1 预热启动

通常采用不同的方式使预热阴极灯启动,但是,所有这些方式可概括为一点,就是必须为阴极提供足够的能量。特定的解决办法是可依据大体上稳定的电流或电压来控制预热。

在启动期间,如果要使灯工作性能良好,所有这些启动方式均应满足下述要求:

a) 在阴极达到发射状态之前,灯端的开路电压和/或灯至启动辅助件的开路电压应保持在低于能引起灯辉光电流而损坏阴极的电压水平。

b) 在阴极已经达到发射状态之后,开路电压应足以使灯快速启动,而不致使灯重复启动。

c) 如果为了使灯达到启动而必须升高开路电压,那么,应在阴极已经达到发射状态的情况下由低向高提升开路电压,同时阴极仍处在发射温度。

d) 在阴极预热期间,加热电流或电压不得过大过高,以避免阴极上的发射材料由于过度加热而被损坏。

由于预热启动所要求的开路电压相对较低,对于某些类型的灯,可采用多灯串联线路的方法。

在这种线路中,有时采用启动电容器与灯组合体的一部分并联,而对未并联的灯施加全负荷开路电压。启动电容器的量值与启动初期存在的可能会引起故障的辉光电流有关。必须注意使启动电容器的量值与启动的顺利程度及灯和镇流器的其他特性保持平衡。

D.4.2 非预热启动

灯的这种启动方式利用了在向灯两端瞬时施加高开路电压时灯的未被加热的阴极上所产生的场发射。

开路电压的范围以及镇流器的源阻抗决定了灯从放电的辉光电流阶段达到完全弧光阶段所需要的时间。

灯的末端过度发黑以及随后发生的灯过早损坏的主要原因之一是在启动过程中辉光放电电流过大和/或持续时间太长。为了将辉光放电电流的危害性降低到最小程度,必须确保提供最小值的开路电压,并且镇流器应能驱使灯快速通过此阶段,而不会使灯以 100 ms 以上的时间重复启动。

某些镇流器除了利用灯的阴极电流充分加热阴极之外,还可将此电流用于其他目的(例如:利用已降低的电压维持启动状态)。在这种情况下,必须遵守阴极电流的最大极限值要求,以避免阴极过度加热。

D.5 对第 7 章要求以及灯的参数表所给定的数据的说明

D.5.1 预热启动

D.5.1.1 加热能量和预热时间(t_s)

加热能量的最小值

使一给定类型的阴极达到最低发射温度所需要的热量可用时间及两个常数 Q 和 P 表示,它们的值均由该给定类型的阴极的物理特性决定。

它们之间的关系可由下述公式表示:

$$E_{min} = Q + P \cdot t$$

式中:

$t = t_s$——启动时间,单位为秒(s)*,灯的标准采用参数 t_s 作为一确定的特殊的时间测试点。但是实际上该值位于 t_1 和 t_2 之间。该间隔(t_1,t_2)由图 1 表示。

Q——由阴极的类型所决定的常数,单位为焦(J)。

P——由阴极的类型所决定的常数,单位为瓦(W)。

E_{min}——加热能量的最小值,单位为焦(J)。

* 小于 0.4 s 的预热时间通常是不容许的，因为经验已经证明，在这种情况下，不一定总是能达到所需要的阴极预热。

常数 Q 和 P 的值以及阴极替代电阻的值均在各相应灯的参数表中给出。对于特殊类型的镇流器，如果需要，可通过进行初步计算将能量值换算成电流值或电压值。

将所测得的 t_s 值代入上述公式可计算得出有效加热能量 E_{min}，每种灯的参数表也给出了此公式。

加热能量的最大值

加热能量的最大值由加热能量的最小值乘以一个系数 F，$E_{max}=F \cdot E_{min}$ 计算得出，系数 F 以及试验所要求的替代电阻的值均在相应灯的参数表中给出。

这些要求的示意图由图 1 给出。

注：如果预热能量的供给中断，则传输给电极的能量便是零。鉴于图 1 表示所供给的能量（而不是电极的能量），在能量供给中断时，能量曲线仍旧保持恒定不变，即水平线。电极的能量状态（例如：由于冷却而造成的损耗），由公式 $E_{min}=Q+P \cdot t$ 中的斜率 P 表示。

D.5.1.2 开路电压

相应灯的参数表中所示开路电压值适用于需要使用启动辅助装置的系统和不需要使用启动辅助装置的系统。在进行试验之前，必须确定出适用的系统。

对于某些类型的灯，相应灯的参数表规定了达到时间 t_e 之前的开路电压最大值，该值大于或等于在达到时间 t_e 之后所要求的开路电压最小值。设计用于这类灯的镇流器不一定必须升高开路电压才能使这类灯正常启动。

D.5.2 非预热启动

只测量开路电压不一定能确保镇流器使灯完全启动，并使最小辉光电流时间符合要求。某些镇流器从一开始就不能提供使灯快速由辉光状态进入弧光状态所必需的电流。

为了避免这种情况，应使用灯的替代电阻进行镇流器阻抗试验。

灯的替代电阻的值以及该电阻所应获得的最小电流值均由相应灯的参数表给出。

D.6 测量要求

由于电子镇流器的预启动和启动特性不一定能提供稳定状态的电压和电流，因此，必须采用与这些条件相适应的测量装置和测量技术。

附 录 E
（规范性附录）
已 撤 消

附 录 F
（资料性附录）
产品寿命和失效率的评定方法

F.1 为了使用户能对不同电子产品的寿命和失效率进行有意义的比较，建议制造商在产品目录中提供 F.2 和 F.3 所规定的参数。

F.2 电子产品的最大表面温度，符号为 t_l（t—lifetime），或会影响产品的寿命的最大局部温度，这些温度在正常工作条件下以及在标称电压或额定电压范围的最大电压下进行测量，在该温度产品的寿命应达到 50 000 h。

注：在某些国家，例如日本，规定 40 000 次寿命。

F.3 如果失效率是电子产品以最大温度 t_1(见 F.2 规定)条件下连续工作时的失效率，则该失效率应表示为单位时间内的失效(fit)。

F.4 对于为获得 F.2 和 F.3 给定的数据所要采用的方法(数学分析法、可靠性试验等)，制造商应按照要求提供有关此方法的细节的全部数据资料。

附 录 G
(资料性附录)
已 撤 消

附 录 H
(资料性附录)
参 考 文 献

GB/T 2900.65 电工术语 照明

GB 17625.1 电磁兼容 限值 谐波电流发射限值(设备每相输入电流≤16 A)(GB 17625.1—2003,IEC 61000-3-2:2001,IDT)

GB/T 18595 一般照明用设备电磁兼容抗扰度要求(GB /T 18595—2002,idt IEC 61547:1995)

IEC 60410 Sampling plans and procedures for inspection by attributes

IEC 61000-4-30 Quality of power systems

ICS 65.020.40
B 64

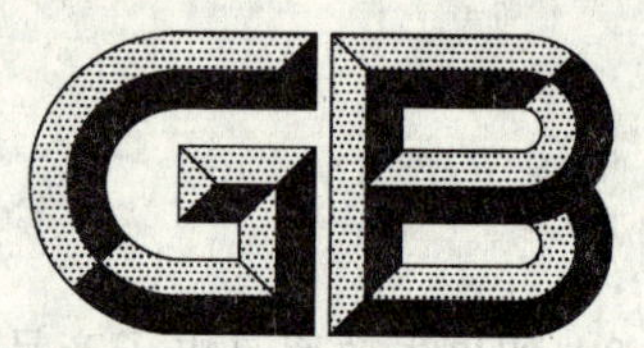

中华人民共和国国家标准

GB/T 15162—2005
代替 GB/T 15162—1994

飞播造林技术规程

Technical regulation for afforestation by aerial seeding

2005-03-23 发布　　2005-09-01 实施

中华人民共和国国家质量监督检验检疫总局
中国国家标准化管理委员会　发布

前　言

本标准代替 GB/T 15162—1994《飞机播种造林技术规程》。

本标准与 GB/T 15162—1994 相比主要变化如下：

——对标准的名称进行了修改，修改为“飞播造林技术规程”（1994 年版的标准名称；本版的名称）；

——对标准的范围重新进行了规定，界定的范围界限在飞播造（营）林的范畴内，将飞播技术拓展到营林领域（1994 年版的第 1 章；本版的第 1 章）；

——增加了飞播造（营）林、飞播、飞播造林、飞播营林、宜播地、播区作业面积、GPS 导航飞播作业、航迹、接种线、有效苗、有苗样地、成苗面积、成效面积率、飞播用种处理、复播等术语和定义（见 3.1、3.1.1、3.1.2、3.4、3.8、3.13、3.14、3.18、3.19、3.20、3.22、3.24、3.25、3.27）；

——修改了飞播南北方界线，将之与全国行政区划挂钩（1994 年版的 3.17；本版的 3.26）；

——增加了飞播造（营）林的一般规定（见第 4 章），对飞播造（营）林的内容、飞播条件以及生产组织、规划设计等提出要求；

——增加了飞播宜播地的规定（见第 5 章）。调整和具体规定了飞播造林宜播地（1994 年版的 4.1.1；本版的 5.1）；增加了飞播营林宜播地的规定（见 5.2）；

——修订了播区选择的自然条件（1994 年版的 4.1；本版的 6.1）和社会条件（1994 年版的 4.1.6；本版的 6.2），增加播区选择的规定（见第 6 章）；

——增加了飞播树（草）种选择的规定（见第 7 章）；

——增加了种子的规定（1994 年版的 6.1.5、6.1.6、6.1.7；本版的第 8 章），明确规定飞播种子质量等级（见 8.1）；

——对飞播规划进行了修改和补充完善（1994 年版的第 4 章、4.2；本版的 9.1），增加了规划的任务、综合调查、规划的原则、规划的主要内容、规划成果等方面的规定（见 9.1）；

——对飞播设计的任务、播区调查、技术设计、投资概算、设计成果及成果审批等方面进行了补充完善和重新规定（1994 年版的第 5 章；本版的 9.2）。删除播区调查准备的规定（1994 年版的 5.1.1）；调查方法修改为小班区划调查（1994 年版的 5.1.3、5.1.4；本版的 9.2.2.2、9.2.2.2.4）；删除播区测量的规定（1994 年版的 5.1.5）；增加了树（草）种配置设计的规定（见 9.2.3.1.2），对营林小班和沙区树（草）种配置进行了规定；对播区植被处理设计分别造林小班和营林小班进行了修改和补充规定（1994 年版的 5.2.4；本版的 9.2.3.4.1）；对播区简易整地设计进行了修改和补充规定（1994 年版的 5.2.5；本版的 9.2.3.4），增加了沙区简易整地设计的规定；增加了 GPS 导航作业设计的规定（1994 年版的 5.2.11；本版的 9.2.3.9）；删除人工撒（点）播设计的规定（1994 年版的 5.2.13）；对投资概算的概算项目进行了调整和修改（1994 年版的 5.3；本版的 9.2.4）；删除效益预估的规定（1994 年版的 5.3.2）；对设计成果进行了修改和重新规定（1994 年版的 5.4；本版的 9.2.5），增加了设计图件采用地形图为地理底图编绘的规定，增加了播区地面处理图的规定，同时对各设计要素进行了补充规定；

——增加播区标示的规定（见 10.1.1.1）；

——增加监理的规定（见 10.2.2）；

——增加了种子处理的规定（见 10.2.3.4）；

——删除人工模拟作业的规定（1994 年版 6.2.8）；

——增加了 GPS 导航飞播作业质量检查的规定（见 10.2.4.2）；

——修改和调整了播后管理的规定（1994 年版的第 8 章；本版的 10.3），对封育管护的规定进行了修改和调整(1994 年版的 8.2;本版的 10.3.1),对补植补播的条件进行了规定(1994 年版的 7.1.1、8.5;本版的 10.3.2),提出了复播的规定(1994 年版的 7.1.1;本版的 10.3.3),删除了飞播林的经营管护的有关规定(1994 年版的 8.1、8.3、8.4);

——修改和调整了成效调查的规定(1994 年版的第 7 章;本版的第 11 章)。增加了出苗观察的规定(见 11.1);对成苗调查的目的、调查时间、调查内容、调查方法、成苗等级评价、调查成果等方面内容进行了修改、补充和具体规定(1994 年版的 7.1;本版的 11.2),调查时间规定播后翌年进行(1994 年版的 7.1.1;本版的 11.2.2),增加调查方法的规定(见 11.2.4),具体修改和规定了成苗等级评定(1994 年版的 7.1.1;本版的 11.2.5);对成效调查的目的、调查时间、调查内容、调查方法、成效评定标准调查成果等方面内容进行了补充、修改和具体规定(1994 年版的 7.2;本版的 11.3),具体规定了造林小班和营林小班的合格标准(1994 年版的 7.2.4;本版的 11.3.5.1、11.3.5.2),修改并重新规定了播区成效评定标准(1994 年版的 7.2.5;本版的 11.3.5.3),对成效统计的规定进行了修改(1994 年版的 7.2.6、7.2.7;本版的 11.3.6);

——删除科研与实验区建设的规定(1994 年版的第 9 章);

——修改和具体调整了档案管理的规定(1994 年版的第 10 章;本版的第 12 章);

——删除附则的规定(1994 年版的第 11 章);

——增加了资料性附录“飞播造(营)林飞机机型主要技术参数”(见附录 A);

——修改和具体调整了资料性附录“飞播造(营)林播区调查统计表”(1994 年版的表 1、附录 A 表 A2、附录 D;本版的附录 B);

——在资料性附录“主要飞播造(营)林树(草)种适播地区”中增添了高山松(*Pinus densata*)和坡柳(*Dodonaea viscose*)两个树种(1994 年版的附录 B;本版的附录 C)。

本标准的附录 A、附录 B、附录 C、附录 D 均为资料性附录。

本标准由国家林业局提出并归口。

本标准起草单位:陕西省林业勘察设计院、陕西省飞播造林工作站。

本标准协作单位:国家林业局调查规划设计院、四川省林业调查规划设计研究院。

本标准主要起草人:李愈善、王锁民、王恩苓、李建春、蒋三乃、王福星、王育文、魏如凯、孔绿玉、王锁怀。

飞播造林技术规程

1 范围

本标准规定了飞播造(营)林宜播地、播区选择条件、树(草)种选择和种子要求、规划设计、飞播施工、成效调查以及档案管理等技术内容和要求。

本标准适用于全国范围内具备利用飞播开展营造林活动的地区或项目。

2 规范性引用文件

下列文件中的条款通过本标准的引用而成为本标准的条款。凡是注日期的引用文件,其随后所有的修改单(不包括勘误的内容)或修订版均不适用于本标准,然而,鼓励根据本标准达成协议的各方研究是否可使用这些文件的最新版本。凡是不注日期的引用文件,其最新版本适用于本标准。

GB 2772 林木种子检验规程

GB 7908 林木种子质量分级

GB/T 8822.1～8822.13 中国林木种子区

GB/T 10016 林木种子贮藏

GB/T 15163 封山(沙)育林技术规程

GB/T 15776 造林技术规程

GB/T 17836 通用航空机场设备设施

GB/T 18337.3—2001 生态公益林建设 规划设计通则

3 术语和定义

下列术语和定义适用于本标准。

3.1

飞播造(营)林 afforestation or forest management by aerial seeding

飞播 aerial seeding

根据森林植被自然演替规律,以树种天然下种更新原理为理论基础,结合树种生态、生物学特性,人工模拟天然下种,利用飞机把林木种子播撒在一定的地段上,集"飞、封、补、管[1)]"等综合营造林作业措施为一体,以恢复、改善和扩大地表植被为目的的营造林技术措施。

3.1.1

飞播造林 afforestation by aerial seeding

通过飞机播种,为宜林荒山荒地、宜林沙荒地、其他宜林地、疏林地补充适量的种源,并辅以适当的人工措施,在自然力的作用下使其形成森林或灌草植被,提高森林植被覆被率的技术措施。

3.1.2

飞播营林 forest management by aerial seeding

通过飞机播种,为低质、低效有林地、灌木林地补充适量的种源,并辅以适当的人工措施,在自然力的作用下促使并加快森林植被正向演替进程,改善和提高森林植被质量的技术措施。

3.2

播区 aerial sowing compartment

1) 指飞播中"飞播、封育、补植补播或复播、管护"四个环节。

连成一个整体、单独进行设计并进行飞播造(营)林作业的区域单位。

3.3

小播区群　aerial sowing group

若干个相对集中,不相连接,而可以实施串联飞播造(营)林作业的播区地块群。

3.4

宜播地　suitable sites for aerial sowing

适宜开展飞播造(营)林的各种地类,分造林宜播地和营林宜播地。

3.5

宜播面积　suitable area for aerial sowing

播区内宜播地面积之和。

3.6

非宜播面积　unsuitable area for aerial sowing

播区内不适宜飞播造(营)林的各类土地面积之和。

3.7

播区面积　area of aerial sowing compartment

播区内宜播面积与非宜播面积之和。

3.8

播区作业面积　operational area for aerial sowing

实施飞播作业的播区宜播面积与非宜播面积之和。

3.9

航高　navigation height

飞播作业时,飞机距离地面的高度。

3.10

播幅　navigation width

飞机在播区作业的有效落种宽度。

3.11

航标点　point of navigation mark

飞播作业的导航信号标志点。该点位于播带的中心线上,飞播作业时飞机在其上空沿线压标播种。

3.12

航标线　line of navigation mark

同一序列彼此相邻不同序号航标点的连线。

3.13

GPS 导航飞播作业　GPS-guided aerial sowing

利用 GPS(全球卫星定位系统)导航技术进行飞播造(营)林作业。

3.14

航迹　navigation route; flight path

飞机飞播作业时的飞行轨迹。GPS 导航仪可以记录飞机的飞行轨迹。

3.15

飞行作业航向　flying direction of navigation

飞机在播区飞播作业时飞行的方向。一般用飞行方位角表示。

3.16

飞行作业方式　operation system for flight

飞机在播区作业时的飞行方法和顺序。

3.17

接种样方(点)　sample plot

飞播作业时用于检查播种质量、统计落种情况的接种点。接种样方(点)一般为 1 m×1 m。

3.18

接种线　line of connecting sample plots

播区内同一序列彼此相邻不同序号接种样方(点)的连线。

3.19

有效苗　available seedling

播区宜播面积范围内,播种苗或天然更新的同一类型、同一苗龄(苗龄级)的目的树种苗木,且生长趋于稳定的健壮苗。

3.20

有苗样地　sample plot with available seedlings

成苗调查时,有 1 株以上乔木或灌木有效苗的样地。一般样地面积 2 m^2,沙区 1 m^2。

3.21

有苗样地频度　frequence of sample plots with available seedling

有苗样地占播区宜播面积范围内设置样地总数的百分比,或沙区有苗样地占播区作业面积[2)]的百分比。

3.22

成苗面积　area of grown-up seedlings

飞播造(营)林后成苗调查时,乔木树种苗木 1 666 株/hm^2 以上或灌木树种苗木 2 500 株/hm^2 以上,且分布均匀的播区宜播面积或沙区播区作业面积。

3.23

成效面积　effective area

飞播造(营)林成效调查时,播区宜播面积或沙区播区作业面积[2)]达到成效合格标准的面积。

3.24

成效面积率　percentage of effective area

成效面积占播区宜播面积或沙区播区作业面积的百分比。

3.25

飞播用种处理　seed treatment for aerial sowing

飞播前,在种子外表粘着胶、药剂以及其他添加剂等包衣材料,或对硬皮、蜡质种子进行破壳、脱蜡、去翅、脱芒等物理方法处理,以增加种子粒径和重量,减少种子漂移和鸟鼠危害,促进种子发芽。

3.26

南北方界限　boundary of southern China and northern China

考虑到我国植被自然生长特性、自然地理状况、行政区划状况,南、北方界线以秦岭—淮河一线为分界,并以省(自治区、直辖市)为单位划分。南方包括:上海、江苏、浙江、安徽、福建、江西、重庆、四川、湖北、湖南、广东、广西、海南、贵州、云南、西藏、香港、澳门、台湾;北方包括:北京、天津、河北、内蒙古、辽宁、吉林、黑龙江、山东、河南、山西、陕西、甘肃、青海、宁夏、新疆。

3.27

复播　remedy aerial seeding

飞播施工后间隔一定时段,第二次重新组织实施飞播作业阶段的工作。一般在播区成苗调查结果为不合格情况下,为保证飞播成效,于成效调查前实施的一项补救措施。

2)　飞播治沙,成苗调查时,以播区作业面积为调查总体单位。

4 一般规定

4.1 飞播造(营)林包括飞播造林和飞播营林,是一项系统性、规模化的营造林工程技术措施,应坚持造林与营林相结合,统一设计,综合作业的原则。

4.2 飞播造(营)林应在对飞播造(营)林各方面条件充分分析论证的基础上开展工作,并与人工造林、封山育林相衔接,在规模化工程营造林方面有其显著的经济和技术优势。

4.3 一定区域内,实施飞播应具备符合使用机型要求的机场或有条件修建临时机场,并有承担飞行作业的专业飞行队伍。

4.4 飞播造(营)林应按规划设计,按设计实施,按标准评定验收。在省、市、自治区范围内,一般以地、市或建设单位为单位编制规划设计、组织生产。

4.5 飞播造(营)林规划设计单位原则上通过招投标的方式确定或委托确定,规划设计单位必须具备从事飞播造(营)林规划设计的专业经验并具有相应的林业调查规划设计资质等级和经济技术法人地位。一般应由具有乙级以上调查规划设计资质的单位承担。

5 飞播宜播地

5.1 飞播造林宜播地

宜林荒山荒地、宜林沙荒地、其他宜林地、无立木林地等无林地和疏林地。

5.2 飞播营林宜播地

5.2.1 郁闭度<0.4,自然度为Ⅲ级,林下更新不良的低质、低效林地。

5.2.2 可以改造成乔木林的灌木林地。

6 播区选择

6.1 自然条件

6.1.1 具有相对集中连片的宜播地,其面积一般不少于飞机一架次的作业面积;同时宜播面积应占播区总面积70%以上。北方山区和黄土丘陵沟壑区的播区应尽量选择阴坡、半阴坡,阳坡面积一般不超过40%。

6.1.2 播区地形起伏在同一条播带上的相对高差不超过所用机型飞行作业的高差要求,应具备良好的净空条件,两端及两侧的净空距离应满足所选机型的要求。主要飞播造(营)林飞机机型技术参数参见附录A。

6.1.3 地形地貌、地质土壤、水热条件等自然立地条件适宜飞播造(营)林。

6.2 社会条件

播区土地权属明确,且县、乡或项目建设单位领导重视,群众认可飞播造(营)林,能够落实播前播区地面处理和播后封育管护任务。

7 飞播树(草)种选择

7.1 树种选择

7.1.1 天然更新能力强、种源丰富的乡土树种。

7.1.2 中粒或小粒种子,产量多,容易采收、贮存的树种。

7.1.3 种子吸水能力强,发芽快;幼苗抗逆性强,易成活的树种。

7.1.4 适宜飞播,具有一定经济价值和生态价值的树种。

7.2 草种选择

7.2.1 具有抗风蚀、耐沙埋、自然繁殖力强、根系发达、株丛高大稠密、固沙效果好的多年生草种。

7.2.2 有利于灌木树种生长和植被群落发育的草种。

8 飞播种子要求

8.1 种子质量

飞播造(营)林种子质量应达到GB 7908规定的二级以上(含二级)质量标准。对GB 7908中没有明确规定质量标准的林木种子,根据种子检验结果报省级林业主管部门批准使用。

8.2 种子采收与调运

飞播用种优先选用本地区优良种源和良种基地生产的种子,外调种子应符合GB/T 8822.1～8822.13规定的调拨范围和国家林业主管部门的有关规定。

8.3 种子使用

飞播造(营)林用种实行凭证用种制度,用于飞播造(营)林的种子必须具有种子使用证、森林植物(种子)检疫证、检验证及种子标签。种子的检验、检疫及贮藏,执行GB 2772、GB/T 10016和国家林业主管部门的有关规定。

9 飞播规划设计

9.1 飞播规划

9.1.1 规划的任务

明确飞播造(营)林的目的、目标、范围、规模与重点;统筹安排生产布局与进度;概算投资规模,合理安排建设资金,明确筹资渠道,提出保障措施;分析与评价项目实施的综合效益。

9.1.2 综合调查

掌握区域内自然条件、社会经济情况,森林植被状况以及林业建设和生态环境建设现状、问题与要求等,为飞播造(营)林规划设计提供切合实际的依据。综合调查执行GB/T 18337.3—2001和国家林业主管部门的有关规定。对组织开展过森林资源调查的地区或区域,应充分利用近期森林资源调查成果资料编制飞播造(营)林规划。

9.1.3 规划的原则

9.1.3.1 主导功能原则

根据自然地理条件和植被的发生、发育、演替规律以及飞播造(营)林科技成果,科学合理地确定飞播造(营)林所要实现的主导性功能和目的。

9.1.3.2 生态优先原则

以生态建设为主,按突出重点、先易后难的原则安排飞播造(营)林。

9.1.3.3 因地制宜原则

根据各地不同的飞播造(营)林条件,确定采用适宜的飞播造(营)林技术措施。

9.1.3.4 适度规模原则

在一定的区域范围内,应当充分体现其规模效应和优势,规模化组织飞播造(营)林生产。

9.1.3.5 系统平衡原则

兼顾飞播造(营)林"飞、封、补、管"各环节对飞播成效的因果关系,系统平衡,连贯有序,保证飞播成效。

9.1.4 规划的主要内容

9.1.4.1 飞播造(营)林条件分析与评价。

9.1.4.2 规划的指导思想、原则、目标(战略目标与规划期目标)。

9.1.4.3 飞播造(营)林总体布局

根据规划范围内不同的自然条件、自然资源、社会经济情况、生态环境建设要求等划分飞播造(营)林类型区,分别类型区:

——确定飞播造(营)林思路与方向;

——确定飞播造(营)林的比重与范围；

——合理配置飞播造(营)林生产组织管理体系以及机场、种源供应等基础要素。

9.1.4.4 飞播造(营)林规划

分区域规划飞播造(营)林规模，合理安排实施进度，并确定树(草)种，计算种子用量以及飞行作业、封育管护工作量。

9.1.4.5 环境影响评价。

9.1.4.6 投资概算与资金筹措。

9.1.4.7 效益分析与综合评价。

9.1.4.8 规划实施的保证措施。

9.1.5 规划成果

规划成果包括规划说明书、必要的附表、附件，以及有关专题论证报告和飞播造(营)林规划图件等。规划成果的组成与质量要求具体执行国家林业主管部门的有关规定。

9.2 飞播设计

9.2.1 设计的任务

在飞播造(营)林规划的基础上，根据项目建设要求，具体选择落实播区。在播区调查的基础上，以播区为单位进行飞播造(营)林作业设计。设计的深度应满足飞播造(营)林生产作业的要求。

9.2.2 飞播播区调查

9.2.2.1 播区踏查

采用路线调查和标准地调查相结合进行播区踏查。通过踏查，观察拟开展飞播造(营)林地区全貌以及地形、净空情况，目测宜播面积比例，了解土地权属情况，框划播区范围。在开展过森林资源调查的地区或区域，也可以利用近期森林资源调查成果确定播区范围。

9.2.2.2 播区调查

9.2.2.2.1 调查目的

全面了解飞播造(营)林播区范围的自然条件、社会经济情况和植被状况，为飞播造(营)林设计提供依据。对于近期森林资源规划设计调查的成果资料可以作为飞播造(营)林设计依据。

9.2.2.2.2 自然条件调查

调查内容包括播区范围的地形、地势、气候、土壤、植被及森林火灾和病、虫、鼠(兽)害等。

9.2.2.2.3 社会经济调查

调查播区范围人口分布，交通情况，土地权属，农林业生产建设状况，农村能源消耗情况以及畜牧种、群数量、放牧习惯、当地相关的劳动生产定额等，当地政府和群众对飞播造(营)林的认识和要求以及附近可使用机场等情况。

9.2.2.2.4 播区小班区划调查

9.2.2.2.4.1 小班区划任务

现地区划界定飞播造(营)林播区地类面积及分布情况，根据播区宜播地类的自然分布情况，结合当地飞播造(营)林可供使用飞机的飞行作业特点，合理取舍，调绘确定播区边界。

准确量算、统计播区宜播面积，计算播区宜播面积率。

落实飞播造(营)林技术措施，准确计算相关工程量。

9.2.2.2.4.2 小班区划

以播区为单位，利用测绘部门绘制的最新的比例尺为1：50 000或1：25 000的地形图现地进行小班勾绘；

小班最小面积以能在地形图上表示轮廓形状为原则，最小小班面积在地形图上不小于4 mm^2；最大小班面积不超过40 hm^2。

分别地类划分小班，地类分类系统执行国家林业主管部门森林资源规划设计调查的有关规定。同时结合宜播地类的特点,区别划分造林小班与营林小班。沙区播区小班区划中,应同时兼顾到沙丘类型和形态,区别划分丘间低地、背风坡、迎风坡。

9.2.2.2.4.3 **小班调查**

采用小班目测和随机设置样地(标准地)实测相结合的方法调查。有林地、疏林地调查样地面积100 m^2,灌木林样地面积为10 m^2,草本群落样地面积4 m^2;样地数量:小班面积3 hm^2 以下设2个,4 hm^2～7 hm^2 设3个,8 hm^2～12 hm^2 设4个,13 hm^2 以上设置不少于5个。

小班调查内容:

a) 对非宜播地类只调查地类;

b) 对宜播地各地类详细调查地形地势、土壤、植被、土地利用情况等项目,分别对各项目相关调查因子进行调查记录:
   ——地形地势:坡位、坡向、坡度、海拔高度;
   ——土壤:土壤种类(土类)、土层厚度以及腐殖质层厚度;
   ——植被:灌草植被调查记录灌(草)种类、起源、覆盖度、平均高度以及分布情况;疏林地、低效林地还应调查林分(木)树种组成、平均年龄、平均胸径、平均高、郁闭度、自然度、天然更新、生长和分布情况;
   ——调查土地利用现状,如开荒、樵采、放牧等人为活动情况;
   ——现场综合分析小班宜林宜播性。

内业整理播区调查卡片,求算小班面积,并分别造林面积与营林面积分地类统计播区宜播面积,参见附录B(表B.1 播区地类面积统计表)。

9.2.3 **飞播造(营)林设计**

9.2.3.1 **树(草)种设计**

9.2.3.1.1 **树种选择**

根据播区条件和适地、适树、适播的原则以及种源供应条件,在遵循森林植被正向演替规律的前提下,确定适宜的飞播树(草)种。各地在树(草)种设计中可参照附录C。引进树(草)种要试验成功后方可应用。

9.2.3.1.2 **树种配置设计**

树种配置方式分六种类型:

——乔木纯播;
——乔木混播;
——乔灌混播;
——灌木纯播;
——灌木混播;
——灌草混播。

为提高森林防火、保持水土和抵抗病虫害能力,提倡针阔混交、乔灌混交、灌木混交,采用全播区或带状混播等方式进行播种,培育混交林。

营林小班应尽量设计乔木纯播或混播;灌草混播只限于沙区飞播。

9.2.3.2 **播种期设计**

在保证种子落地发芽所需的水分、温度和幼苗当年生长达到木质化的条件下,以历年气象资料和以往飞播造(营)林成效分析为基础,结合当年天气预报,确定最佳播种期。

9.2.3.3 **播种量设计**

以既要保证播后成苗、成林,又要力求节省种子为原则。各地播种量结合实际参照附录D,依据式(1)确定。

$$S=\frac{N\times W}{E\times R\times(1-A)\times G\times 1\,000} \quad \cdots\cdots\cdots\cdots\cdots\cdots(1)$$

式中：

S——每公顷播种量，单位为克每公顷(g/hm^2)；

N——每公顷计划出苗株数，单位为株每公顷(株$/hm^2$)；

E——种子发芽率，%；

R——种子纯度，%；

A——种子损失率(鸟、鼠、蚁、兽危害率)，%；

G——飞播种子山场出苗率，%；

W——种子千粒重，单位为克每千粒(g/千粒)。

设计每架次载种量，计算播区种子需要量。

设计种子处理方式和方法。

9.2.3.4 地面处理设计

9.2.3.4.1 植被处理设计

播区植被处理设计区分：

a) 造林小班[3]：

——对草本、灌木盖度偏大，可能影响飞播种子触土发芽和幼苗生长的小班，可进行植被处理设计；

——对于水土流失严重和植被稀少小班，应提前封护育草(灌)，使草(灌)植被有所恢复，以提高飞播成效。

b) 营林小班[4]：

——灌木林小班植被处理设计同本条列项 a)第一项规定；

——对林分下层灌、草植被盖度偏大的有林地小班，可进行植被处理设计。

植被处理设计落实到小班，并计算相应工程量。

9.2.3.4.2 简易整地设计

为提高土壤保水能力和增加种子触土机会，对地表死地被物厚或土壤板结的播区地块，根据当地社会、经济条件，可设计简易整地，并计算相应的工程量。

沙区流动、半流动沙地上实施飞播作业，可选择风蚀地段搭设沙障。结合播区条件，设计材料种类、沙障长度，并计算工程量和材料需要量等。

9.2.3.5 机型与机场的选择

根据播区地形地势等地貌特点和机场条件，选择适宜的机型。

根据播区分布和种子、油料运输、生活供应等情况，就近选择机场；若播区附近无机场，经济合理的条件下可选建临时机场。临时机场建设参照执行 GB/T 17836 以及通用航空有关技术规定。

9.2.3.6 飞行作业方式设计

根据播区的地形和净空条件、播区的长度和宽度、每架次播种带数和混交方式，设计飞行作业方式。飞行作业方式分为单程式、复程式、穿梭式、串联式以及重复喷撒作业法、小播区群串联作业法等。

根据设计的树(草)种、播种量及飞行作业方式，设计飞行作业架次组合。

9.2.3.7 飞行作业航向设计

按基本沿着相同海拔高度飞行作业的原则，结合播区地形条件，确定合理的飞行作业航向，图面量算播区的飞行方位角；一般航向应尽可能与播区主山梁平行，在沙区可与沙丘脊垂直，并应与作业季节

---

3) 播区调查设计确定的适宜飞播造林的小班，下同。

4) 播区调查设计确定的适宜飞播营林的小班，下同。

的主风方向相一致,侧风角最大不能超过 30°,尽量避开正东西向。

9.2.3.8 **航高与播幅设计**

根据设计树(草)种的特性(种子比重、种粒大小)、选用机型、播区地形条件确定合理的航高与播幅。为使飞播落种均匀,减少漏播,一般每条播幅的两侧要各有 15%左右的重叠;地形复杂或风向多变地区,每条播幅两侧要有 20%的重叠。

9.2.3.9 **导航方法设计**

根据播区具体情况和机组的技术条件设计选择人工信号导航或 GPS 导航。人工信号导航要设计 2 条~3 条航标线,并图面确定起始航标点的位置;GPS 导航应图面计算各播带导航点经纬度坐标。

9.2.3.10 **播区管护规划**

依据播区社会经济情况、土地权属和当地政府的意见,结合飞播造(营)林的经营方向,对播后 5 年提出适宜的封育管护形式和措施。参照执行 GB/T 15163 和国家林业主管部门的有关规定。

9.2.4 **投资概算**

9.2.4.1 分别飞播造(营)林直接生产费用、管理费和复播费进行投资概算:

——直接生产费用包括种子费(包括调运费和药物处理费等)、飞行费(包括飞行费、调机费等)、地面处理费(包括植被处理费、简易整地费)、勘察设计费、飞播作业费(包括种子处理费、种子复检费、装种费、导航费、机场租赁费、地勤费、交通运输费、其他费用等)、播区管护费(封禁设施费、育林措施费)等;

——管理费包括技术培训费、施工监理费、成苗及成效调查费、办公费等;

——补植、补播费或复播费等。

9.2.4.2 对资金来源提出具体意见。

9.2.5 **设计成果**

9.2.5.1 **设计说明书**

飞播造(营)林设计说明书一般以地(市)或建设单位为单位分播区合并编制,也可以县(市)为单位编制,应简明扼要,方便生产。主要内容包括播区概况、飞播条件分析、播区边界范围与面积、宜播面积(分别造林面积与营林面积)、树(草)种选择与配置、播种量与用种量、种子处理方法、播种期、播区地面处理、机型与机场、飞行作业方式与架次组合、导航方法、播区管护、投资概算等。

9.2.5.2 **设计图件**

9.2.5.2.1 **播区位置图**

以地(市)或建设单位为单位,采用 1∶1 000,000 或 1∶500 000 比例尺地形图为地理底图编绘成图。编绘内容:机场位置、播区名称与位置、标示机场与播区距离等。

9.2.5.2.2 **播区作业图**

以播区为单位,采用 1∶50 000 或 1∶25 000 比例尺地形图为地理底图编绘成图。编绘内容:播区界线及端拐点坐标、接种(点)线(或航标线)、小班界线、地类符号以及飞行作业架次组合表等,图示染色分别标示造林小班与营林小班。

9.2.5.2.3 **播区地面处理图**

以播区为单位,采用 1∶50 000 或 1∶25 000 比例尺地形图为地理底图,根据播区地面处理设计编绘播区地面处理设计图。编绘内容:播区地面处理范围、小班界线及相关的设计要素等。

9.2.5.3 **设计附件**

包括播区现状表、飞行作业架次组合表、GPS 导航各航带航标点经纬度坐标数据表、主要设备材料清单以及投资概算明细表等设计附表和有关附件。

9.2.6 **设计成果审批**

由省级林业主管部门对飞播造(营)林设计成果进行评审和审批。没有设计或未经审批,不得实施飞播作业。

10 飞播施工

10.1 播前准备

10.1.1 播区准备

10.1.1.1 播区标示

由建设单位根据播区作业图所标示的播区边界及端拐点地理坐标，于播前采取现地地形判读、导线测量或GPS定位等方法，现地准确落实播区边界四至，在各端拐点埋桩或沿边界制做标志牌进行播区标示。

10.1.1.2 播区地面处理

由建设单位根据设计要求，于播前落实完成播区植被处理、简易整地、沙障搭设等地面处理任务。

10.1.2 种子及物资准备

由建设单位根据设计按树种、数量、质量将种子准备到位，并采购准备好种子处理必需的物资材料，以及种子处理等工作所必需的工器具。

10.1.3 机场及飞行单位的联络协调

播前以地、市或建设单位为单位，协调、落实飞播作业机场与飞行作业单位，并就各方的责任、义务、利益等方面内容签订书面合同，保证机场正常开放和飞机按时进场。

10.1.4 播前准备工作验收

由省级林业主管部门对播前各项准备工作组织检查验收，设计文件为检查验收的主要依据。符合设计要求，验收通过，方可实施飞播作业。

10.2 飞播作业组织

10.2.1 指挥管理机构

飞播作业期间，应成立飞播造(营)林指挥部，统筹安排机场、播区、飞行、通讯、气象、种子处理及装种、质量检查、安全保卫、生活后勤等各项工作，协调解决飞播作业过程中的有关问题。

10.2.2 监理

飞播作业应实施技术质量责任监理制度，对作业进度、作业质量、工程数量等方面做全过程的跟踪监督检查和技术质量认定。

10.2.3 飞播作业

10.2.3.1 天气测报

气象人员按时观测天气实况并与附近气象台(站)取得联系。对机场、航路及播区按飞行作业要求及时报告云高、云量、云状、能见度、风向、风速、天气发展趋势等有关因子。

10.2.3.2 通讯联络

建立统一的飞播指挥通讯系统，机场、播区应配备电台、电话、对讲机等通讯联络设备，保证地面与空中、地面与地面之间的通讯畅通，做到信息反馈及时准确，保证飞行安全和播种质量。

10.2.3.3 试航

飞行作业前，飞行单位应进行空中和地面视察，熟悉航路、播区范围、地形地物，检测通讯设备，并拟定作业方案。

10.2.3.4 种子处理及装种

按设计要求进行种子处理，经处理合格的种子方可装种上机，并应严格按每架次设计的树(草)种数量装种。

10.2.3.5 飞行作业

按设计要求压标作业，地形起伏高差较大时，可适当提高飞行高度，但必须保持航向，并根据风向、风速和地面落种情况及时调整侧风偏流、移位及播种器开关，确保落种准确、均匀。侧风风速大于5 m/s或能见度小于5 km时，应停止作业。

10.2.3.6 安全保卫

飞行作业和机场管理必须按照飞行部门的有关规定及飞播作业操作细则进行，确保人员、飞机和飞行安全。

10.2.4 播种质量检查

10.2.4.1 飞机播种作业的同时进行播种质量检查。按设计播区作业图图示接种线位置顺序进行，一般在接种线上从各播带中心起，向两侧等距设置 1 m×1 m 接种样方 2 个～4 个，逐样方统计落种粒数并量测实际播幅宽度。

10.2.4.2 使用 GPS 导航作业时，播种质量检查采取地面接种与查看 GPS 导航仪记录的航迹相结合，综合评判飞行作业质量。

10.2.4.3 播种质量检查信息，特别是出现偏航、漏播、重播时应及时反馈到飞播指挥部，以便纠正或补救。

10.2.4.4 播种质量检查标准为：实际播幅不小于设计播幅的 70%或不大于设计播幅的 130%；单位面积平均落种粒数不低于设计落种粒数的 50%或不高于设计落种粒数的 150%；落种准确率和有种面积率大于 85%。

10.3 播后管理

10.3.1 封育管护

10.3.1.1 播后，播区必须严格封护。封育管护期限 5 年。

10.3.1.2 根据播区情况，应制定封育管护制度，落实管护机构和人员，签订管护合同，落实管护责任。

10.3.1.3 按设计要求建设封护设施。

10.3.2 补植补播

播区成苗调查，达到合格标准的播区，应适时进行补植补播，直至达到成效标准。补植补播执行 GB/T 15776 有关规定。

10.3.3 复播

播区成苗调查结果为不合格的播区，须在认真分析论证的基础上，于成效调查前可以组织实施复播作业。复播作业是同一飞播造（营）林计划任务不变的情况下，保证飞播效果的一项补救措施。

11 飞播成效调查

11.1 出苗观察

为了及时掌握播区种子发芽、出苗、幼苗成活及生长变化情况，预测成苗效果，播后当年在播区宜播面积上按不同飞播树种、不同立地类型和不同地类设置样地，观察种子发芽及出苗数量、自然损失数量和越冬损失数量以及幼苗生长情况。一般播后种子发芽即进行观察，每季度观察不少于 1 次，连续观察至播区成苗调查时结束。出苗观察结束后，写出总结报告，向上一级林业主管部门上报。

11.2 成苗调查

11.2.1 调查目的

掌握播后播区范围内幼苗密度及生长、分布情况，为补植、补播或复播等飞播造（营）林技术措施的开展提供依据。

11.2.2 调查时间

调查时间宜于播后翌年[5)]进行，沙区可当年进行。

11.2.3 调查内容

调查的主要内容：宜播面积内有效苗种类、数量；同时对苗高以及苗木生长、分布情况进行调查。

11.2.4 调查方法

5） 一般以翌年秋季进行为宜。

11.2.4.1 成数抽样调查法

以播区或小播区群为总体，采用成数抽样分别估测播区的宜播面积内有苗面积的成数，有苗面积成数估测精度要求达到80%、可靠性为95%(t=1.96)，计算样地数量，并按调查线和样地间距的计算结果布设样地，进行实地调查和统计；落入营林小班的样地只统计飞播的乔木有效苗。样地(样方或样圆)面积为2 m^2。

11.2.4.2 路线调查法

主要用于沙区，选定播带的中线为调查线，或者在播区内设置"W"或"之"字形调查线，使"W"或"之"字形的两个端点为播区的两个角，沙丘迎风坡每隔5 m，背风坡每隔6 m，设1个调查样方。样方面积1 m^2。

11.2.5 成苗等级评定

成苗等级分类，以播区或小播区群为评定单位，按宜播面积平均每公顷株数与有苗样地频度划分为四级，见表1；沙区成苗等级评定按有苗样地频度划分为四级，见表2。南方高海拔地区、干热河谷地区、干旱河谷地区成苗等级评定可参照北方的标准执行。

表1 成苗等级评定标准

宜播面积平均每公顷有效苗株数/(株/hm²)	有苗样地频度/(%)		效果评定	
	南方	北方		
≥1 666	≥60	≥50	优	合格
	50～59	40～49	良	
	40～49	30～39	可	
<1 666	<40	<30	差	不合格

表2 沙区成苗等级评定标准

有苗样地频度/(%)	效果评定	
≥70	优	合格
50～69	良	
40～49	可	
<40	差	不合格

11.2.6 成苗调查成果

飞播造(营)林成苗调查应提供成苗调查报告，分析统计结果，以播区为单位评定成苗等级。飞播造(营)林成苗调查统计参见附录B(表B.2 成苗调查统计表)。结合出苗观察，阶段性评价飞播造(营)林效果，提出下一步工作建议。

11.3 成效调查

11.3.1 调查目的

通过调查，确定飞播造(营)林的成效面积，对飞播进行总体评定。

11.3.2 调查时间

飞播后南方和北方5年、沙区3年～5年，对播区进行成效调查。对实施复播的播区，成效调查时间可以顺延，但时限不超过7年，沙区不超过5年。

11.3.3 调查内容

调查的主要内容：成效面积以及平均每公顷株数、苗高和地径、苗木生长及分布情况等。

11.3.4 调查方法

11.3.4.1 成数抽样调查法

方法同本标准11.2.4.1，样地(一般选用样圆)面积10 m^2。

11.3.4.2 **成效面积调绘法**

以成效面积为主要调查因子，利用播区作业图、1：10 000 比例尺地形图或航片进行现地小班调绘和样地调查。

11.3.5 **成效评定标准**

11.3.5.1 **造林小班**

11.3.5.1.1 **样圆合格标准**

——乔木纯播或混播：10 m^2 样圆内有 1 株以上(含 1 株)有效苗；

——乔灌混播：10 m^2 样圆内有 1 株以上(含 1 株)乔木有效苗，或 3 丛以上(含 3 丛)灌木有效苗；

——灌木纯播或混播：10 m^2 样圆内有 3 丛以上(含 3 丛)有效苗；

——灌草混播：同灌木纯播或混播。

11.3.5.1.2 **小班合格标准**

——乔木纯播或混播：有效苗郁闭度≥0.20，或小班每公顷有效苗 1 000 株以上，且分布均匀；

——乔灌混播：乔、灌木有效苗总覆盖度≥30%，其中乔木郁闭度≥0.10；或小班每公顷有效苗乔、灌木树种 1 350 株(丛)以上，其中，乔木所占比例≥30%，且分布均匀；

——灌木纯播或混播：灌木覆盖度≥30%，或小班每公顷有效苗 1 000 株(丛)以上，且分布均匀；

——灌草混播：同灌木纯播或混播。

11.3.5.2 **营林小班**

11.3.5.2.1 **样圆合格标准**

10 m^2 样圆内有 1 株以上(含 1 株)飞播的乔木有效苗。

11.3.5.2.2 **小班合格标准**

林分下层有效苗郁闭度≥0.20，并且飞播的乔木有效苗占优势；或小班每公顷有飞播的乔木有效苗 1 000 株以上，且分布均匀。

11.3.5.3 **综合评定**

以播区或小播区群为单位评定飞播成效，成效等级评定采用成效面积率确定，见表 3。南方高海拔地区、干热河谷地区、干旱河谷地区成效等级评定可参照北方标准执行。

表 3 成效等级评定标准

成效面积率/(%)			效果评定	
南方	北方	沙区		
≥51	≥41	≥55	优	合格
41~50	31~40	35~55	良	
31~40	21~30	21~34	可	
≤30	≤20	≤20	差	不合格

11.3.6 **成效调查成果**

飞播造(营)林成效调查应提供成效调查报告，分别造林与营林统计调查结果，以播区为单位综合评定，飞播造(营)林成效调查统计参见附录 B(表 B.3 成效调查统计表)。对飞播造(营)林各环节的工作做出评价，总结经验、教训，提出建议。

12 档案管理

12.1 以播区为单位建立技术管理档案。

12.2 档案内容包括调查设计、飞播生产组织、出苗观察原始记录、成苗调查原始记录和调查报告、成效调查原始记录和调查报告以及相关的科研、调研资料等。同时及时对播区所有的生产活动及效益、经验、教训等进行连续性记载。

12.3 档案管理由县级林业主管部门统一领导，专人负责。

附 录 A
（资料性附录）
飞播造（营）林飞机机型主要技术参数

表 A.1

技术参数		运五（运五 B）型飞机	运-12 型飞机	米-17B5 型飞机
航路高度/m		2 600	3 600～5 000	6 000
播区 10 km 允许高差/m		300	500	1 000
作业航高/m		80～120	80～150	80～100
播区净空条件	两端/m	3 000	7 000	3 000
	两侧/m	2 000	2 500	1 000
距机场经济距离/km		120	200	60
航路速度(km/h)		180	220	180
作业速度/km/h)		150～160	160～180	160
标转[a] 半径/m		750	1 830	560
标转时间		1′40″	2′30″	1′10″
载重量/kg		800～1 000	1 100～1 700	1 600～2 500
关箱长度/m		500	800	500
起飞滑跑距离/m		150～180	234	
着陆滑跑距离/m		150	219	

a 指标准转弯。

附 录 B
（资料性附录）
飞播造（营）林播区调查统计表

表 B.1 播区地类面积统计表

单位为公顷

县（市）名	播区名称	播区面积	宜播面积									非宜播面积				
			合计	造林面积					营林面积			合计	非林业用地	林业用地		
				小计	宜林荒山荒地	宜林沙荒地	其他宜林地	疏林地	小计	灌木林地	低效林地			小计	有林地	其他

表 B.2 成苗调查统计表

县（市）名	播区名称	播区面积/hm^2	播区宜播面积/hm^2	调查样地数/个	有效样地数/个	有效样地平均株数/株	平均每公顷株数/株	有苗样地数/个	有苗样地平均株数/株	有苗样地频度/（%）	成苗面积/hm^2	成苗等级评定

表 B.3 成效调查统计表

单位为公顷

县（市）名	播区名称	播区面积	播区宜播面积	播区成效面积[a]				造林成效面积				营林成效面积				成效等级评定
				总计	占宜播面积比例（%）	树种及面积		合计	占宜播面积比例（%）	树种及面积		合计	占宜播面积比例（%）	树种及面积		
						（树种）	…			（树种）	…			（树种）	…	

a 播区成效面积等于造林成效面积与营林成效面积之和。

附 录 C
（资料性附录）
主要飞播造(营)林树(草)种适播地区

表 C.1

树(草)种	生物学特性	适播地区(海拔)
马尾松 *Pinus massoniana*	常绿乔木,强阳性,深根性,适应性强,耐瘠薄,喜酸性土壤,忌水湿,不耐盐碱。	适播于淮河,伏牛山,秦岭以南至广东、广西的南部;东至东南沿海,西达贵州中部及四川大相岭以东,可广泛播于全国15个省(区)。东部分布在海拔600 m～800 m以下。在安徽、江苏、福建等省垂直分布上界与黄山松相接。由北向南随气温逐渐升高,适生范围亦随之升高,在皖西大别山适生范围600 m以下,皖南700 m以下,浙江天目山800 m以下,福建戴云山1 200 m以下。
云南松 *Pinus yunnanensis*	常绿乔木,是云贵高原主要树种,生长迅速,适应性强,耐干旱瘠薄,天然更新容易,能飞籽成林。	适播区域,东至贵州西部毕节、水城及广西西部百色地区;北至四川西部;西至西藏察隅;南抵滇文山、元江。适播海拔:滇南1 300 m以上,滇西北1 800 m～2 500 m,四川1 000 m～2 500 m,贵州1 000 m～2 000 m,广西600 m～2 000 m。
思茅松 *Pinus khasya*	常绿乔木,属热带松类,速生、喜光。常生于山地红壤,种子易飞散,天然更新能力强。	原分布云南省南亚热带地区,近十几年引进到四川、广东、海南等省。适播海拔700 m～1 000 m。近几年引种到海拔400 m左右,干热河谷到1 500 m。四川西昌混播思茅松已成林。
华山松 *Pinus armandi*	常绿乔木,适宜温凉湿气候,幼苗耐庇荫。山地、褐土、山地黄棕壤、森林棕壤、红棕壤及草甸土均能生长。	分布较广,晋南适播海拔1 000 m～1 500 m,陇东与陕西的关山,宁夏六盘山为1 000 m～2 000 m,陕南秦岭、巴山,皖西伏牛山为1 000 m～2 500 m,鄂西、川东为1 000 m～1 500 m,川北、川西为1 600 m～2 500 m,云南中、北、西北为1 400 m～2 800 m。
高山松 *Pinus densata*	常绿乔木,喜光耐干旱树种,多适生于阳坡、半阳坡和半阴坡,对土壤要求不严,能耐干燥瘠薄,抗寒力较强,能耐−28℃的低温。	分布于西部至西南高山地带,北达青海南部,经四川西部至西藏东部、云南西北部高山地带,分布海拔2 600 m～3 600 m。是四川高海拔地区飞播的主要树种。
油松 *Pinus tabulaeformis*	常绿乔木,抗寒能力强,可耐−25℃低温;喜光耐旱,耐瘠薄;适生于森林棕壤,淋溶褐土,根系发达,在山顶陡崖、裸露岩石、沙砾岩层均可生长。	适播区很广,北至内蒙古阴山,西至宁夏贺兰山,青海祁连山,大通河;南至川甘接壤地区向东达陕西秦岭、黄龙山、河南伏牛山、山西太行山、河北燕山、东至山东沂蒙山;东北至辽宁西部。适播海拔,华北地区1 000 m～1 500 m,辽宁西部500 m以下,近几年扩大到川东、鄂西、陕南海拔800 m～1 600 m,生长良好。

表 C.1（续）

树(草)种	生物学特性	适播地区(海拔)
侧柏 *Platycladus orientalis*	常绿乔木，喜光，幼树喜庇荫。对土壤要求不严，在向阳干燥瘠薄山坡、石缝都能生长。	分布很广，黄、淮河分布集中，吉林分布在海拔 250 m 以下，山东、山西在 1 000 m～1 200 m，河南、陕西可见于 1 500 m，云南可见于 2 600 m。近年陕西省宜川县和其他省区，多与其他树种进行混播，初步获得成效。
黄山松 *Pinus taiwanensis*	常绿乔木，喜光树种，喜生凉润气候和相对湿度大的中山区，在土层深厚、排水良好的酸性土壤上生长良好。	分布在浙江天目山，海拔 700 m～1 200 m；福建戴云山、武夷山 1 000 m 以上；安徽大别山 600 m～1 700 m；江西、湖北东部、湖南东部等海拔 600 m～1 800 m 山地。
台湾相思 *Acacia confusa*	常绿乔木，比较耐干旱瘠薄，更耐高温。生长快，适应性强。	原产我国台湾省。现已引种到广东、广西、福建和江西等南亚热带地区，北到福建省福州和宁德。北纬 26°仍可生长，海南岛可栽植在海拔 800 m 以上。20 世纪 60 年代广东、广西、江西等省(区)与马尾松混播获得成功。
木荷 *Schima superba*	常绿乔木，适应夏间多梅雨、夏季炎热多雨和冬季温暖的气候。对土壤的适应性强，凡酸性土壤均可生长。	在我国南方分布很广，包括江苏苏州地区和安徽南部海拔 400 m 以下。福建、江西、浙江、湖南、湖北、四川、云南、贵州、广东、广西等省(区)，一般分布海拔 200 m～1 200 m。两广、江西等省(区)与马尾松混播获得成功。
漆树 *Rhus verniciflua*	落叶乔木，特用经济林树种，喜光，幼苗能耐一定的庇荫，喜生背风向阳、光照充足湿润的环境，适应性强，能耐一定低温。疏松田沃、排水良好、沙质土壤生长良好。	在我国分布较广，主产陕西、川东、鄂西和贵州毕节、遵义、云南昭通等地。垂直分布多见于海拔 600 m～1 500 m。近几年鄂西、陕南和川东与华山松、油松等混播获得成功。
柏木 *Cupressus funebris*	常绿乔木，为喜光树种，对土壤适应性广，中性酸性及钙土均能生长，喜温暖湿润气候，耐寒性较强，耐干旱瘠薄。	分布地区较广，浙江、安徽、福建、江西、湖南、湖北、四川、贵州等省区及云南中部、广东北部、甘肃南部、陕西南部地区皆有分布。垂直分布自东向西随地形变化而升高，浙江海拔 400 m 以上，四川康定以东海拔 1 600 m 以下，陕西秦岭南坡海拔 1 000 m 以下，贵州海拔 300 m～1 400 m，云南中部海拔 1 500 m～2 000 m。
枫香 *Lquidambr formaonsana*	落叶乔木，高达 30 m，喜阳光，耐火烧，萌生力极强。	产于我国秦岭及淮河以南各省，北起河南、山东，东至台湾，西至四川及西藏，南到广东、海南。近年江西飞播已获成功。
旱冬瓜 *Alnus nepalensis*	落叶乔木，喜光树种，对土壤要求不严，生长快，抗寒能力强，极端最低气温－13.5℃，喜疏松、湿润、肥沃土壤。	分布于云南各地及四川西南部、贵州西南部和广西西部等地。在云南垂直分布在 1 000 m～2 700 m，但以 1 400 m～2 400 m分布较多。
乌桕 *Sapium sebiferum*	落叶乔木，喜光树种，对土壤适应性及土壤酸碱度适应性较强，耐水湿。	为亚热带树种。广泛分布在西南、华中、华东、华南地区，同时在西北地区的陕西和甘肃也有分布。主要栽培区为长江流域及其以南各省。长江流域的浙江、湖南、安徽等省份在海拔 600 m～800 m，在云南澄江地区可达垂直分布在 1 850 m。

表 C.1（续）

树(草)种	生物学特性	适播地区(海拔)
桤木 *Alnus cremastogyne*	落叶乔木，喜光，喜温湿，耐水。在土壤和空气湿度大的环境生长良好。	主要分布于四川盆地，西至康定，东达贵州高原北部，南及云南东北部，北界达秦岭。垂直分布常见于海拔 1 200 m 以下的丘陵地和平原区，有时亦有可分布到 1 800 m 左右的中山区。
黄连木 *Pistacia chinensis*	喜光树种。适生于光照充足的环境。主根发达，萌芽力和抗风力强。对土壤要求不严，耐干旱瘠薄。	分布很广，北自河北、山东，南至广东、广西，东到台湾，西南到四川、云南，都有野生和栽培。垂直分布，河北海拔 600 m 以下，河南 800 m 以下，湖南、湖北 1 000 m 以下，贵州可达 1 500 m，云南可分布到 2 700 m。
紫穗槐 *Amorpha fruticosa*	落叶丛生灌木，喜光树种，生长快，繁殖力强，适应性广，耐水湿，耐干旱瘠薄、耐盐碱，对土壤要求不严，可作为混交的伴生树种。	主要分布在东北中部以南及华北、西北各省(区)，同时在长江流域海拔 1 000 m 以下的平原、丘陵、山地多有栽培，广西及云贵高原也在试验引种。
白沙蒿 *Artemisia sphaerocephala*	落叶半灌木，耐旱，耐瘠薄，抗风蚀，喜沙埋，生长迅速，固沙作用强。属固沙先锋植物。	广泛分布于半荒漠的流动沙地上，最东可达陕西北部。是北方流动沙区飞播的主要植物种之一。
柠条 *Caragana microphylla*	落叶灌木，喜光耐寒，且耐高温。在－32℃和夏季 55℃地温都能生长，并耐干燥瘠薄，在黄土丘陵、半固定沙地生长良好。	在吉林、辽宁、山东、山西、内蒙古、陕西、甘肃等省(区)均有分布。多分布在海拔 1 000 m～2 000 m 之间的沙漠、黄土高原。近几年来，飞播试验初步获得成功。
花棒 *Hedysarum scoparium*	落叶灌木，喜光耐寒，耐沙埋能力强，抗热性强、能耐 40℃ ～52.5℃高温，幼龄阶段生长快，当年高生长 36 cm～68 cm。	自然分布在甘肃、宁夏、内蒙古和新疆的沙漠地区。陕西榆林和内蒙古伊盟等地进行飞播试验均获得良好效果。为飞播固沙造林的优良树种之一。
踏郎 *Hedysarum mongolicum*	多年生落叶灌木，株高 1 m～2 m，是优良固沙树种，能耐风蚀、沙埋，萌蘖繁殖力强，随着树木年龄的增加，萌蘖丛幅不断扩大，根上生有根瘤菌，能改良土壤。	自然分布主要在内蒙古、甘肃、宁夏、陕西等省(区)。1975 年，陕西省榆林开始进行飞播试验，其成苗效果优于花棒。内蒙古在沙区进行了飞播试验，效果良好。是北方沙区用于飞播的优良固沙树种。
沙棘 *Hippophae rhamnoides*	落叶灌木或小乔木，喜光，也能生长于疏林下，对气候土壤适应性很强。抗严寒、风沙，耐干旱和高温，耐水湿和盐碱，不耐过于粘重的土壤。	主要分布在华北、西北及西南地区，垂直分布在海拔 1 000 m～4 000 m 之间。当前已广泛用作荒山和保土固沙造林，也是华北、西北飞播造林和混播的主要灌木之一。

表 C.1（续）

树(草)种	生物学特性	适播地区(海拔)
荆条 *Vitex negundo* var. *heterophylla*	多年生落叶灌木，株高1 m～3 m，耐干旱、瘠薄，是北方阳坡的主要灌木树种。	分布在河北、山西、河南、陕西等省，垂直分布海拔1 200 m以下，是北方石质山区飞播造林的混播树种之一。
坡柳(车桑子) *Dodonaea viscosa*	灌木，耐旱，喜光，在荒坡、荒沙成片趄生，为干热河谷固沙保土树种。	分布于福建南部、广东、广西、海南、四川、云南，适宜在干热河谷地区海拔1 900 m以下飞播。
沙打旺 *Astragalus adsurgens*	多年生草木植物，寿命5年～8年，丛生。一个植株可分蘖30株～70株，高1 m～2 m，是钙质土指示植物，耐寒、耐旱、耐盐碱、耐瘠薄，竞争力强，对其他植物有抑制作用。	天然分布较广，东北、内蒙古、宁夏、甘肃、陕西、山西、江苏、江西、云南都有分布，生于海拔700 m～3 150 m的山坡、河滩、沙漠、黄土高原等不同环境。陕西省从1976年开始飞播试验，二三年可以形成草地，颇受牧民欢迎。
草木犀 *melilotus*	为二年生豆科牧草，具有耐寒、耐旱、耐盐碱、耐瘠薄等特点。	分布较广，在东北、西北、内蒙古等省(区)的黄土丘陵及沙地都有生长。近几年西北、内蒙古等地开展了治沙和水土保持试验，成效显著。

附 录 D
（资料性附录）
主要飞播造（营）林树（草）种可行播种量

表 D.1

单位为克每公顷

树（草）种	飞播造（营）林地区类型			
	荒山	偏远荒山	能萌生阔叶树地区	黄土丘陵区、沙区
马尾松	2 250～2 625	1 500～2 250	1 125～1 500	
云南松	3 000～3 750	1 500～2 250	1 500	
思茅松	2 250～3000	1 500～2 250	1 500	
华山松	30 000～37 500	22 500～30 000	15 000～22 500	
油松	5 250～7 500	4 500～5 250	3750～4 500	
黄山松	4 500～5 250	3 750～4 500		
侧柏	1 500～2 250（混）	1 500～2 250（混）	3 750～4 500（混）	
柏木	1 500～2 250（混）	1 500～2 250（混）	3 750～4 500（混）	
台湾相思	1 500～2 250（混）			
木荷	750～1 500（混）			
漆树	3 750	3 750～7 500		
柠条				7 500～9 000
沙棘				7 500
踏郎				3 750～7 500
花棒				3 750～7 500
白沙蒿				3 750
沙打旺				3 750

ICS 23.120
J 88

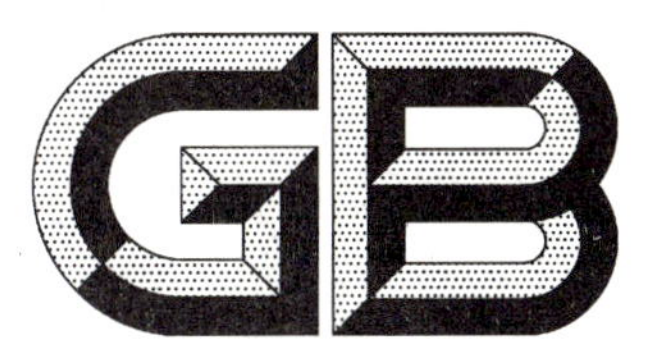

中华人民共和国国家标准

GB/T 15187—2005
代替 GB/T 15187—1994

湿式除尘器性能测定方法

Measuring method for performances of wet dust collectors

2005-07-11 发布

2006-01-01 实施

中华人民共和国国家质量监督检验检疫总局
中国国家标准化管理委员会 发布

前　言

本标准代替 GB/T 15187—1994《湿式除尘器性能测定方法》。

本标准与 GB/T 15187—1994 相比主要变化如下：

增加了测量烟气中 SO_2 和 NO_x 浓度的内容；增加了湿式除尘器在脱硫和脱硝性能方面的计算方法；在湿式除尘器的定义术语中，相应补充了脱硫和脱硝的作用；增加了仪器法测量烟气成分的内容；增加了附录 A 中 50℃～100℃的饱和水气压力数值。

本标准的附录 A 和附录 B 是资料性附录。

本标准由中国机械工业联合会提出。

本标准由机械工业环保机械标准化技术委员会机械除尘与有害气体处理设备分技术委员会归口。

本标准起草单位：哈尔滨环保制氢设备工业公司、机械科学院环保所。

本标准主要起草人：舒家骅、王耀民、侯玉祥、杜秉正。

湿式除尘器性能测定方法

1 范围

本标准规定了湿式除尘器的除尘与脱硫、脱硝的性能测试与计算方法。

本标准规定了湿式除尘器在除尘系统中运行时的性能测定及新产品研制、开发中的性能测定方法。

2 规范性引用文件

下列文件中的条款通过本标准的引用而成为本标准的条款。凡是注日期的引用文件，其随后所有的修改单(不包括勘误的内容)或修订版均不适用于本标准，然而，鼓励根据本标准达成协议的各方研究是否可使用这些文件的最新版本。凡是不注日期的引用文件，其最新版本适用于本标准。

GB/T 5748 作业场所空气中粉尘测定方法

HJ/T 42—1999 固定污染源排气中氮氧化物的测定 紫外分光光度法

HJ/T 43—1999 固定污染源排气中氮氧化物的测定 盐酸萘乙二胺分光光度法

3 术语和定义

下列术语和定义适用于本标准。

3.1

湿式除尘器

利用液体(一般是水)捕集含尘气体中的粉尘，同时也可以利用水(或经过一定处理)吸收含尘气体中的 SO_2、NO_x 等有害气体，以达到净化气体的目的。

3.2

吸湿剂

能够吸收气态和液态水的固体物质。

4 湿式除尘器的性能参数

湿式除尘器的性能参数应包括以下部分或全部内容：

a) 除尘率(除尘效率)；

b) SO_2 排放浓度(或者脱硫效率)；

c) NO_x 排放浓度；

d) 阻力；

e) 漏风率；

f) 耗水量。

5 湿式除尘器的测定项目及要求

5.1 湿式除尘器的测定项目

湿式除尘器的测定项目包括以下部分或全部内容。

a) 管道内气体的静压、动压、全压；

b) 管道内气体的温度；

c) 管道内气体的湿度；

d) 管道内气体的流速、流量；

e) 管道内气体的含尘浓度；

f) 管道内气体的 SO 浓度；

g) 管道内气体的 NO 浓度；

h) 耗水量。

5.2 湿式除尘器的测定要求

5.2.1 湿式除尘器进口和出口管道内的气体静压、动压、流速、流量和含尘浓度等项目的测量，应保证进出、口管道同项参数同时测量，SO_2 和 NO_x 浓度的测量，如有必要也应保证进、出口管道同项参数同时测量。

5.2.2 现场测定时湿式除尘器的运行工况应符合设计要求，生产设备运行的工况应稳定。

5.2.3 样机试验的粉尘采用 325 目滑石粉，中位径 d_{p50} 为 8 μm～12 μm，发尘装置应能连续均匀地发尘，含尘浓度可在 1 g/m³～20 g/m³ 范围内任意选择和调整。

样机各项性能参数的测定，应保证样机试验在设计的额定风量和含尘浓度条件下进行。

6 测孔位置、测点数目和测孔结构

6.1 测孔位置应尽量靠近除尘器，测点应选择在平直管段上，距上游弯头、三道、阀门或变径管等不小于 6 倍管段直径（或当量直径）处，距下游弯头、三道、阀门或变径管等不小于 3 倍直径（或当量直径）处，如不能满足上述要求，则应增加测点数。

6.2 圆形管道按等面积分环法布置测点，不同管径分环数见表 1。

表 1 不同管径分环数

管道直径/m	<0.2	0.2～0.5	>0.5～1.0	>1.0
分环数		1～2	3	4
测点数	1	4～8	12	16

测点应布置在穿过圆心的两条互相垂直的直径上（见图 1）。测点位于各等面积环的几何中心圆线上，距烟道内壁的距离见表 2。

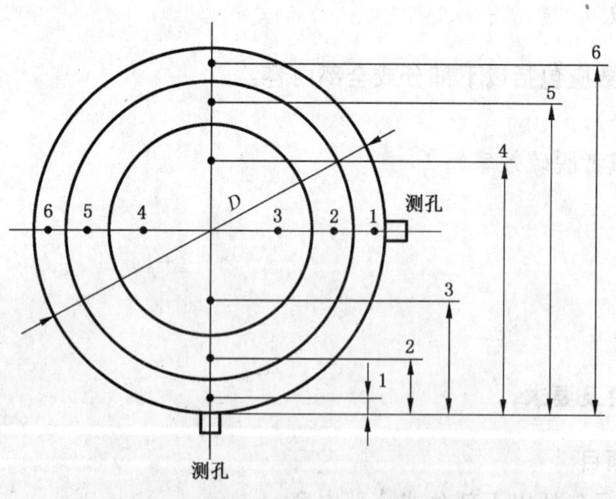

图 1

如测点位置不能满足 6.1 时，管径小于或等于 1 m 的应增加 1 环（4 个测点），大于 1 m 应增加 2 环（8 个测点）。

表 2 圆形管道测点与管道内壁距离的系数

分环数	测点											
	1	2	3	4	5	6	7	8	9	10	11	12
	距离 D/m											
1	0.146	0.854										
2	0.067	0.250	0.750	0.933								
3	0.044	0.146	0.296	0.704	0.854	0.956						
4	0.033	0.105	0.194	0.323	0.677	0.806	0.895	0.967				
5	0.026	0.082	0.146	0.226	0.342	0.658	0.774	0.854	0.918	0.974		
6	0.022	0.067	0.118	0.178	0.25	0.356	0.644	0.750	0.822	0.882	0.933	0.978

6.3 矩形管道应将截面分为若干等面积矩形，每个测点在小矩形的中心，测点数目选择见表 3。

表 3 矩形管道测点选择

截面面积/m^2	测点数
<0.25	1
0.25～1.0	4
>1.0	每 m^2 4 个点

小矩形应尽量接近正方形，面积不大于 0.25 m^2，测点布置见图 2。

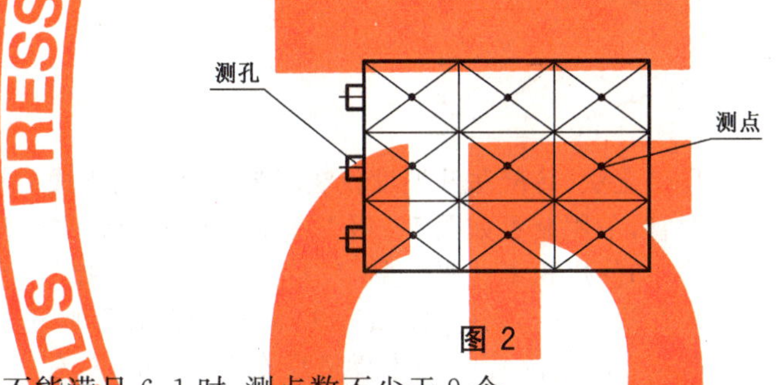

图 2

如测点位置不能满足 6.1 时，测点数不少于 9 个。

6.4 样机试验的静压测孔结构如图 3，孔的轴线应与管壁垂直，周边光滑无毛刺，与管壁焊接不漏气。

单位为毫米

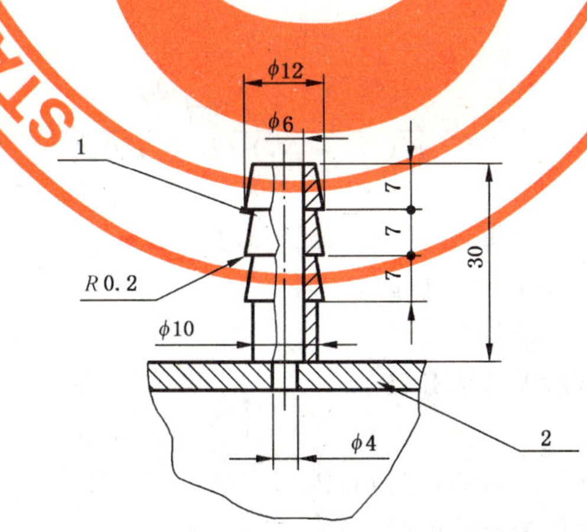

1——测静压接头；

2——管壁。

图 3

6.5 除尘系统中管道上的测孔结构如图 4。

单位为毫米

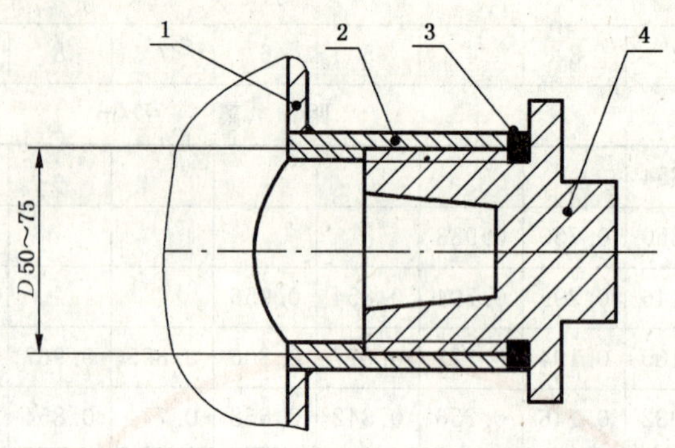

1——管壁；

2——短管；

3——密封圈；

4——丝堵。

图 4

7 温度的测量

7.1 测点的位置与数量按 6.1~6.3 的规定，取各点的算术平均值。在温度场比较均匀的情况下(温差小于 10℃)，测点可适当减少或只测中心点。

7.2 测温仪器精度不小于 1 级。

8 湿度的测量

8.1 测点选在采样管道中心。可采用吸湿法、冷凝法和湿度仪法。流量计采用干式累计式流量计。

8.2 吸湿法采用两级或两级以上吸湿管，采用装置如图 5。吸湿剂应选用只吸收水蒸汽而不吸收其他气体的小颗粒状材料(如无水氯化钙)。如使用粉末状吸湿剂应预先与小块浮石拌匀，然后装进吸湿管以降低阻力。吸湿管用硬质玻璃制成，装吸湿剂后，其上应填充少量玻璃棉，以防吸湿剂飞散。每级吸湿管中吸湿剂的填充量应不少于 30 g，通过吸湿管的气体流量应在 3 L/min 左右，抽气时间不少于 10 min，最后一级吸湿管的增重不应大于 0.15 g，称量吸湿管的天平分度值应不大于 10 mg。系统安装应注意封闭，不能漏气。

气体的含湿量按式(1)计算：

$$G_{SW} = 3.71 \times \frac{(273 + t) \cdot \sum_{i=1}^{n} Q_{hi}}{K(N_2 - N_1)(B_a + P_r)} \times 10^5 \qquad \cdots\cdots\cdots\cdots(1)$$

式中：

G_{SW}——气体的含湿量，单位为克每立方米[$g/m^3_{(标\cdot干)}$]；

Q_{hi}——第 i 级吸湿管的增重，单位为克(g)；

N_1——累积流量计起始读数，单位为升(L)；

N_2——累积流量计终止读数，单位为升(L)；

n——吸湿管的数量；

P_r——流量计前的静压值(负值)，单位为帕(Pa)；

t——流量计前的温度，单位为摄氏度(℃)；

B_a——当时当地大气压，单位为帕(Pa)；

K——累积流量计校正系数。

气体在标准状态(压力为 101 325 Pa、温度为 0℃)下水蒸气的体积百分数按式(2)计算：

$$X_W = \frac{1.24\sum_{i=1}^{n} Q_{hi}}{0.0027K(N_2 - N_1)(B_a + P_t)(273 + t)^{-1} + 1.24\sum_{i=1}^{n} Q_{hi}} \times 100\% \quad \cdots\cdots\cdots\cdots (2)$$

式中：

X_W——标准状态下水蒸气在气体中的体积百分数。

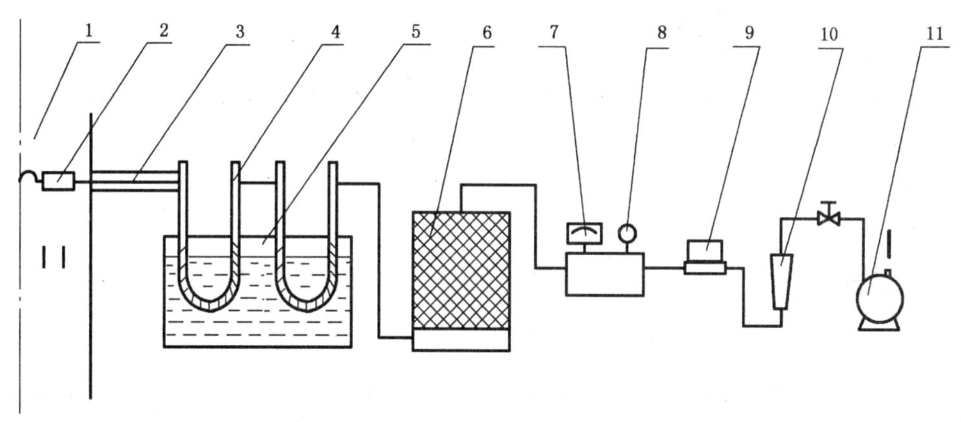

1——管道；
2——采样头；
3——保温套管；
4——吸湿管；
5——水槽；
6——干燥器；
7——温度计；
8——负压表；
9——累积流量计；
10——转子流量计；
11——抽气泵。

图 5

8.3 高温高湿气体可采用冷凝法测湿，采样装置如图 6。系统安装不能漏气，冷凝器不能漏水、在结构上不得存水。冷凝器在采样前应先用清水注入进气管，再将冷凝水排水开关打开，将水放净后再安装使用。所抽取的气体量应保证总冷凝水量大于 30 g，称量精度应在 0.5 g 以上，冷却水温度不得高于 15℃。冷凝法测湿的抽气速度应在 10 L/min～20 L/min。

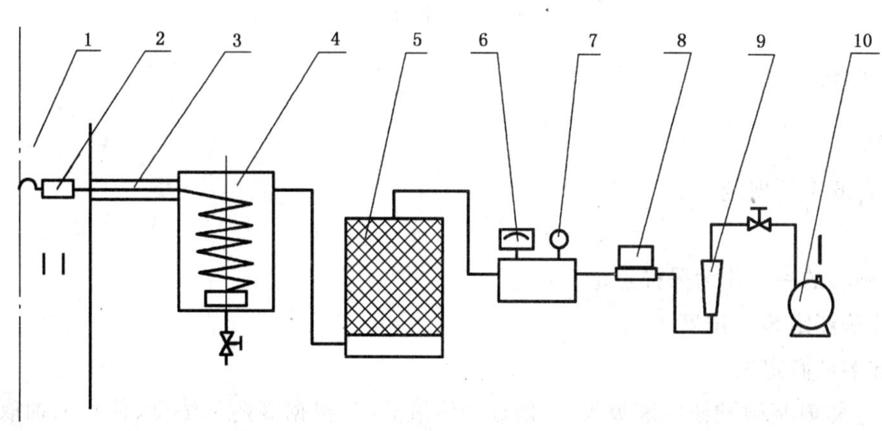

1——管道；
2——采样头；
3——保温套管；
4——冷凝器；
5——干燥器；
6——温度计；
7——负压计；
8——累积流量计；
9——转子流量计；
10——抽气泵。

图 6

气体含湿量按式(3)计算：

$$G_{SW}=\frac{Q_c+0.002\ 16Kb(B_a+P_r)P_V(273+t)^{-1}(B_a+P_r-P_V)^{-1}}{0.002\ 7\ K(N_2-N_1)(B_a+P_r)(273+t)^{-1}}\times 100\% \quad \cdots\cdots(3)$$

式中：

b——冷凝器校正系数，一般可取为1.0；

Q_c——冷凝器析出的水量，单位为克(g)；

P_V——与冷凝器后排气温度相对应的饱和水气压，单位为帕(Pa)。不同温度的饱和水气压力见附录A。

气体在标准状态下水蒸气的体积百分数按式(4)计算：

$$X_W=\frac{1.24Q_c+0.002\ 7Kb(N_2-N_1)(B_a+P_r)P_V(273+t)^{-1}(B_a+P_r-P_V)}{1.24Q_c+0.002\ 7Kb(B_a+P_V)(N_2-N_1)(273+t)^{-1}[1+bP(B_a+P_r-P_V^{-1}]}\times 100\% \quad \cdots\cdots\cdots\cdots(4)$$

8.4 当采用带湿敏元件测湿仪测量烟气含湿量时，测湿仪的精度应在±3%RH以内；测量范围应不小于0～90% RH；仪器的年漂移率在±6% RH；传感器的使用寿命不低于2年。仪器的使用要遵守其生产厂的使用要求。

气体的含湿量按式(5)计算：

$$G_{SW}=\frac{0.8P_{V'}\mathrm{RH}}{B_a-P_{V'}\mathrm{RH}}\times 100\% \quad \cdots\cdots\cdots\cdots\cdots\cdots\cdots\cdots\cdots(5)$$

式中：

RH——湿度仪显示的相对湿度；

$P_{V'}$——与温度相对应的饱和水气压，不同温度时的饱和水气压力见附录A。

气体中水汽的体积百分数按式(6)计算：

$$X_W=\frac{P_{V'}\mathrm{RH}}{B_a-P_{V'}\mathrm{RH}}\times 100\% \quad \cdots\cdots\cdots\cdots\cdots\cdots\cdots\cdots\cdots(6)$$

9 SO_2 浓度的测量

9.1 采样位置

原则上符合6.1的规定。

9.2 采样点

靠近烟道中心的一点作为采样点。

9.3 化学吸收法测定 SO_2 浓度

9.3.1 碘标准溶液滴定法

烟气中 SO_2 被氨基磺酸铵溶液吸收，用碘标准溶液滴定，根据滴定液浓度、体积和抽取采样气体体积计算烟气 SO_2 浓度，反应原理如下式：

$$SO_2+2H_2O+I_2 \longrightarrow H_2SO_4+2HI$$

按图7安装采样系统，系统安装后不能漏气，加热采样管的温度应在120℃～160℃之间，旁路吸收瓶应与测量吸收瓶相同，以使两者的气体流动阻力相同。

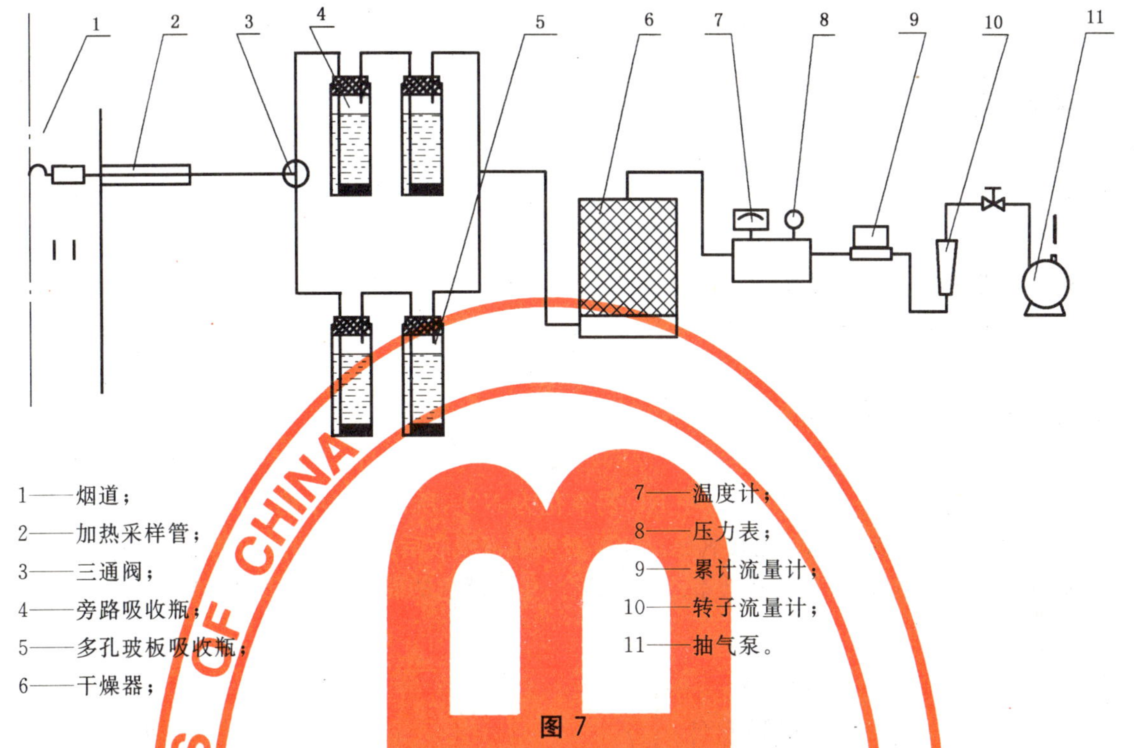

1——烟道；
2——加热采样管；
3——三通阀；
4——旁路吸收瓶；
5——多孔玻板吸收瓶；
6——干燥器；
7——温度计；
8——压力表；
9——累计流量计；
10——转子流量计；
11——抽气泵。

图 7

多孔玻板吸收瓶内各装入 50 mL～80 mL 0.2%的氨基磺酸铵吸收液，放在冰浴或冷水浴中。以旁路吸收瓶调整流量为 5 mL/min，转动三通阀，使采样气体完全通过吸收瓶，除尘器前端抽气 3 min～6 min，除尘器后端抽气 6 min～12 min。采样后待吸收瓶内温度降到 25℃以下时用标准碘液滴定。标准碘滴定液和氨基磺酸铵溶液的配制见附录 B。根据式(7)计算出 SO_2 浓度：

$$C_{SO_2} = 64000 V C_I / V_{nd} \qquad \cdots\cdots (7)$$

式中：

C_{SO_2}——二氧化硫浓度，单位为毫克每立方米[$mg/m^3_{(标 \cdot 干)}$]；

V——滴定吸收液消耗的碘标准溶液的体积，单位为毫升(mL)；

C_I——碘标准溶液的浓度，单位为摩尔每升(mol/L)；

V_{nd}——标准状态下的气体采样体积，单位为升(L)。

实际气体采样体积按式(8)换算为标准状态下的气体体积：

$$V_{nd} = 0.002\,7\, V_a \times \frac{B_a + P_r}{273 + t} \qquad \cdots\cdots (8)$$

式中：

V_a——实际采样体积，单位为升(L)。

根据公式(9)换算为 SO_2 的体积含量。

$$SO_{2\,ppm} = 0.35 C_{SO_2} \qquad \cdots\cdots (9)$$

式中：

$SO_{2\,ppm}$——SO_2 的体积含量，10^{-6}($1\times10^{-6}=1$ ppm)。

9.3.2 也可以采用其他化学分析法测量 SO_2 浓度。

9.4 使用烟气分析仪测量 SO_2 浓度

烟气分析仪对 SO_2 测量精度应在±5%读数之内，探头中传感器的使用寿命不小于 2 年。

仪器的使用要遵守其生产厂的使用要求。

10 NO_x 浓度的测量

10.1 采样位置

同 9.1。

10.2 采样点

同 9.2。

10.3 化学吸收法测定 NO_x 浓度

采用化学吸收法测定 NO_x 浓度时，采样装置原理如图 8。加热采样管的温度应在 140℃～160℃之间。

安装完成以后，采样系统不能漏气。

10.3.1 盐酸萘乙二胺比色分析方法

烟气中的 NO_x 主要是 NO、NO_2，其中 NO 易氧化为 NO_2，所以烟气中的 NO_x 测量以 NO_2 的测量为准，氧化管中加入 CrO_3 对 NO 进行氧化。NO_2 被吸收液吸收后生成亚硝酸和硝酸，其中亚硝酸与对氨基苯磺酸作用生成重氮盐，再与盐酸萘乙二胺偶合，生成紫色的偶氮染料，比色定量。

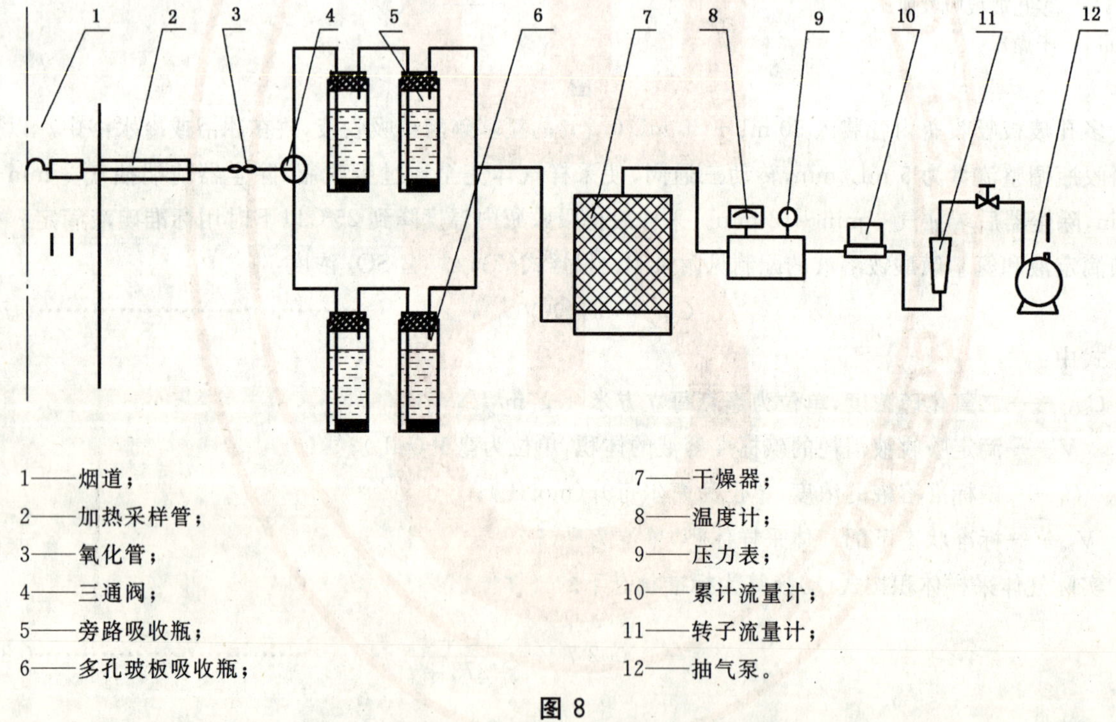

1——烟道；
2——加热采样管；
3——氧化管；
4——三通阀；
5——旁路吸收瓶；
6——多孔玻板吸收瓶；
7——干燥器；
8——温度计；
9——压力表；
10——累计流量计；
11——转子流量计；
12——抽气泵。

图 8

10.3.1.1 吸收液、氧化管的制备按 HJ/T 43—1999 中的第 4 章执行。

10.3.1.2 分析方法按 HJ/T 43—1999 中的 6.4、6.5、第 7 章和 8.1 执行。

10.3.1.3 实际气体采样体积按式(8)换算为标准状态下的干气体体积。

10.3.2 紫外分光光度法

按 HJ/T 42—1999 中第 4、5、7、8 章和 6.3、6.4、6.5、6.6 执行。

10.4 使用烟气分析仪测量 NO_2 浓度

烟气分析仪对 NO_2 测量精度应在±5%读数之内，探头中传感器的使用寿命不小于 2 年。

仪器的使用要遵守其生产厂的使用要求。

11 管道中气体的静压、动压和全压的测定

11.1 使用皮托管、微压计和U形压力计测量。

11.1.1 静压测定采用多点测量法，测点布置应符合6.1～6.3的规定，取各点的算术平均值为该截面静压值。如各点数值波动在±30 Pa以内，可以适当减少测点。

11.1.2 动压测定采用多点测定法，测点布置应符合6.1～6.3的规定，各点均需测3次，取算术平均值为该点的动压值。取各点动压平方根的平均值为该截面的计算数据。测量动压时皮托管要对准气流方向，偏差不得大于5°。

动压平方根的平均值按式(10)计算：

$$\sqrt{P_d} = \frac{\sqrt{P_{d1}} + \sqrt{P_{d2}} + \cdots\cdots + \sqrt{P_{dn}}}{n} \qquad (10)$$

式中：

$\sqrt{P_d}$——测量截面的动压平方根平均值，单位为帕(Pa)；

P_{d1}、P_{d2}……P_{dn}——各点动压值，单位为帕(Pa)。

11.1.3 全压测定采用多点测定法，测点布置应符合6.1～6.3的规定，各点均需测3次，取算术平均值为该截面的全压值。

11.2 使用烟气分析仪测量管道内静压、动压

11.2.1 静压测定方法同11.1.1。

11.2.2 动压测定方法同11.1.2。

11.3 测量截面的全压按式(11)计算：

$$P = P_d + P_j \qquad (11)$$

式中：

P——测量截面全压，单位为帕(Pa)；

P_j——测量截面静压，单位为帕(Pa)。

12 管道内气体流速、流量的测定

12.1 管道内气体流速通过动压值按式(12)计算求得：

$$v = C_V \sqrt{\frac{2P_d}{\rho}} \qquad (12)$$

式中：

v——测点的流速，单位为米每秒(m/s)；

C_V——皮托管的校正系数；

ρ——被测气体的密度，单位为千克每立方米(kg/m^3)。

12.1.1 标准状态下气体密度按式(13)计算：

$$\rho_N = \frac{1}{22.4}[(M_1X_1 + M_2X_2 + \cdots\cdots + M_nX_n)(1 - X_W) + 18X_W] \qquad (13)$$

式中：

ρ_N——标准状态下湿气体的密度，单位为千克每立方米(kg/m^3)；

M_1、M_2、……M_n——气体中各气体成分的分子量；

X_1、X_2、……X_n——气体中各气体成分的体积百分数，%。

当某种气体成分所占百分数较小时，可以忽略其影响。

12.1.2 气体成分建议使用烟气分析仪测量，也可以使用其他方法测量。

气体成分分析应包括O_2、CO、CO_2、SO_2和N_2。

12.1.3 管道内湿气体的密度按式(14)计算：

$$\rho_s = 0.002\,7\,\rho_N \frac{B_a + P_j}{273 + t} \quad \cdots\cdots(14)$$

式中：

ρ_s——测量状态下管道内的湿气体密度，单位为千克每立方米(kg/m^3)。

12.1.4 当气体为干气体时，可以采用式(15)计算测量状态下管道内的气体密度：

$$\rho = 0.002\,7\rho_r \frac{B_a + P_j}{273 + t} \quad \cdots\cdots(15)$$

式中：

ρ_r——标准状态下干气体密度，单位为千克每立方米(kg/m^3)。

12.2 管道内的气体流量由流速计算求得，并以下列任一状态表示：

——管道内实际状态下的湿气体流量；

——在标准状态下的气体流量；

——在标准状态下的干气体流量。

12.2.1 管道内实际状态下的湿气体流量按式(16)计算：

$$Q = 3\,600 \cdot v \cdot F \quad \cdots\cdots(16)$$

式中：

Q——管道内气体流量，单位为立方米每小时(m^3/h)；

v——管道内测点所在截面的平均风速，单位为米每秒(m/s)；

F——管道内测点所在截面的面积，单位为平方米(m^2)。

12.2.2 在标准状态下的气体流量按式(17)计算：

$$Q_S = 0.002\,7Q \frac{B_a + P_j}{273 + t} \quad \cdots\cdots(17)$$

式中：

Q_S——标准状态下管道内湿气体的流量，单位为立方米每小时[$m^3_{(标)}/h$]。

12.2.3 在标准状态下的干气体流量按式(18)计算：

$$Q_g = Q_S(1 - X_W) \quad \cdots\cdots(18)$$

式中：

Q_g——标准状态下干气体流量，单位为立方米每小时[$m^3_{(标.干)}/h$]。

12.3 采用其他方法测量管道内气体流速、流量时，测量精度应在±5%以内。

13 管道内气体含尘浓度的测定

13.1 测定管道内气体含尘浓度使用过滤计重法，也可以采用光电技术或直流耦合技术或交流耦合技术等在线监测仪。

13.2 采用过滤计重法时，必须进行多点等速采样，其测量位置应符合6.1～6.3规定。

滤筒(膜)的准备和称量执行GB/T 5748规定。

采样系统装置如图6。

对采样装置检漏后再进行采样，采样时采样嘴必须对准气流方向，偏差不得大于5°。

13.3 普通采样管依靠预测流速法进行等速采样。压力平衡型等速采样装置直接采样。采样时用移动采样法，即用同一个滤筒(膜)对同轴线上的各测点以相同的时间进行等速采样，每次取3个样品。

13.4 等速采样流量计读数按式(19)计算：

$$V_C = 0.002\,54d^2 v\left(\frac{B_a + P_J}{273 + t_1}\right)\left(\frac{273 + t_2}{B_a + P_r}\right)^{1/2}(1 - X_W) \quad \cdots\cdots(19)$$

式中：

V_C——等速采样流量计读数，单位为升每分钟(L/min)；

d——采样嘴直径，单位为毫米(mm)；

t_1——管道内气体温度，单位为摄氏度(℃)；

t_2——流量计前的温度，单位为摄氏度(℃)。

13.5 标准状态下的采样体积按式(20)计算：

$$V_t = 0.002\,7K(N_2 - N_1)\frac{B_a + P_r}{273 + t} \quad \cdots\cdots(20)$$

式中：

V_t——标准状态下的采样体积，单位为升(L)。

13.6 气体的含尘浓度按式(21)计算：

$$C_m = \frac{g}{V_t} \times 10^6 \quad \cdots\cdots(21)$$

式中：

C_m——气体的含尘浓度，单位为毫克每立方米[$mg/m^3_{(标\cdot干)}$]；

g——采样所得的粉尘量，单位为克(g)。

14 耗水量的测量

测定耗水量应用标定后的水表，并符合水表的安装规定。测定时按时记下测量的开始与终止时间 T_1、T_2 和对应的水表读数 m_1 和 m_2。

15 湿式除尘器性能参数的计算

15.1 除尘效率(除尘率)

15.1.1 当除尘器进、出口管道的干气流量相等时，按式(22)计算：

$$\eta = \left(1 - \frac{C_2}{C_1}\right) \times 100\% \quad \cdots\cdots(22)$$

式中：

η——湿式除尘器的除尘效率；

C_1——除尘器入口的气体平均含尘浓度，单位为克每立方米[$g/m^3_{(标\cdot干)}$]；

C_2——除尘器出口的气体平均含尘浓度，单位为克每立方米[$g/m^3_{(标\cdot干)}$]。

15.1.2 当除尘器位于通风机吸入端，除尘器漏风时，按式(23)计算：

$$\eta = \left(1 - \frac{C_2 \times Q_{g2}}{C_1 \times Q_{g1}}\right) \times 100\% \quad \cdots\cdots(23)$$

式中：

Q_{g1}——除尘器入口的气体干气流量，单位为立方米每小时[$m^3_{(标\cdot干)}/h$]；

Q_{g2}——除尘器出口的气体干气流量，单位为立方米每小时[$m^3_{(标\cdot干)}/h$]。

15.1.3 当除尘器位于通风机压出端，除尘器漏风时，按式(24)计算：

$$\eta = \frac{Q_{g2}}{Q_{g1}}\left(1 - \frac{C_2}{C_1}\right) \times 100\% \quad \cdots\cdots(24)$$

15.2 脱硫效率

15.2.1 当除尘器进、出管道的干气流量相等时，按式(25)计算：

$$\eta_{SO_2} = \left(1 - \frac{C_{2\,SO_2}}{C_{1\,SO_2}}\right) \times 100\% \quad \cdots\cdots(25)$$

式中：

η_{SO_2}——湿式除尘器的效率；

$C_{1\,SO_2}$——除尘器入口的气体平均 SO_2 浓度，单位为毫克每立方米[$mg/m^3_{(标\cdot干)}$]；

$C_{2\,SO_2}$——除尘器出口的气体平均 SO_2 浓度，单位为毫克每立方米[$mg/m^3_{(标\cdot干)}$]。

15.2.2 当除尘器位于通风机吸入端，除尘器漏风时，按式(26)计算：

$$\eta_{SO_2} = \left(1 - \frac{C_{2\,SO_2} \times Q_{g2}}{C_{1\,SO_2} \times Q_{g1}}\right) \times 100\% \qquad \cdots\cdots(26)$$

15.2.3 当除尘器位于通风机压出端，除尘器漏风时，按式(27)计算：

$$\eta_{SO_2} = \frac{Q_{g2}}{Q_{g1}}\left(1 - \frac{C_{2\,SO_2}}{C_{1\,SO_2}}\right) \times 100\% \qquad \cdots\cdots(27)$$

15.3 脱硝效率

等同于 16.2。

15.4 湿式除尘器阻力(压力降)

按式(28)计算：

$$\Delta P = P_1 - P_2 - P_H - \Sigma h \qquad \cdots\cdots(28)$$

式中：

ΔP——湿式除尘器的阻力，单位为帕(Pa)；

P_1——进口管道测量截面上气体的平均全压，单位为帕(Pa)；

P_2——出口管道测量截面上气体的平均全压，单位为帕(Pa)；

Σh——测点截面至除尘器入口及出口法兰之间的管道阻力之和，单位为帕(Pa)；

P_H——气体的浮力，单位为帕(Pa)。

15.5 气体的浮力计算

气体的浮力按式(29)计算：

$$P_H = (\rho_a - \rho_m) gH \qquad \cdots\cdots(29)$$

式中：

ρ_a——大气的密度，单位为千克每立方米(kg/m^3)；

ρ_m——除尘器内气体的密度，单位为千克每立方米(kg/m^3)；

g——重力加速度，9.81 m/s^2；

H——进、出口管道内测定位置的高度差，单位为米(m)。

15.6 除尘器漏风率

除尘器漏风率按式(30)计算：

$$\varepsilon = \frac{Q_{g2} - Q_{g1}}{Q_{g1}} \times 100\% \qquad \cdots\cdots(30)$$

式中：

ε——除尘器漏风率。

15.7 湿式除尘器耗水量

湿式除尘器耗水量按式(31)计算：

$$W_1 = (m_2 - m_1)/(T_2 - T_1) \qquad \cdots\cdots(31)$$

式中：

W_1——耗水量，单位为立方米每小时(m^3/h)；

m_2——水表终止读数，单位为立方米(m^3)；

m_1——水表开始读数，单位为立方米(m^3)；

T_2——终止时间，单位为小时(h)；

T_1——开始时间，单位为小时(h)。

耗水量也可以用式(32)计算：

$$W_2 = W_1 / Q_{g1} \times 10^3 \quad \cdots\cdots (32)$$

式中：

W_2——耗水量，$m^3/1\,000\ m^3_{(标\cdot干)}$。

附 录 A
（资料性附录）
不同温度时的饱和水气压力 P_V

温度/℃	P_V/kPa	温度/℃	P_V/kPa	温度/℃	P_V/kPa	温度/℃	P_V/kPa
0	0.61	29	4.00	54	14.99	79	45.45
5	0.87	30	4.24	55	15.74	80	47.32
6	0.93	31	4.49	56	16.50	81	49.28
7	1.00	32	4.76	57	17.30	82	51.30
8	1.07	33	5.03	58	18.14	83	53.40
9	1.15	34	5.32	59	19.00	84	55.56
10	1.23	35	5.63	60	19.91	85	57.78
11	1.31	36	5.95	61	20.84	90	70.07
12	1.40	37	6.28	62	21.83	91	72.78
13	1.49	38	6.63	63	22.84	92	75.58
14	1.60	39	6.99	64	23.89	93	78.46
15	1.71	40	7.37	65	24.99	94	81.42
16	1.81	41	7.77	66	23.13	95	84.47
17	1.93	42	8.20	67	27.32	100	101.28
18	2.07	43	8.64	68	28.55		
19	2.20	44	9.10	69	29.81		
20	2.33	45	9.58	70	31.14		
21	2.49	46	10.09	71	32.51		
22	2.64	47	10.61	72	33.93		
23	2.81	48	11.16	73	35.41		
24	2.99	49	11.73	74	36.94		
25	3.17	50	12.34	75	38.53		
26	3.36	51	12.95	76	40.18		
27	3.56	52	13.61	77	41.88		
28	3.77	53	14.29	78	43.64		

附 录 B
（资料性附录）
SO_2 吸收液、标准碘溶液的制备

B.1 SO_2 吸收液的配制

SO_2 吸收液可按以下比例配制，称取氨基磺酸铵 2.00 g（$H_6N_2O_3S$，分子量 114，极易溶于水），加入硫酸铵约 1.00 g，溶于蒸馏水中，加蒸馏水至 100 mL，摇匀。

B.2 碘标准滴定液（$C_{碘}$ = 0.05 mol/L）

B.2.1 配制

B.2.1.1 称取 13 g 碘，加 35 g 碘化钾、100 mL 蒸馏水，溶解后加入 3 滴盐酸及适量蒸馏水稀释至 1 000 mL，用垂融漏斗过滤，置于阴凉处，密闭，避光保存。

B.2.1.2 称取 1 g 酚酞，用乙醇溶解并稀释至 100 mL。

B.2.1.3 制淀粉指示液：称取 0.5 g 可溶性淀粉，加入约 5 mL 水，拌匀后缓缓倒入 100 mL 沸水中，随加随搅拌，煮沸 2 min，放冷，备用。此指示液应临时配制。

B.2.2 标定

取约 0.2 g 在 105℃ 干燥 1 h～2 h 的基准三氧化二砷（As_2O_3），准确称量，加入 25 mL 蒸馏水和 5 mL氢氧化钠溶液（1 mol/L），微热使之溶解，冷却。加入 20 mL 水及 2 滴酚酞溶液，加入硫酸（0.5 mol/L）中和至红色消失，再加 40 mL 饱和碳酸氢钠溶液及 3 mL 淀粉指示液。用碘标准溶液滴定至溶液显浅蓝色。

B.2.3 计算

碘标准滴定溶液浓度按式（B.1）计算：

$$C_{碘} = \frac{G}{V \times 0.049\ 46} \qquad \cdots\cdots\cdots\cdots（B.1）$$

式中：

$C_{碘}$——碘标准滴定溶液的浓度，单位为摩尔每升（mol/L）；

G——基准三氧化二砷的质量，单位为克（g）；

V——碘标准滴定溶液的体积，单位为毫升（mL）。

B.2.4 稀释

根据需要配制碘标准滴定溶液的总量和浓度，碘标准滴定液的稀释按公式（B.2）计算：

$$V = \frac{M_0 - M}{M} \times V_0 \times 1\ 000 \qquad \cdots\cdots\cdots\cdots（B.2）$$

式中：

V——稀释所需添加的蒸馏水，单位为毫升（mL）；

V_0——稀释前的碘溶液的体积，单位为升（L）；

M_0——稀释前的碘溶液浓度，单位为摩尔每升（mol/L）；

M——所需的碘溶液浓度，单位为摩尔每升（mol/L）。

建议使用浓度范围在 0.005 mol/L～0.05 mol/L 之间。

ICS 13.310
A 91

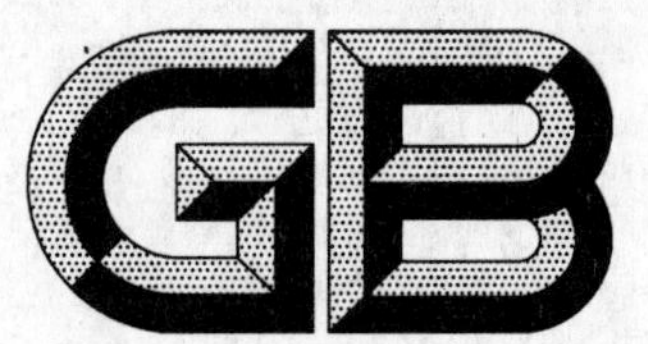

中华人民共和国国家标准

GB 15208.1—2005
代替 GB 15208—1994

微剂量X射线安全检查设备 第1部分:通用技术要求

Micro-dose X-ray security inspection system—
Part 1: General technical requirements

2005-09-01 发布　　2006-06-01 实施

中华人民共和国国家质量监督检验检疫总局
中国国家标准化管理委员会　发布

前　言

本部分的全部技术内容为强制性。

《微剂量 X 射线安全检查设备》分为两个部分：

——第 1 部分：通用技术要求；

——第 2 部分：测试体。

本部分是第 1 部分。

本部分是对 GB 15208—1994《微剂量 X 射线安全检查设备》的修订，修订的内容包括：

1. 修改后的标准包括两部分：GB 15208.1—2005《微剂量 X 射线安全检查设备　第 1 部分：通用技术要求》和 GB/T 15208.2《微剂量 X 射线安全检查设备　第 2 部分：测试体》；

2. 增加了新定义；

3. 提高了安全性要求；

4. 修改了试验方法和检测方法；

5. 修改了电磁兼容部分，增加了对设备骚扰度要求；

6. 修改了规范性附录；

7. 删除了“检验规则”。

本部分自实施之日起代替 GB 15208—1994。

本部分的附录 A 和附录 B 为规范性附录，附录 C 为资料性附录。

本部分由中华人民共和国公安部提出。

本部分由全国安全防范报警系统标准化技术委员会(SAC/TC100)归口。

本部分由公安部第一研究所、中国民用航空总局公安局制定。

本部分主要起草人：崔玉华、陈学亮、孟波、林彦群、王立军、吕保军。

本部分所代替标准的历次发布情况为：

GB 15208—1994。

引　言

本部分包含了微剂量X射线安全检查设备的基本要求，这些要求是根据工程设计的原理、研究结果、实验记录和现场工作的实际经验，以及生产制造、安装、使用过程中的问题和有关生产厂商、用户、权威机构和在这个领域有着丰富经验的专家共同协商的结果。

修订工作参考了 Underwriter's Lab (UL)187 "Standard for X-ray Equipment"、21 CFR 1020.40 FDA "Performance Standards for Ionizing Radiation Emitting products"、GB 9706.1—1995(idt IEC 60601-1:1988)《医用电气设备　第一部分:安全通用要求》、GB 4793.1—1995(idt IEC 61010-1:1990)《测量、控制和试验室用电气设备的安全要求　第1部分:通用要求》等标准。

微剂量X射线安全检查设备 第1部分:通用技术要求

1 范围

本部分规定了微剂量X射线安全检查设备(以下简称设备)的技术要求和试验方法，是设计、制造、组装、验收和使用此类设备及制定产品标准的基本依据。

本部分适用于各种透射式微剂量X射线安全检查设备。

2 规范性引用文件

下列文件中的条款通过本部分的引用而成为本部分的条款。凡是注日期的引用文件，其随后所有的修改单(不包括勘误的内容)或修订版均不适用于本部分，然而，鼓励根据本部分达成协议的各方研究是否可使用这些文件的最新版本。凡是不注日期的引用文件，其最新版本适用于本部分。

GB/T 191 包装储运图示标志(GB/T 191—2000,eqv ISO 780:1997)

GB/T 2423.1—2001 电工电子产品环境试验 第2部分:试验方法 试验A:低温(idt IEC 60068-2-1:1990)

GB/T 2423.2—2001 电工电子产品环境试验 第2部分:试验方法 试验B:高温(idt IEC 60068-2-2:1974)

GB/T 2423.3—1993 电工电子产品基本环境试验规程 试验Ca:恒定湿热试验方法(eqv IEC 60068-2-3:1984)

GB/T 2423.5—1995 电工电子产品环境试验 第2部分:试验方法 试验Ea和导则:冲击(idt IEC 60068-2-27:1987)

GB/T 2423.10—1995 电工电子产品环境试验 第2部分:试验方法 试验Fc和导则:振动(正弦)(idt IEC 60068-2-6:1982)

GB 4208—1993 外壳防护等级(IP代码)(eqv IEC 60529:1989)

GB 9254—1998 信息技术设备的无线电骚扰限值和测量方法(idt CISPR 22:1997)

GB/T 15208.2[1] 微剂量X射线安全检查设备 第2部分:测试体

GB 17060—1997 X射线行李包检查系统的放射卫生防护标准

GB/T 17626.2—1998 电磁兼容 试验和测量技术 静电放电抗扰度试验(idt IEC 61000-4-2:1995)

GB/T 17626.3—1998 电磁兼容 试验和测量技术 射频电磁场辐射抗扰度试验(idt IEC 61000-4-3:1995)

GB/T 17626.4—1998 电磁兼容 试验和测量技术 电快速瞬变脉冲群抗扰度试验(idt IEC 61000-4-4:1995)

GB/T 17626.5—1999 电磁兼容 试验和测量技术 浪涌(冲击)抗扰度试验(idt IEC 61000-4-5:1995)

GB/T 17626.6—1998 电磁兼容 试验和测量技术 射频场感应的传导骚扰抗扰度(idt IEC 61000-4-6:1996)

GB/T 17626.11—1999 电磁兼容 试验和测量技术 电压暂降、短时中断和电压变化的抗扰度

---

1) 在报批中。

试验(idt IEC 61000-4-11:1994)

GB/T 17799.1—1999 电磁兼容 通用标准 居住、商业和轻工业环境中的抗扰度试验(idt IEC 61000-6-1:1997)

GB/T 17799.3—2001 电磁兼容 通用标准 居住、商业和轻工业环境中的发射标准(idt CISPR/IEC 61000-6-3:1996)

3 术语和定义

下列术语和定义适用于本部分。

3.1

线分辨力 wire display

设备能分辨单根实芯铜线的能力。一般用线的标称直径(mm)或对应线号(AWG)表示。

3.2

穿透分辨力 useful penetration resolution

设备分辨规定厚度合金铝阶梯下单根实芯铜线的能力。一般用线的标称直径(mm)或对应线号(AWG)表示。

3.3

穿透力 simple penetration

设备穿透被检物品的能力,一般用钢板的厚度(mm)表示。

3.4

空间分辨力 spatial resolution

设备分辨金属线对的能力,一般用线的标称直径(mm)表示。

3.5

线对 line pair

均匀排列的一组金属线,两线之间的间隔和线的直径相同,一般用金属线的直径(mm)表示线对的规格。

3.6

灰度分辨 gray level differentiation

设备分辨同种材料、不同厚度被检物品的能力。一般用合金铝阶梯的阶梯数表示。

3.7

有机物分辨 organic differentiation

设备分辨有机物的能力,一般用可分辨有机物阶梯的厚度表示。

3.8

无机物分辨 inorganic differentiation

设备分辨无机物的能力,一般用可分辨钢阶梯的厚度表示。

3.9

材料分辨 material differentiation

设备分辨具有相同 X 射线衰减能力、不同等效原子序数物质的能力。

3.10

有效材料分辨 useful material differentiation

设备分辨规定厚度钢阶梯下具有不同等效原子序数物质的能力。

3.11

有机物 organic material

等效原子序数低于 10 的物质。

3.12

无机物 inorganic material

等效原子序数高于 18 的物质。

3.13

混合物 mixed material

等效原子序数界于 10 和 18 之间的物质。

3.14

穿不透区域 impenetrable area

X 射线穿透被检物到达探测器的强度几乎为零，设备不能识别被检物基本结构特征区域。

3.15

材料不确定区域 undetermined area

射线虽然能够穿透，但已不能判识被检物材料特性的区域。

3.16

通过率 throughput rate

设备在 1h 内能检查长度为 1 m 的被检物品的数量。

3.17

单次检查剂量 dose per inspection

被检物品接受一次检查所吸收的 X 射线剂量，单次检查剂量单位为 Gy，1 Gy=1 J/kg。

3.18

泄漏射线剂量率 leakage radiation rate

单位时间内穿过辐射屏蔽防护，泄漏到设备外部的电离辐射强度，单位为 μGy/h。

3.19

散射体 scatter block

使射线发生散射，从而产生最恶劣辐射条件的物体。

3.20

X 射线安全检查设备 X-ray security inspection system

通过测量穿过被检物品的 X 射线强度分布或能谱分布，生成被检物品 X 射线图像或提供被检物材料信息，据此对被检物品进行判识的设备。

3.21

微剂量 X 射线安全检查设备 micro-dose X-ray security inspection system

单次检查剂量小于 5 μGy 的 X 射线安全检查设备。

3.22

非能量分辨型微剂量 X 射线安全检查设备 single-energy X-ray security inspection system

根据 X 射线穿过被检物后的强度分布，对被检物品的结构特性进行成像的微剂量 X 射线安全检查设备。

3.23

能量分辨型微剂量 X 射线安全检查设备 multi-energy X-ray security inspection system

根据不同等效原子序数的物质对 X 射线能谱吸收特性不同的规律，对被检物品的材料特性进行判识并成像的微剂量 X 射线安全检查设备。

3.24

安全联锁装置 safety interlock

保护 X 射线设备安全工作的装置，并能阻止非正常情况下发射 X 射线。安全联锁装置通常安装在 X 射线发射区域的可拆卸部件上。

3.25

紧急停止开关　emergency stop switch

在紧急情况下能立即切断X射线发生装置和输送系统的供电电源的部件。

3.26

X射线发生装置　X-ray generating device

产生和控制X射线发射所有部件的组合。通常包括X射线管、高压发生器、控制器以及冷却系统。

3.27

X射线探测器　X-ray detector

一种能探测(测量)X射线,并能将X射线强度转换成可被处理的电信号的传感器。

3.28

测试体　test block

用于测试和评价X射线图像性能指标的测试物。

3.29

测试卡　test object

用于测试和评价X射线图像某项指标的测试物。

4　通用技术要求

4.1　性能指标

4.1.1　线分辨力

设备应能分辨标称直径为0.202 mm(AWG32)的单根实芯铜线。

4.1.2　穿透分辨力

设备应能分辨厚度为9.5 mm、15.9 mm和22.2 mm铝阶梯下标称直径为0.511 mm(AWG24)的单根实芯铜线。

4.1.3　空间分辨力

设备应能分辨直径为2.0 mm的线对。

4.1.4　穿透力

设备应具有符合要求的穿透力。根据使用要求的不同,检查设备的穿透力分为以下几类,见表1。

表1　穿透力分类表

类别	A类	B类	C类
钢板厚度/mm	SP≥38	SP≥25	SP≥4

4.1.5　灰度分辨

设备应能分辨厚度为1 mm～60 mm、厚度差不小于1 mm的铝阶梯。

4.1.6　有机物分辨(能量分辨型设备适用)

设备应能分辨厚度为1 mm～120 mm的聚甲基丙烯酸甲酯,并赋予不同饱和度的橙色。

4.1.7　混合物分辨(能量分辨型设备适用)

设备应能分辨厚度为1 mm～60 mm的铝,并赋予不同饱和度的绿色。

4.1.8　无机物分辨(能量分辨型设备适用)

设备应能分辨厚度为0.2 mm～14 mm的钢,并赋予不同饱和度的蓝色。

4.1.9　材料分辨(能量分辨型设备适用)

设备应能分辨具有相同X射线衰减能力、不同等效原子序数的三种材料样本,并赋予PVC板绿色,赋予模拟物板和尼龙6板橙色。

4.1.10 有效材料分辨(能量分辨型设备适用)

设备应能分辨 1.5 mm、2.0 mm 和 2.5 mm 三种厚度钢板后面的、具有相同 X 射线衰减能力、不同等效原子序数的三种材料样本,并分别赋予绿色和蓝色。

设备应能分辨 GB/T 15208.2 中的测试体 B 中测试卡 10 中 9 个区域中的 6 个区域。

4.1.11 通过率

设备应具备符合使用要求的检查通过率。根据不同使用要求,设备的检查通过率基本分为三类,见表 2,被检物品的长度按 1 m 计算。

表 2 通过率分类表

类别	A类	B类	C类
被检物品数/个	TR>1500	TR>700	TR>400

4.2 辐射与环境安全指标

4.2.1 单次检查剂量

设备的单次检查剂量不应大于 5 μGy。

4.2.2 泄漏射线剂量率

在距设备外表面 5 cm 的任意处(包括设备的入口、出口处),X 射线泄漏剂量率应小于 5 μGy/h,符合 GB 17060—1997 中 3.1 的要求。

4.2.3 设备噪声

在距设备外表面 1m 的任意处,设备噪声应不大于 65 dB(A)。

4.3 运行环境要求

4.3.1 工作环境条件

环境温度范围:5℃～+40℃。

相对湿度范围:0%～80% 。

大气压力范围:86 kPa～106 kPa。

4.3.2 电源适应性要求

电源电压在标称电压的$^{+10\%}_{-15\%}$和标称频率±3 Hz 范围内,设备应能正常工作。

4.4 安全性能要求

4.4.1 设备安全要求

a) 设备应有明显的系统工作和射线发射显示装置(指示灯);

b) 设备应在方便操作人员触及的位置装有紧急停止开关,一旦紧急情况发生,能立即切断设备 X 射线发生装置和输送系统的供电电源。紧急停止开关应使用黄底红色开关;

c) 设备应配备适当额定值的电源过流保护装置,以防止由于内部元件失效或其他意外引起的过电流可能造成火灾的危险;

d) 设备应设有钥匙开关和二次电源启动开关。钥匙开关应能清楚地识别"通"、"断"位置;

e) 在 X 射线发射区的可拆卸射线防护部件上应装有安全防护联锁装置,一旦联锁装置断开,X 射线应立即停止发射;

f) 设备应有操作人员身份确认功能;

g) 设备应对材料不确定区域进行灰度显示,对穿不透区域赋予红色。

4.4.2 X 射线发生装置安全要求

a) X 射线发生装置应在设备内实现自冷却;

b) 使用外循环冷却系统的 X 射线发生装置应具有温度或压力控制,当冷却液(油或水)的温度超过规定值时或循环压力低于规定值时,能自动停止发射 X 射线;

c) X 射线发生装置应具有过电压和过电流保护功能。当 X 射线源的电压或电流超过产品规定值时,能自动切断高压;

d) X射线发生装置应有保护接地线。接地线的颜色应是黄绿色，接地电阻不应超过0.1Ω。

4.5 机械结构

a) 设备的设计及操作程序应符合人类工效学的基本要求，并便于操作和维修；

b) 设备的外观应完好，表面应平整光洁、色泽均匀，无明显机械损伤、镀层不应有起泡损坏，金属件应无锈蚀，塑料件应无起泡、开裂；

c) 设备包括部件和所有零件，应有足够的强度和刚度。所有调节和控制机构应安装正确、操作灵活。面板上标记、字迹要清楚；

d) 外盖板的安装、拆卸应方便；

e) 框架应有足够的强度和刚度，在正常搬动中不应产生变形或损坏；

f) 设备脚轮应有足够的强度和转动灵活性，与设备的连接应牢固可靠；

g) 外壳防护等级应符合GB 4208—1993的规定，不低于IP20的要求。

4.6 电磁兼容性要求

4.6.1 设备抗扰度要求

对设备进行静电放电、射频电磁场辐射、电快速瞬变脉冲群、浪涌(冲击)、射频场感应的传导骚扰以及电压暂降、短时中断和电压变化共6项抗扰度试验，设备的抗扰度性能应符合GB/T 17799.1—1999中表1、表2和表4中规定限值的要求。

4.6.2 设备发射要求

设备的辐射和传导发射值应符合GB/T 17799.3—2001中表1所规定限值的要求。

4.7 电气安全

4.7.1 保护接地

a) 设备应具有可供连接保护接地导线的保护接地端子，应有明显的标识；

b) 保护接地端与保护接地的所有可触及金属部件之间的电阻不应大于0.1Ω；

c) 接地线的颜色应是黄绿色。

4.7.2 绝缘电阻

电源插头或电源引入端与外壳裸露金属部件之间的绝缘电阻，在正常环境条件下不应小于100 MΩ，湿热条件下不应小于2 MΩ。

4.7.3 抗电强度

设备电源插头或电源引入端与外壳裸露金属部件之间，应能承受表3规定的45 Hz～65 Hz交流电压或相当于交流峰值的直流电压历时1 min的抗电强度试验，应无击穿和飞弧现象。

表3 抗电强度要求

额定电压/V		试验电压/kV 交流或直流电压
直流或正弦交流有效值	交流峰值或合成电压	
130～250 251～500	184～354 355～707	交流1.5或直流2.1 交流2.0或直流2.8

4.7.4 泄漏电流

起防电击作用的电气绝缘应有良好的性能，连续对地泄漏电流和外壳泄漏电流极限值应满足表4的要求。

表4 漏电流要求

设备类别	泄漏电流 I_1/mA	泄漏电流 I_2/mA	测量电路
直接连接保护接地端子的设备	5(峰值)		附录A图A.1
间接连接保护接地端子的设备	5(峰值)	0.7(峰值)	附录A图A.2

4.8 环境适应性

4.8.1 概述

a) 微剂量X射线安全检查设备为大型机电产品，不具备对整机进行环境试验时，允许对具有独立功能的电器部件分别按4.8.2和4.8.4环境要求进行试验。其整机或电器部件试验的技术指标应满足设备或部件的指标要求；

b) 具有独立功能的电器部件，经4.8.2和4.8.4环境适应性试验后，接入整机对整机进行4.1.1～4.1.10指标测试，其性能指标应符合4.1.1～4.1.10要求；

c) 经过气候和机械环境试验后，设备不应出现锈蚀和机械损伤现象；

d) 恒定湿热环境试验完成后，立即进行绝缘电阻的测试。测试方法按5.9.2的规定，测试结果应符合4.7.2要求。

4.8.2 环境要求

气候环境要求见表5。

表5 气候环境要求

<table>
<tr><th rowspan="2">试验项目</th><th rowspan="2">严酷等级</th><th rowspan="2">试验方法</th><th colspan="2">整　机</th><th colspan="2">具有独立功能的电器部件</th></tr>
<tr><th>持续时间/h</th><th>检查项目</th><th>持续时间/h</th><th>检查项目</th></tr>
<tr><td>低温</td><td>0℃±3℃</td><td>按GB/T 2423.1—2001试验Ab进行，测试有关项目时通电。</td><td>8</td><td rowspan="3">试验开始前的初始测量和每项试验结束前的测试，应检验4.1.1～4.1.10项。</td><td>4</td><td rowspan="3">试验开始前的初始测量和每项试验结束前的检查项目和方法由产品标准规定。</td></tr>
<tr><td>高温</td><td>45℃±2℃</td><td>按GB/T 2423.2—2001试验Bb进行，全过程通电。</td><td>8</td><td>4</td></tr>
<tr><td>恒定湿热</td><td>+40℃±2℃
相对湿度：
$(93^{+2}_{-3})\%$
（不结露）</td><td>按GB/T 2423.3—1993试验Ca进行，测试有关项目时通电。</td><td>48</td><td>48</td></tr>
<tr><td>低温贮存</td><td>−40℃±3℃</td><td>按GB/T 2423.1—2001试验Ab进行，试验过程中不通电。</td><td>16</td><td>试验结束后至少恢复4 h后检测，应检验4.1.1～4.1.10项。</td><td>16</td><td>试验结束后至少恢复4h后检测，检测项目和方法由产品标准规定。</td></tr>
</table>

4.8.3 整机力学环境要求

整机力学环境要求见表6。

表6 整机的力学环境要求

试验项目	严酷等级	检查项目
运输试验 （或模拟运输）	试验里程：200 km 公路级别：三级公路或模拟运输 行驶速度：20 km/h ～ 40 km/h	试验开始前的初始测量和试验结束后的测试，应检验4.1.1～4.1.10项。

4.8.4 部件力学环境要求

具有独立功能的电器部件力学环境要求见表7。

表 7 部件的力学环境要求

<table>
<tr><th rowspan="2">试验项目</th><th rowspan="2">严酷等级</th><th colspan="2">具有独立功能的电器部件</th></tr>
<tr><th>试验方法</th><th>检查项目</th></tr>
<tr><td>振动试验
Fc</td><td>频率范围(Hz):10～55～10 (正弦波)
振幅(mm):0.15
振动方向:X、Y、Z
持续时间(min):10</td><td>GB/T 2423.10—1995</td><td rowspan="2">检查项目和方法由产品标准规定</td></tr>
<tr><td>冲击试验
Ea</td><td>峰值加速度(m/s^2):150
持续时间(ms):11
冲击方向:Z 方向
冲击次数:18 次</td><td>GB/T 2423.5—1995</td></tr>
</table>

5 试验方法

5.1 环境条件要求

除另有规定外，全部试验环境条件均为正常大气条件。

环境温度:15℃～35℃。

相对湿度:45％～75％。

大气压力:86 kPa ～106 kPa。

5.2 试验用主要仪器和工具

电离式剂量仪:最小量程不大于 10 μGy,剂量仪须经过国家检测部门校准。

高灵敏度剂量仪: 最小量程不大于 0.1 μGy/h,剂量仪须经过国家检测部门校准。

声级计: 频率范围 25 Hz～8 kHz。

测试体:见 GB/T 15208.2。

泄漏射线剂量率测试散射体: 附录 B。

5.3 机械结构的检测

5.3.1 外观检查

按 4.5 的 b)进行检查,采用实物与设计文件核对、观察及手动等方法进行。

5.3.2 外壳防护等级试验

按 GB 4208—1993 的第 12 章对外壳防护等级进行试验,应符合 4.5 的 g)要求。

5.4 性能指标测试

测试体的摆放位置和方向取决于设备射线源和探测器的相对位置。测试体平面应垂直于射线发射方向,并尽量靠近射线源放置,以得到最佳测试体图像。另外,允许采用增强、放大、反转、高穿透力等图像处理工具取得最佳评价效果。

5.4.1 线分辨力测试

将 GB/T 15208.2 中的测试体 A 放置在检测区域的最佳位置,测试体平面垂直于射线的方向，设备正常运行，目测显示器上测试体 A 中测试卡 1 的 X 射线图像，设备分辨测试体背景下单根实芯铜线的能力应符合 4.1.1 要求。

如果可以看到未被铝阶梯遮挡的金属线的绝大部分,则可认为设备能分辨此金属线。

5.4.2 穿透分辨力测试

将 GB/T 15208.2 中测试体 A 放置在检测区域的最佳位置，测试体平面垂直于射线方向,设备正常运行，目测显示器上测试体 A 中测试卡 2 的 X 射线图像，设备分辨铝阶梯下单根实芯铜线的能力应符合 4.1.2 要求。

如果可以看到被铝阶梯遮挡的金属线的绝大部分，则可认为设备能分辨此金属线。

5.4.3 空间分辨力测试

将 GB/T 15208.2 中测试体 A 放在检测区域的最佳位置，测试体平面垂直于射线方向，设备正常运行，目测显示器上测试体 A 中测试卡 3 的 X 射线图像，设备分辨金属线对的能力应符合 4.1.3 要求。

如果水平或垂直线对的全部 4 条金属线都能区分开，则可认为设备能分辨此水平或垂直线对。

5.4.4 穿透力测试

将 GB/T 15208.2 中测试体 A 放置在检测区域的最佳位置，测试体平面垂直于射线的方向，设备正常运行，目测显示器上测试体 A 中测试卡 4 的 X 射线图像，能分辨的圆形铅块所对应钢阶梯的最大数字值即为设备能穿透钢板的厚度值，应符合 4.1.4 要求。

如果可以看到被钢板遮挡的圆形铅块的绝大部分，则可认为设备能穿透此钢阶梯。

设备对穿不透区域的颜色警示应符合 4.4.1 中 g)项的要求。

5.4.5 薄有机物分辨检测

将 GB/T 15208.2 中测试体 B 放在检测区域的最佳位置，测试体平面垂直于射线的方向，设备正常运行，目测显示器上测试体 B 中测试卡 5 的 X 射线图像应符合 4.1.5 的要求。

如果可以将相邻的有机物样本区分开，并赋予了不同饱和度的橙色，则可认为设备能分辨。

5.4.6 有机物分辨检测

将 GB/T 15208.2 中测试体 B 放在检测区域的最佳位置，测试体平面垂直于射线的方向，设备正常运行，目测显示器上测试体 B 中测试卡 6 的 X 射线图像，应符合 4.1.6 的要求。

如果可以将相邻的有机物样本区分开，并能赋予不同色饱和度的橙色，则可认为设备能分辨。

5.4.7 灰度/混合物分辨的检测

将 GB/T 15208.2 中测试体 B 放置在检测区域的最佳位置，测试体平面垂直于射线的方向，设备正常运行，目测显示器上测试体 B 中测试卡 7 的 X 射线图像，能分辨的铝阶梯的阶梯数量和赋予阶梯的颜色应符合 4.1.5 和 4.1.7 要求。

如果可以将铝阶梯样本的相邻阶梯区分开，并能赋予不同饱和度的绿色(非能量型设备赋予不同的灰度)，则可认为设备能分辨。

5.4.8 无机物分辨检测

将 GB/T 15208.2 中测试体 B 放置在检测区域的最佳位置，测试体平面垂直于射线的方向，设备正常运行，目测显示器上测试体 B 中测试卡 8 的 X 射线图像符合 4.1.8 要求。

如果可以将钢阶梯样本的相邻阶梯区分开，并能赋予不同饱和度的蓝色，则可认为设备能分辨。

5.4.9 材料分辨检测

将 GB/T 15208.2 中测试体 B 放在检测区域的最佳位置，测试体平面垂直于射线方向，设备正常运行，目测显示器上测试体 B 中测试卡 9 的 X 射线图像应符合 4.1.9 要求。

如果样本呈现相同的灰度、不同的颜色，则可认为设备能区分这些样本。

5.4.10 有效材料分辨检测

将 GB/T 15208.2 中测试体 B 放置在检测区域的最佳位置，测试体平面垂直于射线的方向，设备正常运行，目测显示器上测试体 B 中测试卡 10 的 X 射线图像，分辨区域的数量应符合 4.1.10 要求。

如果从颜色的变化上能够区分出被钢阶梯遮挡的样品区域，则认为设备能够分辨此区域。

5.4.11 通过率的检测

记录并统计设备在 1 h 内检测被检物品的数量，应符合 4.1.11 要求。

5.5 辐射和环境指标测试

5.5.1 单次检查剂量的测试

将电离式剂量仪设置到剂量挡，调零，然后放在检测区中间位置，连续运行 10 次，从累积数求得的平均值应符合 4.2.1 要求。

5.5.2 泄漏射线剂量率的测试

在检测通道内放入散射物(见附录 B),设备发射 X 射线,在离开机壳 5 cm 处的任一点,用高灵敏度剂量仪测得的泄漏射线剂量率应符合 4.2.2 要求。

5.5.3 系统噪声的测试

输送带处于满负荷运行,在离开设备 1m 处的任一点,用声级计测得的噪声应符合 4.2.3 要求。

5.6 安全功能测试

5.6.1 联锁装置试验

切断发射区的任一联锁装置,X 射线应能立即停止发射,并且 X 射线发射指示灯灭。

5.6.2 紧急停机试验

压下任一紧急停止开关,应能立即切断设备 X 射线产生装置和输送系统的供电电源。

5.7 电源适用范围试验

在交流电压为标称值的 85%、标称值和标称值的 110% 三个电压点上各试验 15 min,设备的性能指标应符合 4.1.1～4.1.10 要求。

5.8 环境适应性试验

按表 5、表 6 和表 7 的要求及 GB/T 2423.1—2001、GB/T 2423.2—2001、GB/T 2423.3—1993、GB/T 2423.5—1995 和 GB/T 2423.10—1995 规定的试验方法进行。

5.9 电气安全试验

5.9.1 保护接地试验

用保护接地测量设备测量保护接地端子与地线之间的电阻,应符合 4.7.1 的要求。

5.9.2 绝缘电阻试验

用 1000 V 兆欧表,测量设备电源插头或电源引入线端与外壳或外壳上的裸露金属零部件之间的绝缘电阻。电源开关置接通位置,电源插头不插入电网。施加 1000 V 试验电压,稳定 5 s 后,读取的绝缘电阻值应符合 4.7.2 要求。

5.9.3 抗电强度试验

在电源插头或电源引入线端与外壳或外壳上的裸露金属零部件之间,施加额定功率不小于500 VA 的可调试验电压,试验电压以 200 V/s 的速率加至规定值并保持 1 min,试验结束后应符合 4.7.3 的要求。

5.9.4 漏电流试验

5.9.4.1 试验准备

设备对地漏电流和外壳漏电流的测试应在 5.1 规定的试验环境下进行。将受试设备置于试验场地,并搁置 12 h 以上,搁置期间不得开机。

5.9.4.2 漏电流试验

试验时工作电压为电源标称电压的 110%,设备的电源开关置于接通的位置。电流表的标称内阻为 2 kΩ(包括附加的串联电阻),按附录 A 中图 A.1 和图 A.2 分别连接、分别测量供电电源各级与连在一起的所有可触及导电部分(包括测量接地端子)间的漏电流,测得的值不应超过表 4 规定的值。

5.10 电磁兼容性试验

5.10.1 抗扰度试验

5.10.1.1 静电放电抗扰度试验

按 GB/T 17626.2—1998 中规定的试验和测量方法对设备进行静电放电抗扰度试验和检测,设备的抗扰度性能应符合 4.6.1 中要求。

5.10.1.2 射频电磁场辐射抗扰度试验

按 GB/T 17626.3—1998 中规定的试验和测量方法对设备进行射频电磁场辐射抗扰度试验和检

测，设备的抗扰度性能应符合4.6.1中要求。

5.10.1.3 电快速瞬变脉冲群抗扰度试验

按GB/T 17626.4—1998中规定的试验和测量方法对设备进行电快速瞬变脉冲群抗扰度试验和检测，设备的抗扰度性能应符合4.6.1中要求。

5.10.1.4 浪涌(冲击)抗扰度试验

按GB/T 17626.5—1999中规定的试验和测量方法对设备进行浪涌(冲击)抗扰度试验和检测，设备的抗扰度性能应符合4.6.1中要求。

5.10.1.5 射频场感应的传导骚扰抗扰度试验

按GB/T 17626.6—1998中规定的试验和测量方法对设备进行射频场感应的传导骚扰抗扰度试验和检测，设备的抗扰度性能应符合4.6.1中要求。

5.10.1.6 电压暂降、短时中断和电压变化的抗扰度

按GB/T 17626.11—1999中规定的试验和测量方法对设备进行电压暂降、短时中断和电压变化的抗扰度试验和检测，设备的抗扰度性能应符合4.6.1中要求。

5.10.2 骚扰度试验

5.10.2.1 辐射骚扰试验

按GB 9254—1998标准规定的试验方法进行试验，设备外壳的辐射值应符合4.6.2中要求。

5.10.2.2 传导骚扰试验

按GB 9254—1998标准规定的试验方法进行试验，设备外壳的辐射值应符合4.6.2中要求。

5.11 整机力学环境试验

将包装的设备装上汽车，在三级公路或模拟运输行驶200 km，行驶速度为20 km/h ～ 40 km/h。试验完后，将设备从包装箱中取出，放置6 h后再加电测试，设备性能指标应符合4.1.1～4.1.10以及4.2项要求。

6 测试图像的评价

6.1 评价原则

对测试图像的评价采用主观评价的方法。测试应由5人以上的奇数评判人员组成评价组对测试图像进行评价。

6.2 评价记录

评价组成员将各项测试图像的评价结果填入测试图像评价记录表，测试图像评价记录表参见附录C。

6.3 评价结论

对评价组各成员的评价记录进行统计，形成对测试图像性能的最终评价结果。

7 包装、标志、贮存和运输

7.1 包装要求

a) 包装箱应采用框架或多层板框架，应能适应常用运输条件。主机在箱内要可靠固定。包装箱要防潮、防震；

b) 包装箱内应有使用说明书、装箱单等技术文件。

7.2 标志要求

7.2.1 设备标志要求

在设备的适当位置上应有下列标志：

a) 产品型号、生产日期、编号、商标和厂家；

b) 标称电压、标称电流和功率；

c) X射线产生器的型号、编号；X射线管型号；

d) 警告性说明应标在设备显著的位置。对设备内、外表面上的警告性说明应标在控制面板上或其附近，或标在有关部件上或其附近；

e) 设备上应标明叉车插入位置。在规定的位置搬运时，设备倾斜10°不应失衡。

7.2.2 包装箱标志要求

包装箱上应有下列标志：

a) 产品型号、名称、数量及标准号；

b) 合同号；

c) 箱体外形尺寸(单位:mm)；

d) 装箱毛重(单位:kg)；

e) 装箱日期（年、月）；

f) 到站及受货单位；

g) 发站及发货单位；

h) 易见处应有防潮、防震、严禁倒置，以及叉车插入位置等标志或字样。标志图示按GB/T 191的规定。

7.3 贮存和运输要求

7.3.1 贮存环境要求

在运输或贮存包装状态下，设备应能在不超出下列范围的环境条件下放置15周以上：

环境温度：－40℃～＋60℃。

相对湿度：10％～90％。

7.3.2 贮存要求

需要长期存放的设备，应有良好的贮存条件，库房应清洁干燥，通风良好，周围不得有腐蚀性气体，相对湿度不大于80％，设备应在包装箱内。

7.3.3 运输要求

a) 包装好的设备可用空、海、陆交通工具运输，运输过程中应避免雨、雪的直接淋袭；

b) 设备在车站、码头中转时，应存放在库房内。

8 随机技术文件

8.1 概述

设备应附有至少包括使用说明书、技术说明书和供用户可查询的地址在内的文件。使用说明书、技术说明书以及操作界面应是中文编写的。随机技术文件被视为设备的组成部分。

警告性说明和警告性的符号(标在设备上的)的解释应在随机技术文件中给出。

8.2 使用说明书

使用说明书应提供能使设备按其技术条件运行的全部资料。包括以下内容：

a) 设备的安装和拆卸方法；

b) 基本工作原理和操作说明；

c) 设备各部件之间的电缆连接；

d) 与附件或其他设备连接的说明；

e) 供电电压范围，供电频率范围，整机功耗；

f) 工作环境和贮存环境的温湿度范围；

g) 设备的外形尺寸、重量；

h) 操作控制装置的识别和使用；

i) 显示和报警信息的说明；

j) 日常维护、检查、保养和清洁。

8.3 技术说明书

技术说明书应包括以下内容：

a) 详细的设备组成；

b) 主要功能及其技术指标；

c) 各部件的功能描述；

d) 主要部件更换和调试方法；

e) 系统的机械和电气连接框图；

f) 保障安全使用应注意的事项；

g) 常见故障的处理；

h) 设备系统供电、信号以及电缆连接图；

i) 制造厂详细名称和地址；

j) 技术服务和维修部门的联络信息。

附 录 A
（规范性附录）
泄漏电流测试方法

泄漏电流测试接线图见图 A.1 和 A.2。

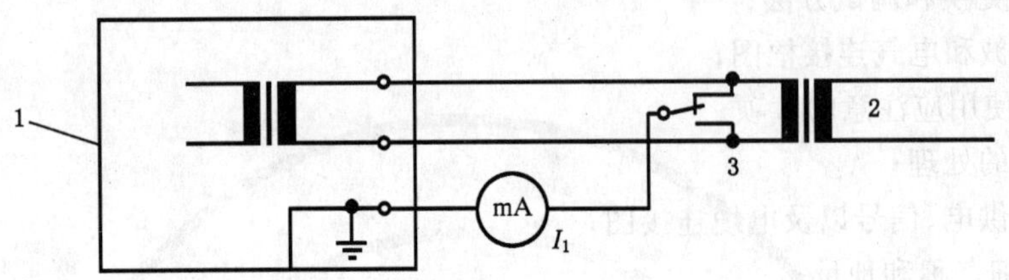

1——可触及导电件；

2——电网电源；

3——转换开关。

图 A.1 与保护接地端子直接连接的设备泄漏电流 I_1 的测量电路

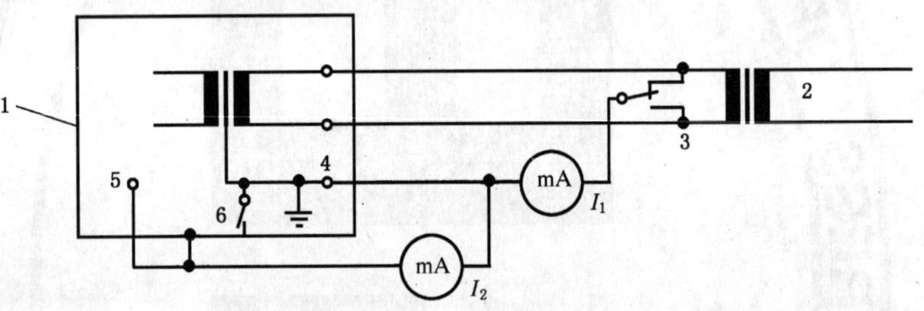

1——可触及导电件；

2——电网电源；

3——转换开关；

4——保护接地端子；

5——测量接地端子；

6——连接杆。

图 A.2 与保护接地端子间接连接的设备泄漏电流 I_1 和 I_2 的测量电路

附 录 B
（规范性附录）
泄漏射线剂量率测试散射体

当测试通道式微剂量X射线检查设备的泄漏射线剂量率时，需要在检测通道内放置一个散射体来模拟被检物品的散射情况。散射体是由我国东北产的软质木材（白松）制成，体积至少要满足表B.1的要求。

表 B.1 散射体体积要求

散射体	长/mm	宽/mm	高/mm
	300	300	75

附 录 C
（资料性附录）
测试图像评价记录表

测试图像评价记录表见表 C.1 和表 C.2。

表 C.1 测试图像评价记录表 1

<table>
<tr><td colspan="3">日期________ 时间________ 测试员________
设备厂家________ 型号________ 序列号________
显示器厂家________ 型号________ 序列号________
X 射线源高压值________ X 射线源束流值________</td></tr>
<tr><td>测试项目</td><td>最佳测试结果</td><td>所选用的图像处理功能</td></tr>
<tr><td>1 线分辨力</td><td></td><td></td></tr>
<tr><td>2 穿透分辨力</td><td>9.5 mm 厚铝阶梯下：
15.9 mm 厚铝阶梯下：
22.2 mm 厚铝阶梯下：</td><td></td></tr>
<tr><td>3 空间分辨力</td><td>水平：
垂直：</td><td></td></tr>
<tr><td>4 穿透力</td><td></td><td></td></tr>
<tr><td colspan="3">注：合格项目用“×”标记。</td></tr>
</table>

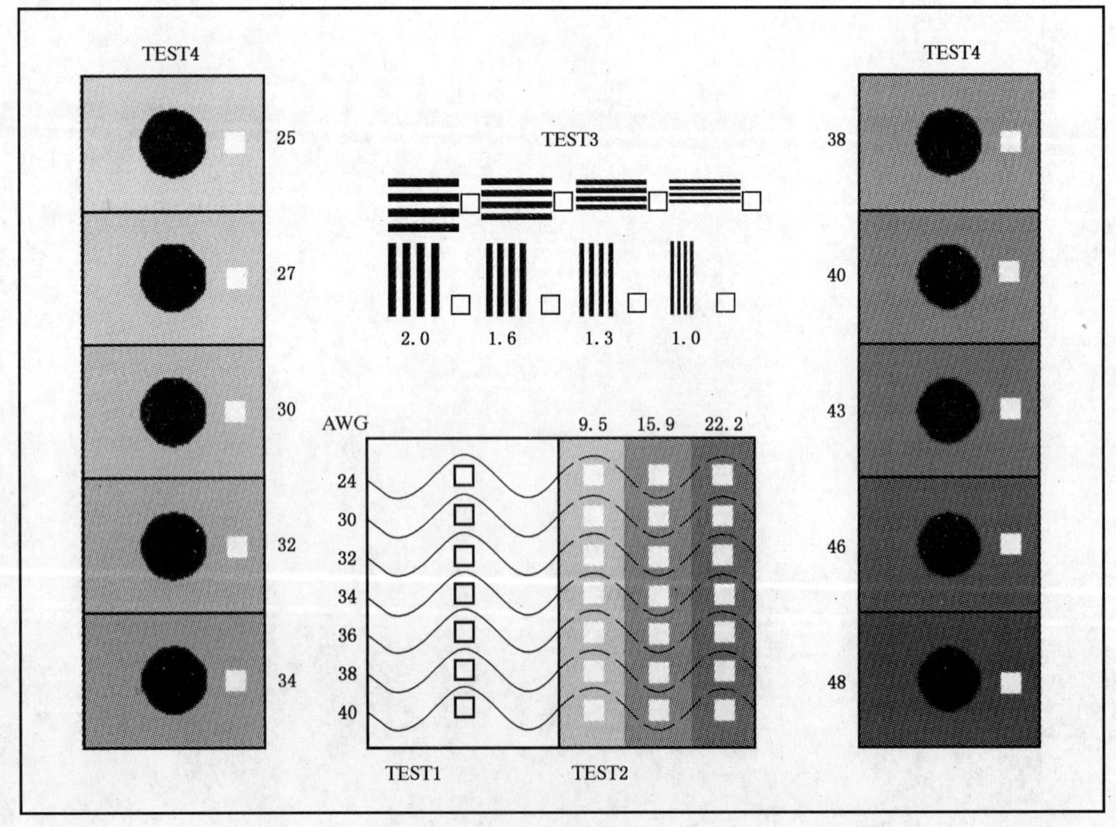

表 C.2　测试图像评价记录表 2

<table>
<tr><td colspan="3">日期______　时间______　测试员______
设备厂家______　型号______　序列号______
显示器厂家______　型号______　序列号______
X 射线源高压值______　X 射线源束流值______</td></tr>
<tr><td>测试项目</td><td>最佳测试结果</td><td>所选用的图像处理功能</td></tr>
<tr><td>1 薄有机物分辨　(TEST5)</td><td></td><td></td></tr>
<tr><td>2 有机物分辨　(TEST6)</td><td></td><td></td></tr>
<tr><td>3 灰度分辨　(TEST7)</td><td></td><td></td></tr>
<tr><td>4 无机物分辨　(TEST8)</td><td></td><td></td></tr>
<tr><td>5 材料分辨　(TEST9)</td><td></td><td></td></tr>
<tr><td>6 有效材料分辨　(TEST10)</td><td></td><td></td></tr>
<tr><td colspan="3">注：合格项目用“×”标记。</td></tr>
</table>

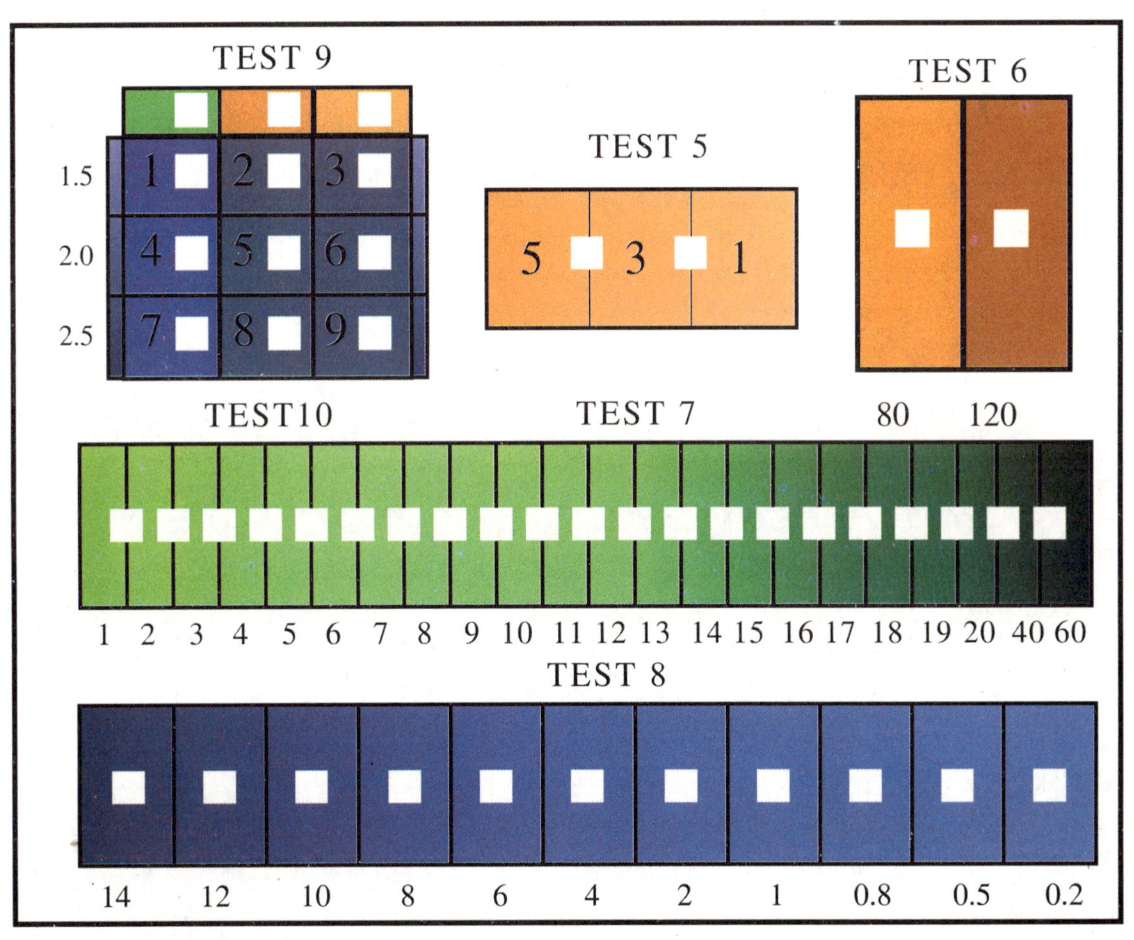

ICS 25.100.70
J 43

中华人民共和国国家标准

GB/T 15305.1—2005
代替 GB/T 15305.1—1994

涂附磨具　砂页

Coated abrasives—Plain sheets

(ISO 21948:2001,MOD)

2005-05-18 发布　　2005-12-01 实施

中华人民共和国国家质量监督检验检疫总局
中国国家标准化管理委员会　发布

前言

本标准修改采用 ISO 21948:2001《涂附磨具 砂页》(英文版)。

本标准与 ISO 21948:2001 的主要技术差异及原因:

第 4 章对产品的标记方法修改为 GB/T 20000.2—2001 规定的表述方法。为了更好地表示产品的特定信息,并且和国内标准规定保持一致,在标记内容上增加了"磨料"和"粒度"两项内容;为便于使用,本标准做了下列编辑性修改:

a) '本国际标准'一词改为'本标准';

b) 删除了国际标准前言;

c) 删除了文献目录。

本标准代替 GB/T 15305.1—1994《涂附磨具 页状砂布砂纸 尺寸和公差》,与 GB/T 15305.1—1994 相比主要变化如下:

——增加了产品"测试条件"的规定(见本标准的 3.2);

——增加了产品的"标记示例"和产品的"标志"的规定(见本标准的第 4 章和第 5 章)。

本标准由国家机械工业联合会提出。

本标准由全国磨料磨具标准化技术委员会归口。

本标准起草单位:郑州磨料磨具磨削研究所。

本标准主要起草人:张长伍。

涂 附 磨 具　砂 页

1　范围

本标准规定了砂页的基本尺寸、公差和标记。

本标准适用于手持磨削机或手动打磨器上使用的砂页。

2　规范性引用文件

下列文件中的条款通过本标准的引用而成为本标准的条款。凡是注日期的引用文件，其随后所有的修改单(不包括勘误的内容)或修订版均不适用于本标准，然而，鼓励根据本标准达成协议的各方研究是否可使用这些文件的最新版本。凡是不注日期的引用文件，其最新版本适用于本标准。

ISO 554　限定或测试时标准大气环境　技术条件

3　要求

3.1　尺寸

见图1和表1。

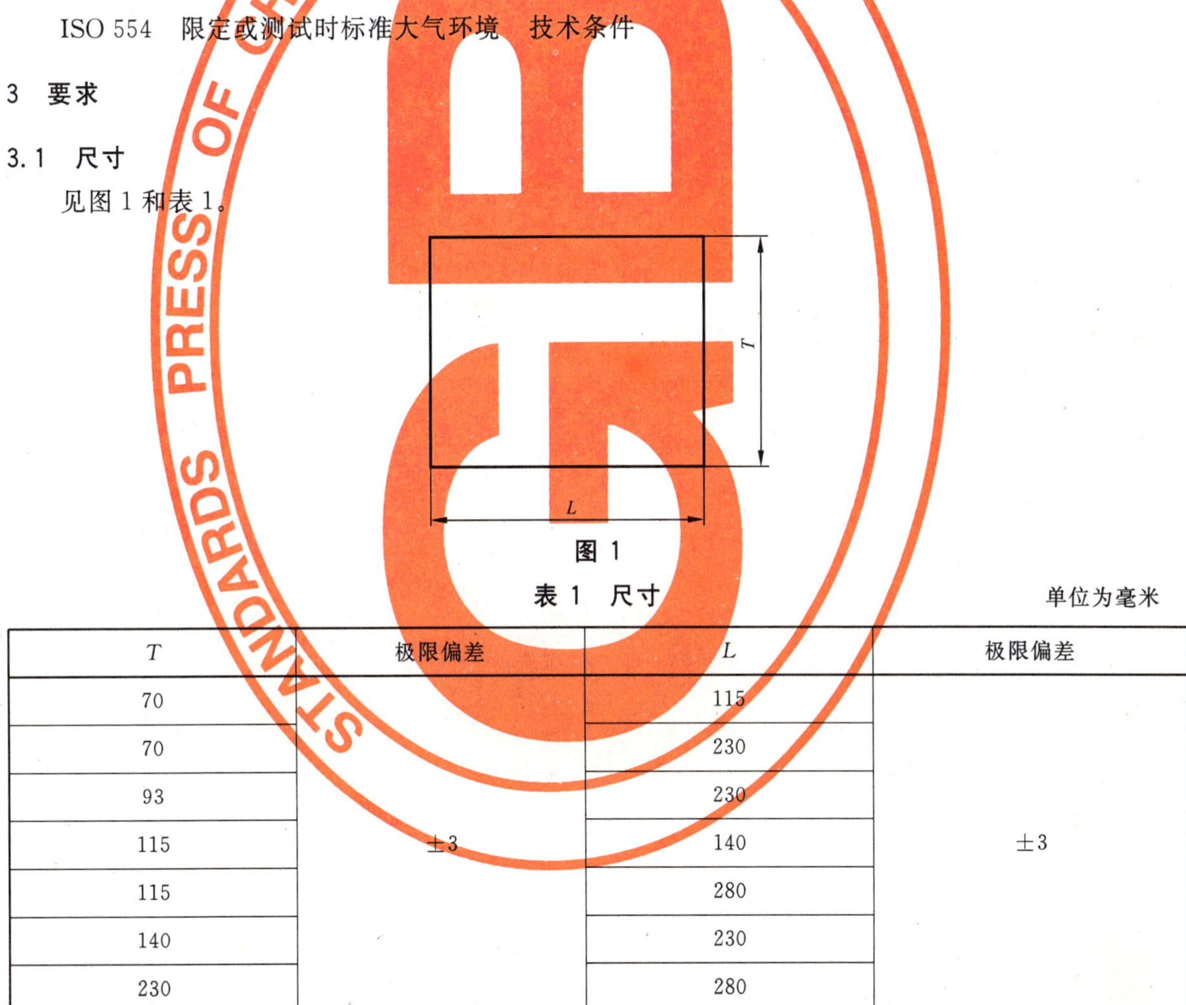

图 1

表 1　尺寸

单位为毫米

T	极限偏差	L	极限偏差
70	±3	115	±3
70		230	
93		230	
115		140	
115		280	
140		230	
230		280	

3.2　测试条件

表1给出的极限偏差应在ISO 554规定的下列条件下有效：

——温度：20℃±2℃；

——相对湿度：65％±5％。

砂页在上述条件下放置24 h后方可进行测试。

4 标记示例

以符合 GB/T 15305.1 的砂页为例，其特征为：尺寸为 T=230 mm 和 L=280 mm、磨料为棕刚玉 A、粒度为 P60 的砂页标记为：

砂页 GB/T 15305.1-230×280-A P60

5 标志

砂页标志的内容为：

a) 粒度；

b) 制造厂、供应商、进口商的名称或其注册商标。

参 考 文 献

[1] GB/T 9258.1—2000 涂附磨具用磨料 粒度分析 第1部分:粒度组成(idt ISO 6344-1:1998)

[2] GB/T 9258.2—2000 涂附磨具用磨料 粒度分析 第2部分:粗磨粒P12～P220粒度组成的测定(idt ISO 6344-2:1998)

[3] GB/T 9258.3—2000 涂附磨具用磨料 粒度分析 第3部分:微粉P240～P2500粒度组成的测定(idt ISO 6344-3:1998)

ICS 21.220.30
J 18

中华人民共和国国家标准

GB/T 15390—2005/ISO 6972:2002
代替 GB/T 15390—1994

工程用焊接结构弯板链、附件和链轮

Cranked-link mill chains of welded construction, attachments ang sprockets

(ISO 6972:2002, IDT)

2005-09-19 发布　　2006-04-01 实施

中华人民共和国国家质量监督检验检疫总局
中国国家标准化管理委员会　发布

前言

本标准等同采用国际标准 ISO 6972:2002《工程用焊接结构弯板链、附件和链轮》(英文版)。

本标准是对 GB/T 15390—1994《工程用钢制焊接弯板链和链轮》的修订。

本标准代替 GB/T 15390—1994。

本标准与 GB/T 15390—1994 相比,主要技术变化如下:

——将原标准中的术语“极限拉伸载荷”改为“抗拉强度”、“测量载荷”改为“测量力”、“量柱测量距”改为“跨柱测量距”;

——新增加了 W855 型链条;

——链条的附件形式由原标准的 14 种缩减为 8 种;删除了原标准中的 H1,H2,R1、RR1 和 R2、RR2 型附件以及与他们相对应的图、表和相关条款;

——对有关表中的部分数据进行了圆整,如抗拉强度数据;

——链轮的齿数范围由原来的 6～36 齿改为现在的 5～36 齿;

——齿槽中心分离量从原标准的 $s=(0.10\sim0.15)p$ 改为现在的 $s=0.30p$;

——删除了原标准附录 A 的英制数表内容。

本标准由中国机械工业联合会提出。

本标准由全国链传动标准化技术委员会归口。

本标准负责起草单位:吉林大学(原吉林工业大学)。

本标准参加起草单位:杭州东华链条总厂、江苏双菱链传动有限公司、杭州西林链条制造有限公司、沈阳丰牌链条制造有限责任公司、四平科利佳链条厂、常州市链轮厂、常州市永强链传动有限公司。

本标准主要起草人:孟祥宾。

本标准参加起草人:叶斌、谈光成、戴作挺、夏国利、韩东浩、陈小兴、徐伟芬、王海鸥、张公述、王天刚、王久荣。

本标准由全国链传动标准化技术委员会负责解释。

工程用焊接结构弯板链、附件和链轮

1 范围

本标准规定了用于输送大块或堆积材料的工程用钢制焊接结构弯板链、附件和链轮的技术要求。标准中规定的链条尺寸将保证完整链条和用于维修目的的单个链节的互换性。

本标准适用的链轮齿数为5～36齿。

对符合本标准输送链条的8种类型的附件也作了规定。

2 规范性引用文件

下列文件中的条款通过本标准的引用而成为本标准的条款。凡是注日期的引用文件，其随后所有的修改单(不包括勘误的内容)或修订版均不适用于本标准，然而，鼓励根据本标准达成协议的各方研究是否可使用这些文件的最新版本。凡是不注日期的引用文件，其最新版本适用于本标准。

GB/T 1800.4 极限与配合 标准公差等级和孔、轴的极限偏差表(GB/T 1800.4—1999，eqv ISO 286-2:1988)

3 链条

3.1 概述

链条运行时应使每个链节的窄端向前运动，以减少链条对所输送物料的刮渣。

3.2 术语

链条及其零件的术语见图1和图2。

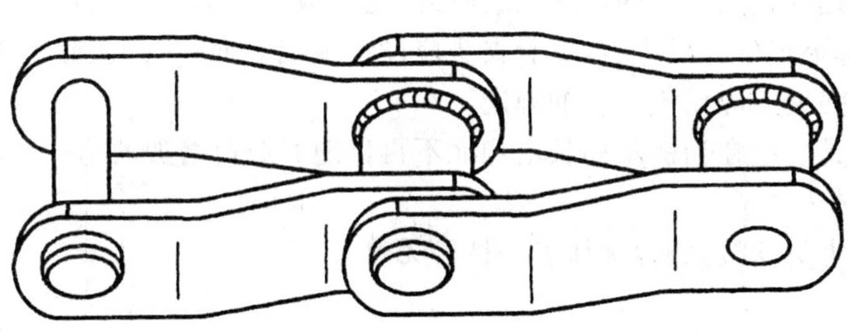

注：图示并不定义弯板链条的实际结构形式。

图1 弯板链节装配图

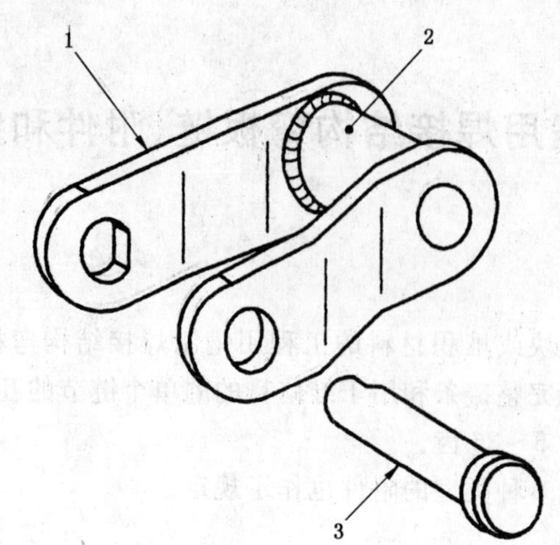

1——弯链板；

2——套筒；

3——连接销轴。

注：图示并不定义弯板链节的实际结构形式。

图 2 典型的弯板链节组成元件

3.3 尺寸

输送链条的尺寸应符合表 1(见图 3)的规定。规定的最大和最小尺寸是为了保证由不同厂家生产的链节具有互换性。尽管规定了用于互换性的极限尺寸，但链条制造商不要把它作为链条制造时的公差极限。

3.4 抗拉强度

3.4.1 最小抗拉强度

最小抗拉强度是当拉力被施加到试件上并按 3.4.2 的规定将其试验至破坏时所应超过的值。

注：最小抗拉强度不是工作载荷，它主要是用于不同结构的链条的比较。对于应用信息，应该向链条制造商咨询或查阅他们发布的数据。

3.4.2 拉伸试验

拉伸载荷应缓慢地施加到链段的两端，试验链段至少应包含有 3 个自由节距。链段的两端应联接到试验机的夹头，为避免产生附加应力，试验夹头应设计成能万向移动，实际的试验方法应留给制造商自由选择。最小抗拉强度不应低于表 1 的规定。

链条破坏被认为是发生在当链条伸长增加而不再伴随着载荷增加的第一点上，即“载荷-拉伸”图的顶点。

若破坏发生在与夹头联接处时，则认为该试验无效。

3.5 链长精度

装配好的链条应在未加润滑或加少许润滑的情况下测量链长；

标准的链条公称测量长度应接近 3 048 mm；

被测链条应在整个长度得到支撑，按表 1 的规定施加测量力；

成品链条的链长精度应为公称链长的 $^{+0.32}_{\ 0}$ %。

要求平行传动的链条应与制造商协议配对装配。

3.6 标识

工程用焊接结构弯板链应按表 1 中给出的标准链号做标识。这些链号源自被其代替的铸造式销合链或钢制工程链，前缀 W 表示链条是焊接式的。

3.7 标记

链条应标记有制造商名称或商标，也应标有表 1 中列出的链号。

链条的标记不应与附件相混淆。

表 1　链条尺寸、测量力和抗拉强度

链号	节距	套筒外径	链节窄端与链轮接触处宽度	连接销轴直径	套筒内径	链条通道高度	链板高度	链板弯部尺寸		链板端部尺寸		链节窄端外宽	链节宽端内宽	止锁端至中心线宽度	锁轴头端至中心线宽度	铆头至中心线宽度	链板厚度	测量力	抗拉强度	
																			热处理销轴	全部热处理
	p^a	d_1 max	b_1 min	d_2 max	d_3 min	h_1 max	h_2 max	l_1 min	l_2 min	l_3 max	l_4 max	b_2 max	b_3 min	b_4 max	b_5 max	b_6 max	c nom		min	min
	mm																	kN		
W78	66.27	22.9	28.4	12.78	12.90	30.0	28.4	16.5	17.0	16.8	16.8	51.0	51.6	45.2	39.6	42.7	6.4	0.90	93	107
W82	78.10	31.5	31.8	14.35	14.48	33.5	31.8	19.8	21.1	19.6	20.8	57.4	57.9	48.3	41.7	45.2	6.4	1.33	100	131
W106	152.40	37.1	41.2	19.13	19.25	39.6	38.1	22.9	27.2	26.4	26.9	71.6	72.1	62.2	56.4	59.4	9.6	1.78	169	224
W110	152.40	32.0	46.7	19.13	19.25	39.6	38.1	22.9	27.2	26.4	26.9	76.5	77.0	62.2	54.9	59.4	9.6	1.33	169	224
W111	120.90	37.1	57.2	19.13	19.25	39.6	38.1	22.9	27.2	22.6	26.9	85.6	86.4	69.8	63.5	64.3	9.6	1.78	169	224
W124	101.60	37.1	41.2	19.13	19.25	39.6	38.1	22.9	27.2	22.6	26.9	71.6	72.1	62.0	56.4	59.4	9.6	1.78	169	224
W124H	103.20	41.7	41.2	22.30	22.43	52.3	50.8	28.2	30.5	27.9	30.2	76.5	77.0	70.6	62.5	65.8	12.7	3.11	275	355
W132	153.67	44.7	69.85	25.48	25.60	52.3	50.8	30.0	30.5	30.0	30.2	111.8	112.3	88.1	79.2	83.3	12.7	3.11	275	378
W855	153.67	44.7	69.85	28.57	28.78	65.0	63.5	37.1	38.1	36.5	37.8	118.64	118.87	94.5	84.8	88.9	15.87	4.44	—	552

[a] 节距 p 是一理论参考尺寸，用于链长和链轮尺寸的计算，不用作测量单个链节。

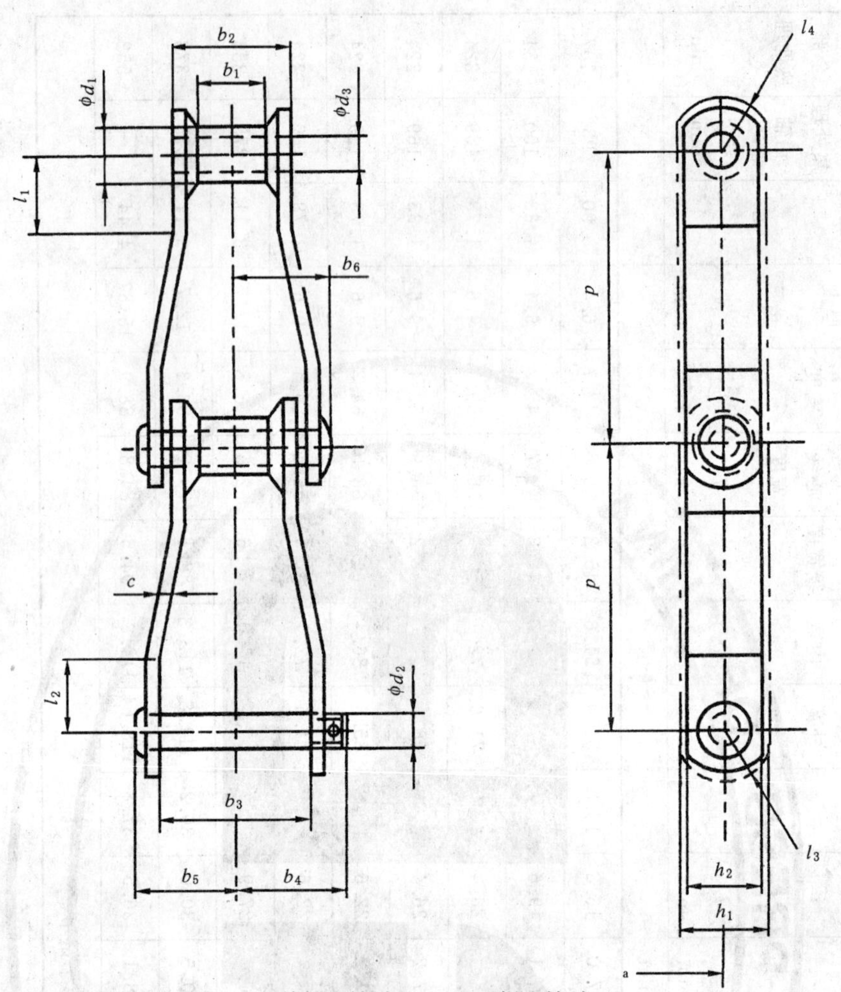

注 1：连接链节的总宽为：铆接时 b_5+b_6；单侧止锁时 b_4+b_5；双侧止锁时 $2b_4$。

注 2：在弯链板上，在 l_1 和 l_2 区间所标注的尺寸区域是直线。

注 3：图示并不定义弯板链节的实际结构形式。

[a] 节线。

图 3　关于表 1 的链条尺寸和符号

4　附件

4.1　附件类型

本标准规定了 8 种附件形式，他们是：A1，A2，A22，F2，F4，K1，K2 和 W1 型，描述如下：

——A1，A2 和 A22 型：将带有安装孔的附板平行于链节节距中心线安装在链节的一侧链板弯部上，见图 4～图 6；

——F2 和 F4 型：将带有安装孔的角钢安装在链节两侧的链板弯部上，见图 7 和图 8；

——K1 和 K2 型：将带有安装孔的附件板装在链节两侧的链板弯部处，且与链节节距线平行，见图 9和图 10；

——W1 型：在链节的每块弯链板的外侧面上装一角钢，见图 11 。

4.2　尺寸

各种类型附件的尺寸规定在表 2～表 9 中。

注：附件的实际型式也可由链条制造商自由选择。

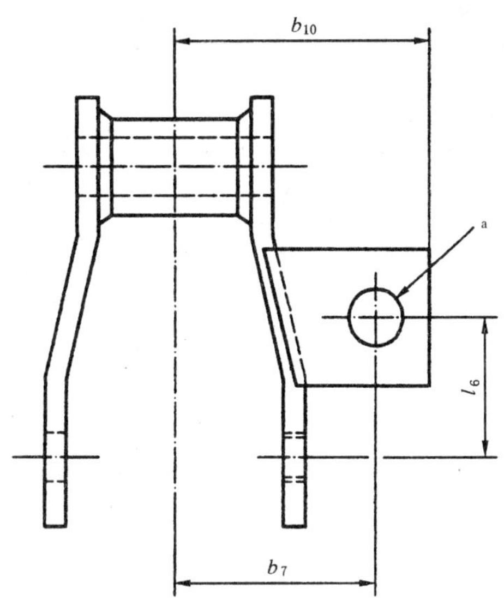

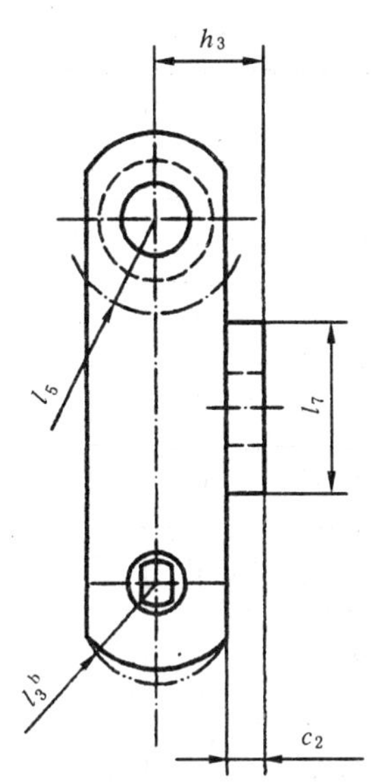

a 与直径为 d_4 的螺栓相配的孔。

b l_3 尺寸见表 1。

图 4　A1 型附件

表 2　A1 型附件的尺寸

单位为毫米

链号	b_7	l_6	l_7 max	h_3 max	b_{10} max	c_2	l_5	螺栓直径 d_4 [a]
W78	50.8	31.8	36.6	22.4	65.0	6.4	16.8	9.7
W82	53.3	38.1	46.0	23.9	71.4	6.4	20.3	9.7

a 对于规定的螺栓直径,实际孔径应留有适量的间隙。

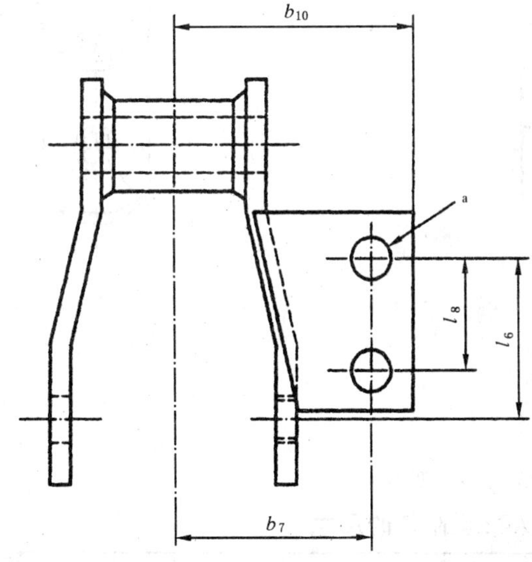

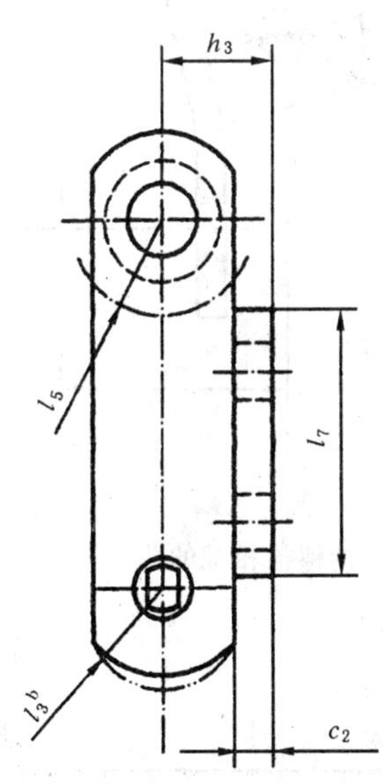

a 与直径为 d_4 的螺栓相配的孔。

b l_3 尺寸见表 1。

图 5　A2 型附件

表 3 A2 型附件的尺寸

单位为毫米

链号	b_7	l_6	l_7 max	l_8	h_3 max	b_{10} max	c_2	l_5	螺栓直径 d_4[a]
W78	50.8	38.9	52.3	28.4	22.4	65.0	6.4	16.8	9.7
W82	54.1	52.3	62.0	33.3	23.9	71.4	6.4	20.3	9.7
W110	67.6	98.6	84.1	44.4	30.0	84.1	9.7	23.1	9.7
W111	79.5	89.9	90.4	58.7	30.0	96.8	9.7	23.1	12.7
W124	66.8	71.4	77.7	49.3	30.0	90.4	9.7	23.1	9.7
W124H	66.8	73.2	80.8	49.3	39.6	82.8	12.7	28.4	12.7
W132	95.2	111.3	106.2	69.8	39.6	117.3	12.7	30.2	12.7

a 对于规定的螺栓直径，实际孔径应留有适量的间隙。

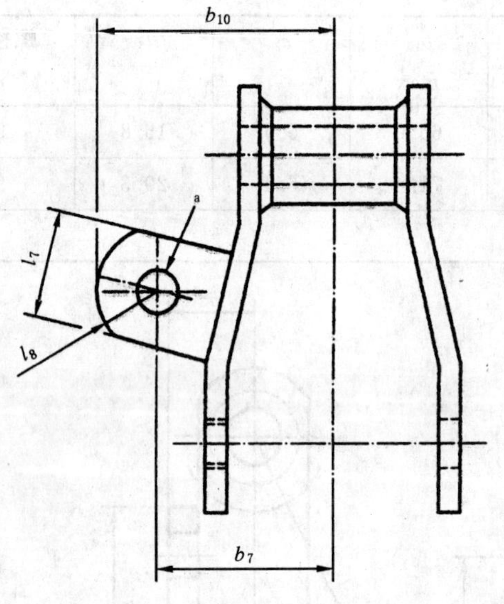

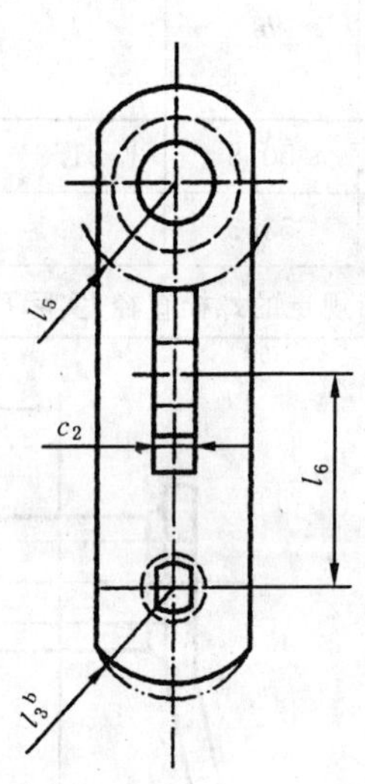

a 与直径为 d_4 的螺栓相配的孔。

b l_3 尺寸见表 1。

图 6 A22 型附件

表 4 A22 型附件的尺寸

单位为毫米

链号	b_7	l_6	l_7 max	l_8 max	b_{10} max	c_2	l_5	螺栓直径 d_4[a]
W78	47.8	33.3	30.0	18.3	65.0	9.7	16.8	9.7

a 对于规定的螺栓直径，实际孔径应留有适量的间隙。

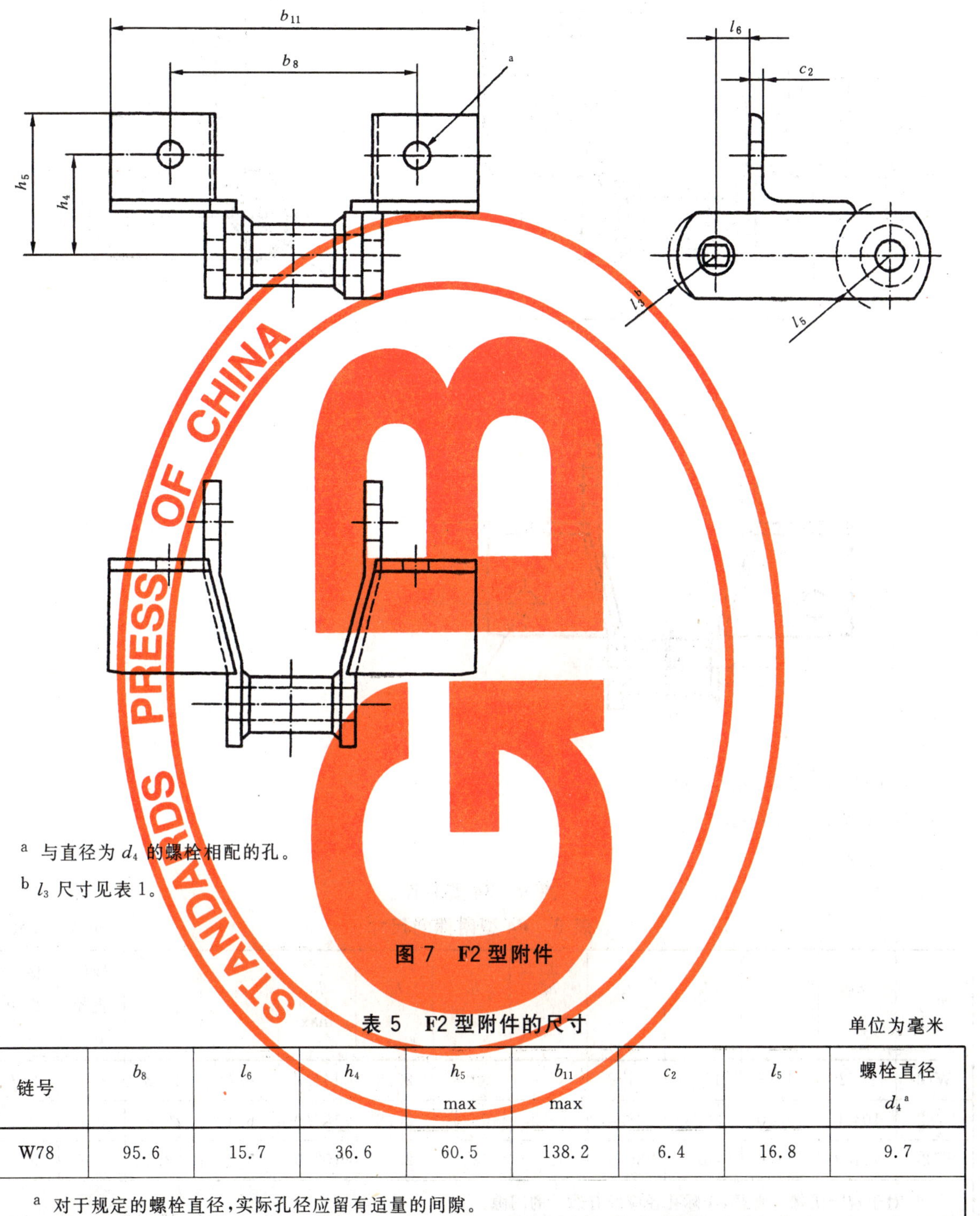

a 与直径为 d_4 的螺栓相配的孔。

b l_3 尺寸见表 1。

图 7　F2 型附件

表 5　F2 型附件的尺寸

单位为毫米

链号	b_8	l_6	h_4	h_5 max	b_{11} max	c_2	l_5	螺栓直径 d_4 [a]
W78	95.6	15.7	36.6	60.5	138.2	6.4	16.8	9.7
a 对于规定的螺栓直径，实际孔径应留有适量的间隙。								

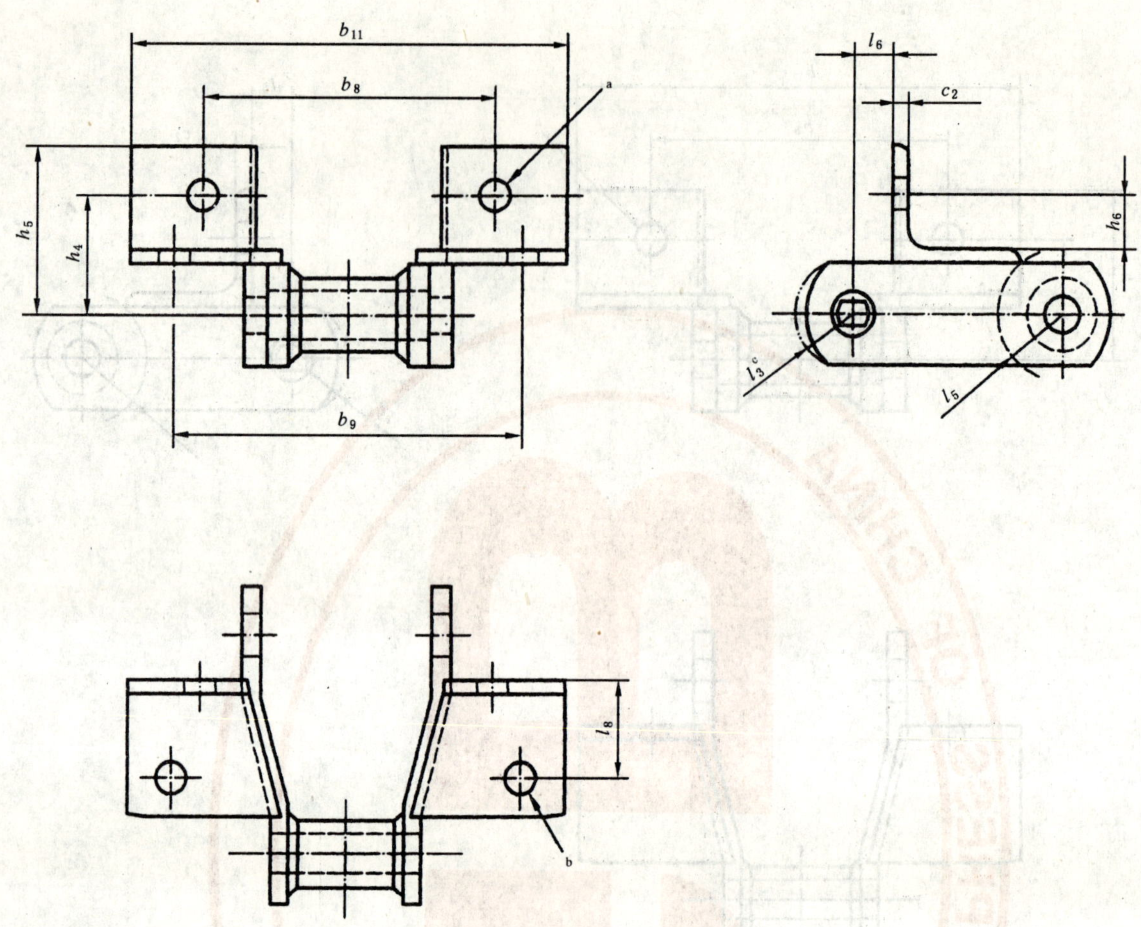

a 与直径为 d_4 的螺栓相配的孔。

b 与直径为 d_5 的螺栓相配的孔。

c l_3 尺寸见表 1。

图 8　F4 型附件

表 6　F4 型附件的尺寸

单位为毫米

链号	b_8	b_9	l_6	l_8	h_4	h_5 max	h_6	b_{11} max	c_2	l_5	螺栓直径 d_4[a]	螺栓直径 d_5[a]
W78	95.2	114.3	17.3	31.8	44.4	60.5	23.8	141.2	6.4	16.8	9.7	9.7
W82	104.6	127.0	20.6	28.4	46.2	62.5	23.8	150.9	6.4	20.3	9.7	9.7
W124	111.3	133.6	22.4	36.6	52.3	73.2	23.6	157.0	9.7	23.1	9.7	9.7

a 对于规定的螺栓直径,实际孔径应留有适量的间隙。

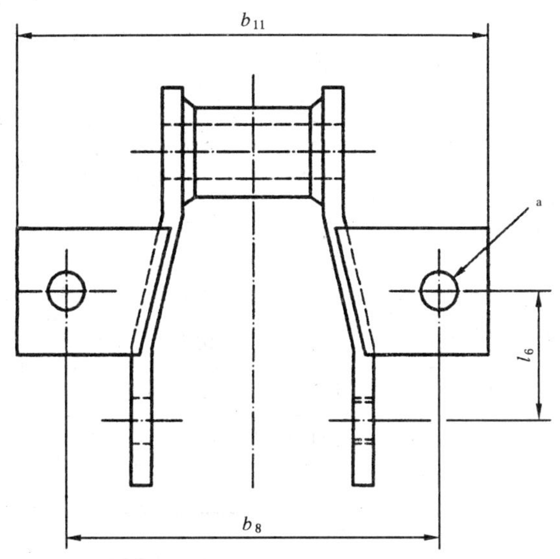

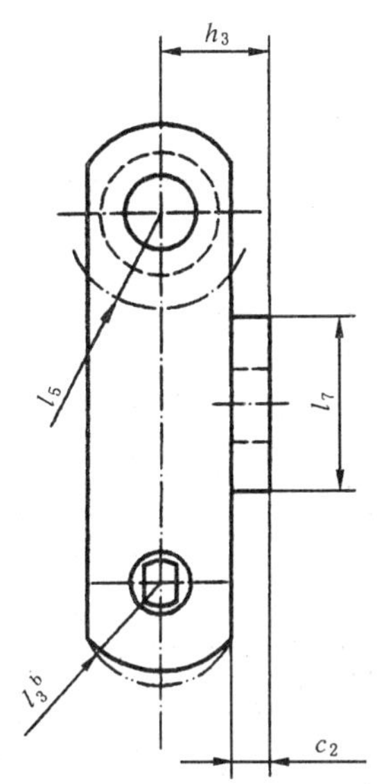

a 与直径为 d_4 的螺栓相配的孔。

b l_3 尺寸见表 1。

图 9　K1 型附件

表 7　K1 型附件的尺寸

单位为毫米

链号	b_8	l_6	l_7 max	h_3 max	b_{11} max	c_2	l_5	螺栓直径 d_4[a]
W78	101.6	31.8	36.6	22.4	130.0	6.4	16.8	9.7
W82	106.7	38.1	46.0	23.9	142.7	6.4	20.3	9.7
a 对于规定的螺栓直径，实际孔径应留有适量的间隙。								

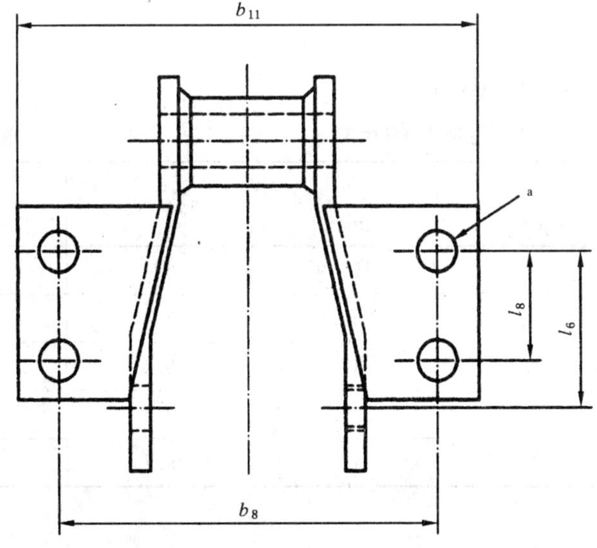

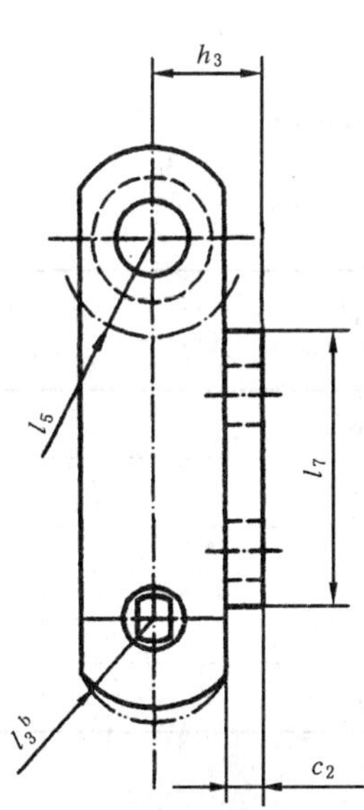

a 与直径为 d_4 的螺栓相配的孔。

b l_3 尺寸见表 1。

图 10　K2 型附件

表 8 K2 型附件的尺寸

单位为毫米

链号	b_8	l_6	l_7 max	l_8	h_3 max	b_{11} max	c_2	l_5	螺栓直径 d_4[a]
W78	101.6	38.9	52.3	28.4	22.4	130.0	6.4	16.8	9.7
W82	108.2	52.3	62.0	33.3	23.9	142.7	6.4	20.3	9.7
W110	135.1	98.6	84.1	44.4	30.0	168.1	9.7	23.1	9.7
W111	159.0	89.9	90.4	58.7	30.0	193.5	9.7	23.1	12.7
W124	133.6	71.4	77.7	49.3	30.0	180.8	9.7	23.1	9.7
W124H	133.6	73.2	80.8	49.3	39.6	165.6	12.7	28.4	12.7
W132	190.5	111.3	106.2	69.8	39.6	234.7	12.7	30.2	12.7

[a] 对于规定的螺栓直径，实际孔径应留有适量的间隙。

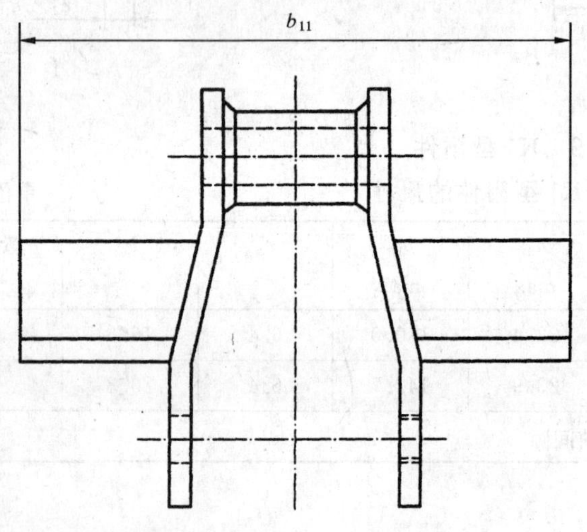

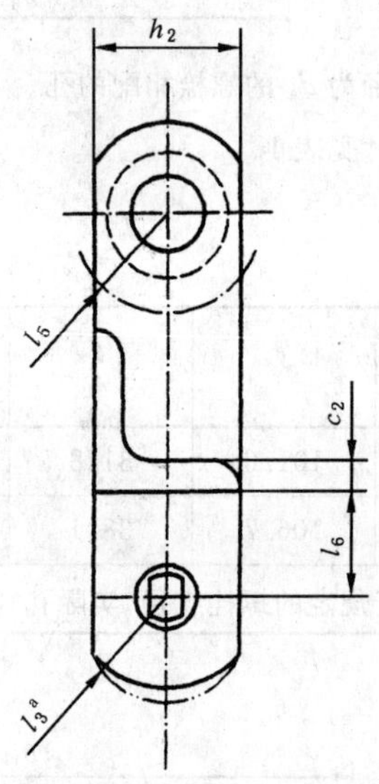

[a] l_3 尺寸见表 1。

图 11 W1 型附件

表 9 W1 型附件的尺寸

单位为毫米

链号	l_6	h_2 max	b_{11} max	c_2	l_5
W78	19.1	26.9	153.9	6.4	16.8
W82	23.9	33.3	166.6	6.4	20.3
W124	30.0	39.6	217.4	6.4	23.1
W124H	35.1	52.3	217.4	9.7	28.4
W132	38.1	52.3	316.0	9.7	30.2

5 链轮

5.1 直径尺寸

5.1.1 概况

链轮的直径尺寸见图 12，详细规定见 5.1.2～5.1.6。

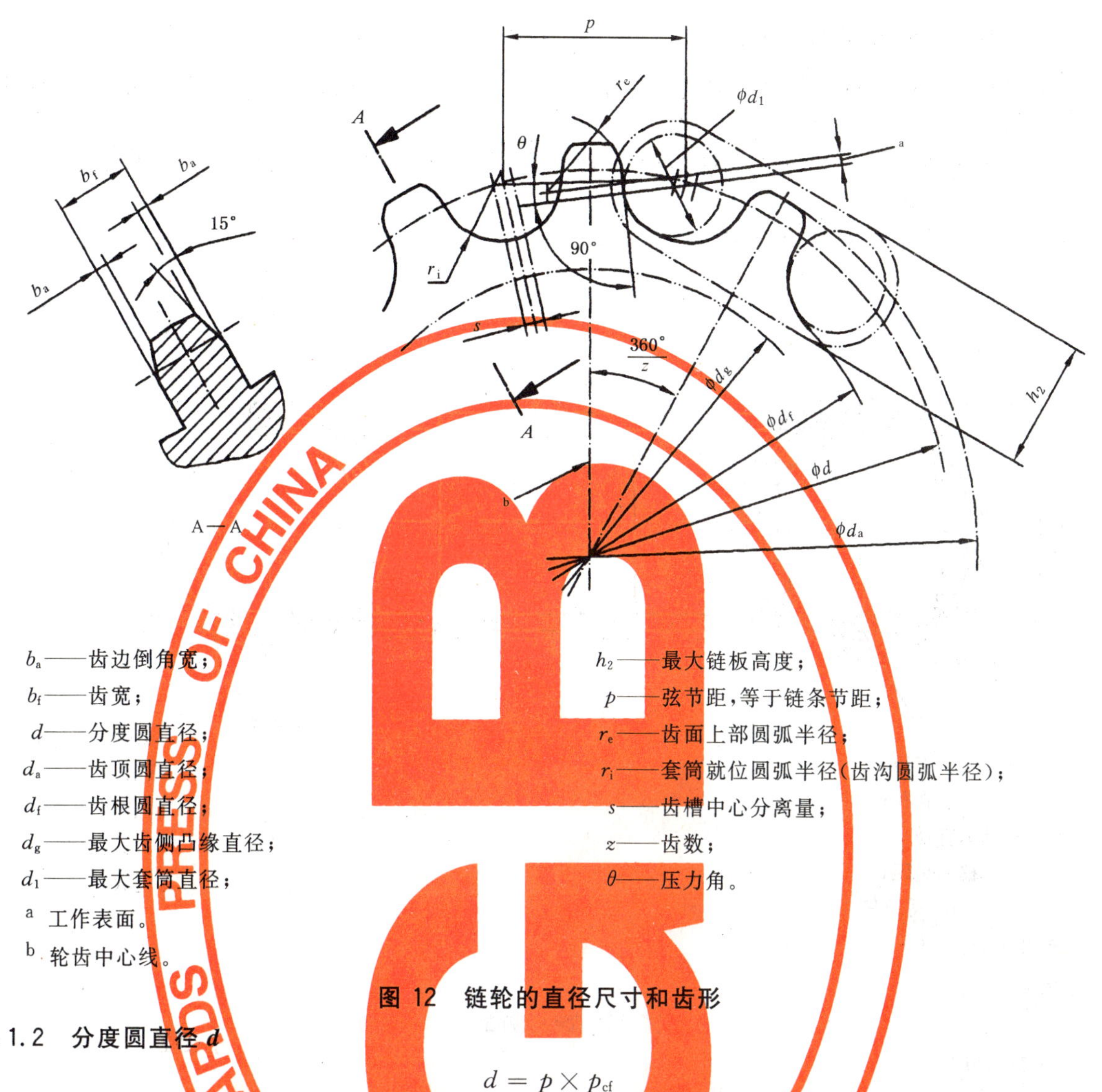

b_a——齿边倒角宽；
b_f——齿宽；
d——分度圆直径；
d_a——齿顶圆直径；
d_f——齿根圆直径；
d_g——最大齿侧凸缘直径；
d_1——最大套筒直径；
h_2——最大链板高度；
p——弦节距，等于链条节距；
r_e——齿面上部圆弧半径；
r_i——套筒就位圆弧半径(齿沟圆弧半径)；
s——齿槽中心分离量；
z——齿数；
θ——压力角。

a 工作表面。
b 轮齿中心线。

图 12 链轮的直径尺寸和齿形

5.1.2 分度圆直径 d

$$d = p \times p_{cf}$$

式中：p_{cf}是分度圆直径系数，它是齿数的函数，利用 5.2.4 中的公式和表 10 计算。

5.1.3 齿顶圆直径 d_a

$$d_a = (p \times d_{gf}) + h_2$$

式中：d_{gf}是齿侧凸缘直径系数，它是齿数的函数，利用 5.2.5 中的公式和表 10 计算。

当链条的顶端与板条、抖动板以及提斗等留有间隙时，齿顶圆直径就可增加至全齿高。

5.1.4 量柱直径 d_R

$$d_R = d_1$$

式中：d_1 是套筒直径，见表 1 规定。

5.1.5 齿根圆直径 d_f

$$d_{f\,max} = (p \times p_{cf}) - d_1$$

注：如果齿根圆直径超出了用此公式计算得到的最大值，则链条和链轮不能实现正确啮合，并导致链条过载。

5.1.6 跨柱测量距 M_R

跨柱测量距测量方法见图 13。

对于偶数齿的链轮，跨柱测量距 $M_R = d + d_{Rmin}$。

对于奇数齿的链轮，跨柱测量距 $M_R = d\cos\left(\frac{90^\circ}{z}\right) + d_{Rmin}$。

对于偶数齿的链轮，测量方法是把与链轮相配的两个量柱放在链轮直径方向上相对应的两个齿槽中进行测量；

对于奇数齿的链轮，测量方法是把与链轮相配的两个量柱放在最接近于链轮直径方向上相对应的两个齿槽中进行测量。

测量过程中，量柱应该总是接触链轮对应轮齿的齿根。

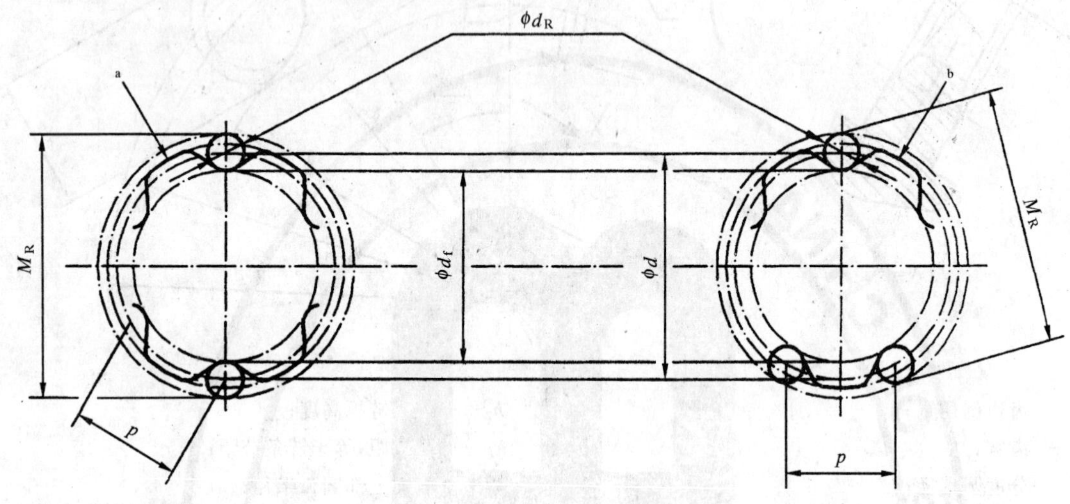

d——分度圆直径；

d_f——齿根圆直径；

d_R——量柱直径；

M_R——量柱测量距；

p——弦节距，等于链条节距。

[a] 偶数齿的链轮。

[b] 奇数齿的链轮。

图 13 跨柱测量距

5.2 齿槽形状

5.2.1 概况

齿槽形状应由轮齿顶部圆弧半径 r_e、工作面长度和套筒就位圆弧半径 r_i 经圆滑连接组成。

5.2.2 工作面

工作面是齿面的功能部分，工作面长度不应超过经相邻节点所作齿面的垂线之外。

工作面长度等于：$0.01p \times z$。

注：提供的工作面长度可以容纳近似 6%的链条磨损伸长量。

5.2.3 压力角 θ

压力角是由链节的节距线与链轮工作面和套筒接触点的法线之间形成的夹角。在工作表面任何接触点的压力角应与表 10 一致。

5.2.4 分度圆直径系数 p_{cf}

$$p_{cf} = \csc\left(\frac{180^\circ}{z}\right)$$

p_{cf}值可从表 10 查找。

5.2.5 齿侧凸缘直径系数 d_{gf}

$$d_{gf} = \cot\left(\frac{180^\circ}{z}\right)$$

d_{gf}值可从表 10 查找。

表 10　分度圆直径系数、齿侧凸缘直径系数和压力角

齿数 z	分度圆直径系数 p_{cf}	齿侧凸缘直径系数 d_{gf}	压力角 θ/(°)	齿数 z	分度圆直径系数 p_{cf}	齿侧凸缘直径系数 d_{gf}	压力角 θ/(°)
6	2.000	1.73	9	21	6.709	6.63	22
7	2.304	2.07	10	22	7.026	6.95	22
8	2.613	2.41	11	23	7.343	7.27	22
9	2.923	2.74	12	24	7.661	7.59	23
10	3.236	3.07	13	25	7.978	7.91	23
11	3.549	3.40	14	26	8.296	8.23	23
12	3.863	3.73	15	27	8.613	8.55	23
13	4.178	4.05	16	28	8.931	8.87	24
14	4.494	4.38	17	29	9.294	9.19	24
15	4.809	4.70	18	30	9.566	9.51	24
16	5.125	5.03	19	31	9.884	9.83	24
17	5.442	5.35	20	32	10.202	10.15	24
18	5.758	5.67	20	33	10.520	10.47	25
19	6.075	5.99	21	34	10.837	10.79	25
20	6.392	6.31	21	35	11.156	11.11	25
				36	11.473	11.43	25

5.2.6　齿槽中心分离量 s

$$s = 0.30p$$

5.2.7　套筒就位圆弧半径 r_i

$$r_{i\,max} = 0.5d_1$$

5.2.8　齿面上部圆弧半径 r_e

$$r_e = 0.5p$$

5.3　剖面齿廓

5.3.1　齿宽 b_f

$$b_{f\,max} = 0.95b_1$$

b_1 值见表 1。

5.3.2　齿边倒角宽 b_a

$$b_a = 0.12b_f$$

b_a 值不应超过 9.6 mm。

5.3.3　最大齿侧凸缘直径 d_g

$$d_g = p(d_{gf} - 0.05) - h_2$$

注：若超出了此圆限定的直径，则轮毂、轮缘、筋板或肋板将会与链板发生干涉。

5.4　公差

5.4.1　径向圆跳动

在轴孔和齿根圆之间的径向圆跳动量不应超过表 11 的规定。

5.4.2　端面圆跳动

以轴孔和链轮侧面的平面部分为参考基准的端面圆跳动量不应超过表 11 的规定。

5.4.3　孔公差

除非制造商和用户之间另有协议，否则孔公差应取 GB/T 1800.4 中规定的 H9。

表 11 公差

单位为毫米

分度圆直径 d	径向圆跳动	端面圆跳动
＜305	1.524	2.286
305～609	3.048	3.810
610～914	5.080	5.334
915～1 219	7.620	6.858
1 220～1 524	8.382	8.382
1 525～1 830	9.144	9.906
注：当分度圆直径大于 1 830 mm 时，应向链轮制造商索要数据。		

5.5 标记

建议链轮标记如下内容：

——制造商名称或商标；

——链轮齿数；

——链号(见表 1)。

ICS 83.140.30
G 33

中华人民共和国国家标准

GB 15558.2—2005
代替 GB 15558.2—1995

燃气用埋地聚乙烯(PE)管道系统 第2部分:管件

Buried polyethylene (PE) piping systems for the supply of gaseous fuels— Part 2: Fittings

(ISO 8085-2:2001, Polyethylene fittings for use with polyethylene pipes for the supply of gaseous fuels — Metric series — Specifications—Part 2: Spigot fittings for butt fusion, for socket fusion using heated tools and for use with electrofusion fittings; ISO 8085-3:2001, Polyethylene fittings for use with polyethylene pipes for the supply of gaseous fuels — Metric series — Specifications— Part 3: Electrofusion fittings, MOD)

2005-05-17 发布　　　　2005-12-01 实施

中华人民共和国国家质量监督检验检疫总局
中国国家标准化管理委员会　发布

前　言

GB 15558《燃气用埋地聚乙烯(PE)管道系统》分为三个部分：

—— GB 15558.1—2003《燃气用埋地聚乙烯(PE)管道系统　第1部分：管材》；

—— GB 15558.2—2005《燃气用埋地聚乙烯(PE)管道系统　第2部分：管件》；

—— GB 15558.3《燃气用埋地聚乙烯(PE)管道系统　第3部分：阀门》(该部分正在制定中)。

本部分为GB 15558的第2部分。

本部分5.2、5.5、8.2和第9章为强制性的，其余为推荐性的。

本部分修改采用ISO 8085-2:2001《与燃气用聚乙烯管材配套使用的聚乙烯管件——公制系列——规范——第2部分：用于热熔对接、使用加热工具承插熔接及电熔管件连接的插口管件》(英文版)，包括其修正案(ISO 8085-2-Amd 1:2001)；以及ISO 8085-3:2001《与燃气用聚乙烯管材配套使用的聚乙烯管件——公制系列——规范——第3部分：电熔管件》(英文版)。

本部分根据ISO 8085-2:2001和ISO 8085-3:2001重新起草。在附录A中列出了本部分章条编号与ISO 8085-2:2001和ISO 8085-3:2001两部分章条编号的对照一览表。

考虑到我国国情，在采用ISO 8085-2:2001和ISO 8085-3:2001时，本部分做了一些编辑性修改。有关技术性差异已编入正文中并在它们所涉及的条款的页边空白处用垂直单线标识，在附录B中给出了这些技术性差异及其原因的一览表以供参考。

GB 15558的本部分自实施之日起，原GB 15558.2—1995《燃气用埋地聚乙烯管件》同时废止。

GB 15558的本部分与GB 15558.2—1995相比，从结构和管件尺寸范围以及技术要求都有了很大变化，主要变化如下：

—— 增加了定义一章(见第3章)；

—— 增加了符号一章(见第4章)；

—— 材料的要求按照GB 15558.1—2003的规定(见第5章)；

—— 增加了对管件的一般要求(见第6章)；

—— 对产品的分类与GB 15558.2—1995不同(见第1章)；删除了热熔承插连接方式及有关内容(见1995年版的6.6)；

—— 管件规格尺寸从250 mm扩大到了630 mm；管件的尺寸要求按照国际标准的规定(见7.2)；

—— 增加了对电熔管件壁厚的要求(见7.3)；

—— 管件的力学性能中增加了插口管件对接熔接拉伸强度，电熔承口管件的熔接强度，电熔鞍形管件的冲击性能和压力降的测试(见第8章)；

—— 删除了管件性能要求中的加热伸缩的要求(1995年版的5.4表2)；

—— 管件的物理性能中增加了熔体质量流动速率的性能要求(见第9章)；

—— 增加了技术文件一章(见第12章)；

—— 增加了标志一章，对标志内容及熔接系统识别做了规定(见第13章)；

—— 删除了附录“组合件试验系统示意图”(1995年版的附录A)；

—— 删除了附录“燃气用埋地聚乙烯管件的形状和尺寸”(1995年版的附录B)；

—— 增加了资料性附录“本部分章条编号与ISO 8085-2:2001和ISO 8085-3:2001章条编号对照”(见附录A)；

—— 增加了资料性附录“本部分与ISO 8085-2:2001和ISO 8085-3:2001技术性差异及其原因”(见附录B)；

—— 增加了资料性附录“电熔管件典型接线端示例”(见附录C)；

—— 增加了规范性附录“气体流量-压力降关系的测定”(见附录D)。

本部分的附录D为规范性附录，附录A、附录B、附录C为资料性附录。

请注意本部分的某些内容有可能涉及专利。本部分的发布机构不应承担识别这些专利的责任。

本部分由中国轻工业联合会提出。

本部分由全国塑料制品标准化技术委员会塑料管材、管件及阀门分技术委员会(TC48/SC3)归口。

本部分由亚大塑料制品有限公司负责起草，港华辉信工程塑料(中山)有限公司、宁波宇华电器有限公司、浙江中财管道科技股份有限公司参加起草。

本部分主要起草人：马洲、王志伟、何健文、孙兆儿、丁良玉。

本部分所代替标准的历次版本发布情况为：

—— GB 15558.2—1995。

燃气用埋地聚乙烯(PE)管道系统 第2部分:管件

1 范围

GB 15558的本部分规定了燃气用埋地聚乙烯管件(以下简称"管件")的定义、符号、材料、一般要求、几何尺寸、力学性能、物理性能、试验方法、检验规则、技术文件、标志和标签,以及包装、运输、贮存。

本部分适用于PE 80和PE 100材料制造的燃气用埋地聚乙烯管件。

本部分规定的管件与GB 15558.1—2003《燃气用埋地聚乙烯(PE)管道系统 第1部分:管材》规定的管材配套使用。

本部分适用于下列连接方式的管件:

——热熔对接及电熔连接的插口管件;

——电熔管件:

a) 电熔承口管件;

b) 电熔鞍形管件。

注:管件可以是套筒、等径或变径三通、变径、弯头或端帽等。

本部分不适用于利用加热工具的热熔承插连接的管件。

在输送人工煤气和液化石油气时,应考虑燃气中存在的其他组分(如芳香烃、冷凝液等)在一定浓度下对管件性能产生的不利影响。

2 规范性引用文件

下列文件中的条款通过GB 15558的本部分的引用而成为本部分的条款。凡是注日期的引用文件,其随后所有的修改单(不包括勘误的内容)或修订版均不适用于本部分,然而,鼓励根据本部分达成协议的各方研究是否可使用这些文件的最新版本。凡是不注日期的引用文件,其最新版本适用于本部分。

GB/T 2828.1—2003 计数抽样检验程序 第1部分:按接收质量限(AQL)检索的逐批检验抽样计划(ISO 2859-1:1999,IDT)

GB/T 2918—1998 塑料试样状态调节和试验的标准环境(idt ISO 291:1997)

GB/T 3682—2000 热塑性塑料熔体质量流动速率和熔体体积流动速率的测定(idt ISO 1133:1997)

GB/T 6111—2003 流体输送用热塑性塑料管材 耐内压试验方法(ISO 1167:1996,IDT)

GB/T 8806 塑料管材尺寸测量方法(GB/T 8806—1988,eqv ISO 3126:1974)

GB 15558.1—2003 燃气用埋地聚乙烯(PE)管道系统 第1部分:管材(ISO 4437:1997,MOD)

GB/T 17391—1998 聚乙烯管材与管件热稳定性试验方法(eqv ISO/TR 10837:1991)

GB/T 18252—2000 塑料管道系统 用外推法对热塑性塑料管材长期静液压强度的测定

GB/T 18475—2001 热塑性塑料压力管材和管件用材料分级和命名 总体使用(设计)系数(eqv ISO 12162:1995)

GB/T 19278—2003 热塑性塑料管材、管件及阀门 通用术语及其定义

GB/T 19810 聚乙烯(PE)管材和管件 热熔对接接头拉伸强度和破坏形式的测定(GB/T 19810—2005,ISO 13953:2001,IDT)

GB/T 19808 塑料管材和管件 公称外径大于或等于90 mm的聚乙烯电熔组件的拉伸剥离试验(GB/T 19808—2005,ISO 13954:1997,IDT)

GB/T 19809　塑料管材和管件　聚乙烯(PE)管材/管材或管材/管件热熔对接组件的制备(GB/T 19809—2005,ISO 11414:1996,IDT)

GB/T 19806　塑料管材和管件　聚乙烯电熔组件的挤压剥离试验(GB/T 19806—2005,ISO 13955:1997,IDT)

GB/T 19712—2005　塑料管材和管件　聚乙烯(PE)鞍形旁通　抗冲击试验方法(ISO 13957:1997,IDT)

HG/T 3092—1997　燃气输送管及配件用密封圈橡胶材料(idt ISO 6447:1983)

3　定义

GB 15558.1—2003 及 GB/T 19278—2003 与下面的定义、符号和缩略语适用于 GB 15558 的本部分。

3.1　几何定义

3.1.1

管件的公称直径(d_n)　nominal diameter of a fitting

与管件配套使用的管材系列的公称外径。

3.1.2

管件的公称壁厚(e_n)　nominal wall thickness of a fitting

与管件配套使用的管材系列的公称壁厚。

3.1.3

平均内径　mean inside diameter

在同一径向截面上以相互垂直的角度测量的至少两个内径的算术平均值。

3.1.4

承口的不圆度　out-of-roundness of a socket

在平行于承口口部平面的同一平面内,测得的承口最大内径减去承口最小内径得到的值。

3.1.5

承口最大不圆度　maximum out-of-roundness of a socket

在从承口口部平面到距承口口部距离为 L_1(设计插入段长度)的平面之间,承口不圆度的最大值。

3.1.6

管件的标准尺寸比(SDR)　standard dimension ratio of a fitting

管件公称直径(d_n)与公称壁厚(e_n)的比。

$$\mathrm{SDR} = \frac{d_n}{e_n} \quad \cdots\cdots(1)$$

3.1.7

管件的壁厚(E)　wall thickness of a fitting

承受由管道系统中燃气压力引起的全应力的管件主体的任一点壁厚。

3.2　插口管件有关定义

3.2.1

插口管件　spigot end fitting

插口端的连接外径等于相应配用管材的公称外径 d_n 的聚乙烯(PE)管件。

3.2.2

管件管状部分的平均外径　mean outside diameter of tubular part of a fitting

管件管状部分任一横截面外周长测量值除以 π 并向上圆整到最近的 0.1 mm。

3.2.3

管件管状部分的不圆度　out-of-roundness of the tubular part of a fitting

在平行于插口端面并且距离该端面距离不超过 L_2(管状部分长度)的同一平面内,所测最大外径与最小外径的差值。

3.3 电熔管件设计的特殊定义

3.3.1

电熔承口管件 electrofusion socket fitting

具有一个或多个组合加热元件，能够将电能转换为热能从而与管材或管件插口端熔接的聚乙烯(PE)管件。

3.3.2

电熔鞍形管件 electrofusion saddle fitting

具有鞍形几何特征及一个或多个组合加热元件，能够将电能转换为热能从而在管材外侧壁上实现熔接的聚乙烯(PE)管件。

3.3.2.1

鞍形旁通 tapping tee

具有辅助开孔分支端及一个可以切透主管材壁的组合切刀的电熔鞍形管件。在安装后切刀仍留在鞍形体内。常用于带压作业。

3.3.2.2

鞍形直通 branch saddle

不具备辅助开孔分支端，通常需要辅助切削工具在连接的主管材上钻孔的电熔鞍形管件。

3.3.3

U-调节(电压调节) U-regulation

在电熔管件熔接过程中，通过电压参数控制能量供给的方式。

3.3.4

I-调节(电流调节) I-regulation

在电熔管件熔接过程中，通过电流参数控制能量供给的方式。

4 符号

4.1 插口管件的尺寸和符号

本部分管件插口端的尺寸和符号见图1：

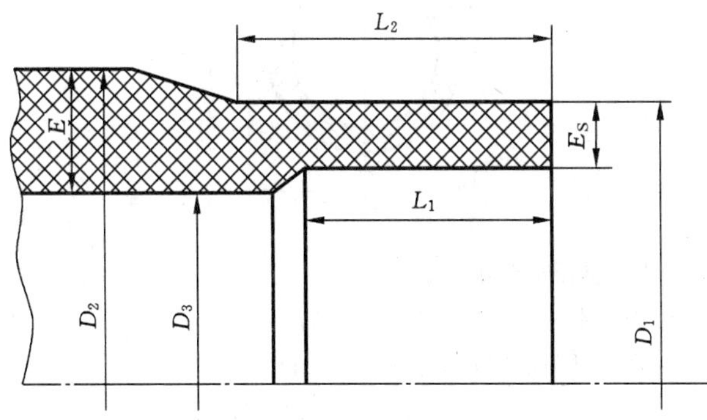

图中：

D_1——熔接段的平均外径，在距离插口端面不大于 L_2、平行于该端口平面的任一截面处测量；

D_2——管件主体的平均外径；

D_3——最小通径，即管件主体最小通流内径，不包括熔接形成的卷边；

E ——任一点测量的管件主体壁厚；

E_S——熔接段的壁厚，在距口部端面距离不超过 L_1(回切长度)的任一断面测量；

L_1——熔接段的回切长度，即用于热熔对接或电熔连接所必需的初始深度；

L_2——熔接段管状部分的长度。

图1 管件插口端示意图

4.2 电熔管件的尺寸和符号

4.2.1 电熔承口管件的符号

本部分电熔管件承口端的尺寸和主要符号见图 2：

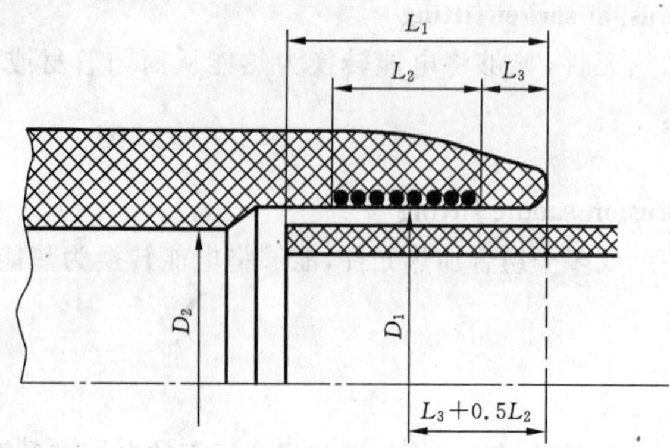

图中：

D_1——距离口部端面 $L_3+0.5L_2$ 处测量的熔融区的平均内径；

D_2——最小通径，即管件主体最小通流内径；

L_1——管材的插入长度或插口管件插入段的长度；

L_2——承口内部的熔区长度，即熔融区的标称长度；

L_3——管件承口口部非加热长度，即管件口部与熔接区域开始处之间的距离。

图 2 管件承口端示意图

4.2.2 电熔鞍形旁通的符号

鞍形旁通使用的主要符号见图 3：

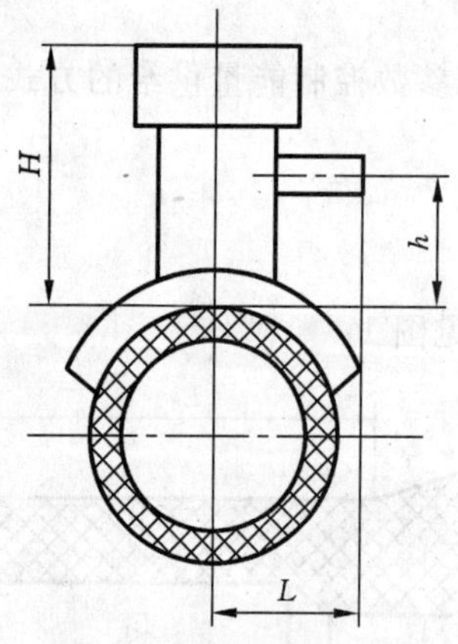

图中：

h——出口管材的高度，即主体管材顶部到出口管材轴线的距离；

L——鞍形旁通的宽度，即主体管材轴线到出口管材端口的距离；

H——鞍形旁通的高度，即主体管材顶部到鞍形旁通顶部的距离。

图 3 鞍形旁通示意图

5 材料

5.1 总则

管件制造商使用的材料涉及的技术数据应符合 GB 15558.1—2003 中 4.5 的规定。

所选材料的任何改变，影响到管件性能时，应按照第 8 章的要求进行验证。

5.2 混配料

制造管件应使用聚乙烯混配料。混配料中仅添加有对于符合本部分管件的生产和最终使用及熔接连接所必要的添加剂。所有添加剂应分散均匀。添加剂不应对熔接性能有负面影响。

5.3 回用料

按本部分要求生产管件时，产生的本厂洁净回用料，可以少量掺入同种新料中使用，所生产的管件应符合本部分的要求。

5.4 混配料性能

混配料应符合 GB 15558.1—2003 中 4.5 的要求。

5.5 分级

聚乙烯混配料应按照 GB/T 18252—2000(或 ISO 9080:2003)确定材料与 20℃、50 年、预测概率 97.5%相应的静液压强度 σ_{LCL}。并应按照 GB/T 18475—2001 进行分级，见表 1。混配料制造商应提供相应的级别证明。

表 1 聚乙烯混配料的分级

命名	σ_{LCL}(20℃,50 年,97.5%)/MPa	MRS/MPa
PE 80	$8.00 \leqslant \sigma_{LCL} \leqslant 9.99$	8.0
PE 100	$10.00 \leqslant \sigma_{LCL} \leqslant 11.19$	10.0

5.6 熔接性

管件制造商应保证管件与符合 GB 15558.1—2003 的管材的熔接性符合第 8 章要求。

5.7 非聚乙烯部分的材料

5.7.1 总则

所有的材料应符合相应的国家标准或行业标准，系统的各种组件都应考虑系统适用性。

制造管件的所有材料(包括橡胶圈、油脂和可能用到的任何金属部分)应像管道系统中其他部件一样耐内、外部环境，在同等的条件下的使用寿命至少与符合 GB 15558 的管道系统相同，并与它们一起适用于以下状况：

a) 贮存期内；

b) 与输送的燃气接触；

c) 处于运行条件下的工作环境。

与 PE 管材接触的非 PE 管件材料不应引发裂纹或对管材性能有负面影响。

5.7.2 金属材料

管件所使用易腐蚀金属部分应充分防护。当使用不同的金属材料并可能与水分接触时，应采取措施防止电化学腐蚀。所有金属部分的质量和等级应符合相关的现行国家标准、行业标准或规范。

5.7.3 弹性密封件

弹性密封件材料应符合 HG/T 3092—1997 的规定。

也可使用其他符合要求的密封材料用于燃气输送。

5.7.4 其他材料

油脂或润滑剂不应渗出到熔接区，不应影响管件材料的长期性能。

使用符合 5.7.1 的其他材料时，包含这些材料的管件应符合本部分的要求。

6 一般要求

6.1 颜色

聚乙烯管件的颜色为黑色或黄色。

6.2 外观

管件内外表面应清洁、光滑，不应有缩孔(坑)、明显的划痕和可能影响符合 GB 15558 本部分要求的其他表面缺陷。

6.3 多方式连接的管件

如果电熔管件中同时具有一个或多个插口端，或者插口管件同时具有电熔承口端，它们应分别符合本部分的相关要求。

6.4 工厂预制接头的外观

肉眼观察，预制接头的内外表面应没有熔融物溢出管件，管件制造商声明可接受的除外。

当按照制造商的说明连接电熔管件时，任何溢出不应引起电阻线移动从而造成管件短路。连接管材的内表面不应有明显的变形。

6.5 电熔管件设计

电熔管件的设计应确保当管件与管材或其他管件装配时，电阻线和/或密封件不移位。

6.6 电熔管件的电性能

电熔管件应根据工作时的电压和电流及电源特性设置相应的电气保护措施。

对于电压高于 25 V 的情况，当按照管件制造商和熔接设备制造商的规程进行操作时，在熔接过程中应确保人无法直接接触到带电部分。

在 23℃下，电熔管件的电阻应在以下范围内：

最大值：标称值×(1+10%)+0.1 Ω

最小值：标称值×(1−10%)

最大值内+0.1 Ω 是考虑到测量时可能存在接触电阻。

应保证接线柱的表面接触电阻最小。

注：电熔管件的典型的接线端示例见附录 C。

7 几何尺寸

7.1 总则

应在制造完成至少 24 h 后，并状态调节至少 4 h 后按照 GB/T 8806 对管件进行测量。并且不得采用任何支撑方式对熔接端进行复圆。

本部分仅涉及管件和组件，不涉及焊接设备。

管件按照承口、插口或鞍形的公称直径标明尺寸，其公称直径与配套使用管材的公称外径 d_n 相对应。

7.2 管件尺寸

7.2.1 插口管件插口端尺寸

管状部分的平均外径 D_1，不圆度(椭圆度)以及相关公差应符合表 2 的规定。

最小通径 D_3，管状部分 L_2 的最小值和回切长度 L_1 的最小值应符合表 2 的规定。

管状部分的长度 L_2 应满足以下连接要求：

—— 对接熔接时使用夹具的要求；

—— 与电熔管件装配长度的要求；

回切长度 L_1 允许通过熔接一段壁厚等于 E_S 的管段来实现。

表 2 插口管件尺寸和公差

单位为毫米

公称直径 d_n	管件的平均外径			不圆度 max	最小通径 $D_{3_{min}}$	最小回切长度 $L_{1_{min}}$	管状部分的最小长度[a] $L_{2_{min}}$
	$D_{1_{min}}$	$D_{1_{max}}$					
		等级 A[b]	等级 B[b]				
16	16	—	16.3	0.3	9	25	41
20	20	—	20.3	0.3	13	25	41
25	25	—	25.3	0.4	18	25	41

表 2(续)

单位为毫米

公称直径 d_n	管件的平均外径			不圆度 max	最小通径 $D_{3_{min}}$	最小回切长度 $L_{1_{min}}$	管状部分的最小长度[a] $L_{2_{min}}$
	$D_{1_{min}}$	$D_{1_{max}}$					
		等级 A[b]	等级 B[b]				
32	32	—	32.3	0.5	25	25	44
40	40	—	40.4	0.6	31	25	49
50	50	—	50.4	0.8	39	25	55
63	63	—	63.4	0.9	49	25	63
75	75	—	75.5	1.2	59	25	70
90	90	—	90.6	1.4	71	28	79
110	110	—	110.7	1.7	87	32	82
125	125	—	125.8	1.9	99	35	87
140	140	—	140.9	2.1	111	38	92
160	160	—	161.0	2.4	127	42	98
180	180	—	181.1	2.7	143	46	105
200	200	—	201.2	3.0	159	50	112
225	225	—	226.4	3.4	179	55	120
250	250	—	251.5	3.8	199	60	129
280	280	282.6	281.7	4.2	223	75	139
315	315	317.9	316.9	4.8	251	75	150
355	355	358.2	357.2	5.4	283	75	164
400	400	403.6	402.4	6.0	319	75	179
450	450	454.1	452.7	6.8	359	100	195
500	500	504.5	503.0	7.5	399	100	212
560	560	565.0	563.4	8.4	447	100	235
630	630	635.7	633.8	9.5	503	100	255

a 插口管件交货时可以带有一段工厂组装的短的管段或合适的电熔管件。

b 公差等级符合 ISO 11922-1:1997。

7.2.2 电熔管件电熔承口端的尺寸

插入深度 L_1 和熔区的最小长度 L_2 见表 3。表 3 给出电流和电压两种调节方式的 L_1 的值。

除了表 3 中给出的值,应满足以下要求(见图 2):

$L_3 \geqslant 5$ mm

$D_2 \geqslant d_n - 2e_{min}$

e_{min}为符合 GB 15558.1—2003 相应管材的最小壁厚。

管件熔接区域中间的平均内径 D_1 应不小于 d_n。

制造商应声明 D_1 的最大和最小实际值,以便用户确定管件是否与夹具和接头组件匹配。

如果管件具有不同公称直径的承口,每个承口均应符合相应的公称直径的要求。

表 3 电熔管件承口尺寸

单位为毫米

管件的公称直径 d_n	插入深度 L_1			熔区最小长度 $L_{2_{min}}$
	min.		max.	
	电流调节	电压调节		
16	20	25	41	10
20	20	25	41	10
25	20	25	41	10

表 3(续)　　单位为毫米

管件的公称直径 d_n	插入深度 L_1			熔区最小长度 $L_{2_{min}}$
	min.		max.	
	电流调节	电压调节		
32	20	25	44	10
40	20	25	49	10
50	20	28	55	10
63	23	31	63	11
75	25	35	70	12
90	28	40	79	13
110	32	53	82	15
125	35	58	87	16
140	38	62	92	18
160	42	68	98	20
180	46	74	105	21
200	50	80	112	23
225	55	88	120	26
250	73	95	129	33
280	81	104	139	35
315	89	115	150	39
355	99	127	164	42
400	110	140	179	47
450	122	155	195	51
500	135	170	212	56
560	147	188	235	61
630	161	209	255	67

7.3　管件壁厚

7.3.1　插口管件壁厚和配用管材之间的关系

7.3.1.1　配用管材的最小壁厚

配用管材的最小壁厚应符合 GB 15558.1—2003 中 6.3.1 相应 SDR 系列的要求。

7.3.1.2　熔接段的壁厚 E_S

熔接段的壁厚 E_S 应等于 GB 15558.1—2003 相应管材系列的公称壁厚并符合相应公差，允许在距入口端面不大于 $0.01d_n \pm 1$ mm 的轴向长度范围内有壁厚缩减(例如倒角)。

7.3.1.3　插口管件壁厚 E

插口管件及其连接件的壁厚 E 可根据材料强度 MRS(见 5.5)合理确定，应符合第 8 章的性能要求。

管件主体内壁厚的变化应是逐渐的，以避免应力集中。

7.3.2　电熔管件壁厚和配用管材之间的关系

7.3.2.1　总则

在生产符合 GB 15558 本部分要求的管件时，电熔管件壁厚 E 可根据材料强度 MRS(见 5.5 要求)合理确定。

管件及其熔接接头应满足第 8 章规定的力学性能要求。

为了避免应力集中，管件主体壁厚的变化应是渐变的。

7.3.2.2 **管材和电熔管件壁厚之间的关系**

管材与电熔管件壁厚 E 的搭配关系应按下面方式确定：

a) 当管件和配用的管材由相同 MRS 分级的聚乙烯制造时，从距离管件端口 $2L_1/3$ 处开始，管件主体任一处的壁厚应大于或等于相应管材的最小壁厚 e_{min}；

b) 当管件和配用的管材不是由相同 MRS 分级的聚乙烯制造时，应符合表 4。

表 4 管材和管件的壁厚关系

管材和管件材料		管件壁厚(E)和管材壁厚(e_n)的关系
管材	管件	
PE 80	PE 100	$E \geqslant 0.8e_n$
PE 100	PE 80	$E \geqslant e_n/0.8$

7.3.2.3 **电熔管件承口的最大不圆度**

电熔管件的承口最大不圆度应不超过 0.015 d_n。

7.3.2.4 **电熔管件的插口端**

包含插口端分支的电熔管件（例如带插口端分支的电熔等径三通），插口端分支尺寸应符合 7.2.1。

7.3.3 **电熔鞍形管件**

鞍形旁通和鞍形直通的出口如为插口端应符合 7.2.1 要求，如为承口应符合 7.2.2 的要求。

制造商应在其技术文件中规定一般尺寸要求。这些尺寸应包括鞍形管件的最大高度 H，如为鞍形旁通还应包括出口管材高度 h。

7.3.4 **其他尺寸**

其他尺寸及其性能，例如总体尺寸、安装尺寸或相关夹具要求，应符合制造商技术文件的规定。

电熔套筒内部没有限位止口（台阶）或限位件可去除时，管件的尺寸应允许管材能全部穿过管件。

8 力学性能

8.1 总则

使用组合试件测试管件性能时，所用管材应符合 GB 15558.1—2003 的规定。试验组件应按照 GB/T 19809 及制造商说明进行装配。所用设备符合相关标准的要求。

如果变更熔接参数，应保证熔接接头符合 8.2 的性能要求。

8.2 要求

按照表 5 规定的方法及标明的试验参数进行试验，管件-管材组件的力学性能应符合表 5 的要求。

表 5 力学性能

序号	项　目	要　求	试验条件		试验方法
1	20℃静液压强度	无破坏，无渗漏	密封接头 方向 调节时间 试验时间 环应力： PE 80 管材 PE 100 管材 试验温度	a 型 任意 1 h ≥100 h 10 MPa 12.4 MPa 20℃	GB/T 6111—2003 本部分的 10.5

表 5(续)

序号	项　目	要　求	试验条件		试验方法
2	80℃静液压强度[a]	无破坏,无渗漏	密封接头 方向 调节时间 试验时间 环应力: PE 80 管材 PE 100 管材 试验温度	a 型 任意 12 h ≥165 h 4.5 MPa 5.4 MPa 80℃	GB/T 6111—2003 本部分的 10.5
3	80℃静液压强度	无破坏,无渗漏	密封接头 方向 调节时间 试验时间 环应力: PE 80 管材 PE 100 管材 试验温度	a 型 任意 12 h ≥1 000 h 4 MPa 5 MPa 80℃	GB/T 6111—2003 本部分的 10.5
4	对接熔接拉伸强度[b]	试验到破坏为止: 韧性:通过 脆性:未通过	试验温度	23℃±2℃	GB/T 19810
5	电熔管件的熔接强度[c]	剥离脆性破坏百分比≤33.3%	试验温度	23℃	GB/T 19808[c] GB/T 19806[c]
6	冲击性能[d]	无破坏,无泄漏	试验温度 下落高度 落锤质量	0℃ 2 m 2.5 kg	GB/T 19712
7	压力降[d]	在制造商标称的流量下: $d_n \leqslant 63$:$\Delta p \leqslant 0.05 \times 10^{-3}$ MPa $d_n > 63$:$\Delta p \leqslant 0.01 \times 10^{-3}$ MPa	空气流量 试验介质 试验压力	制造商标称 空气 2.5×10^{-3} MPa	附录 D

a　对于(80℃,165 h)静液压试验,仅考虑脆性破坏。如果在规定破坏时间前发生韧性破坏,允许在较低应力下重新进行该试验。重新试验的应力及其最小破坏时间应从表 6 中选择,或从应力-时间关系的曲线上选择。

b　适用于插口管件。

c　仅适用于电熔承口管件。

d　仅适用于鞍形旁通。

表 6　静液压强度(80℃,165 h)—应力-最小破坏时间关系

PE 80		PE 100	
环应力/MPa	最小破坏时间/h	环应力/MPa	最小破坏时间/h
4.5	165	5.4	165
4.4	233	5.3	256
4.3	331	5.2	399
4.2	474	5.1	629
4.1	685	5.0	1 000
4.0	1 000	—	—

在准备试验组件时，应考虑到由于制造公差和装配公差而可能发生的尺寸波动以及在不同的环境温度下的影响因素。

注：建议制造商考虑采用 ISO/TS 10839 中给出的设计、搬运和安装操作规程。

9 物理性能

按照表 7 规定的方法及标明的试验参数进行试验，管件的物理性能应符合表 7 的要求。

表 7 管件的物理性能

序号	项目	单位	要求	试验参数	试验方法
1	氧化诱导时间	min	>20	200℃[a]	GB/T 17391—1998
2	熔体质量流动速率(MFR)	g/10 min	管件的 MFR 变化不应超过制造管件所用混配料的 MFR 的±20%	190℃/5 kg(条件 T)	GB/T 3682—2000
[a] 如果与 200℃的试验结果有明确的修正关系，可以在 210℃进行试验。仲裁时，试验温度应为 200℃。					

10 试验方法

10.1 试样状态调节和试验的标准环境

除非另有规定，应在管件生产至少 24 h 后取样，按照 GB/T 2918—1998 规定，在温度为(23±2)℃下状态调节至少 4 h 后进行试验。

10.2 颜色及外观

用肉眼观察。

10.3 尺寸测量

10.3.1 厚度按 GB/T 8806 的规定测量。

10.3.2 承口内径和管件通径用精度为 0.01 mm 的内径表测量，在图 1 和图 2 规定部位测量两个相互垂直的内径，计算它们的平均值，作为平均内径。

10.3.3 插口外径用 π 尺或精度为 0.02 mm 的游标卡尺进行测量。

10.3.4 不圆度用精度为 0.02 mm 的量具进行测量，试样同一截面的最大内(外)径和最小内(外)径之差即为不圆度。

10.3.5 各部位长度用精度为 0.02 mm 的游标卡尺进行测量。

10.4 电阻测量

管件电阻应使用符合表 8 要求的电阻仪进行测量，有争议的情况下，电阻应在(23±2)℃下测量。

表 8 电阻仪工作特性

范围/Ω	分辨率/mΩ	精度
0～1	1	读数的 2.5%
0～10	10	读数的 2.5%
0～100	100	读数的 2.5%

10.5 静液压强度

10.5.1 管件的静液压强度用管件和管材的组合件进行测试，组合件制备后，在室温下放置至少 24 h，组合件及管材的自由长度 L_0 按下述方式确定：

——组合件中只有一个管件时，密封接头到每个承(插)口的自由长度 L_0 为其公称直径(d_n)的 2 倍；

——组合件含有多个管件时，管件之间管段的自由长度 L_0 为其公称直径(d_n)的 3 倍；

——两密封接头之间的管段自由长度 L_0 最小值为 250 mm，最大值为 1 000 mm。

注：除非另有规定，应使用和试验管件相兼容的最大壁厚系列的管材，但鞍形组件所用管材应为与鞍形管件相兼容的最小壁厚的管材。

10.5.2 按 GB/T 6111—2003 试验，试验条件按表 5 规定，试验压力按表 5 中规定环应力和管材的公称壁厚计算。

10.5.3 试样内外的介质均为水，b 型接头可用于公称直径大于或等于 500 mm 管件的出厂检验。

10.6 对接熔接拉伸强度

按照 GB/T 19810 试验。

10.7 电熔管件的熔接强度

按照 GB/T 19808 或 GB/T 19806 试验。对于公称直径大于或等于 90 mm 的电熔管件，仲裁时按照 GB/T 19808 试验。

10.8 电熔鞍形旁通的冲击性能

按照 GB/T 19712 试验。

10.9 压力降

按照附录 D 试验。试样数量为一个。

10.10 氧化诱导时间(热稳定性)

按 GB/T 17391—1998 试验，刮去表层 0.2 mm 后取样。

10.11 熔体质量流动速率

按 GB/T 3682—2000 试验。

11 检验规则

11.1 检验分类

检验分为出厂检验和型式检验。

11.2 出厂检验

11.2.1 出厂检验项目为 6.1、6.2、6.6、第 7 章、第 8 章中的(80℃，165h)静液压试验以及第 9 章中的氧化诱导时间。

11.2.2 6.1、6.2、第 7 章检验按 GB/T 2828.1—2003 规定采用正常检验一次抽样方案，取一般检验水平 I，接收质量限(AQL)2.5，见表 9。

表 9 接收质量限(AQL)为 2.5 的抽样方案

基本单位为件

批量 N	样本量 n	接收数 Ac	拒收数 Re
≤150	8	0	1
151～280	13	1	2
281～500	20	1	2
501～1 200	32	2	3
1 201～3 200	50	3	4

11.2.3 对于"6.6 电熔管件的电性能"中的电阻要求，应逐个检验。

11.2.4 在外观尺寸抽样合格及电性能合格的产品中，随机抽取样品进行氧化诱导时间和静液压试验(80℃，165 h)，试样数量为一个。

11.3 型式检验

11.3.1 型式检验的项目为第 6、7、8、9 章的全部技术要求。

11.3.2 已经定型生产的管件，按下述要求进行型式检验。

11.3.3 分组：使用相同混配料、具有相同结构、相同品种的管件，按表 10 规定对管件进行尺寸分组。

表 10 管件的尺寸分组和公称外径范围

单位为毫米

尺寸组	1	2	3
公称外径 d_n 范围	$d_n<75$	$75\leqslant d_n<250$	$250\leqslant d_n\leqslant 630$

11.3.4 根据本部分的技术要求，每个尺寸组合理选取任一规格进行试验，在外观尺寸抽样合格的产品中，进行第 6、7、8、9 章的性能检验。每次检验的规格在每个尺寸组内轮换。

11.3.5 一般情况下，每隔两年进行一次型式检验。若有以下情况之一，应进行型式试验：

a) 新产品或老产品转厂生产的试制定型鉴定；

b) 结构、材料、工艺有较大变动可能影响产品性能时；

c) 产品长期停产后恢复生产时；

d) 出厂检验结果与上次型式检验结果有较大差异时；

e) 国家质量监督机构提出型式检验的要求时。

11.4 组批规则和抽样方案

11.4.1 组批

同一混配料、设备和工艺连续生产的同一规格管件作为一批，每批数量不超过 3 000 件，同时生产周期不超过七天。

11.4.2 抽样方案

接收质量限(AQL)为 2.5 的抽样方案见表 9。

11.5 判定规则和复验规则

产品需经生产厂质量检验部门检验合格并附有合格标志方可出厂。

按照本部分规定的试验方法进行检验，依据试验结果和技术要求对产品做出质量判定。外观、尺寸按 6.2 和第 7 章的要求，按表 9 进行判定。其他性能有一项达不到规定时，则随机抽取双倍样品对该项进行复验。如仍不合格，则判该批产品不合格。

电熔管件均应符合 6.6 电性能要求。

12 技术文件

管件制造商应保证技术文件的适用性(可以是机密的)，此文件包含所有相关必要数据以证明与 GB 15558 本部分的一致性。文件应包括所有型式检验的结果并应符合已公开发布的技术手册。它还应在要求时包括必要数据以实现可追溯性。

制造商的技术文件应至少包含以下信息：

—— 使用条件(管材和管件温度限制，SDR 值和不圆度)；

—— 尺寸；

—— 安装规程；

—— 对熔接设备的要求；

—— 熔接规程(熔接参数范围)；

—— 对于鞍形管件：

a) 连接方法(是否使用夹具以及任何必要的附加装置)；

b) 是否有必要控制使用夹具在某个位置以保证组件满意的性能。

适用时，技术文件还应包含制造商符合相关质量体系认证的相关证明。

13 标志和标签

13.1 总则

除表 11 中标注 a 的项目外，标志内容应打印或直接成型在管件表面上，并且在正常的贮存、操作、搬运和安装后,保持字迹清楚。

注:除非与制造商协商一致,否则由于在安装和使用过程中涂漆、划伤、组件相互遮盖或使用试剂等造成字迹模糊,制造商不负责任。

标志不应引发开裂和影响管件性能。

如果使用打印标志,打印内容的颜色应与管件的本色不同。

标志和标签内容应目视清晰。

对于插口管件,标志不应位于管件的最小插口长度范围内。

13.2 标志的最少要求

最少要求的标志应符合表11的规定:

表11 最少要求的标志

项目	标志
制造商的名字和/或商标[b]	名称或符号
与管件连接的管材的公称外径 d_n	例如:110
材料和级别	例如:PE 80
适用管材系列	SDR(例如:SDR11 和/或 SDR 17.6)或SDR熔接范围
制造商的信息[b]	—— 制造日期(用数字或代码表示的年和月) —— 若在多处生产时,生产地点的名称或代码
GB 15558 的本部分[a]	GB 15558.2
输送流体[a]	"燃气"或"GAS"

a 这个信息可以打印在管件所附标签上或独立包装管件的袋子上。

b 提供可追溯性。

13.3 附加标志

与熔接条件相关的附加信息,例如熔接和冷却时间,可以在管件所附标签、或单独的标签上给出。

13.4 熔接系统识别

电熔管件应具备熔接参数可识别性,如数字识别、机电识别或自调节系统识别,在熔接过程中用于识别熔接参数。

使用条形码识别时,条形码标签应粘贴在管件上并应被适当保护以免污损。

14 包装、运输、贮存

14.1 包装

管件应包装,在必要时单个保护以防损坏和污染,一般情况下,应装入袋子、薄纸板箱或硬纸箱中。

包装物应有标识,标明制造商的名称、管件的类型和尺寸、管件数量、任何特殊的贮存条件和贮存要求。

14.2 运输

管件运输时,不得受到剧烈的撞击、划伤、抛摔、曝晒、雨淋和污染。

14.3 贮存

管件应贮存在地面平整、通风良好、干燥、清洁并保持良好消防的库房内,合理放置。贮存时,应远离热源,并防止阳光直接照射。

附 录 A
（资料性附录）
本部分章条编号与 ISO 8085-2:2001 和 ISO 8085-3:2001 章条编号对照

表 A.1 给出了本部分章条编号与 ISO 8085-2:2001 和 ISO 8085-3:2001 章条编号对照一览表。

表 A.1 本部分章条编号与 ISO 8085-2:2001 和 ISO 8085-3:2001 章条编号对照

本部分章条编号	ISO 8085-2	ISO 8085-3
3.1.1	3.1.2	3.1.1
3.1.2	3.1.3	3.1.2
3.1.3～3.1.5	—	3.1.3～3.1.5
3.1.6	3.1.5	3.1.6
3.1.7	3.1.6	3.1.7
—	3.2	3.2
3.2.2	3.1.1	—
3.2.3	3.1.4	—
—	3.3～3.4	3.3～3.4
3.3	—	3.5
4.1	4	—
4.2	—	4
5.7	—	5.7
6.1	—	—
6.3	6.1	6.1
6.4	6.3	6.4
6.5,6.6	—	6.3,6.5
7.2.1	7.2	—
7.2.2	—	7.2.1
7.3.1	7.3	—
7.3.2	—	7.2.2
7.3.3	—	7.3
7.3.4	7.4	7.4
—	—	8.2
10、11	—	—
12	10	10
13.1～13.3	11	11
13.4	—	—
14.1	12	12
14.2～14.3	—	—

表 A.1(续)

本部分章条编号	ISO 8085-2	ISO 8085-3
附录 A、附录 B	—	—
附录 C	—	附录 A
—	附录 A	附录 B
—	—	附录 C
—	—	附录 D
附录 D	—	—
表中的章条以外的本部分其他章条编号与 ISO 8085-2 及 ISO 8085-3 其他章条编号相同。		

附 录 B
（资料性附录）
本部分与 ISO 8085-2:2001 和 ISO 8085-3:2001 技术性差异及其原因

表 B.1 给出了本部分与 ISO 8085-2:2001 和 ISO 8085-3:2001 的技术性差异及其原因的一览表。

表 B.1 本部分与 ISO 8085-2:2001 和 ISO 8085-3:2001 技术性差异及其原因

本部分的章条编号	技术性差异	原 因
1	增加了材料为 PE80 和 PE100 及本部分包含管件种类的要求；增加了系统标准的说明。 增加了输送人工煤气和液化石油气的规定。 对范围和产品分类进行了说明。	考虑到我国产品标准及系统标准的编排要求，使说明更明确。 以适合我国国情。 参考欧洲标准，并考虑我国国情。
2	引用了采用国际标准的我国标准。 增加了 GB/T 2828.1—2003 及 GB/T 2918等。	以适合我国国情。 强调与 GB/T 1.1 的一致性。
3.2.1	增加了插口管件的定义。	使标准明确。
—	删除了国际标准中的有关材料的定义及材料一章中有关原生料的叙述。	在 GB 15558.1 中无原生料定义，为避免引起与混配料混淆，故删去。
—	删去了有关与材料特性和使用条件有关的定义。	在 GB 15558.1 中已有说明，本标准为系统标准的一部分，故在此不在赘述。
5.4	不再列表叙述混配料的性能要求。	GB 15558.1 已有相同要求，本部分为 GB 15558系统标准的一部分，故在此不再赘述。
6.1	增加了有关管件颜色的要求。	参照欧洲标准，使标准要求明确、完整。
7.2.1 表 2	修改了表中的部分数据。	此为 ISO 8085-2:2001 中技术勘误的内容。
7.3.2.4	增加了插口端的要求。	使管件的尺寸要求更完整、明确。
7.3.2.2 8 附录	删去 ISO 8085-3 中 7.2.2.2“管件及其相关熔接接头应符合 8.2(表 7)中给出的性能要求，或”的内容规定。 删去了 ISO 8085-3 中 8.2 章及表 7 的内容。 删去了 ISO 8085-3 中的附录 C 和附录 D。	生产标准化、易于操作，符合我国国情，结合国内生产、使用现状，参照欧洲标准 EN 1555-3:2002的规定，只采用一种方式确定管材与电熔管件壁厚的关系，由此删去了其中的性能要求及有关的试验方法的附录。
表 5 及表 6	修改了表 5 中(80℃，165 h)的环应力数值，同时修改了表 6 中的相应数据。	参照 EN 1555-3:2002 的规定，此为欧洲标准化组织研究改进后的数据，更符合外推曲线，更科学。
10	增加了“试验方法”一章。	符合我国产品标准的编写规定，使标准更明确、便于使用。
11	增加了“检验规则”一章。	符合我国产品标准的编写规定，具有操作性。

表 B.1(续)

本部分的章条编号	技术性差异	原　因
13.4	增加了“熔接系统识别”的要求。	参照欧洲标准，使要求规范、明确。
14	增加了运输、贮存的内容。	符合我国产品标准的编写规定、要求明确。
—	删除了 ISO 8085-2:2001 和 ISO 8085-3:2001 中的附录 B:非公制管件系列的等价尺寸的计算公式。	我国采用的是公制系列。
附录 D	按照欧洲标准 EN 12117:1997 编写。	符合标准编写的规定。 直接引用，更易于实施和操作。

附 录 C
（资料性附录）
电熔管件典型接线端示例

C.1 图 C.1 和图 C.2 举例说明了适用于电压不大于 48 V 的典型接线端(承口类型 A 和类型 B)。

单位为毫米

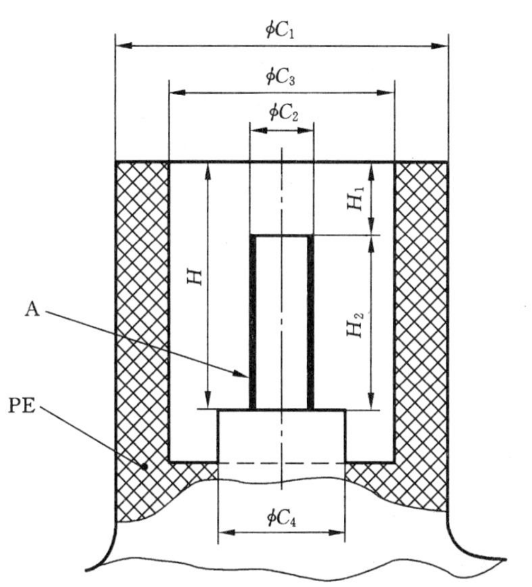

图中：

A——导电区；

C_1——接线端承口外径； $C_1 \geqslant 11.8$

C_2——接线柱导电区直径； $C_2 = 4.0 \pm 0.03$

C_3——接线端承口内径； $C_3 \leqslant 9.5_{-1.0}^{0}$

C_4——导电区根部的最大总体外径； $C_4 \leqslant 6.0$

H——接线端内部深度； $H \geqslant 12.0$

H_1——接线端端口和导电区顶面的距离； $H_1 = 3.2 \pm 0.5$

H_2——承口内导电区的高度。

图 C.1 接线端典型承口类型 A

单位为毫米

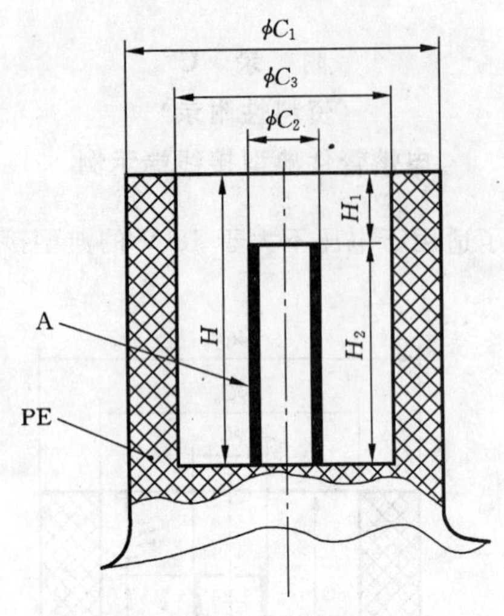

图中：

A——导电区；

C_1——接线端的外径；　　$C_1=13.0\pm0.5$

C_2——接线柱导电区直径；　　$C_2=4.7\pm0.03$

C_3——接线端的内径；　　$C_3=10.0\pm0.1$

H——接线端的内腔深度；　　$H\geqslant15.5$

H_1——接线端顶口到导电区顶面的距离；　　$H_1=4.5\pm0.5$

H_2——承口内导电区的高度。

图 C.2　接线端典型承口类型 B

C.2　图 C.3 举例说明了适用于电压不大于 250 V 的典型接线端(类型 C)。

单位为毫米

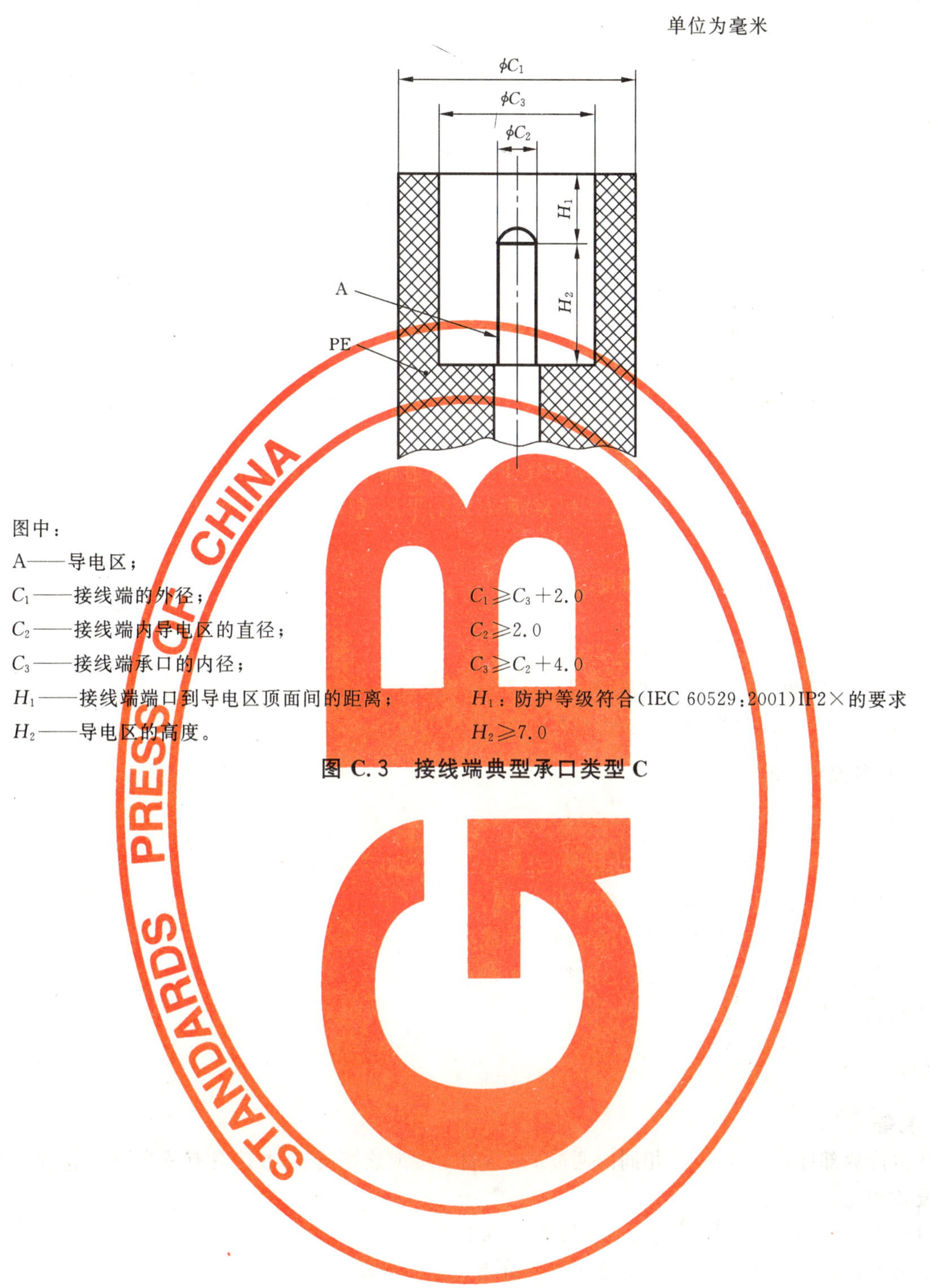

图中：

A——导电区；

C_1——接线端的外径；　　$C_1 \geqslant C_3 + 2.0$

C_2——接线端内导电区的直径；　　$C_2 \geqslant 2.0$

C_3——接线端承口的内径；　　$C_3 \geqslant C_2 + 4.0$

H_1——接线端端口到导电区顶面间的距离；　　H_1：防护等级符合(IEC 60529:2001)IP2×的要求

H_2——导电区的高度。　　$H_2 \geqslant 7.0$

图 C.3　接线端典型承口类型 C

附 录 D
（规范性附录）
气体流量-压力降关系的测定

D.1 范围

本附录规定了在 2.5×10^{-3} MPa 气压下测定塑料管道系统部件的气体流量与压力降关系的试验方法。本方法适用于燃气输送用聚乙烯(PE)管道系统中的机械管件、阀门、鞍形旁通及其他附件。得到的数据可用于计算气体在特定压力降下的流量。

D.2 原理

主压力保持恒定时，在规定的范围内调节气体通过管道部件的流量以评估其压力降。根据上述测试结果，确定在适当压力降下(与部件尺寸相关)所对应的平均气体流量，其他气体的流量可根据其密度的不同计算得到。

注：下列参数由引用本附录的相关标准设定：

a) 试样数量(见 D.4.2)；

b) 压力降的相关值，Δp_n，(见 D.6.2)；

c) ρ_{air} 的相关值和相关温度和压力，如果 D.6.3 没有给出；

d) ρ_{gas} 的相关值和相关温度和压力，如果 D.6.3 没有给出。

D.3 仪器和装置(见图 D.1)

D.3.1 气源

D.3.2 压力控制器(A)，能够维持输出压力$(2.5\pm0.05)\times10^{-3}$ MPa(表压)。

D.3.3 流量表(B)，容积式或蜗轮式，精度为±2%。

D.3.4 压力表(C)，测量主管线的压力(等级 0.6 或更高)。

D.3.5 微压(差压)表(G)，测量压差，Δp，等级 0.25。

D.3.6 出口阀(E)。

D.4 试样

D.4.1 制备

试样由待测部件和与其 SDR 相同的两段 PE 管材熔接或连接而成，并应具有适当的接头以与压力降测试设备相连。

管材自由长度和试验组件安装尺寸应符合图 D.1。

对于鞍形旁通，安装后应保证能够测量通过分支端的压力降。

测试部件需要在主管上冷挤切孔时，其内缘周边各点应与主管内孔平齐且无毛边。

D.4.2 数量

试样的数量应按相关标准规定。

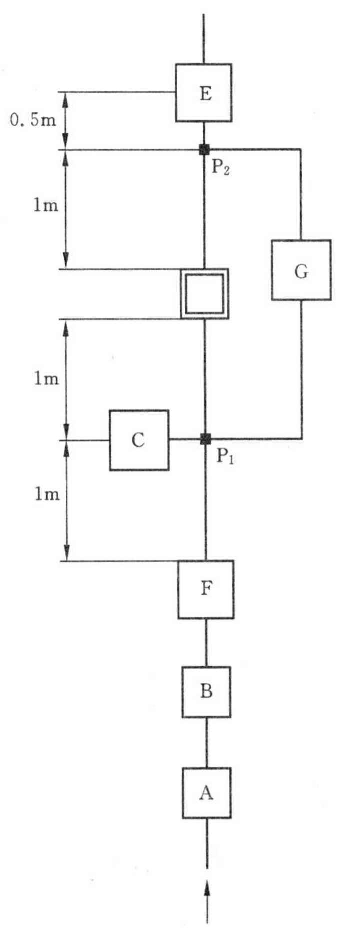

图中：

A——压力控制器；

B——流量表；

C——压力表；

E——出口阀；

F——缓冲罐；

G——差压表；

□——试验组件。

注：差值 Δp 是 P_1 和 P_2 两点之间的压力差。

图 D.1　测定流量-压力降关系的试验安装示意图

D.5　步骤

D.5.1　在(23±2)℃环境温度下进行。

D.5.2　部分开启出口阀(E)。

D.5.3　打开进口阀的压力控制器(A)，以使空气开始流动并保证空气仅从出口散逸。

D.5.4　调整压力控制阀(A)使主管上 P_1 处压力为 $(2.5\pm0.05)\times10^{-3}$ MPa，可由压力表(C)测得。

D.5.5　读取并记录流量表(B)(见 D.5.9)的流量(Q)，和差压表(G)(见图 D.1)的压力降 Δp。

D.5.6　开启出口阀(E)使主管线 P_1 点的压力降低大约 0.5×10^{-3} MPa，由压力表(C)测得。

D.5.7　增加流量直到主管的压力恢复到 $(2.5\pm0.05)\times10^{-3}$ MPa，由压力表(C)测得。

D.5.8　测量并记录流量 Q 和压力降 Δp。

D.5.9 重复步骤 D.5.6，D.5.7 和 D.5.8，直到出口阀(E)完全打开。对于鞍形旁通，应测量通过分支端的压力降。

D.6 结果计算

D.6.1 用 D.5.5，D.5.8 和 D.5.9 得到的各组压力降和相应流量进行计算。

a) 按式(D.1)计算通过部件出口管(见 D.4.1)的流速 v(m/s)：

$$v = 3\,600\,\frac{Q}{A} \qquad \cdots\cdots(\text{D.1})$$

式中：

Q——空气流量，单位为立方米每小时(m^3/h)；

A——出口管内部截面积，单位为平方米(m^2)。

如果满足下列条件：

1) 至少获得五组 Q 和 Δp，并计算出不同的 v 值；

2) 至少有一个 v 值≤2.5 m/s；

3) 至少有一个 v 值≥7.5 m/s；

则认为数据有效。否则：

4) 调整进口阀开口，重复步骤 D.5.4 和 D.5.5 以增补必要的数据；

5) 如果在$(2.5\pm0.05)\times10^{-3}$ MPa 压力下得不到大于等于 7.5 m/s 的 v 值，停止试验，并在报告中说明。

b) 利用各组数据按式(D.2)计算因子 F：

$$F = \frac{\Delta p}{Q^2} \qquad \cdots\cdots(\text{D.2})$$

式中：

Δp——测得的压力降，单位为兆帕(MPa)；

Q——空气流量，单位为立方米每小时(m^3/h)。

计算 F 的平均值。

D.6.2 用 F 的平均值和规定的压力降 Δp_n 计算在此压力降下空气的平均流量 Q_a。

D.6.3 用式(D.3)换算其他任何气体 Q_{gas}(如天然气)的当量流量(m^3/h)：

$$Q_{gas} = Q_a \times \sqrt{\frac{\rho_{air}}{\rho_{gas}}} \qquad \cdots\cdots(\text{D.3})$$

式中：

Q_a——在相应压力降下的平均空气流量，单位为立方米每小时(m^3/h)；

ρ_{air}——除非在相关标准中另有规定，为 23℃和 0.1 MPa 条件下空气的密度；

ρ_{gas}——除非在相关标准中另有规定，为 23℃和 0.1 MPa 条件下其他气体的密度。

即 $Q_{gas}=(f)Q$

D.7 试验报告

试验报告应包含以下内容：

a) GB 15558.2—2005 的附录 D；

b) 试样的详细标识，包括制造商，生产日期和规格；

c) 环境温度；

d) 各组测试数据(见 D.6.1)，包括压力降，流量及相应流速；

e) F 的平均值，即压力降和流量(见 D.6.1)的关系；

f) 空气(见 D. 6. 2)和其他气体(见 D. 6. 3)在规定压力降下的计算流量;

g) 任何可能影响试验结果的因素,比如偶发事件或本附录没有规定的操作细节;

h) 试验日期。

参 考 文 献

［1］ ISO 11922-1:1997 Thermoplastics pipes for the conveyance of fluids — Dimensions and tolerances — Part 1: Metric series

［2］ ISO/TR 10839:2000 Polyethylene pipes and fittings for the supply of gaseous fuels — Code of practice for design, handling and installation

［3］ IEC 60529:2001 Degrees of protection provided by enclosures (IP code)

［4］ EN 12117:1997 Plastics piping systems — Fittings, valves and ancillaries — Determination of gaseous flow rate/pressure drop relationships

［5］ ISO 12176-1:1998 Plastics pipes and fittings — Equipment for fusion jointing polyethylene systems — Part 1: Butt fusion

［6］ ISO 12176-2:2000 Plastics pipes and fittings — Equipment for fusion jointing polyethylene systems — Part 2: Electrofusion

［7］ EN 1555-3:2002 Plastics piping systems for the supply of gaseous fuels — Polyethylene (PE) — Part 3:Fittings

ICS 71.100.30
G 89

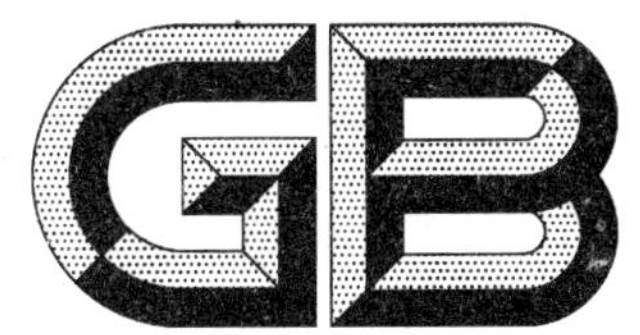

中华人民共和国国家标准

GB 15563—2005
代替 GB 15563—1995

震 源 药 柱

Seismic charge

2005-09-06 发布　　2006-08-01 实施

中华人民共和国国家质量监督检验检疫总局
中国国家标准化管理委员会　发布

前言

本标准4.3中对跌落安全性的要求、7.1、8.1和第9章为强制性的，其余为推荐性的。

本标准代替GB 15563—1995《震源药柱》。

本标准与GB 15563—1995相比主要变化如下：

——扩大了适用范围；

——根据目前震源药柱的生产和使用情况，对震源药柱进行了重新分类；

——对部分产品性能指标的要求进行了调整；

——对震源药柱壳体颜色重新进行了规定；

——补充完善了爆速测试方法；

——增加了抗水性能和抗拉性能试验装置示意图；

——对震源药柱的编码方式进行了统一规定；

——对检验项目和抽样方案进行了调整；

——增加了包装检验的内容。

本标准由国防科学技术工业委员会提出。

本标准由国防科工委民爆服务中心归口。

本标准起草单位：山西江阳民爆器材有限公司、新疆天河化工厂、湖北凯龙化工集团股份有限公司、辽宁庆阳化工(集团)股份有限公司。

本标准主要起草人：郭元旦、佟春燕、任流润、沈跃华、秦卫国、李红叶、高潮。

本标准所代替标准的历次版本发布情况为：GB 15563—1995。

震　源　药　柱

1　范围

本标准规定了震源药柱的分类与代号、要求、试验方法、检验规则、标识、包装、运输、贮存等内容。

本标准适用于以工业炸药为主装药的震源药柱的制造和验收。

2　规范性引用文件

下列文件中的条款通过本标准的引用而成为本标准的条款。凡是注日期的引用文件，其随后所有的修改单(不包括勘误的内容)或修订版均不适用于本标准，然而，鼓励根据本标准达成协议的各方研究是否可使用这些文件的最新版本。凡是不注日期的引用文件，其最新版本适用于本标准。

GB 190　危险货物包装标志

GB/T 2828.1　计数抽样检验程序　第1部分：按接收质量限(AQL)检索的逐批检验抽样计划(GB/T 2828.1—2003,ISO 2859-1:1999,IDT)

GB/T 2829　周期检验计数抽样程序及表(适用于对过程稳定性的检验)

GB/T 6543　瓦楞纸箱

GB 8031　工业电雷管

GB 9969.1　工业产品使用说明书　总则

GB/T 14436　工业产品保证文件　总则

GB/T 16625　地震勘探电雷管

3　分类与代号

3.1　分类

3.1.1　震源药柱按爆速不同分为高爆速、中爆速、低爆速3种类别。爆速不小于5 000 m/s的震源药柱称为高爆速震源药柱；爆速不小于3 500 m/s、小于5 000 m/s的震源药柱称为中爆速震源药柱；爆速小于3 500 m/s的震源药柱称为低爆速震源药柱。其中：

a)　高爆速震源药柱按照1 000 m/s的级差又分为Ⅰ、Ⅱ、Ⅲ……型，爆速越高，型号数越大；

b)　低爆速震源药柱按照500 m/s的级差又分为Ⅰ、Ⅱ、Ⅲ……型，爆速越低，型号数越大。

3.1.2　震源药柱按使用方式分为井下使用和地面使用两种类别。

3.2　产品代号

3.2.1　产品代号由使用方式代号、名称代号、规格代号及类别代号等部分组成。如图1所示。

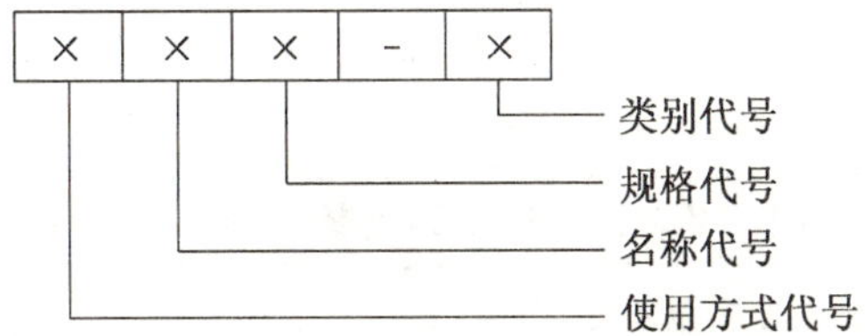

图1　产品代号示意图

3.2.2　使用方式代号：用于地面使用的震源药柱在名称代号前用汉字“面”的汉语拼音第一个大写字母“M”表示，用于井下使用的震源药柱可省略。

3.2.3 名称代号由“震源”两字汉语拼音第一个大写字母“ZY”表示。

3.2.4 规格代号由产品直径和单节质量的数值组成,两数值之间用“-”隔开。直径的单位为毫米,单节质量的单位为千克。

3.2.5 类别代号依据爆速的高、中、低不同分别用大写字母G、Z、D后加型号Ⅰ、Ⅱ、Ⅲ……表示。

3.2.6 产品代号示例如下:

a) 直径为60 mm、单节质量为1 kg、爆速大于或等于5 000 m/s,小于6 000 m/s的井下使用的震源药柱,产品代号为ZY60-1-GⅠ;

b) 直径为50 mm、单节质量为0.2 kg、爆速大于或等于6 000 m/s,小于7 000 m/s的地面使用的震源药柱,产品代号为MZY50-0.2-GⅡ。

4 要求

4.1 外观及尺寸

4.1.1 产品表面应无破损、无浮药。

4.1.2 雷管孔应保证金属壳8号电雷管插入自如。

4.2 单节质量

震源药柱单节质量应符合表1要求。

表1 震源药柱单节质量及偏差

单节质量/g	100	200	250	500	750	1000	2000	2500	3000	5000
质量偏差/g	±5	±10	±15	±20	±25	±35	±50	±55	±60	±70
注:用户需要其他规格的产品时,可由双方协商后在合同中注明。										

4.3 性能指标

震源药柱的性能指标应符合表2要求。

表2 震源药柱性能指标

<table>
<tr><td colspan="2" rowspan="3">项　目</td><td colspan="9">性　能　指　标</td></tr>
<tr><td colspan="4">G</td><td rowspan="2">Z</td><td colspan="4">D</td></tr>
<tr><td>……</td><td>Ⅲ</td><td>Ⅱ</td><td>Ⅰ</td><td>Ⅰ</td><td>Ⅱ</td><td>Ⅲ</td><td>……</td></tr>
<tr><td colspan="2">爆速/(m/s)</td><td colspan="4">≥5.0×10³</td><td>≥3.5×10³～<5.0×10³</td><td colspan="4"><3.5×10³</td></tr>
<tr><td colspan="2">抗水性能</td><td colspan="9">在压力为0.3 MPa的条件下保持48 h,取出后进行起爆感度试验,应爆炸完全</td></tr>
<tr><td rowspan="2">抗拉性能</td><td>Φ≤45 mm</td><td colspan="4">将两节震源药柱连接,在60 N的静拉力下,持续30 min,连接处不应断裂或被拉脱</td><td colspan="5">将两节震源药柱连接,在98 N的静拉力下,持续30 min,连接处不应断裂或被拉脱</td></tr>
<tr><td>Φ>45 mm</td><td colspan="9">将两节震源药柱连接,在98 N的静拉力下,持续30 min,连接处不应断裂或被拉脱</td></tr>
<tr><td colspan="2">起爆感度</td><td colspan="9">对单节震源药柱起爆后,应爆炸完全</td></tr>
<tr><td rowspan="2">传爆可靠性</td><td>Φ≤45 mm</td><td colspan="4">对总质量不小于6 kg的一组震源药柱起爆后,应爆炸完全</td><td colspan="5">对总质量不小于10 kg的一组震源药柱起爆后,应爆炸完全</td></tr>
<tr><td>Φ>45 mm</td><td colspan="9">对总质量不小于10 kg的一组震源药柱起爆后,应爆炸完全</td></tr>
</table>

表 2(续)

项目	性能指标								
	G				Z	D			
	……	Ⅲ	Ⅱ	Ⅰ		Ⅰ	Ⅱ	Ⅲ	……
耐温性能	在50℃±2℃和−40℃±2℃的温度条件下保温8 h,取出后进行起爆感度试验,应爆炸完全								
跌落安全性	试验后不发生燃烧或爆炸								

注1:表中Φ表示产品直径。

注2:用于单发(地面)使用的产品可不作抗拉性试验、抗水性试验和爆轰连续性试验。

注3:若用户有特殊要求时,可由双方协商后在合同中注明。

注4:产品的密度在产品使用说明书中说明。

5 试验方法

5.1 外观及尺寸

目视检查产品外表面;用对应的雷管样柱检验雷管孔。

5.2 单节质量

分别用分度值不大于5 g的衡器称量。

5.3 爆速

5.3.1 方法原理

测试系统构成框图如图2所示。当试样被引爆,爆轰波到达传感元件安装位置时,传感元件在伴随着爆轰波阵面的高温和(或)高压、电离、发光等效应的作用下,感知爆轰波到达的消息,并通过信号形成电路转变成电信号。用电子测时仪测出由安装在长度为 l 的炸药药段的一对传感元件给出的两个信号之间的时间间隔 t,便可求得在该药段中的平均爆速。

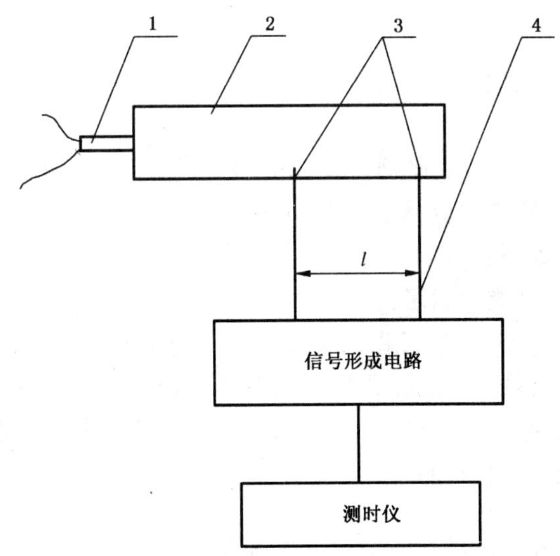

1——雷管;

2——试样;

3——传感元件;

4——信号传输线。

图2 爆速测试系统框图

5.3.2 仪器和装置

试验用仪器和装置如下:

a) 传感元件:推荐采用丝式探针传感元件。一般采用断-通式探针,特殊情况下可以采用通-断式探针。允许使用光传感元件、压力传感元件和其他类型的传感元件。丝式探针采用直径在0.10 mm~0.15 mm范围内的铜芯漆包线制作。

b) 雷管:8号普通瞬发电雷管(金属壳体,GB 8031)或8号地震勘探电雷管(GB/T 16625)。

c) 测时仪器:测时精度(包括信号形成电路和信号传输线在内)应不低于0.1 μs。可使用爆速仪、数字式测时仪、带照相或存储功能的示波器和瞬态波形记录仪中的任何一种。推荐使用数字式爆速仪。

d) 信号形成电路:在使用爆速仪的场合,应根据实际使用情况,按仪器说明书选用相应的配套电路或装置,若爆速仪内部已有信号形成电路,则无需另加。若选用其他仪器,应根据仪器结构及性能选定。应满足有效、可靠地配合传感元件将爆轰波到达信号转变为控制测时仪计时的电信号,并能保证系统测时精度符合要求。

e) 信号传输线:根据传感元件和仪器选定,应能满足有效、可靠地传输信号和保证测时精度的要求。

5.3.3 试验程序

5.3.3.1 试样准备

5.3.3.1.1 震源药柱的外径在32 mm~85 mm之间时,可直接进行爆速测定。当外径小于32 mm或大于85 mm时,应做成外径为32 mm或85 mm的震源药柱进行爆速测定。

5.3.3.1.2 允许将2发或2发以上的震源药柱对接,相对接的产品,产品直径和生产工艺应相同,装药密度应相同或相近。对接前先将对接端切口,并确保余下部分的装药状况不改变。对接后应确保对接端面充分接触,并使对接的震源药柱在同一轴线上。对接处用胶布或胶带固定好。

5.3.3.2 传感元件的安装

5.3.3.2.1 安装位置确定如下:

a) 测距(l)应按仪器精度和被测试样爆速而定,使测长相对误差不大于2%,且由测时系统引起的测时相对误差不大于1%。一般情况下取l为50.0 mm。对爆速在5 000 m/s以上的试样,可适当加长测距。

b) 允许在同一节试样上安装2个以上传感元件,但测距应相同。同一次测定中,每节试样的测距应相同。

c) 最靠近试样起爆端的测点位置距插入试样中的雷管底部应不小于2倍试样直径,最靠近试样末端的测点位置离试样末端应不小于20 mm。

5.3.3.2.2 安装方法和要求如下:

a) 安装方法根据传感元件类型确定;

b) 传感元件应安装正确、牢固,且安装一致。安装前后均应检查是否完好;

c) 断-通式丝式探针应沿同一节震源药柱圆周缠绕并保持平行,缠绕平面均应与试样轴线相垂直,缠绕的部分均应咬合并且拉直。探针的首、尾均折向试样尾端并用胶布或胶带固定在试样上。安装好后,两引出线在电性能上应彼此保持断开状态。

5.3.3.3 系统连接

5.3.3.3.1 将安装好传感元件的试样放置到爆炸场地,把传感元件与测时系统连接起来。连接方法根据系统确定。

5.3.3.3.2 连接前应对测时系统进行检查以确保工作正常。连接完毕应查验以确保连接无误。

5.3.3.4 起爆试样、记录数据

将雷管插入震源药柱雷管孔,调整仪器处于待测状态,起爆,记下仪器测得的数据。

5.3.4 试验结果的表述

5.3.4.1 由仪器直接读出爆速值。

5.3.4.2 由仪器读出时间后，按公式(1)计算爆速值。

$$D = \frac{l}{t} \times 10^3 \qquad \cdots\cdots (1)$$

式中：

D——爆速值，单位为米每秒(m/s)；

l——测距值，单位为毫米(mm)；

t——爆速仪显示时间值，单位为微秒(μs)。

5.3.4.3 给出试验结果时应注明下列内容：

a) 试样直径；

b) 仪器型号和测时精度；

c) 如有改装，应注明；

d) 对测定结果有显著影响的其他内容。

5.4 抗水性能

5.4.1 仪器和装置

抗水性能试验装置如图3所示，仪器要求如下：

a) 试验容器能确保使用压力和安全；

b) 压力表的测量精度应不低于1.5级。

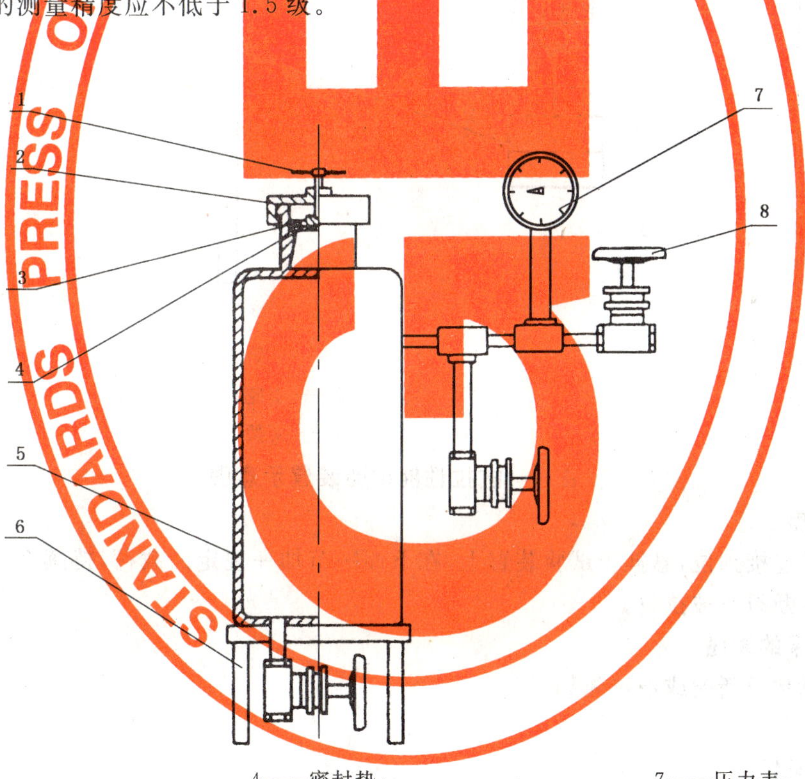

1——手柄；
2——压盖；
3——足块；
4——密封垫；
5——桶体；
6——支架；
7——压力表；
8——阀门。

图3 试验装置示意图

5.4.2 试验程序

将试样放入装有常温水的试验容器内，在压力为0.3 MPa条件下保持48 h，取出后按5.6进行起爆感度试验。

5.4.3 试验结果的表述

报出试验总数和爆炸完全数。

5.5 抗拉性能

5.5.1 试验装置

抗拉性能试验装置如图 4 所示。应保证悬挂试样及载荷后,离地面有适当高度。

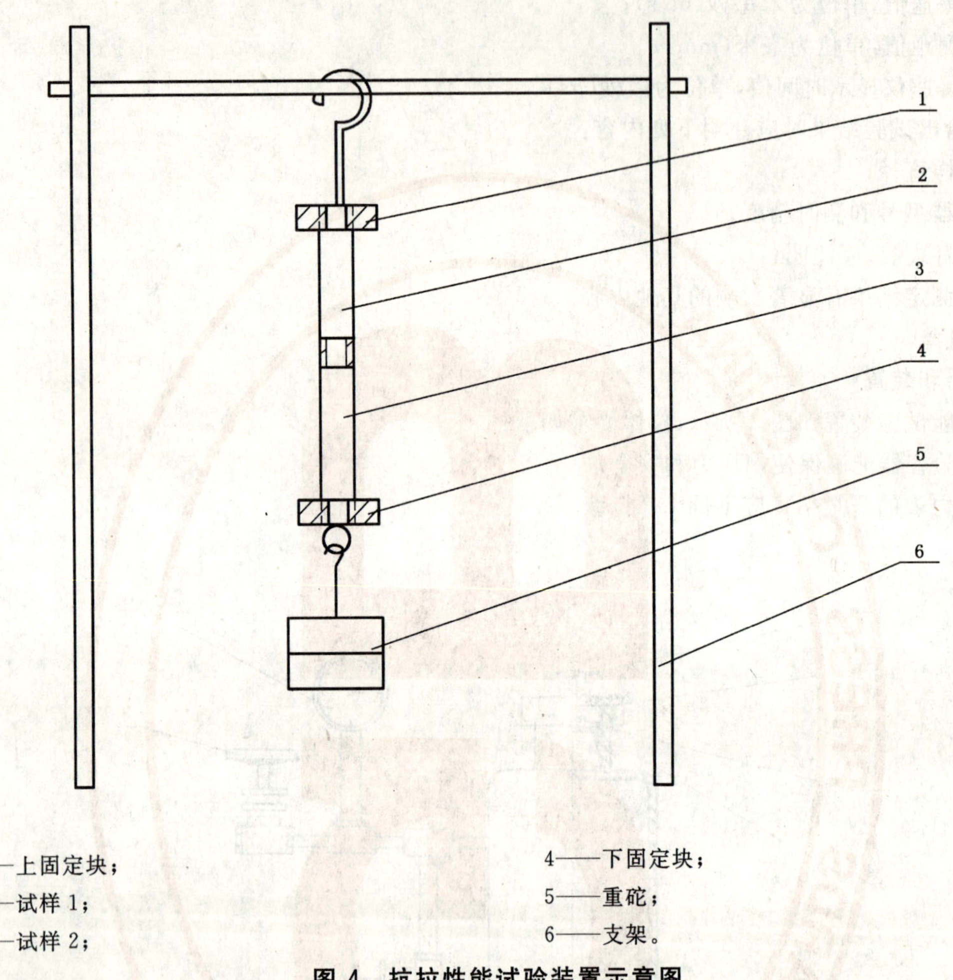

1——上固定块;
2——试样 1;
3——试样 2;
4——下固定块;
5——重砣;
6——支架。

图 4 抗拉性能试验装置示意图

5.5.2 试验程序

将两节试样连接到位,悬挂于试验装置上,在下面一节加一规定的载荷,持续 30 min,观察两节试样连接处是否有断裂或被拉脱。

5.5.3 试验结果的表述

报出试验总数及断裂或被拉脱数。

5.6 起爆感度

5.6.1 仪器和装置

试验用仪器和装置如下:

a) 雷管:8 号地震勘探电雷管(GB/T 16625)或 8 号普通瞬发电雷管(金属壳体,GB 8031);

b) 起爆器及导线。

5.6.2 试验程序

5.6.2.1 对起爆器进行检查,确保工作正常。

5.6.2.2 将导线与雷管连接,并确保连接无误,将雷管插入试样,雷管应到位。

5.6.2.3 将导线与起爆器连接,起爆,观察并记录试验结果。

5.6.2.4 起爆感度试验允许与爆速或抗水性能试验合并进行。

5.6.3 试验结果的表述

报出试验总数和爆炸完全数。

5.7 传爆可靠性

按要求将一定数量的试样连接到位，在起爆端插入1发雷管起爆，其余按5.6的规定进行。

5.8 耐温性能

5.8.1 仪器和装置

试验用仪器和装置如下：

a) 高温箱；

b) 低温箱。

5.8.2 试验程序

在温度为50℃±2℃的高温箱和温度为－40℃±2℃的低温箱内，分别放入5节试样，保温8 h。取出后立即按5.6的规定进行起爆感度试验。

5.8.3 试验结果的表述

报出试验总数和爆炸完全数。

5.9 跌落安全性

5.9.1 试验条件

5.9.1.1 试样下端面距地面垂直高度为6 m，试样悬吊后能使其自由下落。

5.9.1.2 试验场地面应是硬土地面，不应有石子。

5.9.2 试验程序

将试样吊在悬吊装置上，让其自由下落，观察落地后是否燃烧或爆炸。

5.9.3 试验结果的表述

报出试验总数及发生燃烧或爆炸数。

6 检验规则

6.1 检验分类

震源药柱的检验分为出厂检验和型式检验。

型式检验在出现下列情况之一时进行：

a) 产品试制定型时；

b) 投产后产品结构、原材料、工艺有较大改变，可能影响产品性能时；

c) 停产1年以上，恢复生产时；

d) 国家质量监督机构提出进行型式检验要求时。

6.2 检验项目

震源药柱出厂检验和型式检验的项目见表3。

表3 检验项目表

序号	项目名称	要求的章条号	出厂检验		型式检验	试验方法的章条号
			逐批检验	周期检验		
1	外观及尺寸	4.1	√	—	√	5.1
2	单节质量	4.2	√	—	√	5.2
3	爆速	4.3	—	√	√	5.3
4	抗水性能	4.3	—	√	√	5.4
5	抗拉性能	4.3	—	√	√	5.5

表 3(续)

序号	项目名称	要求的章条号	出厂检验		型式检验	试验方法的章条号
			逐批检验	周期检验		
6	起爆感度	4.3	—	√	√	5.6
7	传爆可靠性	4.3	—	—	√	5.7
8	耐温性能	4.3	—	—	√	5.8
9	跌落安全性	4.3	—	—	√	5.9
注:"√"表示必检项目,"—"表示不检项目。						

6.3 组批规则

提交检验批应由同一工艺生产的同种规格产品组成,批量应不超过35 000节。

6.4 抽样方案

6.4.1 出厂检验

6.4.1.1 逐批检验项目

震源药柱的外观及尺寸、单节质量的抽样检验方案和转移规则按GB/T 2828.1的规定执行。批质量指标为每百单位不合格数,不合格分类、AQL值、检验水平和抽样方案类型见表4。

表 4 逐批检验项目的不合格分类、AQL值、检验水平和抽样方案类型

序号	检验项目	不合格分类	AQL	检验水平	抽样方案类型
1	外观	B类不合格:雷管孔不符合要求	0.15	Ⅰ	一次抽样
		C类不合格:产品表面破损、有浮药	1.5		
2	单节质量	C类不合格:不符合要求	2.5	S-3	二次抽样
注:样本单位为"节"。					

6.4.1.2 周期检验项目

6.4.1.2.1 震源药柱的爆速、抗水性能、抗拉性能、起爆感度的抽样检验方案和处置方法按GB/T 2829规定执行。批质量指标为每百单位不合格数,不合格分类、RQL值、判别水平和抽样方案类型见表5。

6.4.1.2.2 周期规定:检验开始使用逐批检验。如逐批检验连续5个批合格(不包括再次提交检验批),则从下一批起每10批抽检一批。如在周期检验中有一批不合格,则从下一批起执行逐批检验,如连续5个批合格(不包括再次提交检验批)仍可转向周期检验。

表 5 周期检验项目的不合格分类、RQL值、判别水平和抽样方案类型

序号	检验项目	不合格分类	抽样方案类型	RQL	判别水平	判定数组
1	爆速	B类不合格:不符合要求	二次抽样	40	Ⅱ	5,5/0,2;1,2
2	抗水性能	B类不合格:拒爆、爆炸不完全	二次抽样	40	Ⅱ	5,5/0,2;1,2
3	抗拉性能	B类不合格:连接处断裂、拉脱	二次抽样	40	Ⅱ	5,5/0,2;1,2
4	起爆感度	B类不合格:拒爆、爆炸不完全	二次抽样	20	Ⅱ	10,10/0,2;1,2
注:表中除"抗拉性能"检验的样本单位为"组"外,其余项目检验的样本单位均为"节"。						

6.4.2 型式检验

型式检验项目的抽样方案见表6。

表 6 型式检验项目抽样方案

序号	检验项目	不合格分类	抽样方案类型	判定数组
1	外观	B类不合格:雷管孔不符合要求	一次抽样	20/0,1
		C类不合格:产品表面破损、有浮药	一次抽样	8/0,1
2	单节质量	C类不合格:不符合要求	二次抽样	13,13/0,2;1,2
3	爆速	B类不合格:不符合要求	二次抽样	5,5//0,2;1,2
4	抗水性能	B类不合格:拒爆、爆炸不完全	二次抽样	5,5//0,2;1,2
5	抗拉性能	B类不合格:连接处断裂、拉脱	二次抽样	5,5//0,2;1,2
6	起爆感度	B类不合格:拒爆、爆炸不完全	二次抽样	10,10/0,2;1,2
7	传爆可靠性	B类不合格:拒爆、爆炸不完全	一次抽样	3/0,1
8	耐温性能	B类不合格:拒爆、爆炸不完全	一次抽样	5/0,1
9	跌落安全性	A类不合格:燃烧、爆炸	一次抽样	20/0,1
注：表中除“抗拉性能”、“传爆可靠性”检验的样本单位为“组”外，其余项目检验的样本单位均为“节”。				

6.5 抽样方法

外观、单节质量检验所需样本从提交检验批中随机抽取；其他项目检验从外观、单节质量检验合格的样本中随机抽取，样本大小不足时，可以从本批中另随机抽取样本补足检验所需样本，这些另取的样本不必再重复前面已经合格项目的检验。

6.6 判定规则

所检项目均合格时，则判该批产品合格，否则判定该批产品不合格。

7 标识

7.1 产品包装箱的外表面应有下列内容的标志，且应清晰、正确。

a) 产品名称及代号；

b) 生产企业名称及地址；

c) 生产日期及批号；

d) 保质期；

e) 数量；

f) 毛质量；

g) 包装箱外形尺寸；

h) “防火、防潮、小心、轻放”、“不得与雷管共存放”标志；

i) 爆炸品标志，应符合 GB 190 的要求；

j) 产品标准编号。

也可根据实际需要增加其他项目。如商标、用户要求的编码标记、通过质量体系认证标志等。

7.2 产品壳体的颜色按照高爆速、中爆速和低爆速分别为蓝色、红色和黄色。

7.3 产品壳体表面应标明产品代号、生产厂家等。

7.4 产品壳体表面可根据用户要求进行编码，编码方式如图 5 所示。

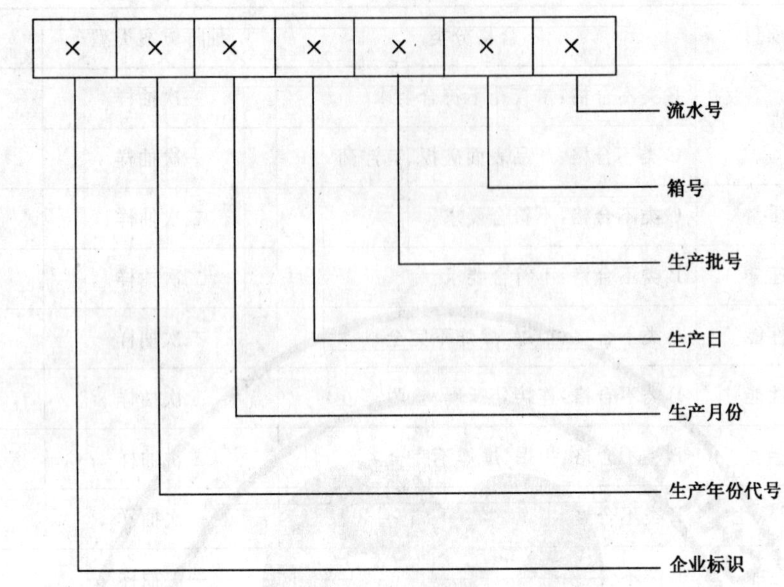

图 5 震源药柱编码示意图

8 包装

8.1 包装要求

8.1.1 震源药柱的包装采用瓦楞纸箱包装。瓦楞纸箱应符合 GB/T 6543 的规定。

8.1.2 同一规格的产品分单层或多层整齐地码放在箱内,层间宜用垫片隔开,每箱净质量不应超过 30 kg。

8.1.3 每一包装件内应附有产品合格证和使用说明书。产品合格证按 GB/T 14436 的规定编写,使用说明书按 GB 9969.1 的规定编写。

8.2 包装检验

8.2.1 包装检验的项目为第 7 章和 8.1 要求的所有项目。

8.2.2 包装检验的抽样方案和转移规则按 GB/T 2828.1 的规定进行,采用二次抽样方案,批质量指标为每百单位不合格数,不合格分类均为 B 类不合格,检验水平为Ⅱ,AQL 值为 6.5,样本单位为箱。

8.2.3 7.2～7.4 要求的项目可在生产工序中检验。

9 运输、贮存

9.1 运输

震源药柱的运输应符合国家有关危险货物运输的规定。

9.2 贮存

震源药柱应贮存于通风良好、干燥的库房内,不应与雷管共存放。

高爆速Ⅱ型以上产品(含Ⅱ型)保质期为 2 年,其余类型产品保质期为 1 年。

ICS 25.160.30
J 64

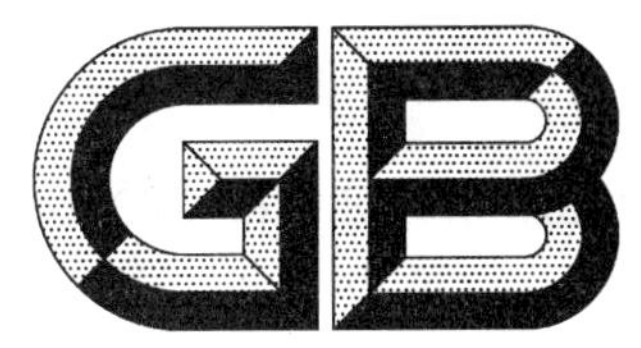

中华人民共和国国家标准

GB/T 15579.5—2005/IEC 60974-5:2002

弧焊设备安全要求
第5部分:送丝装置

Arc welding equipment—Part 5: Wire feeders

(IEC 60974-5:2002,IDT)

2005-05-17 发布 2005-12-01 实施

中华人民共和国国家质量监督检验检疫总局
中国国家标准化管理委员会 发布

前　言

本部分为《弧焊设备安全要求》系列标准的第5部分，等同采用IEC 60974-5:2002《弧焊设备安全要求　第5部分：送丝装置》。

《弧焊设备安全要求》涉及的范围为电弧焊机及其辅机具，预计结构是分为12个部分，目前已批准发布的是：

——第1部分：焊接电源(idt IEC 60974-1:2000)；

——第5部分：送丝装置(IEC 60974-5:2002,IDT)；

——第7部分：焊炬(枪)(IEC 60974-7:2000,IDT)；

——第11部分：电焊钳(eqv IEC 60974-11:1992)；

——第12部分：焊接电缆耦合装置(eqv IEC 60974-12:1992)。

本部分的附录A为规范性附录，附录B为资料性附录。

本部分由中国电器工业协会提出。

本部分由全国电焊机标准化技术委员会归口。

本部分起草单位：南通振康机械有限公司。

本部分起草人：汤子康。

本部分是首次制定。

弧焊设备安全要求　第5部分:送丝装置

1　范围

本部分规定了弧焊和类似工艺所用的送丝装置的安全要求和性能要求。

送丝装置与焊接电源之间可以是分体式的,也可以是一体式的。

送丝装置与手工焊炬或机械导向的焊炬配套使用。

2　规范性引用文件

下列文件中的条款通过GB 15579的本部分的引用而成为本部分的条款。凡是注日期的引用文件,其随后所有的修改单(不包括勘误的内容)或修订版均不适用于本部分,然而,鼓励根据本部分达成协议的各方研究是否可使用这些文件的最新版本。凡是不注日期的引用文件,其最新版本适用于本部分。

GB 4208—1993　外壳防护等级(IP代码)(eqv IEC 60529:1989)

GB 15579.1　弧焊设备安全要求　第1部分:焊接电源(GB/T 15579.1—2004,IEC 60974-1:2000,IDT)

GB/T 15579.7　弧焊设备安全要求　第7部分:焊炬(枪)(GB 15579.7—2005,IEC 60974-7:2000,IDT)

GB 12265.3—1997　机械安全　避免人体各部位挤压的最小间隙

IEC 61558-1:1997　电力变压器、电源装置及类似设备安全　第1部分:通用要求和试验

3　定义

下列定义适用于本部分。其他定义见GB 15579.1和GB/T 15579.7。

3.1

送丝装置　wire feeder

将焊丝输送至电弧或熔池,并能进行送丝控制的装置。该装置可带或不带送丝电源。

3.2

送丝控制　wire-feed control

用于控制送丝速度、操作程序和其他必要条件的电子或机械或机电配合的部件。

注:送丝控制部分可以置于送丝装置内部,也可以单独放置。

3.3

送丝轮　wire rolls

压紧焊丝并将机械力传送至焊丝的滚轮。

3.4

熔化极　wire electrode

传输焊接电流的实芯或管状焊丝。

3.5

焊丝　filler wire

实心或管状的填充金属丝,可以是焊接回路的组成部分。

3.6

焊丝的供给　filler wire supply

焊丝的起源处,通过它将焊丝送至传送机构中。

3.7

额定送丝速度范围　rated speed range

制造厂规定的每种规格焊丝的送丝速度范围。

3.8

输入电流　input current

送丝装置工作时所需的电流。

3.9

额定输入电流　rated input current

送丝装置在额定负载持续率下运行而不超过其额定温度时所需的电流。

3.10

额定输入电压　rated input voltage

送丝装置在额定状态下工作时需从外部电源得到的电压。

3.11

额定输入频率　rated input frequency

输入电压的频率。

3.12

送丝管　liner

输送焊丝的管道，可作为电缆软管的组成部分。

3.13

焊接电源回路　welding power circuit

焊接电源提供焊接能量的任何电路部分。

3.14

最大负载　maximum load

送丝装置在整个调节范围内，在额定负载持续率、额定送丝速度下，任何部件的温升不超过额定限值时所能施加的最大机械负载。

3.15

安全特低电压　safety extra low voltage(SELV)

在通过诸如安全隔离变压器这类装置与供电电源隔离的电路里，导体之间或导体与地之间的电压不超过交流 50 V 或直流无纹波电压 120 V。

注 1：具有特殊要求如允许直接接触带电体的情况下，最高电压可能要求低于交流 50 V 或直流无纹波电压 120 V。

注 2：由安全隔离变压器供电时，不论满载或空载都不应超过电压限值。

注 3："无纹波"通常是指纹波电压不超过直流的 10%的有效值电压；对通常 120 V 的无纹波直流系统来说，最大峰值电压不超过 140 V，而对 60 V 无纹波直流系统来说不能超过 70 V。

[选自 IEC 61558-1，3.7.16]

3.16

挤压区域　crushing zone

人体可能受到挤压伤害的部位。这些伤害来自于：

——两个运动的部件相向运动。

——某个运动部件朝一个固定的部件运动。

[选自 GB 12265.3]

4　一般要求

如果引用的内容在另外的标准条款中给出，则送丝装置还应符合该条款的要求。

5 环境条件

按 GB 15579.1 的相关要求。

6 试验条件

按 GB 15579.1 的相关要求。

6.1 型式试验

除非另有规定,否则所有的型式检验都应在同一台送丝装置上进行。

下列型式检验应按如下的顺序进行。

a) 一般外观检验,见 GB 15579.1;

b) 绝缘电阻,见 GB 15579.1(初步检验);

c) 热性能要求,见第 11 章;

d) 外壳,见 GB 15579.1;

e) 耐冲击性,见 GB 15579.1;

f) 提升装置,见 8.4;

g) 跌落试验,见 8.5;

h) 外壳防护等级,见 7.2.1;

i) 绝缘电阻,见 GB 15579.1;

j) 介电强度,见 GB 15579.1;

k) 一般外观复检,见 GB 15579.1。

本标准中上述未提及的其他检验可按任何方便的顺序进行。

6.2 例行检验

每台送丝装置都应依次通过下述例行检验。

a) 一般外观检验,见 GB 15579.1;

b) 保护性导体的连通,见 GB 15579.1(如果有);

c) 介电强度,见 GB 15579.1;

d) 一般外观复检,见 GB 15579.1。

7 电要求

7.1 绝缘

按 GB 15579 的相关要求。

7.2 正常使用中的防触电保护(直接接触)

7.2.1 外壳防护

送丝装置的最低防护等级应符合表 1 规定。

表 1 最低防护等级

试　验　部　位	室内使用	室外使用
电机和控制回路≤SELV	IP2X	IP23
电机和控制回路>SELV	IP21C	IP23C
潜在的带电部分(例如:焊丝、焊丝盘、送丝轮)	IPXX	IPX3
注:参见 8.8。		

按 GB 4208 检查合格与否。

如果本项试验后立即进行的介电强度试验符合 GB 15579.1 规定的要求,则认为送丝装置达到防水等级。

如果送丝装置是设计在室外使用的,则本项试验后焊丝上应无水的痕迹。

7.2.2 电容器

按 GB 15579.1 的相关要求。

7.2.3 输入电容器的自动放电

按 GB 15579.1 的相关要求。

7.3 发生事故时的防触电保护(非直接接触)

7.3.1 输入回路和焊接回路的隔离

按 GB 15579.1 的相关要求。

注:只需在加强绝缘或双重绝缘中选择一种。

7.3.2 焊接回路与机架之间的绝缘

焊接时有可能带电的部分(如:填充丝、焊丝盘、送丝轮)应与送丝装置的机架或其他采用基本绝缘的构件绝缘(见 GB 15579.1—2004 的表 1 和表 2)。

按 GB 15579.1 的要求检查其合格与否。

7.3.3 内部导体及其连接

按 GB 15579.1 的相关要求。

7.4 额定输入电压

额定输入电压应由符合 GB 15579.1 要求的焊接电源供给或由电压有效值不超过 120 V、满足 7.5 条要求的电源供给。

注:在工作环境受限制的场合,额定输入电压的限值见 GB 16895.8—2000(见参考资料[1]中的 706.471.2。[1])

7.5 接地

如果送丝装置的额定输入电压由焊接回路供给或为安全特低电压(SELV),则外露导体不需要接地。

如果送丝装置的额定输入电压高于 SELV,则外露导体应接地。接地端子应通过螺钉或螺栓固定在送丝装置的机架或机壳上,螺钉或螺栓在使用过程中不需要拆卸。不需要用焊接的方式紧固接地端子。

当采用保护性导体时,应防止由于泄漏电流而造成的损坏。例如可在保护性导体回路中设置检测泄漏电流的装置以在发生故障时切断焊接回路,或采取对有关金属部件绝缘的方法,如通过外壳绝缘。

通过目测和模拟下列故障检查其合格与否。

a) 施加不超过保护性接地导体所规定的额定电流值的电流;

b) 保护性接地导体中通以最大额定焊接电流而不损坏。

7.6 输入回路的过流保护

内部线路应采用诸如熔断器、断路器之类的过流保护装置加以保护。

如果送丝装置是与专用焊接电源配套使用的,则过流保护装置可以放置在焊接电源内部。

通过目测检查其合格与否。

7.7 电缆固定装置

如果送丝装置的输入电压比安全特低电压高,且不是由焊接回路供电的,则其输入电缆的固定装置应满足 GB 15579.1 的要求。

7.8 插座的安装

按 GB 15579.1 的相关要求。

7.9 出线孔

按 GB 15579.1 的相关要求。

7.10 外部控制回路

按 GB 15579.1 的相关要求。

7.11 吊运装置的绝缘

如果焊接过程中送丝装置需要悬挂起来，则悬挂装置应与送丝装置的外壳电气绝缘。

使用说明书中应给出警示性的说明，以告知使用者当采用支撑物方式支撑送丝装置而不是悬挂送丝装置时，送丝装置的外壳和支撑物之间应绝缘。

通过目测检查其合格与否。

8 机械要求

8.1 送丝装置

送丝装置的结构和装配应具有在正常使用条件下所需的强度和刚度，保证在最小电气间隙的情况下不出现电击或其他危险，并应对运动部件（如皮带、滑轮、风扇和齿轮等）加以防护。

经 8.1～8.5 条试验后，送丝装置应符合本标准要求。试验后，允许结构件或外壳有些变形，但不能增加触电等危险性。

易接近部件应无可能伤人的锐边、粗糙表面或凸出的部分。

经 8.1～8.7 条的试验后，目测检查其合格与否。

8.2 外壳

按 GB 15579.1 的相关要求。

8.3 手把、按钮等的耐冲击性

按 GB 15579.1 的相关要求。

8.4 提升装置

按 GB 15579.1 的相关要求。试验时送丝装置应装上其设计规定的最大规格和重量的焊丝盘，不包括其他附件。

8.5 跌落

分体式的送丝装置应能承受 GB 15579.1 规定的跌落试验。在计算送丝装置的质量时不考虑焊丝盘的重量，但在试验过程中送丝装置应装上其设计规定的最大规格和重量的焊丝盘，不包括其他附件。

如果送丝装置是固定式的，如永久性地固定在机械设备上，则不做此项试验。

8.6 焊丝的供给

8.6.1 焊丝支撑架

焊丝的支撑架应具足够的强度和刚性以支撑制造厂以推荐使用的装有最大规格和重量的焊丝盘。

通过目测和 8.5 条试验检查其合格与否。

8.6.2 焊丝盘止动装置

焊丝盘的止动装置应设计成在正常转动、起动和停止期间不会造成松动或焊丝盘脱离其安装位置的现象。

通过目测和下列试验检查其合格与否。

送丝装置装上制造厂推荐的装有最大规格和最重焊丝的焊丝盘后，将送丝装置放置在与水平面成 15°角的平面上，以便在焊丝盘止动装置上产生最大负载。送丝装置在最高送丝速度下不断地起动和停止 100 次。止动装置应无松动现象。

8.6.3 焊丝溢出

在正常转动、起动和停止过程中，应采用能防止焊丝从焊丝盘中溢出的装置。该装置的最小电气间隙应符合 GB 15579.1 的要求。

通过 8.7 条试验检查其合格与否。

8.7 送丝

送丝装置应具有通过焊炬输送焊丝的能力。焊炬应符合制造厂的规定。

通过下列试验检查其合格与否。

在下述条件下，分别在最小和最大控制档测量送丝速度(用转速表测量或测量单位时间内输送焊丝的长度)。

a) 从送丝装置的起始处，将电缆软管组件绕一半径为0.3 m的圈。如果电缆软管组件比较长，绕一圈后的剩余部分应拉直。

b) 8.6.3条要求调节焊丝溢出装置。

c) 所有部件，如矫直器、导丝嘴、套管等应处于正常焊接时的位置。

如果在最小控制档下测得的送丝速度小于或等于额定最小送丝速度，而在最大控制档下测得的送丝速度等于或大于额定最大送丝速度，则认为此项试验合格。

8.8 机械危险性的防护

送丝装置应有以下防护：

a) 防止在操作过程中意外触及运动部件(如送丝轮、齿轮)；

注：触及一个运动部件不一定会产生危险。

示例1：

送丝装置的齿轮的防护可以通过其设计、或将其凹入进口孔的端面、或采用带铰链的盖板、或防护板来实现。

b) 在以下情况下防止人体部位受到挤压

1) 将焊丝导入送丝装置时

示例2：

通过下述方法进行防护

——低速导送焊丝；

——接通开关时，轻轻推进焊丝(手动控制)；

——送丝装置的机械结构设计成可以在不起动驱动电机的情况下将焊丝导入驱动系统。

2) 焊丝盘的操作

示例3：

为焊丝盘设计一个不影响送丝装置运行的外壳。

在送丝装置的机架和焊丝盘之间，为避免未全封闭的焊丝盘对手指造成伤害而采取的保护措施包括：

——机架和焊丝盘之间的最大距离不应超过6 mm；

——或者机架和焊丝盘之间的距离大于或等于30 mm；

——加装遮挡装置，如折转的挡板(机架和焊丝盘之间的距离小于30 mm时)。

通过目测检查其合格与否。

9 冷却系统

液体冷却的送丝装置应能在送丝装置进口处压力为0.5 MPa、温度为70℃的情况下正常运行，无泄漏现象。

施加0.75 MPa的力、持续30 s，通过测量和目测检查其合格与否。

10 保护气

如果保护气通过送丝装置，则在气阀关闭、进气压力为0.5 MPa的情况下，送丝装置应能正常运行，无泄漏现象。

堵住出气口，在进气口处施加7.5 bar(0.75 MPa)的压力，持续30 s，通过目测检查其合格与否。

11 热性能要求

如果采用手工焊炬，送丝装置应能在60％负载持续率下(6 min通电，4 min断电)运行而不超过各部件的额定温度。

如果送丝装置与焊接电源处于同一个机箱内,则送丝装置应能在焊接电源所规定的最大负载持续率和相应的额定最大焊接电流下正常工作。

如果采用机械导向的焊炬,送丝装置应能在100%负载持续率下运行而不超过各部件的额定温度。

对于液体冷却的送丝装置,试验应在制造厂推荐的最小冷却流量、最高冷却液温度的情况下进行。

此外,在工作周期为6 min,即4 min通电、2 min断电的情况下进行试验也应满足上述要求。

送丝装置内的带电部件应能承受额定焊接电流而不会出现下述情况:

a) 超过带电部件规定的温升限值,和

b) 超过GB 15579.1—2004中表7规定的表面温度。

按GB 15579.1规定的要求,通电机最大负载所对应的电流,通过测量检查其合格与否。

12 铭牌

对于单独装配的送丝装置,每台都应固定安装或印制一块标记清晰且不易擦掉的铭牌,铭牌上至少标出以下内容:

a) 制造厂、销售商或进口商的名称和地址,如需要的话标出商标及原产国名;

b) 型号;

c) 出厂日期,如顺序号;

d) U_1 额定输入电压及频率;

e) I_1 最大负载下的额定输入电流;

f) IP外壳防护等级,如IP21或IP23;

g) $I_2$100%(连续负载)和60%负载持续率下的额定焊接电流;

h) 本标准号。

通过目测和GB 15579.1规定的摩擦试验,检查其合格与否。

13 送丝速度的指示

如果送丝装置装有送丝速度指示装置,则速度的单位应采用m/min或inch/min,指示精度应为:

a) 最大档的25%和100%之间时:真值的±10%;

b) 最大档的25%以下时:最大档的±2.5%。

负载、输入电压和温升变化所引起的送丝速度变化率应按附录A给出的方法进行测量。

按8.7条规定,在送丝装置的整个调节范围内,通过测量和计算检查其合格与否。

14 使用说明书及标识

每台送丝装置都应附有使用说明书和标识。

14.1 使用说明书

使用说明书应包括以下内容:

a) 总的说明;

b) 气瓶的正确操作和防护方法;

c) 指示、标记和图示符号的说明;

d) 与焊接电源的有关要求,如控制电源、控制信号、静态特性和连接方式;

e) 焊丝的最大和最小规格;

f) 焊丝盘的规格、质量和型号;

g) 焊丝的类型;

h) 额定送丝速度范围;

i) 保护气体的类型及压力范围;

j) 冷却液的类型及压力范围；

k) 送丝装置的正确使用方法，如焊丝规格、焊丝类型、驱动滚轮和焊枪要求；

l) 焊接能力、负载限制和有关的热保护说明；

m) 所提供的防护等级的使用限制说明；

n) 有关工作场所工作人员人身安全的注意事项，例如防触电、防烟尘和气体、防电弧辐射、防炽热金属和飞溅；

o) 在触电危险性较大的环境、易燃环境、易燃物、密闭容器、高空情况下进行焊接时，应提供的特殊防护措施；

p) 送丝装置的维修须知；

q) 有关的线路图和常用的备件清单；

r) 如果送丝装置放置在倾斜的平面上，应采取的防倾翻措施；

s) 有关机械危险的注意事项，例如在导丝或更换焊丝盘时不能带手套。

可以给出绝缘等级、污染等级及与计算机控制系统的连接方式等其他说明。

通过阅读使用说明书检查其合格与否。

14.2 标识

除 GB 15579.1 中有关条款的规定外，还增加以下内容：

a) 冷却液的进口和出口标识；

b) 保护气体的进气口和出气口标识。

附 录 A
（规范性附录）
送丝速度变化率的测定
（见第 13 章）

A.1 负载变化所引起的送丝速度变化率

在额定送丝速度档，当负载从其最大值的 50%变化至最大值时，送丝速度的变化率应通过下式进行计算：

$$r_1 = \frac{v_{11} - v_{12}}{v_{12}} \times 100(\%) \qquad \cdots\cdots(A.1)$$

式中：

r_1——负载变化所引起的送丝速度变化率，%；

v_{11}——50%最大负载时的送丝速度，m/min；

v_{12}——最大负载时的送丝速度，m/min。

在做本项试验之前，送丝装置至少应在 50%最大负载下运行 0.5 h。

取 r_1 的最大值。

A.2 输入电压变化所引起的送丝速度变化率

在额定送丝速度档，当输入电压在其额定值的±10%之间变化时，送丝速度的变化率应通过下式进行计算：

$$r_u = \frac{v_{u1} - v_{u2}}{v_{u2}} \times 100(\%) \qquad \cdots\cdots(A.2)$$

式中：

r_u——输入电压变化所引起的送丝速度变化率，%；

v_{u1}——±10%额定输入电压时的送丝速度，m/min；

v_{u2}——额定输入电压时的送丝速度，m/min。

在做本项试验之前，送丝装置至少应在 50%最大负载下运行 0.5 h。

取 r_u 的最大值。

A.3 温度变化所引起的送丝速度变化率

在额定送丝速度档、最大负载下，当送丝装置的温度由室温升至工作温度时，送丝速度的变化率应通过下式进行计算：

$$r_t = \frac{v_{t1} - v_{t2}}{v_{t2}} \times 100(\%) \qquad \cdots\cdots(A.3)$$

式中：

r_t——温度变化所引起的送丝速度变化率，%；

v_{t1}——送丝装置在室温时的送丝速度，m/min；

v_{t2}——送丝装置在工作温度下的送丝速度，m/min。

环境温度（室温）的允差应控制在±5℃之间。

取 r_t 的最大值。

附 录 B
（资料性附录）
定义和术语索引
（见第3章）

参 考 资 料

[1] GB 16895.8—2000 建筑物电气装置 第7部分:特殊设施或场所的要求 第706节:狭窄的可导电场所(idt IEC 60364-7-706:1983)

ICS 25.160.30
J 64

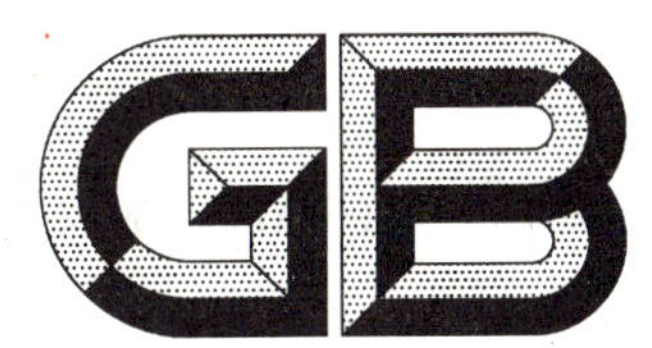

中华人民共和国国家标准

GB/T 15579.7—2005/IEC 60974-7:2000

弧焊设备安全要求 第7部分:焊炬(枪)

Arc welding equipment—Part 7:Torches

(IEC 60974-7:2000,IDT)

2005-05-17 发布　　2005-12-01 实施

中华人民共和国国家质量监督检验检疫总局
中国国家标准化管理委员会　发布

前　言

本部分为《弧焊设备安全要求》系列标准的第7部分，等同采用IEC 60974-7:2000《弧焊设备安全要求　第7部分：焊炬(枪)》。

《弧焊设备安全要求》涉及的范围为电弧焊机及其辅助机具，预计结构是分为12个部分，目前已批准发布的是：

——第1部分：焊接电源(idt IEC 60974-1:2000)

——第5部分：送丝装置(IEC 60974-5:2002,IDT)

——第7部分：焊炬(枪)(IEC 60974-7:2000,IDT)

——第11部分：电焊钳(eqv IEC 60974-11:1992)

——第12部分：焊接电缆耦合装置(eqv IEC 60974-12:1992)

本部分的附录B为规范性附录，附录A、附录C、附录D、附录E、附录F为资料性附录。

本部分由中国电器工业协会提出。

本部分由全国电焊机标准化技术委员会归口。

本部分起草单位：广州阿比泰克焊接技术有限公司、常州市金球焊割设备有限公司、任丘松源焊枪制造有限公司。

本部分起草人：刘尔斌、肖吉武、颜世光。

本部分是首次制定。

弧焊设备安全要求
第7部分:焊炬(枪)

1 范围

本部分规定了弧焊和类似工艺使用的焊炬(枪)的安全要求和结构要求。

焊炬(枪)包括焊炬(枪)的主体、电缆软管组件和其他有关部件。

本部分不适用于手工电弧焊使用的电焊钳和空气切割/气刨使用的割炬。

2 规范性引用文件

下列文件中的条款通过GB 15579的本部分的引用而成为本部分的条款。凡是注日期的引用文件,其随后所有的修改单(不包括勘误的内容)或修订版均不适用于本部分,然而,鼓励根据本部分达成协议的各方研究是否可使用这些文件的最新版本。凡是不注日期的引用文件,其最新版本适用于本部分。

GB 4208—1993 外壳防护等级(IP代码)(eqv IEC 60529:1989)

GB/T 7676.2—1998 直接作用模拟指示电测量仪表及其附件 第2部分:电流表和电压表的特殊要求(idt IEC 60051-2:1984)

GB 15579.1—2004 弧焊设备 第1部分:焊接电源(GB 15579.1—2004,IEC 60974-1:1998,IDT)

GB/T 16935.1—1997 低压系统内设备的绝缘配合 第1部分:原理、要求和试验(idt IEC 60664-1:1992)

IEC 60050(151):1978 国际电工名词术语(IEV) 第151章:电磁装置

IEC 60050(851):1991 国际电工名词术语(IEV) 第851章:电焊

IEC 61558-1:1997 电力变压器、电源装置及类似设备安全 第1部分:通用要求和试验

3 定义

IEC 60050(151)、IEC 60050(851)和GB/T 16935.1确立的术语以及下列定义适用于本部分。

其他的相关术语见附录A。

3.1

焊炬 torch

在弧焊、切割或类似工艺过程中,能提供维持电弧所需电流、气体、冷却液、焊丝等必要条件的装置。

3.2

焊枪 gun

一种手柄与焊炬(枪)主体基本垂直的焊炬。

3.3

焊炬(枪)主体 torch body

焊炬(枪)中用于连接其他零部件和电缆软管组件的主体部件。

3.4

手柄 handle

设计用于操作人员手持的部分。

3.5

气体喷嘴　gas nozzle

装在焊炬(枪)前端的出口处用于引导保护气体以保护电弧和熔池的部件。

3.6

不熔化极　non-consumable electrode

本身不提供填充金属的弧焊电极。

3.7

熔化极　wire electrode

传输焊接电流的实心或管状焊丝。

3.8

导电嘴　contact tip

装在焊炬(枪)前端的可更换的部件,用于传递焊接电流及引导焊丝。

3.9

电缆软管组件　cable-hose assembly

将所有输入要素传输至焊炬(枪)主体的柔性组件,由电缆、软管及连接件组成。

3.10

手工焊炬(枪)　manual torch

由操作人员手持并手动导向的焊炬(枪)。

3.11

机械导向焊炬(枪)　mechanically guided torch

由机械装置夹持并导向的焊炬(枪)。

3.12

气冷式焊炬(枪)　air-cooled torch

由周围空气冷却,适当部位由保护气体冷却的焊炬(枪)。

3.13

液体冷却式焊炬(枪)　liquid-cooled torch

通过冷却液进行冷却的焊炬(枪)。

3.14

电动式焊炬(枪)　motorized torch

自带电机以带动焊丝运动的焊炬(枪)。

3.15

带焊丝盘的焊炬(枪)　spool-on torch

装有焊丝盘的电动式焊炬(枪)。

3.16

引弧和稳弧电压　arc striking and stabilizing voltage

为引弧或维弧需要而在焊接回路中叠加的电压。

3.17

填充金属　filler metal

焊接或类似工艺过程中所需填加的金属材料。(选自 IEV 851-04-24)。

3.18

焊丝　filler wire

实心或管状的填充金属丝,可以是焊接回路的组成部分。

3.19

等离子弧喷嘴　plasma tip

具有压缩孔以压缩等离子气流的部件。

3.20

一般外观检查　general visual inspection

用肉眼观察来证实产品不存在与有关标准明显不符合的缺陷。(选自 GB 15579.1—2004,3.7)

3.21

等离子弧切割系统　plasma cutting system

等离子弧切割或气刨所需的电源、割炬及相关的安全装置所构成的完整系统。

3.22

等离子弧切割电源　plasma cutting power source

提供电流和电压以及保护气体和冷却液,并具有适合于等离子弧切割或气刨所需特性的设备。

注 1:等离子弧切割电源也可为其他设备和辅机提供辅助电源、冷却液及气体等。

注 2:在下文中使用"切割电源"一词。

(选自 GB 15579.1—2004,3.1)

3.23

安全特低电压　safety extra low voltage (SELV)

在通过诸如安全隔离变压器这类装置与供电电源隔离的电路里,导体之间或导体与地之间的电压不超过交流 50 V 或直流无纹波电压 120 V。

注 1:具有特殊要求如允许直接接触带电体的情况下,最高电压可能要求低于交流 50 V 或直流无纹波电压 120 V。

注 2:由安全隔离变压器供电时,不论满载或空载都不应超过电压限值。

注 3:"无纹波"通常是指纹波电压不超过直流的 10%的有效值电压;对通常 120 V 的无纹波直流系统来说,最大峰值电压不超过 140 V,而对 60 V 无纹波直流系统来说不能超过 70 V。

(选自 IEC 61558-1,3.7.16)

4　环境条件

a)　周围环境空气温度范围

——在焊接期间　　−10℃～+40℃

——在运输和存储过程中　　−25℃～+55℃

b)　空气相对湿度　　20℃时不超过 90%

5　分类

焊炬(枪)按下述原则分类:

a)　按工艺方法进行分类,见 5.1;

b)　按导向方式进行分类,见 5.2;

c)　按冷却方式进行分类,见 5.3;

d)　按等离子弧焊接工艺中的引弧方式进行分类,见 5.4。

5.1　工艺方法

焊炬(枪)应能用于下述工艺:

a)　MIG/MAG 焊(包括 CO_2 焊);

b)　自保护药芯焊丝电弧焊;

c)　TIG 焊;

d)　等离子弧焊接;

e) 埋弧焊；

f) 等离子弧切割/气刨。

5.2 导向方式

a) 手工；

b) 机械。

5.3 冷却方式

a) 通过空气或保护气体冷却，见 3.12；

b) 通过冷却液进行冷却，见 3.13。

5.4 等离子弧工艺中的引弧方式

a) 通过施加引弧电压引弧；

b) 通过引导弧来引弧；

c) 接触引弧。

6 试验条件

所有试验应在新的、装配完整并已装上电缆软管组件的焊炬(枪)上进行。

所有试验应在 10℃～40℃的环境温度下进行。

测量仪器的精度或准确度要求：

a) 电气测量仪表：0.5 级(满量程的±0.5%，见 GB/T 7676.2)。绝缘电阻和介电强度测量时例外，对于测量绝缘电阻和介电强度的仪器的精度没有规定，但测量时应考虑精度问题；

b) 温度计：±2 K。

6.1 型式检验

下面给出的所有型式检验应在同一把焊炬(枪)上按以下顺序进行。

a) 一般外观检查；

b) 耐冲击，见第 11 章；

c) 耐焊接飞溅物，见第 10 章；

d) 防直接接触，见 7.4；

e) 绝缘电阻，见 7.2；

f) 介电强度，见 7.3；

g) 一般外观检查。

温升试验可以在另外一把焊炬(枪)上按 8.2 条进行，随后按第 9 章进行密封性试验。

6.2 例行检验

每把焊炬(枪)都应依次通过下述例行检验。

a) 一般外观检查；

b) 制造厂规定的功能性试验，例如：冷却液或气体的密封性、焊炬(枪)的触发功能。

7 防触电保护

7.1 电压的额定限值

焊炬(枪)电压的额定限值见表 1。

7.2 绝缘电阻

新的焊炬(枪)经湿热处理后，其绝缘电阻不应低于表 1 规定值。

表 1 焊炬(枪)电压的额定限值

分 类	电压额定限值 V(Peak)	绝缘电阻 MΩ	介电强度 V(r. m. s.)	防护等级		
				喷嘴出口	手柄	其他部分
手工操作的焊炬(枪),等离子弧切割除外	113	1	1 000	IP0X	IP3X	IP3X
机械夹持的焊炬(枪),等离子弧切割除外	141	1	1 000	IP0X	不适用	IP2X
手工操作的等离子弧割炬	500	2.5	2 100	等离子喷嘴,见 7.4.1	IP4X	IP3X
机械夹持的等离子弧割炬	500	2.5	2 100	IP0X	不适用	IP2X

通过下述试验检查其合格与否。

a) 湿热处理

湿热箱的温度 t 应在 20℃～30℃之间,相对湿度在 91%～95%之间。

先使装配了电缆软管组件的焊炬(枪)(液体冷却式焊炬(枪)不通冷却液)的温度达到 t℃～(t+4)℃,然后在湿热箱内放置 48 h。

b) 绝缘电阻测量

湿热处理后,立即将焊炬(枪)擦干,并用金属箔包裹在电缆软管组件距焊炬(枪)主体 1 m 处的绝缘体的外表面上。

在下列部位施加 500 V 直流电压,测量绝缘电阻:

——所有回路与金属箔之间;

——焊炬(枪)中,焊丝与必须和其隔离的回路之间。

c) 测量值稳定后读取读数。

7.3 介电强度

焊炬(枪)的绝缘部分应能承受表 1 规定的试验电压而无闪络或击穿现象。

对于手工操作的等离子弧切割用割炬的手柄和切割回路之间应能承受有效值为 3 750 V 的试验电压。

试验用的交流电压频率为 50 Hz 或 60 Hz,波形为近似正弦波,峰值不超过表 1 中电压有效值的 1.45倍。

也可用数值为交流有效值 1.4 倍的直流电压进行试验。

如果焊炬(枪)与叠加有引弧和/或稳弧电压的焊接电源配套使用,则焊炬(枪)的绝缘应能承受高频脉冲电压试验,脉冲电压的脉宽为 0.2 μs～8 μs,频率 50 Hz～300 Hz,电压值比额定引弧电压和/或稳弧电压高 20%。也可用频率为 50 Hz 或 60 Hz 的近似正弦波的交流试验电压进行试验。

通过下列试验检查其合格与否。

对于液体冷却式焊炬(枪),当电压的额定峰值在 141 V 及以下时,试验时不通冷却液。

用金属箔将手柄裹紧。整个电缆及其软管组件同一个导电体的表面接触,例如:将电缆及其软管组件缠绕在一个圆柱形的金属上或一个平的金属表面上。金属箔与该导电体的表面电气接触。

注:在对等离子弧割炬进行介电强度试验时,电极和等离子弧喷嘴应电气连接。

试验电压满值的持续时间为 60 s,施加试验电压的部位为:

a) 导电体的表面与各隔离的回路之间。

b) 所有相互隔离的回路之间。

试验电压应缓慢地升至满值。

过载断路的最大值设定在 100 mA。高压变压器断路前应能提供规定的电压。过流检测断路装置的动作应视为介电强度试验不合格。

如果焊炬(枪)与叠加有引弧和/或稳弧电压的焊接电源配套使用,则焊炬(枪)应能承受高频电压试验。高频电压的满值时间应持续 2 s,施加高频电压的部位为电极与:

c) 导电体的表面。

d) 其他隔离的回路。

试验过程中不应出现闪络或击穿现象。不使电压降低的任何放电可以忽略不计。

7.4 正常使用中的防触电保护(直接接触)

7.4.1 等离子弧割炬的附加要求

等离子弧割炬与其配套的切割电源应构成一个安全系统。

焊接/切割回路的带电部分与控制回路应能按表 1 规定防止直接接触。

等离子弧喷嘴由于技术上的需要不能防止直接接触,则在下列情况下视为已经进行了有效的防护:

a) 无电弧时:如果等离子弧喷嘴与工件和/或地之间的电压不高于安全特低电压(SELV),和

b) 有电弧时:

1) 将焊炬(枪)垂直于平面放置,按 GB 4208 要求试指不能触及到等离子弧喷嘴;或

2) 等离子弧喷嘴与工件和/或地之间的直流电压峰值在任何情况下不超过 113 V。

如果符合上述要求,应在说明书中加以说明。

按 GB 4208 的要求,进行下列试验检查合格与否:

——对于 a)和 b)2):将割炬与相应的等离子弧切割电源配套,按 GB 15579.1 中 11.1 条进行测量;

——对于 b)1):按 GB 4208 做试指试验。

8 热额定性能

焊炬(枪)的负载持续率可以为 100%、60%或 35%。

8.1 温升

焊炬(枪)手柄的手持部位的外表面任何一处的温升不应超过 30 K。

电缆软管组件的外表面任何一处的温升不应超过 40 K。

试验后,焊炬(枪)的安全性和操作性不应降低。

通过 8.2 的温升试验检查其合格与否。

8.2 温升试验

焊炬(枪)通以额定负载持续率所对应的额定电流,见第 8 章。

对于直流电应通以直流平均值,并且按 8.2.1 和 8.2.2 选择极性。

在最热点测量温度:

a) 手柄部分:通常是焊工手持部位,和

b) 电缆软管组件。

试验场地应无空气流动和辐射。

焊炬(枪)的夹紧装置不应对试验结果有明显的影响,如散热因素。

液体冷却式焊炬(枪)应按制造厂规定的冷却液体流量连续通冷却液。

温升试验过程中,电缆软管组件进口处的冷却液的温度应为环境温度加上(10±5) K,压力为制造厂规定的最低值。

温升试验应进行到温度上升的速率不超过 2 K/h 时为止,试验时间应不少于 30 min。

工作周期应为 10 min。

如果焊炬(枪)的负载持续率为 100%,则温度的测量应在温升试验的最后 10 min 进行。对于其他负载持续率,温度的测量应在温升试验的最后循环周期中负载时间一半的时候进行。

在温升试验的最后循环周期中测量环境温度,测温装置放置在距离焊炬(枪)2 m、高度与焊炬(枪)

相同处,并且要防止气流和辐射热的影响。

8.2.1 **惰性气体保护焊/活性气体保护焊(MIG/MAG 焊)焊炬(枪)和自保护药芯电弧焊焊炬(枪)**

根据焊接工艺选择金属管的直径和长度,例如选择一根直径 400 mm、长度为 500 mm 的管,将其水平地夹紧在旋转装置上,管内通冷却水。

焊炬(枪)放置在垂直于管子轴线的平面上,其手柄位于较冷的一端,焊丝与垂直方向呈 $15_{-15}^{\ 0}$(见图 B.1)。

焊炬(枪)平行于管子中心线移动以形成焊缝。

a) 铝合金的惰性气体保护电弧焊(MIG 焊)的试验条件,见表 2。

——焊丝: 含 3%Mg~5%Mg 的铝

——电压类型: 直流

——极性: 电极接正

——保护气体: Ar

——管子材质: 铝合金

——负载电压和焊接速度: 调节至电弧稳定、形成连续焊缝

表 2 铝合金惰性气体保护电弧焊(MIG 焊)的试验参数值

焊接电流 A	焊丝直径 mm	导电嘴与金属管的间距 ±20% mm	气体流量 ±5% L/min
<150	0.8	10	10
151~200	1	15	12
201~300	1.2	18	15
301~350	1.6	22	18
351~500	2	26	20
>500	2.4	28	20

b) 低碳钢的活性气体保护电弧焊(MAG 焊)的试验条件,见表 3。

——焊丝: 低碳钢

——电压类型: 直流

——极性: 电极接正

——保护气体: Ar/CO_2 混合气体(15%CO_2~25%CO_2)

——管子材质: 低碳钢

——负载电压和焊接速度: 调节至电弧稳定、形成连续焊缝

如果使用说明书规定的 CO_2 保护气体为其他数值时,则应使用这种气体按表 3 给出的试验条件进行试验。

表 3 低碳钢活性气体保护电弧焊(MAG 焊)的试验参数值

焊接电流 A	焊丝直径 mm	导电嘴与金属管的间距 ±20% mm	气体流量 ±5% L/min
<150	0.8	10	10
151~250	1	15	13
251~350	1.2	18	15
351~500	1.6	22	20
>500	2	26	25

c) 药芯焊丝的活性气体保护电弧焊(MAG焊)的试验条件,见表4。

——焊丝: 钛型

——电压类型: 直流

——极性: 电极接正

——保护气体: Ar/CO_2 混合气体(15%CO_2~25%CO_2)

——管子材质: 低碳钢

——负载电压和焊接速度: 调节至电弧稳定、形成连续焊缝

表4 药芯焊丝活性气体保护电弧焊(MAG焊)的试验参数值

焊接电流 A	焊丝直径 mm	导电嘴与金属管的间距 ±20% mm	气体流量 ±5% L/min
251~350	1.2~1.4	25	15
351~500	1.6~2	30	18
>500	2.4	35	20

d) 低碳钢的自保护药芯焊丝电弧焊的试验条件,见表5。

——焊丝: 1型:是设计用于全位置焊接、含有速凝熔剂的一种焊丝
2型:是设计用于高熔敷率平焊和船型位置焊的一种焊丝

——电压类型: 直流

——极性: 1型焊丝:接负
2型焊丝:接正

——管子材质: 低碳钢

——负载电压和焊接速度: 调节至电弧稳定、形成连续焊缝

表5 低碳钢自保护药芯焊丝电弧焊的试验参数值

焊接电流 A	焊丝类型	焊丝直径 mm	导电嘴与金属管的间距 ±20% mm
<250	1	<1.2	20
251~350	2	1.6~2.0	50
351~500	2	2.4~3.0	50
>500	2	≥3.2	60

8.2.2 钨极惰性气体保护焊(TIG焊)和等离子弧焊焊炬(枪)

试验时应使用一个有水冷或无水冷的铜块(见附录C),焊炬(枪)放置的位置应垂直于铜块上的水平面(见图B.2和图B.3)。

对于等离子弧焊炬(枪),所用保护气体和气体流量应按制造厂使用说明书的规定。

试验装置应按图A.6配置。

焊炬(枪)的标称交流焊接电流值规定为标称直流焊接电流值的70%。

a) 钨极惰性气体保护电弧焊(TIG焊)的试验条件,见表6。

——电极类型: 钨合金

——电极直径: 按制造厂推荐的最大试验电流所对应的电极直径

——电压类型: 直流

——极性: 电极接负

——保护气体：　　　　　　Ar
——管子材质：　　　　　　铝合金
——负载电压：　　　　　　调节至电弧稳定、形成连续焊缝

表 6　钨极惰性气体保护电弧焊(TIG 焊)的试验参数值

焊接电流 A	气体流量 ±5% L/min	气体喷嘴与铜块的间距 ±1 mm mm	电极与铜块的间距 ±1 mm mm
<150	7	8	3
151～250	9	10	5
251～350	11	10	5
351～500	13	10	5
>500	15	10	5

b)　等离子弧焊的试验条件，见表 7。
——电压类型：　　　　　　直流
——极性：　　　　　　　　电极接负
——保护气体和气体流量：　按制造厂规定

表 7　等离子弧焊的试验参数值

焊接电流 A	等离子弧喷嘴与铜块的间距 ±1 mm mm
<30	3
31～50	3
51～100	3
101～150	4
151～200	6
201～250	8
251～280	8
>280	10

8.2.3　等离子弧割炬

等离子弧割炬应在下列条件下进行试验：

a)　以额定焊接电流和相应的额定负载持续率进行试验，见第 8 章；

b)　气体类型和额定气体流量按制造厂规定；

c)　按制造厂规定的等离子弧喷嘴与工件之间的距离，在下述的试验中选择一项进行试验：

1)　附录 D 给出的带有孔的铜块或类似的铜块(适用于 75 A 以下的割炬)：
割炬放置的位置应垂直于铜块的上水平面，并对准孔。

2)　附录 E 给出的带有槽的铜棒或类似的铜棒(适用于 200 A 以下的割炬)：
割炬放置的位置应垂直于铜棒的上水平面，沿中心往复行走约 500 mm。

3)　切割(适用于所有切割电流)：
割炬放置的位置垂直于制造厂规定的额定电流所对应的最大厚度的低碳钢板或低碳钢管；
切割速度应保证足以将切割件切透；

负载持续率低于 100%的割炬每次停止切割后都要重新引弧切割,所有割缝都应在钢板的边缘引弧。

4) 等效于 1)、2)或 3)的其他方法。

9 冷却系统的压力

液体冷却式焊炬(枪)的冷却系统应能承受 70℃温度、0.5 MPa 的压力而无泄漏现象。

按 8.2 条进行温升试验后,立即通过测量和目视检查其合格与否。

10 耐焊接飞溅物

手柄和电缆软管组件(不包括耦合装置)的绝缘应能承受热颗粒和正常数量的焊接飞溅物的影响而不致燃烧或出现不安全的因素。

机械导向的焊炬(枪)的试验由制造厂规定。

手工焊炬(枪)应按下述的方法进行试验。

用图 1 所示装置检查其合格与否。

单位:mm

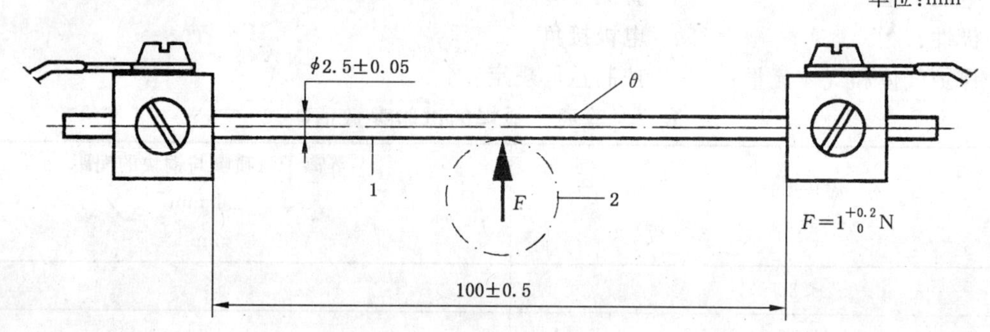

1—18/8 CrNi 钢;

2—焊炬(枪)手柄;

θ—试验温度。

图 1 耐焊接飞溅物试验装置

将加热棒通以大约 23 A 的电流,使其达到 250^{+5}_{0}℃的热稳定状态。用温度计或热电偶测量温度。而后将处于水平位置的加热棒置于绝缘层的最薄弱点(例如:绝缘厚度最薄处和最接近带电体处),持续 2 min。加热棒不应穿透绝缘层和触及带电体。在焊炬(枪)的手柄处,加热棒应置于绝缘层的最薄处和内部导体离手柄表面的最近处。用电火花或小火试着点燃接触部位逸出的气体。如果气体是可燃的,在移开加热棒后,燃烧应立即停止。

试验后,手柄和电缆软管组件应满足第 7 章要求。

11 耐冲击

本条款不适用于带焊丝盘的、机械导向的和电动式焊炬(枪)。

焊炬(枪)应有足够的机械强度,能保证在按要求使用的情况下不会出现影响安全和操作性能的损伤。

陶瓷喷嘴之类的易碎性部件,如果损坏后会殃及操作性能但不影响安全性,可在试验后更换。

通过下述冲击试验和目测检查其合格与否。

在焊炬(枪)所带电缆软管组件的 3 m 处,将电缆软管组件固定在 0.8 m 高的工作台上,如图 2 所示。焊炬(枪)手柄的高度为 1 m。

焊炬(枪)手柄在无初速度的情况下释放作自由落体至硬性的物体上,如钢板。试验重复 10 次,焊炬(枪)以不同的部位着落。

试验后，手柄和电缆软管组件应满足第7章要求，并能正常工作。

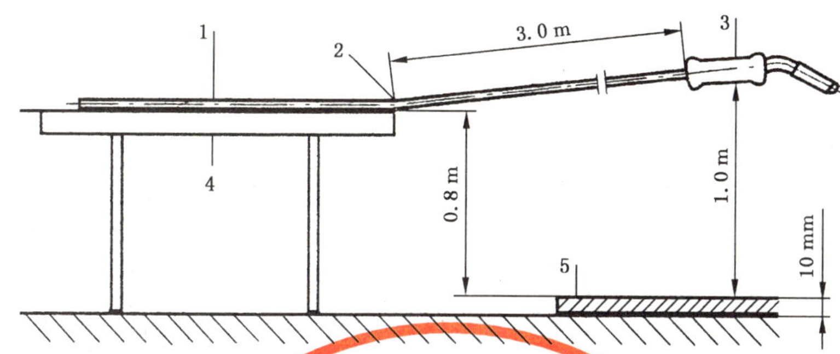

1—电缆软管组件；

2—固定位置；

3—焊炬(枪)手柄；

4—工作台；

5—钢板。

图2 冲击试验装置

12 标记

焊炬(枪)上应清晰并永久性地标出以下信息：

a) 制造厂、销售商、进口商名称或注册商标；

b) 制造厂给定的型号；

c) 本标准号，以确认该焊炬(枪)符合本标准要求。

例如：制造厂—型号—标准

XXX—YYY—IEC 60974-7

通过目测和进行GB 15579.1—2004第15章给出的试验检查其合格与否。

13 使用说明书

每把焊炬(枪)均应附有一份使用说明书，其内容至少包含一下信息：

a) 焊接方法，见5.1。

b) 导向方式，见5.2。

c) 电压额定值，包括引弧电压和稳弧电压，见7.1。

d) 性能数据关系(例如以表格形式)：

1) 额定电流与相应的负载持续率，见第8章；

2) 保护气体的类型(如Ar、CO_2或它们的混合气体)，或
等离子弧割炬所用的气体类型、额定流量和/或工作压力；

3) 电缆软管组件的长度；

4) 电极的类型和直径范围，或
等离子弧割炬所用的喷嘴、保护罩和电极类型。

e) 冷却型式，见5.3；冷却焊炬(枪)：

1) 最小流量，l/min；

2) 最小和最大进口压力，MPa。

注：此外，可以给出冷却功率，IEC 60974-2标准正在考虑制定冷却功率的额定值。如果执行该标准，应在说明书中给出。

f) 焊炬(枪)内电气控制的额定值。

g) 焊炬(枪)的连接要求。

h) 焊炬(枪)安全操作的基本要求说明。

i) 本标准号,以确认该焊炬(枪)符合本标准要求。

j) 需要外部防护措施条件(例如:触电危险性增大的环境、有易燃物的环境、高空作业、有气流的环境、有噪声的环境、密封的容器等)。

和等离子弧割炬的附加信息:

k) 进口处的最大和最小气压。

l) 有关等离子弧割炬安全操作的基本信息和联锁装置、安全装置的功能,例如,以表格形式列出等离子弧切割系统中主要构件的结构、型号、序列号等。表中列出的每个构件都应给出防护要求(包括安全装置的兼容性和/或保护回路、空载电压、引弧电压、割炬与切割电源的安全连接方式)。

m) 等离子弧切割电源的类型,其应与割炬构成安全系统。

通过阅读使用说明书检查其合格与否。

附 录 A
（资料性附录）
附 加 术 语

下属术语和图形虽未在标准正文内出现，列出有助于理解焊炬（枪）的结构与设计。

1 气体喷嘴
2 绝缘体
3 导电嘴
4 带或不带分流器的导电嘴连接器
5 鹅颈
6 焊炬（枪）主体
7 手柄
8 电缆软管组件
9 主体外壳
10 手罩
11 气体透镜过滤器
12 气体透镜
13 电极夹座
14 隔热连接器
15 电极夹头
16 电极

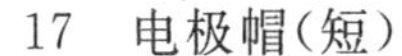

17 电极帽（短）
18 电极帽（长）
19 等离子弧喷嘴
20 气体分流器
21 气体扩散室
22 流量计
23 温度计
24 进气压力
25 冷却液
26 保护气体
27 等离子气
28 送丝装置
29 焊炬（枪）
30 调节装置
31 金属管
32 铜块

注：序号 29 至 32 所示部件见附录 B 中的图。

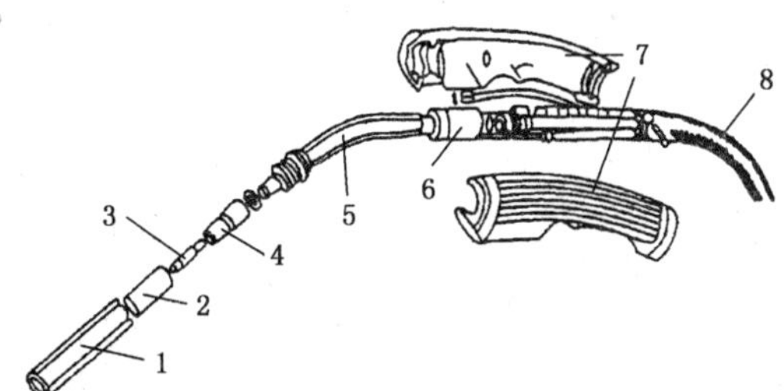

图 A.1 MIG/MAG 焊和自保护药芯焊丝电弧焊用焊炬（枪）

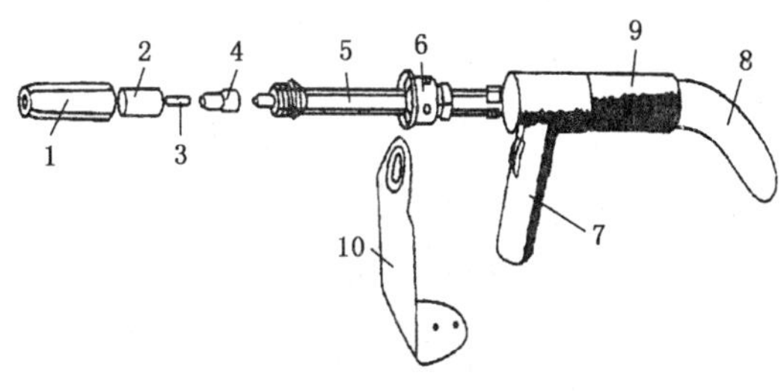

图 A.2 MIG/MAG 焊和自保护药芯焊丝电弧焊用焊枪

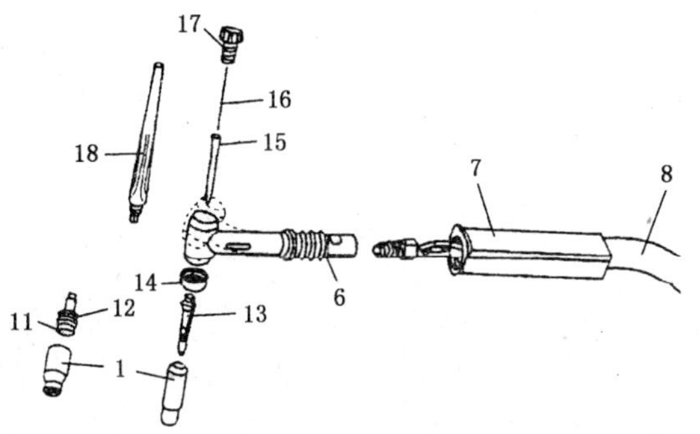

图 A.3 TIG 焊用焊炬（枪）

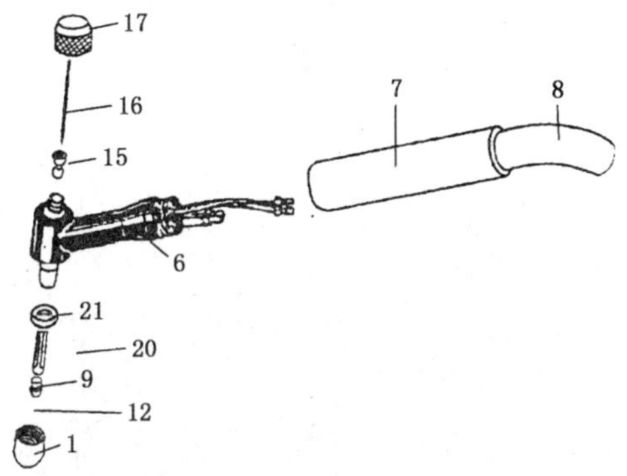

图 A.4 等离子弧焊用焊炬（枪）

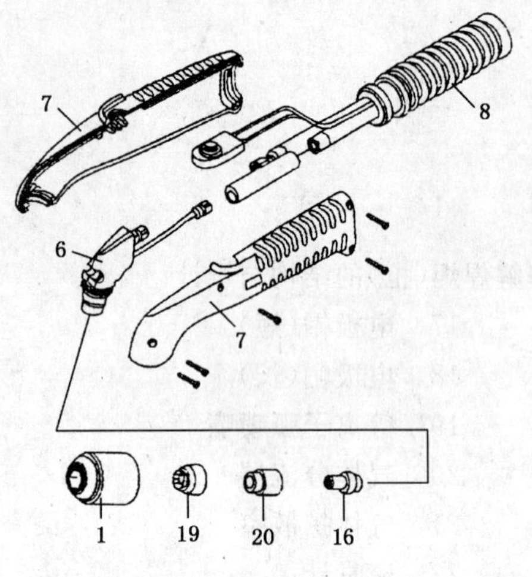

图 A.5 等离子弧切割用割炬

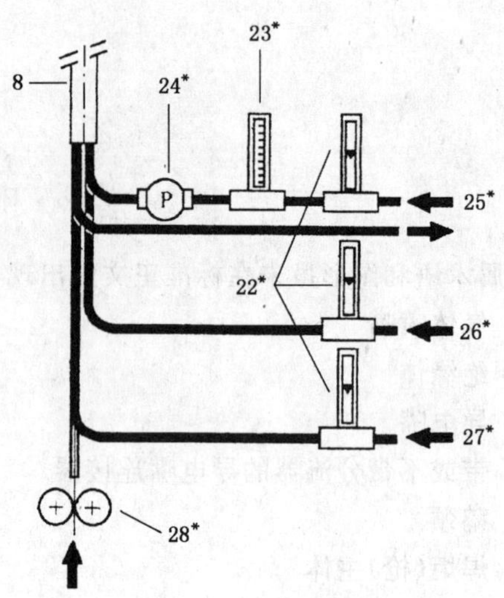

图 A.6 输入装置

* 如果需要。

附 录 B
（规范性附录）
温升试验时焊炬（枪）放置的位置

图 B.1 MIG/MAG 焊炬（枪）

图 B.2 TIG 焊炬（枪）

图 B.3 等离子弧焊焊炬（枪）

注：附录 A 给出了编号的含义。

附 录 C
（资料性附录）
水 冷 铜 块

单位:mm

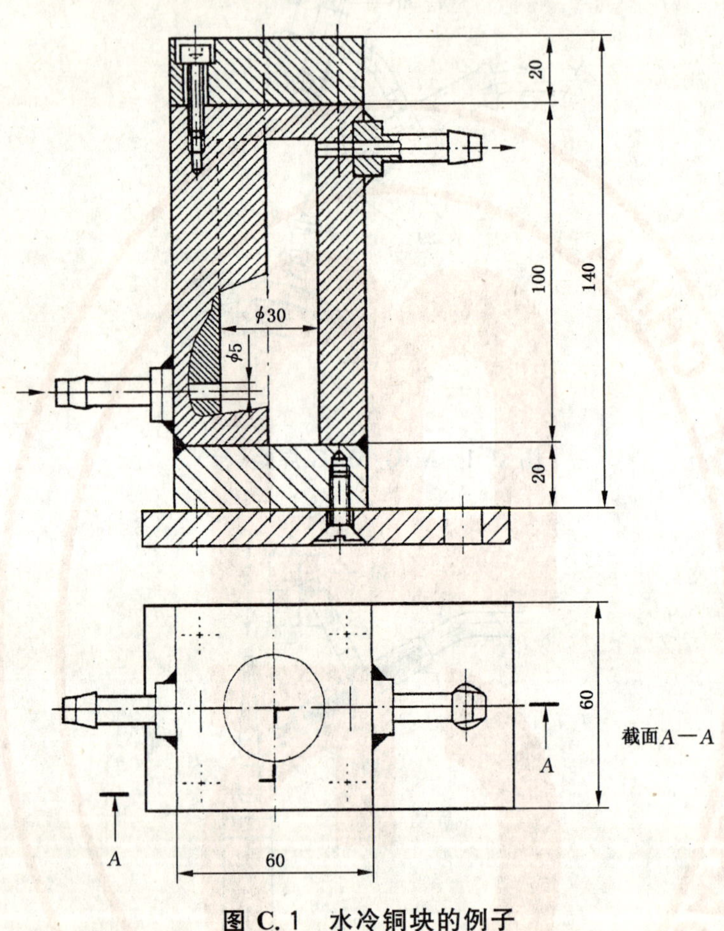

图 C.1 水冷铜块的例子

附　录　D
（资料性附录）
带孔的铜块

单位：mm

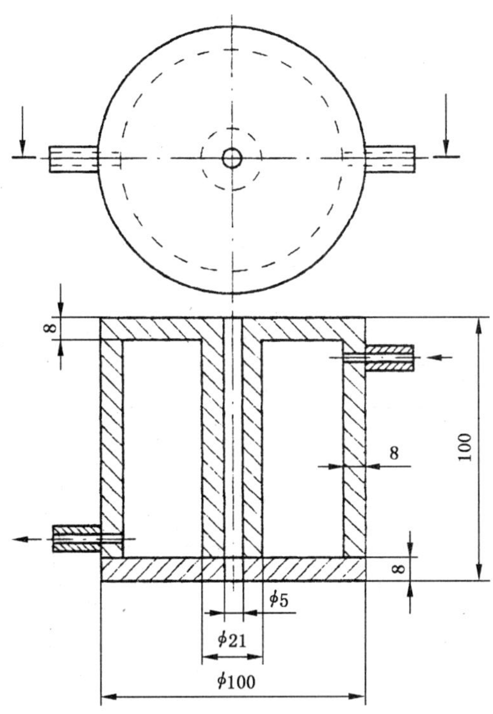

图 D.1　带孔的水冷铜块的例子

附 录 E
（资料性附录）
带槽的铜棒

单位：mm

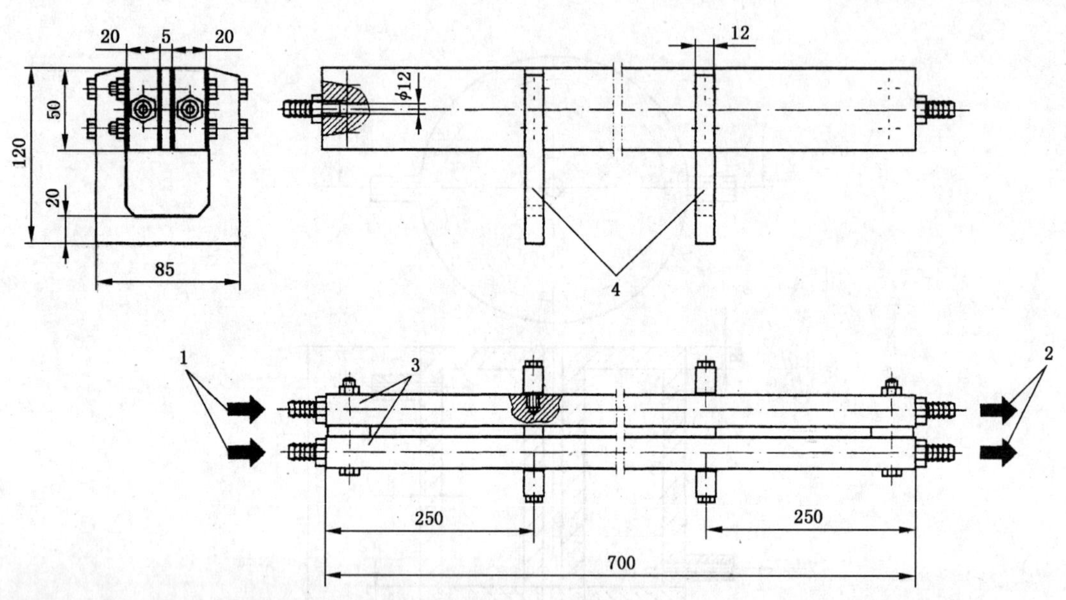

1—进水口；

2—出水口；

3—铜棒；

4—支撑架。

图 E.1 带槽的水冷铜棒的例子

附　录　F
（资料性附录）
定义的术语的字母排列顺序（见第3章）

ICS 13.160;01.040.13
A 25

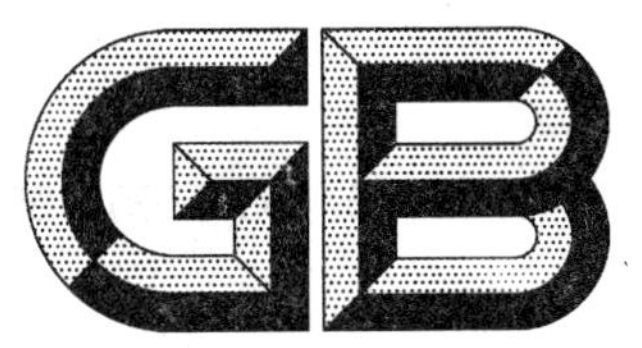

中华人民共和国国家标准

GB/T 15619—2005/ISO 5805:1997
代替 GB/T 15619—1995

机械振动与冲击　人体暴露　词汇

Mechanical vibration and shock—Human exposure—Vocabulary

(ISO 5805:1997,IDT)

2005-05-13 发布　　2005-10-01 实施

中华人民共和国国家质量监督检验检疫总局
中国国家标准化管理委员会　发布

前言

本标准等同采用ISO 5805:1997(E/F)《机械振动与冲击　人体暴露　词汇》(英文版)。

为了便于使用,对于ISO 5805:1997(E/F)本标准做了如下编辑性修改:

a)　用“本标准”代替“本国际标准”;

b)　对国际标准英文版中的印刷错误进行了改正:7.20注2中的“power-beat”改为“power boat”(根据法文版改正);

c)　用小数点符号“.”代替小数点符号“,”;

d)　删除了ISO 5805:1997(E/F)的前言;

e)　将原英文索引改为英汉对照索引;

f)　增加了汉英对照索引。

本标准代替GB/T 15619—1995《人体机械振动与冲击　术语》。

本标准与GB/T 15619—1995相比主要变化如下:

——本标准与国际标准ISO 5805的一致性程度为等同,而前一版本则为非等效;

——本标准中术语分类中增加了“其他术语”一章,各章的术语所属分类重新进行了划分;

——本标准与前一版本相比,新增加4条术语:“方向性振动(冲击)”(4.1),“多轴向直线振动(冲击)”(4.5),“多轴向旋转振动(冲击)”(4.9),“枕骨髁突点”(7.19);

——本标准与前一版本相比,删除了10条术语:“人体机械振动(或冲击)”(原3.1),“振动强度”(原3.3),“全身振动(或冲击)暴露”(原4.6),“全身振动(或冲击)环境”(原4.7),“坐姿”(原4.17),“多轴向振动(或冲击)”(原5.7),“振动(或冲击)界限”(原6.3),“舒适性降低界限”(原6.6),“疲劳与(或)熟练程度降低界限”(原6.8),“暴露限度”(原6.9);

——与前一版本相比,部分术语新增了第二及第三优先术语及不推荐使用的英文用法。

本标准由国家安全生产监督管理总局提出。

本标准由全国机械振动与冲击标准化技术委员会归口。

本标准起草单位:吉林省安全科学技术研究院。

本标准主要起草人:肖建民、郑凡颖。

本标准所代替标准的历次版本发布情况为:

——GB/T 15916—1995。

机械振动与冲击 人体暴露 词汇

1 范围

本标准规定了与人体生物动力学有关的术语，即在其他标准中使用的有关评价人体暴露于机械振动与冲击的专业性术语。本标准给出了术语的标准定义，是对 ISO 2041 的补充，但不包含在词典中容易查到的一般性术语。

注 1：在规定影响人体的振动或冲击的方向的术语中包含少量同义词，在生物动力学或对人体暴露于机械振动与冲击评价的论文中，普遍使用同义词仍然很常见。然而建议使用基本的标准术语（列在首位），不推荐使用可能有多种解释的术语。在生物动力学中提到冲击，应被理解为力学而不是医学意义上的概念。机械冲击（当用于人时通常称为“撞击”），在 ISO 2041 中已有定义。

注 2：提到“人”应理解为同样适用于男人或女人。

注 3：每条术语前的数字编号在每一章条中的编排是任意的，使用这些编号仅仅是为了查阅方便，包括将本标准中的基本术语翻译成其他语言时便于对照查阅。

2 规范性引用文件

下列文件中的条款通过本标准的引用而成为本标准的条款。凡是注日期的引用文件，其随后所有的修改单（不包括勘误的内容）或修订版均不适用于本标准。然而，鼓励根据本标准达成协议的各方研究是否可使用这些文件的最新版本。凡是不注日期的引用文件，其最新版本适用于本标准。

ISO 2041 振动与冲击 词汇

3 一般术语

3.1

建筑物振动（冲击） building vibration (shock)

影响人体或为人体所感觉或察觉的建筑物、桥梁或其他固定结构的机械振动（冲击）。

注：干扰人的建筑物振动通常伴随着空气噪声，而许多人难以区分建筑物中的振动干扰和噪声干扰。

3.2

落脚声 footfall

由于人在建筑物中走动而产生的机械振动、冲击运动或噪声。

3.3

间接振动 indirect vibration

未传入人体而影响人的机械振动。

例如：在视野中的物体的可见振荡。

3.4

肢体振动器 limb vibrator

局部振动器 segmental vibrator

为实验或治疗目的，将振动局部地施加于人的肢体或其他部位的振动机械（通常为小型机械）。

3.5

乘载特性 ride

在运载器中，乘载人员所经受的可测量的运动环境（包括振动、冲击、直线和旋转加速度）。

注：有些机构把移动的运载工具内部可听噪声作为乘载特性的一部分，特别是通常由同一个或多个振源（如叉车、直升机、船舶、航天运载工具）产生的对人有害的振-声复合环境。

3.6

自加振动　self-applied vibration

为了治疗、娱乐或舒适目的而施加于人体自身的机械振动。

3.7

自生振动　self-generated vibration

＜生物动力学＞内源性振动，即由肌肉活动（例如步行、跳舞、摇摆）或器官的无意识活动（例如心脏跳动、神经性肌肉的震颤）而引起的人体的振动性或摆动性运动。

3.8

振动（冲击）限度　vibration(shock) limit

根据特定的准则（例如，当准则是防止伤害或疾病时，为安全暴露界限）推荐的机械振动（冲击）的最大强度或烈度的定量表达。

注：关于人体暴露于机械振动和冲击的标准通常规定了人体响应的评价方法，而在有些场合专门的剂量反应关系已经给出。作为一般规则，规定绝对的暴露限度对于国际标准而言不是合适的。在有些成员国中，振动（冲击）限度有时由立法或行政机构颁布。在这种情况下，宜鼓励使用同国际上认可的、或同类国家一致的评价方法和数据。

3.9

振动（冲击）准则　vibration (shock) criterion

以规定人体振动（冲击）的限度或界限为目的（如保护健康、工作效率）的表达。

注：作为完整的表达，准则应规定被保护人群的比率或百分数。

3.10

振动评估　vibration rating

＜生物动力学＞采用评估分级或相应的数值评估对振动烈度或强度进行的主观评价。这种评价通过心理学试验方法得出。

注：振动评估在许多方面类似于响度分级或可听声中的噪声分级。

3.11

振动性传输　vibratory communication

通过振动感觉方式对人体进行的振动信号传输，振动信号由部位和其他参数编码，以机械或电感驱动方式施加于人体。

4　影响人体的机械振动（冲击）特性术语

4.1

方向性振动（冲击）　directional vibration (shock)

作用于人体全身或局部（例如手、头或肢体）的直线或旋转机械振动（冲击）。

见5.2中注6。

4.2

***x* 轴振动（冲击）　*x*-axis vibration (shock)**

前后振动　fore-and-aft vibration　（不推荐使用）

波动　surge　（不推荐使用）

转轨　shunt　（不推荐使用）

横向振动　transverse vibration　（不推荐使用）

纵向振动　longitudinal vibration　（不推荐使用）

沿着人体或人体某一部位（例如手）的解剖学坐标系的 x 轴方向的直线机械振动（冲击）。

注1:波动用于船舶,而转轨用于火车。

注2:在右手直角坐标系中,x 轴的方向由受试者的后背指向前方来确定(见 ISO 8727)。

4.3

y 轴振动(冲击)　y-axis vibration(shock)

侧向振动　side-to-side vibration　(不推荐使用)

摇摆　sway　(不推荐使用)

横向振动　transverse vibration　(不推荐使用)

沿着人体或人体某一部位(例如手)的解剖学坐标系的 y 轴方向的直线机械振动(冲击)。

注:在右手直角坐标系中,y 轴的方向按受试者的右侧指向左侧来确定(见 ISO 8727)。

4.4

z 轴振动(冲击)　z-axis vibration (shock)

垂直振动　vertical vibration　(不推荐使用)

起伏振动　heave vibration　(不推荐使用)

纵向振动　longitudinal vibration　(不推荐使用)

沿着人体或人体某一部位(例如手)的解剖学坐标系的 z 轴方向的直线机械振动(冲击)。

注1:重要的是认识到人的 z 轴振动未必是垂直振动,按地心理论,它取决于人体的方向是实际或是名义上的垂直以及振动本身的方向。

注2:在右手直角坐标系中,z 轴的方向按受试者的脚底指向头部来确定(见 ISO 8727)。

4.5

多轴向直线振动(冲击)　multidirectional translational vibration (shock)

作用于人体或人体某一部位(例如手)的一个以上轴向的直线机械振动(冲击)。

4.6

滚转　roll

绕着人体或人体某一部位(例如手)的解剖学坐标系的 x 轴的旋转机械振动。

注:车辆的滚转、俯仰和偏转轴线未必(通常不)是相交的,实际上在船舶和其他大型移动结构中,一个或更多的轴线可能位于船体或人所在的舱位之外,这就要求在评价人体振动输入时进行数据的计算变换。

4.7

俯仰　pitch

绕着人体或人体某一部位(例如手)的解剖学坐标系的 y 轴的旋转机械振动。

4.8

偏转　yaw

绕着人体或人体某一部位(例如手)的解剖学坐标系的 z 轴的旋转机械振动。

4.9

多轴向旋转振动(冲击)　multi-axis rotational vibration (shock)

绕着人体或人体某一部位(例如手)的解剖学坐标系的一个以上轴向的旋转机械振动(冲击)。

4.10

暴露时间　exposure time

人体暴露于在性质上视为连续的机械振动(或重复性冲击运动)的实际或名义持续时间(按规定的标准计算方法得出)。

例如:确认的工人一个工作日内在振动环境中所经历的总暴露时间。

注:名义平均暴露时间可通过计算得出,即使当振动是间歇的、间断的或强度变化的,如同乘坐不同的交通工具旅行或在评价的期间内的不同工作时间使用动力工具一样。

5 生物动力学术语

5.1

基本中心坐标系 basicentric coordinate system

右手直角坐标系,其原点位于(或相对于)接触面或结构(例如运载器地面)上的一个点,并认为机械振动(冲击)由该点传入人体。

注:这种坐标系可间接产生于一些可识别点(例如运载器或船舶的重心),由此生物动力学涉及的可测量运动能借助计算变换可靠地与该坐标系建立联系。

5.2

解剖学坐标系 anatomical coordinate system

右手直角坐标系,其原点位于人体或人的模拟体内,并由固定的(骨骼的)解剖学标志来规定方向。

注1:术语"生物动力学坐标系"有时作为同样含义使用(例如本标准的第一版中的定义)。然而,该术语现在具有一般含义而用于任何坐标系,不论是否位于人体中心,这已在生物动力学中使用。"解剖学坐标系"是一个优先使用的术语,专门用于位于建立在人体或人体的某一部位(例如手)内或者人的模拟体内的坐标系。

注2:用来定义解剖学坐标系人体某一部位或局部应在报告时在圆括号中标出:例如:"解剖学坐标系(手)"、"解剖学坐标系(头)"。

注3:解剖学坐标系按照人体局部与骨骼参考点的关系建立和定位,因此(不像基本中心坐标系),它与人体局部一起随着人体方向或姿势的改变而移动。在这个意义上,人体局部被认为是按照刚体力学规律运动的解剖学单元,从而达到了可证明的适当近似(见 ISO 8727)。

注4:显然,解剖学坐标系定义的原点可以按精确的人体测量学原理,根据可识别的骨骼参考点来描述。

注5:使用不确定的、自由运动或者易变形的人体部位,如心脏、臀部作为解剖学坐标系原点,会导致在人体的振动和冲击运动测量时缺乏精确性和可重复性,因而不推荐使用。

注6:传入人体或人体的模拟体的机械振动和冲击可以按照解剖学和(或)几何中心或基本中心坐标系描述,采用何种方法取决于其是否最适合测量人体响应或评价的方法。然而作为一般规律推荐优先采用解剖学坐标系。

5.3

生物动力学 biodynamics

关于人体或人的模拟体,其组织、器官、部位和系统的物理的、生物的和力学(惯性)特性及响应的科学,它涉及外力(外生物动力学),包括自生振动,或者涉及内力,这些内力由外力和人体自身机械活动(内生物动力学)的相互作用而产生。

注:术语生物力学(biomechanics)有时用作生物动力学(biodynamics)的同义语(从词源的角度来说,生物动力学的确是生物力学的一个分支)。然而,作为一般规律,生物力学在实际中主要含义是指人体内的组织、器官和结构的静态物理特性(如材料强度、弹性、运动范围)的学科,而未必考虑其动态响应。

5.4

接触表面 contact surface

被认为是机械振动(冲击)传入人体或人体的某一部位(例如手)或人的模拟体的表面或区域(界面)。

注:许多实际应用中,传入振动或冲击运动的主要机械驱动点被认为位于限定接触表面的平面中心。

5.5

假人 dummy

人体测量学假人 anthropometric dummy

人体模型 manikin

一种试验装置或通过机械方法可实现的人体模拟的模型,能模拟人的一种或多种人体测量学、弹道学和动态特性。

注:许多限定词用来表示假人的性质或目的。例如,人体测量学假人或人体模型模拟人体的一般外观和外部解剖学特性(尽管未必是先天的特性),制造人体测量学假人用来重现人体(按规定尺寸或质量的一定比例)姿势的

尺寸和范围，而人体动力学假人或人体模型按不同的精确度模拟人体或其主要部位在一个或多个轴向的动态特性。而运动学假人模拟人体的某些弹道学的特性（例如在剧烈撞击或空气动力学载荷下肢体的抽打范围或惯性运动），而根本不必逼真地重现人体外形或可视的解剖模型或内部动力学响应。

5.6

手臂系统　hand-arm system

作为振动（冲击）接受器的人的上肢。

5.7

全身振动（冲击）　whole-body vibration (shock), WBV

传向整个人体的机械振动（冲击），通常是通过与振动（或受冲击运动）的支撑表面相接触的人体区域（例如臀部、脚底、背部）传递。

5.8

局部振动（冲击）　segmental vibration (shock)

局部振动　regional vibration　（不推荐使用）

局部振动　local vibration　（不推荐使用）

局部振动　topical vibration　（不推荐使用）

施加于或传递到人体某一特定局部、区域或部位，例如手臂系统或头部（通常用来区别于全身输入）的机械振动（冲击）。

5.9

手传振动（冲击）　hand-transmitted vibration (shock), HTV

手臂振动　hand-arm vibration, HAV

通常通过握持工具或工件的手掌或手指直接施加于或传递到手臂系统的机械振动（冲击）。

6　描述人体对振动（冲击）反应术语

6.1

舒适　comfort

＜生物动力学＞感觉良好或没有与人为环境（机械振动或重复性冲击）相关的机械性干扰的主观状态。

注：舒适意味着没有明显的干扰或物理因素的侵入，它是一个复杂的主观存在，依赖存在于人为环境中全部物理因素的有效累积，也依赖对这些因素及其综合作用的个体敏感性，以及诸如期望这些心理因素（例如，由于这些原因，同样的振动值对大多数高级轿车乘坐者认为不舒适，但对大多数公共汽车乘坐者认为是可接受的舒适）。

6.2

等振感曲线　equal vibration sensation contour

振动感觉大小相等的一组振动值，以频率的函数表示。

6.3

适应　habituation

适应　acclimatization　（不推荐使用）

适应　adaptation　（不推荐使用）

＜生物动力学＞由于持续或重复暴露于某一种刺激导致人体对运动、振动或冲击的心理生理反应（例如运动病）的减低或抑制。

注：通常对于海上晕船而言，称之为“不晕船（习惯于船的颠簸）”。

6.4

运动病　motion sickness

晕动病　kinetosis

运动综合症　motion sickness syndrome　（不推荐使用）

由于人体实际的或感受到的低频被动运动诱发的呕吐、恶心或不适(通常先有各种不适前兆症状，接着出现植物神经系统的临床症状)。

注：运动病通常由于其发生的场合的不同而有不同的名称。例如晕船、晕飞机、晕车。最近太空(运动)病已用来表示宇航员和航天员在失重的轨道飞行期间所经受的恶心和呕吐。然而这种状态在生理上是否与在地球上所经受的运动病相同还有争议。

6.5

运动病发病率　motion sickness incidence, MSI

在引起运动的特定时间内或特定的条件下，发生运动病(通常以明显呕吐为症状)的人在人群或组中所占的比例(通常以百分比表示)。

6.6

乘载品质　ride quality

乘坐运载工具在单次或复合旅程中由乘员或操作者所察觉到的全部主观感受(包括运动环境和相关因素)程度，并被评定为满意或不满意。

6.7

昏睡综合症　sopite syndrome

由振动、低频振荡运动(例如船舶运动)或一般旅行紧张引起的过度困倦、疲乏或似睡的注意力不集中状态。

6.8

振动(冲击)(撞击)耐限　vibration (shock) (impact) tolerance

按规定振动(冲击)(撞击)准则得出个体或者特定人群或组中的平均的可耐受最大的机械振动(冲击)(撞击)的烈度。

6.9

振动性白指　vibration white finger, VWF

振动引起的白指　vibration-induced white finger

职业性雷诺氏现象　Raynaud's phenomenon of occupational origin

损伤性血管痉挛症　traumatic vasospastic disease　(不推荐使用)

在一些暴露于手持式动力工具及工件所产生的振动的工人中出现的手指皮肤血流障碍现象，通常当诱发因素出现时就会持续发生，而且在这一期间可能会发展。这种失调中，经过开始暴露后的一个潜伏期后，典型症状会在一个或多个手指出现。症状分布一般与最强的振动暴露一致，暴露剂量越大，受影响的手指越多。这种病症的典型表现为当手或全身遇到冷刺激时，手指出现界限明显的发作性局部变白，并伴有手指部分麻木。

注：这种现象在医学界也称为“职业雷诺氏症”。由那些日常使用手持振动工具的工人通常给这种病症起了许多更形象化的名称(例如“死手”、“白蜡指”)。

6.10

手臂振动综合症　hand-arm vibration syndrome, HAVS

在一些使用手持式振动动力工具的工人中出现的症候群，这种综合症包括：

a)　手指皮肤血液循环障碍(振动性白指，雷诺氏现象)；

b)　手和前臂神经障碍(疼痛、感觉异常、手的感觉阈提高)；

c)　运动器官障碍(手和前臂疼痛、肌力减退，偶见肘及腕关节病)。

注：在手臂振动综合症的典型表现中，其诊断是基于在使用手持式振动工具的工人中经常出现遇到冷刺激时，一个或多个手指变白的病史做出的。

7 其他术语

7.1

疲劳与(或)熟练程度降低 fatigue/decreased proficiency

＜生物动力学＞由机械振动(冲击)引起的疲劳与(或)人的活动能力或工效降低。

注1:该术语暂时保留在本标准中,因为一方面它是一个不被人类工效生理方面的专家普遍接受和承认的概念,而另一方面,它已在国际标准和同类文献中采用。"熟练程度"(proficiency)一词收入本标准在某些方面是一种不得已的选择,因为在规范的英语用法中,严格地说,它的含义指未必有当前正在执行的任务的效率(efficiency)的意思(效率同时可能被振动或冲击运动降低),但同时可获得技能或经验,这个术语主要是由受过训练的个人使用,但没有考虑暂时的不良环境因素的作用。

注2:该术语在科技文献甚至在一些英文版的生物动力学标准中被广泛不适当地写成"疲劳—降低熟练程度"(不推荐这种代替方式)。使用这种连字符的形式错误地表示全部的工效被"疲劳"降低,即被依赖于时间的振动或冲击运动的不利生理作用所降低。事实上,人的许多形式的活动和工效,是在被振动或冲击运动引起的直接机械干扰瞬时降低,而未必是与在持续暴露期间的任何后续生理上的疲劳影响有关。

7.2

握力 grip force

抓握力 gripping force

握压力 gripping pressure (不推荐使用)

操作者的手施加到产生振动(冲击)的手持式工具或工件或任何手持振动表面,例如运载工具的方向舵的抓握力。

7.3

推进力 pushing force

操作者的手施加到产生振动(冲击)的工具的手柄或其他部位、或工件上的用来导向或向前推进的力。

7.4

手臂机械阻抗 hand-arm mechanical impedance

手臂阻抗 hand-arm impedance

手臂系统的振动点(通常是驱动点)所测量的力与速度的复数比。

注:本术语一般是指作为谐波振动频率函数的手臂系统驱动点的机械阻抗。当提到手臂系统传递阻抗时,宜作出明确的区分或说明含义。

7.5

人的模拟体 human analogue

人的模拟模型 human analogue model

人的代用品 human surrogate (不推荐使用)

＜生物动力学＞动态地代表人体的特定惯性特性的代替物或模型。

注1:人的模拟体可以是:

a) 动物,其主要解剖学特性及对振动和冲击的惯性响应(特别是躯干、头和颈部)和人相似,对这些动物,可通过实验得出数据的适当换算与人的惯性特性等同;

b) 人的尸体,例如用于在运载工具碰撞实验中,以模拟活人的伤害作用及在强烈冲击运动(撞击)期间的运动机理;

c) 机械假人(人体模型);或

d) 人的动态或运动响应的数学模型(包括计算机模拟)。

注2:术语"人的模拟体"有时扩展到包括代表人体尺寸、几何形状或材料特性的任何物理的代替物。然而,在解释使用这类模拟体进行生物动力学为目的的实验得出的数据时,必须格外慎重,以免看起来真实的模拟体代表的活人的动态特性是不可靠的(即使是人的尸体,看起来是人体的材料,可能缺乏活的人体所具备的弹性和其他

惯性特性,因而会给出不确切或不代表所模拟的活人对力和运动输入时的生物动力学响应。

7.6

脉冲性振动　impulsive vibration

<生物动力学>当每次冲击持续时间和各冲击之间的间隔时间短于受振者的有阻尼瞬态响应或固有周期时,由快速重复性冲击运动产生的准稳态振动或持续的瞬态振动。

注1:脉冲,如在这里所定义的,具有设计用来传递一系列高频撞击给工件的手持往复式动力工具(例如气铲、混凝土破碎机、气动敲钉机)产生的手传振动的一般特性(经常有强周期性)。

注2:在很多情况下,脉冲性振动和重复性冲击的区分是有争议的,而且属于语义学用法方面的问题。在重复性冲击激励具有很强的周期性以及重复频率在对于作为接受器的人而言属于相对高频范围时,这个问题尤为明显。后一个术语(见7.13)一般指人体全身振动暴露(例如沿着持续颠簸的道路乘车,或穿过小涡空气湍流飞行时),而如在7.6注1中所提到的,术语"脉冲性振动"通常用于高速往复式动力工具产生的手传的机械振动。

7.7

间断性暴露　interrupted exposure

非连续性暴露　discontinuous exposure

被具有特定时间过程(发生次数与持续时间)的无振动期中断的人体的准稳态或连续性振动暴露(通常出现在职业性手传性振动场合)。

注:本术语的反义词是非间断性(连续性)暴露。

7.8

潜伏期　latent interval, latent period, latency

从人体首次暴露于某种有害因素到首次出现与这种暴露有关的症状的时间(时间范围可能从几个星期到数年)。

7.9

长时间振动(重复性冲击)暴露　long-duration vibration (repetitive shock) exposure

<生物动力学>作用于人体且持续1 h以上的连续振动(重复性冲击)。

7.10

斜靠姿　reclining

<生物动力学>介于坐姿与仰卧之间的一种参考姿势,处于这种姿势时,由解剖学坐标系(原点位于骨盆)确定的人体全身的解剖学的 Z 轴由几何中心或名义垂直位置向后转15°至75°之间的某一角度。

7.11

卧姿　recumbent

平卧　lying(不推荐使用)

<生物动力学>一种参考姿势,处于这种姿势时,人体全身解剖学 Z 轴由垂直位置沿任何方向(例如仰卧、侧卧和俯卧)转动75°至90°之间的某一角度。

注1:术语"平卧"(lying)不推荐使用,因为其在英语中有多种含义。

注2:在卧姿中,实际的各部分人体重量可能分布在身体上半部和四肢,但施加的振动或冲击可被认为通过骨盆或人体质量中心起作用。

7.12

参考姿势　reference posture

<生物动力学>作为全身机械振动(冲击)接受器的人体的名义方向和姿势。

7.13

重复性冲击　repetitive shock, repeated shock

<生物动力学>影响人体的一系列短暂(小于1 s)的冲击运动或猝发的准稳态振动。

见 7.6。

注 1:有规律地重复且频率高于每秒一次的冲击,出于许多目的可能被视为连续振动形式,且出于生物动力学目的也作为连续振动分析。

注 2:冲击可以是关于时间轴对称或不对称的。

7.14

计权加速度 weighted acceleration

计权振动 weighted vibration

计权加速度级 weighted acceleration level

计权振动级 weighted vibration level (不推荐使用)

<生物动力学>影响人体的一个或一组振动或重复性冲击的加速度值,该值经过计算或信号处理以反映人体的响应特性,并作为振动频率或暴露时间的函数。

注:当“级”一词包括在本术语中时,指的是相对于标准的加速度参考值而言(见 ISO 1683)。

7.15

影响人体的机械振动猝发 burst of mechanical vibration affecting man

在人体或人体局部的驱动点的一系列离散且连续(但通常是短暂的)振动变换。

注 1:影响人体的振动猝发的典型情况包括在人体共振系统受到冲击输入后引发的振幅按指数规律衰减(通常为“钟型”)的准谐波振动,或是幅值包络线起伏的振动(例如,由重型车辆通过而激发的桥面振动),或是短暂的随机振动,如同飞机对孤立的一阵空气紊流响应或船在波浪巨大的海中航行引起的船体响应一样。

注 2:猝发通常是与大多数人体反应相关的短暂时间。振动猝发的持续时间足够长到能作为短时间连续振动处理的关键将依赖于环境和引起的人体响应。

7.16

影响人体的间歇性振动 intermittent vibration affecting man

为间歇所分隔的若干段重复性连续振动,间歇期间振动停止或在幅度和(或)特性上有明显变化。

注:本术语经常(但未必)指的一种振动突然或无规律的恢复,因而可能引起作为振动接受器的人的吃惊和烦恼。

7.17

振动声学适应性 vibroacoustic habitability

人体长时间或连续地处于大型运载工具或结构中,对于噪声和机械振动的综合不利环境可接受的程度。

注 1:振动声学适应性可根据主观障碍的准则,以及对人的活动或工作的干扰,职业安全与健康或上述各项的各种组合进行评价。

注 2:长时间一般可认为是暴露时间(尤其是职业暴露)持续至少 1 h,且在一天内或规则的工作班内重复出现,或者连续一段时间或暴露持续一天或数天,在这段暴露时间内,受影响的人必须在与工作时间相同的振动声学环境(例如乘船海上航行、太空航行、长距离航空飞行、离岸平台及在公共或其他建筑中持续暴露在交通或飞机噪声中)休息、睡眠及进行其他生活活动。

7.18

等效力矩 equivalent torque

<生物动力学>解剖学部位之间产生的力矩,该力矩与解剖学部位的质量分布特性和各部位间的关节位置及部位的运动的状态一致。

7.19

枕骨髁突点 occipital condylar point

枕骨髁突的最下方突起处的切线的中点。

注:这条假想线的切线位置通常通过射线照片的人体测量学方法确定。

7.20

人体撞击 human impact

撞击加速度　impact acceleration

碰撞(力)　crash(force)

短暂加速度　short-duration acceleration　(不推荐使用)

<生物动力学>施加到人体的冲击或冲击运动。

注1:"冲击"和"冲击运动"的定义见ISO 2041。

注2:术语"人体撞击"在生物动力学中应用通常指的是在由事故或军事活动导致的单一事件中,引起疼痛、损伤或显著生理痛苦的对人体结构足够强度剧烈冲击激励。这种冲击有别于在乘坐运载工具时通常所经历的轻微的和(或)中等强度的重复性冲击(颠簸),或建筑物中结构产生的不适并伴有短暂不舒适、烦恼或人的日常性的生活和工作活动的中断。中等烈度及危险的范围也可以区别,它包括野外粗糙道路驾驶车辆,人所受到的重复性机械冲击及承受在长期职业性暴露(例如拖拉机和卡车驾驶员,移动重型设备操作者)或过度娱乐性暴露(例如乘坐越野行驶的车辆,摩托艇,履带式雪地机动车)过程中累积的损伤的风险。

参考文献

[1] ISO 1503:1977 几何方向和运动方向

[2] ISO 1683:1983 声学 声级的优选参考值

[3] ISO 2631-1:[1] 机械振动与冲击 人体全身振动暴露的评价 第1部分:一般要求

[4] GB/T 14790—1993 人体手传振动的测量与评价指南(eqv ISO 5349:1986)

[5] ISO 5353:1995 地面移动机械、拖拉机及农业和林业机械 坐椅标志点

[6] ISO 5982:1981 振动与冲击 人体驱动点的机械阻抗

[7] ISO 7962:1987 机械振动与冲击 人体Z向机械传递率

[8] ISO 8727:[2] 机械振动与冲击 人体暴露 生物动力学坐标系

[9] ISO 9996:[2] 机械振动与冲击 对人的活动及工作的干扰 分类

1) 待发布(ISO 2631-1:1985 修订)

2) 待发布。

英汉对照索引

A

B

C

D

E

F

G

H

I

K

L

M

O

P

X

Y

Z

汉英对照索引

L

M

P

Q

R

S

ICS 23.100.20
J 20

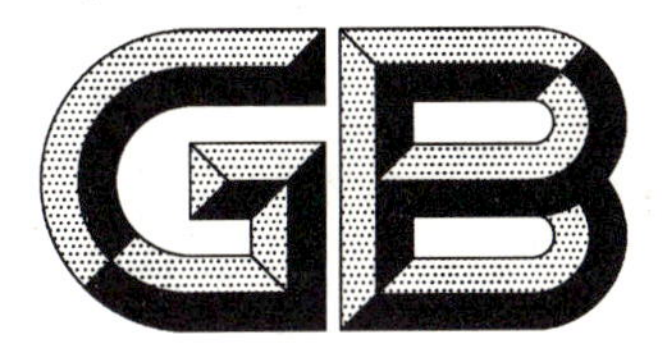

中华人民共和国国家标准

GB/T 15622—2005
代替 GB/T 15622—1995

液压缸试验方法

Hydraulic fluid power—Test method for the cylinders

(ISO 10100:2001,Hydraulic fluid power—Cylinders—Acceptance test,MOD)

2005-07-11 发布　　2006-01-01 实施

中华人民共和国国家质量监督检验检疫总局
中国国家标准化管理委员会　发布

前　言

本标准修改采用 ISO 10100:2001《液压传动　缸　验收试验》(英文版)，是对 GB/T 15622—1995《液压缸试验方法》的修订。

本标准代替 GB/T 15622—1995《液压缸试验方法》。

本标准与 ISO 10100:2001 在技术内容上的主要差异列于附录 A 中。

本标准与 GB/T 15622—1995 相比主要变化如下：

——第 2 章中删除两项引用标准，增加两项新的引用标准；

——出厂试验温度中，增加“出厂试验允许降低温度，在 15℃～45℃范围内进行，但检测指标应根据温度变化进行调整，保证在 50℃±4℃时能达到产品标准规定的性能指标。”

——增加“5.2.4　相容性”；

——增加“6.5.3　低压下的泄漏试验”；

——将前版“6　出厂检验项目”和“7　型式检验项目”分别改为“7　型式试验”和“8　出厂试验”。对“出厂试验”不作“必试”或“抽试”的规定；

——出厂试验取消耐久性，增加缓冲试验；

——增加“9　试验报告”、“10　标注说明”两章。

本标准的附录 A、附录 B 为资料性附录。

本标准由中国机械工业联合会提出。

本标准由全国液压气动标准化技术委员会(SAC/TC 3)归口。

本标准起草单位：北京机械工业自动化研究所、哈尔滨工业大学。

本标准主要起草人：赵曼琳、刘新德、姜继海。

本标准所代替标准的历次版本发布情况为：

——GB/T 15622—1995。

液压缸试验方法

1 范围

本标准规定了液压缸试验方法。

本标准适用于以液压油(液)为工作介质的液压缸(包括双作用液压缸和单作用液压缸)的型式试验和出厂试验。

本标准不适用于组合式液压缸。

2 规范性引用文件

下列文件中的条款通过本标准的引用而成为本标准的条款。凡是注日期的引用文件,其随后所有的修改单(不包括勘误的内容)或修订版均不适用于本标准,然而,鼓励根据本标准达成协议的各方研究是否可使用这些文件的最新版本。凡是不注日期的引用文件,其最新版本适用于本标准。

GB/T 14039—2002 液压传动 油液 固体颗粒污染等级代号(ISO 4406:1999,MOD)

GB/T 17446 流体传动系统及元件 术语(GB/T 17446—1998,idt ISO 5598:1985)

3 术语和定义

在 GB/T 17446 中给出的以及下列术语和定义适用于本标准。

3.1

最低起动压力 the minimum pressure

液压缸起动的最低压力。

3.2

无杆腔 the cavity without piston rod

液压缸没有活塞杆的一腔。

3.3

有杆腔 the cavity with piston rod

液压缸有活塞杆伸出的一腔。

3.4

负载效率 load efficiency

液压缸的实际输出力与理论输出力的比值。

4 符号和单位

本标准使用的符号及其单位见表 1。

表 1 符号和单位

名称	符号	单位	单位名称
压力	p	MPa	兆帕
活塞杆有效面积	A	m^2	平方米
实际输出力	W	N	牛顿
负载效率	η	—	—

5 试验装置和试验条件

5.1 试验装置

5.1.1 液压缸试验装置见图 1 和图 2。试验装置的液压系统原理图见图 3～图 5。

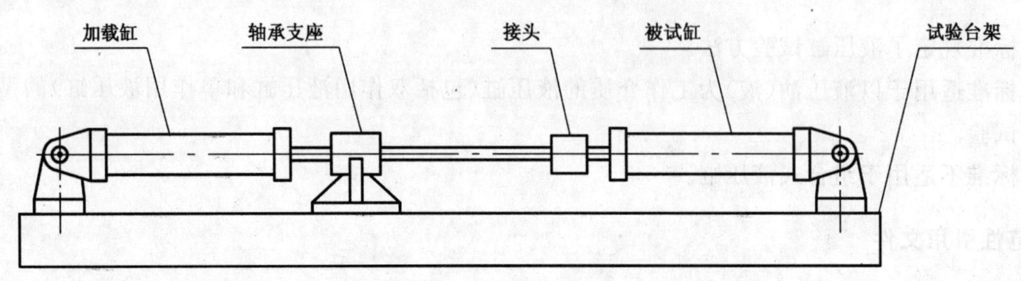

图 1 加载缸水平加载试验装置

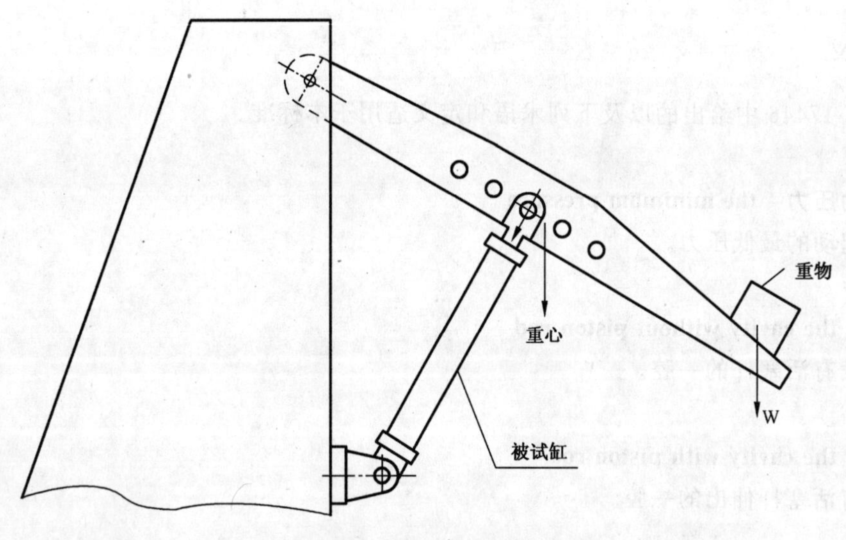

图 2 重物模拟加载试验装置

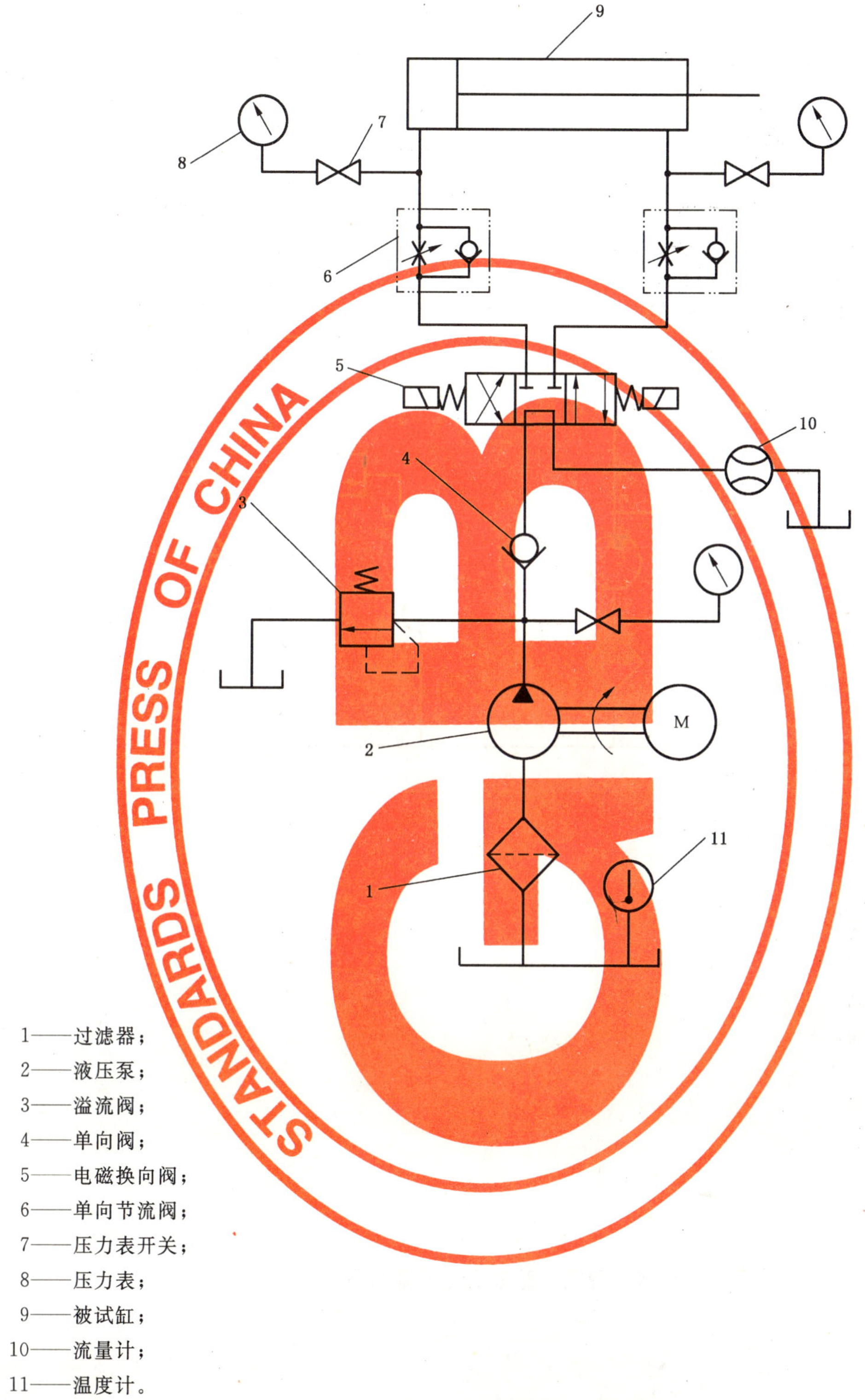

1——过滤器；
2——液压泵；
3——溢流阀；
4——单向阀；
5——电磁换向阀；
6——单向节流阀；
7——压力表开关；
8——压力表；
9——被试缸；
10——流量计；
11——温度计。

图 3 出厂试验液压系统原理图

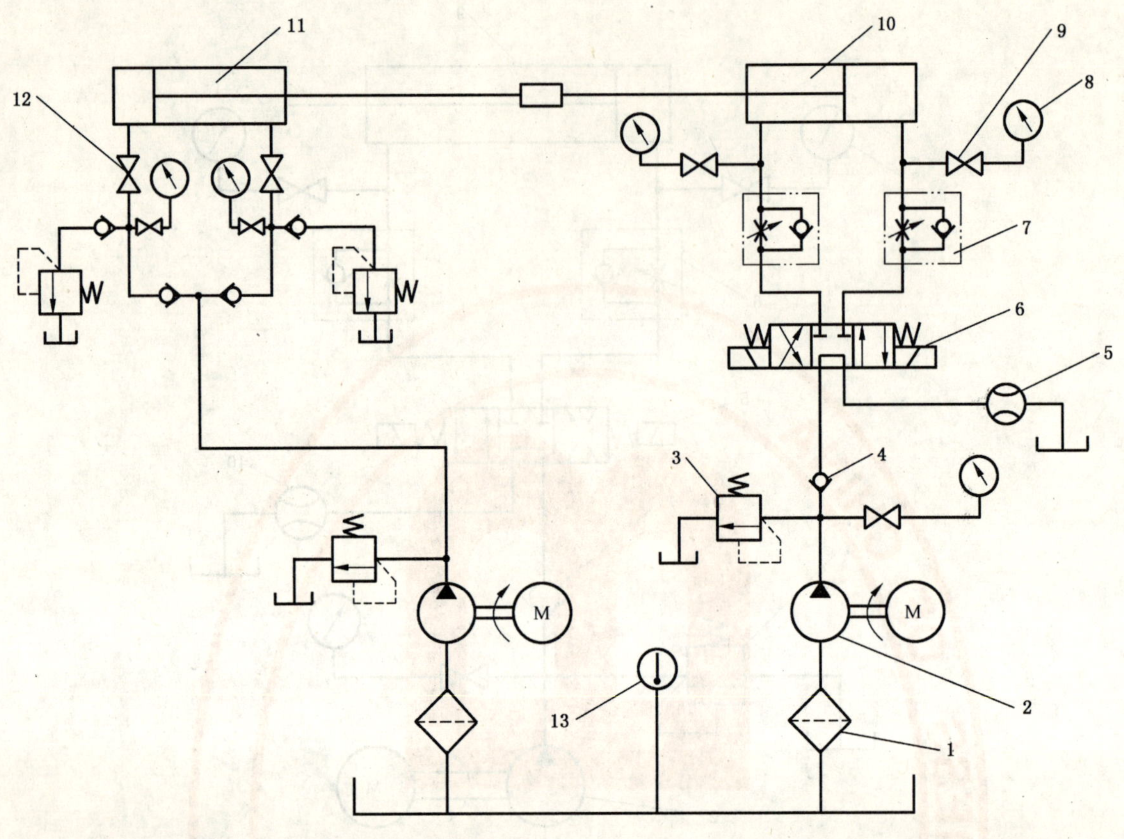

1——过滤器；
2——液压泵；
3——溢流阀；
4——单向阀；
5——流量计；
6——电磁换向阀；
7——单向节流阀；
8——压力表；
9——压力表开关；
10——被试缸；
11——加载缸；
12——截止阀；
13——温度计。

图 4 型式试验液压系统原理图

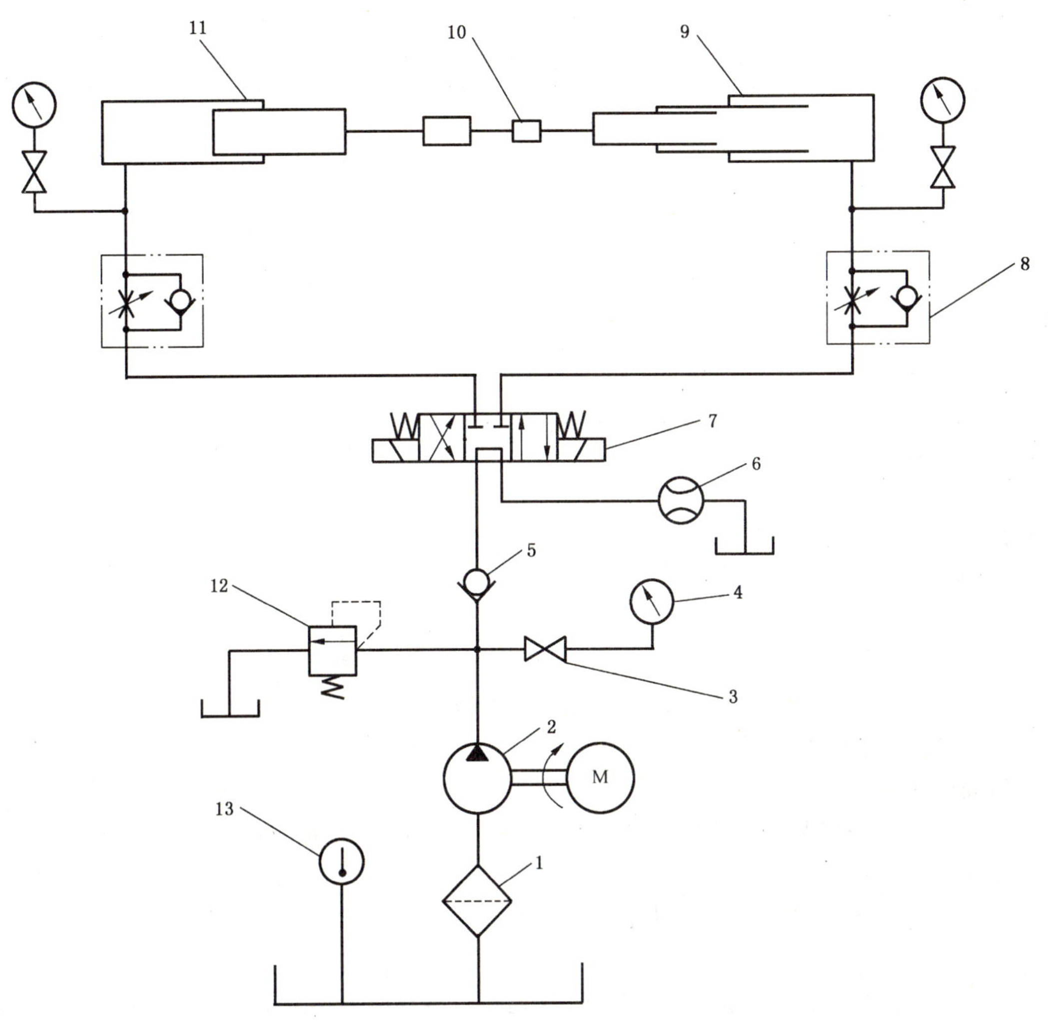

1——过滤器；
2——液压泵；
3——压力表开关；
4——压力表；
5——单向阀；
6——流量计；
7——电磁换向阀；
8——单向节流阀；
9——被试缸；
10——测力计；
11——加载缸；
12——溢流阀；
13——温度计。

图5　多级液压缸试验台液压系统原理图

5.1.2 测量准确度

测量准确度采用B、C两级。测量系统的允许系统误差应符合表2的规定。

表2 测量系统允许系统误差

测量参量		测量系统的允许系统误差	
		B级	C级
压力	在小于0.2 MPa表压时/kPa	±3.0	±5.0
	在等于或大于0.2 MPa表压时/%	±1.5	±2.5
温度/℃		±1.0	±2.0
力/%		±1.0	±1.5
流量/%		±1.5	±2.5

5.2 试验用油液

5.2.1 黏度

油液在40℃时的运动黏度应为29 mm^2/s～74 mm^2/s。

注：特殊要求除外。

5.2.2 温度

除特殊规定外，型式试验应在50℃±2℃下进行；出厂试验应在50℃±4℃下进行。出厂试验允许降低温度，在15℃～45℃范围内进行，但检测指标应根据温度变化进行调整，保证在50℃±4℃时能达到产品标准规定的性能指标。

5.2.3 污染度等级

试验系统油液的固体颗粒污染度等级不得高于GB/T 14039规定的19/15或—/19/15。

5.2.4 相容性

试验用油液应与被试液压缸的密封件材料相容。

5.3 稳态工况

试验中，各被控参量平均显示值在表3规定的范围内变化时为稳态工况。应在稳态工况下测量并记录各个参量。

表3 被控参量平均显示值允许变化范围

被控参量		平均显示值允许变化范围	
		B级	C级
压力	在小于0.2 MPa表压时/kPa	±3.0	±5.0
	在等于或大于0.2 MPa表压时/%	±1.5	±2.5
温度/℃		±2.0	±4.0
流量/%		±1.5	±2.5

6 试验项目和试验方法

6.1 试运行

调整试验系统压力，使被试液压缸在无负载工况下起动，并全行程往复运动数次，完全排除液压缸内的空气。

6.2 起动压力特性试验

试运转后，在无负载工况下，调整溢流阀，使无杆腔(双活塞杆液压缸，两腔均可)压力逐渐升高，至液压缸起动时，记录下的起动压力即为最低起动压力。

6.3 耐压试验

使被试液压缸活塞分别停在行程的两端(单作用液压缸处于行程极限位置),分别向工作腔施加1.5倍的公称压力,型式试验保压 2 min;出厂试验保压 10 s。

6.4 耐久性试验

在额定压力下,使被试液压缸以设计要求的最高速度连续运行,速度误差为±10%。一次连续运行8 h以上。在试验期间,被试液压缸的零件均不得进行调整。记录累计行程。

6.5 泄漏试验

6.5.1 内泄漏

使被试液压缸工作腔进油,加压至额定压力或用户指定压力,测定经活塞泄漏至未加压腔的泄漏量。

6.5.2 外泄漏

进行 6.2、6.3、6.4、6.5.1 规定的试验时,检测活塞杆密封处的泄漏量;检查缸体各静密封处、结合面处和可调节机构处是否有渗漏现象。

6.5.3 低压下的泄漏试验

当液压缸内径大于 32 mm 时,在最低压力为 0.5 MPa(5 bar)下;当液压缸内径小于等于 32 mm 时,在 1 MPa(10 bar)压力下,使液压缸全行程往复运动 3 次以上,每次在行程端部停留至少 10 s。

在试验过程进行下列检测:

a) 检查运动过程中液压缸是否振动或爬行;

b) 观察活塞杆密封处是否有油液泄漏。当试验结束时,出现在活塞杆上的油膜应不足以形成油滴或油环;

c) 检查所有静密封处是否有油液泄漏;

d) 检查液压缸安装的节流和(或)缓冲元件是否有油液泄漏;

e) 如果液压缸是焊接结构,应检查焊缝处是否有油液泄漏。

6.6 缓冲试验

将被试液压缸工作腔的缓冲阀全部松开,调节试验压力为公称压力的 50%,以设计的最高速度运行,检测当运行至缓冲阀全部关闭时的缓冲效果。

6.7 负载效率试验

将测力计安装在被试液压缸的活塞杆上,使被试液压缸保持匀速运动,按下式计算出在不同压力下的负载效率,并绘制负载效率特性曲线,如图 6。

$$\eta = \frac{W}{p \cdot A} \times 100\%$$

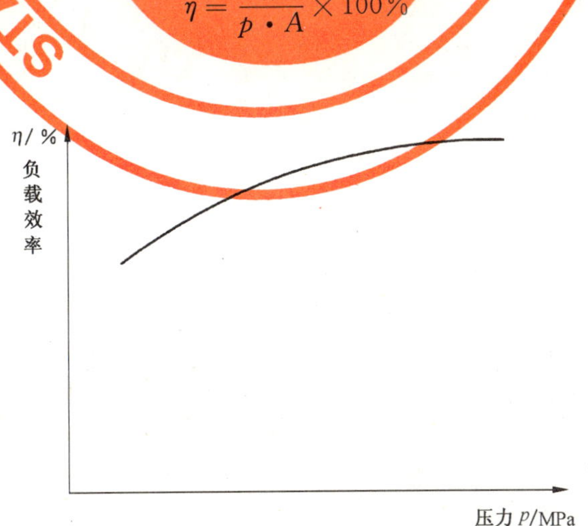

图 6 负载效率特性曲线

6.8 高温试验

在额定压力下,向被试液压缸输入 90℃的工作油液,全行程往复运行 1 h。

6.9 行程检验

使被试液压缸的活塞或柱塞分别停在行程两端极限位置,测量其行程长度。

7 型式试验

型式试验应包括下列项目:

——试运转(见 6.1);
——起动压力特性试验(见 6.2);
——耐压试验(见 6.3);
——泄漏试验(见 6.5);
——缓冲试验(见 6.6);
——负载效率试验(见 6.7);
——高温试验(当对产品有此要求时)(见 6.8);
——耐久性试验(见 6.4);
——行程检验(见 6.9)。

8 出厂试验

出厂试验应包括下列项目:

——试运转(见 6.1);
——起动压力特性试验(见 6.2);
——耐压试验(见 6.3);
——泄漏试验(见 6.5);
——缓冲试验(见 6.6);
——行程检验(见 6.9)。

9 试验报告

试验过程应详细记录试验数据。在试验后应填写完整的试验报告,试验报告的格式参照表 4。

表 4 液压缸试验报告格式

<table>
<tr><td colspan="2">试验类别</td><td></td><td>实验室名称</td><td colspan="2"></td><td>试验日期</td><td></td></tr>
<tr><td colspan="2">试验用油液类型</td><td></td><td>油液污染度</td><td colspan="2"></td><td>操作人员</td><td></td></tr>
<tr><td rowspan="10">被试液压缸特征</td><td colspan="2">类型</td><td colspan="5"></td></tr>
<tr><td colspan="2">缸径/mm</td><td colspan="5"></td></tr>
<tr><td colspan="2">最大行程/mm</td><td colspan="5"></td></tr>
<tr><td colspan="2">活塞杆直径/mm</td><td colspan="5"></td></tr>
<tr><td colspan="2">油口及其连接尺寸/mm</td><td colspan="5"></td></tr>
<tr><td colspan="2">安装方式</td><td colspan="5"></td></tr>
<tr><td colspan="2">缓冲装置</td><td colspan="5"></td></tr>
<tr><td colspan="2">密封件材料</td><td colspan="5"></td></tr>
<tr><td colspan="2">制造商名称</td><td colspan="5"></td></tr>
<tr><td colspan="2">出厂日期</td><td colspan="5"></td></tr>
<tr><td rowspan="3">序号</td><td rowspan="3">试验项目</td><td rowspan="3">产品指标值</td><td colspan="3">试验测量值</td><td rowspan="3">结果报告</td><td rowspan="3">备注</td></tr>
<tr><td colspan="3">被试产品编号</td></tr>
<tr><td>001</td><td>002</td><td>003</td></tr>
<tr><td>1</td><td>试运转</td><td></td><td></td><td></td><td></td><td></td><td></td></tr>
<tr><td>2</td><td>起动压力特性试验</td><td></td><td></td><td></td><td></td><td></td><td></td></tr>
<tr><td>3</td><td>耐压试验</td><td></td><td></td><td></td><td></td><td></td><td></td></tr>
<tr><td>4</td><td>缓冲试验</td><td></td><td></td><td></td><td></td><td></td><td></td></tr>
<tr><td>5</td><td>泄漏试验</td><td></td><td></td><td></td><td></td><td></td><td></td></tr>
<tr><td>6</td><td>负载效率试验</td><td></td><td></td><td></td><td></td><td></td><td></td></tr>
<tr><td>7</td><td>高温试验</td><td></td><td></td><td></td><td></td><td></td><td></td></tr>
<tr><td>8</td><td>耐久性试验</td><td></td><td></td><td></td><td></td><td></td><td></td></tr>
<tr><td>10</td><td>行程检验</td><td></td><td></td><td></td><td></td><td></td><td></td></tr>
</table>

10 标注说明(引用本标准)

当选择遵守本标准时,建议制造商在试验报告、产品目录和产品销售文件中采用以下说明:“液压缸的试验符合 GB/T 15622—2005《液压缸试验方法》”。

附 录 A
（资料性附录）
本标准与 ISO 10100:2001 的技术性差异及其原因的一览表

表 A.1 给出了本标准与 ISO 10100:2001 的技术性差异及其原因的一览表。

表 A.1 本标准与 ISO 10100:2001 的技术性差异及其原因

本标准的章条编号	技术性差异	原因
1	本标准增加“适用”和“不适用”的规定。	为本标准的使用应具备的内容。
2	删除 ISO 6743-4：1999、ISO 7745：1989；将 ISO 4406:1999、ISO 5598:1985 更改为相应的国家标准。	本标准不适宜规定具体的工作介质；符合 GB/T 1.1 的规定。
3	增加 3.1～3.4 的术语及定义。	保留 GB/T 15622 前版的内容，是标准内容的需要。
4	增加的内容。	保留 GB/T 15622 前版的内容，是标准内容的需要。
5	与 ISO 10100 的第 5 章内容对应。增加“5.1 试验装置、5.3 稳态工况”。5.2.2 试验温度范围不同。	保留 GB/T 15622 前版的内容，提高标准的可操作性。
6	与 ISO 10100 的第 6、7、8 章内容对应。增加 6.1～6.4，6.6～6.8 的内容。	保留 GB/T 15622 前版的内容，使标准规定更全面，适用性和可操作性更强。
7	增加的内容。	保留 GB/T 15622 前版的内容，适于我国应用。
8	增加的内容。	保留 GB/T 15622 前版的内容，适于我国应用。
9	增加的内容。	符合国际标准中试验方法标准规定的基本内容，使标准内容更完善。

附 录 B
（资料性附录）
本标准章条编号与 ISO 10100:2001 章条编号对照

表 B.1 给出了本标准章条编号与 ISO 10100:2001 章条编号对照的一览表。

表 B.1 本标准章条编号与 ISO 10100:2001 章条编号对照表

本标准章条编号	对应的 ISO 10100:2001 章条编号
1	1
2	2
3	3
3.1～3.4	—
4	—
表 4 的前半部分	4
5.1	—
5.2	5
5.3	—
6.1～6.4	—
6.5.1	7
6.5.2	8
6.5.3	6
6.6～6.9	—
7～9	—